王长青◎编著

C 编程
从入门到实践

人民邮电出版社
北京

图书在版编目（CIP）数据

C编程从入门到实践 / 王长青编著. -- 北京：人民
邮电出版社，2019.6（2023.12重印）
ISBN 978-7-115-50068-7

Ⅰ. ①C… Ⅱ. ①王… Ⅲ. ①C语言－程序设计 Ⅳ.
①TP312.8

中国版本图书馆CIP数据核字（2018）第281188号

内 容 提 要

本书循序渐进、由浅入深地讲解了 C 语言开发的技术。全书共 25 章。本书不仅介绍了 C 语言的基础和核心知识（如开发工具、语法、运算符、表达式、输入/输出、流程控制、数组、字符串、函数），还讲解了 C 语言中的重点和难点（如指针、结构体、共用体和枚举、链表、位运算、预编译、文件操作、调试、内存管理、高级编程技术、算法、数据结构、网络编程技术等）。此外，本书还通过 4 个综合实例，介绍了 C 语言在综合项目中的应用。全书内容以"技术解惑"和"范例演练"贯穿全书，引领读者全面掌握 C 语言。

本书不但适用 C 语言的初学者，也适合有一定 C 语言基础的读者学习，还可以作为大专院校相关专业的师生用书和培训学校的教材。

♦ 编　著　王长青
　　责任编辑　张　涛
　　责任印制　焦志炜

♦ 人民邮电出版社出版发行　　北京市丰台区成寿寺路 11 号
　　邮编　100164　　电子邮件　315@ptpress.com.cn
　　网址　http://www.ptpress.com.cn
　　北京虎彩文化传播有限公司印刷

♦ 开本：787×1092　1/16
　　印张：31.75　　　　　　　　　2019 年 6 月第 1 版
　　字数：851 千字　　　　　　　2023 年 12 月北京第 10 次印刷

定价：89.00 元
读者服务热线：(010)81055410　印装质量热线：(010)81055316
反盗版热线：(010)81055315
广告经营许可证：京东市监广登字 20170147 号

前　言

你从开始学习编程的那一刻起，就注定了以后要走的路。从编程初学者开始，依次经历实习生、程序员、软件工程师、架构师、CTO 等职位。当你站在职位顶峰蓦然回首时，你会发现自己的成功并不是偶然，在程序员的成长之路上会有不断修改代码，寻找并解决 Bug，不停测试程序和修改项目的经历。不可否认，只要你在自己的开发生涯中稳扎稳打，并且善于总结和学习，最终就会得到可喜的成绩。

选择一本合适的书

对于一名想从事程序开发的初学者来说，究竟如何学习才能提高自己的编程技术呢？其中一个答案就是买合适的程序开发书籍进行学习。但是，市面上许多面向初学者的编程书籍都重点讲解基础知识，多偏向于理论。读者读了以后在面对实战项目时还是无从下手。如何从理论平滑地过渡到项目实战，是初学者迫切需要解决的问题，为此，作者特意编写了本书。

本书融合了入门类、范例类和项目实战类图书的内容。另外，对于实战知识，不是点到为止地讲解，而是深入地探讨。用"纸质书＋配套资料（视频和源程序）＋网络答疑"的方式，提供了"入门＋范例＋项目实战"的一站式服务，帮助读者从入门平滑过渡到顺利完成项目。

本书特色

❑　以"从入门到精通"的方法写作，有助于读者快速入门。

为了使读者能够完全看懂本书的内容，本书遵循"从入门到精通"的写法，循序渐进地讲解 C 语言的基本知识。

❑　破解语言难点，以"技术解惑"贯穿全书，绕过学习中的陷阱。

本书不会罗列式讲解 C 语言的知识点。为了帮助读者学懂基本知识点，每章都会有"技术解惑"板块，它能让读者知其然又知其所以然，也就是看得明白，学得通。

❑　书中包含大量实例和范例。

本书通过实例、范例和综合实例，讲述 C 语言中的知识点。每一个实例都有两个与之相关的范例。这些实例及范例有助于读者巩固理论知识，达到举一反三的效果。

❑　通过视频讲解，降低学习难度。

本书的每一章均提供了声图并茂的教学视频，这些视频能够引导初学者快速入门，增强学习信心，从而快速理解所学知识。

❑　提供源程序、视频、PPT，让学习更轻松。

因为本书的内容非常多，不可能用一本书的篇幅囊括"入门＋范例＋项目案例"的内容，所以本书配套网站 toppr 不但包含全书的源代码，而且提供实例讲解视频和 PPT。

❑　用 QQ 群＋网站论坛实现教学互动，形成互帮互学的朋友圈。

为了方便给读者答疑，作者特提供了网站论坛、QQ 群等交流方式，并且随时在线与读者互动，让大家在互学互帮中形成一个良好的编程学习氛围。本书的学习论坛是：toppr 网站（网站后缀名是.net）。本书的 QQ 群是（加入 QQ 群可获得本书的配套资源）：347459801。

本书内容

　　本书循序渐进、由浅入深地讲解了 C 语言开发技术，并通过具体实例的实现过程演示了各个知识点的具体应用。本书共 25 章：第 1～3 章讲解了 C 语言开发的基础知识，包括 C 语言之定位、C 语言开发工具详解、程序员基本素质的培养；第 4～9 章讲解了 C 语言语法、运算符和表达式、输入和输出、流程控制、数组和字符串、函数，这些内容都是 C 语言技术的核心知识；第 10～21 章讲解了指针、结构体、共用体和枚举、链表、位运算、预编译处理、文件操作、错误和程序调试、内存管理、C 语言高级编程技术、算法、数据结构、网络编程技术，这些内容是 C 语言开发技术的重点和难点；第 22～25 章通过 4 个综合实例的实现过程，介绍了应用 C 语言开发综合项目的过程。本书内容以"技术解惑"和"范例演练"贯穿全书，引领读者全面掌握 C 语言。

各章的内容分布

　　本书的最大特色是实现了入门知识、实例演示、范例演练、技术解惑、综合实战 5 大部分的融合。其中各章内容由如下模块构成。

　　① 入门知识：循序渐进地讲解了 C 语言开发的基本知识点。

　　② 实例演示：遵循理论加实践的教学模式，用实例演示了各个入门知识点的用法。

　　③ 范例演练：为了加深对知识点的理解，为每个实例提供了两个演练范例，多角度演示了各个入门知识点的用法和技巧。

　　④ 技术解惑：把读者容易混淆的知识点单独用一个板块进行讲解和剖析，进一步解疑释惑。

本书读者对象

- ❑ 初学编程的自学者
- ❑ 大中专院校的教师和学生
- ❑ 做毕业设计的学生
- ❑ 软件测试人员
- ❑ 在职程序员
- ❑ 编程爱好者
- ❑ 相关培训机构的教师和学员
- ❑ 初级和中级程序开发人员
- ❑ 参加实习的初级程序员

　　十分感谢家人在本书的编写过程中给予的巨大支持。由于作者水平有限，书中纰漏之处在所难免，诚请读者提出意见或建议，以便修订并使之更臻完善。

　　最后感谢您购买本书，希望本书能成为您编程道路上的挚友，祝您阅读快乐！

作者

资源与支持

本书由异步社区出品，社区（**https://www.epubit.com/**）为您提供相关资源和后续服务。

配套资源

本书配套资源包括书中示例的源代码。

要获得以上配套资源，请在异步社区本书页面中单击 `配套资源` ，跳转到下载界面，按提示进行操作即可。注意，为保证购书读者的权益，该操作会给出相关提示，要求输入提取码进行验证。

如果您是教师，希望获得教学配套资源，请在社区本书页面中直接联系本书的责任编辑。

提交勘误

作者和编辑尽最大努力来确保书中内容的准确性，但难免会存在疏漏。欢迎您将发现的问题反馈给我们，帮助我们提升图书的质量。

当您发现错误时，请登录异步社区，按书名搜索，进入本书页面，单击"提交勘误"，输入勘误信息，单击"提交"按钮即可（见下图）。本书的作者和编辑会对您提交的勘误进行审核，确认并接受后，您将获赠异步社区的 100 积分。积分可用于在异步社区兑换优惠券、样书或奖品。

扫码关注本书

扫描下方二维码，您将会在异步社区微信服务号中看到本书信息及相关的服务提示。

与我们联系

我们的联系邮箱是 contact@epubit.com.cn。

如果您对本书有任何疑问或建议，请您发邮件给我们，并请在邮件标题中注明本书书名，以便我们更高效地做出反馈。

如果您有兴趣出版图书、录制教学视频，或者参与图书翻译、技术审校等工作，可以发邮件给我们；有意出版图书的作者也可以到异步社区在线提交投稿（直接访问 www.epubit.com/selfpublish/submission 即可）。

如果您是学校、培训机构或企业用户，想批量购买本书或异步社区出版的其他图书，也可以发邮件给我们。

如果您在网上发现有针对异步社区出品图书的各种形式的盗版行为，包括对图书全部或部分内容的非授权传播，请您将怀疑有侵权行为的链接发邮件给我们。您的这一举动是对作者权益的保护，也是我们持续为您提供有价值的内容的动力之源。

关于异步社区和异步图书

"**异步社区**"是人民邮电出版社旗下 IT 专业图书社区，致力于出版精品 IT 技术图书和相关学习产品，为作译者提供优质出版服务。异步社区创办于 2015 年 8 月，提供大量精品 IT 技术图书和电子书，以及高品质技术文章和视频课程。更多详情请访问异步社区官网 https://www.epubit.com。

"**异步图书**"是由异步社区编辑团队策划出版的精品 IT 专业图书的品牌，依托于人民邮电出版社近 30 年的计算机图书出版积累和专业编辑团队，相关图书在封面上印有异步图书的 LOGO。异步图书的出版领域包括软件开发、大数据、AI、测试、前端、网络技术等。

异步社区

微信服务号

目　　录

第1章　C语言之定位 ·············· 1
1.1　计算机应用基础 ·············· 2
　　1.1.1　中央处理器 ·············· 2
　　1.1.2　位和字节 ·············· 2
　　1.1.3　二进制 ·············· 2
　　1.1.4　编码格式 ·············· 3
1.2　C语言的诞生 ·············· 4
1.3　第一印象的建立 ·············· 5
1.4　理解编译系统——学习的
　　　第一步 ·············· 6
1.5　技术解惑 ·············· 7
　　1.5.1　学习C语言还有用吗 ·············· 7
　　1.5.2　怎样学好C语言 ·············· 8
　　1.5.3　学好C语言的建议 ·············· 8
1.6　课后练习 ·············· 8
第2章　C语言开发工具详解 ·············· 9
2.1　用DOS开发C程序 ·············· 10
　　2.1.1　安装Turbo C 3.0 ·············· 10
　　2.1.2　使用Turbo C 3.0 ·············· 10
2.2　在Windows环境下使用
　　　Visual Studio 2017 ·············· 11
　　2.2.1　安装Visual Studio 2017 ·············· 11
　　2.2.2　使用Visual Studio 2017
　　　　　开发一个C程序 ·············· 15
2.3　使用轻量级开发工具DEV C++ ·············· 18
　　2.3.1　安装DEV C++ ·············· 18
　　2.3.2　使用DEV C++运行一个C
　　　　　程序 ·············· 20
2.4　使用Vsiual C++ 6.0开发C程序 ·············· 20
2.5　使用手机开发C程序 ·············· 22

2.6　技术解惑 ·············· 23
　　2.6.1　安装Visual Studio 2017时
　　　　　遇到的常见问题 ·············· 23
　　2.6.2　在Windows 7中安装
　　　　　Visual Studio时遇到的
　　　　　常见问题 ·············· 24
2.7　课后练习 ·············· 24
第3章　程序员基本素质的培养 ·············· 25
3.1　养成好的命名习惯 ·············· 26
3.2　C程序文件结构 ·············· 26
　　3.2.1　C程序的组成部分 ·············· 26
　　3.2.2　C程序的格式总结 ·············· 27
3.3　养成好的C语言编程风格 ·············· 28
　　3.3.1　随时使用缩进格式 ·············· 28
　　3.3.2　注意大括号的位置 ·············· 28
　　3.3.3　函数的规则 ·············· 29
　　3.3.4　注意注释 ·············· 29
3.4　如何成为一名优秀的程序员 ·············· 29
3.5　技术解惑 ·············· 31
3.6　课后练习 ·············· 31
第4章　C语言语法 ·············· 32
4.1　标识符和关键字 ·············· 33
4.2　最基本的数据类型 ·············· 33
4.3　常量和变量 ·············· 34
　　4.3.1　常量 ·············· 35
　　4.3.2　变量 ·············· 36
4.4　整型数据 ·············· 37
　　4.4.1　整型常量 ·············· 38
　　4.4.2　整型变量 ·············· 39
4.5　实型数据 ·············· 41

4.5.1 实型常量 ……………… 41
4.5.2 实型变量 ……………… 42
4.5.3 实型常量的类型 ……… 43
4.6 字符型数据 ……………………… 43
4.6.1 字符常量 ……………… 43
4.6.2 字符串常量 …………… 45
4.6.3 字符变量 ……………… 46
4.7 初始化变量 ……………………… 47
4.8 整型、实型和字符型数据间的
运算总结 ………………………… 47
4.8.1 自动转换 ……………… 47
4.8.2 强制转换 ……………… 49
4.9 技术解惑 ………………………… 49
4.9.1 在 C 语言中无符号整型
变量和有符号整型变量
的定义 …………………… 49
4.9.2 在 C 语言中字符变量的
含义 ……………………… 50
4.9.3 如何理解字符型数据的
取值范围 ………………… 50
4.9.4 怎样将带小数点的字符型
数据转换成浮点型 ……… 50
4.10 课后练习 ……………………… 51
第 5 章 运算符和表达式 ……………… 52
5.1 运算符和表达式的概述 ………… 53
5.1.1 运算符的种类 ………… 53
5.1.2 运算符的优先级 ……… 54
5.2 算术运算符和算术表达式 ……… 55
5.2.1 单目运算符 …………… 55
5.2.2 双目运算符 …………… 56
5.3 赋值运算符和赋值表达式 ……… 56
5.3.1 基本赋值运算符 ……… 56
5.3.2 复合赋值运算符 ……… 57
5.3.3 赋值表达式 …………… 58
5.4 关系运算符和关系表达式 ……… 59
5.4.1 关系运算符 …………… 59
5.4.2 关系表达式 …………… 59
5.5 逻辑运算符和逻辑表达式 ……… 60
5.5.1 逻辑运算符 …………… 60

5.5.2 逻辑表达式 …………… 60
5.6 逗号运算符和逗号表达式 ……… 62
5.6.1 逗号运算符 …………… 62
5.6.2 逗号表达式 …………… 62
5.7 求字节数的运算符 ……………… 63
5.8 技术解惑 ………………………… 64
5.8.1 C 语言运算符优先级的
详情 ……………………… 64
5.8.2 少数运算符在规定表达式
中的求值顺序 …………… 65
5.8.3 在 C 语言中是否可以进行
混合运算 ………………… 66
5.8.4 在一个逻辑条件语句中
常数项永远在左侧 ……… 66
5.8.5 赋值处理的自动类型
转换 ……………………… 66
5.9 课后练习 ………………………… 67
第 6 章 输入和输出 …………………… 68
6.1 C 语句的初步知识 ……………… 69
6.1.1 C 语句简介 …………… 69
6.1.2 赋值语句 ……………… 70
6.2 打通任督二脉——数据输入和
输出 ……………………………… 71
6.2.1 putchar 函数 ………… 71
6.2.2 getchar 函数 ………… 72
6.2.3 printf 函数 …………… 73
6.2.4 scanf 函数 …………… 76
6.2.5 puts 函数 ……………… 79
6.2.6 C11 标准函数 gets_s …… 80
6.3 技术解惑 ………………………… 80
6.3.1 gets_s 函数和 scanf 函数的
区别 ……………………… 80
6.3.2 克服 gets_s 函数的缺陷 … 81
6.3.3 C 语言的输入和输出
问题 ……………………… 82
6.4 课后练习 ………………………… 83
第 7 章 流程控制 ……………………… 84
7.1 最常见的顺序结构 ……………… 85
7.2 选择结构 ………………………… 85

7.2.1 单分支结构语句 …………… 86

7.2.2 双分支结构语句 …………… 87

7.2.3 多分支结构语句 …………… 90

7.2.4 条件运算符和条件

表达式 ………………………… 91

7.3 循环结构 ………………………… 92

7.3.1 for 语句 ……………………… 93

7.3.2 while 语句 …………………… 94

7.3.3 do…while 语句 ……………… 96

7.3.4 正确对待 goto 语句 ………… 97

7.3.5 break/continue 跳跃 ……… 98

7.3.6 死循环/退出程序 …………… 99

7.4 技术解惑 ……………………… 100

7.4.1 循环中的低效问题 ……… 100

7.4.2 分析 C 语言循环语句的

效率 …………………………… 101

7.4.3 使用 for 循环语句的

注意事项 …………………… 102

7.5 课后练习 ……………………… 102

第 8 章 数组和字符串——数据的

存在形式 ……………………… 104

8.1 一维数组 ……………………… 105

8.1.1 定义一维数组 …………… 105

8.1.2 引用一维数组的元素 …… 105

8.1.3 初始化一维数组 ………… 106

8.2 多维数组 ……………………… 107

8.2.1 二维数组的用法 ………… 107

8.2.2 多维数组的用法 ………… 110

8.3 字符数组与字符串 …………… 112

8.3.1 字符数组 ………………… 112

8.3.2 字符串与字符数组 ……… 113

8.3.3 字符数组的输入和输出 … 113

8.4 字符串处理函数 ……………… 115

8.4.1 测试字符串长度的

函数 …………………………… 115

8.4.2 字符串大小写转换

函数 …………………………… 115

8.4.3 字符串复制函数 ………… 116

8.4.4 字符串比较函数 ………… 117

8.4.5 字符串连接函数 ………… 119

8.4.6 其他的字符串函数 ……… 119

8.4.7 将字符串转换成数值的

函数 …………………………… 120

8.5 字符处理函数 ………………… 121

8.5.1 字符检测函数 …………… 121

8.5.2 字符大小写转换函数 …… 122

8.6 技术解惑 ……………………… 123

8.6.1 数组的下标总是从 0

开始吗 ………………………… 123

8.6.2 C 语言对数组的处理非常

有效吗 ………………………… 124

8.6.3 初始化一维数组的

注意事项 …………………… 124

8.6.4 冒泡排序 ………………… 125

8.7 课后练习 ……………………… 125

第 9 章 函数 ……………………… 126

9.1 C 函数的基础知识 …………… 127

9.1.1 函数的分类 ……………… 127

9.1.2 函数的定义 ……………… 128

9.2 函数声明和函数原型 ………… 129

9.3 函数的参数 …………………… 131

9.3.1 形参和实参 ……………… 131

9.3.2 以数组名作为函数的

参数 …………………………… 132

9.3.3 以数组作为函数的

参数 …………………………… 133

9.4 函数的返回值 ………………… 135

9.5 函数的调用 …………………… 136

9.5.1 函数调用的格式 ………… 136

9.5.2 函数的调用方式 ………… 137

9.5.3 被调函数的声明方式 …… 138

9.5.4 对调用函数的方式进行

深入分析 …………………… 139

9.6 函数的嵌套调用和递归调用 … 140

9.6.1 函数的嵌套调用 ………… 140

9.6.2 函数的递归调用 ………… 142

9.7 变量的作用域和生存期 ……… 145

9.7.1 变量作用域 ……………… 145

9.7.2　静态存储变量和动态
　　　　存储变量 ………… 147
9.8　C 的内部函数和外部函数 … 153
　9.8.1　内部函数 …………… 153
　9.8.2　外部函数 …………… 153
9.9　库函数 ……………………… 154
9.10　技术解惑 ………………… 156
　9.10.1　通过 Turbo C 深入分析
　　　　　项目文件 ………… 156
　9.10.2　要尽量避免不必要的函数
　　　　　调用 ……………… 157
　9.10.3　请确保函数的声明和定义
　　　　　是静态的 ………… 158
　9.10.4　避免过长的 main()
　　　　　函数 ……………… 158
　9.10.5　函数的地址也是数据 … 160
　9.10.6　说明函数的时机 …… 160
　9.10.7　一个函数可以有多少个
　　　　　参数 ……………… 161
　9.10.8　如果一个函数没有返回
　　　　　值，是否需要加入 return
　　　　　语句 ……………… 162
　9.10.9　在程序退出 main 函数之后
　　　　　还有可能执行一部分
　　　　　代码 ……………… 162
　9.10.10　exit()函数和return语句的
　　　　　　差异 …………… 162
9.11　课后练习 ………………… 162
第 10 章　指针 …………………… 164
10.1　基本概念 ………………… 165
10.2　变量的指针和指向变量的指针
　　　变量 ……………………… 165
　10.2.1　声明指针变量 …… 166
　10.2.2　指针变量的初始化 … 166
　10.2.3　指针变量的引用 … 167
　10.2.4　关于指针运算符的
　　　　　说明 ……………… 168
　10.2.5　指针变量的运算 … 169
　10.2.6　以指针变量作为函数
　　　　　参数 ……………… 170

10.2.7　void 类型的指针 …… 173
10.3　指针和数组 ……………… 174
　10.3.1　数组元素的指针 … 174
　10.3.2　指向一维数组元素的
　　　　　指针变量 ………… 175
　10.3.3　通过指针引用数组
　　　　　元素 ……………… 176
　10.3.4　以数组名作为函数
　　　　　参数 ……………… 179
10.4　指针和多维数组 ………… 180
　10.4.1　多维数组的地址 … 180
　10.4.2　指向多维数组的
　　　　　指针变量 ………… 182
10.5　指针和字符串 …………… 185
　10.5.1　指针访问字符串 … 185
　10.5.2　以字符串指针作为
　　　　　函数参数 ………… 186
　10.5.3　字符串指针变量与
　　　　　字符数组的区别 … 187
10.6　指针数组和多级指针 …… 188
　10.6.1　指针数组 ………… 188
　10.6.2　多级指针的定义和
　　　　　应用 ……………… 189
　10.6.3　指向指针的指针 … 191
　10.6.4　main 函数的参数 … 191
10.7　指针函数和函数指针 …… 192
　10.7.1　指针函数 ………… 193
　10.7.2　函数指针 ………… 193
10.8　技术解惑 ………………… 195
　10.8.1　初始化指针时的
　　　　　注意事项 ………… 195
　10.8.2　为指针赋值时的
　　　　　注意事项 ………… 196
　10.8.3　当指针用于数组时的
　　　　　注意事项 ………… 197
　10.8.4　在结构中使用指针时的
　　　　　注意事项 ………… 197
　10.8.5　避免不必要的
　　　　　内存引用 ………… 198

10.8.6 避免悬空指针和
野指针 ⋯⋯⋯⋯ 198
10.8.7 数组下标与指针的
效率解析 ⋯⋯⋯ 199
10.8.8 使用指针时的
常见错误 ⋯⋯⋯ 199
10.9 课后练习 ⋯⋯⋯⋯⋯⋯⋯ 200

**第 11 章 数据的熔炉——结构体、共用体
和枚举 ⋯⋯⋯⋯⋯⋯⋯⋯⋯ 202**
11.1 结构体 ⋯⋯⋯⋯⋯⋯⋯⋯ 203
11.1.1 定义结构体类型 ⋯⋯ 203
11.1.2 定义结构体类型变量 ⋯ 203
11.1.3 引用结构体变量 ⋯⋯ 205
11.1.4 初始化结构体变量 ⋯⋯ 206
11.2 结构体数组 ⋯⋯⋯⋯⋯⋯ 207
11.2.1 定义结构体数组 ⋯⋯⋯ 208
11.2.2 初始化结构体数组 ⋯⋯ 209
11.2.3 引用结构体数组 ⋯⋯⋯ 210
11.3 结构体指针 ⋯⋯⋯⋯⋯⋯ 211
11.3.1 定义结构体指针变量 ⋯ 212
11.3.2 初始化结构体
指针变量 ⋯⋯⋯⋯ 212
11.3.3 引用结构体指针变量 ⋯ 212
11.3.4 指向结构变量的指针 ⋯ 213
11.3.5 指向结构体数组的
指针 ⋯⋯⋯⋯⋯⋯ 214
11.4 在函数中使用结构体 ⋯⋯⋯ 214
11.4.1 结构体变量和结构体指针
可以作为函数参数 ⋯⋯ 215
11.4.2 函数可以返回结构体
类型的值 ⋯⋯⋯⋯ 215
11.5 共用体（联合）⋯⋯⋯⋯⋯ 217
11.5.1 定义共用体和共用体
变量 ⋯⋯⋯⋯⋯⋯ 217
11.5.2 引用和初始化共用体
变量 ⋯⋯⋯⋯⋯⋯ 218
11.6 枚举 ⋯⋯⋯⋯⋯⋯⋯⋯⋯ 219
11.6.1 定义枚举类型 ⋯⋯⋯ 219
11.6.2 定义枚举变量 ⋯⋯⋯ 220

11.6.3 引用枚举变量 ⋯⋯⋯ 220
11.7 typedef 定义类型的作用 ⋯⋯ 222
11.7.1 类型定义符 typedef 的
基础 ⋯⋯⋯⋯⋯⋯ 222
11.7.2 使用 typedef ⋯⋯⋯ 223
11.8 技术解惑 ⋯⋯⋯⋯⋯⋯⋯ 224
11.8.1 可以省略结构名吗 ⋯⋯ 224
11.8.2 是否可以定义一种通用
数据类型以存储任意
类型的数据 ⋯⋯⋯⋯ 224
11.8.3 结构和共用体的区别 ⋯ 224
11.8.4 定义 C 结构体的问题 ⋯ 225
11.9 课后练习 ⋯⋯⋯⋯⋯⋯⋯ 225

第 12 章 链表 ⋯⋯⋯⋯⋯⋯⋯⋯ 226
12.1 动态内存分配 ⋯⋯⋯⋯⋯ 227
12.1.1 动态内存分配的作用 ⋯ 227
12.1.2 实现动态内存分配及
管理的方法 ⋯⋯⋯ 227
12.2 链表详解 ⋯⋯⋯⋯⋯⋯⋯ 230
12.2.1 链表简介 ⋯⋯⋯⋯⋯ 230
12.2.2 单向链表 ⋯⋯⋯⋯⋯ 231
12.2.3 创建一个链表 ⋯⋯⋯ 233
12.2.4 删除整个链表 ⋯⋯⋯ 234
12.2.5 在链表中插入节点 ⋯ 234
12.2.6 在链表中删除节点 ⋯ 235
12.2.7 双向链表 ⋯⋯⋯⋯⋯ 236
12.2.8 循环链表 ⋯⋯⋯⋯⋯ 237
12.3 技术解惑 ⋯⋯⋯⋯⋯⋯⋯ 238
12.3.1 链表的总结 ⋯⋯⋯⋯ 238
12.3.2 面试题——判断单链表是
否有环 ⋯⋯⋯⋯⋯ 242
12.3.3 面试题——实现单链表
逆置 ⋯⋯⋯⋯⋯⋯ 243
12.4 课后练习 ⋯⋯⋯⋯⋯⋯⋯ 244

第 13 章 位运算 ⋯⋯⋯⋯⋯⋯⋯ 245
13.1 位运算符和位运算 ⋯⋯⋯⋯ 246
13.1.1 按位与运算 ⋯⋯⋯⋯ 246
13.1.2 按位或运算 ⋯⋯⋯⋯ 247
13.1.3 按位异或运算 ⋯⋯⋯ 247

13.1.4 取反运算⋯⋯⋯⋯⋯248

13.1.5 左移运算⋯⋯⋯⋯⋯248

13.1.6 右移运算⋯⋯⋯⋯⋯249

13.1.7 位运算的应用实例⋯249

13.2 位域⋯⋯⋯⋯⋯⋯⋯⋯251

13.2.1 位域的定义和位域变量的

说明⋯⋯⋯⋯⋯⋯⋯251

13.2.2 位域的使用⋯⋯⋯⋯252

13.3 技术解惑⋯⋯⋯⋯⋯⋯252

13.3.1 二进制补码的运算

公式⋯⋯⋯⋯⋯⋯252

13.3.2 面试题——从某个数中

取出指定的某些位⋯252

13.3.3 位域的内存对齐原则⋯253

13.4 课后练习⋯⋯⋯⋯⋯⋯253

第 14 章 预编译处理⋯⋯⋯⋯⋯255

14.1 预编译的基础⋯⋯⋯⋯256

14.2 宏定义⋯⋯⋯⋯⋯⋯⋯256

14.2.1 不带参数的宏定义⋯256

14.2.2 带参数的宏定义⋯⋯258

14.2.3 字符串化运算符⋯⋯260

14.2.4 并接运算符⋯⋯⋯⋯260

14.3 文件包含⋯⋯⋯⋯⋯⋯260

14.4 条件编译⋯⋯⋯⋯⋯⋯262

14.4.1 #ifdef… #else…#endif

命令⋯⋯⋯⋯⋯⋯262

14.4.2 #if defined… #else…

#endif⋯⋯⋯⋯⋯263

14.4.3 #ifndef… #else…

#endif⋯⋯⋯⋯⋯263

14.4.4 #if !defined…

#else…#endif⋯⋯⋯264

14.4.5 #ifdef…#elif…

#elif…#else… #endif⋯⋯264

14.5 技术解惑⋯⋯⋯⋯⋯⋯265

14.5.1 还有其他预编译

指令吗⋯⋯⋯⋯⋯265

14.5.2 带参的宏定义和

函数不同⋯⋯⋯⋯266

14.5.3 C 语言中预处理指令的

总结⋯⋯⋯⋯⋯⋯266

14.5.4 预编译指令的本质⋯⋯267

14.5.5 sizeof（int）在预编译

阶段是不会求值的⋯⋯267

14.5.6 多行预处理指令的

写法⋯⋯⋯⋯⋯⋯267

14.6 课后练习⋯⋯⋯⋯⋯⋯267

第 15 章 文件操作⋯⋯⋯⋯⋯⋯268

15.1 文件⋯⋯⋯⋯⋯⋯⋯⋯269

15.1.1 文本文件⋯⋯⋯⋯⋯269

15.1.2 文件分类⋯⋯⋯⋯⋯270

15.2 文件指针⋯⋯⋯⋯⋯⋯270

15.3 文件的打开与关闭⋯⋯271

15.3.1 打开文件⋯⋯⋯⋯⋯271

15.3.2 关闭文件⋯⋯⋯⋯⋯273

15.4 文件读写⋯⋯⋯⋯⋯⋯274

15.4.1 字符读写函数⋯⋯⋯274

15.4.2 字符串读写函数⋯⋯276

15.4.3 格式化读写函数⋯⋯278

15.4.4 数据块读写函数⋯⋯279

15.4.5 其他读写函数⋯⋯⋯280

15.5 文件的随机读写⋯⋯⋯281

15.5.1 fseek 函数⋯⋯⋯⋯281

15.5.2 rewind 函数⋯⋯⋯⋯283

15.5.3 ftell 函数⋯⋯⋯⋯283

15.6 文件管理函数⋯⋯⋯⋯284

15.6.1 删除文件⋯⋯⋯⋯⋯284

15.6.2 重命名文件⋯⋯⋯⋯285

15.6.3 复制文件⋯⋯⋯⋯⋯285

15.7 文件状态检测函数⋯⋯286

15.7.1 feof 函数⋯⋯⋯⋯⋯287

15.7.2 ferror 函数⋯⋯⋯⋯287

15.7.3 clearerr 函数⋯⋯⋯287

15.8 Win32 API 中的文件

操作函数⋯⋯⋯⋯⋯⋯288

15.8.1 创建和打开文件⋯⋯288

15.8.2 读取、写入和

删除文件⋯⋯⋯⋯289

15.9 技术解惑 ·················· 289
　　15.9.1 文件指针是文件内部的
　　　　　 位置指针吗 ············ 289
　　15.9.2 fseek 函数的换行
　　　　　 问题 ·················· 290
　　15.9.3 怎样解决 gets 函数的
　　　　　 溢出问题 ·············· 290
　　15.9.4 feof 函数会多读一个
　　　　　 数据吗 ················ 290
　　15.9.5 流和文件的关系 ········ 290
15.10 课后练习 ················· 291
第 16 章 错误和程序调试 ········ 292
16.1 常见错误分析 ·············· 293
　　16.1.1 语法错误 ·············· 293
　　16.1.2 逻辑错误
　　　　　 （语义错误） ·········· 294
　　16.1.3 内存错误 ·············· 297
16.2 错误的检出与分离 ·········· 302
16.3 调试时的注意事项 ·········· 303
　　16.3.1 上机前要先熟悉程序的
　　　　　 运行环境 ·············· 303
　　16.3.2 在编程时要为调试
　　　　　 做好准备 ·············· 304
16.4 技术解惑 ·················· 304
　　16.4.1 编译通过并不代表
　　　　　 运行正确 ·············· 304
　　16.4.2 两段代码的编译
　　　　　 差别 ·················· 305
　　16.4.3 调试程序的方法与
　　　　　 技巧 ·················· 305
16.5 课后练习 ·················· 307
第 17 章 内存管理 ·············· 308
17.1 C 语言中的内存模型 ········ 309
17.2 栈和堆 ···················· 309
　　17.2.1 栈操作 ················ 309
　　17.2.2 堆操作 ················ 310
17.3 动态管理 ·················· 311
　　17.3.1 使用函数 malloc 动态
　　　　　 分配内存空间 ·········· 311

17.3.2 使用函数 calloc 分配内存
　　　　 空间并初始化 ··········· 312
17.3.3 使用函数 realloc 重新
　　　　 分配内存 ··············· 313
17.3.4 使用函数 free 释放
　　　　 内存空间 ··············· 314
17.4 课后练习 ·················· 315
第 18 章 C 语言高级编程技术 ······ 316
18.1 C 语言的高级编程技术 ······ 317
18.2 分析文本的屏幕输出和
　　 键盘输入 ·················· 317
　　18.2.1 实现文本的屏幕输出 ··· 317
　　18.2.2 实现键盘输入 ········· 322
　　18.2.3 应用实例 ············· 323
18.3 分析图形显示方式和
　　 鼠标输入 ·················· 324
　　18.3.1 初始化图形模式 ······· 325
　　18.3.2 清屏和恢复显示
　　　　　 函数 ················· 326
　　18.3.3 建立独立图形程序 ····· 327
　　18.3.4 基本绘图函数 ········· 327
　　18.3.5 线性函数 ············· 330
　　18.3.6 颜色控制函数 ········· 331
　　18.3.7 填色函数和画图函数 ··· 334
　　18.3.8 图形窗口函数 ········· 336
　　18.3.9 分析图形方式下的文本
　　　　　 输出函数 ············· 337
18.4 菜单设计 ·················· 340
18.5 课后练习 ·················· 343
第 19 章 算法——抓住程序的灵魂 ··· 344
19.1 我们对算法的理解 ·········· 345
　　19.1.1 算法是程序的灵魂 ····· 345
　　19.1.2 何谓算法 ············· 345
　　19.1.3 算法的特性 ··········· 346
19.2 算法表示法——流程图 ······ 347
19.3 枚举算法 ·················· 348
　　19.3.1 枚举算法的基础 ······· 348
　　19.3.2 实战演练——百钱买
　　　　　 百鸡 ················· 348

19.3.3　实战演练——填写
运算符 ···························349
19.4　递推算法 ·····························351
19.4.1　递推算法的基础 ·········351
19.4.2　实战演练——斐波那契
数列 ···························351
19.4.3　实战演练——银行
存款 ···························353
19.5　递归算法 ·····························354
19.5.1　递归算法的基础 ·········354
19.5.2　实战演练——汉诺塔 ····355
19.5.3　实战演练——阶乘 ·······357
19.6　分治算法 ·····························358
19.6.1　分治算法的基础 ·········358
19.6.2　实战演练——
大数相乘 ···················358
19.6.3　实战演练——欧洲冠军杯
比赛日程安排 ·············360
19.7　贪心算法 ·····························362
19.7.1　贪心算法的基础 ·········363
19.7.2　实战演练——装箱 ·······363
19.7.3　实战演练——找零
方案 ···························365
19.8　试探法算法 ·························366
19.8.1　试探法算法的基础 ·······366
19.8.2　实战演练——八皇后 ····367
19.8.3　实战演练——体彩 29
选 7 的组合 ···············368
19.9　迭代算法 ·····························370
19.9.1　迭代算法的基础 ·········370
19.9.2　实战演练——
求平方根 ···················370
19.10　模拟算法 ···························371
19.10.1　模拟算法的思路 ·······371
19.10.2　实战演练——
猜数字游戏 ···············372
19.10.3　实战演练——掷骰子
游戏 ·························372
19.11　技术解惑 ···························374

19.11.1　衡量算法的标准 ·········374
19.11.2　选择使用枚举法的
时机 ·························375
19.11.3　递推和递归的差异 ·····376
19.11.4　分治法解决问题的
类型 ·························376
19.11.5　分治算法的机理 ·········376
19.11.6　贪婪算法并不是解决
问题最优方案的原因 ····376
19.11.7　回溯算法是否会影响
算法效率 ···················377
19.11.8　递归算法与迭代算法的
区别 ·························377
19.12　课后练习 ···························377
第 20 章　数据结构 ···························379
20.1　使用线性表 ·························380
20.1.1　线性表的特性 ·············380
20.1.2　顺序表操作 ···············381
20.1.3　实战演练——使用顺序表
操作函数 ···················385
20.2　队列 ·································386
20.2.1　队列的定义 ···············386
20.2.2　实战演练——实现一个
排号程序 ···················387
20.3　栈 ·····································390
20.3.1　栈的定义 ···················390
20.3.2　实战演练——实现
栈操作 ·······················390
20.4　技术解惑 ·····························392
20.4.1　线性表插入操作的时间
复杂度 ·······················392
20.4.2　线性表删除操作的时间
复杂度 ·······················392
20.4.3　线性表按值查找操作的
时间复杂度 ···············392
20.4.4　线性表链接存储操作的 11
种算法 ·······················393
20.4.5　堆和栈的区别 ·············397
20.5　课后练习 ·····························397

第 21 章 网络编程技术 ·················· 398

21.1 OSI 7 层网络模型 ············ 399

21.2 TCP/IP ·························· 400

21.2.1 IP ·························· 401

21.2.2 TCP ······················ 402

21.2.3 UDP ····················· 403

21.2.4 ICMP ··················· 403

21.3 使用 C 语言开发网络项目 ··· 404

21.3.1 网络编程方式 ·········· 404

21.3.2 网络通信的基本流程 ··· 404

21.3.3 搭建开发环境 ·········· 405

21.3.4 两个常用的数据结构 ··· 405

21.3.5 Windows 套接字的基础 ··· 406

21.4 常用的 Winsock 函数 ······ 406

21.4.1 WSAStartup 函数 ······ 406

21.4.2 socket 函数 ············ 407

21.4.3 inet_addr 函数 ········· 407

21.4.4 gethostbyname 函数 ····· 407

21.4.5 bind 函数 ·············· 407

21.4.6 connect 函数 ··········· 407

21.4.7 select 函数 ············ 408

21.4.8 recv 函数 ·············· 408

21.4.9 sendto 函数 ··········· 408

21.5 MAC 地址 ···················· 408

21.6 NetBIOS 编程 ··············· 409

21.6.1 处理过程 ··············· 409

21.6.2 NetBIOS 命令 ········· 410

21.6.3 NetBIOS 名字解析········ 410

21.6.4 NetBEUI ················ 413

21.6.5 NetBIOS 的范围 ······· 413

21.6.6 NetBIOS 控制块 ······· 413

21.7 实战演练——获取当前机器的
MAC 地址 ··················· 413

21.7.1 选择开发工具 ·········· 413

21.7.2 设计 MFC 窗体 ········ 414

21.7.3 具体编码 ··············· 414

第 22 章 初入江湖——设计游戏项目 ··· 421

22.1 游戏功能描述 ··············· 422

22.2 游戏总体设计 ················ 422

22.2.1 功能模块设计 ·········· 422

22.2.2 数据结构设计 ·········· 424

22.2.3 构成函数介绍 ·········· 425

22.3 游戏的具体实现 ············· 426

22.3.1 预处理 ··················· 426

22.3.2 主函数 ··················· 429

22.3.3 初始化界面处理 ········ 430

22.3.4 时钟中断处理 ·········· 431

22.3.5 成绩、速度和帮助
处理 ······················ 431

22.3.6 满行处理 ··············· 432

22.3.7 方块显示和消除处理···· 434

22.3.8 方块判断处理 ·········· 435

第 23 章 风云再起——设计网络项目 ··· 438

23.1 系统功能描述 ··············· 439

23.2 系统总体设计 ················ 439

23.2.1 功能模块设计 ·········· 439

23.2.2 数据结构设计 ·········· 441

23.2.3 构成函数介绍 ·········· 442

23.3 系统的具体实现 ············· 442

23.3.1 预处理 ··················· 442

23.3.2 初始化处理 ············· 444

23.3.3 控制模块 ··············· 444

23.3.4 数据报解读处理 ········ 446

23.3.5 Ping 测试处理 ········· 447

23.3.6 主函数 ··················· 449

第 24 章 炉火纯青——学生成绩
管理系统 ····················· 451

24.1 系统总体描述 ··············· 452

24.1.1 项目开发的目标 ········ 452

24.1.2 项目的意义 ············· 452

24.1.3 系统功能描述 ·········· 452

24.2 系统总体设计 ················ 453

24.2.1 功能模块设计 ·········· 453

24.2.2 数据结构设计 ·········· 454

24.2.3 构成函数介绍 ·········· 455

24.3 系统的具体实现 ············· 456

24.3.1 预处理 ·············· 456

24.3.2 主函数 ·············· 457

24.3.3 系统主菜单函数 ········ 458

24.3.4 表格显示信息 ·········· 458

24.3.5 信息查找定位 ·········· 459

24.3.6 格式化输入数据 ········ 459

24.3.7 增加学生记录 ·········· 460

24.3.8 查询学生记录 ·········· 461

24.3.9 删除学生记录 ·········· 462

24.3.10 修改学生记录 ·········· 463

24.3.11 插入学生记录 ·········· 463

24.3.12 统计学生记录 ·········· 464

24.3.13 排序处理 ·············· 465

24.3.14 存储学生信息 ·········· 466

第 25 章 笑傲江湖——使用 C51 实现
跑马灯程序 ·············· 471

25.1 单片机 C 语言基础 ·············· 472

25.1.1 单片机 C 语言的
优越性 ·············· 472

25.1.2 C51 的数据类型 ······ 472

25.1.3 C51 数据的存储结构 ···· 473

25.1.4 C51 运算符和表达式 ···· 474

25.1.5 C51 的中断函数 ······ 475

25.2 跑马灯设计实例 ·············· 476

25.2.1 基本跑马灯的实现 ······ 476

25.2.2 矩形波发生器 ·········· 479

25.2.3 用定时器/计数器产生
矩形波 ·············· 480

25.3 一个完整的跑马灯程序 ········ 481

25.3.1 电路设计 ·············· 481

25.3.2 程序设计 ·············· 484

第 1 章

C 语言之定位

    C 语言是当前所有开发技术中使用较为广泛的一门语言，从它诞生之日起就深受程序员的喜爱。随着 C 语言的普及，后来的开发语言都或多或少地借鉴或遵循了它的一些模式。另外，C 语言是计算机编程领域中使用最早的高级语言之一，它的出现推动了软件行业的迅猛发展。本章将简要介绍 C 语言的基本知识，为读者学习后面的内容打下基础。

1.1　计算机应用基础

计算机（computer）是一种能接收和存储信息，并按照内部存储的程序对输入的信息进行加工、处理，然后把处理结果进行输出的高度自动化的电子设备。本节介绍计算机应用的基础知识，为读者学习后面的知识打下基础。

知识点讲解：视频\第 1 章\计算机应用基础.mp4

1.1.1　中央处理器

中央处理器就是我们平常说的 CPU（Central Processing Unit），是一块超大规模的集成电路，是计算机的运算核心和控制核心。它主要包括算术和逻辑单元（Arithmetic and Logic Unit，ALU）和控制单元（Control Unit，CU）两大部件。此外，它还包括若干个寄存器和存储器及彼此之间的数据、控制与状态总线。它与内部存储器和输入/输出设备合称为电子计算机的三大核心部件。其功能主要是解释计算机指令以及处理计算机软件中的数据。计算机的性能在很大程度上由 CPU 的性能所决定，而 CPU 的性能主要体现在运行程序的速度上。

1.1.2　位和字节

1．位

位（bit）又称为比特，在现实应用中，位有如下两个含义。

（1）它是计算机专业术语，是信息量单位。二进制数的一位所包含的信息就是一位，如二进制数 0100 就有 4 位。在计算机应用中，二进制数"0"和"1"是构成信息的最小单位，称作"位"或"比特"。

（2）二进制数字中的位是信息量的度量单位，为信息量的最小单位。数字化音响用电脉冲表达音频信号，"1"代表有脉冲，"0"代表脉冲间隔。如果波形中每个点的信息用 4 位一组的编码来表示，则每组编码有 4 位。位数越多，表达的模拟信号就越精确，对音频信号的还原能力越强。

2．字节

字节（Byte），是计算机信息技术中用于存储容量的一种计量单位，有时在一些计算机编程语言中也表示数据类型和语言字符。

在计算机应用中，由若干位组成 1 字节。字节由多少位组成取决于计算机的结构。通常来说，微型计算机的 CPU 多由 8 位组成 1 字节，并用此表示一个字符的代码。构成 1 字节的 8 位被看作一个整体，字节是存储信息的基本单位。在大多数情况下，计算机存储单位的换算关系如下：

```
1B=8bit
1KB=1024B
1MB=1024KB
1GB=1024MB
```

在上述关系中各个单位的具体说明如下：

❏　B：表示字节。

❏　bit：表示位。

❏　KB：表示千字节。

❏　MB：表示兆字节。

❏　GB：表示吉字节。

1.1.3　二进制

二进制是计算机技术中广泛采用的一种数制，是使用 0 和 1 两个数码来表示的数。二进制的基数为 2，进位规则是"逢二进一"，借位规则是"借一当二"，这是由 18 世纪德国数理哲学大师莱布尼兹发现的。当前的计算机系统使用的基本上都是二进制系统，数据在计算机中主要是以补码的形式进行存储的。计算机中的二进制是一个非常微小的开关，用"开"来表示 1，用"关"来表示 0。因为它只使用 0、1 两个数字符号，所以非常简单方便，易于用电子方式来实现。

下面介绍如何将十进制数转换成二进制数。

（1）把正整数转换成二进制。

转换原则是除以 2 取余，然后倒序排列，高位补零。也就是说，将正的十进制数除以 2，得到的商再除以 2，以此类推，一直到商为 0 或 1，然后在旁边标出各步的余数，最后倒着写出来，高位补零即可。例如，将十进制数字 42 转换为二进制的步骤为：42 除以 2 得到的余数连在一起为 010101，然后将得到的余数倒着排一下就会得到数字 42，所对应的二进制数是 101010。但是因为在计算机内部表示数的字节单位是定长的（如 8 位、16 位或 32 位），所以当位数不够时，需要在高位补零。十进制数 42 转换成二进制数的结果是 101010，它的前面缺少两位，因此将十进制数 42 转换成二进制数的最终结果是：00101010。

（2）把负整数转换成二进制。

转换原则是先将对应的正整数转换成二进制，最后对二进制数取反，最后将结果加 1。以十进制负整数-42 为例，将 42 的二进制形式（00101010）取反得到的结果是 11010101，然后再加 1 的结果是 11010110。所以负整数-42 转成二进制数的最终结果是：11010110。

（3）把二进制整数转换成十进制。

转换原则是先将二进制数补齐位数。如果首位是 0 则代表它是正整数；如果首位是 1 则代表它是负整数。先看首位是 0 的正整数，补齐位数以后，得到 $n \times 2^m$ 的计算结果。其中，上标 m 表示二进制数字的位数，n 表示二进制的某个位数。对于二进制数中的各位分别计算 $n \times 2^m$，然后将计算结果相加得到值的就为十进制数。比如将二进制数 1010 转换为十进制数的过程如下。

二进制				1	0	1	0
补齐位数	0	0	0	0	1	0	1	0
计算 $n \times 2^m$	0×2^7	0×2^6	0×2^5	0×2^4	1×2^3	0×2^2	1×2^1	0×2^0
计算结果	0	0	0	0	8	0	2	0
各位求和结果			10					

所以将二进制数 1010 转换为十进制数的结果是 10。

如果要转换的二进制数补足位数后首位为 1，那么表示这个二进制数是负整数。此时，就需要先取反，然后再进行换算：例如二进制数 11101011 的首位为 1，这时应先取反得到 00010100，然后按照上面的计算过程得出 10100 对应的十进制数 20。

1.1.4 编码格式

1. ASCII 码

ASCII（American Standard Code for Information Interchange，美国信息交换标准代码），是基于拉丁字母的一套计算机编码系统，主要用于表示现代英语和其他西欧语言。ASCII 码是现今最通用的单字节编码系统，并等同于国际标准 ISO/IEC 646。

一个英文字母（不分大小写）占 1 字节空间，一个中文汉字占 2 字节空间。一个二进制数字序列在计算机中为一个数字单元，一般为 8 位二进制数。它的最小值为 0，最大值为 255。例如，一个 ASCII 码就是 1 字节。

2．Unicode 编码

Unicode（又称为统一码、万国码、单一码）是计算机科学领域里的一项业界标准，包括字符集、编码方案等。Unicode 编码是为了解决传统字符编码方案的局限性而产生的，它为每种语言中的每个字符都设定了统一并且唯一的二进制编码，以满足跨语言和跨平台进行文本转换、处理的要求。

最初 Unicode 编码的长度是固定的 16 位，也就是 2 字节代表一个字符，这样可以表示 65536 个字符。显然，若要表示各种语言中的所有字符，这是远远不够的。Unicode 4.0 规范考虑到了这种情况，定义了一组附加字符编码。附加字符编码采用两个 16 位来表示。目前，Unicode 4.0 规范只定义了 45 960 个附加字符。

Unicode 只是一个编码规范。目前实际实现的 Unicode 编码只要有 3 种：UTF-8、UCS-2 和 UTF-16。3 种 Unicode 字符集之间可以按照相关规范进行转换。

3．UTF-8 编码

UTF-8（8-bit Unicode Transformation Format）是一种针对 Unicode 的可变长度的字符编码，又称为万国码。UTF-8 由 Ken Thompson 于 1992 年创建，现在已经将它标准化为 RFC 3629。UTF-8 用 1～6 字节编码 Unicode 字符。在网页上它可以统一页面显示中文简体/繁体及其他语言（如英文、日文、韩文）。一个 UTF-8 编码的英文字符占用 1 字节；一个 UTF-8 编码的中文（含繁体）字符少数情况下占用 3 字节，多数情况下占用 4 字节；一个 UTF-8 编码的数字占用 1 字节。

1.2　C 语言的诞生

C 语言是目前世界上最流行、使用最广泛的程序设计语言之一。由于 C 语言绘图能力强，可移植性好，并具备很强的数据处理能力，因此它适合编写系统软件、二维和三维图形及动画程序，是一门可进行数值计算的高级语言。C 语言的原型是 ALGOL 60 语言，它也称为 A 语言。

知识点讲解：视频\第 1 章\
C 语言的辉煌诞生.mp4

接下来，我们看一看 C 语言的发展历程。

- ❑ 1963 年，剑桥大学将 ALGOL 60 语言发展成为 CPL（Combined Programming Language）。
- ❑ 1967 年，剑桥大学的 Matin Richards 对 CPL 进行了简化，于是产生了 BCPL。
- ❑ 1973 年，美国贝尔实验室的专家 Dennis M. Ritchie 在 B 语言的基础上设计出了一种新的语言，他使用了 BCPLR 的第 2 个字母作为这种语言的名字，这就是 C 语言。
- ❑ 1977 年，为了推广 UNIX 操作系统，Dennis M. Ritchie 发表了不依赖于具体机器系统的 C 语言编译文本"可移植的 C 语言编译程序"。
- ❑ 1978 年，Brian W. Kernighan 和 Dennis M. Ritchie 出版了《C 程序设计语言》（*The C Programming Language*），从而使 C 语言成为目前世界上最流行、应用较广泛的高级程序设计语言。
- ❑ 1988 年，随着微型计算机的日益普及，C 语言出现了许多版本。由于没有统一的标准，因此这些 C 语言之间出现了一些不一致的地方。为了改变这种情况，美国国家标准学会（ANSI）为 C 语言制订了一套 ANSI 标准，它成为现行的 C 语言标准。
- ❑ C 语言之所以发展迅速，并成为最受欢迎的语言之一，主要是因为它具有强大的功能。许多著名的系统软件都是用 C 语言编写的。

1.3 第一印象的建立

为了快速迈入 C 语言的世界，本节将通过一个实例来介绍 C 语言的特性。

📹 知识点讲解：视频\第 1 章\第一印象的建立.mp4

实例 1-1 通过一段简单的 C 代码来认识 C 语言
源码路径 daima\1\FIRST.c

实例文件 FIRST.c 的具体代码如下。

```c
#include <stdio.h>                    //引用头文件
int m;                               //定义全局变量
int min(int x,int y);
int main(void)
{
    int a,b;                         //定义变量
    printf("\nEnter two Number:");   //调用库函数中的输出函数
    scanf("%d,%d",&a,&b);            //调用库函数中的输入函数
    m=min(a,b);                      //调用用户定义的函数
    printf("Minimum:%d\n",m);
}
int min(int x,int y) {               //定义函数
    int t=0;                         //声明变量
    if(x<y) t=x;                     //如果x小，则输出x
    else t=y;                        //如果x大，则输出y
    return(t);
}
```

拓展范例及视频二维码

范例 1-1-01：求反余弦
源码路径：演练范例\1-1-01\

范例 1-1-02：求反正弦
源码路径：演练范例\1-1-02\

上述代码的功能是对用户输入的数据 x 和 y 比较大小，并输出较小的数。从整个程序的实现过程可以看出，通过简短的代码即可实现用户需要的功能。

总体来说，我们对 C 语言的初步印象很不错，它简单、易于理解。具体来说，C 语言的主要特点如下所示。

（1）简洁紧凑、灵活方便。

C 语言只有 32 个关键字、9 种控制语句，程序书写自由，它主要用小写字母来表示。C 语言把高级语言的基本结构和语句与低级语言的实用性相结合起来，可以像汇编语言一样对位、字节和地址进行操作，这三者是计算机中最基本的工作单元。

（2）运算符丰富。

C 语言共有 34 个运算符。C 语言把括号、赋值、强制类型转换等都作为运算符来处理，从而使它的运算类型极其丰富，表达式类型多样化，灵活使用各种运算符可以实现在其他高级语言中难以实现的运算。

（3）数据结构丰富。

C 语言的数据类型有整型、实型、字符型、数组类型、指针类型、结构体类型、共用体类型等，这些数据类型可以实现各种复杂数据类型的运算。C 语言引入了指针这一概念，这使程序效率更高。另外，C 语言具有强大的图形功能，它支持多种显示器和驱动器，且计算功能、逻辑判断功能强大。

（4）语法限制不太严格，程序设计自由度大。

一般高级语言的语法检查比较严格，能够检查出几乎所有的语法错误。而 C 语言允许程序编写者有较大的自由度。

（5）允许直接访问物理地址，可以直接对硬件进行操作。

C 语言既具有高级语言的功能，又具有低级语言的许多功能。它能够像汇编语言一样对位、字节和地址进行操作，它们可以用来编写系统软件。

（6）生成的代码质量高，程序执行效率高。

C 语言比汇编程序生成的目标代码效率高 10%～20%。

（7）适用范围大，可移植性好。

C 语言不但可以广泛用于计算机项目的程序开发，而且可以独立开发硬件程序。

当然，C 语言也有自身的不足，例如语法限制不太严格，对变量类型的约束不严格，影响程序的安全性。另外，从应用开发的角度看，C 语言比其他高级语言较难掌握。

1.4　理解编译系统——学习的第一步

C 语言是一门 DOS 环境下的开发语言，在执行前需要先将其编译，才能正确执行。要真正理解编译系统的原理，重要的是要理解什么是"编译"。编译是一个过

知识点讲解：视频\第 1 章\理解编译系统.mp4

程，通过这个过程可以把高级语言变成计算机可以识别的二进制语言。计算机只认识以 1 和 0 格式组织的二进制数据，编译程序可以把人们熟悉的语言换成二进制形式。

要通过编译把一个源程序翻译成目标程序，所需的流程如图 1-1 所示。

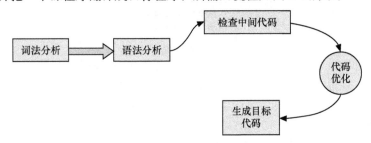

图 1-1　编译系统的结构流程

在上述过程中，两个主要的阶段是词法分析和语法分析，这又称为源程序分析。如果在分析过程中发现了语法错误，则它会给出对应的提示信息。

接下来开始讲解上述 5 个阶段的具体过程。

❑　词法分析

词法分析的任务是对由字符组成的单词进行处理，从左至右逐字符地对源程序进行扫描，产生单词符号，把作为字符串的源程序改造成为用单词符号串表示的中间程序。执行词法分析的程序称为词法分析程序或扫描器。

❑　语法分析

编译程序的语法分析器以单词符号作为输入，分析单词符号串是否可形成符合语法规则的语法单位，如表达式、赋值、循环等，最后看是否能构成一个符合要求的程序。按该语言使用的语法规则分析检查每条语句是否有正确的逻辑结构，程序是最终的语法单位。编译程序的语法规则可用上下文无关文法来刻画。语法分析的方法有如下两种。

  ❑　自上而下分析法：从文法中的开始符号出发，向下推导，推出句子。

  ❑　自下而上分析法：使用移进归约法。它的基本思想是用一个寄存符号的先进后出栈，把输入符号一个一个地移进栈里，当栈顶形成某个产生式的一个候选式时，

把栈顶的这一部分归成该产生式的左邻符号。

❑ 检查中间代码

中间代码是源程序的内部表示，也称为中间语言。中间代码的作用是使编译程序的结构在逻辑上更为简单明确，特别是更容易实现目标代码的优化。中间代码即中间语言程序，中间语言的复杂性介于源程序语言和机器语言之间。中间语言有多种形式，其中最为常见的有 4 种：逆波兰记号、四元式、三元式和树。

❑ 优化代码

优化代码是指对程序进行多种等价变换，从而使根据变换后的程序能生成更有效的目标代码。所谓等价指的是不改变程序的运行结果。有效是指目标代码运行时间较短，而且占用的存储空间较小。这种变换称为优化。

❑ 生成目标代码

生成目标代码是最后一个编译阶段。目标代码生成器可以把经过语法分析或优化后的中间代码变换成目标代码。

另外，还涉及下面两个程序。

❑ 表格管理程序

在编译过程中源程序的各种信息会保留在不同的表格中，在编译的各阶段都涉及构造、查找或更新有关的表格。

❑ 出错处理程序

如果在编译过程中发现源程序有错误，则编译程序将会报告错误的性质和错误发生的地点，并且将错误所造成的影响限制在尽可能小的范围内，从而使源程序的其余部分能继续编译。有些编译程序还能自动纠正错误，这些工作由错误处理程序完成。

了解了"编译"过程后，整个编译系统的概念便一目了然了。编译系统就是按照编译原理集合而成的一种机制，这种机制能够对程序语言实现上述处理。

系统编译与发布是在系统编码之后执行的一项基本操作。编译生成可执行代码。发布是将编译之后的可运行版本发布到服务器，供用户使用。在编译过程中，编译器将代码翻译成中间语言。运行时会将中间语言翻译成 CPU 的指令，以便计算机的处理器运行应用程序。编译后的应用程序可以提高代码的运行速度，增加代码的安全性和稳定性。

1.5 技 术 解 惑

C 语言博大精深，能够应用于多个领域，因此，它一直深受广大程序员的喜爱。作为一名初学者，你肯定会在学习中遇到许多疑问和困惑。为此，在本节中，作者将描述自己的心得体会，以帮助读者解决困惑。

1.5.1 学习 C 语言还有用吗

当今各种新技术、新思想、新名词层出不穷，令人眼花缭乱。新与旧混杂在一起，让人有目不暇接之感。

无论是初学者还是高级程序员，他们都在心底藏着一个问题：C 语言会不会只是人们学习程序设计的基石，而没有实际的使用价值？答案当然是否定的，作者在此建议读者要牢记：越是基础的语言，能实现的功能就越强大。比如，现在许多的语言都是由 C 语言开发出来的。在真正高深的编程领域，许多好的软件、系统都是由汇编语言和 C 语言等语言编写出来的。所以，C 语言不仅是软件开发的基石，而且还会有强大的生命力。

C 语言比较贴近操作系统，纯 C 语言在 Windows 平台上主要用于系统底层驱动的开发（一般会辅以汇编）。特别是在 Linux 或 UNIX 系统上，C 语言一直到现在都还是主流，以 C 语言编写的程序可以很方便地与其他程序在 shell 中配合。C 脚本和 shell 构建了一整套 UNIX/Linux 开发基础，在此可以简单地总结为如下 3 点。

（1）C 语言语法简单，是学习其他语言的基础。

（2）C 语言符合 UNIX/Linux 系统的开发流程，适合和其他程序以进程方式来构建大型应用。

（3）相对于 Windows 系统，Linux 系统中的进程开销相对较小。

由此可见，C 语言现在依旧是当前程序开发中的热门语言，特别活跃于底层驱动开发、Linux 系统开发、UNIX 系统开发中。当前异常火爆的 Android 系统的底层源码，便是基于 Linux 系统使用 C 语言实现的。而另外异常火爆的苹果手机系统（iOS）和苹果商店中的软件，是用 C 语言的变种 Objective-C 来开发的。

1.5.2　怎样学好 C 语言

关于怎样学好 C 语言，仁者见仁、智者见智，但是最起码要遵循如下两个原则。

（1）多看代码。

在有一定基础以后，一定要多看别人编写的代码。注意代码中的算法和数据结构。学习 C 语言的关键是算法和数据结构，而在数据结构中，指针是重要的一环。绝大多数的数据结构都是建立在指针之上的，例如链表、队列、树、图等。由此可见，只有学好指针，才能真正学好 C 语言。别的方面也要关注一下，诸如变量的命名、库函数的用法等。

（2）多动手实践。

程序开发比较注重实践和演练，光说不练不行。初学者可以多做一些练习，对于不明白的地方，可以亲自编一个小程序实验一下，这样做可以留下一个深刻的印象。在自己动手的过程中，要不断纠正不好的编程习惯和认识错误。在有了一定的基础之后，可以尝试编一些小游戏应用程序。在基础变得扎实以后，可以编一些数据结构方面的应用，例如最经典的学生成绩管理系统。

1.5.3　学好 C 语言的建议

（1）学习要深入，基础要扎实。

基础的作用不必多说，在大学课堂上老师曾经讲过了很多次，在此重点说明"深入"。职场不是学校，企业要求你高效地完成相关项目，但是现实中的项目种类繁多，我们需要掌握 C 语言技术的精髓。走马观花式的学习已经被社会所淘汰，入门水平不会被公司所接受，它们需要的是高手。

（2）要有恒心，不断演练，并举一反三。

学习编程的过程是枯燥的，我们要将学习 C 语言当成乐趣，只有做到持之以恒，才有机学好。另外，编程最注重实践，最怕闭门造车。每一个语法、每一个知识点，都要反复用实例来演练，这样才能加深对知识的理解。只有做到举一反三，才能对知识有深入的理解。

1.6　课 后 练 习

1．将《大学计算机基础》一书通读一遍，要确保完全理解里面的内容。

2．在百度中搜索"在线进制转换器"，尝试使用它实现不同进制间的转换。

3．在百度中搜索"二进制算术在线计算器"，尝试使用它实现不同二进制数据中的四则运算功能。

第 2 章

C 语言开发工具详解

古人云：工欲善其事，必先利其器。由第 1 章的内容我们了解到，C 语言开发需要使用专门的开发工具，这样才能起到事半功倍的效果。本章将简要介绍常用的几种 C 语言开发工具，详细介绍它们的安装和使用方法，为读者学习本书后面的知识打下基础。

2.1　用 DOS 开发 C 程序

由于 C 语言程序是在 DOS 下进行编译的程序，所以，需要在 DOS 环境下开发、编译和调试。但是 DOS 却是一个十分落后的系统，已经远离当今主流，操作十分不

知识点讲解：视频\第 2 章\用 DOS 开发 C 程序.mp4

便。正因如此，市面中主流的 C 语言开发工具都是在 Windows、Linux 或 MacOS 操作系统中使用的。本节将介绍一款古老的 DOS 开发工具 Turbo C/C++ 3.0，相信很多读者肯定会问既然 Turbo C/C++ 3.0 已经落伍了，那么为什么还介绍它呢？这是因为某种原因，国内很多高校和计算机等级考试教程中还在使用 Turbo C/C++ 3.0 工具，所以本节将用很少的篇幅介绍这款工具的用法。

2.1.1　安装 Turbo C 3.0

安装 Turbo C 3.0 的步骤如下。

（1）在百度中搜索"Turbo C 3.0"（在 Windows7、8、10 系统中可用），然后下载压缩包。

（2）下载后解压缩进行自动安装，安装成功后程序会创建桌面快捷方式，单击桌面快捷方式即可启动 Turbo C/C++ 3.0。Turbo C 3.0 的主界面，如图 2-1 所示。

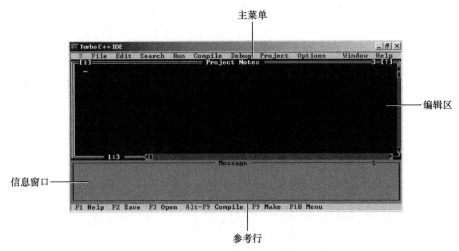

图 2-1　Turbo C 3.0 主界面

❑　主菜单：这些菜单可以执行创建、保存和调试等操作，从而实现 C 语言中的应用开发。

❑　编辑区：它是代码编写区域，在这里可以编写自己需要的代码。

❑　信息窗口：显示常用的提示信息，例如"编译成功"和"执行完毕"之类的提示。

❑　参考行：表示操作当前界面的快捷键提示，例如"F1 Help"表示按下 F1 键将弹出"帮助"界面。

2.1.2　使用 Turbo C 3.0

使用 Turbo C 3.0 实现实例的过程如下所示。

（1）打开 Turbo C 3.0，进入编辑界面，编写对应的代码，如图 2-2 所示。

（2）按 F9 键，进行编译并链接，操作成功后弹出成功提示，如图 2-3 所示。

（3）按快捷键 Ctrl+F9 运行此程序，输出指定的界面，如图 2-4 所示。

（4）随便输入两个数字，中间用逗号隔开，然后按 Enter 键。按快捷键 Alt+F5 后，输出效

果如图 2-5 所示。

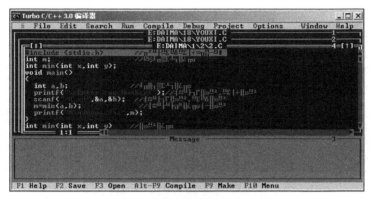

图 2-2 编辑界面

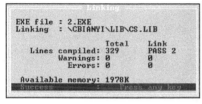

图 2-3 成功提示

图 2-4 运行界面

图 2-5 输出结果

2.2 在 Windows 环境下使用 Visual Studio 2017

Microsoft Visual Studio 2017 是微软推出的全新的专用开发工具，它是一个集成的开发环境工具。Microsoft Visual Studio 2017 是一款功能齐全且可扩展的免费 IDE，适用于个人开发、开放源代码项目、学术研究、教育和小型专业团队。它能够创建适用于 Windows、Android 和 iOS 的应用程序，以及网络应用程序和云服务。本节将详细讲解使用 Microsoft Visual Studio 2017 开发 C 语言程序的基本知识，为读者学习后面的知识打下坚实的基础。

📺 知识点讲解：视频\第 2 章\使用 Visual Studio 2017.mp4

2.2.1 安装 Visual Studio 2017

安装 Visual Studio 2017 的步骤如下。

（1）登录 Microsoft Visual Studio 官网，如图 2-6 所示。

（2）单击"下载 Visual Studio"中的"Enterprise 2017"链接开始下载，如图 2-7 所示。下载后得到一个 exe 格式的安装文件"vs_enterprise__2050403917.1499848758.exe"，如图 2-8 所示。

（3）右击下载文件"vs_enterprise__2050403917.1499848758.exe"，使用管理员模式进行安

装。在弹出的界面中单击"继续"按钮，这表示同意了许可条款，如图 2-9 所示。

图 2-6　Microsoft Visual Studio 官网

图 2-7　"Enterprise 2017"链接

图 2-8　安装文件

图 2-9　单击"继续"按钮

（4）在弹出的"正在安装"界面中选择你要安装的模块，本书需要安装如下模块：

- ❑　通用 Windows 平台开发
- ❑　.NET 桌面开发
- ❑　ASP.NET 和 Web 开发
- ❑　数据存储和处理

❑ 使用.NET 的移动开发（使用鼠标向下滑动即可看到此模块）

上述各模块的具体说明在本界面中也进行了详细介绍，如图 2-10 所示。在界面的左下角可以设置安装路径，单击"安装"按钮后开始进行安装。

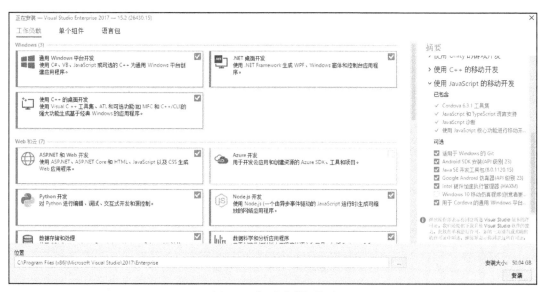

图 2-10 "正在安装"界面

（5）单击"安装"按钮后会弹出安装进度界面，这个过程比较耗费时间，读者需要耐心等待，如图 2-11 所示。

图 2-11 安装进度对话框

（6）安装成功后的界面如图 2-12 所示。

图 2-12　安装成功的界面

（7）单击计算机"开始"菜单，从"所有应用"中选择"Visual Studio 2017"就可打开刚安装的 Visual Studio 2017，如图 2-13 所示。

（8）首次打开 Microsoft Visual Studio 2017 后，将会弹出"以熟悉的环境启动"界面。因为本书讲解的是 C 语言开发，所以选择"Visual C#++"开发设置选项，如图 2-14 所示。然后单击"启动 Visual Studio"按钮后开始配置，如图 2-15 所示。

图 2-13　从"开始"菜单打开
Visual Studio 2017

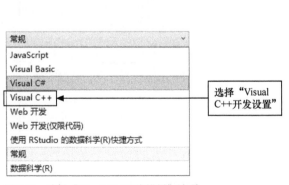

图 2-14　选择"Visual C++开发设置"选项

图 2-15　"以熟悉的环境启动"界面

（9）配置完成后将来到 Microsoft Visual Studio 2017 的集成开发界面，如图 2-16 所示。

图 2-16　Microsoft Visual Studio 2017 默认的集成开发界面

2.2.2　使用 Visual Studio 2017 开发一个 C 程序

要使用 Visual Studio 2017 开发 C 语言程序，步骤如下。

实例 2-1　使用 Visual Studio 2017 开发一个 C 程序
源码路径　\daima\2\2-1

（1）打开 Visual Studio 2017，依次单击顶部菜单中的"文件"→"新建"→"项目"，如图 2-17 所示。

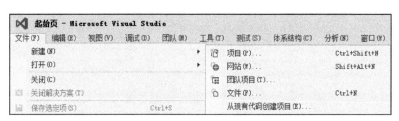

图 2-17　新建一个项目

（2）在弹出的"新建项目"对话框中，单击左侧"模板"中的"Visual C++"选项，在右侧选中"Win32 控制台应用程序"，在下方的"名称"中设置项目名称为"C++1"，如图 2-18 所示。

🌸 注意：因为 C 语言和 C++语言一直不分家，所以 Visual Studio 2017 并没有专门为 C 语言提供模板，而是对 C 语言和 C++语言同时提供了同一个模板"Visual C++"。所以在使用 Visual Studio 2017 创建 C 语言项目时，只能在左侧"模板"中选择"Visual C++"选项。

（3）单击"确定"按钮后进入到"欢迎使用 Win32 应用程序向导"界面，如图 2-19 所示。

图 2-18　"新建项目"对话框

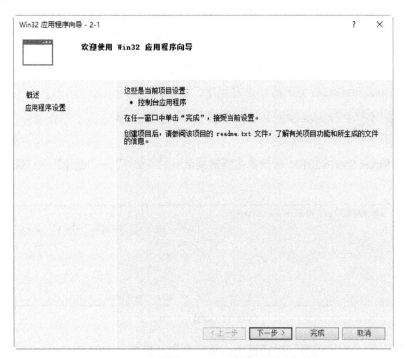

图 2-19　"欢迎使用 Win32 应用程序向导"对话框

（4）单击"下一步"按钮后进入"应用程序设置"界面，在"应用程序类型"中勾选"控制台应用程序"复选框，在下方的"附加选项"中勾选"预编译头"复选框，如图 2-20所示。

（5）单击"完成"按钮后系统会创建一个名为"2-1"的项目，并自动生成一个名为"2-1.cpp"的程序文件，如图 2-21 所示。

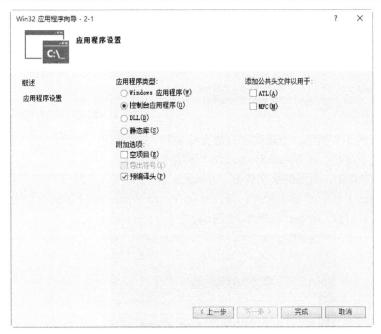

图 2-20 "Win32 应用程序向导"对话框

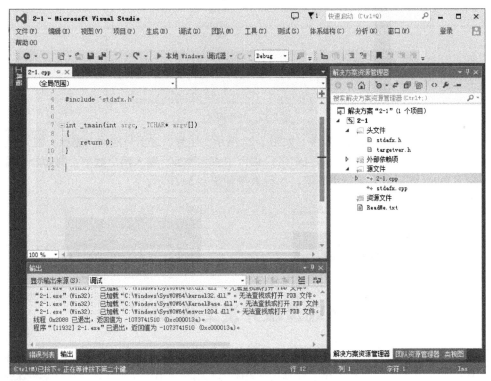

图 2-21 自动生成文件 2-1.cpp

（6）将实例 1-1 中的代码复制到文件 2-1.cpp 中，具体实现代码如下所示。

```cpp
#include "stdafx.h"              //必须使用这个头文件
int m;                          //定义全局变量
int min(int x, int y);
int main(void){
    int a, b;                   //定义变量
    printf("\nEnter two Number:"); //调用库函数中的输出函数
```

```
    scanf("%d,%d", &a, &b);//调用库函数中的输入函数
    m = min(a, b);          //调用由用户定义的函数
    printf("Minimum:%d\n", m);
}
int min(int x, int y) {     //定义函数
    int t = 0;              //声明变量
    if (x<y) t = x;         //如果x小，则输出x
    else t = y;             //如果x大，则输出y
    return(t);
}
```

拓展范例及视频二维码

范例 **2-1-01**：获取整型数据的大小

源码路径：光盘\演练范例\2-1-01\

范例 **2-1-02**：获取浮点类型的信息

源码路径：光盘\演练范例\2-1-02\

和前面的实例 1-1 相比，上述代码只是文件名和引用头文件发生了变化。在 Visual Studio 2017 环境中是 ".cpp" 格式的文件，引用的头文件是 "stdafx.h"。

（7）开始调试上面的 C 语言程序，依次单击 Visual Studio 2017 顶部菜单中的 "调试" "开始执行（不调试）（H）" 命令，如图 2-22 所示。

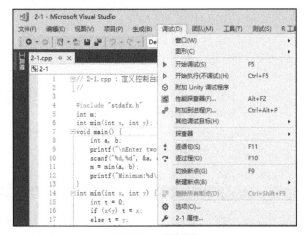

图 2-22　开始调试

程序执行后会提示输入两个数字，如图 2-23 所示。注意，这里只能输入整数，因为程序中设置的变量 x 和 y 是整型（int）的，int 在 C 语言中表示整数。输入两个数字，例如分别输入 2 和 3，按下 Enter 键后会显示较小的值，执行效果如图 2-24 所示。

图 2-23　输入两个数字

图 2-24　显示比较小的数值

2.3　使用轻量级开发工具 DEV C++

DEV C++ 是一款经典的轻量级 C 语言开发工具，其安装大小只有几十兆，并且具有图形视图界面，操作比较容易。在 DEV C++ 编码界面中可以使用复制和粘贴等命令，这提高了开发效率。

知识点讲解：视频\第 2 章\使用轻量级开发工具 DEV C++.mp4

2.3.1　安装 DEV C++

要安装 DEV C++，步骤如下。

（1）在百度中搜索 DEV C++安装包，双击可执行的 exe 文件进行安装，首先弹出选择语言界面，在此选择默认选项"English"，如图 2-25 所示。

（2）单击"OK"按钮后进入同意协议界面，如图 2-26 所示，在此单击"I Agree"按钮。

图 2-25　选择语言

图 2-26　同意协议界面

（3）在弹出的选择组件界面中勾选要安装的组件，如图 2-27 所示。在此建议按照默认设置进行安装，然后单击"Next"按钮。

（4）在弹出的界面中选择安装路径，如图 2-28 所示。

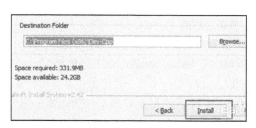

图 2-27　选择组件界面

图 2-28　选择安装路径

（5）单击"Install"按钮开始安装，安装完成后打开 DEV C++，开发界面如图 2-29 所示。

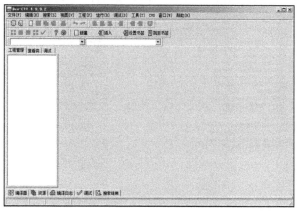

图 2-29　DEV C++的开发界面

2.3.2　使用 DEV C++运行一个 C 程序

要使用 DEV C++运行 C 程序，步骤如下。

（1）依次单击顶部菜单中的"文件""打开项目或文件"命令，然后直接打开文件 first.c，打开后的界面如图 2-30 所示。

（2）单击顶部菜单中的"运行"命令并弹出对应的界面，如图 2-31 所示。"编译"命令编译当前程序，"编译运行"命令可以对当前文件同时执行编译和运行操作。

图 2-30　通过 DEV C++打开 C 程序文件　　　　　　图 2-31　"运行"菜单

（3）使用 DEV C++编译并运行文件 first.c 后，执行效果和在 Vsiual Studio 2017 中的完全一样。

2.4　使用 Vsiual C++ 6.0 开发 C 程序

在过去一段时间内 Vsiual C++ 6.0 是 C 和 C++语言首选的开发工具，是微软推出的官方工具。但是随着时间的推移，Vsiual C++ 6.0 和前面讲解的 Turbo C 3.0 一样，只支持

知识点讲解：视频\第 2 章\使用 Vsiual C++ 6.0 开发 C 语言程序.mp4

32 位内核操作系统。而现在很多系统都是 64 位的，它们不支持 Turbo C 3.0 和 Vsiual C++ 6.0。后来微软推出了 Vsiual Studio .NET 来代替 Vsiual C++ 6.0，并且不再对 Vsiual C++ 6.0 进行升级和支持，所以 Vsiual C++ 6.0 一直停留在多年前的版本。当然 Vsiual C++ 6.0 在市面中还是有一定市场的，例如我们下载的很多 C 或 C++源码都是用 Vsiual C++ 6.0 开发的，并且大多数计算机考试和大中专院校教学还用 Vsiual C++ 6.0。下面将简单讲解使用 Vsiual C++ 6.0 开发 C 语言的基本知识。

（1）打开 Visual C++ 6.0，依次选择"File"→"New"命令，弹出"New"对话框，在此选择要创建的工程类型、工程文件的保存位置和工程名称，如图 2-32 所示。

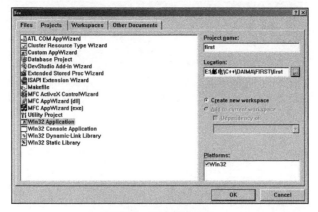

图 2-32　设置新建工程

（2）选择 Win32 Console Application 选项，然后在"Project name"中输入工程名称"first"，在"Location"中输入工程的保存位置。最后单击"OK"按钮，弹出图 2-33 所示对话框。

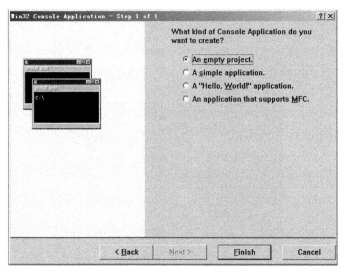

图 2-33 选择控制台程序类型

在此设置控制台程序的类型，此时会有以下 4 个选项。

❑ An empty project：创建一个空工程，它不会自动生成程序文件，只包含环境配置文件。

❑ A simple appliction：创建一个简单程序，它只是一个简单的程序框架，不包含任何有用的代码。

❑ A "Hello World!" application：创建一个有输出语句的简单程序。

❑ An application that supports MFC：创建带有 MFC 支持的框架程序。

此处选择 A "Hello World!" application 项，单击"Finish"按钮，弹出图 2-34 所示对话框。

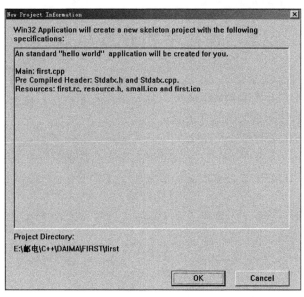

图 2-34 工程摘要

（3）此窗口是摘要说明窗口，它说明了程序里面包含哪些文件。单击"OK"按钮后会成功创建一个简单的控制台程序。此时返回 Visual C++ 6.0 的主窗口，左侧的"File View"选项卡显示了文件结构，右侧是编写代码的地方，如图 2-35 所示。

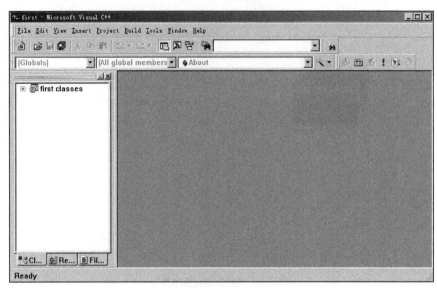

图 2-35　Visual C++主界面

（4）建立和编辑 C++源程序文件，依次选择"Project"→"Add to Project"→"New"菜单，在"New"对话框的"File"页面中选择"C++ Source File"项，输入文件名"first cpp"，然后单击"OK"按钮，编辑源程序代码。最后将文件 first.c 的源代码复制到这个新建文件中。

（5）编译程序，生成可执行程序。执行"Build""Build"命令，它可以建立可执行程序，若有语法错误，编译器会在窗口下方的输出窗口中显示错误信息。

（6）单击顶部菜单中的"Bulid""Execute"命令便可在伪 DOS 状态下运行程序，执行效果和在 Vsiual Studio 2017 中的完全一样。

2.5　使用手机开发 C 程序

GCC（GNU Compiler Collection，GNU编译器套件），是由 GNU 开发的编程语言编译器。它是利用 GPL 许可证发行的自由软件，也是 GNU 计划的关键部分。GNU

知识点讲解：视频\第 2 章\使用手机开发 C 语言程序.mp4

包括 C、C++、Objective-C、Fortran、Java、Ada 和 Go 语言的前端，也包括了这些语言的库（如 libstdc++、libgcj 等）。GCC 的设计初衷是为 GNU 专门编写的一款编译器，GNU 是彻底的自由软件。在开发 C 语言方面，GCC 和本章前面讲解的 DEV C++差不多，所以接下来将不再讲解这款开发工具，而是重点讲解它的变种工具 C4droid。C4droid 是能够在 Android 手机上开发 C 和 C++语言的工具，是基于 GCC 实现的。

（1）在网络中搜索关键字"C4droid"，该软件的各个版本的功能都差不多，到目前为止它都是".apk"格式的，读者下载后可以直接进行安装。

（2）安装成功后，在第一次打开 C4droid 时系统会提示安装 GCC 和 SDL，这两项是必须安装的。

（3）安装成功并打开 C4droid 后，会发现它和计算机中的开发工具类似，也具备编码、打开、编译、运行和保存等常见功能，如图 2-36 所示。

（4）将文件 first.c 在 C4droid 中打开后的效果如图 2-37 所示。

（5）依次单击图 2-37 右下角的编译和运行按钮后可以查看运行结果，它和在计算机中的运行结果完全一样，如图 2-38 所示。

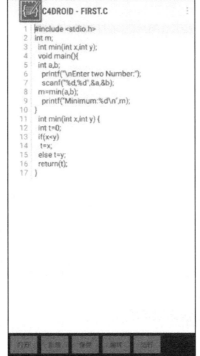

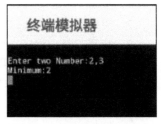

| 图 2-36 C4droid 界面 | 图 2-37 C4droid 编码界面 | 图 2-38 C4droid 调试运行界面 |

2.6 技 术 解 惑

2.6.1 安装 Visual Studio 2017 时遇到的常见问题

Visual Studio 2017 容量巨大，在安装过程中一定要有耐心。如果以前在机器上安装过，那么建议用卸载工具将原来安装的软件完全卸载后再安装，这样会避免很多不必要的麻烦。在安装过程中，系统会多次重新启动，此时读者不要惊慌，计算机重启后将会自动进入安装界面。

另外，因为系统需要安装很多组件（例如数据库和 IIS 等组件），所以，在安装过程中总会出现这样或那样的问题。比较常见的问题是，在安装 Windows 组件时不能安装 IIS 中的 Front Page 服务器扩展，即使已经插入安装光盘了，但却一直提示"将 XP profession service pack 2 CD 插入选定的驱动器"。这是因为 Windows 的系统文件保护不让它通过，解决方法是关闭文件保护功能，关闭方法如下所示。

（1）运行 gpedit.msc 打开组策略。

（2）依次展开"计算机配置→管理模板→系统→Windows 文件保护"。

（3）找到"设置文件保护"双击并修改为"已禁用"，然后重新启动系统就可以了。

上面方法最可行，但是治标不治本，还有一种方法可以彻底修复 Windows 文件。插入系统安装光盘，运行 sfc /scannow 命令检测并修复可能损坏和更改的系统文件。这样就不会再出现提示信息了。当遇到上述问题时，建议读者先试第 1 个方法再试第 2 个方法。

2.6.2　在 Windows 7 中安装 Visual Studio 时遇到的常见问题

在 Windows 7 系统中，安装 Visual Studio 2017 最常见的问题是弹出一个"无法打开数据文件 C:\Users\Administrator\AppData\Local\Temp\SIT16781.tmp\deffactory.dat"的提示。很明显，这是文件 Defactory.dat 的问题。解决办法是将安装包解压缩，找到"setup"目录中的文件 Defactory.dat，用记事本将其打开，删除此文件中的全部内容，然后将下面的内容复制到里面：

```
[Version]
Signature="$Windows NT$"
Provider="Microsoft Visual Studio Team System 2010 Team Suite - CHS"
Version=900.100.00
NullString=Null String
Lang=2052
[Scenario List]
vsscenario.dll
[Scenario Factory Information]
Default Scenario=11E4C8F3-425E-43b9-B689-8BFDF03342E2
```

然后保存并关闭这个文件，最后重新安装即可成功。

2.7　课 后 练 习

1. 编写一个 C 程序，在运行时输入 a、b、c 三个值，使程序输出其中最大值。
2. 使用 Visual Studio 2017 创建一个项目，实现第 1 题中的功能。
3. 编写一个 C 程序，用"*"输出一个长方形。
4. 编写一个 C 程序，用"*"输出一个三角形。
5. 尝试在手机上运行与调试前面 4 个练习中编写的代码。

第 3 章

程序员基本素质的培养

在学习一门编程语言时，不但要掌握这门语言的基本语法和编程思想，还要养成良好的编程习惯。这些好的编程习惯可以在以后的项目中达到事半功倍的效果。而这些编程习惯，也是我们学好 C 语言的基础。本章将简要介绍培养程序员基本素质的方法，从而使读者养成良好的编程习惯。

3.1　养成好的命名习惯

　　任何应用程序在编写完毕后，都要为其命名，在命名时最好要遵循科学合理的命名规则。概括来说，应该遵循如下 3 条规则。

知识点讲解：视频\第 3 章\养成好的命名习惯

　　（1）函数名用大写字母开头的单词来命名。例如：

```
void InitPort(void);
void UpDisplay(void);
```

　　（2）变量用小写字母开头的单词来表示。例如：

```
uchar openLight;
uchar closeLight;
```

　　（3）常量用全大写的字母，并用下画线分隔单词。例如：

```
#define  MAX_TIME 10
#define  MIN_TIME 100
```

　　由于 C 语言是一种简洁的语言，因此其命名也应该是简洁的。同其他主流语言不同的是，编写 C 语言的程序员不使用 ThisVariableIsATemporary 之类的命名方式。一个 C 语言的程序员会将其命名为"tmp"，这很容易书写，且不难理解。

　　当混合类型的名字不得不出现的时候，描述性名字对全局变量来说是很有必要的，调用一个名为"foo"全局函数是很让人烦的。全局变量就像全局函数一样，需要描述性的命名方式。假如有一个函数用来计算活动用户的数量，那么应该用如下的命名方式。

```
count_active_users()
```

　　或者使用另外相近的形式，但是不应命名为下面的形式。

```
cntusr()
```

　　有一种称为 Hungarian 的命名方式，它将函数的类型编码写入变量名中，建议读者不要使用这种方式。因为编译器通常知道这个类型而且会去检查它，所以这样只会迷惑程序员。

　　局部变量的命名应该短小精悍。假如你有一个随机的整数循环计数器，那么它有可能是"i"，如果没有任何可能会使它被误解的话，则将其写作"loop_counter"是效率低下的。同样的"tmp"可以是任何临时数值的函数变量。

　　为了便于后期的程序维护，建议使用表示具体功能的描述字符来作为程序文件名或函数名。例如一个函数的功能是计算，则命名为 sum。

3.2　C 程序文件结构

　　C 语言是一门结构化程序语言，由顺序结构、选择结构和循环结构组成。也可以把 C 语言看作是一门函数语言，它设计的程序功能是由各个函数实现的，每个函

知识点讲解：视频\第 3 章\C 程序文件结构.mp4

数实现某种特定的功能。并且每个 C 程序都是从 main 函数开始的，而不管 main 函数在程序的哪个位置。本节将详细讲解 C 语言程序文件结构的基本知识。

3.2.1　C 程序的组成部分

　　在现实应用中，每个 C 语言程序都由如下几个部分构成。

　　❑ main 函数

　　每个 C 语言程序都必须至少包含一个主函数：main 函数。这是 C 语言程序中唯一必不可

少的组成部分。main 函数的具体格式如下所示。

```
int main(void){
        函数体
    }
```

函数体可以分为说明部分和执行部分，说明部分定义变量的数据类型，而执行部分运行想要结果的指令。

main 函数可以放于程序内的任何位置，程序将首先从 main 函数开始执行，并且大多数也在 main 函数中结束。main 函数可以调用其他的函数，但是其他函数不能调用 main 函数。

❑　文件头引用

在 C 程序中，经常会用到输入函数和数学函数等，这些函数都事先编制好放在各种"头文件"中，开发人员只需引用相应的"头文件"即可使用各种函数。

文件头的格式如下。

```
# include <头文件>
```

在 C 程序中"头文件"的引用就是将头文件的内容整体嵌入到所编写的源程序中。使用"头文件"可以提高程序的效率和稳定性，并减少开发人员的劳动量。程序员只需将所需的功能模块用"include"语句调用并使用即可。C 语言中常用的"头文件"有 stdio.h（输入/输出函数）、math.h（数学函数）和 string.h（字符和字符串函数）等。

❑　变量定义部分

变量是用于存储信息的名称。在程序运行时，程序使用变量存储各种信息。如果在 C 语言中使用变量，则必须在使用前定义它。

❑　函数类型说明部分

此部分的功能是将程序中包含的函数在定义和调用之前进行声明并将有关信息通知给编译系统。函数声明不同于函数定义，后者包含组成函数的实际语句。

❑　函数定义部分

此部分用于完成特定的功能。除了 main 函数和 C 库函数外，其他函数都是用户自定义的函数。这些函数都包括说明部分和函数体，说明部分用于说明函数的名称、类型和属性等信息；而函数体是函数说明部分中"{}"内的部分代码。

❑　注释语句

C 程序中的注释以"/*"符号开始，以"*/"结束，注释的内容不会编译，也不会执行，它可以出现在程序的任何位置。注释可以占一行或多行，当只占一行时，可以使用"//"来开始。

在程序中放入注释语句，可以提高程序的可读性。当程序规模很大或很复杂时，可以通过注释来规划程序的功能，以便于后期维护。

❑　大括号"{}"

{}的功能是将组成 C 函数的程序括起来，{}中的语句称为代码块。

❑　分号"；"

"；"用于表示每条语句的结束，这是 C 语言程序的必要组成部分。

3.2.2　C 程序的格式总结

上节实例让读者了解了 C 语言的基本程序结构，下面的内容将对 C 程序结构进行总结，为读者学习本书后面的知识打下基础。

1．C 语言程序的结构特点

C 语言程序结构的特点如下所示。

❑　一个 C 语言源程序可以由一个或多个源文件组成。

❑　每个源文件可由一个或多个函数组成。

❑ 一个源程序不论由多少个文件组成，都有且只能有一个 main 函数，即主函数。

❑ 源程序可以有预处理命令（include 命令仅为其中一种），预处理命令通常放在源文件或源程序的最前面。

❑ 每一个说明、每一个语句都必须以分号结束。但预处理命令、函数头和花括号"}"之后不能加分号。

2．代码书写规则

为了使书写的代码清晰、便于阅读和易于理解，在书写程序时应遵循以下规则。

❑ 一个说明或一个语句占一行。

❑ 用{}括起来的部分，通常表示程序的某一层次结构。{}一般与该结构语句的第 1 个字母对齐，并单独占一行。

❑ 下一层次的语句或说明可比上一层次的语句或说明缩进若干格后书写，以便程序看起来更加清晰，这样会增加程序的可读性。

3．C 语言的字符集

字符是组成语言的最基本元素。C 语言字符集由字母、数字、空格、标点和特殊字符组成。在字符常量、字符串常量和注释中，还可以使用汉字或其他可表示的图形符号。

❑ 字母：小写字母 a～z 共 26 个，大写字母 A～Z 共 26 个。

❑ 数字：0～9 共 10 个。

❑ 空白符：空格符、制表符、换行符等统称为空白符。空白符只在字符常量和字符串常量中起作用。它在其他地方出现时，只起间隔作用，编译程序会忽略它们。因此在程序中使用空白符与否，对程序编译不产生影响，但在程序的适当地方使用空白符可增加程序的清晰性和可读性。

❑ 标点和特殊字符。

3.3　养成好的 C 语言编程风格

在日常编程过程中，一定要养成良好的编程习惯。好的程序员编写的代码总是错落有致，功能和实现一目了然。作为一名初学者，一定要在学习之初便养成良好的编程习惯，这对于以后的开发工作会有积极的意义。本节将简要讲解 4 个 C 语言开发的编程风格。

知识点讲解：视频\第 3 章\养成好的 C 语言编程风格.mp4

3.3.1　随时使用缩进格式

由于制表符占用 8 个字符，因此缩进也是 8 个字符。有很多怪异的风格将缩进格式定义为 4 个字符（有时甚至设置为两个字符）的深度，这就像试图将圆周率定义为 3 一样让人难以接受。

缩进是为了清楚地定义一个块的开始和结束。特别是当你已经在计算机前面待了 20 多个小时以后，你会发现好的缩进格式使得你对程序的理解更容易。

现在有一些人说，使用 8 个字符的缩进会使代码离右边很近，这样在 80 个字符宽度的终端屏幕上看程序很难受。回答是，但你的程序有 3 个以上缩进的时候，你就应该修改你的程序了。

总之，8 个字符的缩进使得程序更易读，还有一个附加的好处就是在程序嵌套层数太多的时候它能给你警告。这个时候，你应该修改程序了。

3.3.2　注意大括号的位置

另外一个关于 C 程序编程风格的问题是对大括号的处理。同缩进大小不同，几乎没有什么理由去选择一种而不选择另外一种风格。但有一种推荐的风格，它是 Kernighan 和 Ritchie 那本经典的书带来的，它将开始的大括号放在一行的最后，而将结束的大括号放在一行的第一个位置，例如：

```
if (x is true) { we do y }
```

但是，有一种特殊情况：在命名函数时，开始的括号是放在下一行的第一个位置，例如：

```
int function(int x) { body of function }
```

在此需要注意的是，结束的括号所占的那一行是空的，除非它后面跟随着同一条语句的继续符号。如"while"在 do-while 循环中，或者"else"在 if 语句中。例如：

```
do { body of do-loop } while (condition);
```

或：

```
if (x == y) { .. } else if (x > y) { ... } else { .... }
```

虽然这种大括号的放置方法减小了空行的数量，但却没有减少可读性。于是，在屏幕大小受到限制的时候，你可以有更多的空行来写些注释了。

3.3.3 函数的规则

函数应该短小而迷人，而且它应只执行一件事情。它应只覆盖一到两屏，因为只做一件事情，所以要将它做好。

一个函数的最大长度和函数的复杂程度以及缩进大小成反比。如果已经编写了简单但长度较长的函数，而且已经对不同情况做了很多很小的事情，那么编写一个更长一点的函数也是无所谓的。假如要写一个很复杂的函数，而且已经估计到一般人在读这个函数时，他可能都不知道这个函数在说些什么，那么这个时候应使用具有描述性名字的函数。

另外一个需要考虑的是局部变量的数量。它一般不超过 5 个，最多不超过 10 个，否则有可能会出错。若超过，要重新考虑这个函数，并将它们分成更小的函数。人的大脑通常可以很容易地记住 7 件不同的事情，超过这个数量则会引起混乱。

3.3.4 注意注释

虽然注释是很好的，但是过多的注释也是有危险的，不要试图去解释你的代码注释是如何的好。你应该将代码写得更好，而不是花费大量时间去解释那些糟糕的代码。

在通常情况下，注释应说明代码做些什么，而不是怎么做的。而且，要避免将注释插在一个函数体里。假如这个函数确实很复杂，你需要在其中进行注释。那么我们可以写一些简短的注释来说明程序部分，但是要言简意赅。取而代之的是，可将注释写在函数前告诉别人它做些什么事情和为什么要这样做。

3.4 如何成为一名优秀的程序员

信息技术的更新速度是惊人的，程序员的职业生涯是一个要不断学习的过程，如何才能成为一名合格的程序员，一名合格的程序员需要掌握哪些技能呢？

知识点讲解：视频\第 3 章\如何成为一名优秀的程序员.mp4

（1）培养对软件开发的兴趣。

因为不喜欢，所以才感觉痛苦，因为痛苦，所以很难有大的发展，因为一直没有大的进步，所以，更加不喜欢。这样会恶性循环。而正确的做法应该是，先做到对软件开发感兴趣，如何才能做到呢？首先你要对软件本身产生好奇心。做这个工作的人，多数都有这方面的爱好，自然也能感受到其中的乐趣，否则就会痛苦不堪。

（2）给自己进入软件行业一个理由。

想好理由后，写下来，放在一个适当的地方，不要随便看到，但是，永远不要忘掉。

为什么需要这个理由？原因很简单。当我听一些朋友讲述他的苦闷时，总觉得他感觉自己选择软件行业是一个错误。我问他："你当初为什么选择这一行业？"想了半天，他才回答我。我说："你在犹豫，这就证明你已经淡忘了当初为什么要决定入行了"。应该说人生无处不在抉择，一旦选择了就不要放弃。既然选择了就不要轻易后悔，执着地走下去。永远不要把时间浪费到对往事后悔的追忆上。

（3）熟练掌握开发工具。

作为一名程序员至少要熟练掌握两到三种开发工具，这是程序员的立身之本，其中 C/C++和 Java 是重点推荐的开发工具，C/C++以其高效率和高度的灵活性成为开发工具中的利器，很多系统级软件还是用 C/C++编写的。而 Java 的跨平台和与网络的很好结合是 Java 的优势。另外，需要掌握基本的脚本语言，如 Python 等，至少要能读懂这些脚本代码。

（4）熟知数据库。

为什么数据库如此重要？程序员自然有自己的理由：很多应用程序都是以数据库中的数据为中心的。要熟练掌握 SQL 的基本语法。虽然很多数据库产品提供了可视化的数据库管理工具，但 SQL 是基础，是通用的数据库操作方法。

（5）对操作系统有一定的了解。

当前主流的操作系统是 Windows、Linux/UNIX 和一些移动操作系统，熟练地使用这些操作系统是必需的，但只有这些还远远不够。要想成为一个真正的编程高手，需要深入了解操作系统，了解它的内存管理机制、进程/线程调度、信号、内核对象、系统调用、协议栈实现等。Linux 作为开发源码的操作系统，是一个很好的学习平台，它几乎具备了所有现代操作系统的特征。虽然关于 Windows 系统的内核实现机制的资料较少，但通过互联网还是能获取不少资料的。对操作系统有一定的了解后，你会发现自己会上一个新台阶。

（6）懂得 TCP/IP。

在互联网如此普及的今天，如果你还没有对互联网的支撑协议 TCP/IP 有很好的掌握，那么就需要迅速补上这一课。网络技术已改变了软件运行的模式，从最早的客户/服务器结构，到今天的网络服务，再到未来的网格计算，这一切都离不开以 TCP/IP 为基础的网络协议，所以，深入掌握 TCP/IP 是非常必要的。至少，你需要了解 OSI7 层协议模型、IP/UDP/TCP/HTTP 等常用协议的原理和 3 次握手机制。

（7）拥有强烈的好奇心。

什么才是一个程序员的终极武器呢？那就是强烈的好奇心和学习精神，这是程序员永攀高峰的源泉和动力所在。

（8）学好英语。

学习英语真的很重要，它是程序世界的主导语言，是计算机专业本科学生两三年的必修课，是全世界程序高手们互相切磋寻求帮助的主要工具，它还是现在大多数用人单位的敲门砖。

多读英文书。信息技术发展太快，并且由于大部分技术最先出现的时候都是用英文描述的，几个月以后才有中文版本的书出现，因此要想跟上步伐，一定要努力提高自己的英文水平，这样才能跟上信息技术的发展。

（9）学会交流。

可以经常去一些论坛交流，它们都是很不错的，没有不上网的程序员，也没有不在网上取长补短的程序员。不过在问问题之前，自己一定要先努力尝试，再总结自己的想法。动不动就问别人，自己的水平得不到提高，别人也不会一直回答你的问题。

3.5 技 术 解 惑

（1）C 语言的语法结构很简洁精妙，写出的程序也很高效，便于描述算法。大多数程序员愿意使用 C 语言描述算法本身，所以，如果你想在程序设计方面有所建树，那么就必须去学它。

（2）C 语言能够让你深入系统底层，你知道的操作系统，哪一个不是用 C 语言写的？Windows、UNIX、Linux、Mac，它们没有一个例外。如果你不懂 C 语言，怎么可能深入到这些操作系统当中去呢？更不要说去写它们的内核程序了。

（3）很多新型语言都源自 C 语言，C++、Java、C#、J#、perl……哪个不是呢？掌握了 C 语言，可以说就掌握了很多门语言，经过简单的学习后，就可以用这些新型语言去开发项目了，这再一次验证了 C 语言是程序设计的重要基础。现在的用人单位招聘程序员时，在笔试中都要考查 C 语言，所以说要想加入程序员这一行业，就一定要掌握好 C 语言。

3.6 课 后 练 习

1. 搜集和算法有关的学习资料，只看和算法相关的基础内容，学习用编程解决问题的基础理论。
2. 使用 Visual Studio 2017 打开本章前面的 C 程序代码，尝试在程序中添加不同的注释。
3. 使用 Visual Studio 2017 打开本章前面的 C 程序代码，尝试在程序中使用不同的缩进。

第 4 章

C 语言语法

语法是编程语言的核心，只有掌握了语法之后，才能编写出合法的程序语句，完成项目要求。C 语言是一门汇编语言，它集成了传统汇编语言的所有特点。本章将详细介绍 C 语言中的基本语法知识。

4.1　标识符和关键字

C 程序中使用的变量名、函数名、标号等统称为标识符。在 C 语言中，除了库函数的函数名由系统定义外，其余都是由用户自定义的。C 语言规定，标识符只能是由字母（A~Z 和 a~z）、数字（0~9）、下画线（_）组成的字符串，并且第 1 个字符必须是字母或下画线。例如下面的标识符都是合法的。

知识点讲解：视频\第 4 章\谈谈标识符和关键字.mp4

```
a
x
_3x
BOOK_1
sum5
```

而下面的标识符是非法的。

```
3s          以数字开头
s*T         出现非法字符*
-3x         以减号开头
bowy-1      出现非法字符-(减号)
```

为了便于读者掌握标识符，提醒读者在使用标识符时必须注意以下几点。

- 标准 C 语言不限制标识符的长度，但它受各种版本的编译系统限制，同时也受到具体计算机的限制。例如在某版的 C 语言中规定标识符前 8 位有效，当两个标识符的前 8 位相同时，则认为它们是同一个标识符。
- 在标识符中，大小写是有区别的。例如 BOOK 和 book 是两个不同的标识符。
- 标识符虽然可由程序员随意定义，但当标识符用于标识某个量的符号时，命名应尽量有相应的意义，以便阅读理解，真正达到"顾名思义"。
- 所有标识符必须都由字母（a~z，A~Z）或下画线（_）开头。
- 标识符的其他部分可以为字母、下画线或数字（0~9）。
- 在标识符中只有前 32 个字符有效。
- 标识符不能使用 Turbo C 中的关键字。

关键字是由 C 语言规定的具有特定意义的字符串，通常也称其为保留字。用户定义的标识符不应与关键字相同。C 语言中的关键字可以分为以下 3 类。

- 类型说明符：用于定义和说明变量、函数或其他数据结构的类型。
- 语句定义符：用于表示一个语句的功能。如 if...else 就是条件语句的语句定义符。
- 预处理命令字：用于表示一个预处理命令。如前面用到的 include。

4.2　最基本的数据类型

在 C 语言中，数据类型是根据定义变量的性质、表示形式、占据存储空间的多少和构造特点来划分的。在 C 语言中数据类型可分为基本数据类型、构造数据类型、指针类型和空类型四大类。上述各类型的具体结构如图 4-1 所示。

知识点讲解：视频\第 4 章\最基本的数据类型.mp4

1. 基本数据类型

基本数据类型的最主要特点是，其值不可以再分解为其他类型。也就是说，基本数据类型是自我说明的。

2．构造数据类型

构造数据类型是在基本类型基础上产生的复合数据类型。也就是说，一个构造类型的数据可以分解成若干个"成员"或"元素"。每个"成员"都是一个基本数据类型或一个构造类型。在 C 语言中，有以下 3 种构造类型。

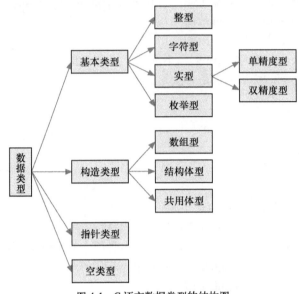

图 4-1　C 语言数据类型的结构图

- ❑　数组类型
- ❑　结构体类型
- ❑　共用体（联合）类型

3．指针类型

指针是一种特殊的类型，同时又是具有重要作用的数据类型。其值表示某个变量在内存中的地址。虽然指针变量的取值类似于整型量，但这是两个完全不同的量，因此不能混为一谈。

4．空类型

空类型是一种特殊的数据类型，它是所有基本类型的基础。在 C 语言中，使用关键字 void 来标识空类型。在调用函数值时，程序通常向调用者返回一个函数值。虽然这个返回的函数值具有一定的数据类型，应在函数定义及函数说明中进行说明。但是，也有一类函数在调用后并不需要向调用者返回函数值，这种函数可以定义为"空类型"，其类型说明符为 void。

4.3　常量和变量

C 语言中的基本数据类型，按其取值可以分为常量和变量两种。在程序执行过程中，值不发生变化的量称为常量，值可变的量称为变量。二者可以和数据类型结合起来进行分类，例如可以分为整型常量、整型变量、浮点常量、浮点变量、字符常量、字符变量、枚举常量、枚举变量。在 C 语言程序中，常量是可以不说明而直接引用的，而变量则必须先定义后使用。本节将对常量和变量进行深入讨论。

> 📹 知识点讲解：视频\第 4 章\
> 常量和变量的深入理解.mp4

4.3.1 常量

在程序执行过程中，其值不发生变化的量称为常量。C 语言中的常量分为如下两种。

1. 直接常量

直接常量是直接根据字面形式即可判别的常量，也称为字面常量。在代码中直接常量可以直接输入数值，例如下面的代码。

```
int mm=100;
float nn=100.01
```

2. 字符常量

在 C 语言中，可以用一个标识符来表示一个常量，这样的常量称为符号常量。定义 C 语言符号常量的方法有如下两种。

（1）用编译指令#define 来定义。

编译指令#define 定义常量的格式如下所示。

```
#define 常量名 常量值
```

其中"常量名"遵循的规则和变量的相同，习惯用大写字母表示符号常量名，小写字母表示变量名。看下面的代码。

```
#define mm 10000
float nn=12.1111
```

上述代码直接将常量值"10000"用字符常量"mm"来代替。

❀ 注意："#define"是一条预处理命令（预处理命令都以"#"开头），称为宏定义命令（在后面预处理程序中将进一步介绍它），其功能是把该标识符定义为其后的常量值。一经定义，以后在程序中出现该标识符的地方均表示该常量值。"#define"语句不以分号结尾，它可以放于源代码的任何位置。在定义常量时，只有在用它定义之后的源代码中，该标识符才有效。

（2）使用关键字 const 来定义。

const 是一个修饰符，在定义一个常量时需要在它前加上此修饰符。在现实开发应用中，经常要在程序中的许多地方用到一个常数，可以给这个常数取个名字，然后该常数都以该名字来代替。

例如，可以用 pi 来表示π值。

```
const float pi=3.1415926;
```

由于有效位的限制，在下面的常量定义中，最后 3 位不起任何作用。

```
const float pi=3.141592653;
```

尽管等号后面的常数是双精度型的，但是因为单精度型常量只能存储 7 位有效位的实数，所以 pi 的实际值为 3.141593（最后 1 位四舍五入了）。如果将常量 pi 的类型改为双精度型，则它能全部接受上述 10 位数字。

程序对于定义成 const 的常量，只能读不能修改，从而防止该值被无意地修改。 由于不可修改，所以在定义常量时必须进行初始化。例如下面的代码。

```
const float pi;
pi=3.1415926;
```

常量名不能放在赋值语句的左边。

在定义常量的过程中，初始化的值可以是一个常量表达式。由于常量在程序运行之前就已经知道了具体的数值，所以在编译时就可以直接求值。但表达式中不能含有某个函数。例如下面的代码。

```
const int size=100 * sizeof(int);
const int number=max(15, 11);
```

因为 sizeof 不是函数，而是 C++中的基本操作符，该表达式的值在编译之前就能确定，所以第 1 个常量定义语句是合法的。第 2 个语句是求函数值，函数一般都要在程序开始运行时才能求值，但该表达式不能在编译之前确定具体的值，所以这是错误的。

一般来说，相同类型的变量和常量在内存中占有相同大小的空间。只不过常量不能通过常量名去修改其所处的内存空间，而变量却可以。

4.3.2　变量

在 C 语言中，值可以改变的量称为变量。变量应该有一个名字，它在内存中占据一定的存储单元。变量定义必须在变量使用之前，一般放在函数体的开头部分。

1. 变量的基本知识

任何一种编程语言都离不开变量，特别是在数据处理的程序中，变量使用非常频繁。没有变量参与的程序甚至会无法编制，即使运行后意义也不大。变量之所以重要，是因为它是编程语言中数据的符号标识和载体。

C 语言是一种应用广泛且便于实现控制的语言，变量在 C 语言中的应用更是灵活多变。变量是内存或寄存器中用一个标识符命名的存储单元，可以存储一个特定类型的数据，并且数据的值在程序运行过程中是可以修改的。程序员一旦定义了变量，那么，变量至少可为我们提供两个信息：一是变量的地址，即操作系统为变量在内存中分配的若干位置的首地址；二是变量的值，也就是变量在所分配的内存单元中所存放的数据。

C 语言中的变量类型有如下几种。

- ❑　数据类型的变量：如字符型 cHar、整型 iTimes、单精度型 faverage。
- ❑　全局变量或者全程变量。
- ❑　局部变量。
- ❑　静态变量，它又分为静态全局变量和静态局部变量，它的修饰字符是 static。
- ❑　寄存器变量：其修饰字符是 register。
- ❑　外部变量：其修饰字符是 extern。

在 C 语言中，变量在内存中占用的大小是由数据类型决定的。对于不同数据类型的变量，为其分配的地址单元数也是不一样的。C 语言中常用的数据类型有布尔型、字符型、短型、整型、长型、单精度型、双精度型。除了上述几种基本的数据类型外，用户还可以自定义所需要的数据类型。

2. 变量作用域

在函数内部说明的变量为局部变量，只有在函数执行时，局部变量才存在。当函数执行完退出后，局部变量会随之消失。也就是说当函数执行完退出后，原先在函数内定义的变量现在就不能用了，这通常由编译器保证，它会阻止编译通过。即原来为这个局部变量分配的内存，现在已经不属于它，它无权再访问了。如果要再使用这些内存单元就必须重新定义变量，并且只有分配给它变量后才可访问它。否则，就会出错，如数组越界访问。

与局部变量不同，全局变量在整个程序中都是可见的，在整个程序的运行过程中，对于任何一个程序它都是可用的。全局变量说明的位置在所有函数之外，但可由任何一个函数使用、读取或者写入。例如下面的代码。

```
int quanju;                      //定义全局变量
int min(int x,int y);
int main(void) {
    int a,b;                     //定义变量
    printf("\n输入数字: ");       //调用库函数中的输出函数
    scanf("%d,%d",&a,&b);        //调用库函数中的输入函数
    quanju =min(a,b);            //调用用户定义的函数
    printf("minimum:%d\n", quanju);
}
int min(int x,int y)             //定义函数
{
    int t=0;                     //声明变量
    //函数体
    if(x<y) t=x;
    else t=y;
    return(t);
}
```

在上述代码中，由于变量 quanju 是一个全局变量，所以它可以在 main 函数内部使用，

也可以在 main 函数的外部使用；而变量 a 和 b 是在 main 函数的内部定义的，所以它只能在 main 函数的内部使用。

3. 变量标识符

在 C 语言中，标识变量名、符号常量名、函数名、数组名、类型名、文件名的有效字符序列称为标识符。标识符是一个名字，C 语言中的标识符必须遵循如下 4 个原则。

❑ 第 1 个字符必须是字母（不分大小写）或下画线（_）。

❑ 后跟字母（不分大小写）、下画线（_）或数字。

❑ 标识符中的大小写字母有区别，如变量 sum、Sum、suM 代表 3 个不同的变量。

❑ 不能与 C 编译系统已经预定义、具有特殊用途的保留标识符（即关键字）同名。比如，不能将标识符命名为 float、auto、break、case、this、try、for、while、int、char、short 和 unsigned 等。

4. 变量的声明

声明 C 语言变量的格式如下。

```
变量类型 变量名;
```

例如，下面的代码分别声明了整型变量 m 和单精度型变量 n。

```
int m;
float n;
```

可以在同一行中同时声明多个变量，两个变量名称之间用逗号隔开。看下面的代码：

```
int m,n;
float a,b;
```

下面将通过一个具体的实例来说明 C 语言变量的使用方法。

实例 4-1　提示用户输入圆的半径，根据输入的半径值计算圆的周长和面积

源码路径　daima\4\4-1\

本实例的实现文件为"area.c"，具体代码如下。

```c
#include <stdio.h>
#define PI 3.14              //定义一个符号常量
int main(void){
    float r,area,circ;        //定义3个变量
    printf("\n enter num:");  //提示用户输入圆的半径
    scanf("%f",&r);
    circ=PI*(2*r);            //计算圆周长
    area=PI*(r)*(r);          //计算圆面积
    printf("\zhouchangshi:%f",circ); //显示结果
    printf("\mianjishi:%f",area);
}
```

拓展范例及视频二维码

范例 4-1-01：计算正方形的面积

源码路径：演练范例\4-1-01\

范例 4-1-02：计算矩形的面积

源码路径：演练范例\4-1-02\

编写代码完毕后，运行上述代码后将首先输出字符"enter num:"。假设在屏幕中输入一个数字"2"，按 Enter 键后将分别输出以此数据作为半径对应的周长和面积，如图 4-2 所示。

```
enter num:2
zhouchangshi:12.560000mianjishi:12.560000
```

图 4-2　运行界面

4.4　整型数据

科学发展就是一个探索过程，要想学好 C 语言的数据类型，也需要我们探索。从本节开始，我们将依次探索 C 语言中的各个数据类型。在此首先学习 C 语言中整

📹 知识点讲解：视频\第 4 章\整型数据.mp4

型数据的基本知识，C 语言的整型数据分为整型常量和整型变量两种。

4.4.1　整型常量

整型常量是整型常数，在 C 语言中有着十分重要的地位。

1. 整型常量的标识形式

在 C 语言中，可以使用如下 3 种形式来表示整型常量。

（1）八进制整型常量。

八进制整型常量必须以 0 开头，即以 0 作为八进制数的前缀。数码取值范围为 0～7。八进制数通常是无符号数。例如下面的常数都是合法的八进制数。

❏　015（十进制为 13）

❏　0101（十进制为 65）

❏　0177777（十进制为 65535）

而下面的常量都不是合法的八进制数。

❏　256（无前缀 0）

❏　03A2（包含了非八进制数码）

❏　-0127（出现了负号）

（2）十六进制整型常量。

十六进制整型常量的前缀为 0X 或 0x。其数码取值范围为 0～9、A～F 或 a～f。

以下各数是合法的十六进制整型常量。

❏　0X2A（十进制为 42）

❏　0XA0（十进制为 160）

❏　0XFFFF（十进制为 65535）

而下面的常量都不是合法的十六进制整型常量。

❏　5A（无前缀 0X）

❏　0X3H（含有非十六进制数码）

（3）十进制整型常量。

十进制整型常量没有前缀，其数码取值范围为 0～9。下面的常量都是合法的十进制整型常量。

❏　237

❏　-568

❏　65535

❏　1627

而下面的常量都不是合法的十进制整常量。

❏　023（不能有前导 0）

❏　23D（含有非十进制数码）

整型常量的长度是不同的，不同类型的整型常量长度的表示方式也不同。在 16 位字长的机器上，基本整型常量的长度也为 16 位，因此表示值数值范围也是有限定的。十进制无符号整型常量的范围为 0～65 535，有符号数的范围为-32 768～+32 767。八进制无符号数的表示范围为 0～0 177 777。十六进制无符号数的表示范围为 0X0～0XFFFF 或 0x0～0xFFFF。如果使用的数字超过了上述范围，就必须用长整型数来表示。长整型数是用后缀"L"或"l"来表示的。

下面的是十进制长整型常量。

❏　158L（十进制为 158）

❏　358000L（十进制为 358 000）

下面的数是八进制长整型常量。

- ☐ 012L（十进制为 10）
- ☐ 077L（十进制为 63）
- ☐ 0200000L（十进制为 65 536）

下面的数是十六进制长整型常量。

- ☐ 0X15L（十进制为 21）
- ☐ 0XA5L（十进制为 165）
- ☐ 0X10000L（十进制为 65 536）

长整数 158L 和基本整型常量 158 在数值上并无区别。但是由于 158L 是长整型常量，所以 C 编译系统将为它分配 4 字节存储空间。而因为 158 是基本整型，所以只为它分配 2 字节的存储空间。因此在运算和输出格式上要予以注意，避免出错。

无符号数也可以用后缀来表示，无符号整型常量的后缀为 "U" 或 "u"。例如：358u、0x38Au 和 235Lu 均是无符号数。

可以同时使用前缀和后缀以表示各种类型的数。例如 0XA5Lu 表示十六进制无符号长整数 A5，其十进制为 165。

2．整型常量的类型

整型常量类型的具体说明如下所示。

（1）如果一个整数的值介于-32 768～+32 767，那么认为它是整型，它可以赋值给整型和长整型变量。

（2）如果一个整数超过了上述范围，而在-2 147 483 648～+2 147 483 647 内，则认为它是长整型，可以将它赋值给一个长整型变量。

（3）如果在某一计算机系统的 C 版本（例如 Turbo C）中，已知短整型与整型数据在内存中的长度相同，则它的范围与整型相同。因此，一个整型常量同时也是一个短整型常量，可以赋给整型或短整型变量。

（4）一个整型常量后面加一个字母 u 或 U，则它是无符号整型，如 12345u，在内存中按无符号整型规定的方式存储数据（存储单元中最高位不是符号位，而用来存储数据）。如果写成-12345u，则先将-12345 转换成其补码 53191，然后按无符号数存储。

（5）在一个整型常量后面加一个字母 l 或 L，则认为它是长整型常量。例如 123l、432L、0L 等，它们往往用于函数调用中。如果函数的形参为长整型，则要求实参也为长整型。

4.4.2 整型变量

因为计算机只能识别二进制数据，所以无论多么复杂的数据，最后都会以二进制形式存储在内存中。不同的数据类型在内存中占用的空间是不同的，对它们执行数学运算的运算符也不相同。例如，存储小型整数时需要的内存会较小，计算机对其执行运算的速度就非常快；而大型整数所占用的内存会比较大，计算机对其执行运算的速度就会慢。所以运算在编程领域中是否合理使用数据类型，对整个计算机的效率有很大的影响。

1．整型变量的分类

整型变量可以分为如下 4 类。

（1）基本型：类型说明符为 int，在内存中占有 2 字节。

（2）短整型：类型说明符为 short int 或 short，所占字节和取值范围均与基本型相同。

（3）长整型：类型说明符为 long int 或 long，在内存中占 4 字节。

（4）无符号型：类型说明符为 unsigned。根据上述 3 种类型，无符号型又可以分为如下 3 种类型。

- ☐ 无符号基本型：类型说明符为 unsigned int 或 unsigned。
- ☐ 无符号短整型：类型说明符为 unsigned short。

❏　无符号长整型：类型说明符为 unsigned long。

尽管各种无符号类型所占的内存空间与相应的有符号类型相同，但是由于它省去了符号位，所以它不能表示负数。除非用 unsigned 指定变量为无符号型，否则都是有符号的。例如下面的变量是无符号型的：

```
unsigned int                        //无符号基本整型
unsigned long[int]                  //无符号长整型
```

在 C 语言中默认格式是有符号型的，加上修饰符"signed"也表示是有符号数。有符号整型变量的最大位为 32 767，无符号整型变量的最大值为 65 535。

在 Turbo C 中各种整型量所占用的内存及表示范围是不同的，具体如表 4-1 所示。

表 4-1　整数类型

类型说明符	数的范围	字节数
int	$-32\,768\sim32\,767$，即$-2^{15}\sim$（$2^{15}-1$）	2
unsigned int	$0\sim65\,535$，即 $0\sim$（$2^{16}-1$）	2
short int	$-32\,768\sim32\,767$，即$-2^{15}\sim$（$2^{15}-1$）	2
unsigned short int	$0\sim65\,535$，即 $0\sim$（$2^{16}-1$）	2
long int	$-2\,147\,483\,648\sim2\,147\,483\,647$，即$-2^{31}\sim$（$2^{31}-1$）	4
unsigned long	$0\sim4\,294\,967\,295$，即 $0\sim$（$2^{32}-1$）	4

2．声明整型变量

声明整型变量的格式如下所示。

```
类型  变量名;
```

其中，"类型"可以是表 2-1 所示的各种类型，下面都是整型变量。

```
int a,b,c;                          //a、b、c为整型变量
long x,y;                           //x和y为长整型变量
unsigned p,q;                       //p和q为无符号整型变量
```

实例 4-2　计算两个整型变量的和

源码路径　　daima\4\4-2

本实例的实现文件为"jisuan.c"，具体代码如下。

```c
#include <stdio.h>
int main(void)
{
    int a,b;                        //声明两个整型变量
    a=123;                          //赋值
    b=1;
    printf("%d\n",a+b);             //显示结果
    printf("(unsigned)%u\n",a+b);
}
```

拓展范例及视频二维码

范例 4-2-01：求整数的绝对值
源码路径：演练范例\4-2-01\

范例 4-2-02：求长整数的绝对值
源码路径：演练范例\4-2-02\

运行上述程序，将输出整型变量 a 和 b 的和，如图 4-3 所示。

图 4-3　最终执行效果

上述实例在书写变量时，应该注意以下 4 点。

（1）允许在一个类型说明符后，定义多个有相同类型的变量。各变量名之间用逗号分隔。类型说明符与变量名之间至少用一个空格来间隔。

（2）最后一个变量名之后必须以";"号结尾。

（3）变量的定义必须放在变量使用之前，一般放在函数体的开头部分。

（4）在对变量进行定义和运算时，要注意变量的取值范围，以防止溢出错误。看下面的代码：

```
int main(void){
    long x,y,z;
    int a,b,c,d;
    x=1;
    y=2;
    z=2;
    a=3;
    b=4;
    c=x+a;
    d=y+b;
    printf("c=x+a=%d,d=y+b=%d\n",c,d);
}
```

在上述代码中，变量 x、y、z 是长整型变量，变量 a 和 b 是基本整型变量。它们之间允许进行运算，运算结果为长整型。但是变量 c 和 d 定义为基本整型，因此最后结果为基本整型。这就说明不同类型的变量可以进行运算并相互赋值。其中类型转换是由编译系统自动完成的。

4.5 实型数据

在现实应用中，可以将 C 语言中的实型数据分为实型常量和实型变量两种。本节将详细讲解这两种实型数据的基本知识，为读者学习本书后面的知识打下基础。

知识点讲解：视频\第 4 章\实型数据.mp4

4.5.1 实型常量

实型也称为浮点型，所以实型常量也称为实数或者浮点数。在 C 语言中，实数只采用十进制的形式。它有如下两种形式。

（1）十进制数小数形式。

由数字 0~9 和小数点组成，并且必须有小数点。例如下面的数都是合法的实数。

0.0、25.0、5.789、0.13、5.0、300、−267.8230

（2）指数形式。

它由十进制数、阶码标志"e"或 E 以及阶码（指数）组成，但是在阶码标志"e"或"E"之前必须有数字，并且其后的阶码必须为整数。其一般形式为：

a E *n*（*a* 为十进制实数，*n* 为十进制整数）

例如下面的数都是合法的实数。

- ❑ 2.1E5（等于 2.1×10^5）
- ❑ 3.7E−2（等于 3.7×10^{-2}）
- ❑ 0.5E7（等于 0.5×10^7）
- ❑ −2.8E−2（等于 -2.8×10^{-2}）

而下面的数不是合法的实数：

- ❑ 345（无小数点）
- ❑ E7（阶码标志 E 之前无数字）
- ❑ −5（无阶码标志）
- ❑ 53.−E3（负号位置不对）
- ❑ 2.7E（无阶码）

标准 C 语言允许浮点数使用后缀，后缀为"f"或"F"，这表示该数为浮点数，例如"356f"和"356"是等价的。另外实数的指数形式有许多种，例如 123.12 可以表示为以下几种形式。

- ❑ 123.12e0

❏　12.312e1

❏　1.2312e2

❏　0.12312e3

通常将 1.2312e2 称为"规范化的指数形式"，即对于阶码标志"e"或"E"之前的小数部分，小数点左边有且只能有一个非零数字。一个实数在用指数形式输出时，是按规范化的指数形式输出的。

4.5.2　实型变量

实型变量占用的内存比整型变量要多，因为它有小数部分。在一般情况下，一个实型数据占用 4 字节内存，并且是以指数形式存储的。系统会把一个实型数据分为小数部分和指数部分，分别进行存储，并且需要遵循如下两条规则。

❏　小数部分占的位（bit）数越多，数值的有效数字就越多，精度就越高。

❏　指数部分占的位数越多，则表示的数值范围越大。

1.　实型变量的分类

在 C 语言中，实型变量分为单精度（float）型、双精度（double）型和长双精度（long double）型 3 类。

在 Turbo C 中单精度型占 4 字节（32 位）的内存空间，其数值范围为 3.4E-38～3.4E+38，它只能提供 7 位有效数字。双精度型占 8 字节（64 位）的内存空间，其数值范围为 1.7E-308～1.7E+308，它可提供 16 位有效数字。具体说明如表 4-2 所示。

表 4-2　实型变量的类别

类型说明符	位数（字节数）	有效数字	数的范围
float	32（4）	6～7	$10^{-37} \sim 10^{38}$
double	64（8）	15～16	$10^{-307} \sim 10^{308}$
long double	128（16）	18～19	$10^{-4931} \sim 10^{4932}$

2.　声明实型变量

在 C 语言中，实型变量的格式和书写规则与整型变量相同，只是将类型设置为"float"和"double"。例如下面的格式。

```
float x,y;           //x、y为单精度实型变量
double a,b,c;         //a、b和c为双精度实型变量
```

3.　实型数据的舍入误差

由于实型变量是由有限的存储单元组成的，所以它能提供的有效数字是有限的，这样就会存在舍入误差。为了避免产生误差，开发人员要避免将一个很大的数和一个很小的数进行运算，以避免产生舍入误差。

实例 4-3　一个很大的数和一个很小的数进行加法运算

源码路径　daima\4\4-3

本实例的实现文件为"error.c"，具体代码如下所示。

```
#include <stdio.h>
int main(void)
{
    float num1,num2;  //定义两个实型变量
    num1=111111111e2;//对一个变量赋很大的值
    num2= num1+10;    //加一个小数
    printf("%f,%f\n", num1, num2);   //输出结果
}
```

运行上述程序后输出运算结果，如图 4-4 所示。

拓展范例及视频二维码

范例 **4-3-01**：求浮点数的绝对值

源码路径：**演练范例**\4-3-01\

范例 **4-3-02**：对浮点数进行舍入

源码路径：**演练范例**\4-3-02\

```
11111110656.000000,11111110656.000000
```

图 4-4　执行效果

从图 4-4 所示的计算结果可以看出，当将很大的实型数据和很小的实型数据进行相加时，其结果不会发生变化。结果中的前 8 位是准确的，而后几位是不准确的。由此可以得出一个结论，很小的数与很大的数相加后，后面几位是没有任何意义的。

✿ 注意：上述代码是对两个差别较大的实型变量进行加法运算。从运算结果可以看出，变量的运算会涉及误差。在现实应用中，还有可能会造成实型数据的溢出。

看下面的代码。

```c
#include <stdio.h>
int main(void)
{
    float a,b,c,d;a=1.2E33;b=0.5E-22;c=0.25E-21;d=a/b;d=d*c;
    printf("c=%f\n ",d);
}
```

将上述具体的溢出代码保存到 "daima\4\4-3\yichu.c" 中，执行上述代码后将会产生溢出错误，这是由于在程序中 a/b 的运算结果超出了单精度型能表示的范围，所以会产生溢出。为此建议读者在使用时，应避免直接用一个较大的数除以一个较小的数。可以将程序的计算部分 d=a/b;d=d*c;改为：d=a*c;d=d/b;或 d=a/b*c;以避免发生溢出。也许有人会提出 d=a/b*c 为什么不产生溢出呢？其原因是，在 Turbo C 中单精度型数据在计算时要先转换为双精度型数据，计算后再转换为单精度型数据赋给单精度型变量 d。

4.5.3　实型常量的类型

在 C 语言中，一个实型常量可以赋值一个单精度型或双精度型。C 编译系统会根据变量类型截取实型常量中相应的有效位数的数字。在实型常量进行运算时，C 编译系统将实型常量作为双精度来处理。对已定义的一个实型变量 f 进行如下运算。

```
f=2.45678 * 4523.65
```

系统将 2.456 78 和 4 523.65 按双精度数据进行存储（占 64 位）和运算，得到一个双精度数，然后取前 7 位赋值给实型变量 f。这样做可以保证计算结果更精确，但是这降低了运算速度。可以在数的后面加字母 f 或 F（如 1.65f，654.87F），这样编译系统就会按单精度（32 位）数来处理。

一个实型常量可以赋值给一个单精度型、双精度型或长双精度型变量。根据变量类型截取实型常量中相应的有效数字。例如在下面的代码中，a 已指定为单精度实型变量。

```
float a;
a=111111.111;
```

因为单精度型变量只能接收 7 位有效数字，所以最后两位小数不起作用。如果 a 改为双精度型，则能全部接收上述 9 位数字并存储在变量 a 中。

4.6　字符型数据

在 C 语言中字符型数据分为字符常量和字符变量两种。本节将详细讲解字符型数据的基本知识，为读者学习本书后面的知识打下基础。

📹📖 知识点讲解：视频\第 4 章\字符型数据.mp4

4.6.1　字符常量

字符常量是用单引号 "'" 括起来的一个字符，例如'a'、'b'、'='、'+'、'?'等。在 C 语言中，字符常量有如下 3 个特点。

- 字符常量只能用单引号括起来，不能用双引号或其他括号。
- 字符常量只能是单个字符，不能是字符串。
- 字符可以是字符集中的任意字符。但数字定义为字符型数据之后就不能参与数值运算了。如'5'和 5 是不同的。'5'是字符常量，不能参与运算。

除了上述形式的字符常量外，C 语言有一种特殊形式的字符常量，它是以"\"开头的字符序列。例如，在 printf 函数中出现的"\n"代表一个换行符。它是一种"控制字符"，在屏幕上是不能显示的。在程序中尤法用一个一般形式的字符来表示，只能采用特殊形式来表示。

常用的以"\"开头的特殊字符如表 4-3 所示。

表 4-3　常用转义字符的说明

转义字符	说明	ASCII 码
\n	回车换行	10
\t	横向跳到下一制表位置	9
\b	退格	8
\r	回车	13
\f	走纸换页	12
\\	反斜线符"\"	92
\'	单引号符	39
\"	双引号符	34
\a	鸣铃	7
\ddd	1~3 位八进制数所代表的字符	—
\xhh	1~2 位十六进制数所代表的字符	—

表 4-3 列出的字符称为"转义字符"，它的意思是将反斜杠（\）后面的字符换成另外的意义。如'\n'中的"n"不代表字母 n 而作为"回车换行"符。

在表 4-3 中最后的两行是用 ASCII 码（八进制数）表示的一个字符，例如'\101'代表 ASCII 码为 65（十进制数）的字符"A"。'\012'（十进制为 10）代表"换行"。用'\376'代表图形字符"■"。用表 4-2 中的方法可以表示任何可输出的字母字符、专用字符、图形字符和控制字符。请注意'\0'或'\000'代表的是 ASCII 码为 0 的控制字符，即"空操作"字符，它将用在字符串中。

实例 4-4　通过转义字符输出指定的文本字符

源码路径　daima\4\4-4

本实例的实现文件为"trance.c"，具体代码如下。

```c
#include <stdio.h>
int main(void)
{
    //输出双引号内的各个字符
    printf(" ab c\t de\rf\tg\n");
    printf("h\ti\b\bj k");//输出双引号内的各个字符
}
```

拓展范例及视频二维码

范例 **4-4-01**：使用转义字符
输出整数
源码路径：演练范例\4-4-01\

范例 **4-4-02**：二级 C 笔试选择题
源码路径：演练范例\4-4-02\

在上述代码中，程序并没有预设字符变量，用 printf 函数直接输出双引号内的各个字符。其中第 1 个 printf 函数在第 1 行左端开始输出"ab c"，遇到"\t"（它的作用是"跳格"）后跳到下一个"制表位置"，在我们所用系统中一个"制表区"占 8 列。"下一制表位置"从第 9 列开始，故在第 9~11 列输出"de"。遇到"\r"【它代表"回车"（不换行）】后返回到本行最左端（第 1 列），输出字符"f"，然后遇到"\t"后再令当前输出位置移到第 9 列,输出"g"。"\n"的作用是,使当前位置移到下一行的开头。第 2 个 printf 函数先在第 1 列输出字符"h",后面的"\t"的作用是使当前位置跳到第 9 列,输出字母"i",然后令当前位置移到下一列(第 10 列)准备输出下一个字符。下面遇到两个"\b","\b"的作用是"退一格",因此"\b\b"的作用是使当前位置回退到第 8 列,接着输出字符"j k"。

运行上述程序后将输出转移后的字符,执行效果如图 4-5 所示。

图 4-5　执行效果

在使用转义字符时,必须注意以下几点。

(1) 在转义字符中只能使用小写字母,每个转义字符只能看作是一个字符。

(2) '\v'(垂直制表)和'\f'(换页符)对屏幕没有任何影响,但会影响打印机执行的操作。

(3) 在 C 程序中,当使用不可打印字符时,通常用转义字符来表示。

(4) 转义字符'\0'表示空字符(NULL),它的值是 0。而字符'0'的 ASCII 码是 48。因此,空字符'\0'不是字符 0。另外,空字符不等于空格字符,空格字符的 ASCII 码为 32 而不是 0。编程序时,读者应当区分清楚。

(5) 如果反斜线之后的字符和它不能构成转义字符,则'\'不起转义作用并将忽略。例如下面的语句。

```
printf("a\Nbc\nDEF\n");
```

会输出:

```
aNbc
DEF
```

(6) 转义字符也可以出现在字符串中,但只能作为一个字符来看待。例如求下面两个字符串的长度(注意不包括双引号,双引号之间的才是字符串)。

❑ "\026[12, m":长度为 6。

❑ "\0mn":长度为 1。

下面的实例演示了使用字符串常量的过程。

实例 4-5　**使用字符串常量**
源码路径　daima\4\4-5

本实例的实现文件为"zichang.c",具体代码如下。

```
#include<stdio.h>          /*包含头文件*/
int main(void){
    printf("我爱足球!\n");  /*输出字符串*/
    return 0;              /*程序结束*/
}
```

代码编写完毕后,执行效果如图 4-6 所示。

图 4-6　执行效果

拓展范例及视频二维码

范例 **4-5-01**:变量的内存寻址
练习 1

源码路径:**演练范例\4-5-01**

范例 **4-5-02**:变量的内存寻址
练习 2

源码路径:**演练范例\4-5-02**

4.6.2　字符串常量

字符串常量是由一对双引号括起的字符序列,例如下面的字符都是合法的字符串常量。

```
"China"
"C program"
"$12.5"
```

字符串常量和字符常量是不同的,它们之间主要区别如下所示。

(1) 字符常量由单引号括起来,字符串常量由双引号括起来。

（2）字符常量只能是单个字符，字符串常量则可以包含一个或多个字符。

（3）可以把一个字符常量赋值给一个字符变量，但不能把一个字符串常量赋值给一个字符变量。在 C 语言中没有相应的字符串变量。这与 BASIC 语言是不同的。但是可以用一个字符数组来存储一个字符串常量。这在相关章节予以介绍。

（4）字符常量占一个字节的内存空间。字符串常量占的内存字节数等于字符串中字节占用的内存空间加 1。增加的 1 字节中存放字符"\0"（ASCII 码为 0）。这是字符串结束的标志。

例如，字符常量'a'和字符串常量"a"虽然都只有一个字符，但在内存中的存储情况是不同的。

4.6.3　字符变量

在 C 语言中，字符变量用来存储字符常量，即单个字符。字符变量的类型说明符是 char。定义字符变量类型的格式和书写规则都与整型变量的相同，具体格式如下。

```
char变量;
```

下面的代码定义了两个字符变量 a 和 b。

```
char a,b;
```

因为每个字符变量都分配了一个字节的内存空间，所以只能存储一个字符。字符值是以 ASCII 码的形式存放在内存单元之中的，例如 x 的十进制 ASCII 码是 120，y 的十进制 ASCII 码是 121。下面的代码是对字符变量 a 与 b 赋值'x'和'y'。

```
a='x';
b='y';
```

将一个字符常量放到一个字符变量中，并不是把字符本身放到内存单元中，而是将此字符相应的 ASCII 代码放到存储单元中。例如下面的代码。

```
char a,b;
ch1='x';
ch2='y';
```

在上述代码中，字符 x 的 ASCII 码为 120，字符 y 的 ASCII 码为 121，将两个字符赋值给字符变量 ch1 和 ch2 后，实际上是在 ch1 和 ch2 这两个单元内存中存储了 120 和 121 的二进制代码。

```
ch1=01111000;
ch2=01111001;
```

可以把 a 和 b 可以视为整型变量。即一个字符既可以以字符形式输出，也可以以整数形式输出。当以字符形式输出时，需要预先将存储单元中的 ASCII 码转换为相应的字符，然后再输出；当以整数形式输出时，直接将 ASCII 码作为整数来输出。

从以上描述可以看出，字符型数据和整型数据之间的转换十分简单和方便。它们之间可以相互赋值，并且可以直接进行运算。在输出时，字符型数据和整型数据是完全通用的，它们既可以以整数形式输出，也可以以字符形式输出。但是字符型数据只占 1 字节，只能存放 0～255 内的整数。整型变量为双字节变量，字符变量为单字节变量，当整型变量按字符型变量处理时，只有低 8 位字节参与处理。

实例 4-6	将字符变量和整型变量相互赋值，并输出运算结果
	源码路径　daima\4\4-6

本实例的实现文件为"copy.c"，具体代码如下。

```
#include <stdio.h>
int main(void){
    int num1;          //声明一个整型变量
    char num2;      //声明一个字符型变量
    num1='a';        //将字符数据赋值给整型变量
    num2=98;         //将整型数据赋值给字符型变量
    num1=num1-32;
    num2=num2-32;//字符数据与整型数据进行算术运算
    printf("%c,%c\n",num1,num2);//以字符形式输出
    printf("%d,%d\n",num1,num2);//以整数形式输出
}
```

拓展范例及视频二维码

范例 **4-6-01**：字符变量的定义与
使用

源码路径：**演练范例\4-6-01**

范例 **4-6-02**：获取浮点数的整数
和小数

源码路径：**演练范例\4-6-02**

运行上述程序后输出的运算结果，如图 4-7 所示。

图 4-7 执行效果

❋ 注意：当输出 char 变量时，如果是%c 则输出字符本身，如果是%d 则输出这个字符所对应的 ASCII 码的十进制值。在实例 4-6 中输入字符 d 时会输出 100。

4.7 初始化变量

在 C 程序中常常需要对变量赋初值，以便使用变量。在 C 语言程序中可以有多种方法为变量赋初值，先介绍在定义变量的同时给变量赋初值的方法。此种方法称为初始化，在变量定义中赋初始值的一般格式如下所示。

知识点讲解：视频\第 4 章\谈谈初始化变量.mp4

```
类型说明符 变量1= 值1, 变量2= 值2, ……;
```

例如下面的代码：

```
int a=3;
int b,c=2;
float x=3.2,y=3f,z=0.75;
char ch1='K',ch2='P';
```

上述代码已为各个变量进行了初始化赋值。但是在定义中不允许连续赋值，例如 a=b=c=7 是不合法的。看下面的一段代码。

```
#include <stdio.h>
int main(void){
    int a=b=c=7;
    b=a+c;
    printf("a=%d,b=%d,c=%d\n",a,b,c);
}
```

上述代码编译并运行后将会产生错误，我们可以对上述代码进行如下修改。

```
#include <stdio.h>
int main(void){
    int a=3,b,c=5;
    b=a+c;
    printf("a=%d,b=%d,c=%d\n",a,b,c);
}
```

执行后将会输出：

```
a=3,b=8,c=5
```

4.8 整型、实型和字符型数据间的运算总结

因为整型数据和实型数据之间可以进行运算，而且字符型数据可以和整型数据通用，所以整型、实型、字符型数据之间是可以进行运算的。但是在进行运算之前，

知识点讲解：视频\第 4 章\整型、实型和字符型数据间的运算总结.mp4

不同类型的数据要先转换成同一种数据类型，然后才能运算。具体的转换方法有两种，一种是自动转换，另一种是强制转换。本节将详细讲解这两种转换方式。

4.8.1 自动转换

自动转换发生在不同数据类型的混合运算中，由编译系统自动完成。自动转换需要遵循如

下 5 条原则。

- □　若参与运算的变量类型不同，则先转换成同一类型，然后再进行运算。
- □　按数据长度增加的方向进行转换，以保证精度不降低。如整型和长整型进行运算时，先把整型量转成长整型后再进行运算。
- □　所有的浮点运算都是以双精度进行的，即使仅含单精度运算的表达式，也要先转换成双精度型，再进行运算。
- □　字符型和短型变量参与运算时，必须先转换成整型。
- □　在赋值运算中，当赋值号两边的数据类型不同时，赋值号右边的类型将转换为左边的类型。如果右边的数据类型长于左边，则将丢失一部分数据，这样会降低精度，丢失的部分按四舍五入进行舍入。

上述转换原则的具体描述如图 4-8 所示。

在图 4-8 中，横向箭头是运算时必须要进行的转换。例如字符型必须转换为整型才可以运算，单精度型必须转换为双精度型才能运算。纵向箭头表示当运算对象的类型不同时的转换方向，例如字符型和单精度型进行运算时，应将字符型转为双精度型后运算。

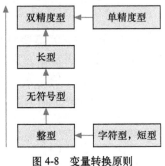

图 4-8　变量转换原则

需要注意的是，字符型转为双精度型的过程是一次性的，不需要中间过程，其他转换同样。不同类型的数据只有转换为图 4-8 所示的相交节点时才能进行运算。看下面的一段代码。

```c
#include <stdio.h>
int main(void)
{
  float PI=3.14159;
  int s,r=5;
  s=r*r*PI;
  printf("s=%d\n",s);
}
```

在上述代码中，PI 为实型，s 和 r 为整型。在执行面积计算语句"s=r*r*PI"时，r 和 PI 都转换成双精度型然后计算，结果也为双精度型。但由于 s 为整型，故赋值结果仍为整型，它舍去了小数部分。

再看下面的代码。

```c
m*n+'b'+23-d/e
```

在上述运算中，需要将 m 转换为整型，n 转换为单精度型，b 和 d 转换为双精度型，e 转换为长型。

因为 C 语言和其他语言一样，都是从左向右扫描运算式的，所以上述运算的具体步骤如下所示。

第 1 步：计算 m×n，整型和单精度型转换为双精度型，先将 m、n 转换为双精度型，再计算，结果为双精度型。

第 2 步：'b'为字符，转换为双精度型后与第 1 步结果进行相加，结果为双精度型。

第 3 步：23 为整型，转为双精度型后运算，结果为双精度型。

第 4 步："/"运算的优先级高于"−"运算，所以先计算 d/e，e 转换为双精度型后运算，结果为双精度型。

请看下面的实例：计算圆的大概面积和精确面积的过程。

实例 4-7　**计算圆的大概面积和精确面积**
源码路径　daima\4\4-7

本实例的实现文件为"zidong.c"，具体代码如下。

```
int main(void){
    float PI = 3.14159;
    int s1, r = 5;
    double s2;
    s1 = r*r*PI;
    s2 = r*r*PI;
    printf("圆的大概面积是%d, 精确面积是
%f \n", s1, s2);
}
```

代码编写完毕后，执行效果如图 4-9 所示。

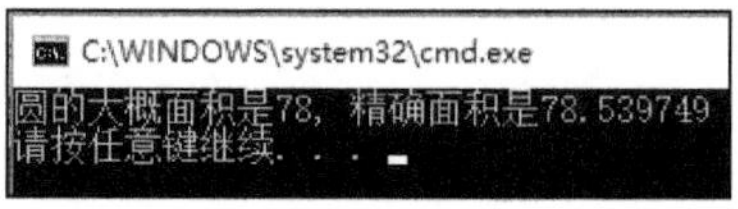

C:\WINDOWS\system32\cmd.exe
圆的大概面积是78, 精确面积是78.539749
请按任意键继续. . .

图 4-9 执行效果

4.8.2 强制转换

强制类型转换是通过类型转换运算实现的，其功能是把表达式的运算结果强制转换成类型说明符所表示的类型。具体格式如下所示。

(类型说明符) (表达式)

例如下面的转换：

```
(float) m                    //把m转换为float型
(int) (m+n)                  //把m+n的结果转换为整型
```

在使用强制转换时应注意如下两个问题。

（1）类型说明符和表达式都必须加括号（单个变量可以不加括号），若把（int）(x+y) 写成（int）x+y 则是把 x 转换成整型之后再与 y 相加了。

（2）无论是强制转换还是自动转换，都只是为了本次运算而对变量的数据长度进行的临时性转换，而不改变数据说明时对该变量定义的类型。

实例 4-8 使用强制转换计算两个数相除
源码路径 daima\4\4-8

本实例的实现文件为 "qiangzhi.c"，具体代码如下。

```
#include <stdio.h>
int main(void){
    int sum = 17, count = 5;
    double mean;
    mean = (double) sum / count;//此处使用强制转换
    printf("sum除以count的结果是：%f\n", mean);
    return 0;
}
```

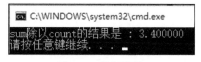
代码编写完毕后，执行效果如图 4-10 所示。

C:\WINDOWS\system32\cmd.exe
sum除以count的结果是 ：3.400000
请按任意键继续. . .

图 4-10 执行效果

4.9 技 术 解 惑

4.9.1 在 C 语言中无符号整型变量和有符号整型变量的定义

在 C 语言中无符号整型变量和有符号整型变量在同一系统中所占用的数据宽度是一样的。

但不同的是以下几点。

- ❑ 有符号整型变量把数据的最高位作为符号位使用，因此它能表示数的正负。16 位变量的表示范围为 –32 368～32 367。32 位变量的表示范围为 –2 147 483 648～2 147 483 647。
- ❑ 无符号整型变量把数据的最高位仍作为数据位来使用，因此它不能表示负数。16 位变量的表示范围为 0～65 535，32 位变量的表示范围为 0～429 967 295。

另外，符号是给编译器使用的。当进行编译时，它会根据是否有符号来决定具体的机器代码指令。实际上，这也同样需要机器代码支持有符号和无符号数据的运算。否则有无符号只会增加机器指令，并无其他意义。

变量相对常量而言是可变的，整型就是整数的形式，这里说的符号并不是 ASCII 码所表示的所有符号，而是正号、负号，就是常说的 +、−。

4.9.2　在 C 语言中字符变量的含义

顾名思义，字符变量就是表示字符的变量，它只有 1 字节。字符编码采用的是美国国家信息交换码——ASCII 码，用 7 位二进制表示，所以 1 字节就足够了。在 C/C++ 中，字符变量和整型变量可以不用强制转换就能互相赋值，只是字符变量赋值为整型时是赋值给了字符的 ASCII 码，且只赋给了整型变量的最低字节（因为整型变量有 4 字节），而反过来赋值时整型变量高位中的 3 字节就会丢失。当有定义 char a='b' 时，用 printf("%c",a) 输出的是 b 而不是 a。我们因此好好理解一下"字符变量"：a 是字符变量，而 'b' 是表示小写字母 b 的 ASCII 码。

4.9.3　如何理解字符型数据的取值范围

字符型数据长度为 1 字节，也就是二进制的 8 位。二进制取值范围为 00000000～11111111，转换成十进制就是 0～255。

4.9.4　怎样将带小数点的字符型数据转换成浮点型

怎么将字符型数据"–0.92，344.77"转换成浮点型数据"–0.92，344.77"？其实在 C 语言中有专门的库函数，它们用于字符串与数字间的转换。当然，也可以自己编程来实现，例如下面的代码。

```c
#include <stdio.h>
#include <conio.h>

int main(void){
    char str[100];
    gets(str);
    double num = 0;
    int i = 0;
    double t = 10;
    while(str[i] != '\0')
    {
        if( str[i] >= '0' && str[i] <= '9')
        {
            if( t == 10)
            num = num * t + str[i] - 48;
            else
            {
                num += ( str[i] - 48 ) * t;
                t = t*0.1;
            }
        }
        if( str[i] == '.' )
        {
            t = 0.1;
        }
        i++;
```

```
    }
    if( str[0] == '-' )
        num = 0 - num;
    printf("%lf\n",num);
    //cout << num << endl;
    return 0;
}
```

4.10 课后练习

1. 假如我国国民生产总值的年增长率为 9%，编写一个 C 程序，计算 10 年后我国国民生产总值与现在相比增长多少个百分点。

2. 假设有 10 000 元，存 5 年，有以下 5 种方案。
   - ❑ 一次存 5 年期，利率 $r_5 = 0.0585$。
   - ❑ 先存两年，到期后将本息再存三年，利率分别为 $r_2 = 0.0468$，$r_3 = 0.054$。
   - ❑ 先存 3 年，到期后将本息再存两年。
   - ❑ 存一年，到期后将本息续存，连续存 5 次，利率 $r_1 = 0.0414$。
   - ❑ 活期存款。活期利息按季度结算，$r_0 = 0.0072$。

   编写一个 C 程序，要求计算上述 5 种方案存款 5 年后的本息之和各是多少？

3. 老师为自己购置了一处房产，从银行贷款的金额为 d，准备每月还款额为 p，月利率为 r，$d=3\,000\,000$，$p=60\,000$，$r=1\%$，对求得的月份取小数点后一位，第 2 位小数按四舍五入来处理。编写一个 C 程序，计算多少个月能还清贷款。

4. 编写一个 C 程序，要求由键盘输入 1 个字母，然后输出其 ASCII 码值。

5. 编写一个 C 程序，要求从键盘上输入 1 个大写字母，并把它转换成小写字母，然后显示出来。

6. 编写一个 C 程序，从键盘上输入两个实型数，求两数的和、差、积，在输出结果时要求小数部分占两位。提示：结果要求保留两位小数，所以输出结果的格式为%.2f。

7. 编写一个 C 程序，计算半径为 r 的圆以及正 n 边形的面积，并且输出计算结果。要求用户输入 r 和 n 的值。

第 5 章

运算符和表达式

即使有了变量和常量，也不能进行日常程序处理，还必须用某种方式将变量、常量的关系表示出来，此时运算符和表达式便应运而生。专用的运算符和表达式可以实现对变量和常量的处理，以满足项目需求。这样就可以对变量和常量进行必要的运算处理，从而实现特定的功能。本章将详细介绍在 C 语言中运算符和表达式的基本知识。

5.1　运算符和表达式的概述

运算符可以算作是一个媒介，是命令编译器对一个或多个操作对象执行某种运算的符号。而表达式则是由运算符、常量和变量构成的式子。C 语言中的运算符和表达式

知识点讲解：视频\第 5 章\运算符和表达式的基本概况.mp4

数量之多，在高级语言中也是很少见的。正是这些丰富的运算符和表达式，才使得 C 语言的功能变得十分完善，这也是 C 语言的主要特点之一。本节将首先简单讲解运算符和表达式的基本知识。

5.1.1　运算符的种类

在 C 语言中，可以将运算符分为以下 10 大类。

（1）算术运算符：用于各类数值运算。包括加（+）、减（-）、乘（*）、除（/）、求余（% 或称模运算）、自增（++）、自减（--）7 种。

（2）关系运算符：用于比较运算。包括大于（>）、小于（<）、等于（==）、大于等于（>=）、小于等于（<=）和不等于（!=）6 种。

（3）逻辑运算符：用于逻辑运算。包括与（&&）、或（||）、非（!）3 种。

（4）位操作运算符：参与运算的量是按二进制位进行运算的。它包括位与（&）、位或（|）、位非（~）、位异或（^）、左移（<<）、右移（>>）6 种。

（5）赋值运算符：用于赋值运算，它分为简单赋值（=），复合算术赋值（+=、-=、*=、/=、%=）和复合位运算赋值（&=、|=、^=、>>=、<<=）三类共 11 种。

（6）条件运算符：这是一个三目运算符，用于条件求值（?:）。

（7）逗号运算符：用于把若干表达式组合成一个表达式（,）。

（8）指针运算符：用于取内容（*）和取地址（&），它共有两种运算。

（9）求字节数运算符：用于计算数据类型所占的字节数（sizeof）。

（10）特殊运算符：有括号()、下标[]、成员（→、.）等几种。

例如下面的运算符都是合法的。

```
a+b
(a*2)/c
(x+r)*8-(a+b)/7
++I
sin(x)+sin(y)
(++i)-(j++)+(k--)
a+=5
```

1. 强制类型转换运算符

强制类型转换运算符可以把表达式的运算结果强制转换成类型说明符所表示的类型。一般的使用格式如下。

```
(类型说明符)  (表达式)
```

例如下面为强制转换代码。

```
(float) a          //功能是把a转换为单精度型
(int)(x+y)         //功能是把x+y的结果转换为整型
```

2. 自增、自减运算符

C 语言主要包括如下两种自增、自减运算符。

❑　自增 1 运算符标记为 "++"，其功能是使变量值自增 1。

❑　自减 1 运算符标记为 "--"，其功能是使变量值自减 1。

自增 1 和自减 1 运算符均为单目运算，都具有向右的结合性，它们有以下 4 种常用形式。

(1) ++i：i 自增 1 后再参与运算。

(2) --i：i 自减 1 后再参与运算。

(3) i++：i 参与运算后，i 的值再自增 1。

(4) i--：i 参与运算后，i 的值再自减 1。

在理解和使用上，容易出错的是 i++ 和 i--。特别是当它们出现在较复杂的表达式或语句中时，因此需要读者仔细分析。看下面的代码。

```c
int main(void) {
    int i=7;
    printf("%d\n",++i);
    printf("%d\n",--i);
    printf("%d\n",i++);
    printf("%d\n",i--);
    printf("%d\n",-i++);
    printf("%d\n",-i--);
}
```

在上述代码中，i 的初值为 7，在第 2 行 i 加 1 后输出为 8；第 3 行减 1 后输出为 7；第 4 行输出 i 等于 7 之后再加 1（为 8）；第 5 行输出 i 等于 8 之后再减 1（为 7）；第 6 行输出-7 之后再加 1（为-6），第 7 行输出-8 之后再减 1（为-9）。

5.1.2 运算符的优先级

优先级，即处理的先后顺序。在日常生活中，无论是排队买票还是超市结账，我们都遵循先来后到的顺序。在 C 语言运算中，也要遵循某种运算秩序。C 语言运算符的优先级共分为 15 级，1 级最高，15 级最低。在表达式中，优先级较高的先于优先级较低的进行运算。当一个运算符号两侧的运算符优先级相同时，则按运算符结合性所规定的结合方向来处理。

如果属于同级运算符，则按照运算符结合性的方向来处理。在 C 语言中各运算符的结合性可以分为如下两种。

❑ 左结合性：从左至右进行运算。

❑ 右结合性：从右至左进行运算。

例如，算术运算符的结合性是从左至右的，即先左后右。如有表达式 x-y+z 则 y 应先与"-"结合，执行 x-y 运算，然后再执行+z 的运算。这种从左至右的结合称为"左结合性"。而从右至左的结合方向称为"右结合性"。最典型的右结合性运算符是赋值运算符。如 x=y=z，由于"="具有右结合性，所以应先执行 y=z 再执行 x=(y=z) 运算。

C 语言运算符有不少为右结合性，应注意区别，以避免理解错误。

C 语言运算符优先级的具体说明如表 5-1 所示。

表 5-1   C 语言运算符的优先级

优先级	运算符	解释	结合方式
1	()、[]、->、.	括号（函数等），数组，两种结构成员访问	由左向右
2	"!"、~、++、--、+、-、"*"、&、(类型)、sizeof	否定，按位否定，增量，减量，正号，负号，间接取地址，类型转换，求大小	由右向左
3	*、/、%	乘，除，取模	由左向右
4	+、-	加，减	由左向右
5	<<、>>	左移，右移	由左向右
6	<、<=、>=、>	小于，小于等于，大于等于，大于	由左向右
7	==、!=	等于，不等于	由左向右
8	&	按位与	由左向右
9	^	按位异或	由左向右

续表

优先级	运算符	解释	结合方式
10	|	按位或	由左向右
11	&&	逻辑与	由左向右
12	||	逻辑或	由左向右
13	?:	条件	由右向左
14	=、+=、-=、*=、/= &=、^=、|=、<<=、>>=	各种赋值	由右向左
15	,	逗号（顺序）	由左向右

5.2 算术运算符和算术表达式

算术表达式是指用算术运算符和括号将运算对象（也称为操作数）连接起来的、符合 C 语法规则的式子。C 语言中的算术运算符有如下几种。

知识点讲解：视频\第 5 章\算术运算符和算术表达式详解.mp4

- ❑ +：加，一目取正。
- ❑ -：减，一目取负。
- ❑ *：乘。
- ❑ /：除。
- ❑ %：取模。
- ❑ ——：减 1。
- ❑ ++：加 1。

C 语言中的算术运算符可以分为单目运算符和双目运算符两种，本节将详细讲解这两种运算符的基本知识。

5.2.1 单目运算符

单目运算符只有一个运算对象。C 语言中的单目运算符有++（自增 1，运算对象必须为变量），——（自减 1，运算对象必须为变量），+（取正），-（取负）共 4 种运算。例如，-a 是对 a 进行一目负操作。

实例 5-1 定义变量并对变量进行单目运算
源码路径　daima\5\5-1

本实例的实现文件为 "yunsuan.c"，具体代码如下。

```c
#include <stdio.h>
int main(void){
    int a=20,b;          //声明两个整型变量
    b=a++;               //将变量a放在自增符号前
    printf("a++=%d\n",b);//输出结果
    a=5;                 //还原变量a
    b=++a;               //将变量a放在自增符号后
    printf("++a=%d\n",b);//输出结果
    a=5;                 //还原变量a
    b=a--;               //将变量a放在自减符号前
    printf("a--=%d\n",b);//输出结果
    a=5;                 //还原变量a
    b=--a;               //将变量a放在自减符号后
    printf("--a=%d\n",b);//输出结果
}
```

拓展范例及视频二维码

范例 5-1-01：基本算数运算符的应用

源码路径：演练范例\5-1-01\

范例 5-1-02：自增自减运算符的应用

源码路径：演练范例\5-1-02\

运行程序后输出变量 a 的运行结果，如图 5-1 所示。

算数运算符的一般结合顺序都是"从左往右"的，但是自增和自减运算符的方向却是"从右向左"的。特别是当++和－－与同级的运算符一起运算时，一定要注意它们的运算顺序。例如-m++，因为-和++属于同级运算符，所以一定要先计算++，然后计算取负。

图 5-1　运行结果

5.2.2　双目运算符

双目运算符是指有两个操作数进行操作的运算符。C 语言中的双目运算符有如下 5 种。

- ❑ +：加
- ❑ －：减
- ❑ *：乘
- ❑ /：除
- ❑ %：取模或取余

实例 5-2	使用取模运算符获取任意小于 1000 的正整数的个位、十位、百位和千位的数字
	源码路径　daima\5\5-2

本实例的实现文件为"he.c"，具体代码如下。

```c
#include <stdio.h>
int main(void){
    unsigned int number,i,j,k,m;
    //提示用户输入一个小于1000的正整数
    printf("Intput a integer(0<integer<1000) :");
    scanf("%d",&number); //获取用户输入的数
    i=number/1000;        //求该的千位数字
    j=number%1000/100;    //求该数的百位数字
    k=number%1000%100/10;//求该数的十位数字
    m=number%1000%100%10;//求该数的个位数字
    printf("%d,%d,%d,%d\n",i,j,k,m);//输出结果
}
```

拓展范例及视频二维码

范例 5-2-01：求直角三角形的边长	
源码路径：演练范例\5-2-01\	
范例 5-2-02：演示复数乘法	
源码路径：演练范例\5-2-02\	

运行上述代码后，在屏幕上会提示输入一个小于 1000 的正整数，例如输入数字 999，按 Enter 键后将分别输出 999 的个位、十位、百位和千位对应的数字，如图 5-2 所示。

图 5-2　执行效果

5.3　赋值运算符和赋值表达式

C 语言的赋值运算符包括基本赋值运算符和复合赋值运算符两种。赋值运算符的含义是给某个变量或表达式赋值，这相当于直接赋值。本节将详细讲解赋值运算符和赋值表达式的基本知识。

知识点讲解：视频\第 5 章\赋值运算符和赋值表达式.mp4

5.3.1　基本赋值运算符

C 语言中的基本赋值运算符标记为"="，由"="连接的式子称为赋值表达式。一般的使

用格式如下。

```
变量=表达式
```

例如下面的代码都是基本赋值。

```
x=a+b
w=sin(a)+sin(b)
y=i+++--j
```

赋值表达式的功能是计算表达式的值再赋值给左边的变量，赋值运算符具有向右结合性。所以 a=b=c=10 可以理解为 a=10，b=10，c=10。

在其他高级语言中，赋值会构成一个称为赋值语句的语句。而 C 语言把"="定义为运算符，从而组成赋值表达式。凡是表达式可以出现的地方均可出现赋值表达式，例如下面的式子是合法的。

```
x=(a=8)+(b=9)
```

上述代码的功能是把 8 赋值给 a，9 赋值给 b，再把 a 和 b 相加，将和赋值给 x，所以 x 值为 17。

实例 5-3 将字符型数据或整型数据赋值给不同的整型和字符型变量
源码路径　daima\5\5-3

本实例的实现文件为"fu.c"，具体代码如下。

```c
#include <stdio.h>
int main(void){
    int a,b,c,d=-15;           //声明整型变量
    unsigned int e,f=10000;    //声明无符号整型变量
    float x,y=9.0001;          //声明实型变量
    char c1,c2='z';            //声明字符型变量
    //将实型数据赋值给整型变量,
    //这将会舍弃小数部分,a只保留整数部分
    a=y;
    x=d;      //将整型数据赋值给实型变量
    //将字符型数据赋值给整型变量,z的ASCII码为122
    //放到整型变量的低8位中,并将其高8位补0
    b=c2;
    c1=d;                      //整型数据赋值给字符型变量
    //错误,无符号整型数10 000赋值给整型变量
    //10 000超出了整型变量范围
    c=f;
    e=d;                       //错误,把负整型数-15赋值给无符号整型
    //显示结果
    printf("\na=%d,b=%d,c=%d,e=%u,x=%f,c1=%c",a,b,c,e,x,c1);
}
```

拓展范例及视频二维码

范例 5-3-01：赋值运算符的基本应用
源码路径：演练范例\5-3-01\

范例 5-3-02：获取随机数
源码路径：演练范例\5-3-02\

运行程序后将分别输出赋值处理后的变量值，如图 5-3 所示。

```
C:\WINDOWS\system32\cmd.exe

a=9,b=122,c=10000,e=4294967281,x=-15.000000,c1=请按任意键继续. . . .
```

图 5-3　输入"1234"后的运行结果

5.3.2　复合赋值运算符

为了简化程序并提高编译效率，C 语言允许在赋值运算符"="之前加上其他运算符，这样就构成了复合赋值运算符。复合赋值运算符的功能是，对赋值运算符左、右两边的运算对象进行指定的算术运算，再将运算结果赋值给左边的变量。

使用复合赋值运算符的具体格式如下。

```
算术运算符=
```

下面都是复合赋值运算符的语句。

```
a+=b;                          //等价于a=a+b;
```

```
a-=b;                          //等价于a=a-b;
a*=b;                          //等价于a=a*b;
a/=b;                          //等价于a=a/b;
a%=b;                          //等价于a=a%b;
```

在复合赋值运算符右边的表达式是一个运算"整体"，不能把它们分开。如 a*=b+10 等价于 a=a*(b+10)。如果把 a*=b+10 理解为 a=a*b+10 就错了。

5.3.3 赋值表达式

用赋值运算符将运算对象连接而成的式子称为赋值表达式。例如：

```
k=(j=1);
```

由于赋值运算符的结合性是从右向左的，因此上述赋值表达式等价于：

```
k=j=1
```

下面都是赋值表达式的例子。

```
int k,a=1,j=5;                 /*a赋值为5
a+=j++;                        /*j的值变为6*/
a=20+(j=7);                    /*a赋值为27*/
a=(j=9)+(k=7);                 /*a赋值为16*/
```

赋值表达式也遵循运算优先级和转换规则，例如 a=2，a+=a-=a*a 的计算过程是：首先从右向左计算 a-=a*a，即 a=a-a*a=2-2*2=-2，此时 a=-2，然后 a+=-2，即 a=a+(-2)=-2-2=-4。

实例 5-4 **实现基本的赋值表达式运算**
源码路径　daima\5\5-4

本实例的实现文件为"num123.c"，具体实现代码如下。

```
#include <stdio.h>
int main(void)
{
    int num1, num2, num3;
    num1= num2= num3=20;
    num 1+= num3;
    num2*= num3;
    printf("num1=%d, num2=%d, num3=%d\n", num1,
 num2, num3);
    printf("num1+= num2*= num2- num3 is %d\n",
num1+= num2*= num2- num3);
    printf("(num1=( num2=4)+( num3=6)) num1=%d \n", num1=( num2=4)+( num3=6));
}
```

拓展范例及视频二维码

范例 5-4-01：赋值表达式的转化
类型
源码路径：演练范例\5-4-01\

范例 5-4-02：复合赋值运算符的
应用
源码路径：演练范例\5-4-02\

上述代码的具体实现流程如下所示。

（1）分别定义 3 个变量 num1、num2 和 num3。

（2）为变量 num1、num2 和 num3 赋初始值为 20，并将 num1 和 num3 的和赋值给 num1。

（3）将变量 num2 和 num3 的积赋值给 num2。

（4）通过 printf ("num1=%d, num2=%d, num3= %d\n", num1, num2, num3) 输出当前的 3 个变量值。

（5）通过 printf ("num1+= num2*= num2- num3 is %d\n", num1+= num2*= num2- num3) 输出 num1+= num2*= num2- num3 表达式的值，具体是先计算 num2*= num2- num3，再计算 num1+= num2。

（6）通过 printf("(num1=(num2=4)+(num3=6)) num1=%d \n", num1=(num2=4)+ (num3=6)) 输出 num1=(num2=4)+(num3=6) 的值，具体是先进行 num2=4 和 num3=6 计算，然后进行 num2+ num3 计算，最后进行 num1= num2+ num3 运算。

运行程序后将分别输出运算表达式的处理结果，执行效果如图 5-4 所示。

图 5-4　执行效果

5.4　关系运算符和关系表达式

在 C 语言程序中经常用到关系运算，关系运算其实就是比较运算。本节将详细讲解在 C 语言中关系运算符和关系表达式的基本知识，这为读者学习本书后面的知识打下基础。

知识点讲解：视频\第 5 章\关系运算符和关系表达式详解.mp4

5.4.1　关系运算符

C 语言提供了如下 6 种关系运算符。

- ❏ <：小于
- ❏ <=：小于等于
- ❏ >：大于
- ❏ >=：大于等于
- ❏ ==：等于
- ❏ !=：不等于

上述关系运算符的优先级低于算数运算符，但高于赋值运算符。其中<、<=、>和>=是同级的，而==和!=是同级的，并且前 4 种的优先级高于后两种。

5.4.2　关系表达式

关系表达式就是用关系运算符将两个表达式连接起来，连接的表达式可以是算数表达式、关系表达式、逻辑表达式、赋值表达式和字符表达式等。例如下面的表达式都是关系表达式。

```
a>b
(a=7)<(b=4)
a+b<c-d
x!=y
b*b>4*a*c
```

任何一个关系表达式的结果均可能为两个值：真和假，其中 1 代表真，0 代表假。假设 x=1，y=2，z=3，看下面关系表达式的含义。

- ❏ fabs(x-y)<1.06E-06：求值顺序为先执行函数运算，再执行<，表达式的结果为 0。
- ❏ z>y+x：求值顺序为先执行+，再执行>，表达式的结果为 0。
- ❏ x!=y==z-2：求值顺序为先执行-，再执行!=，最后执行==（同级从左向右），表达式的结果为 1。
- ❏ x=y==z-1：求值顺序为先执行-，再执行==，最后执行=，表达式的结果为 1。

实例 5-5　比较两个数值并返回比较的结果
源码路径　daima\5\5-5

本实例的实现文件为"guanxi.c"，具体实现代码如下。

```
#include <stdio.h>
int main(void){
```

```
int jieguo,a=6,b=3;                              //声明变量
jieguo=(a>b);                                     //获得关系表达式a>b的结果
printf("jieguo=(a>b)\ni=%d\n",jieguo);           //输出结果
jieguo=(a<b);                                     //获得关系表达式a<b的结果
printf("jieguo=(a<b)\njieguo=%d\n",jieguo);      //输出结果
jieguo=(a>=b);                                    //获得关系表达式a>=b的结果
printf("jieguo=(a>=b)\njieguo=%d\n",jieguo);     //输出结果
jieguo=(a<=b);                                    //获得关系表达式a<=b的结果
printf("jieguo=(a<=b)\njieguo=%d\n",jieguo);     //输出结果
jieguo=(a==b);                                    //获得关系表达式a==b的结果
printf("jieguo=(a==b)\njieguo=%d\n",jieguo);     //输出结果
jieguo=(a!=b);                                    //获得关系表达式a!=b的结果
printf("jieguo=(a!=b)\njieguo=%d\n",jieguo);     //输出结果
}
```

上述代码先定义变量 a 和 b 的初始值，然后将变量 jieguo 定义为关系运算表达式的运算结果。最后通过关系表达式来执行各种操作运算，并输出运算结果。程序运行后将分别输出各个关系表达式的运算结果，执行效果如图 5-5 所示。

图 5-5　执行效果

拓展范例及视频二维码

范例 5-5-01：使用关系运算符
源码路径：**演练范例\5-5-01**

范例 5-5-02：使用关系表达式运算
源码路径：**演练范例\5-5-02**

5.5　逻辑运算符和逻辑表达式

在 C 语言中，逻辑运算就是将关系表达式用逻辑运算符连接起来，并对其求值的运算过程。本节将详细讲解逻辑运算符和逻辑表达式的基本知识。

知识点讲解：视频\第 5 章\逻辑运算符和逻辑表达式详解.mp4

5.5.1　逻辑运算符

C 语言提供了如下 3 种逻辑运算符。

❑ &&：逻辑与。

❑ ||：逻辑或。

❑ !：逻辑非。

其中，"逻辑与"和"逻辑或"是双目运算符，它们要求有两个运算量，例如(A>B)&&(X>Y)。"逻辑非"是单目运算符，只要求有一个运算量，例如!(A>B)。

5.5.2　逻辑表达式

"逻辑与"相当于我们日常生活中说的"并且"，就是在两个条件都成立的情况下"逻辑与"的运算结果才为"真"。"逻辑或"相当于生活中的"或者"，就是当两个条件中有任何一个条件满足时，"逻辑或"的运算结果就为"真"。"逻辑非"相当于生活中的"不"，就是当一个条件为真时，"逻辑非"的运算结果为"假"。

看表 5-2 中 a 和 b 之间的逻辑运算，在此假设 a=5，b=2。

表 5-2 逻辑运算

表达式	结果
!a	0
!b	0
a&&b	1
!a&&b	0
a&&!b	0
!a&&!b	0
a||b	1
!a||b	1
a||!b	1
!a||!b	0

从表 5-2 所示运算结果可以得出如下规律。

（1）在进行与运算时，只要参与运算的两个对象中有一个是假的，则结果就为假。

（2）在进行或运算时，只要参与运算的两个对象中有一个是真的，则结果就为真。

实例 5-6 　对变量进行逻辑运算处理，并输出运算后的结果
源码路径　daima\5\5-6

本实例的实现文件为"luoji.c"，具体实现代码如下。

```c
#include <stdio.h>
int main(void){
    //声明变量并定义初值
    int a=10,b=15,c=20;
    float x=12.345,y=0.1234;
    char ch='x';
    //将各变量进行逻辑运算，并输出结果
    printf("%d,%d\n",x*!y,!!!x);
    printf("%d,%d\n",x||a&&b<c,a+3>b&&x<y);
    printf("%d,%d\n",a==4&&!ch&&(b=9),x+y||a+b||c);
}
```

拓展范例及视频二维码

范例 5-6-01：使用逻辑运算符

源码路径：演练范例\5-6-01\

范例 5-6-02：演示逻辑运算符的
特性

源码路径：演练范例\5-6-02\

上述代码的具体实现流程如下所示。

（1）分别定义整型变量 a、b 和 c 的初始值。

（2）定义单精度型变量 x 和 y 的初始值。

（3）设置字符型变量 ch 值为 x 的值。

（4）计算表达式 x*!y 和 !!!x，并输出结果。

（5）计算表达式 x||a&&b<c，a+3>b&&x<y，并输出结果。

（6）计算表达式 a==4&&!ch&&(b=9)，x+y||a+b||c，并
输出结果。

程序运行后将分别输出运算结果，执行效果如图 5-6 所示。

在实际应用中，使用逻辑表达式的一般形式如下。

图 5-6 执行效果

表达式 逻辑运算符 表达式

其中，"表达式"可以是逻辑表达式，从而组成了嵌套的情形。例如：

(a&&b)&&c

根据逻辑运算符的向左结合性，上式也可写为 a&&b&&c。逻辑表达式的值是式中各种逻辑
运算的最终值，以"1"和"0"分别代表"真"和"假"。

5.6 逗号运算符和逗号表达式

在 C 语言中，逗号 "," 也是一种运算符，称为逗号运算符。其功能是把两个表达式连接起来组成一个表达式，这个表达式称为逗号表达式。本节将详细讲解逗号运算符和逗号表达式的基本知识。

知识点讲解：视频\第 5 章\逗号运算符和逗号表达式详解.mp4

5.6.1 逗号运算符

在 C 语言中，逗号 "," 的用法有两种：一种是用作分隔符，另一种是用作运算符。在变量声明语句、函数调用语句等场合，逗号是作为分隔符来使用的。例如：

```
int a,b,c;
scanf('%f%f%f',&f1,&f2,&f3);
```

C 语言还允许用逗号连接表达式。例如 x=1.6, y=1.1, 12+x, x+y。这里用 3 个逗号运算符将 4 个算术表达式连接成一个逗号表达式。

5.6.2 逗号表达式

逗号表达式的一般格式如下。

```
表达式1，表达式2，表达式3，...，表达式n
```

例如下面就是一个逗号表达式。

```
a=2*6,a-4,a+15;
```

当逗号作为运算符使用时是一个双目运算符，其运算优先级是所有运算符中最低的。逗号运算符的运算顺序是从左向右的，因此上述赋值语句的求值顺序为：先计算 2*6 并赋值给 a（结果是 a=12），再计算 a-4（只计算，不赋值），最后计算 a+15（只计算，不赋值），最终以 27 作为整个逗号表达式的值。但是需要注意的是，后面两个表达式仅计算，而并没有赋值给 a，所以 a 的值仍然为 12。

有时候使用逗号表达式的目的仅是得到各个表达式的值，而并非要得到整个逗号表达式的值。看下面的代码。

```
t=a,a=b,b=t;
```

上述逗号表达式的目的是互换变量 a、b 的值，而不是使用整个表达式的值。

再看下面的代码。

```
int j=5;
a=(a=j+1,a+2,a+3);
```

上述赋值语句的执行顺序为：先对变量 a 赋值 6，再计算 a+2 得 8，再计算 a+3 得 9，最后将 9 作为整个逗号表达式的值赋值给变量 a，使 a 重新赋值为 9。如果将一对括号去掉，那么 a 的值为 6。

再看下面的代码。

```
int x ,y;
y=(x=1,++x,x+2);
```

上述赋值语句的执行顺序为：x 赋值为 1，x 自增 1 得 2，再计算 x+2 得 4，4 作为整个逗号表达式的值赋值给变量 y，因此 y 赋值为 4。

实例 5-7 使用逗号将两个表达式连接起来，并输出运算后的结果
源码路径　daima\5\5-7

本实例的实现文件为 "douhao.c"，具体实现代码如下。

```
#include <stdio.h>
```

```
int main(void)
{
    int a=6,b=7,c=8,x,y;        //声明变量
    x=a+b,b+c;                  //定义逗号表达式
    y=(a+b,b+c);
    printf("%d,%d",x,y);        //输出结果
}
```

拓展范例及视频二维码

| 范例 5-7-01：使用逗号运算符 | |
| 源码路径：演练范例\5-7-01\ | |

| 范例 5-7-02：实现逗号运算 | |
| 源码路径：演练范例\5-7-02\ | |

上述代码的具体实现流程如下所示。

（1）分别定义整型变量 a、b 和 c 的初始值，没有赋值给 x 和 y。

（2）定义逗号表达式 x=a+b，b+c，因为赋值运算符的优先级大于逗号运算符，所以先执行 x=a+b，再执行逗号表达式。

（3）定义逗号表达式 y=(a+b,b+c)，因为有圆括号，所以首先执行 a+b，b+c 这个逗号表达式，再将结果赋值给变量 y。

（4）最后通过 printf 输出结果。

图 5-7　执行效果

运行上述代码后将分别输出逗号表达式的运算结果，如图 5-7 所示。

在执行逗号运算时，由于具体运算结果和变量类型有关，所以在具体运算时一定要注意定义变量的类型。例如，假设 x、y 为双精度型，则表达式 x=1，y=x+3/2 的值是 2.0000000。这是因为 3/2 进行了取整操作，与 x 相加后，赋值给双精度型的 y，逗号表示取右边表达式的值，以方便并列使用一些表达式。例如：for(i=0;i<5;i++,x++)，这样可以使 i 与 x 一起变化，如果没有逗号，则无法达到这样的效果。

5.7　求字节数的运算符

C 语言中求字节数的运算符是 sizeof，其功能是计算数据类型所占的字节数。sizeof 将以字节形式给出操作数的大小。操作数可以是一个表达式或括号内的类型名。sizeof 可以处理数据类型，使用格式如下。

知识点讲解：视频\第 5 章\
求字节数运算符详解.mp4

```
sizeof(type)
```

其中，"type" 是数据类型，它必须包含在括号内。sizeof 也可以用于变量，其使用格式为下面中的一种：

```
sizeof  (var_name)
sizeof  var_name
```

在 C 语言中，求字节数的运算符 sizeof 主要有两个用途。

❑　和存储分配或 I/O 系统等例程进行通信。例如下面的代码。

```
void * malloc (size_t size),
size_t fread(void * ptr,size_t size,size_t nmemb,FILE * stream)
```

❑　计算数组中元素个数。例如下面的代码。

```
void * memset (void * s,int c,sizeof(s))
```

在此需要注意的是，sizeof 运算符不能用于函数类型、不完全类型或位字段。不完全类型指的是具有未知存储大小的数据类型，如未知存储大小的数组类型、未知内容的结构或联合类型、void 类型等。因为 sizeof 可以用于数据类型，所以可以通过 "sizeof（type）" 来获取各个类型在内存中占用的存储单元。

实例 5-8　在当前系统中获取各基本数据类型在内存中占用的空间
源码路径　daima\5\5-8

本实例的实现文件为 "sizeof.c"，具体实现代码如下。

```
#include <stdio.h>
 int main(void){
    //开始显示整型数据在内存中的字节数
    printf("An int is %d bytes\n",sizeof(int));
    printf("A short is %d bytes\n",sizeof(short));
    printf("A long is %d bytes\n",sizeof(long));
    printf("An unsigned int is %d bytes\n",sizeof
(unsigned int));
    printf("An unsigned short is %d bytes\n",si
zeof(unsigned short));
    printf("An unsigned long is %d bytes\n\n",s
izeof(unsigned long));
    //显示实型数据在内存中的字节数
    printf("A float is %d bytes\n",sizeof(float));
    printf("A double is %d bytes\n\n",sizeof(double));
    //显示字符型数据在内存中的字节数
    printf("A char is %d bytes\n",sizeof(char));
    printf("An unsigned char is %d bytes\n",sizeof(unsigned char));
}
```

拓展范例及视频二维码

范例 5-8-01：使用 sizeof 运算符和取值运算符

源码路径：演练范例\5-8-01\

范例 5-8-02：演示类型的强制转换

源码路径：演练范例\5-8-02\

运行上述代码后将输出逗号表达式的运算结果，如图 5-8 所示。

sizeof 运算符的结果类型是 size_t，在头文件 stddef.h 中 typedef 为无符号整型。使用该类型的目的是确保能容纳所创建的最大对象。sizeof 的处理结果如下所示。

（1）若操作数的类型为字符型、无符号字符型或有符号字符型，则其结果等于 1，ANSI C 正式规定字符类型占用 1 字节。

（2）整型、无符号整型、短整型、无符号短型、长整型、无符号长型、单精度型双精度型、长双精度型的 sizeof 在 ANSI C 中没有具体规定，其大小依赖于实现，一般分别为 2、2、2、2、4、4、8、10 字节。

图 5-8　执行效果

（3）当操作数是指针时，sizeof 依赖于编译器。例如在 Microsoft C/C++7.0 中，near 类指针的字节数为 2，far、huge 类指针的字节数为 4。一般 UNIX 的指针字节数为 4。

（4）当操作数为数组类型时，其结果是数组的总字节数。

（5）联合类型操作数的 sizeof 是具有最大字节成员的字节数。结构类型操作数的 sizeof 是这种类型对象的总字节数，并包括任何垫补在内。

5.8　技术解惑

5.8.1　C 语言运算符优先级的详情

因为有太多的初学者询问这个问题，作者精心制作了一个详细的运算符优先级表，如表 5-3 所示。

表 5-3　C 语言运算符优先级

优先级	运算符	名称或含义	使用形式	结合方向	说明
1	[]	数组下标	数组名[常量表达式]	从左到右	
	()	圆括号	（表达式）/函数名（形参表）		
	.	成员选择（对象）	对象.成员名		
	->	成员选择（指针）	对象指针->成员名		
2	−	负号运算符	−表达式	从右到左	单目运算符
	（类型）	强制类型转换	（数据类型）表达式		
	++	自增运算符	++变量名/变量名++		单目运算符
	——	自减运算符	——变量名/变量名——		单目运算符

优先级	运算符	名称或含义	使用形式	结合方向	说明
2	*	取值运算符	*指针变量	从右到左	单目运算符
	&	取地址运算符	&变量名		单目运算符
	!	逻辑非运算符	!表达式		单目运算符
	~	按位取反运算符	~表达式		单目运算符
	sizeof	长度运算符	sizeof（表达式）		
3	/	除	表达式/表达式	从左到右	双目运算符
	*	乘	表达式*表达式		双目运算符
	%	余数（取模）	整型表达式/整型表达式		双目运算符
4	+	加	表达式+表达式	从左到右	双目运算符
	−	减	表达式-表达式		双目运算符
5	<<	左移	变量<<表达式	从左到右	双目运算符
	>>	右移	变量>>表达式		双目运算符
6	>	大于	表达式>表达式	从左到右	双目运算符
	>=	大于等于	表达式>=表达式		双目运算符
	<	小于	表达式<表达式		双目运算符
	<=	小于等于	表达式<=表达式		双目运算符
7	==	等于	表达式==表达式	从左到右	双目运算符
	!=	不等于	表达式!= 表达式		双目运算符
8	&	按位与	表达式&表达式	从左到右	双目运算符
9	^	按位异或	表达式^表达式	从左到右	双目运算符
10	|	按位或	表达式|表达式	从左到右	双目运算符
11	&&	逻辑与	表达式&&表达式	从左到右	双目运算符
12	||	逻辑或	表达式||表达式	从左到右	双目运算符
13	?:	条件运算符	表达式1? 表达式2: 表达式3	从右到左	三目运算符
14	=	赋值运算符	变量=表达式	从右到左	
	/=	除后赋值	变量/=表达式		
	*=	乘后赋值	变量*=表达式		
	%=	取模后赋值	变量%=表达式		
	+=	加后赋值	变量+=表达式		
	-=	减后赋值	变量-=表达式		
	<<=	左移后赋值	变量<<=表达式		
	>>=	右移后赋值	变量>>=表达式		
	&=	按位与后赋值	变量&=表达式		
	^=	按位异或后赋值	变量^=表达式		
	|=	按位或后赋值	变量|=表达式		
15	,	逗号运算符	表达式，表达式，…	从左到右	从左向右的顺序运算

5.8.2 少数运算符在规定表达式中的求值顺序

少数运算符在 C 语言标准中求值顺序是有规定的。具体说明如下所示。

（1）规定&& 和 \|\|从左到右求值，并且在能确定整个表达式值的时候要停止，也就是常说

的短路。

（2）条件表达式的求值顺序是这样的。

```
test ? exp1 : exp2;
```

若条件测试部分 test 非零，则求解表达式 exp1，否则求解表达式 exp2，并且保证在 exp1 和 exp2 之中只求解一个。

（3）逗号运算符的求值顺序是从左到右，并且整个表达式的值等于最后一个表达式的值。注意逗号', '还可以作为函数参数的分隔符、变量定义的分隔符等，这时表达式的求值顺序是没有规定的。

在判断表达式的计算顺序时，优先级高的先计算，优先级低的后计算，当优先级相同时再按结合性，从左至右的顺序计算，或从右至左的顺序计算。

5.8.3 在 C 语言中是否可以进行混合运算

整型（int）、单精度实型（float）、双精度实型（double）可以相互混合运算。由于在字符型（char）数据中，其值代表该字符的 ASCII 码，因而它也可和上述类型的数据进行混合运算。不同类型的数据进行运算时，要先转换成同一类型，然后进行运算。在 C 程序中，有些类型转换是自动的，有些转换是强制进行的，前者称为隐式转换，后者称为显式转换（强制类型转换）。

5.8.4 在一个逻辑条件语句中常数项永远在左侧

请看下面一段代码。

```
int x = 4;
if ( x = 1 ) {
    x = x + 2;
    printf("%d",x);    //输出值为
}
int x = 4;
if ( 1 = x ) {
    x = x + 2;
    printf("%d",x);    //编译错误
}
```

"="是赋值运算符。b = 1 设置变量 b 等于1。"=="为相等运算符。如果左侧等于右侧，则返回 true，否则返回 false。很多初学者使用"="赋值运算符替代"=="相等运算符，其实这是一个常见的输入错误。如果将常数项放在左侧，则将产生一个编译时错误。

5.8.5 赋值处理的自动类型转换

在日常的赋值应用中，如果赋值运算符两边的数据类型不相同，那么系统将自动进行类型转换，即把赋值运算符右边的类型换成左边的类型。具体规则如下所示。

（1）实型赋值为整型：要舍去小数部分。

（2）整型赋值为实型：数值不变，但以浮点形式存放，即增加小数部分（小数部分的值为0）。

（3）字符型赋值为整型：因为字符型占用一个字节，而整型占用两个字节，所以要将字符的 ASCII 码放到整型变量的低 8 位中，高 8 位为零。整型赋值为字符型时，只把低 8 位赋值为字符量。具体来说有如下两种情况。

❑ 如果所用系统将字符处理为无符号变量或对无符号字符型变量赋值，则将字符的 8 位放到整型变量的低 8 位，高 8 位补零。

❑ 如果所用系统（如 Turbo C）将字符处理为带符号的变量（即 signed char），若字符的最高位为 0，则整型变量的高 8 位补零；若字符的最高位为 1，则高 8 位全补 1。这称为"符号扩展"，这样操作的目的是使数值保持不变，如变量 C（字符'\376'）以整数形式输出为-2，所以 i 的值也是-2。

（4）双精度型数据赋值给单精度型数据：只截取其前面的 7 位有效数字，存放在单精度变

量的存储单元中，但是数值不能溢出。例如下面代码将会产生溢出错误。

```
float f;
double d=123.456111e100;
f=d;
```

（5）当将单精度型数据赋值给双精度型数据：数值不变，有效位扩展到 16 位。

（6）将一个整型、长型、短型数据赋值给一个字符型变量：只将其低 8 位原封不动地送到字符型变量中（即截断）。例如下面的赋值：

```
int i=123;
char c='a';
c=i;
```

（7）将带符号的整型数据（int 型）赋给长型变量：这要进行符号扩展，将整型数的 16 位送到长型数的低 16 位中，如果整型数据为正值（符号位为 0），则长型变量的高 16 位补 0；如果整型变量为负值（符号位为 1），则长型变量的高 16 位补 1，以保持数值不变。

（8）将无符号整型数据赋给长整型变量：不存在符号扩展问题，只需将高位补 0 即可。

（9）将一个无符号类型数据赋值给一个字节数相同的整型变量：例如 unsigned int=>int，unsigned long=>long，unsigned short=>short；将无符号型变量的内容直接送到有符号型变量中，但如果数据值超过了相应的整型范围，则会出现数据错误。例如下面的赋值代码。

```
unsigned int a=111111;
int b;
b=a;
```

（10）将有符号型数据赋值给长度相同的无符号型变量：也是直接赋值，原有的符号位也作为数值一起传送。例如下面的代码会将有符号数据传送给无符号变量。

```
int main(void){
    unsigned a;
    int b=-1;
    a=b;
    printf("%u",a);
}
```

因为"%u"是输出无符号数时所用的格式符，所以运行结果为 a 等于 77777。但如果是下面的赋值，因为无符号整型数的范围是 0～65 535，整型数据-1 超出了整型数的范围，所以结果发生错误。

```
int main(void){
    unsigned int a;
    int b=-1;
    a=b;
    printf("%u",a);
}
```

5.9 课后练习

1. 编写一个 C 程序，将华氏温度转换成摄氏温度。转换公式为：$c=5/9 * (f-32)$。其中，f 代表华氏温度，c 代表摄氏温度。

2. 用键盘输入 5 个学生的计算机成绩，计算他们的平均分并保留两位小数。

3. 编写一个 C 程序，将输入的英里转换为千米，1mile=5380ft，1ft=12in，1in=2.54cm，1km=100 000cm。

第 6 章

输入和输出

在本书的前几章中，我们已经多次使用了 printf 函数和 scanf 函数，这两个函数是最为常用的输入和输出函数。C 程序的目的是实现数据的输入和输出，从而最终实现某个软件的具体功能。例如用户输入某个数据，给软件分析后输出分析后的结果。本章将介绍在 C 语言中输入和输出的基本知识。

6.1　C语句的初步知识

C语言程序是由大量的C语句构成的，语句是一条完整的指令，能够控制计算机执行特定的任务。C语句通常是以分号结束的，但#define和#include语句除外。本节将对C语句的基本知识进行详细介绍。

知识点讲解：视频\第6章\
C语句的初步知识.mp4

6.1.1　C语句简介

C语言程序的组成比较复杂，不但有变量和常量等简单元素，还有函数、数组和语句等较大的个体。但是从整体上看，C语言程序的结构比较清晰。具体组成结构如图6-1所示。

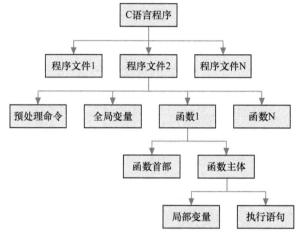

图6-1　C语言程序的结构

C程序的执行部分是由语句组成的，程序功能也是由执行语句实现的。C语言的语句可分为如下5类。

1. 表达式语句

表达式语句由表达式加上分号"；"组成，其一般格式如下。

```
表达式;
```

经常说的执行表达式语句就是计算表达式的值，例如下面是一个赋值表达式。

```
x=3
```

而下面都是语句。

```
x=y+z;                    //赋值语句
y+z;                      //加法运算语句，但不保留计算结果，无实际意义
i++;                      //自增1语句，i值增1
```

从上面的代码可以看出，语句的最显著特点是有分号"；"。

2. 函数调用语句

函数调用语句由函数名、实际参数和分号"；"组成，其一般格式如下所示。

```
函数名(实际参数表);
```

经常说的执行函数语句，就是调用函数体并把实际参数赋值给函数定义中的形参，然后执行被调函数体中的语句来求取函数值。例如下面的函数语句。

```
printf("C Program");
```

上述函数语句可调用库函数，输出字符串。

注意：函数语句也属于表达式语句，因为函数调用也属于表达式的一种。为了便于理解

和使用，才把函数调用语句和表达式语句分开来讲。

3．控制语句

C 语言中的控制语句用于控制程序流程，以实现程序的各种结构方式。它们由特定的语句定义符组成。在 C 语言中有 9 种控制语句，具体可以分为以下 3 类。

- ❑　条件判断语句：包含 if 语句、switch 语句。
- ❑　循环执行语句：包含 do while 语句、while 语句、for 语句。
- ❑　转向语句：包含 break 语句、goto 语句、continue 语句、return 语句。

上述语句都将在后面的内容中进行详细介绍。

4．复合语句

复合语句就是把多个语句用括号"{}"括起来组成的语句，复合语句通常又称为分程序。在程序中应该把复合语句看成是单条语句，而不是多条语句。例如下面的语句就是一条复合语句。

```
x=m+n;
a=b+c;
printf("%d%d"x,a) ;
```

在复合语句内各条语句都必须以分号"；"结尾，在括号"}"外不能加分号。

5．空语句

只有分号"；"的语句称为空语句。空语句是什么也不执行的语句，在程序中空语句可用来作为空循环体。例如下面的第 2 行语句就是空语句。

```
while(getchar()!='\n')
 ;
```

上述语句的功能是，只要键盘输入的字符不是回车符就重新输入。

在 C 语言中，允许在一行上同时写几个语句，也允许将一个语句拆开后写在几行上，书写格式可以不固定。

✤　注意：在 C 语言中，编译器在读取源代码时，只会查找语句中的字符和末尾的分号"；"，而会忽略里面的空白（包括空格、制表符和空行）。所以在编写 C 程序代码时，程序可以写成如下格式。

```
a=b+c;
```

也可以写成如下格式。

```
a=b+     c;
```

甚至可以写成如下格式。

```
a=
b+

c;
```

空白可以忽略并不代表 C 程序中的所有空白都应忽略。字符串中的空白和制表符就不能忽略，应认为它们是字符串的组成部分。字符串常量会用引号将一系列的字符括起来，在编译时会逐字进行解释，而不会忽略其中的空格。例如下面的两段字符串是不相同的。

```
"My name is Guan Xijing"
"My  name is  Guan  Xijing"
```

执行后，后者的间隔会大于前者的，具体间隔的大小和代码中的间隔大小一致。

6.1.2　赋值语句

赋值语句是由赋值表达式加上分号构成的表达式语句，其一般格式如下所示。

```
变量=表达式;
```

赋值语句的功能和特点与赋值表达式相同，是程序中使用最多的语句之一。但是读者在具体使用赋值语句时，需要注意以下 4 点。

（1）因为在赋值符"="右边的表达式可以是一个赋值表达式，所以下述的形式是正确的：

```
变量=(变量=表达式);
```

上述作法就形成了嵌套格式。

将其展开之后，一般格式如下。

```
变量=变量=...=表达式;
```

例如下面的语句：

```
a=b=c=d=e=10;
```

按照赋值运算符的右结合性，上述语句实际上等效于下面的语句。

```
e=10;
d=e;
c=d;
b=c;
a=b;
```

（2）注意在变量说明中给变量赋初值和赋值语句的区别。

给变量赋初值是变量说明的一部分，赋值后的变量与其后的其他同类变量之间仍要用逗号来分隔，而赋值语句则必须用分号";"结尾。例如下面的语句。

```
int a=100,b,c;
```

（3）在变量说明中，不允许连续给多个变量赋初值。例如下面的代码是错误的。

```
 int a=b=c=10
```

它必须修改为如下格式。

```
int a=10,b=10,c=10;
```

而赋值语句允许连续赋值。

（4）注意赋值表达式和赋值语句的区别。

赋值表达式是一种表达式，它可以出现在任何允许有表达式的地方，而赋值语句则不能。例如下面的代码是合法的。

```
if((x=y+10)>0) z=x;
```

上述代码的功能是，如果表达式 x=y+100 大于 0，则 z=x。而下面的代码是非法的：

```
if((x=y+10;)>0) z=x;
```

因为"x=y+10;"是语句，所以不能出现在表达式中。

6.2 打通任督二脉——数据输入和输出

这里的输入、输出是以计算机为主体而言的，即计算机内的输入和输出。由计算机向外部输出设备输出数据称为"输出"，例如显示器、打印机和磁盘；而从外部设备向计算机输入数据则称为"输入"，例如键盘、扫描仪、磁盘和光盘等。

> 知识点讲解：视频\第 6 章\
> 数据输入和输出详解.mp4

在 C 语言中，所有的数据输入、输出操作都是由库函数完成的。C 标准函数库提供了一些输入和输出函数，这些函数都以标准的输入/输出设备为输入/输出对象。

在使用 C 语言库函数时，要用预编译命令 "#include" 将有关 "头文件" 包括到源文件中。使用标准输入/输出库函数时要用到 "stdio.h" 文件，因此源文件开头应有如下的预编译命令。

```
#include<stdio.h>
```

或下面的编译命令。

```
#include"stdio.h"
```

其中，"stdio" 是 standard input &outupt 的意思。因为函数 printf 和 scanf 的使用比较频繁，所以系统允许在使用这两个函数时不用加上面的编译命令。

C 语言中常用的输入/输出函数有 puts 函数、getchar 函数、printf 函数、scanf 函数、puts 函数、gets 函数等。本章将详细介绍上述输入/输出函数的基本知识和使用方法。

6.2.1 putchar 函数

函数 putchar 是字符输出函数，其功能是在显示器上输出单个字符。使用函数 putchar 的格式如下。

```
putchar(字符参数)
```

其中，字符参数可以是实际参数，也可以是字符变量。

在使用函数 putchar 前，必须使用如下文件包含命令。

```
#include<stdio.h>
```

或：

```
#include"stdio.h"
```

函数 putchar 的作用等同于 printf ("%c"，字符参数)，函数 putchar 既可以输出整型变量，也可以输出控制字符，并且在输出控制字符时可执行控制功能，而不是在屏幕上显示某个字符。例如：

```
putchar('A');                        //输出大写字母A
putchar(x);                          //输出字符变量x的值
putchar('\101');                     //也是输出字符A
putchar('\n');                       //换行
```

实例 6-1　**使用 putchar 函数输出指定的字符**
源码路径　daima\6\6-1

本实例的实现文件为"putchar.c"，具体实现代码如下：

```
#include<stdio.h>
int main(void){
    char a='c',b='d',c='e'; //定义3个字符变量
    //输出字符
    putchar(a);putchar(b);putchar(b);putchar
    (c);putchar('\t');
    putchar(a);putchar(b);
    putchar('\n');
    putchar(b);putchar(c);
}
```

拓展范例及视频二维码

范例 **6-1-01**：使用 putchar 函数
源码路径：演练范例\6-1-01\

范例 **6-1-02**：演示 putchar 函数
　　　　　的格式和用法
源码路径：演练范例\6-1-02\

上述代码的具体实现流程如下。

（1）分别定义 3 个字符型变量 a、b 和 c。

（2）通过 putchar(a) 在屏幕中输出 c，通过第 1 个 putchar(b) 在屏幕中输出 d，通过第 2 个 putchar(b) 在屏幕中再输出一个 d，通过 putchar(c) 在屏幕中输出 e，通过 putchar('\t') 跳到下一个制表符。

（3）通过 putchar(a) 和 putchar(b) 分别输出字符 c 与 d。

（4）通过 putchar('\n') 进行换行处理。

（5）通过 putchar(b) 和 putchar(c) 分别输出字符 d 与 e。

运行程序后将在界面中输出指定的字符，如图 6-2 所示。

在上述实例代码中，使用 putchar 函数可输出指定的字符。另外，在使用 putchar 函数时，可以直接以 ASCII 码作为参数。看下面的代码。

图 6-2　输出结果

```
#include "stdio.h"
    main() {
    char c1,c2;
    c1='o';c2='y';
    putchar('\102');putchar(c1);putchar(c2);
}
```

在上述代码中，'\102'表示八进制数 102，八进制数 102 转换成十进制是 66，66 在 ASCII 中对应的是 b，所以上述代码执行后将会输出"boy"。

6.2.2　getchar 函数

函数 getchar 的功能是在键盘上输入一个字符并读取字符的值，其具体使用格式如下所示。

```
getchar();
```

在日常应用中，通常把输入的字符赋值给一个字符变量，构成赋值语句，例如下面的代码。

```
char char1;
char1=getchar();                              //输入字符并把输入的字符赋值给一个字符变量
putchar(char1);                               //输出字符
```

在具体使用函数 getchar 时，应该注意如下 4 点。

（1）getchar 函数只能接受单个字符，输入的数字也按字符来处理。当输入多个字符时，只接收第 1 个字符。

（2）使用 getchar 函数前程序中必须包含文件"stdio.h"。

（3）在 Tuber C 屏幕下运行含本函数的程序时，将退出 Tuber C 屏幕进入用户屏幕等待用户输入。输入完毕再返回 Tuber C 屏幕。

（4）程序的最后两行可以用下面的任意一行来代替。

```
putchar(getchar());
printf("%c",getchar());
```

函数 getchar 有一个整型返回值。当程序调用 getchar 后，程序会一直等候用户按键输入。用户输入的字符存储在键盘缓冲区中，直到用户按 Enter 键为止（回车字符也放在缓冲区中）。当用户按 Enter 键之后，getchar 才开始从 stdin 流中读入字符，每次一个。getchar 函数的返回值是用户输入的第 1 个字符的 ASCII 码，如出错则返回-1，且将用户输入的字符回显到屏幕上。如用户在按 Enter 键之前输入了多字符，则其他字符会保留在键盘缓存区中，等待后续 getchar 函数调用读取。也就是说，后续的 getchar 调用不会等待用户按键，而直接读取缓冲区中的字符，直到缓冲区中的字符读完为后才等待用户按键。

实例 6-2	使用 getchar 函数让用户从键盘上输入一个字符，然后输出输入的字符

源码路径　daima\6\6-2

本实例的实现文件为"getchar.c"，具体实现代码如下。

```
#include<stdio.h>
int main(void){
    char char1;                    //声明变量
    //提示用户输入一个字符
    printf("input a character\n");
    char1=getchar();               //接收字符
    putchar(char1);                //输出字符
}
```

拓展范例及视频二维码

范例 6-2-01：使用 getchar 函数
获取计算结果
源码路径：**演练范例\6-2-01**

范例 6-2-02：使用 getchar 函数
获取数值型常量
源码路径：**演练范例\6-2-02**

上述代码的具体实现流程如下所示。

（1）定义 1 个字符型变量 char1。

（2）通过 printf 输出提示，让用户输入一个字符。

（3）通过 getchar() 获取用户输入的字符。

（4）通过 putchar (c) 输出用户输入的字符。

运行上述代码后在屏幕中将提示用户输入一个字符，例如输入字符 m，按下 Enter 键后将在界面中显示刚刚输入的字符 m，如图 6-3 所示。

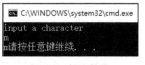

图 6-3　输出结果

在上述代码中，使用 getchar 函数可让用户从键盘中输入一个字符，然后输出输入的字符。实际上 getch 与 getchar 的基本功能相同，唯一差别是 getch 直接从键盘上获取键值，不等待用户按 Enter 键，只要用户按任意一个键 getch 就立刻返回。getch 返回值是用户输入的 ASCII 码，若出错则返回-1，输入的字符不会回显在屏幕上。getch 函数常用于程序调试中，在调试时，在关键位置显示有关的结果以待查看，然后用 getch 函数暂停程序运行，当按任意键后程序继续运行。

6.2.3　printf 函数

函数 printf 又称为格式输出函数，关键字中的最后一个字母"f"有"格式"（format）之意。printf 函数的功能是按用户指定的格式，把指定的数据显示到显示器上。在前面的实例中，已多次使用过这个函数。

1. printf 函数的一般形式

函数 printf 是一个标准库函数，它的函数原型包含在头文件"stdio.h"中。但作为一个特例，不要求在使用 printf 函数之前必须包含 stdio.h 文件。函数 printf 的一般格式如下。

```
printf("格式控制字符串"，输出表列)
```

（1）"格式控制字符串"用于指定输出格式。格式控制字符串分为格式字符串和非格式字符串两种。格式字符串是以%开头的字符串，在%后面跟随各种格式的字符，目的是说明输出数据的类型、形式、长度、小数位数等。例如下面的格式。

❑　"%d"表示按十进制整型输出。

❑　"%ld"表示按十进制长整型输出。

❑　"%c"表示按字符型输出。

非格式字符串在输出时按原样输出，在显示中起到提示作用。

（2）"输出表列"给出了各个输出项，要求格式字符串和各输出项在数量和类型上一一对应。

实例 6-3　使用 printf 函数输出不同格式的变量 a 和 b

源码路径　daima\6\6-3

本实例的实现文件为"printf.c"，具体实现代码如下。

```c
int main(void) {
    int a=50,b=55;                    //声明两个变量
    //按不同的格式输出各个变量
    printf("%d %d\n",a,b);
    printf("%d,%d\n",a,b);
    printf("%c,%c\n",a,b);
    printf("a=%d,b=%d",a,b);
}
```

拓展范例及视频二维码

范例 6-3-01：使用 printf 函数
　　　　　　输出存储的变量
源码路径：演练范例\6-3-01\

范例 6-3-02：使用 printf 函数
　　　　　　输出变量的赋值
源码路径：演练范例\6-3-02\

上述代码输出了变量 a 和 b 的值 4 次。因为格式控制字符串不同，所以输出的结果也不相同。其中在第 4 行的输出语句中，两格式串%d 之间加了一个空格（非格式字符），所以在输出的 a 和 b 之间有一个空格。在第 5 行的 printf 语句格式控制字符串中加入的是非格式字符逗号，因此在输出的 a 和 b 之间加了一个逗号。第 6 行的格式串要求按字符型输出 a 和 b 值。在第 7 行中为了提示输出结果又增加了非格式字符串。

图 6-4　执行效果

执行后将在界面中输出不同格式的 a 和 b 值，如图 6-4 所示。

在上述实例代码中，使用 printf 函数可输出不同格式的 a 和 b 的数据。读者需要注意的是，printf 函数只能输出字符串，并且只能是一个字符串。

2. 格式字符串

使用格式字符串的一般格式如下。

```
%[标志][输出最小宽度][.精度][长度]格式字符
```

其中，方括号"[]"中的部分为可选项。在上述格式中各选项的具体说明如下所示。

❑　格式字符。

格式字符用于标识输出数据的类型，各个格式字符的具体说明如表 6-1 所示。

表 6-1　格式字符的说明

格式字符	说明
d	以十进制形式输出有符号整数（正数不输出符号）
o	以八进制形式输出无符号整数（不输出前缀 0）
x 或 X	以十六进制形式输出无符号整数（不输出前缀 0x）

续表

格式字符	说明
u	以十进制形式输出无符号整数
f	以小数形式输出单、双精度实数
e 或 E	以指数形式输出单、双精度实数
g 或 G	以%f 或%e 中较短的输出宽度输出单、双精度实数
c	输出单个字符
s	输出字符串

❑ 标志字符。

标志字符有-、+、#和空格 4 种，具体说明如表 6-2 所示。

表 6-2 标志字符的说明

标志字符	说明
-	结果左对齐，右边填空格
+	输出符号（正号或负号）
空格	输出值为正时冠以空格，为负时冠以负号
#	对 c、s、d、u 类无影响；对 o 类，在输出时加前缀 o；对 x 类，在输出时加前缀 0x；对于 e 和 f 类，当结果有小数时才给出小数点

❑ 输出最小宽度。

用十进制整数来表示输出的最少位数。若实际位数多于定义的宽度，则按实际位数输出，若实际位数少于定义的宽度则补以空格或零。

❑ 精度。

精度格式符以"."开头，后跟十进制整数。本项的意义是如果输出的是数字，则它表示小数的位数；如果输出的是字符，则它表示输出字符的个数；若实际位数大于所定义的精度数，则截去超过的部分。

❑ 长度。

长度格式符有 h 和 l 两种，其中 h 表示按短整型输出，l 表示按长整型输出，它们可以加在 d、o、x 和 u 的前面。

实例 6-4 通过 printf 格式字符函数输出指定格式的数据
源码路径 daima\6\6-4

本实例的实现文件为"printf.c"，具体的实现代码如下。

```
int main(void){
    //声明变量
    int a=15;
    float b=123.4567890;
    double c=12345678.1234567;
    char d='p';
    //按各种格式输出
    printf("a=%d,%5d,%o,%x\n",a,a,a,a);
    printf("b=%f,%lf,%5.4lf,%e\n",b,b,b,b);
    printf("c=%lf,%f,%8.4lf\n",c,c,c);
    printf("d=%c,%8c\n",d,d);
}
```

拓展范例及视频二维码

范例 **6-4-01**：在表达式中使用
printf 函数
源码路径：**演练范例\6-4-01**

范例 **6-4-02**：使用 printf 函数
输出数值
源码路径：**演练范例\6-4-02**

上述代码的第 9 行以 4 种格式输出整型变量 a 的
值，其中%5d 要求输出宽度为 5，而 a 值为 15 只有两位故要补 3 个空格。第 10 行以 4 种格式输出实型变量 b 的值。其中%f 和%lf 格式的输出相同，这说明 l 对"f"类型无影响。%5.4lf 指

定输出宽度为 5，精度为 4，由于实际长度超过 5 位故应该按实际位数输出，截去小数位数超过 4 位的部分。第 11 行输出双精度实数 %8.4lf，由于它的指定精度为 4 位故截去了超过 4 位的部分。第 12 行输出字符变量 d，其中 %8c 指定输出宽度为 8 故在输出字符 p 之前需补加 7 个空格。

程序执行后将分别在 4 行中输出不同格式的变量值，如图 6-5 所示。

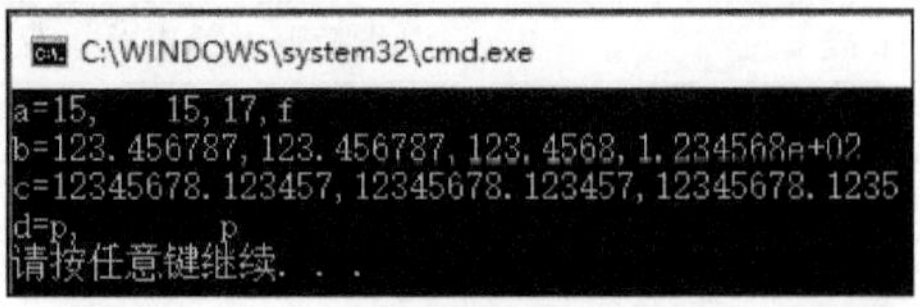

当在 C 程序中使用函数 printf 时，需要注意如下 4 点。

(1) 除了 X、E、G 之外，其他格式字符必须用小写字母表示，例如 %c 不能写成 %C。

(2) d、o、x、u、c、s、f、e、g 等字符用在 "%"

图 6-5　执行效果

后面时为格式符号。一个格式字符串以 "%" 开头。上述格式字符中的一个结束后，在该格式字符串前和后的字符不会误认为是该格式字符串的内容。

(3) 如果想输出字符 "%"，则应该在格式控制字符串中用两个连续的 % 来表示，例如：

```
printf("%f%%",1.0/3);
```

(4) 在使用 printf 函数时还要注意一个问题，那就是输出表列中的求值顺序。不同的编译系统不一定相同，它可能是从左到右，也可能是从右到左。Turbo C 是按从右到左执行的。请看下面的两段代码。

第一段代码如下。

```
int main(void){
    int i=8;
    printf("%d\n%d\n%d\n%d\n%d\n%d\n",++i,--i,i++,i--,-i++,-i--);
}
```

第二段代码如下。

```
int main(void){
    int i=8;
    printf("%d\n",++i);
    printf("%d\n",--i);
    printf("%d\n",i++);
    printf("%d\n",i--);
    printf("%d\n",-i++);
    printf("%d\n",-i--);
}
```

上述两段程序的区别是：第 1 个程序用一个 printf 语句进行输出，第 2 个程序用多个 printf 语句输出。从结果中可以看出它们是不同的。这是因为 printf 函数对输出表中各个量的求值顺序是从右至左进行的。在第 1 个程序中，先对最后一项 "-i--" 求值，结果为-8，然后 i 自减 1 后为 7。再求值 "-i++" 得-7，然后 i 自增 1 后为 8。再对 "i--" 项求值得 8，然后 i 再自减 1 后为 7。再求值 "i++" 得 7，然后 i 再自增 1 后为 8。再求 "--i" 项，i 先自减 1 后输出，输出值为 7。最后才计算输出表列中的第一项 "++i"，此时 i 自增 1 后输出 8。

6.2.4　scanf 函数

函数 scanf 又称为格式输入函数，能够按用户指定的格式从键盘上把数据输入到指定的变量之中。

1. 函数 scanf 的一般形式

函数 scanf 是一个标准的库函数，其函数原型包含在头文件 "stdio.h" 中。和函数 printf 相同，C 语言也允许在使用函数 scanf 之前不必包含 stdio.h 文件。使用函数 scanf 的一般格式如下所示。

```
scanf("格式控制字符串", 地址列表);
```

其中，"格式控制字符串" 的作用与函数 printf 的相同，但是不能显示非格式字符串，即不能显示提示的字符串。地址列表给出各变量的地址。地址是由地址运算符 "&" 后跟变量名组成的。

例如下面的代码分别表示变量 a 和变量 b 的地址。

```
&a, &b
```

上述地址就是编译系统在内存中给变量 a、b 分配的地址。在 C 语言中,地址的概念与其他语言是不同的,应该把变量值和变量地址这两个不同的概念区别开来。变量地址是由 C 编译系统分配的,用户不必关心具体的地址是多少。

例如在赋值表达式 a=123 中给变量赋值,则 a 为变量名,123 是变量值,&a 是变量 *a* 的地址。

在赋值符号左边是变量名,不能写地址。而函数 scanf 在本质上也是给变量赋值,但它要求写变量的地址,例如&a,这二者在形式上是不同的。单独一个&是一个取地址运算符,而&a 是一个表达式,其功能是求变量的地址。

看下面的一段代码。

```
int main(void){
    int a,b,c;
    printf("input a,b,c\n");
    scanf("%d%d%d",&a,&b,&c);
  printf("a=%d,b=%d,c=%d",a,b,c);
}
```

在上述代码中,因为函数 scanf 本身不能显示提示字符,所以先用 printf 语句在屏幕上输出提示用户输入 a、b、c 的值。当执行 scanf 语句后,程序会退出 Turbo C 屏幕进入用户屏幕以等待用户输入。用户输入 7   8   9 后按下 Enter 键,此时系统又将返回 Turbo C 屏幕。在 scanf 函数的格式串中,因为没有非格式字符在 "%d%d%d" 之间作输入时的间隔,所以在输入时要用多个空格或 Enter 键作为两个输入数之间的间隔。

2. 格式字符串

函数 scanf 的格式字符串和函数 printf 的类似,以%开头,以一个格式字符结束,中间可以插入附加的字符。函数 scanf 的格式如下所示。

```
%[*][输入数据宽度][长度]格式字符
```

其中,方括号 "[]" 中的部分为可选项。在上述格式中各选项的具体说明如下所示。

- ❑ 格式字符。

格式字符用于标识输出数据的类型,各格式字符的具体说明如表 6-3 所示。

- ❑ "*" 字符。

用以表示该输入项,读入后不赋值给相应的变量,即跳过该输入值。例如:

```
scanf("%d %*d %d",&a,&b);
```

表 6-3 格式字符的说明

格式	字符意义
d	输入十进制整数
o	输入八进制整数
x	输入十六进制整数
u	输入无符号十进制整数
f 或 e	输入实型数(为小数形式或指数形式)
c	输入单个字符
s	输入字符串

当输入 1、2、3 时,会把 1 赋值给 a,跳过 2,3 赋值给 b。

- ❑ 宽度。

用十进制整数指定输入的宽度(即字符数)。例如:

```
scanf("%5d",&a);
```

如果输入 "12345678",则会把 12345 赋值给变量 a,截去其余部分。例如:

```
scanf("%4d%4d",&a,&b);
```

如果输入"12345678"，则会把 1234 赋值给 a，而把 5678 赋值给 b。

❑ 长度。

长度格式符是 l 和 h，l 表示输入长整型数据（如%ld）和双精度浮点数（如%lf）；而 h 则表示输入短整型数据。

在 C 语言中使用函数 scanf 时，必须注意以下 6 点。

（1）在函数 scanf 中没有精度控制，例如 scanf ("%5.2f", &a);是非法的。不能用此语句输入小数位数为两位的实数。

（2）scanf 中要求给出变量地址，如给出变量名则会出错。例如 scanf ("%d", a);是非法的，应改为 scanf ("%d", &a);这才是合法的。

（3）在输入多个数据时，若格式控制字符串中没有使用非格式字符作为输入数据之间的间隔，则可用空格、制表符或回车符。在编译时如果遇到空格、Tab、Enter 或非法数据（如对"%d"输入"12A"时，A 即为非法数据），则认为该数据输入结束。

（4）在输入字符数据时，若格式控制字符串中无非格式字符，则认为所有输入的字符均为有效字符。例如：

```
scanf("%c%c%c",&a,&b,&c);
```

如果输入 d　e　f，则会把 d 赋值给 a，把空格赋值给 b，把 e 赋值给 c。只有当输入为 def 时，才能把 d 赋值给 a，把 e 赋值给 b，把 f 赋值给 c。如果在格式控制中加入空格作为间隔，例如，

```
scanf ("%c %c %c",&a,&b,&c);
```

则输入时可在各数据之间加空格。

看下面的一段代码。

```
int main(void){
    char a,b;
    printf("input character a,b\n");
    scanf("%c%c",&a,&b);
    printf("%c%c\n",a,b);
}
```

在上述代码中，因为在 scanf 函数"%c%c"中没有空格，所以输入"M　N"后，输出结果中只有 M。而输入改为 MN 时才可以输出 MN 两个字符。

（5）如果格式控制字符串中有非格式字符，则输入时也要输入该非格式字符。例如：

```
scanf("%d,%d,%d",&a,&b,&c);
```

其中，用非格式符"，"作为间隔符时，应为 5、6、7。例如：

```
scanf("a=%d,b=%d,c=%d",&a,&b,&c);
```

此时输入应该为 a=5，b=6，c=7。

（6）如果输入的数据与输出的类型不一致时，虽然编译能够通过，但结果将不正确。

看下面的一段代码。

```
int main(){
    long a;
    printf("input a long integer\n");
    scanf("%ld",&a);
    printf("%ld",a);
}
```

当输入一个长整型数值 123456789 后，输出的数据也是 123456789，即输入和输出数据完全相等，如图 6-6 所示。

图 6-6　执行效果

实例 6-5 **通过函数 scanf 输出用户输入字符的 ASCII 码和对应的大写字母**
源码路径 daima\6\6-5

本实例的实现文件为"scanf.c",具体实现代码如下：

```
int main(void)
{
    char a,b,c;                    //声明3个字符变量
    printf("input lowercase a,b,c\n");
    scanf("%c,%c,%c",&a,&b,&c);//输入3个字母
    //输出3个字符以及它们的大写字母
    printf("%d,%d,%d\n%c,%c,%c\n",a,b,c,a-32,b
-32,c-32);
}
```

拓展范例及视频二维码

范例 6-5-01：演示文本的输入和输出	
源码路径：**演练范例\6-5-01**	
范例 6-5-02：使用 scanf() 函数	
源码路径：**演练范例\6-5-02**	

上述代码的具体实现流程如下所示。

（1）定义 3 个字符型的变量 a、b 和 c。

（2）通过 printf 输出提示，提示用户输入 3 个小写字母。

（3）通过 scanf 将用户输入的数据存储到指定的变量中。

（4）输出对应的 3 个大写字母和 ASCII 码。

程序运行后会在界面窗口中提示输入小写字母，例如输入 m、n、z，按下 Enter 键后将分别输出输入字符 m、n、z 对应的 ASCII 码和对应的大写字母，如图 6-7 所示。

图 6-7 执行效果

6.2.5 puts 函数

函数 puts 的头文件是 stdio.h，其功能是向标准输出设备写字符串并自动换行，直至接收到换行符或 EOF 时停止，并将读取的结果存放在由 str 指针所指向的字符数组中。换行符不作为字符串的内容，读取的换行符转换为空值，并由此来结束字符串。

使用函数 puts 的语法格式如下所示。

```
puts(字符串参数)
```

其中，"字符串参数"可以是字符串数组名或字符串指针，也可以是字面字符串，并且该字符串参数可以包含转义字符，但是不能包含格式字符串。具体说明如下所示。

❑ 函数 puts 只能输出字符串，而不能输出数值或进行格式变换。

❑ 可以将字符串直接写入到函数 puts 中。

❑ 由于函数 puts 可以无限读取，却不会判断上限，所以程序员应该确保 str 的空间足够大，以便在执行读操作时不会发生溢出。

实例 6-6 **通过 puts 函数输出指定的字符串**
源码路径 daima\6\6-6

本实例的实现文件为"puts.c"，具体实现代码如下。

```
#include <stdio.h>
int main(void)
{
    //输出字符串
    puts("The first line.\nThe second line.");
    puts("The third line.");
}
```

拓展范例及视频二维码

范例 6-6-01：使用 puts 函数（1）	
源码路径：**演练范例\6-6-01**	
范例 6-6-02：使用 puts 函数（2）	
源码路径：**演练范例\6-6-02**	

上述代码分别输出了函数 main 中的字符语句。程序运行后将在界面中输出指定的字符串语句，如图 6-8 所示。

从上述实例的具体执行结果可以看出：puts 函数能够把字符数组中所存放的字符串输出到标准输出设备中，并用'\n'取代字符串的结束标志'\0'。

所以在用 puts()函数输出字符串时，不用另加换行符。字符串允许包含转义字符，输出时会产生一个控制操作。该函数一次只能输出一个字符串，而 printf()函数也能输出字符串，并且一次能输出多个。

图 6-8　执行结果

6.2.6　C11 标准函数 gets_s

函数 gets_s 的功能是，从标准输入设备（stdin）上读取 1 个字符串（可以包含空格），并将其存储到字符数组中去，并用空字符（\0）代替输入字符串中的换行符。在 C11 标准之前，此函数名为 gets。函数 gets_s 读取的字符串的长度没有限制，程序员要保证字符数组有足够大的空间，以存放输入的字符串。如果调用成功则返回字符串参数 s；如果遇到文件结束或出错，则返回空值。该函数输入的字符串中允许有空格，而函数 scanf()则不允许。

使用函数 gets 的语法格式如下所示。

```
gets(字符数组)
```

实例 6-7	询问用户的姓名和身高，最后通过 gets_s 函数获取输入的信息，然后通过 puts 函数输出对应的信息

源码路径　daima\6\6-7

本实例的实现文件为"gets.c"，具体实现代码如下。

```
#include <stdio.h>
int main(void){
    char str1[24], str2[2];
    printf("What's your name?\n");
    gets(str1); //等待输入字符串直到按Enter键结束
    puts(str1); //输出输入的字符串
    puts("shengao?");
    gets(str2);
    puts(str2);
```

拓展范例及视频二维码

范例 6-7-01：使用 gets 函数

源码路径：**演练范例\6-7-01**

范例 6-7-02：一段有些复杂的程序

源码路径：**演练范例\6-7-02**

程序运行后将在窗体内提示输入用户的名字和身高，输入后将在界面中输出指定的字符语句，如图 6-9 所示。

图 6-9　执行结果

6.3　技术解惑

6.3.1　gets_s 函数和 scanf 函数的区别

scanf 函数和 gets_s 函数都可用于输入字符串，但在功能上有所区别。若想从键盘上输入字符串"hi hello",则应该使用 gets_s 函数。gets_s 可以接收空格,而 scanf 遇到空格、回车符和制表符都会认为输入结束,所以它不能接受空格。例如:

```
char string[15]; gets_s (string); /*遇到回车符为认为输入结束*/
scanf("%s",string); /*遇到空格会认为输入结束*/
```

在输入字符串中包含空格时,应该使用 gets 输入。

在 C 语言中,至少有两个能够获取字符串的函数:scanf 和 gets_s。二者的不同点如下所示。

- ❏ scanf 不能接受空格、制表符、回车符等。
- ❏ gets_s 能够接受空格、制表符和回车符等。

二者的相同点如下所示:

- ❏ 在字符串结束后会自动加'\0'。
- ❏ 当 scanf 函数遇到回车符、空格和制表符后会自动在字符串后面添加'\0',但是回车符、空格和制表符仍会留在输入的缓冲区中。
- ❏ gets_s 可以接受 Enter 键之前输入的所有字符,并用'\n'替代 '\0',回车符不会留在输入缓冲区中。
- ❏ 用 gets_s 读取字符串,用 Enter 结束输入。
- ❏ scanf 可以读取所有类型的变量。

6.3.2 克服 gets_s 函数的缺陷

在 C 语言中函数 gets_s 是从 stdin 流中读取字符串的函数,此函数接受从键盘上输入的字符直到遇到 Enter 键时终止。函数 gets_s 的原型是:

```
char* gets(char *buff);
```

例如:

```
#include <stdio.h>
int main(void)
{
        charstr[30];
        while(!str!= gets_s (str));
        printf("%s\n",str);
        return 0;
}
```

如果读取成功,gets_s 函数的返回值是和 str 值相同的指针,否则返回空指针。

函数 gets_s 是一个危险的函数,原因是用户在键盘上输入的字符个数可能大于缓冲区的最大值,而函数 gets_s 并不对其检查。当用户在键盘上输入多个数据时,程序有可能会发生崩溃。解决方法是重写一个新的函数 gets_s,原型是:

```
char* Gets(int maxlen)
```

这个函数可让程序员指定输入字符的最大个数,在函数中为字符分配存储空间,函数返回 char*。

这个函数是针对动态数组而编写的,例如:

```
int main(void)
{
        char*p;
    p=Gets(18);
}
```

函数 gets_s 中的参数舍弃传入指针的原因是传入函数的指针可能不可靠,这样会造成程序崩溃,比如传入一个野指针。

另一个 gets_s 函数的原型是:

```
char* const Gets(char* const array,int maxlen);
```

这个函数针对固定长度的字符数组进行输入,例如:

```
int main(void)
{
    charstr[20];
```

```
        Gets(str,20);
        return 0;
}
```

此时函数 gets_s 中的有一个参数是 char* const 类型，原因是它允许程序员修改这个类型指针所指向的内容，但不能修改指针本身。具体实现代码如下。

```
#include <string.h>
#include <stdio.h>
#include <conio.h>
#include <stdlib.h>
#include <io.h>
char* Gets(int maxlen)
//最多从键盘上读入maxlen个字符,返回字符串指针类型
{
        int i;
        staticchar* str;
        char c;
        str=(char*)malloc(sizeof(char) *maxlen);
        if(!str)
        {
                perror("memeoryallocation error!\n");
                return0;
        }
        else
        {
                for(i=0;i<maxlen;i++)
                {
                        c=getchar();
                        if(c!='\n')str[i]=c;
                        elsebreak;
                }
                str[i]='\0';
                returnstr;
        }
}

char* const Gets(char* const array,int maxlen)
{
        int i;
        char c;
        for(i=0;i<maxlen;i++)
        {
                c=getchar();
                if(c!='\n')array[i]=c;
                elsebreak;
        }
        array[i]='\0';
        returnarray;
}

int main(void)
{
        char s[8];
        Gets(s,8);
        puts(s);
fflush(stdin); //刷新输入缓冲区，这很重要，否则会影响下一个Gets函数
        char*p=Gets(8);
        puts(p);
        return 0;
}
```

6.3.3　C 语言的输入和输出问题

请看下面的代码。

```
#include<stdio.h>
int main(void)
{
    putchar(getchar());
    putchar(getchar());
```

```
    putchar(getchar());
    putchar('\n');
}
```

输入 a，按下 Enter 键，输入 b，按下 Enter 键后，运行就结束了。运行结果为：

```
a
a
b
b
```

这是因为当你输入 a 并按下 Enter 键时，系统得到两个字符，一个是 a，另一个是 Enter 键。所以系统会输出 a 和回车符，这是第 2 个 a 的由来。第一个 a 以及紧接着的 Enter 回车符都是用户输入的，它们作为 getchar 的返回值返回给 putchar。所以第 2 个 a 和紧接着的 Enter 键就是 putchar 的两次返回值。b 的产生过程同理。其实，b 后面还有个 Enter 键，只是没在意而已。

造成上述问题的原因是没有清空缓冲区里数据，我们可以将程序修改为如下形式。

```
#include<stdio.h>
int main(void)
{
    putchar(getchar());
    fflush(stdin);
    putchar(getchar());
    fflush(stdin);
    putchar(getchar());
    putchar('\n');
}
```

这样当每次输入后，会强制清空标准输入流。

6.4 课后练习

1. 用下面的 scanf 函数输入数据，其中 a=3, b=7,x=8.5,y=71.82,c1='A',c2='a'，请问在键盘上如何输入？

```
#include <stdio.h>
int main(void)
{
    int a,b;
    float x,y;
    char c1,c2;
    scanf("a=%d b=%d",&a,&b);
    scanf(" %f %e",&x,&y);
    scanf(" %c %c",&c1,&c2);
}
```

2. 请编写一个 C 程序将 "China" 译成密码，密码规律是：用原来字母后面的第 4 个字母代替原来的字母。分别用 putchar 和 printf 函数输出这 5 个字符。

3. 编写一个 C 程序，用 scanf 输入数据，输出计算结果时要求有文字说明，取小数点后两位数字。求圆周长、圆面积、圆球表面积、圆球体积、圆柱体积。

4. 编写一个 C 程序，使用 getchar 函数将两个字符输入给 c1 和 c2，并分别用 putchar 和 printf 输出这两个字符。请思考以下问题：

   ❑ 变量 c1 和 c2 定义为字符型还是整型？或二者皆可？

   ❑ 若要输出 c1 和 c2 的 ASCII 码，应如何处理？

   ❑ 整型变量和字符变量是否在任何情况下都可以互相代替？char c1, c2 和 int c1, c2 是否无条件等价？

第 7 章

流 程 控 制

　　C 语言的结构化程序由若干个基本结构组成，每个基本结构可以包含一条或若干条语句。程序中语句的执行顺序称为程序结构，如果程序语句是按照书写顺序执行的，则称为顺序结构；如果是根据某个条件来决定是否执行，则称为选择结构；如果某些语句要反复执行多次，则称为循环结构。

7.1 最常见的顺序结构

C 语言是一种结构化和模块化通用程序设计语言。由于结构化程序设计方法可以使程序结构更加清晰，所以它可以提高程序的设计质量和效率。C 语言的流程控制管理着整个程序的运作，将各个功能统一地串联起来。

知识点讲解：视频\第 7 章\最常见的顺序结构.mp4

顺序结构遵循万物的生态特性，总是从前往后按序执行。它在程序中的特点是按照程序的书写顺序自上而下顺序执行，每条语句都必须执行，并且只能执行一次。具体流程如图 7-1 所示。在图 7-1 所示的流程中，只能先执行 A，再执行 B，最后执行 C。

顺序结构是 C 语言程序中最简单的结构形式，在前面的内容中，也已经使用了多次。

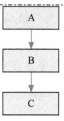

图 7-1 顺序执行

实例 7-1 **顺序输出变量值**
源码路径 daima\7\7-1

本实例的实现文件为"mianji.c"，具体实现代码如下。

```c
#include "stdio.h"        //输入/输出头函数
int main(void){
    int m=0256,n=256;
    printf("%o %o\n",m,n);
}
```

上述代码的具体实现流程如下所示。

（1）定义整型变量 m 和 n。

（2）通过"printf"输出变量的结果。

程序运行后将会输出运行结果，如图 7-2 所示。从运行结果可以看出，顺序结构首先输出变量 m 的值，再输出变量 n 的值。

拓展范例及视频二维码

范例 **7-1-01**：实现两个变量的交换
源码路径：**演练范例\7-1-01**

范例 **7-1-02**：输出字符串的前驱和后继
源码路径：**演练范例\7-1-02**

C:\WINDOWS\system32\cmd.exe
256 400
请按任意键继续. . .

图 7-2 输出结果

7.2 选择结构

C 语言程序可以根据需要选择要执行的语句。大多数稍微复杂的程序都会使用选择结构，其功能是根据所指定的条件，决定从预设的操作中选择一条操作语句。具体流程如图 7-3 所示。

知识点讲解：视频\第 7 章\选择结构.mp4

在图 7-3 所示的流程中，只能根据所满足的条件执行 $A_1 \sim A_n$ 的任意一个程序。

C 语言中的选择结构是通过 if 语句实现的，根据 if 语句的使用格式可以将选择结构分为单分支结构、双分支结构和多分支结构 3 种。本节将详细讲解这 3 种选择结构的基本知识。

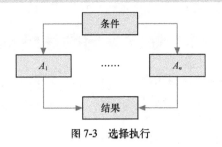

图 7-3 选择执行

7.2.1 单分支结构语句

单分支结构的 if 语句的功能是计算一个表达式,并根据计算结果决定是否执行后面的语句。使用单分支 if 语句的格式如下。

```
if(表达式)
语句
```

或:

```
if(表达式) {
语句
}
```

上述格式的含义是,如果表达式的值为真,则执行其后的语句,否则不执行该语句。其过程表示如图 7-4 所示。

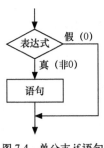

图 7-4 单分支 if 语句

实例 7-2 获取用户输入的 3 个数字,并按从大到小的顺序进行排列
源码路径 daima\7\7-2

下面通过一个具体实例来说明使用单分支 if 语句的方法。本实例的实现文件为"123.c",具体实现代码如下。

```c
#include <stdio.h>
int main(void){
    int a,b,c,t;                    //声明4个变量
    printf("\n enter 3 numbers:\n");
    scanf("%d,%d,%d",&a,&b,&c);//输入数据
    if(a<b)                         //判断a和b的大小
    {t=a;a=b;b=t;}
    if(a<c)                         //判断a和c的大小
    {t=a;a=c;c=t;}
    if(b<c)//判断b和c的大小
    {t=b;b=c;c=t;}
    printf("%6d,%6d,%6d",a,b,c);//输出结果
}
```

拓展范例及视频二维码

范例 **7-2-01**:演示单条件单分支选择语句

源码路径:**演练范例\7-2-01**

范例 **7-2-02**:实现小数的四舍五入

源码路径:**演练范例\7-2-02**

上述代码的具体实现流程如下所示。

(1)引用头文件 stdio.h。

(2)分别定义整型变量 a、b、c 和 t。

(3)通过"scanf"在屏幕中输出输入提示。

（4）对 a 和 b 进行大小判断，将小值放在后面。

（5）对 a 和 c 进行大小判断，将小值放在后面。

（6）对 b 和 c 进行大小判断，将小值放在后面。

（7）获取信息后计算此三角形的面积。

（8）通过 printf 语句输出排序后的结果。

程序运行后会提示用户在界面中输入 3 个数字，输入后按下 Enter 键，将分别在界面中按照从大到小的顺序输出 3 个值，如图 7-5 所示。

图 7-5　执行结果

7.2.2　双分支结构语句

在 C 语言中，可以使用 if-else 语句实现双分支结构。双分支结构语句的功能是对一个表达式进行计算，并根据得出的结果来执行其中的操作语句。

使用双分支 if 语句的具体格式如下所示。

```
if(表达式)
    语句1;
else
    语句2;
```

上述格式的含义是，如果表达式的值为真，则执行语句 1，否则将执行语句 2，语句 1 和语句 2 只能执行一个。其过程表示如图 7-6 所示。

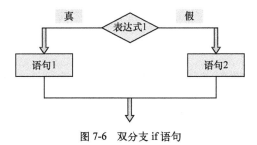

图 7-6　双分支 if 语句

看下面的一段代码。

```
#include "stdio.h"
int main(void){
    char c;
    printf("Enter a character:\n");
    scanf("%c",&c);
    if('0'<=c&&c<='9')
        //如果是数字，则输出字符串Number
        printf("%c is Number\n",c);
    else if('A'<=c&&c<='Z')
        //如果不是数字，而是大写字母，则输出字符串Majuscule
        printf("%c is Majuscule\n",c);
    else if('a'<=c&&c<='z')
        //如果不是数字和大写字母，而是小写字母，则输出字符串Lowercase
        printf("%c is Lowercase\n",c);
    else if(c==' ')
        //如果不是数字和大小写字母，而是空格，则输出字符串Blank
        printf("%c is Blank\n",c);
    else if(c=='\n')
        //如果不是数字、大小写字母和空格，而是换行符，则输出字符'\n'
        printf("%c is '\n'\n",c);
    else
        //如果不是数字、大小写字母、空格和换行符，则输出字符串Other
        printf("%c is Other\n",c);
}
```

上述代码的执行过程如图 7-7 所示。

上述代码通过双分支 if 语句对用户输入的字符进行判断，若判断输入的是数字、大写字母、小写字母、空格、换行符还是其他格式，并输出判断的结果，如图 7-8 所示。

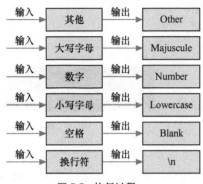

图 7-7　执行过程

图 7-8　输出提示

在具体使用时，为了解决比较复杂的问题，有时需要对 if 语句进行嵌套。嵌套的位置可以固定在 else 分支下，在每一层的 else 分支下嵌套另外一个 if…else 语句。具体格式如下所示：

```
if(表达式1)
        语句1;
    else  if(表达式2)
        语句2;
    else  if(表达式3)
        语句3;
        …
    else  if(表达式m)
        语句m;
    else
        语句n;
```

上述格式的含义是：依次判断表达式的值，当某个值为真时，则执行后面对应的语句，执行完毕后跳到整个 if 语句之外继续执行程序。如果所有的表达式均为假，则执行语句 n，然后继续执行后续程序。其过程表示如图 7-9 所示。

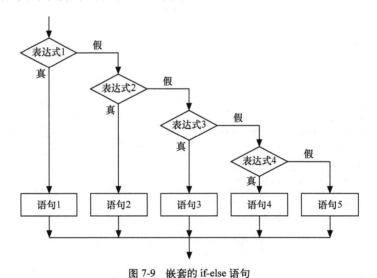

图 7-9　嵌套的 if-else 语句

实例 7-3　**根据用户在键盘上输入的字符，输出此字符所属的类别**
源码路径　daima\7\7-3

本实例的实现文件为 "123.c"，具体实现代码如下。

```
#include"stdio.h"
```

```
int main(void){
char c;
printf("input a character: ");
c=getchar();
if(c<32)
    printf("This is a control character\n");
else if(c>='0'&&c<='9')
    printf("This is a digit\n");
else if(c>='A'&&c<='Z')
    printf("This is a capital letter\n");
else if(c>='a'&&c<='z')
    printf("This is a small letter\n");
else
    printf("This is an other character\n");
}
```

拓展范例及视频二维码

范例 **7-3-01**：使用单条件双分支
if 语句

源码路径：**演练范例\7-3-01**

范例 **7-3-02**：由小到大排列数字

源码路径：**演练范例\7-3-02**

上述代码能够判别键盘输入字符的类别。可以根据输入字符的 ASCII 码来判别类别。由 ASCII 码表可知 ASCII 值小于 32 的为控制字符。0~9 的为数字，A~Z 的为大写字母，a~z 的为小写字母，其余则为其他字符。这是一个多分支选择问题，用 if...else...if 语句编程，并判断输入字符的 ASCII 码所在的范围，然后分别给出不同的输出。例如输入为"g"，则输出显示它为小写字符。

程序运行后先在界面中提示用户输入字符，输入一个字符并按 Enter 键后将在界面中输出输入值的类别，例如输入数字 12 后的执行结果如图 7-10 所示。

除了上述介绍的固定嵌套外，开发人员还可以根据需要进行随机嵌套。其一般形式如下。

图 7-10 输出结果

```
if(表达式)
    if语句;
```

或者为：

```
if(表达式)
if语句;
else
if语句;
```

嵌套内的 if 语句可能又是 if...else 形式的，这将会出现多个 if 和多个 else 重叠的情况，这时要特别注意 if 和 else 的配对问题。看下面的代码。

```
int main(void){
    int a,b;
    printf("please input A,B:    ");
    scanf("%d%d",&a,&b);
    if(a!=b)
    if(a>b)  printf("A>B\n");
    else     printf("A<B\n");
    else     printf("A=B\n");
}
```

上述代码使用了 if 语句的嵌套结构。采用嵌套结构实质上是为了进行多分支选择，这段代码实际上有 3 种选择，分别是 A>B、A<B 和 A=B。上述问题用 if...else...if 语句也可以完成，而且程序会更加清晰。因此，在一般情况下应该尽量少使用 if 语句的嵌套结构。再看下面的代码。

```
#include <stdio.h>
int main(void){
    float grade;
    printf("Please input student's result:\n");
    scanf("%f", &grade);
    if(grade>=90)
    {
        printf(" A\n");
    }
    else if ((grade>=80) && (grade<90))
    {
        printf(" B\n");
    }
    else if ((grade>=60) && (grade<80))
    {
```

```
        printf("C\n");
    }
    else
    {
        printf("D\n");
    }
}
```

上述代码可以让用户随便输入一个数字，并根据输入的数字来确定级别。

7.2.3　多分支结构语句

C 程序经常会选择执行多个分支，多分支选择结构共有 n 个操作，实际上前面介绍的嵌套双分支语句可以实现多分支结构。C 语言还专门提供了一种实现多分支结构的 switch 语句。

switch 语句的格式如下所示。

```
switch(表达式){
        case常量表达式1:  语句1;
        case常量表达式2:  语句2;
        …
        case常量表达式n:  语句n;
        default        :  语句n+1;
    }
```

上述格式的含义是：计算表达式的值，并与其后的常量表达式逐个进行比较，当表达式的值与某个常量表达式的值相等时，执行其后的语句，然后不再进行判断，继续执行 case 后的所有语句。如果表达式的值与所有 case 后的常量表达式值均不相同，则执行 default 后的语句。看下面的一段代码。

```
int main(void){
    int a;
    printf("输入数字: ");
    scanf("%d",&a);
    switch (a){
    case 1:printf("星期一\n");
    case 2:printf("星期二\n");
    case 3:printf("星期三\n");
    case 4:printf("星期四\n");
    case 5:printf("星期五\n");
    case 6:printf("星期六\n");
    case 7:printf("星期日\n");
    default:printf("error\n");
    }
}
```

上述代码要求输入一个数字，然后输出一个英文单词。但是当输入 3 之后，却执行了 case 3以及以后的所有语句，输出了 Wednesday 及以后的所有单词，这显然是不希望的。为什么会出现这种情况呢？这反映了 switch 语句的一个特点。在 switch 语句中，"case 常量表达式"相当于一个语句标号，若表达式的值和某标号相等则转向该标号处执行，但它不能在执行完该标号的语句后自动跳出整个 switch 语句，所以出现了继续执行所有 case 后面语句的情况。这与前面介绍的 if 语句是完全不同的，应特别注意。为了避免上述情况，C 语言提供了 break 语句，专用于跳出 switch 语句，break 语句只有关键字 break，没有参数。在后面还将详细介绍它。修改上面的程序，在每一个 case 语句之后增加 break 语句，使每一次执行之后均可跳出 switch 语句，从而避免输出不应有的结果。看下面的代码。

```
int main(void){
    int a;
    printf("input integer number:     ");
    scanf("%d",&a);
    switch (a){
      case 1:printf("Monday\n");break;
      case 2:printf("Tuesday\n"); break;
      case 3:printf("Wednesday\n");break;
      case 4:printf("Thursday\n");break;
      case 5:printf("Friday\n");break;
      case 6:printf("Saturday\n");break;
      case 7:printf("Sunday\n");break;
      default:printf("error\n");
```

```
        }
   }
```

提示用户输入数字，然后输出用户输入的数字

源码路径　　daima\7\7-4　　　　　　　　　　视频路径　视频\实例\第 7 章\7-4

本实例的实现文件为"switch.c"，具体实现代码如下。

```c
#include "stdio.h"
main() {
    int i;
    printf("输入一个数（1-5）: ");
    scanf("%d",&i);
    switch (i){
        case 1:printf("输入的是 "1" \n");break;
        case 2:printf("输入的是 "2" \n");break;
        case 3:printf("输入的是 "3" \n");break;
        case 4:printf("输入的是 "4" \n");break;
        case 5:printf("输入的是 "5" \n");break;
    default:printf("输入的数不在范围内\n");
    }
}
```

拓展范例及视频二维码

范例 **7-4-01**：演示多条件 if 语句
的用法

源码路径：**演练范例\7-4-01**

范例 **7-4-02**：判断整数的正负和
奇偶

源码路径：**演练范例\7-4-02**

上述代码首先建议用户输入一个 1~5 的数字，然后根据用户输入的数字利用 switch 语句来输出对应的提示。

程序运行后将在界面中提示用户输入 1 个数字，例如输入 1 个数字 3 并按 Enter 键后将在界面中显示刚键入的数字 3。执行效果如图 7-11 所示。

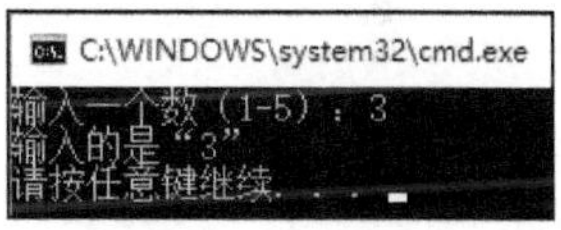

在具体在使用 switch 语句时，应该注意如下 4 点。

（1）case 后的各常量表达式的值不能相同，否则会出现错误。

（2）在 case 后允许有多个语句，可以不用{}括起来。

（3）各个 case 和 default 子句的先后顺序可以变动，这不会影响程序执行结果。

（4）default 子句可以省略。

图 7-11　执行效果

7.2.4　条件运算符和条件表达式

在条件语句中，如果只执行单个赋值语句，则可以使用条件表达式来实现。这样不但可使程序简洁，而且还提高了运行效率。条件运算符是问号"?"和冒号":"，它是一个三目运算符，参与运算的量有 3 个。

使用条件运算符的格式如下所示。

表达式1? 表达式2: 表达式3

上述格式的含义是：如果表达式 1 的值为真，则以表达式 2 的值作为条件表达式的值，否则以表达式 3 的值作为条件表达式的值。条件表达式通常用于赋值语句之中。上述过程表示如图 7-12 所示。

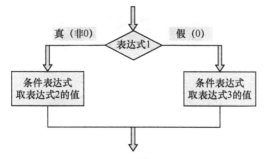

图 7-12　条件运算符和表达式

下面的条件语句。

```c
if(a>b)  max=a;
```

```
else max=b;
```

就可以用如下条件表达式来代替。

```
max=(a>b)?a:b;
```

该语句的语义是：如 a>b 为真，则把 a 赋值为 max，否则把 b 赋值为 max。

在使用条件表达式时应注意以下几点。

（1）条件运算符的优先级低于关系运算符和算术运算符，但高于赋值符。例如下面的代码：

```
max=(a>b)?a:b
```

上述代码将先执行右边的条件表达式，然后再将其值赋值给左边的 c。所以可以去掉上述代码中的括号，而写为如下所示的格式。

```
max=a>b?a:b
```

（2）条件运算符 "?" 和 ":" 是一对运算符，是固定组合，不能分开单独使用。

（3）条件运算符的结合方向为从右向左。下面的表达式

```
a>b?a:c>d?c:d
```

可以理解为如下格式：

```
a>b?a:(c>d?c:d)
```

（4）在条件表达式中，表达式 1 的类型可以和表达式 2、表达式 3 的类型不同。例如下面的语句。

```
x>?'a': 'b';
```

上述代码中 x 是整型变量，如果 x=0，则条件表达式的值为字符 b，否则为字符 a。表达式 2 和表达式 3 的类型也可以不同，此时表达式的值类型为二者中较高的类型。例如：

```
a>b?9:7.5
```

如果 a>b 的值为假，则条件表达式的值为 7.5；如果 a>b 的值为真，则条件表达式的值为 9。但是因为 7.5 是实型，比整型高，所以可以将 9 转换成 9.0（实型）作为该条件表达式的值。

实例 7-5　提示用户输入两个数字，然后输出二者中大的数字
源码路径　daima\7\7-5

本实例的实现文件为 "compare.c"，具体实现代码如下。

```
int main(void){
    int a,b,max;          //声明3个变量
    printf("\n enter 2 member:");
    scanf("%d,%d",&a,&b);     //输入两个数据
    printf("max=%d",a>b?a:b);//输出两个数中的大数
}
```

程序运行后将在界面中提示用户输入两个数字，输入两个数字并按 Enter 键后将在界面中输出输入数字中较大的数字，如图 7-13 所示。

拓展范例及视频二维码

范例 **7-5-01**：使用条件运算符

源码路径：**演练范例\7-5-01**

范例 **7-5-02**：判断是否为闰年

源码路径：**演练范例\7-5-02**

图 7-13　执行效果

7.3　循　环　结　构

循环结构是程序中一种很重要的结构。其特点是，在给定条件成立时，反复执行某个程序段，直到条件不成立为止。给定的条件称为循环条件，反复执行的程

知识点讲解：视频\第 7 章\循环结构详解.mp4

序段称为循环体。

C 语言提供的多种循环语句可以组成各种不同形式的循环结构。C 语言中的循环语句有如下几种。

- ❑ for 语句
- ❑ goto 语句和 if 语
- ❑ while 语句
- ❑ do…while 语句

本节将详细讲解上述循环语句的基本知识。

7.3.1　for 语句

在 C 语言中，for 语句使用的最为灵活，其功能是将一个由多条语句组成的代码块执行特定的次数。for 语句也称 for 循环，因为程序通常会多次执行此语句。使用 for 语句的格式如下所示：

```
for(表达式1；表达式2；表达式3)
语句
```

for 语句的执行步骤如下所示。

（1）求解表达式 1。

（2）求解表达式 2，若其值为真（非零），则执行 for 语句中指定的内嵌语句，然后执行下面第 3 步；若其值为假（零），则结束循环，转到第（5）步。

（3）求解表达式 3。

（4）转回上面第（2）步继续执行。

（5）循环结束，执行 for 语句下面的语句。

上述步骤的具体流程如图 7-14 所示。

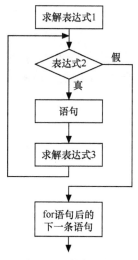

图 7-14　执行流程

再看下面的格式。

```
for(循环变量赋初值；循环条件；循环变量增量) 语句；
```

在 for 语句中上述格式是最简单的应用形式，也是最容易理解的形式。"循环变量赋初值"总是一个赋值语句，它用来给循环变量赋初值；"循环条件"是一个关系表达式，它决定什么时候退出循环；"循环变量增量"定义在循环控制变量每循环一次后按什么方式进行变化。这 3 个部分之间用分号";"分开。例如下面的代码。

```
for(i=1; i<=10; i++)sum=sum+i;
```

上述代码先给 i 赋初值为 1，然后判断 i 是否小于等于 10，若是则执行语句，之后值增加

1。然后再重新判断，直到条件为假，即 i>10 时结束循环。

上述代码相当于下面的代码。

```
i=1;
while (i<=10) {
    sum=sum+i;
        i++;
}
```

在 for 循环中语句的一般形式就是如下的 while 循环形式。

```
表达式1;
while (表达式2)
{语句
    表达式3;
}
```

实例 7-6 提示用户输入一个整数，然后输出这个整数的阶乘
源码路径 daima\7\7-6

本实例的实现文件为 "for.c"，具体实现代码如下。

```
#include <stdio.h>
int main(void){
    int number,count,factorial=1;
    printf("\n enter zhengzhengshu: ");
    scanf("%d",&number);
    for(count = 1; count <=number; count++)
            factorial=factorial*count;
    printf("\n %d jiecheng = %d\n",number,fact
orial);
}
```

拓展范例及视频二维码

范例 **7-6-01**：输出 1～20 中能被
3 整除的数
源码路径：**演练范例**\7-6-01\

范例 **7-6-02**：统计指定数的
平均值
源码路径：**演练范例**\7-6-02\

程序运行后先在界面中提示用户输入 1 个正整数，输入 1 个正整数并按 Enter 键后将在界面中显示输入数字的阶乘值，如图 7-15 所示。

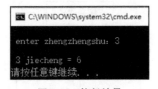

图 7-15 执行效果

7.3.2 while 语句

while 语句也叫 while 循环，能够不断执行一个语句块，直到条件为假时停止。while 语句的一般格式如下。

```
while(表达式)
语句
```

其中，"表达式"是循环条件，"语句"是循环体。

上述格式的含义是：计算表达式的值，当值为真（非零）时，执行循环体语句。其执行过程如图 7-16 所示。

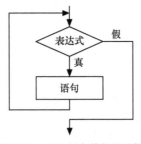

图 7-16 while 语句的执行过程

例如，可以通过如下代码计算 1~100 之间的整数和。

```c
int main(){
    int i,sum=0;
    i=1;
    while(i<=100)
        {
            sum=sum+i;
            i++;
        }
    printf("%d\n",sum);
}
```

在 C 语言中使用 while 循环语句时，应该注意以下 9 点。

（1）在使用过程中，指定的条件和返回值都应为逻辑值（真或假）。

（2）应该先检查条件，后执行循环体语句，也就是说循环体中的语句只能在条件为真时才执行，如果第一次检查条件的结果为假，则循环中的语句不会执行。

（3）因为 while 循环取决于条件的值，所以，它可用在循环次数不固定或者循环次数未知的情况下。

（4）一旦循环执行完毕（当条件结果为假时），程序就从循环体最后一条语句之后的代码行继续执行。

（5）如果循环中包含多条语句，则需要用{}括起来。

（6）while 循环体中的每条语句都应用分号“;”来结束。

（7）while 循环条件中使用的变量必须先声明并初始化，然后才能用于 while 循环条件中。

（8）while 循环体中的语句必须以某种方式改变条件变量的值，这样循环才可能结束。如果条件表达式中的变量保持不变，则循环将永远不会结束，从而成为死循环。

（9）while 语句中的表达式一般是关系表达或逻辑表达式，只要表达式的值为真（非零）就可继续循环。例如下面的代码。

```c
int main(void){
    int a=0,n;
    printf("\n input n:     ");
    scanf("%d",&n);
    while (n--)
        printf("%d",a++*2);
}
```

上述代码将执行 n 次循环，每执行一次，n 值减 1。循环体输出表达式 a++*2 的值。该表达式等效于 a*2; a++。

实例 7-7　在窗口中依次输出 1×20，2×20，…，20×20 的积
源码路径　daima\7\7-7

本实例的实现文件为“while.c”，具体实现代码如下所示。

```c
#include<stdio.h>
int main (void){
    int num=1,result;
    while (num<=20) {
        result=num*20;
        printf("%d*20:%d\n",num,result);
        num++;
    }
}
```

拓展范例及视频二维码

范例 **7-7-01**：实现一个简单的
　　　　猜数游戏
源码路径：**演练范例**\7-7-01\

范例 **7-7-02**：最大公约数和
　　　　最小公倍数
源码路径：**演练范例**\7-7-02\

编译并运行上述代码，并在窗口中依次输出 1×20，2×20，…，20×20 的积，执行效果如图 7-17 所示。

在具体应用中，为了满足特殊系统的需求，可以嵌套使用 while 循环语句。具体格式如下。

```c
while(i <= 10)
```

```
{
    ...
    while (i <= j)
    {
        ...
        ...
    }
    ...
}
```

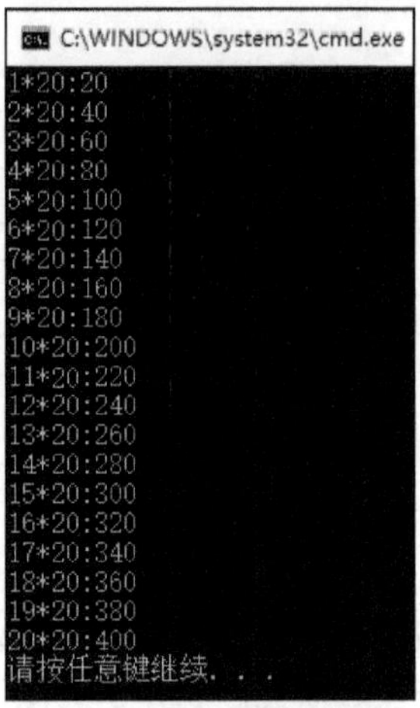

图 7-17　执行效果

在嵌套使用时，只有内循环完全结束后，才会进行下一次外循环。请读者课后仔细品味下面代码的含义。

```c
#include <stdio.h>
int main(void)
{
    int nstars=1,stars;
    while(nstars <= 10)
    {
        stars=1;
        while (stars <= nstars)
        {
            printf("*");
            stars++;
        }
        printf("\n");
        nstars++;
    }
}
```

7.3.3　do…while 语句

do…while 语句可以在指定条件为真时不断执行一个语句块。do…while 语句会在每次循环结束后检测条件，而不像 for 语句或 while 语句那样在开始前进行检测。使用 do…while 语句的格式如下。

```
do
语句
while(表达式);
```

上述格式与 while 循环的不同点在于，do…while 先执行循环中的语句，然后再判断表达式是否为真，如果为真则继续循环；如果为假，则终止循环。所以 do…while 循环至少要执行一次循环语句。其执行过程如图 7-18 所示。

通过如下代码也可以计算整数 1～100 的和。

```c
int main(void)
{
    int i,sum=0;
```

```
        i=1;
        do
            {
                sum=sum+i;
                i++;
            }
        while(i<=100)
        printf("%d\n",sum);
}
```

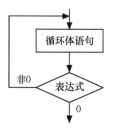

图 7-18　do...while 语句的执行过程

在使用 do...while 语句时，它除了有和 while 循环相同的注意事项之外，还需要注意如下两点。

（1）do...while 先执行循环体中的语句，然后再判断条件是否为真，如果为真则继续循环；如果为假，则终止循环。

（2）while 语句后面必须有一个分号。

实例 7-8 | **猜数游戏**
源码路径　daima\7\7-8

本实例的功能是预先设置一个数字，然后提示用户去猜，并根据用户猜的数字输出对应的提示。本实例的实现文件为"dowhile.c"，具体实现代码如下。

```c
#include<stdio.h>
int main(void){
int number=5,guess;          //设置正确的数字是5
 printf ("guess a Digit 1 - 10 \n");
 do
 {
        printf("num: ");
        scanf("%d",&guess);
        if (guess > number)       //如果大于5
            printf("smalle\n");    //提示小一点
        else if (guess < number)   //如果小于5
            printf("big\n");       //提示大一点
    } while (guess != number);
    printf("right! is%d\n",number);
}
```

拓展范例及视频二维码

范例 **7-8-01**：加密和解密
源码路径：**演练范例\7-8-01**

范例 **7-8-02**：逆序输出整数
源码路径：**演练范例\7-8-02**

程序执行后先在界面中提示用户输入 1～10 的 1 个数字，输入 1 个数字并按 Enter 键后将在界面中显示对应的提示，如图 7-19 所示。

图 7-19　执行效果

7.3.4　正确对待 goto 语句

在 C 语言中，goto 语句也称为无条件转移语句。goto 语句可以放在程序的任何位置，以实现程序的无条件转移，跳出当前操作，来到程序中其他语句处继续执行。使用 goto 语句的格式如下所示。

```
goto语句标号;
```

其中，"语句标号"是按标识符规定书写的符号，放在某一语句行的前面，标号后加冒号":"。语句标号起标识语句的作用，与 goto 语句配合使用。

C 语言不限制在程序中使用标号的次数，但是各标号不得重名。goto 语句的语义是改变程序流向，转去执行语句标号所标识的语句。goto 语句通常与条件语句配合使用，从而实现条件转移、构成循环、跳出循环体等功能。

通过下面的代码可以统计从键盘输入一行字符的个数。

```
#include"stdio.h"
int main(void){
    int n=0;
    printf("input a string\n");
    loop: if(getchar()!='\n')
    {
        n++;
        goto loop;
    }
    printf("%d",n);
} int n=0;
printf("input a string\n");
loop: if(getchar()!='\n')
{
    n++;
    goto loop;
}
printf("%d",n);
```

上述代码通过使用 if 语句和 goto 语句构成循环结构。当输入字符不为'\n'时即执行 n++操作，然后转移至 if 语句去执行。直至输入字符为'\n'才停止循环。

再看下面的代码。

```
#include <stdio.h>
int main(void){
    int i = 0;
    for (;;) {
        i++;
        printf("%d\n", i);
        if (i == 10) goto AAA;
    }
    AAA:;                                   /* 这是个空语句 */
    getchar();
    return 0;
}
```

运行上述代码后，如果 i 值为 10，则 goto 语句指示程序来到空白语句。

注意：在日常程序设计应用中，建议读者尽量不要使用 goto 语句，以免造成程序流程的混乱，它会使程序理解和调试都产生困难。

7.3.5　break/continue 跳跃

1. break 语句

break 语句通常用在循环语句和开关语句中。当 break 用于 switch 语句中时，它可以使程序跳出 switch 而执行 switch 以后的语句，如果没有 break 语句，则程序将成为一个死循环而无法退出。

break 语句的功能如下。

❑ 改变程序的控制流。

❑ 用于 do...while、while、for 循环中时，它可使程序终止循环而执行循环后面的语句。

❑ 通常在循环中它与条件语句一起使用，若条件值为真则跳出循环，控制流转向循环后面的语句。

❑ 如果已执行 break 语句，则不会执行循环体中位于 break 语句后的语句。

❑ 在多层循环中，一个 break 语句只向外跳一层。

break 语句的使用格式如下。

```
break;
```

看下面的一段代码。

```
#include<stdio.h>
int main(void)
{
        int count=0,ch;
        printf("\n请输入一行字符：");
        while((ch=getchar())!='\n')
        {
                if(ch==' ')
                        break;
                count++;
        }
        printf("\n共有 %d个有效字符。\n",count);
}
```

上述代码提示用户输入一行字符，并将输出输入的字符数。

❀ 注意：break 语句对 if-else 的条件语句不起作用。

2. continue 语句

continue 语句的功能是，跳过循环体中剩余的语句而强制执行下一次循环。continue 语句只用在 for、while、do…while 等循环体中，常与 if 条件语句一起使用，用来加速循环。

continue 语句的功能如下所示。

❑ continue 语句只能用在循环里。

❑ continue 语句的作用是跳过循环体中剩余的语句而执行下一次循环。

❑ 对于 while 和 do…while 循环，continue 语句之后的动作是条件判断；对于 for 循环，随后的动作是变量更新。

continue 语句的使用格式如下。

```
continue;
```

看下面的代码：

```
#include<stdio.h>
int main(void)
{
      int i,sum = 0;
      for(i=1; i<=100;i++)
      {
              if( i % 10 == 3)
                      continue;
              sum += i;
      }
      printf("sum = %d \n",sum);
}
```

上述代码能够计算 1~100 的所有整数和，但除以 10 余 3 的整数除外。

7.3.6 死循环/退出程序

前面介绍了在 C 语言中常用的循环语句，在讲解过程中提到了死循环。下面将简要介绍 C 语言中死循环的基本知识，并顺便介绍退出函数 exit 的基本用法。

1. 死循环

死循环是指没有外来条件的干扰，这个循环语句将永远执行下去。例如下面就是一个死循环。

```
while(10{
    循环体
}
```

上述循环表达式的值总为真，并且程序无法改变条件，因为程序不会改变自身值，所以永远不会停止。

在实际应用中，死循环没有任何意义。前面讲解的 break 语句可以在需要时立刻终止，这样就可以利用死循环来实现需要某些重复功能，在完成后即可使用 break 来终止。看下面的代码。

```c
#include <stdio.h>
int main(void){
    int n;
    while(1)
    {   //输出菜单
        puts("\n 1 for is A.");
        puts("Enter 2 is B.");
        puts("Enter 3 is C.");
        puts("Enter 4 is D.");
        puts("Enter 5 to is program.");
        scanf("%d",&n);                    //接收用户输入的数据
        if(n==1)                           //若该数为1则输出执行任务A的消息
            puts("is A.");
        else if(n==2)                      //若该数为2则输出执行任务B的消息
            puts("is B.");
        else if(n==3)                      //若该数为3则输出执行任务C的消息
            puts("is C.");
        else if(n==4)                      //若该数为4则输出执行任务D的消息
            puts("is D.");
        else if(n==5)                      //若该数为5则退出循环
            {puts("Exit!");break;}
        else                               //若为其他数则输出错误消息
            puts("Error!");
    }
}
```

上述代码通过死循环创建了一个列表选项供用户选择 1、2、3、4 等数字，选择后输出不同的提示，并继续死循环；当用户输入 5 后，则输出"exit"的提示，并使用 break 终止循环，退出系统。

从上述代码中可以得出一个结论：合理利用死循环也可以方便地解决现实项目问题。

2. 退出程序

在 C 语言中，程序执行到 main 函数右边的花括号"}"后，程序将结束。实际上，在 main 函数结束时，程序会隐式地调用退出函数 exit。

函数 exit 的功能是退出当前的执行程序，并将控制权返还给操作系统。函数 exit 会接受一个整型参数，并将其返回给操作系统，提示程序是正常终止还是异常终止。函数 exit 的使用格式如下所示。

```c
void exit(int status);
```

其中，"status"表示退出状态，一般用 0 表示正常退出，非零则表示不退出。

函数 exit 中的参数是程序退出时返回给操作系统的退出码，这在自己的程序中很少用到。但把函数 exit 用在 main 函数内的时候，不管 main 函数是否定义成 void 返回值都是有效的，并且 exit 不需要考虑类型，exit（1）等价于 return。看下面的代码。

```cpp
#include <iostream>
#include <string>
using namespace std;
int main(void) {
    exit (1);                              //等价于return (1);
}
```

7.4　技　术　解　惑

7.4.1　循环中的低效问题

先看下面的代码。

```
for (I = 0; i <   strlen(str); I ++)
//处理str[i];
```

请问这个循环的时间复杂度是多少？如果你的回答是 $O(n)$，那你就太粗心了，事实上它是 $O(n*n)$。不要惊奇，事实上这个时间复杂度是在循环条件中调用 strlen 函数产生的。在 C 语言中我们经常用以'\0'为结尾字符的字符数组表示字符串，strlen 就是求解用这种逻辑表示字符串的长度的，它的实现方法就是从第 1 个字符开始向后找，直到找到字符'\0'为止，它的复杂度为 $O(n)$，而对它的调用是在循环条件中，循环次数为 n，条件会判断 $(n+1)$ 次，因此说这段代码的时间复杂度为 $O(n*n)$。

不要指望编译器能对代码进行优化从而把对 strlen 的调用提到循环以外，这是很难的，因为 strlen 不是一个简单的算术表达式而是一个函数调用，所以编译器不知道它是不是有副作用，如果有副作用，则一次调用和多次调用的结果是不一样的。因此编译器只好完全按照代码告诉它的逻辑多次执行 strlen。

在一般情况下，较好的写法是：

```
char * temp;
for (temp = str; *temp != '\0'; temp ++)
*temp  ...
```

接下来的代码如下。

```
int slen = strlen(str);
for(i = 0; i < slen; i   ++
str[i]...
```

在大多数情况下，如果循环条件中有一个函数调用，那么它的返回值是不会在循环条件中改变的，一定要把它拿到循环外面来。

7.4.2 分析 C 语言循环语句的效率

前面的内容已经详细讲解了在 C 语言中 4 种循环语句的基本知识。在此，对上述循环语句进行总结，以帮助读者加深理解。

1. 循环语句的比较

对于 C 语言中的 4 种循环语句，比较起来体现在以下 3 点。

（1）这 4 种循环都可以处理同一个问题，一般可以互相代替。但一般不提倡用 goto 循环。

（2）在 while 和 do…while 循环体中应包括使循环趋于结束的语句，for 语句功能最强。

（3）使用 while 和 do…while 循环时，循环变量初始化的操作应在 while 和 do…while 语句之前完成，而 for 语句可以在表达式 1 中实现循环变量的初始化。

2. 循环语句的效率总结

对于初学者来说，往往以完成项目要求的功能为目的，程序的执行效率是一个最容易忽略的问题。在循环结构中，具体表现为循环体的执行次数。例如，一个经典的素数判定问题。在数学中素数的定义为：素数指那些大于 1，且除了 1 和它本身外不能被其他任何数整除的数。根据这一定义，初学者很容易编写出如下的程序。

```
int isprime(int n){
int i;
for(i=2;i<n;i++)
    if(n%i==0) return 0;
return 1;
}
```

上述代码完全可以实现项目要求的功能。但是当对 for 循环的执行次数进行分析时应该发现，当 n 不是素数时，没有任何问题；而当 n 是素数时，循环体就要执行 n-2 次，而实际上是不需要这么多次的。根据数学的知识，可以将次数降为 n/2 或 $\sqrt{n}$，这样可以大大减少循环体的执行次数，提高程序的效率。

程序的执行效率是在编程中需要时刻考虑的问题，也是程序设计的基本要求。这需要许多算法方面的知识，对于初学者来说，这种要求可能过高，但是从学习之初就要打下良好的基础，尤其是针对类似于上面例子中这样显而易见的情况，可以在编制完一个程序以后，检验一下是否还有可优化的地方，这对以后进一步学习高级编程是很有必要的。

7.4.3　使用 for 循环语句的注意事项

在使用 for 循环语句时，应该注意如下 9 点。

（1）for 循环中的"表达式 1（循环变量赋初值）""表达式 2（循环条件）"和"表达式 3（循环变量增量）"都是可选项，并可以省略，但是不能省略分号"；"。

（2）如果省略了"表达式 1（循环变量赋初值）"，则表示循环控制变量不赋初值。

（3）如果省略了"表达式 2（循环条件）"，则不进行其他操作时便形成了死循环。例如下面的代码。

```
for(i=1;;i++)sum=sum+i;
```

上述代码相当于

```
i=1;
while(1){
    sum=sum+i;
i++;
}
```

（4）如果省略了"表达式 3（循环变量增量）"，则不对循环控制变量进行操作，这时可在语句体中加入修改循环控制变量的语句。例如下面的代码。

```
for(i=1;i<=10;){
    sum=sum+i;
    i++;
}
```

（5）可以同时省略"表达式 1（循环变量赋初值）"和"表达式 3（循环变量增量）"，即只给出循环条件，但是不能省略分号。

（6）3 个表达式都可以省略，例如"for（;;）语句"，此时它是一个无限循环语句，除非用 break 来终止，否则将一直循环下去而成为死循环。

（7）表达式 1 可以是设置循环变量初值的赋值表达式，也可以是其他表达式。例如下面的代码。

```
for(sum=0;i<=100;i++)sum=sum+i;
```

同样，表达式 3 也可以是和循环无关的任意表达式。

（8）表达式 1 和表达式 3 可以是一个简单表达式，也可以是逗号表达式。例如下面的两行代码。

```
for(sum=0,i=1;i<=100;i++)sum=sum+i;
for(i=0,j=100;i<=100;i++,j--)k=i+j;
```

（9）表达式 2 一般是关系表达式或逻辑表达式，也可是数值表达式或字符表达式，只要其值非零，它就执行循环。例如下面的代码。

```
for(i=0;(c=getchar())!='\n';i+=c);
```

7.5　课 后 练 习

1．要求：
   - 当 $x<0$ 时，$y=-1$；
   - 当 $x=0$ 时，$y=0$；
   - 当 $x>0$ 时，$y=1$。

   编写一个 C 程序，输入一个 x 值，要求输出相应的 y 值。

2．编写一个 C 程序，要求按照考试成绩的等级输出百分制的分数段。A 等为 85 分以上，

B 等为 70~84 分，C 等为 60~69 分，D 等为 60 分以下。成绩的等级由键盘输入。

3．编写一个 C 程序，用 switch 语句处理菜单命令。在许多应用程序中，都用菜单对流程进行控制，例如从键盘输入一个字符 'A' 或 'a'，就会执行 A 操作，输入一个字符 'B' 或 'b'，就会执行 B 操作。

4．编写一个 C 程序，从键盘输入一个小于 1000 的正数，输出它的平方根。如果平方根不是整数，则输出它的整数部分。要求在输入数据后先检查是否为小于 1000 的正数。若不是，则要重新输入。

5．编写一个 C 程序，计算运输公司对用户的运输费用。路程 s（单位：km）越远，折扣率越高。计算标准如下。

- $s<250$ 没有折扣
- $250 \leqslant s<500$ 折扣率是 2%
- $500 \leqslant s<1000$ 折扣率是 5%
- $1000 \leqslant s<2000$ 折扣率是 8%
- $2000 \leqslant s<3000$ 折扣率是 10%
- $3000 \leqslant s$ 折扣率是 15%

6．编写一个 C 程序，在键盘输入 4 个整数，要求按从小到大的顺序输出它们。

7．有一个分段函数：

$$y = \begin{cases} x & x<0 \\ x-10 & 0 \leqslant x<10 \\ x+10 & x \geqslant 10 \end{cases}$$

编写一个 C 程序，要求根据输入的 x 值，输出 y 的值。

8．有 4 个圆塔，圆心分别为 (2,2)、(−2,2)、(−2，−2)、(2，−2)，圆的半径为 1。这 4 个塔的高度为 10m，塔以外无建筑物。编写一个 C 程序，输入任意一点的坐标后求出该点的建筑高度（塔外的高度为 0）。

9．在全系 1000 名学生中，征集慈善募捐。编写一个 C 程序，当总数达到 10 万元时就结束，统计此时捐款的人数，以及平均每人的捐款数。

10．编写一个 C 程序，输出 100~200 中不能被 3 整除的数。

11．编写一个 C 程序，输出以下 4×5 的矩阵。

1	2	3	4	5
2	4	6	8	10
3	6	9	12	15
4	8	12	16	20

第 8 章

数组和字符串——数据的存在形式

在程序设计时为了处理上的方便,通常把相同类型的若干数据变量有序地组织起来,这些按序排列的同类数据元素的集合称为数组。在 C 语言中,数组属于构造数据类型。一个数组可以分解为多个数组元素,这些数组元素可以是基本数据类型也可以是构造类型。按数组元素的类型不同,数组又可分为数值数组、字符数组、指针数组、结构数组等。在 C 语言中,数据的最主要存在形式就是数组和字符串。本章将详细讲解 C 语言数组的基本知识。

8.1 一 维 数 组

一维数组是只有一个下标的数组，这是 C 语言中最简单的数组。本节将首先讲解一维数组的基本知识。

知识点讲解：视频\第 8 章\理解一维数组.mp4

8.1.1 定义一维数组

在 C 语言中，使用数组之前必须先定义，定义一维数组的格式如下所示。

```
类型说明符 数组名[常量表达式];
```

其中，"类型说明符"是任何一种基本数据类型或构造数据类型；"数组名"是由用户定义的数组标识符；方括号中的常量表达式表示数据元素的个数，也称为数组长度。例如下面的代码。

```
int a[9];                  //整型数组a有9个元素
float b[10],c[20];         //实型数组b有10个元素，实型数组c有20个元素
char ch[10];               //字符数组ch有10个元素
```

数组类型实际上是指数组元素的取值类型。对于同一个数组，其所有元素的数据类型都是相同的。数组名的书写规则应符合标识符的书写规定。

在定义一维数组时，应该注意如下 4 点。

（1）数组名不能与其他变量名相同。例如下面的数组 a[10] 是错误的。

```
int main(void){
        int a;
        float a[10];
        ……
}
```

（2）方括号中的常量表达式表示数组元素的个数，例如 a[5] 表示数组 a 有 5 个元素，但是其下标是从 0 开始的。所以数组内的 5 个元素分别为 a[0]、a[1]、a[2]、a[3]、a[4]。

（3）在方括号中不能用变量来表示元素的个数，但是它可以是符号常数或常量表达式。例如下面的代码是合法的。

```
#define FD 5
int main(void){
  int a[4+1],b[7+FD];
  ……
}
```

（4）可以只定义一个数组，也可以同时定义多个数组，并且还可以同时定义数组和变量。例如下面的格式是正确的。

```
int a,b,c,d,k1[10],k2[20];
```

8.1.2 引用一维数组的元素

数组元素是组成数组的基本单位。数组元素也是一种变量，其标识方法为数组名后跟一个下标。下标表示元素在数组中的顺序号。当定义数组后，可以通过这个下标来引用数组内的任意一个元素。

引用一维数组元素的具体格式如下。

```
数组名[下标]
```

其中，"下标"只能为整型常量或整型表达式。当它为小数时，在编译时会将其自动取整；"数组名"表示要引用哪一个数组中的元素，这个数组必须已经定义过了。

在 C 语言中，下标的取值范围为[0, 元素个数减 1]。假设定义的一个数组含有 N 个元素（N 为一个常量），那么下标的取值范围为[0，$N-1$]。例如下面都是合法的数组元素。

```
a[5]
a[i+j]
a[i++]
```

数组元素通常也称为下标变量。必须先定义数组，才能使用下标变量。在 C 语言中，只能单个使用下标变量，而不能一次引用整个数组。例如输出一个有 10 个元素的数组，则必须使用循环语句逐个输出各个下标变量。

```
for(i=0; i<10; i++)
printf("%d",a[i]);
```

而不能用一个语句输出整个数组，下面的格式是错误的。

```
printf("%d",a);
```

实例 8-1　定义一个数组并分别赋值，最后输出数组内的元素值
源码路径　daima\8\1

本实例的实现文件为"one.c"，具体实现代码如下。

```c
#include<stdio.h>
int main(void){
    int num[6],i;       /*定义一个整型组num和变量i*/
    num[0]=6;           /*给数组num的第1个元素赋值*/
    /*为了给数组num的第2～5个元素赋值而设置的循环*/
    for(i=1;i<5;i++)
        num[i]=i+6;     /*给数组num的第2～5个元素赋值*/
    printf("\ninput  element:");
    /*接收键盘输入的第6个元素的值，并赋值给相应的数组元素*/
    scanf("%d",&num[5]) ;
    printf("input number:\n");
    for(i=0;i<6;i++)     /*为显示数组num中的各个元
素值而设置的循环*/
        printf("%4d",num[i]); /*显示数组num的各个元素值*/
}
```

拓展范例及视频二维码

范例 **8-1-01**：定义一个一维数组
源码路径：**演练范例\8-1-01**

范例 **8-1-02**：初始化一维数组
源码路径：**演练范例\8-1-02**

程序执行后先在界面中提示用户输入 1 个数字，输入 1 个数字并按下 Enter 键后将在界面中输出数组内的所有元素值，如图 8-1 所示。

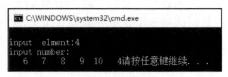

图 8-1　执行效果

8.1.3　初始化一维数组

数组元素和变量一样，可以在定义时进行初始赋值，即初始化处理。数组初始化是在编译阶段进行的，这样可以减少运行时间，提高效率。数组初始化赋值的一般格式如下所示。

```
类型说明符 数组名[常量表达式]={值,值……值};
```

其中，在{ }中的各个值即为各元素的初值，各值之间用逗号分隔。例如下面的两种格式是相同的。

```
int a[10]={ 0,1,2,3,4,5,9,7,8,9 };
a[0]=0;a[1]=1...a[9]=9;
```

在 C 语言中数组最常见的应用是数字处理。经典的数组应用实例都和数字有关，例如冒泡程序和选择排序等。所谓的冒泡程序，就是指按要求将一组数据从大到小或从小到大进行排序。其基本思路是：对尚未排序的各元素从头到尾依次比较相邻的两个元素是否为逆序（与欲排顺序相反），若为逆序就交换这两个元素，经过第一轮比较排序后便可把最大（或最小）的元素排好，然后再用同样的方法把剩下的元素进行比较，最终就得到了你所要的顺序。

实例 8-2　实现一个按从小到大排列的冒泡程序
源码路径　daima\8\8-2

本实例的实现文件为"maopao.c"，具体实现代码如下。

```c
#include"stdio.h"
```

```
int main(void){
    int n,i,j,x,a[60];                  //声明变量和数组
    printf("n(<60)=");scanf("%d",&n);//输入要排序的整数个数
    printf("Please input %d integers:\n",n);
    for(i=0;i<n;i++)    //接收这些数并存储在数组中
        scanf("%d",&a[i]);
    //用冒泡排序法将数组中的各元素按从小到大的顺序排列
    for(i=1;i<n;i++)
        for(j=n-1;j>=i;j--)
            if(a[j]<a[j-1])
                {x=a[j];a[j]=a[j-1];a[j-1]=x;}
    printf("The result is:\n");
    for(i=0;i<n;i++)    //输出排列好的数组元素
        printf("%d   ", a[i]);
    printf("\n");
}
```

拓展范例及视频二维码

范例 **8-2-01**：统计各个分数段的人数 源码路径：**演练范例\8-2-01**	
范例 **8-2-02**：实现选择排序 源码路径：**演练范例\8-2-02**	

上述代码的具体实现流程如下所示，执行效果如图 8-2 所示。

（1）分别声明 4 个整型变量 n、i、j、x 和数组 a[]。

（2）通过 printf 输出提示，确定排序数字的个数。

（3）通过 printf 提示用户输入数字，并使用 for 语句接收每个数字存储在数组中的位置。

（4）两个 for 循环嵌套语句实现冒泡程序。

（5）通过 printf 和 for 循环依次输出排列后的数组元素。

图 8-2 执行效果

8.2 多 维 数 组

多维数组是指数组元素的下标为两个或两个以上的数组。在实际应用中，最为常用的是有两个或三个下标的数组，即二维数组和三维数组。多维数组可以实现更加复杂的功能。本将详细讲解多维数组的基本知识。

📹 知识点讲解：视频\第 8 章\理解多维数组.mp4

8.2.1 二维数组的用法

二维数组是多维数组中最简单的形式。

1．定义二维数组

二维数组的下标是两个，其定义格式如下。

类型说明符 数组名[常量表达式1][常量表达式2]

其中，"常量表达式 1"表示第一维下标的长度，"常量表达式 2"表示第二维下标的长度。例如：

```
int a[3][4];
```

上述代码定义了一个 3 行 4 列的整型数组，数组名为 a，其下标变量的类型为整型。该数组的下标变量共有 3×4 个，具体如下。

```
a[0][0],a[0][1],a[0][2],a[0][3]
a[1][0],a[1][1],a[1][2],a[1][3]
a[2][0],a[2][1],a[2][2],a[2][3]
```

二维数组在概念上是二维的，即其下标是在两个方向上变化的，下标变量在数组中的位置处于一个平面之中，而不像一维数组只是一个向量。但是，实际的硬件存储器却是连续编址的，也就是说存储器单元是按一维线性排列的。在一维存储器中存放二维数组有两种方式：一种是按行排列，即排完一行之后顺次放入第 2 行，另一种是按列排列，即排完一列之后再顺次放入第 2 列。在 C 语言中，二维数组是按行排列的。也就是：先存放 a[0]行，再存放 a[1]行，最后存放 a[2]行。每行中的 4 个元素也是依次存放的。由于数组 a 说明为整型，该类型占 2 字节的内存空间，所以每个元素均占用 2 字节的空间。

一个二维数组可以看作是若干个一维数组,例如上面的数组 a[3][4]可以看作是 3 个长度为 4 的一维数组,这 3 个一维数组的名字分别是 a[0]、a[1]和 a[2]。

2. 引用二维数组

在 C 语言中,二维数组的引用格式如下。

数组名[下标][下标]

其中,"下标"为整型常量或整型表达式。下面就引用了一个二维数组元素:

a[3][4]

下标和数组说明在形式上有些相似,但这二者具有完全不同的含义。数组说明的方括号中给出的是一维长度,即可取下标的最大值;而数组元素中的下标是该元素在数组中的位置标识。前者只能是常量,后者可以是常量、变量或表达式。

看下面的应用:

一个学习小组有 5 个人,每个人有 3 门课的考试成绩。求全组分科的平均成绩和各科总平均成绩。各成员的成绩如表 8-1 所示。

表 8-1 成绩详情表

	张	王	李	赵	周
语文	80	91	59	85	79
数学	75	95	93	87	77
英语	92	71	70	90	85

此时就可以使用二维数组来编程实现,首先设一个二维数组 a[5][3]用于存放 5 个人 3 门课的成绩。然后设一个一维数组 v[3]存放所求得的各分科平均成绩,设变量 average 为全组各科总平均成绩。具体实现代码如下。

```
int main(void){
    int i,j,s=0,average,v[3],a[5][3];
    printf("输入成绩\n");
    for(i=0;i<3;i++){
        for(j=0;j<5;j++)
        { scanf("%d",&a[j][i]);
          s=s+a[j][i];}
        v[i]=s/5;
        s=0;
    }
    average =(v[0]+v[1]+v[2])/3;
    printf("语文:%d\nc数学:%d\n英语:%d\n",v[0],v[1],v[2]);
    printf("全体平均:%d\n", average );
}
```

上述代码首先用了一个双重循环,在内循环中依次读入某一门课程的每个学生的成绩。然后把这些成绩累加起来,退出内循环后再把该累加成绩除以 5 送入 v[i]之中,这就是该门课程的平均成绩。外循环共循环 3 次,分别求出 3 门课各自的平均成绩并存放在数组 v 之中。退出外循环之后,把 v[0]、v[1]、v[2]相加除以 3 即得到各科总平均成绩,最后按要求输出各个成绩。

3. 初始化二维数组

初始化二维数组是在类型说明时,为各下标变量赋初始值。C 语言中的二维数组可按行分段赋值,也可按行连续赋值。

例如可以使用如下两种方式对数组 a[4][2]进行初始化赋值。

❑ 按行分段赋值,具体如下所示。

int a[4][2]={ {80,75},{91,95},{59,93},{85,87} };

❑ 按行连续赋值,具体如下所示。

int a[4][2]={ 80,75,91,95, 59,93,85,87};

对二维数组进行赋值时，应该注意如下 3 点。

（1）可以只对部分元素赋初值，未赋初值的元素自动赋值为零。例如下面代码是对每一行的第 1 列元素赋值，未赋值的元素取值为 0：

```
int a[3][3]={{1},{2},{3}};
```

上述赋值后，各个元素的值如下。

1 0 0

2 0 0

3 0 0

（2）如果对全部元素赋初值，则可以不给出第一维的长度。例如，下面的两种格式是相同的。

```
int a[3][3]={1,2,3,4,5,6,7,8,9};
int a[][3]={1,2,3,4,5,6,7,8,9};
```

（3）数组是一种构造类型的数据，二维数组可以看作是由一维数组嵌套而构成的。

实例 8-3 **在屏幕中实现 10 行杨辉三角的效果**
源码路径　daima\8\8-3

杨辉三角是两个未知数相加后求幂次方运算后的系数问题，比如 $(x+y)^2=x^2+2xy+y^2$，它的系数分别是 1、2、1，这就是杨辉三角的其中一行，进行立方、四次方运算后观察各项的系数。

杨辉三角是一个由数字排列成的三角形数表，一般形式如下。

```
1                              n=0
1  1                           n=1
1  2  1                        n=2
1  3  3  1                     n=3
1  4  6  4  1                  n=4
1  5  10 10  5  1              n=5
1  9  15 20  15 9  1           n=9
```

杨辉三角的特点如下所示。

❑　与二项式定理的关系：杨辉三角的第 n 行就是二项式展开式的系数列。

❑　对称性：杨辉三角中的数字左、右对称，对称轴是杨辉三角形底边上的"高"。

❑　结构特征：杨辉三角中除斜边上第一个 1 以外的各数，都等于它"肩上"的两数之和。

❑　这些数排列的形状像等腰三角形，两腰上的数都是 1。

❑　第 n 行数字的和为 2^{n-1}。

❑　每个数字等于上一行的左右两个数字之和。

❑　$(a+b)^n$ 的展开式中的各项系数依次对应杨辉三角第 $(n+1)$ 行中的每一项。

本实例的实现文件为"yang.c"，具体实现代码如下所示。

```
#define N 11
int main(void){
    int i,j,a[N][N];//定义两个整型变量和一个二维数组
    for(i=1;i<N;i++)//存储杨辉三角中两条斜边的数字
    {   a[i][i]=1;
        a[i][1]=1;
    }
    for(i=3;i<N;i++)//打印出杨辉三角中每一行中间的数
        for(j=2;j<i;j++)
            a[i][j]=a[i-1][j-1]+a[i-1][j];
    for(i=1;i<N;i++)              //输出杨辉三角
    {   for(j=1;j<=i;j++)
        printf("%4d",a[i][j]);
        printf("\n");
    }
}
```

拓展范例及视频二维码

范例 **8-3-01**：处理学生的成绩

源码路径：**演练范例\8-3-01**

范例 **8-3-02**：实现矩阵转置处理

源码路径：**演练范例\8-3-02**

上述代码的具体实现流程如下所示。

（1）通过"N 11"设置循环执行 10 次，即输出 10 行杨辉三角。

（2）分别声明两个整型变量 i、j 和数组 a[N][N]。

（3）循环执行 10 次。

（4）for 嵌套循环 for（i=3；i<N；i++），用于输出杨辉三角中每一行中间的数。

（5）for 嵌套循环 for（i=1；i<N；i++），用于输出杨辉三角。

程序执行后将在界面中输出 20 行杨辉三角，如图 8-3 所示。

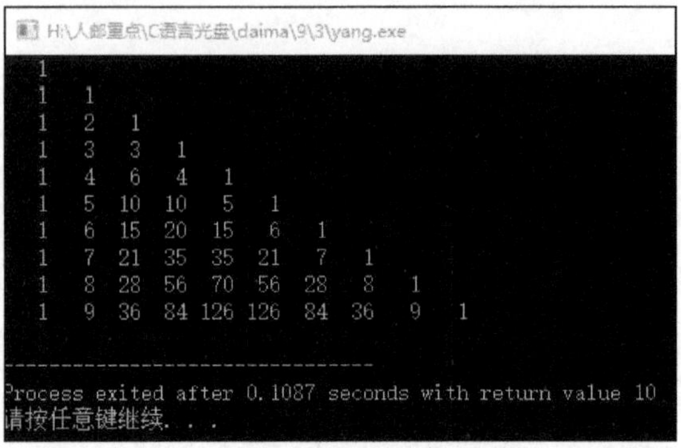

图 8-3 运行结果

8.2.2 多维数组的用法

1. 定义多维数组

C 语言中，在定义多维数组时也是通过数组定义语句实现的，具体格式如下：

存储类型 数据类型 数组名[长度1][长度2]...[长度k]

其中数组元素的一般表示格式如下。

数组名[下标1][下标2]...[下标k]

上述格式的具体说明如下。

（1）存储类型、数据类型、数组名、长度的选取同一维数组。

（2）一个数组定义语句可以只定义一个多维数组，也可以定义多个多维数组，可以在一个定义语句中同时定义一维和多维数组，还可以同时定义数组和变量。

（3）一个二维数组可以看成是若干个一维数组。例如二维数组 a[2][3] 可以看成是两个长度为 3 的一维数组，这两个一维数组的名字分别为 a[0]、a[1]。其中名为 a[0] 的一维数组元素是 a[0][0]、a[0][1]、a[0][2]；名为 a[1] 的一维数组元素是 a[1][0]、a[1][1]、a[1][2]。同样，一个三维数组可以看成是若干个二维数组。

（4）二维数组中的元素在内存中是先按行后按列的次序进行排列的。例如，一个二维数组 a[2][3] 中的 9 个元素在内存中的排列如下所示。

a[0][0] a[0][1] a[0][2] a[1][0] a[1][1] a[1][2]

2. 初始化多维数组

多维数组的初始化（即给数组元素赋初值）和一维数组初始化方法相同，也是在定义数组时给出数组元素的初值。多维数组的初始化可以分为下列 5 种方式。

（1）分行给多维数组中的所有元素赋初值。例如下面的格式。

int a [a][3]={{1,.2,3},{4,5,9}};

其中，{1，2，3}是赋值给第 1 行的 3 个数组元素，它可以看成是赋值给一维数组 a[0]；{4，5，9}是赋值给第 2 行的 3 个数组元素，它可以看成是赋值给一维数组 a[1]。

（2）不分行给多维数组中的所有元素赋初值。例如：

int a [2][3]={1,2,3,4,5,9};

各元素获得的初值和第一种方式的结果完全相同。C 语言规定，用这种方式给二维数组赋初值时，是先按行后按列的顺序进行的，即前 3 个初值是给第 1 行的，后 3 个初值是第 2 行的。

（3）只对每行中前面的若干个元素赋初值。例如：

```
int a[2][3]={{1},{4,5}};
```

经过上述赋值后，数组 a 的各个元素值如下。

a[0][0]值为 1，a[0][1]值为 0，a[0][2]值为 0，a[1][0]值为 4，a[1][1]值为 5，a[1][2]值为 0。

（4）只对前若干行的前若干个元素赋初值。例如：

```
static int a[2][3]={{1,2}};
```

经过赋值后，数组 a 的元素值如下。

a[0][0]值为 1，a[0][1]值为 2，a[0][2]值为 0，a[1][0]值为 0，a[1][1]值为 0，a[1][2]值为 0。

（5）若给所有元素赋初值，则第一维长度可以省略。例如：

```
int a[][3]={{1,2,3},{4,5,9}};
```

或

```
int a[][3]={1,2,3,4,5,9};
```

上述赋值后，数组 a[][3]的第一维长度是 2。

❀ 注意：使用第 5 种方式赋初值时，必须给出所有数组元素的初值，如果初值的个数不正确，则系统会作为错误来处理。

3. 引用多维数组

在定义了 k 维数组之后，就可以引用这个 k 维数组中的任何元素。具体引用方法如下所示：

```
数组名[下标1][下标2]...[下标k]
```

其中，"下标 1"为第一维的下标，"下标 2"为第二维的下标，"下标 k"为第 k 维的下标。这种引用多维数组元素的方法也称为"下标法"。同样也需要注意的是，下标越界会造成运行结果产生不可预料的问题。例如定义数组为"a[3][2]"，能合法使用的数组元素是 a[0][0]、a[0][1]、a[1][0]、a[1][1]、a[2][0]、a[2][1]。

在多维数组元素中，也允许使用"指针方式"来引用数组元素，这称为"指针法"。和一维数组元素的引用方式相同，任何多维数组元素的引用都可以看成是使用一个变量，它可以赋值，可以参与组成表达式。

实例 8-4 提示用户分别输入用户编号和 3 科考试成绩，并在界面中输出总分最高的用户编号和总成绩

源码路径 daima\8\8-4

本实例的实现文件为"duowei.c"，具体实现代码如下。

```
#include"stdio.h"
int main(void)
{
int s[3][5],i,max,max i;
    for(i=0;i<3;i++)
        {
            /*输入用户的编号和3科成绩，并计算总分*/
            printf("input no%d,s1,s2,s3:\n",i+1);
            scanf("%d,%d,%d,%d",&s[i][0],&s[i][1],
&s[i][2],&s[i][3]);
            s[i][4]=s[i][1]+s[i][2]+s[i][3];
        }
    max=s[0][4],max_i=0;/*设第1个用户为当前总分最高
的用户*/

    for (i=1;i<3;i++)     /*循环求总分最高的用户*/
        if(max<s[i][4])
            max=s[i][4],max_i=i;
    printf("student no=%d  total=%d\n",s[max_i][0],s[max_i][4]);
}
```

拓展范例及视频二维码

范例 **8-4-01**：实现两个矩阵相乘

源码路径：**演练范例\8-4-01**

范例 **8-4-02**：简单的成绩管理系统

源码路径：**演练范例\8-4-02**

其中，数组 s[10][5]中存储 10 个学生的编号、3 门课程的考试成绩、总分，s[i][0]存放编

号，s[i][1]、s[i][2]、s[i][3]存放成绩，s[i][4]存放总分。

程序执行后先提示用户输入指定格式的数据，要求分别输入用户编号和 3 门课的成绩，按下 Enter 键后将持续输入。输入完毕按下 Enter 键后，将在界面中显示总分最高的用户编号和总分成绩，如图 8-4 所示。

图 8-4　运行结果

8.3　字符数组与字符串

字符数组是存放字符型数据的，其中每个数组元素存放的都是单个字符。字符串是 C 语言中的一种数据类型，它是由若干个字符组成的，并且最后一个字符是结

知识点讲解：视频\第 8 章\理解字符数组与字符串.mp4

束标记（'\0'）。字符型变量只能存放单个字符，不能存放字符串。而字符型数组可以存放若干个字符，所以它可以用来存放字符串。若干个字符串可以用若干个一维字符数组来存放，也可以用一个二维字符数组来存放，即每行放一个字符串。

本节将详细讲解字符数组与字符串的基本知识。

8.3.1　字符数组

不管字符数组中存放的是字符串还是若干个字符，每个字符数组元素都可以作为一个字符型变量来使用，处理方法和前面介绍的普通一维数组的相同。但是，存放字符串的字符数组还有一些特殊用法。

字符数组是存储字符型数据的，应定义成"字符型"。由于整型数组元素可以存放字符，所以整型数组也可以用来存放字符型数据。字符数组的定义格式如下所示。

```
存储类型char数组名[长度1][长度2]...[长度k]={{初值表}, ...}
```

上述格式的功能是，定义一个字符型的 k 维数组，并且对其赋初值。字符型数组赋初值的方法和前面介绍的一般数组赋初值的方法完全相同。"初值表"是用逗号分隔的字符常量，请看下面的例子。

```
char s1[3]={'1','2','3'};              /*逐个元素赋初值*/
```

经过上述定义后结果是：s1[0]='1'，s1[1]='2'，s1[2]='3'：

```
char s2[]={'1','2','3'};  /*若对所有元素赋初值可省略数组长度*/
```

经过上述定义后结果是：s2[0]='1'，s2[1]='2'，s2[2]='3'：

```
char s3[3]={'1','2'};                    /*自动型，不赋初值的元素值为空字符*/
```

经过上述定义后结果是：s3[0]="1"，s3[1]='2'，s3[2]为空字符。注意，因为空字符的值是 0，等于字符串的结束标记'\0'，所以字符数组 s3 中实际存放的是一个字符串。

```
static char s4[3]={'1','2'};                /*静态型，不赋初值的元素为空字符*/
```

经过上述定义后结果是：s4[0]值为'1'，s4[1]值为'2'，s4[2]值为空字符。由于空字符的值是 0，等于字符串的结束标记'\0'，所以字符数组 s4 中实际存放的是一个字符串。

```
char s5[3]=['1','2','\0'};
```

经过上述定义后结果是：s5[0]值为'1'，s5[1]值为'2'，s5[2]值为'\0'。由于最后一个字符是字符串的结束标记符'\0'，所以字符数组 s5 中实际存放的是一个字符串。

字符数组的处理和其他数组类型的处理方法类似，需要注意的是其元素相当于字符型变量。

8.3.2 字符串与字符数组

在 C 语言中没有专门的字符串变量，通常用一个字符数组来存放一个字符串。在前面介绍字符串常量时，已说明字符串总是以'\0'作为结束符。因此当把一个字符串存入一个数组时，也要把结束符'\0'存入数组，并以此作为该字符串是否结束的标志。有了标志'\0'后，就不必用字符数组的长度来判断字符串的长度了。

C 语言允许用字符串对数组进行初始化赋值。例如下面的格式。

```
char c[]={'c', ' ','p','r','o','g','r','a','m'};
```

上述格式可写为：

```
char c[]={"C program"};
```

也可以去掉{}，写为如下格式。

```
char c[]="C program";
```

用来存放字符串的字符数组的定义方法和普通字符数组的定义方法相同，而赋初值的方式有两种。第 1 种方式是按单个字符的方式赋值，例如前面的 char s5[3]=['1','2','\0'],，要注意代码中必须有一个字符是字符串的结束标记。第 2 种方式是直接在初值表中写一个字符串常量，请看下面的例子。

```
char s1[3]={"12"};
```

结果是：s1[0]值为'1'，s1[1]值为'2'，s1[2]值为'\0'。字符数组 s2 中存放的是一个字符串，数组长度为 3。

```
char s2[]={"12"}  /*若为全部元素赋初值,可以省略数组长度*/
```

结果是：s2[0]值为'1'，s2[1]值为'2'，s2[2]值为'\0'。字符数组 s2 中存放的是一个字符串，数组长度为 3。

```
char s3[5]={"12"}; /*默认自动型,不赋初值的元素为空字符*/
```

结果是：s3[0]值为'1'，s3[1]值为'2'，s3[2]值为'\0'，s3[3]和 s3[4]值均为'\0'。

```
static char s4[5]={"12"}; /*静态型,不赋初值的元素为空字符*/
```

结果是：s4[0]值为'1'，s4[1]值为'2'，s4[2]值为'\0'，s4[3]和 s4[4]值均为'\0'。

```
char s5[3][5]={"123","ab","x"}; /*用二维数组存放多个字符串*/
```

结果是：s5[0][0]值为'1'，s5[0][1]值为'2'，s5[0][2]值为'3'，s5[0][3]值为'\0'；s5[1][0]值为'a'，s5[1][1]值为'b'，s5[1][2]值为'\0'；s5[2][0]值为'x'，s5[2][1]值为'\0'。

因为省略了存储类型，默认为自动型，所以其他所有元素值均为空字符。

在 C 语言有规定：使用"%s"格式从键盘向字符数组中输入字符串时，回车换行符或空格符均为字符串的结束标记。

8.3.3 字符数组的输入和输出

在采用字符串方式后，字符数组的输入、输出将变得更加简单方便。在 C 语言中，字符数组有如下两种的输入、输出方法。

1. 使用"%c"逐个输出

除了前面介绍的字符串赋初值方法外，还可用 printf 函数和 scanf 函数一次性输出或输入一个字符数组中的字符串，而不必使用循环语句逐个地输入或输出每个字符。例如：

```
char str [9];
sacnf("%c,&str[0]");
```

使用 printf 函数可以输出一个或几个数组元素。例如：

```
printf ("%c",str[0]);
```

2. 使用"%s"逐串输出

使用如下格式可以依次输入一个字符串。

```
scanf ("%s",str);
```

例如：

```
char s1[25];
scanf("%s",s1);  /*用字符数组接收字符串时必须写字符数组名*/
```

如果键盘输入为：

12345　97890

然后按 Enter 键并换行，则 s1 中的字符串为：

12345

如果键盘输入为：

1234597890

然后按 Enter 键并换行，则 s1 中的字符串为：

1234597890

执行下面的代码：

```
char s2[25]={"12345"};
printf("%s",s2);  /*输出字符数组时字符串也应写成字符数组名*/
```

输出结果为：

12345

执行下面的代码：

```
char s3[25]={'1','2','\0','3','4','5'};
printf("%s",s3);
```

输出结果为：

12

虽然在 s3 中'\0'后还有字符，但是用"%s"格式只能输出到字符串结束标记。

实例 8-5　提示用户输入两个字符串，然后输出较大者
源码路径　daima\8\8-5

字符串大小比较的规则是：字符串从前向后逐字符进行比较，若字符大则字符串就大，例如 abc 小于 cbc。如果长度不相同，但是前面字符相同，则长的字符串大，例如 abc 小于 abce。本实例的实现文件为"bijiao.c"，具体实现代码如下。

```
#include"stdio.h"
int main(void){
    char a[80],b[80],jibie=' ';          /*置标记jibie为空格符*/
    int i=0;                              /*置开始的下标为0*/
    printf("string1:"); scanf("%s",a);    /*输入第1个字符串并存入数组a*/
    printf("string2:"); scanf("%s",b);    /*输入第2个字符串并存入数组b*/
    while((a[i]!='\0')||(b[i]!='\0'))     /*当前字符有一个'\0'则退出循环*/
    {
    if(a[i]<b[i])
            {   jibie='b';
                break;
            }  /*b字符串大则设标记'b'退出循环*/
            else if(b[i]<a[i])
            {   jibie='a';
                break;
            }  /*a字符串大则设标记'a'退出循环*/
            else i++;/*当前字符相等则修改下标后继
续循环*/
    }
        if(jibie==' ')  /*由于当前字符为'\0'而退出循环的,
则短字符串为小*/
            if(a=='\0')
                jibie ='b';          /*a串短,b串大,设置标记'b'*/
            else
                jibie='a';           /*b串短,a串大,设置标记'a'*/
    if(jibie=='a')
            printf("big-string: %s\n",a);
        else
            printf("big-string: %s\n",b);
    getch();
}
```

拓展范例及视频二维码

范例 8-5-01：下三角的问题

源码路径：演练范例\8-5-01\

范例 8-5-02：二维数组每一行的最大值

源码路径：演练范例\8-5-02\

程序运行后先提示用户输入两个字符串，输入完毕并按下 Enter 键后将比较这两个字符串的大小，并输出长度较大的字符串，如图 8-5 所示。

图 8-5　运行结果

8.4　字符串处理函数

为了简化用户的程序设计，C 语言提供了大量的字符串处理函数。用户在程序设计中需要时，可以直接调用这些函数，以减少编程的工作量。字符串处理函数的推出大大减少了我们的工作量。本节将详细讲解字符串处理函数的基本知识。

📹🎞 知识点讲解：视频\第 8 章\
字符串处理函数.mp4

8.4.1　测试字符串长度的函数

在 C 语言中，函数 strlen 用于测试字符串长度，即除字符串结束标记外的所有字符的个数。函数 strlen 的使用格式如下所示。

```
strlen(字符串)
```

其中，"字符串"是字符串常量或已存放字符串的字符数组名。

实例 8-6	使用 strlen 函数输出程序中数组字符串的长度
	源码路径　daima\8\8-6

本实例的实现文件为"chang.c"，具体实现代码如下。

```c
#include"string.h"
#include "string.h"
int main(void){
 int k;
 static char st[]="My name is yuye";
 k=strlen(st);
 printf("The lenth of the string is %d\n",k);
}
```

程序执行后将输出 st[] 数组字符串的长度，如图 8-6 所示。

拓展范例及视频二维码

范例 **8-6-01**：逐个输入和输出
　　　　　字符串中的字符

源码路径：**演练范例\8-6-01**

范例 **8-6-02**：整体输入和输出
　　　　　字符串

源码路径：**演练范例\8-6-02**

图 8-6　运行结果

8.4.2　字符串大小写转换函数

函数 strupr 能够将字符串中的小写字母转换为大写字母，函数 strlwr 能够将字符串中的大写字母转换为小写字母。函数 strupr 的使用格式如下所示。

```
strupr(字符串)
```

函数 strlwr 的使用格式如下所示。

```
strlwr (字符串)
```

其中，"字符串"是字符串常量或已存放字符串的字符数组名。

实例 8-7　**提示用户输入字符串，然后分别输出输入字符串的小写形式和大写形式**
源码路径　daima\8\8-7

本实例演示了函数 strupr 和函数 strlwr 的使用方法，实现文件为 "tranfer.c"，具体实现代码如下。

```
#include"string.h"
#include"stdio.h"
int main(void){
    char str[80];                //声明一个字符数组
    puts("Please input the character string:");
    gets(str);                   //接收字符串
    printf("\n xiao xie=%s",strlwr(str));
    //输出结果
    printf("\nda xie=%s",strupr(str));
    getch();
}
```

拓展范例及视频二维码

| 范例 8-7-01：去掉字符串的尾空格 源码路径：**演练范例\8-7-01** |
| 范例 8-7-02：计算字符串的长度 源码路径：**演练范例\8-7-02** |

程序运行后先提示用户输入字符串，输入完毕并按下 Enter 键将后显示输入的字符串，并分别输出转换为小写字母和大写字母后的结果，如图 8-7 所示。

图 8-7　运行结果

8.4.3　字符串复制函数

在 C 语言中有两个复制函数，分别是 strcpy 函数和 strncpy 函数。strcpy 函数的使用格式如下所示。

strcpy(字符数组名，字符串，整型表达式)

其中，"字符数组名"是已定义的字符数组；"字符串"是字符串常量或已存放字符串的字符数组名；"整型表达式"可以是任何整型表达式，此参数可以省略。

strncpy 函数的使用格式如下所示：

strncpy (字符数组名，字符串，整型表达式)

其中，"字符数组名"是已定义的字符数组；"字符串"是字符串常量或已存放字符串的字符数组名；"整型表达式"可以是任何整型表达式，此参数可以省略。

上述两个格式的功能是提取"字符串"中的前"整型表达式"个字符从组成一个新的字符串，然后将这个新的字符串保存到"字符数组"中。若省略"整型表达式"，则将整个"字符串"存入字符数组中。

实例 8-8　**使用 strcpy 函数和 strncpy 函数复制用户输入的字符串**
源码路径　daima\8\8-8

本实例的实现文件为 "fu.c"，具体实现代码如下。

```
#include"string.h"
#include"stdio.h"
int main(void){
    char str1[80],str2[80],str3[80];
    //声明一个字符数组
    puts("Please input the character string:");
    gets(str1);                  //接收字符串
    strcpy(str2,str1);           //复制字符串
    strncpy(str3,str1,4);
    printf("\nAfter strcpy destination=%s",str2);
    //输出结果
    printf("\nAfter strncpy destination=%s",str3);
```

拓展范例及视频二维码

| 范例 8-8-01：复制字符串 源码路径：**演练范例\8-8-01** |
| 范例 8-8-02：字符串的逆序赋值 源码路径：**演练范例\8-8-02** |

}

　　程序运行后先提示用户输入一个字符串，输入完毕并按下 Enter 键后，会把输入的字符串分别通过 strcpy 函数和 strncpy 函数进行复制，并显示复制后的结果。如图 8-8 所示。

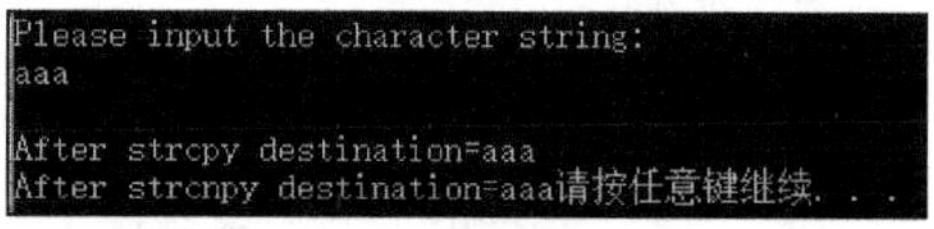

　　在具体使用 strcpy 函数和 strncpy 函数时，应该注意如下两点。

图 8-8　运行结果

　　（1）对于 strcpy 函数来说，如果省略"整型表达式"，则会将整个"字符串"存入到字符数组中。这时需要字符数组足够长，并且在复制时它会连同字符串后的"\0"一起复制到字符数组中。

　　（2）对于 strncpy 函数来说，如果"字符串"中包含的字符少于"整型表达式"中的字符，则需要在后面加上足够数量的空字符，使复制到"字符数组名"中的总字符数为"整型表达式"中规定的字符；如果"字符串"中包含的字符多于"整型表达式"中规定的字符，则不需要在"字符数组名"的末尾加上空字符。

　　为加深对复制函数的理解，看下面的选择题。

　　问题：以下对 strcpy 函数的使用错误的是？

```
char atr1[]="string",str2[10],*str3,*str4="sting";
A.strcpy(str1,"hello");
B.strcpy(str2,"hello");
C.strcpy(str3,"hello");
D.strcpy(str4,"hello");
```

　　首先来分析下 strcpy 的作用。strcpy 是定义在 string.h 中的字符串操作函数，它的原型为：

```
extern char *strcpy(char *dest,char *src);
```

　　其主要作用是将 src 指针指向的内容复制到 dest 的内存空间中，而 src 中的内容按照"\0"作为字符串的结尾来操作的。

　　当使用上述的 strcpy 函数时，也就是在将字符常量 hello 复制到对应的字符串空间中。

　　下面来分析上面的 A、B、C、D 选项。

　　A：根据 str1 的定义可知，它是一个初始化为"string"的数组，长度为 7（strlen(str1)+1），是分配在栈上的，是在运行时可以重写的，所以对于 A 选项而言，strcpy 是正确的，操作结果为 str1 中的内容为"hello"。

　　B：根据 str2 的定义可知，它是一个没有初始化的字符数组，长度为 10，也是分配在栈上的，也可以修改，所以这里它也是正确的。

　　C：按照 str3 的定义可知，它是一个指针，没有指向任何地址，也就是所谓的野指针，如果对它进行操作，则有可能写入到未知的空间地址，从而导致程序崩溃，这是会出问题的，正确的写法是向堆申请空间，char *str3 = (char *) malloc (10);或者让它指向某个栈上的地址，如 str3 = str1。

　　D：按照 str4 的定义可知，这是一个字符串常量，是分配在静态区域的，无法在运行时修改，所以不能对它进行复制。

8.4.4　字符串比较函数

　　在 C 语言中，函数 strcmp 和函数 strncmp 是专门用于比较字符串大小的。函数 strcmp 的使用格式如下所示。

```
strcmp(字符串1,字符串2)
```

　　函数 strncmp 的使用格式如下所示。

```
strcmp(字符串1,字符串2,整型表达式)
```

其中，"字符串 1""字符串 2"表示字符串常量或已存放字符串的字符数组名。

　　函数 strcmp 的功能描述如下所示。

　　❏　如果"字符串 1"<"字符串 2"，则函数值为小于 0 的整数。

❑ 如果"字符串 1"="字符串 2"，则函数值为 0。

❑ 如果"字符串 1">"字符串 2"，则函数值为大于 0 的整数。

函数 strncmp 的功能是比较字符串 1 和字符串 2 的前几个（具体个数由整型表达式指定）字符的大小。具体比较方式如下所示。

❑ 如果"字符串 1"<"字符串 2"，则函数值为小于 0 的整数。

❑ 如果"字符串 1"="字符串 2"，则函数值为 0。

❑ 如果"字符串 1">"字符串 2"，则函数值为大于 0 的整数。

实例 8-9	使用 strcmp 和函数 strncmp 比较用户输入的字符串
	源码路径　daima\8\8-9

本实例的实现文件为"compare.c"，具体实现代码如下。

拓展范例及视频二维码

范例 8-9-01：比较两个字符串

源码路径：**演练范例\8-9-01**

范例 8-9-02：自定义字符串
　　　　　比较函数

源码路径：**演练范例\8-9-02**

```
#include "string.h"
#include "stdio.h"
int main(void){
    int m;                   //声明整型变量
    char mm1[80],mm2[80];    //声明两个字符数组
    puts("Please input the first string:");
    //输入提示
    gets s(mm1);             //接收字符串1
    puts("Please input the second string:");
    //输入提示
    gets s(mm2);             //接收字符串2
    m=strcmp(mm1,mm2);       //比较两个字符串
    //输出结果
    printf("\nstrcmp(%s,%s) returns %d",mm1,mm2,m);
    m=strncmp(mm1,mm2,3);    //比较两个字符串的前3个字符
    printf("\nComparing 3 characters,strncmp(%s,%s) returns %d",mm1,mm2,m);
    //输出结果
}
```

程序运行后先提示用户分别输入两个字符串，输入完毕并按 Enter 键后，通过函数 strcmp 和函数 strncmp 比较两个字符串，并显示比较结果。执行效果如图 8-9 所示。

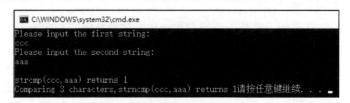

图 8-9　执行效果

在上述实例代码中，通过函数 strcmp 和函数 strncmp 比较用户输入的字符串。读者在具体使用时，应该注意如下两点。

（1）函数 strcpy 和函数 strncpy 在进行比较时，要区分字母的大小写。

（2）在 C 语言中所有的字符串比较函数都是利用 ASCII 码来比较的，对于相同的字母来说，大写字母要小于小写字母。因为 A~Z 的 ASCII 码是 95~90，而 a~z 的 ASCII 码是 97~122。看下面的代码。

```
#include "string.h"
int main(){
 int k;
 static char st1[15],st2[]="C Language";              //赋值
 printf("input a string:\n");
 gets(st1);
 k=strcmp(st1,st2);
 if(k==0) printf("st1=st2\n");
 if(k>0) printf("st1>st2\n");
```

```
    if(k<0) printf("st1<st2\n");
}
```

上述代码把输入的字符串和数组 st2 中的字符串进行比较，比较结果返回到 k 中，根据 k 值再输出结果。当输入为"ddddd"时，由 ASCII 码可知"ddddd"大于"C Language"，所以 k>0，输出结果是 st1>st2。

8.4.5 字符串连接函数

在 C 语言中，函数 strcat 和函数 strncat 专门用于连接两个字符串。其中，函数 strcat 的使用格式如下所示。

```
strcat(字符数组名,字符串)
```

"字符数组名"是已定义的字符数组；"字符串"表示字符串常量或已存放字符串的字符数组名。上述格式的功能是取消"字符数组"中字符串的结束标记，然后把"字符串"连接到它的后面，组成新的字符串并存回"字符数组"中。其返回值是字符数组的首地址，它要求字符数组的长度要足够大。

函数 strncat 的使用格式如下所示。

```
strncat (字符数组,字符串,整型表达式)
```

其中，"字符数组"是已定义的字符数组名；"字符串"是字符串常量或已存放字符串的字符数组名；"整型表达式"可以是任何整型表达式。

上述格式的功能是：将"字符串"中"整型表达式"所规定的字符加到"字符数组"的后面。如果"字符串"中的字符大于"整型表达式"所规定的字符，则"整型表达式"所规定的字符加到"字符数组"的后面；如果"字符串"中的字符少于"整型表达式"所规定的字符，则"字符串"中的所有字符都将加到"字符数组"的后面。但是无论是上述哪种情况，都将在连续字符串的后面加上空字符。在此也要求字符数组的长度足够大，这样才能存储连接在后面的字符串。其返回值为字符数组。

实例 8-10 使用 strcat 函数和 strncat 函数连接用户输入的字符串
源码路径　daima\8\8-10

本实例的实现文件为"connect.c"，具体实现代码如下。

```c
#include"string.h"
#include"stdio.h"

/*strcpy && strcat*/
int main(void)
{
    char string[80];
    strcpy(string,"我是");
    strcat(string,"梅西！ ");
    strcat(string,"我是");
    strcat(string,"C罗!");
    printf("string = %s \n",string);
    getch();
    return 0;
}
```

拓展范例及视频二维码	
范例 8-10-01：计算字符串的长度 源码路径：**演练范例\8-10-01**	
范例 8-10-02：自定义字符串连接 源码路径：**演练范例\8-10-02**	

程序运行后的效果如图 8-10 所示。

string = 我是梅西！ 我是C罗！

图 8-10　执行效果

8.4.6 其他的字符串函数

在 C 语言中，还有很多其他常用的字符串函数。
具体请参阅"daima\8\C 语言字符串函数大全.txt"。

8.4.7 将字符串转换成数值的函数

在 C 语言编程过程中，有时需要将由字符串表示的数字转换成数值变量。例如，将字符串"123"转换为一个值为"123"的数字。有如下 3 个函数可实现上述功能。

1. 函数 atoi

函数 atoi 的功能是将字符串转换为整型值，具体使用格式如下所示。

```
atoi (字符串)
```

其中，"字符串"是字符串常量或已存放字符串的字符数组名。函数 atoi 会扫描字符串，跳过前面的空格字符，直到遇上数字或正负符号才开始进行转换，而遇到非数字或字符串结束标志"\0"时才结束转换，并将结果返回。其返回值是转换后的整型数。

2. 函数 atol

函数 atol 的功能是将字符串转换为长型值，具体使用格式如下所示。

```
atol (字符串)
```

其中，"字符串"是字符串常量或已存放字符串的字符数组名。函数 atol 会扫描参数"字符串"，跳过前面的空格字符，直到遇上数字或正负符号才开始进行转换，而遇到非数字或字符串结束标志时才结束转换，并将结果返回。例如在下面代码中 x 的值为 1024L。

```
x = atol( "1024.0001" );
```

3. 函数 atof

函数 atof 的功能是将字符串转换为双精度型值，具体使用格式如下所示。

```
atof(字符串)
```

其中，"字符串"的开头可以包含空白、符号（+和-）、数学数字（0～9）、小数和指示符（E 或 e）。如果第 1 个字符是不可转换的，则 atof 返回 0。

实例 8-11	将用户输入的字符串转换为数值类型的值
	源码路径　daima\8\8-11

本实例的实现文件为"transefer.c"，具体实现代码如下。

拓展范例及视频二维码

范例 **8-11-01**：对字符串进行
定位
源码路径：**演练范例\8-11-01**

范例 **8-11-02**：演示子串的插入
源码路径：**演练范例\8-11-02**

```c
#include "stdafx.h"
#include "string.h"
#include "stdlib.h"
int main(void){
    char str[80];              //定义一个字符数组
    while(1)
    {   printf("input the string to convert: ");
        gets(str);                //输入字符串
        if(strlen(str)==0)break;  //当遇到空字符
串时退出循环

        //将字符串转换为整型值
        printf("atoi(%s) returns %d\n",str,atoi(str));
            printf("atol(%s) returns %ld\n",str,atol(str));  //将字符串转换为长型值
        printf("atof(%s) returns %f\n",str,atof(str));       //将字符串转换为浮点数
    }
}
```

程序运行后的效果如图 8-11 所示。

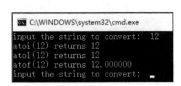

图 8-11　执行效果

实际上，函数 atof、atol、atrtod、strtol 和 strtoul 的功能都是类似的，具体使用方法都相同。

读者可以参阅光盘中赠送的"C 字符串函数"资料,学习 C 语言中各字符串函数的使用方法,并通过具体实例来加深理解。

8.5 字符处理函数

在编写 C 语言程序的过程中,如果要输入单个字符,则需要使用字符处理函数。本节将详细介绍字符处理函数的基本知识。

 知识点讲解:视频\第 8 章\字符处理函数.mp4

8.5.1 字符检测函数

字符检测函数可对程序中的字符进行检测处理,这些函数根据字符是否满足特定的条件来返回 true 或 false。C 语言中的字符检测函数通过头文件"ctype.h"来引用,常用的字符检测函数如表 8-2 所示。

表 8-2 常用的字符检测函数

函数原型	函数描述
int isdigit (int c)	如果 c 是数字,则返回 true;否则返回 false
int isalpha (int c)	如果 c 是字母,则返回 true;否则返回 false
int isalnum (int c)	如果 c 是字母或数字,则返回 true;否则返回 false
int isxdigit (int c)	如果 c 是十六进制字符,则返回 true;否则返回 false
int islower (int c)	如果 c 是小写字母,则返回 true;否则返回 false
int isupper (int c)	如果 c 是大写字母,则返回 true;否则返回 false
int isspace (int c)	如果 c 是空白符,则返回 true;否则返回 false。空白符包括:'\n'、空格、'\t'、'\r'、进纸符 ('\f')、垂直制表符 ('\v')
int iscntrl (int c)	如果 c 是控制符,则返回 true;否则返回 false
int ispunct (int c)	如果 c 是除空格、数字和字母外的可打印字符,则返回 true;否则返回 false
int isprint (int c)	如果 c 是可打印字符 (包括空格),则返回 true;否则返回 false
int isgraph (int c)	如果 c 是除空格之外的可打印字符,则返回 true;否则返回 false

实例 8-12 提示用户输入一段字符串,然后使用字符检测函数来判断字符串中各字符的个数

源码路径 daima\8\8-12

本实例的实现文件为"num.c",具体实现代码如下。

```
#include "stdafx.h"
#include "string.h"
#include "stdio.h"
#include "ctype.h"
int main(void)
{
    char mm[80];//定义一个字符数组
    int i, d = 0, l = 0, p = 0, c = 0, o = 0,
        b = 0, u = 0;//定义整型变量
    printf("Please input the string:\n");
    gets s(mm);//输入字符串
    for (i = 0; i<strlen(mm); i++)//循环检测字符串中的每个字符
    {
        if (isprint(mm[i]))//判断当前字符是否为可打印字符
```

拓展范例及视频二维码

范例 **8-12-01**:删除多个连续的字符串
源码路径:演练范例\8-12-01\

范例 **8-12-02**:字符串的升序排序
源码路径:演练范例\8-12-02\

```
{
        if (isalnum(mm[i]))//判断当前字符是否为字母或数字
        {      //判断当前字符是否为数字
                if (isdigit(mm[i]))
                        d++;
                //判断当前字符是否为小写字母
                else if (islower(mm[i]))
                        l++;
                //判断当前字符是否为大写字母
                else if (isupper(mm[i]))
                        u++;
        }
        else if (isspace(mm[i]))//判断当前字符是否为空格
                b++;
        else if (ispunct(mm[i]))//判断当前字符是否为标点字符
                p++;
        else
                o++;
    }
        else if (iscntrl(mm[i]))////判断当前字符是否为控制字符
                c++;
        else //以上类型都不是
                o++;
}
//输出字符串中各种类型字符的个数
printf("数字:%d\n", d);
printf("小写字母:%d\n", l);
printf("大写字母:%d\n", u);
printf("空白:%d\n", b);
printf("标点符号:%d\n", p);
printf("控制键:%d\n", c);
printf("其他:%d\n", o);
```

程序运行后先提示用户输入字符串，输入完毕并按下 Enter 键后会显示字符检测函数的处理结果。执行效果如图 8-12 所示。

图 8-12 执行效果

8.5.2 字符大小写转换函数

在前面的内容中，讲解了函数 strlwr 函数和 stupr 函数的基本使用方法，它们能够分别将字符串转换为小写和大写。在 ANSI 标准中定义了两个对字符进行大小写转换的函数，它们分别是 tolower 和 toupper，它们也都包含在头文件 "ctype.h" 中。具体信息如表 8-3 所示。

表 8-3 字符大小写转换函数

函数原型	函数描述
int tolower（int c）	如果 c 为大写字母，则返回其小写字母，否则返回原参数
int toupper（int c）	如果 c 为小写字母，则返回其大写字母，否则返回原参数

实例 8-13 提示用户输入需要转换的字符串，然后分别输出转换为大写和小写的字母

源码路径　daima\8\8-13

本实例的实现文件为 "bijiao.c"，具体实现代码如下。

```
#include "stdafx.h"
#include "stdlib.h"
#include "string.h"
#include "ctype.h"
int main(void) {
    char mm[80];                    //定义一个字符数组
    int i;
    while(1){
    printf("input the string to convert:\n");
        gets s(mm);                 //输入字符串
        if(strlen(mm)==0)break;     //当遇到空字
符时退出循环
        for(i=0;i<strlen(mm);i++)   //将字符串中
每个字符写为大写字母
            printf("%c",toupper(mm[i]));
        printf("\n");               //换行
        for(i=0;i<strlen(mm);i++)   //将字符串中每个字符写为小写字母
            printf("%c",tolower(mm[i]));
        printf("\n");
    }
}
```

拓展范例及视频二维码

范例 8-13-01：整数转换为
字符串
源码路径：演练范例\8-13-01\

范例 8-13-02：删除字符串中
指定的字符
源码路径：演练范例\8-13-02\

程序运行后先提示用户输入一个字符串，输入完毕并按下 Enter 键后，将分别显示输入字符的大写和小写形式。执行效果如图 8-13 所示。

图 8-13　执行效果

8.6　技术解惑

8.6.1　数组的下标总是从 0 开始吗

对数组 a[MAX]（MAX 是一个在编译时已知的值）来说，它的第 1 个和最后 1 个元素分别是 a[0] 和 a[MAX−1]。在其他语言中，情况可能有所不同，例如在 BASIC 语言中数组 a[MAX] 的元素是从 a[1] 到 a[MAX]，在 Pascal 语言中则两种方式都可行。

在 C 语言中，a[MAX] 是一个有效地址，但该地址中的值并不是数组 a 中的一个元素。这种差别有时会引起混乱，因为当你说"数组中的第 1 个元素"时，实际上是指"数组中下标为它的元素"，这里"第 1 个"的意思和"最后一个"相反。

尽管可以假设一个下标从 1 开始的数组，但在实际编程中不应该这样操作。因为指针和数组几乎是相同的，因此可以定义一个指针，使它可以同数组一样引用另一个数组中的所有元素，但在引用时前者的下标是从 1 开始的。

```
/*Don't do this!!*/
int a0[MAX],
int *a1=a0-1; /*&a0[-1]*/
```

现在，a0[0] 和 a1[1] 是相同的，而 a0[MAX−1] 和 a1[MAX] 是相同的。然而，在实际编程中不应该这样操作，其原因有以下两点。

（1）这种方法可能行不通。这种行为在 ANSI/ISO-C 标准中是没有定义的（并且是应该避免的），而 &a0[-1] 完全有可能不是一个有效地址。对于某些编译程序来说，你的程序可能根本不会出问题。但是，谁能保证你的程序永远不会出问题呢？

（2）这种方式背离了 C 语言的常规风格。人们已习惯了 C 语言中数组下标的表示方式，如果你的程序使用了另外一种方式，那么别人就很难读懂程序，而经过一段时间以后，连你自已都可能很难读懂这个程序了。

8.6.2　C 语言对数组的处理非常有效吗

除少数翻译器出于谨慎会有一些冗长的规定外，在 C 语言中数组下标是在一个很低层次上处理的。但这个优点也有一个反作用，即在程序运行时你无法知道一个数组到底有多大，或者一个数组下标是否有效。ANSI/ISO C 标准没有对使用越界下标的行为给出定义，因此，一个越界下标有可能导致如下所示的后果。

- 程序仍能正确运行。
- 程序会异常终止或崩溃。
- 程序能继续运行，但无法得出正确的结果。
- 其他情况。

换句话说，你不知道程序此后会有什么反应，这会带来很大的麻烦。有些人就是抓住这一点来批评 C 语言的，认为 C 语言只不过是一种高级的汇编语言。然而，尽管 C 程序出错时的表现有些可怕，但谁也不能否认一个经过仔细编写和调试的 C 程序运行起来是非常快的。

数组和指针能非常和谐地在一起工作。当数组出现在一个表达式中时，它和指向数组中第 1 个元素的指针是等价的，因此数组和指针几乎可以互换使用。此外，使用指针要比使用数组下标快两倍。

将数组作为参数传递给函数和将指向数组中第 1 个元素的指针传递给函数是完全等价的。将数组作为参数传递给函数时可以采用值传递和地址传递两种方式，前者需要完整地复制初始数组，但这比较安全；后者的速度要快得多，但编写程序时要多加小心。在 C++和 ANSI C 中都有 const 关键字，利用它可以使地址传递方式和值传递方式一样安全。

8.6.3　初始化一维数组的注意事项

在 C 语言中对一维数组进行初始化赋值时，读者需要注意如下 5 点。

（1）当{ }中值的个数少于元素个数时，可以只给前面的元素赋值。例如下面的赋值代码。

```
int a[10]={0,1,2,3,5};
```
上述代码表示只给 a[0]～a[4]5 个元素赋值，而后面的 5 个元素自动赋值为 0。

（2）只能给元素逐个赋值，而不能给数组整体赋值。例如将 10 个元素全部赋值为 5，只能写为如下格式。

```
int a[10]={5,5,5,5,5,5,5,5,5,5};
```
而不能使用下面的格式：

```
int a[10]=5;
```
（3）如果想给全部元素赋值，则在数组说明中可以不给出数组元素的个数。例如下面的代码。

```
int a[5]={1,2,3,4,5};
```
上述代码可以写为：

```
int a[]={1,2,3,4,5};
```
（4）关键字 static 定义了一个静态变量。在 C 语言中，规定只有静态变量和外部变量可以初始化（这将在后面介绍）。但在 Turbo C 中不加关键字 static 也可对变量进行初始化。

（5）在程序执行过程中，可以对数组进行动态赋值。这时可用循环语句配合 scanf 函数逐个对数组元素进行赋值。看下面的代码。

```
int main(void){
    int i,max,a[10];
    printf("input 10 numbers:\n");
    for(i=0;i<10;i++)
        scanf("%d",&a[i]);
    max=a[0];
    for(i=1;i<10;i++)
```

```
        if(a[i]>max) max=a[i];
    printf("maxmum=%d\n",max);
}
```

在上述代码中，第 1 个 for 语句逐个将 10 个数输入到数组 a 中。然后把 a[0]送入 max 中。在第 2 个 for 语句中，将 a[1]～a[9]逐个与 max 中的内容进行比较，若比 max 的值大，则把该下标变量送入 max 中，因此在已比较过的下标变量中 max 总是最大者。比较结束，输出 max 中的值。

8.6.4 冒泡排序

冒泡排序（BubbleSort）的基本概念是：依次比较相邻的两个数，将小数放在前面，大数放在后面。即首先比较第 1 个和第 2 个数，将小数放在前面，大数放在后面。然后比较第 2 个数和第 3 个数，将小数放在前面，大数放在后面，如此继续，直至比较最后两个数，将小数放在前面，大数放在后面。重复以上过程，仍从第一对数开始比较（因为由于第 2 个数和第 3 个数的交换，可能使得第 1 个数不再小于第 2 个数），将小数放在前面，大数放在后面，一直比较到最大数前的一对相邻数，将小数放在前面，大数放在后面，第二次比较结束，在倒数第二个数中将得到一个新的最大数。如此下去，直至完成最终排序。

由于在排序过程中总是小数往前放，大数往后放，类似于气泡往上升，所以称为冒泡排序。

8.7 课后练习

1. 编写一个 C 程序，用筛选法求 100 之内的素数。
2. 编写一个 C 程序，当用户输入 10 个整数后，对其按照从小到大的顺序进行排序，并输出结果。
3. 编写一个 C 程序，求一个 3×3 矩阵对角线元素之和。
4. 编写一个 C 程序，假设有一个已排好序的数组，要求输入一个数后，按原来的排序规律将它插入数组中。
5. 编写一个 C 程序，要求输出 10 行杨辉三角。
6. 编写一个 C 程序，要求将一个数组中的值按逆序重新存放。例如原来顺序为 8、6、5、4、1，要求改为 1、4、5、6、8。
7. 编写一个 C 程序，将两个字符串 s1 和 s2 进行比较，如果 s1 > s2，则输出一个正数；若 s1 = s2，则输出 0；如果 s1 < s2 则输出一个负数。不要使用 strcmp 函数。两个字符串用 gets 函数读入。输出的正数或者负数的绝对值应是两个字符串相应字符的 ASCII 码的差值。例如"A"与"C"相比，由于"A"<"C"，所以应该输出负数，由于"A"与"C"的 ASCII 码差值为 2，因此应该输出"−2"。同理："And"和"Aid"比较，根据第 2 个字符比较的结果可知，"n"比"i"大 5，因此输出 5。

第 9 章

函　数

函数是 C 程序的基本模块，调用函数模块就能够实现特定的功能。C 语言中的函数相当于其他高级语言的子程序，项目中的基本功能几乎都是通过函数来实现的。本章将详细介绍函数的基本知识。

9.1　C 函数的基础知识

C 语言不仅提供了极为丰富的库函数，而且还允许用户建立自定义的函数。用户可把自己的算法编成相对独立的函数模块，然后用调用的方法来使用函数。本节先了解函数的基础知识。

📺 知识点讲解：视频\第 9 章\先了解 C 函数的基础知识.mp4

9.1.1　函数的分类

在 C 语言中可从不同的角度对函数进行分类，具体说明如下所示。

1. 从函数定义的角度来划分

从函数定义的角度来看，函数可分为库函数和用户定义函数两种。

❑ 库函数：由 C 系统提供，用户无须定义，也不必在程序中进行类型说明，只需在程序前包含有该函数原型的头文件即可在程序中直接调用它。在前面的范例中反复用到的 printf、scanf、getchar、putchar、gets、puts、strcat 等函数均属此类。

❑ 用户定义函数：由用户按需要编写的函数。用户自定义函数不仅要在程序中定义函数本身，而且在主调函数模块中还必须对该被调函数进行类型说明，然后才能使用。

2. 从是否有返回值的角度来划分

从这个角度看，又可以把函数分为有返回值函数和无返回值函数两种。

❑ 有返回值函数：调用此类函数执行完功能后将向调用者返回一个执行结果，它称为函数返回值。数学函数即属于此类函数。由用户定义的要返回函数值的函数必须在函数定义和函数说明中明确返回值的类型。

❑ 无返回值函数：此类函数用于完成某项特定的任务，执行完成后不向调用者返回函数值。这类函数类似于其他语言的过程。因为函数不需要返回值，所以用户在定义此类函数时可指定它的返回值为"空类型"，空类型的说明符为"void"。

3. 从是否有参数的角度来划分

从是否有参数角度划分，函数可以分为无参函数和有参函数两种。

❑ 无参函数：在函数定义、函数说明及函数调用中均不带参数。主调函数和被调函数之间不进行参数传送。此类函数通常用来完成一组指定的功能，可以返回或不返回函数值。

❑ 有参函数：也称为带参函数。在函数定义及函数说明时都有参数，它们称为形式参数（简称为形参）。在函数调用时也必须给出参数，它们称为实际参数（简称为实参）。进行函数调用时，主调函数将把实参值传送给形参，供被调函数来使用。

4. 库函数

C 语言提供了极为丰富的库函数，这些库函数根据具体的功能进行如下分类。

❑ 字符类型分类函数：对字符按 ASCII 码进行分类，例如分为字母、数字、控制字符、分隔符，大小写字母等。

❑ 转换函数：对字符或字符串进行转换，例如在字符和各类数字量（整型、实型等）之间进行转换；在大、小写之间进行转换。

❑ 目录路径函数：对文件目录和路径进行操作。

❑ 诊断函数：用于内部错误检测。

❑ 图形函数：用于屏幕管理和各种图形功能。

❑ 输入/输出函数：完成输入/输出功能。

- ❏ 接口函数：用于与 DOS、BIOS 和硬件间的接口。
- ❏ 字符串函数：用于字符串操作和处理。
- ❏ 内存管理函数：用于内存管理。
- ❏ 数学函数：用于数学计算。
- ❏ 日期和时间函数：用于日期、时间的转换操作。
- ❏ 进程控制函数：用于进程管理和控制。
- ❏ 其他函数：用于其他各种功能。

在 C 语言中，所有的函数定义（包括 main 函数在内），都是平行的。也就是说，在一个函数体内，不能再定义另一个函数，即不能嵌套定义。但是函数之间允许相互调用，也允许嵌套调用。习惯上把调用者称为主调函数。函数还可以自己调用自己，这称为递归调用。

main 函数是主函数，它可以调用其他函数，而不允许其他函数来调用。因此，C 程序的执行总是从 main 函数开始的，完成对其他函数的调用后再返回到 main 函数，最后由 main 函数结束整个程序。一个 C 程序必须也只能有一个 main 函数。

9.1.2 函数的定义

在对 C 语言内的函数进行定义时，必须按照其规定的格式来进行。

1. 无参函数的定义

定义格式如下所示。

```
类型标识符 函数名()
{
    数据定义语句序列；
    执行语句序列；
}
```

2. 有参函数的定义

定义格式如下所示。

```
类型标识符 函数名(形参列表)
{
    数据定义语句序列；
    执行语句序列；
}
```

在上述格式中各参数的具体说明如下所示。

（1）类型标识符：即数据类型说明符规定了当前函数的返回值类型，它可以是各种数据类型，也可以是指针型，如果是 void，则表示没有返回值。

（2）函数名：是当前函数的名称，在同一编译单元中不能有重复的函数名。

（3）形参列表：是函数中的形式参数，用逗号来分隔若干个形式参数的声明语句，其格式如下所示。

```
数据类型 形式参数1，…，数据类型 形式参数n
```

每个形参可以是变量、数组、指针变量、指针数组等。

（4）数据定义语句序列：由当前函数中使用的变量、数组、指针变量等语句组成。

（5）执行语句序列：由当前函数中完成函数功能的程序段组成。如果当前函数有返回值，则此序列中会有返回语句 return（表达式），其中表达式的值就是当前函数的返回值；如果当前函数没有返回值，则返回语句是 return，也可以省略返回语句。

看下面的代码。

```
void Hello()
{
    printf ("Hello,world \n");
}
```

上述代码定义了一个无参函数 Hello，它用于输出字符串 "Hello, world"。

再看下面的代码。

```
int max(int a, int b)
{
    if (a>b) return a;
    else return b;
}
```

上述代码的第 1 行说明 max 函数是一个整型函数，其返回的函数值是一个整数。形参 a 和 b 均为整型变量。a 和 b 的具体值是主调函数在调用时传送过来的。在{}中的函数体内，除形参外没有使用其他变量，因此该段代码只有语句而没有声明部分。在 max 函数体中 return 语句把 a（或 b）的值作为函数值返回给主调函数。有返回值的函数中至少应有一个 return 语句。

实例 9-1 提示用户输入两个整数，然后输出较大的数字
源码路径　daima\9\9-1

本实例的实现文件为"hanshu.c"，具体实现代码如下。

```
//定义函数返回值的类型、函数名、形式参数
int max(int a,int b)
{
if(a>b)return a;
    else return b;
}
int main(void)
{
    int max(int a,int b);        //声明函数
    int x,y,z;    //定义函数体中的变量
    printf("input two numbers:\n");
    scanf("%d,%d",&x,&y);        //输入两个数
    z=max(x,y);    //调用函数，比较两个数的大小
    printf("maxmum=%d",z);        //输出较大值
}
```

拓展范例及视频二维码

范例 **9-1-01**：定义一个函数
源码路径：**演练范例\9-1-01**

范例 **9-1-02**：演示函数的调用
源码路径：**演练范例\9-1-02**

在上述代码中，程序的第 1 行至第 5 行定义了 max 函数。进入主函数后，因为准备调用 max 函数，故先对 max 函数进行说明（程序中的第 8 行）。函数定义和函数说明并不是一回事，在后面还要专门讨论它们。函数说明与函数定义中的函数头部分相同，但是末尾要加分号。程序的第 12 行为调用 max 函数，并把 x、y 中的值传送给 max 的形参 a、b。max 函数执行的结果（a 或 b）将返回给变量 z。最后由主函数输出 z 的值。

程序运行后先提示输入两个整数，输入完毕并按下 Enter 键后，将对输入的数字进行比较，然后输出较大的数字。执行效果如图 9-1 所示。

图 9-1　执行效果

9.2　函数声明和函数原型

在前面的内容中，曾经多次提到了声明和定义，例如声明变量和定义变量。在大多数情况下，开发人员和读者会对上述两个名词混为一谈。实际上它们的意义基本上也是相同的，但是从严格意义上讲，二者是完全不同的概念。

知识点讲解：视频\第 9 章\必须知道的函数声明和函数原型.mp4

"定义"是指对函数功能的确立，包括指定函数名、函数值类型、形参类型、函数体等，它是一个完整、独立的函数单位。而"声明"的作用则是把函数名字、函数类型以及形参类型、个数和顺序通知编译系统，以便在调用该函数时系统按此进行对照检查（例如函数名是否正确，实参与形参的类型和个数是否一致）。从程序中可以看到函数声明与函数定义中的函数首部基本上是相同的。因此可以简单地照写已定义的函数首部，再加一个分号，就成为函数的"声明"。在函数声明中也可以不写形参名，而只写形参的类型。

在 C 语言中，函数声明称为函数原型（function prototype）。使用函数原型是 ANSI C 的一个重要特点。它的作用主要是利用其在程序编译阶段对调用函数的合法性进行全面检查。

以前 C 版本的函数声明方式不采用函数原型，而只是声明函数名和函数类型。例如"float add();"不包括参数类型和参数个数。系统不检查参数类型和参数个数。新版本也兼容这种用法，但不提倡这种用法，因为它未进行全面检查。

实际上，如果在函数调用前，没有对函数进行声明，则编译系统会把第一次遇到该函数的形式（函数定义或函数调用）作为函数声明，并将函数类型默认为整型。如果一个 max 函数在调用之前没有进行函数声明，则编译时首先遇到的函数形式是函数调用"max (a, b)"，由于对原型的处理是不考虑参数名的，因此系统将 max()加上 int 作为函数声明，即"int max();"因此不少教材说，如果函数类型为整型，则在函数调用前不必进行函数声明。但是使用这种方法时，系统无法对参数的类型进行检查。并且在调用函数时参数使用不当，编译时也不会报错。因此，为了程序清晰和安全，建议都加以声明为好。

如果被调用函数的定义出现在主调函数之前，则可以不必加以声明。因为编译系统已经提前知道了已定义的函数类型，它会根据函数首部提供的信息对函数调用进行正确性检查。

如果在所有函数定义之前，在函数的外部进行了函数声明，则在各个主调用函数中不必对所调用的函数再进行声明。

1. 函数声明

在调用用户自定义函数时，需要满足以下两个条件。

（1）必须已经定义了被调用函数。ヂ

（2）如果被调用函数与调用它的函数在同一个源文件中，则一般在主调函数中会对被调用函数进行声明。函数声明的一般格式如下所示：

函数类型　函数名(形参类型1形参名1，形参类型2形参名2，…)

在下列 3 种情况下可以省略函数声明。

（1）函数定义的位置在主调函数之前。

（2）函数的返回值为整型或字符型，且实参和形参的数据类型都为整型或字符型。

（3）如果在所有函数定义之前，在函数的外部已进行了函数声明，则在各个主调函数中不必对所调用函数再进行声明。

例如，求 $s=(1+2+3+\cdots+n)/(1+2+3+\cdots+m)$ 的值，其中 n 和 m 为整数，其实现代码如下所示。

```c
#include <stdio.h>
float sum(int k)                /* 定义函数sum。函数sum定义在前，调用在后*/
{
        float q=0.0;
        int a;
        for(a=1;a<=k;a++)
        q+=a;
        return(q);
}
int main(void)                  /* 虽然函数sum为单精度型，但由于sum的定义在调用之前 */
{                               /* 所以在main中调用sum函数时不需再进行函数声明*/
        int n,m;
        float s;
        printf("输入n和m: \n");
        scanf("%d,%d",&n,&m);
        s=sum(n)/sum(m);
        printf("s=%.2f\n",s);
}
```

2. 函数原型

在声明被调函数时，编译系统需知道被调函数有几个参数，各自是什么类型，而参数名称是无关紧要的，因此对被调函数的声明可以简化成以下形式。

函数类型 函数名（形参类型1，形参类型2，……）；

在 C 语言中，上面的函数声明称为函数原型。在程序中使用函数原型的主要作用是在编译源程序时对调用函数的合法性进行全面检查。当编译系统发现函数原型与函数调用不匹配（如函数类型不匹配、参数个数不一致、参数类型不匹配等）时，就会在屏幕上显示出错误信息，用户可以根据提示的出错信息发现并改正函数调用中的错误。

9.3 函数的参数

C 语言中函数的参数分为形参和实参两种。本节介绍 C 语言函数中形参和实参的特点和二者的关系，并通过具体的实例来加深理解。

知识点讲解：视频\第 9 章\
什么是函数的参数.mp4

9.3.1 形参和实参

形参在函数定义中出现，在整个函数体内都可以使用，但离开当前函数则不能使用。实参在主调函数中出现，当进入被调函数后，实参变量也不能使用。形参和实参的功能是进行数据传送，当调用函数时，主调函数会把实参的值传送给被调函数的形参，从而实现主调函数向被调函数传送数据。

C 语言函数的形参和实参具有以下特点。

❑ 形参变量只有在调用时才分配内存单元，在调用结束后，即刻释放所分配的内存单元。因此，形参只在函数内部有效。结束函数调用返回主调函数后则不能再使用该形参变量。

❑ 实参可以是常量、变量、表达式、函数等，无论实参是何种类型的，在进行函数调用时，它们都必须具有确定的值，以便把这些值传送给形参。因此应预先用赋值、输入等办法使实参获得确定值。

❑ 实参和形参在数量、类型、顺序上应严格一致，否则会发生"类型不匹配"。

❑ 函数调用中的数据传送是单向的。即只能把实参的值传送给形参，而不能把形参的值反向地传送给实参。因此在函数调用中，形参的值会发生改变，而实参中的值不会变化。

实例 9-2 提示用户输入 1 个数字，然后计算从 1 到此数字值的和，并输出结果

源码路径　daima\9\9-2

本实例的实现文件为"xing.c"，具体实现代码如下。

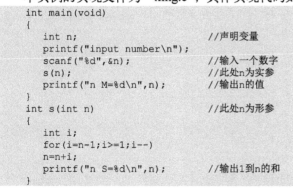

```
int main(void)
{
    int n;                          //声明变量
    printf("input number\n");
    scanf("%d",&n);                 //输入一个数字
    s(n);                           //此处n为实参
    printf("n M=%d\n",n);           //输出n的值
}
int s(int n)                        //此处n为形参
{
    int i;
    for(i=n-1;i>=1;i--)
    n=n+i;
    printf("n S=%d\n",n);           //输出1到n的和
}
```

拓展范例及视频二维码

范例 9-2-01：形参和实参的
单向传递
源码路径：演练范例\9-2-01\

范例 9-2-02：演示函数参数的
求值顺序
源码路径：演练范例\9-2-02\

上述代码定义了一个函数 s，该函数的功能是求自然数 1~n 的和。在主函数中输入 n，并作为实参，在调用时将它传送给函数 s 的形参 n（注意，本例的形参和实参的标识符都为 n，但它们是两个不同的量，各自的作用域不同）。在主函数中用 printf 语句输出一次 n 值，这个 n

值是实参 n 的值。在函数 s 中也用 printf 语句输出了一次 n 值，但这个 n 值是形参最后取得的 n 值，它为 0。从运行情况看，输入的 n 值为 100。即实参 n 的值为 100。把此值传给函数 s 时，形参 n 的初值也为 100，在函数执行过程中，形参 n 的值变为 5050。程序返回主函数之后，实参 n 的值仍为 100。可见实参的值不随形参的变化而变化。

程序运行后将先提示用户输入一个整数，输入完毕并按下 Enter 键后将会进行求和运算，并输出计算结果。执行效果如图 9-2 所示。

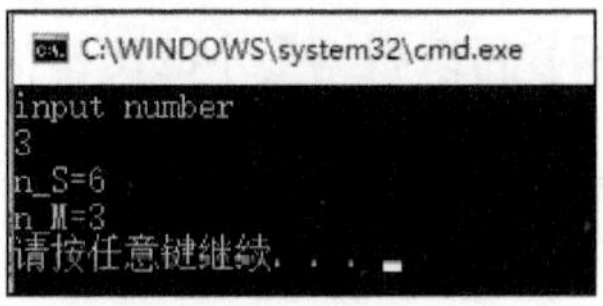

图 9-2　执行效果

9.3.2　以数组名作为函数的参数

在 C 语言中，可以使用数组名作为函数的参数。以数组名作为函数的参数与以数组元素作为实参有如下几点不同。

当以数组元素作为实参时，只要数组类型和函数形参变量的类型一致，这样作为下标变量的数组元素的类型也和函数形参变量的类型是一致的。因此，它并不要求函数的形参也是下标变量。也就是说，数组元素的处理是按普通变量来对待的。当以数组名作为函数参数时，要求形参和相对应的实参必须是类型相同的数组，都必须有明确的数组说明。当形参和实参二者不一致时，会发生错误。

当以普通变量或下标变量作为函数参数时，形参变量和实参变量是两个由编译系统分配的不同的内存单元。函数调用时的数据传送是把实参变量的值赋给了形参变量。在用数组名作为函数参数时，进行的不是值的传送，即不是把实参数组中每一个元素的值都赋给了形参数组的各个元素。因为实际上形参数组并不存在，编译系统不为形参数组分配内存。因此在用数组名作为函数参数时所进行的传送只是地址的传送，也就是说，实参数组的首地址赋值为形参数组名。形参数组名取得该首地址之后，也就等于有了实在的数组。实际上是形参数组和实参数组为同一数组，共同拥有一段内存空间。

在变量作为函数参数时，所进行的传送是单向的。即只能从实参传向形参，不能从形参传回实参。形参的初值和实参相同，而形参的值发生改变后，实参并不变化，二者的终值是不同的。本书前面的实例就很好地说明了这个问题。

而当用数组名作为函数参数时，情况则不同。由于实际上形参和实参为同一数组，因此当形参数组发生变化时，实参数组也会随之变化。当然这种情况不能理解为发生了"双向"传递。但从实际情况来看，调用函数之后实参数组中的值将由于形参数组值的变化而变化。为了说明这种情况，看下面的一段代码。

```
void nzp(int a[5]){
  int i;
  printf("\nvalues of array a are:\n");
  for(i=0;i<5;i++)
  {
    if(a[i]<0) a[i]=0;
    printf("%d ",a[i]);
  }
}
int main(void){
  int b[5],i;
  printf("\ninput 5 numbers:\n");
  for(i=0;i<5;i++)
    scanf("%d",&b[i]);
    printf("initial values of array b are:\n");
  for(i=0;i<5;i++)
    printf("%d ",b[i]);
    nzp(b);
    printf("\nlast values of array b are:\n");
  for(i=0;i<5;i++)
    printf("%d ",b[i]);
```

```
}
void nzp(int a[5]) { ……
}
```

在上述代码中，函数 nzp 的形参为整数组 a，其长度为 5。在主函数中实参数组 b 也为整型，长度也为 5。在主函数中首先输入数组 b 的值，然后输出数组 b 的初始值。然后以数组 b 为实参调用 nzp 函数。在 nzp 中，按要求把负值单元清零，并输出形参数组 a 中的值。返回主函数之后，再次输出数组 b 中的值。从运行结果可以看出，数组 b 的初值和终值是不同的，数组 b 的终值和数组 a 中的是相同的。这说明实参和形参为同一数组，它们的值同时发生了改变。

在 C 语言中，用数组名作为函数参数时应注意如下几点。

❑ 形参数组和实参数组的类型必须一致，否则将引起错误。
❑ 形参数组和实参数组的长度可以不相同，因为在调用时，程序只传送首地址而不检查形参数组的长度。当形参数组的长度与实参数组不一致时，虽不至于出现语法错误（编译能通过），但执行结果将与实际不符，这是应加以注意的。例如可对于上面的代码进行如下修改。

```
void nzp(int a[8]) {
  int i;
  printf("\nvalues of array aare:\n");
  for(i=0;i<8;i++)
  {
    if(a[i]<0)a[i]=0;
    printf("%d",a[i]);
  }
}
int main(void){
  int b[5],i;
  printf("\ninput 5 numbers:\n");
  for(i=0;i<5;i++)
    scanf("%d",&b[i]);
    printf("initial values of array b are:\n");
  for(i=0;i<5;i++)
    printf("%d",b[i]);
    nzp(b);
    printf("\nlast values of array b are:\n");
  for(i=0;i<5;i++)
    printf("%d",b[i]);
}
```

上述程序与前段程序相比，nzp 函数的形参数组长度改为了 8，在函数体中，for 语句的循环条件也改为 i<8。因此，形参数组 a 和实参数组 b 的长度不一致，编译也能够通过。但是从结果来看，数组 a 中的元素 a[5]、a[6]、a[10] 显然是无意义的。

在函数形参表中，允许不给出形参数组的长度，或用一个变量来表示数组元素的个数。例如可以写为如下格式。

```
void nzp(int a[])
```

也可以写为如下格式。

```
void nzp(int a[], int n)
```

其中，形参数组 a 没有给出长度，而是由 n 值动态地表示数组的长度。n 值由主调函数的实参进行传送。

多维数组也可以作为函数参数。在进行函数定义时形参数组可以指定每一维的长度，也可省去第一维的长度。所以以下两种写法都是合法的。

```
int MA(int a[3][10])
int MA(int a[][10])
```

9.3.3 以数组作为函数的参数

在 C 语言中，数组可以作为函数参数进行数据传递，以下两种数组可作为函数参数。

❑ 数据元素作为实参，具体用法和变量相同。
❑ 多维数组名作为函数的形参和实参。

下面将分别介绍上述方式的使用方法。

1. 数据元素作为实参

数组元素是下标变量，它和普通变量没有任何区别。所以当数组元素作为函数参数来使用时，它和普通的变量是完全相同的。在发生函数调用时，程序会把作为实参的数组元素传给形参，实现单向传送。

实例 9-3　判断整数数组内的元素值，如果大于 0 则输出 1，小于 0 则输出 0
源码路径　daima\9\9-3

本实例的实现文件为"shuzu.c"，具体实现代码如下。

```
void nzp(int m)  //声明一个函数
{      //判断参数是否大于0，若是则输出1，否则输出0
  if(m>0)
      printf("%d ",1);
  else
      printf("%d ",0);
}
int main(void)
{
  int a[5],i;   //声明数组和变量
  printf("input 5 numbers:\n");
  for(i=0;i<5;i++)
  {
      scanf("%d",&a[i]); //输入一个数字并存储到数组的相应元素中
      nzp(a[i]);         //调用函数nzp，判断当前数组元素的值
  }
}
```

拓展范例及视频二维码

范例 **9-3-01**：获得数组元素中的最大值
源码路径：**演练范例\9-3-01**

范例 **9-3-02**：逆序存放数组中的元素
源码路径：**演练范例\9-3-02**

程序运行后将提示用户输入 5 个数字，输入 5 个数字并按下 Enter 键后将会对输入的数字进行判断，并输出判断结果。如图 9-3 所示。注意，DEV C++版本比 VS 版本代码多了一行 getch()函数。

图 9-3　运行结果

2. 多维数组名作为参数

在前面中讲解了数组名作为函数参数的基本知识。实际上多维数组名也可以作为函数参数，并且它既可以作为实参，也可以作为形参。在函数定义时，形参数组可以指定每一维的长度，也可以省去第一维的长度。所以下面的两种书写格式都是正确的。

```
int mm (int a[3][10]);
int mm (int a[][10]);
```

但是不能省略第二维和其他更高维的大小说明，例如下面的格式是错误的。

```
int mm (int a[][]);
```

实例 9-4　定义一个二维数组，并对数组元素进行行列互换
源码路径　daima\9\9-4

本实例的实现文件为"duo.c"，具体实现代码如下。

```
#define N 3              //定义字符常量
int mm[N][N];            //声明二维整型数组
void convert(int mm[3][3]) //定义函数
{  int i,j,t;            //声明变量
  for(i=0;i<N;i++)       //交换数组的行列
    for(j=i+1;j<N;j++)
    {  t=mm[i][j];
      mm[i][j]=mm[j][i];
      mm[j][i]=t;
    }
}
int main(void)
{  int i,j;              //声明变量
  for(i=0;i<N;i++)       //输入数组中的各元素
```

拓展范例及视频二维码

范例 **9-4-01**：交换两个数组元素
源码路径：**演练范例\9-4-01**

范例 **9-4-02**：约瑟夫环的问题
源码路径：**演练范例\9-4-02**

```
    for(j=0;j<N;j++)
        scanf("%d",&mm[i][j]);
  printf("mm :\n");
  for(i=0;i<N;i++)              //输入数组
  {  for(j=0;j<N;j++)
       printf("%5d",mm[i][j]);
     printf("\n");
  }
  convert(mm);                  //转置数组
  printf("mm T:\n");
  for(i=0;i<N;i++)              //输出转置后的数组元素
  {  printf("\n");
     for(j=0;j<N;j++)
       printf("%5d",mm[i][j]);
  }
}
```

程序运行后先输入 9 个数字，按下 Enter 键后将会对输入的数字进行重新排序，并输出行列互换后的结果，如图 9-4 所示。

图 9-4　运行结果

9.4　函数的返回值

函数的返回值是指调用函数之后，执行函数体中的程序段所取得的并返回给主调函数的值。例如调用正弦函数取得的正弦值，调用前面实例中 max 函数取得的最大数等。在使用函数返回值时，应该注意如下问题。

📹 知识点讲解：视频\第 9 章\什么是函数的返回值.mp4

（1）函数的返回值只能通过 return 语句返回给主调函数。

在 C 语言中，return 语句的使用格式有如下两种。

```
return表达式;
return (表达式);
```

上述格式的功能是计算表达式的值，并返回给主调函数。在函数中允许有多个 return 语句，但每次调用只能执行一个 return 语句，因此只能返回一个函数值。

（2）函数值的类型和函数定义中函数的类型应保持一致。如果二者不一致，则以函数类型为准，自动进行类型转换。

如果函数值为整型，则定义函数时可以省去类型说明。

不返回函数值的函数可以明确定义为"空类型"，类型说明符为"void"。例如前面实例中的函数 s 并不向主函数返回函数值，所以可定义为如下格式。

```
void s(int n)
{
……
}
```

一旦函数定义为空类型后，就不能在主调函数中使用被调函数的返回值了。例如，在定义 s 为空类型后，在主函数中有下述语句是错误的。

```
sum=s(n);
```

为了使程序有良好的可读性并减少出错，只要不要求有返回值，函数都应该定义为空类型。

<table>
<tr><td>实例 9-5</td><td>计算两个整数 3 和 4 的和
源码路径 daima\9\9-5</td></tr>
</table>

本实例的实现文件为"fanhui.c",具体实现代码如下。

```
int add(int a,int b){
    return (a+b);
}
int main(void){
    int res;
    printf("3加4等于几? \n");
    res=add(3,4);
    printf("是: %d",res);
    return 0;
}
```

拓展范例及视频二维码

范例 **9-5-01**：使用 return 语句

源码路径：**演练范例\9-5-01**

范例 **9-5-02**：哥德巴赫猜想的
问题

源码路径：**演练范例\9-5-02**

在主函数 main 中调用子函数 add,并传递参数 3 和 4 给它,函数 add 经过加法运算后得到结果 7,return 语句将得到的值返回给调用它的 main 函数以供其使用。而在主函数 main 中,返回值用于给 res 赋值。由此可见,函数返回值可以理解为解决一个问题并得到结论后,把这个结论交给别人。本实例的执行效果如图 9-5 所示。

图 9-5 运行结果

注意: 上述实例代码与函数返回值对输入数据进行位置互换处理的效果相同。C 语言中的所有函数,除了空值类型外,都有一个返回值(切记,空值是 ANSI 建议标准所进行的扩展,也许并不适合读者手头的 C 编译程序)。当前返回值由返回语句确定,无返回语句时,返回值是零。这就意味着,只要函数没有说明为空值,它就可以在任何有效的 C 语言表达式中作为操作数。

9.5 函数的调用

当定义了一个函数后,在程序中需要通过调用函数来执行函数体,调用函数的过程与其他语言中的子程序调用相似。本节将详细介绍函数调用的基本知识。

知识点讲解：视频\第 9 章\
怎样实现函数的调用.mp4

9.5.1 函数调用的格式

在 C 语言中,函数调用的一般格式如下。

函数名(实际参数表)

当调用无参函数时,不需要实际参数表。实际参数表中的参数可以是常数、变量或其他构造类型数据及表达式。各实参之间用逗号分隔。

<table>
<tr><td>实例 9-6</td><td>提示用户输入 3 个数字,然后进行大小比较,并输出较大的数
源码路径 daima\9\9-6</td></tr>
</table>

本实例的实现文件为"diaoyong.c",具体实现代码如下。

```
/*定义求3个整型参数x1、x2、x3中最大值的用户函数*/
/*定义函数返回值的类型、函数名、形式参数*/
int max(int x1,int x2,int x3)
{
    int max;            /*定义函数体中的变量*/
    if(x1>x2) max=x1;/*在函数体中执行运算序列*/
    else max=x2;
    if(max<x3) max=x3;
    return(max);        /*函数的返回值*/
}
```

拓展范例及视频二维码

范例 **9-6-01**：演示有规律数列的
求和

源码路径：**演练范例\9-6-01**

范例 **9-6-02**：求整数 n 的全部
素数因子

源码路径：**演练范例\9-6-02**

```
int main(void){
    int x,y,z,w,m;        /*定义主函数中使用的变量*/
    int max(int x1,int x2,int x3);
    scanf("%d,%d,%d",&x,&y,&z);    /*输入3个整数*/
    m=max(x,y,z);                  /*调用求3个整数中最大数的函数*/
    printf("max=%d\n",m);    /*输出结果*/
}
```

程序运行后先输入 3 个数字，然后按下 Enter 键，它将会对输入数字进行大小比较，并输出较大的值，如图 9-6 所示。

图 9-6　运行结果

9.5.2　函数的调用方式

在 C 语言中，可以使用如下 3 种方式调用函数。

❑　函数表达式

函数作为表达式的一项出现在表达式中时，它以函数返回值的方式参与表达式的运算。这种方式要求函数是有返回值的。例如：z=max（x，y）是一个赋值表达式，它把 max 的返回值赋予了变量 z。

❑　函数语句

函数调用的一般形式加上分号即构成函数语句。例如下面的语句都是以函数语句的方式来调用函数的。

```
printf ("%d",a);
scanf ("%d",&b);
```

❑　函数实参

函数作为另一个函数调用的实参。这种情况是把该函数的返回值作为实参来传送，因此要求该函数必须有返回值。例如下面的代码：

```
printf("%d",max(x,y));
```

上述格式是把 max 调用的返回值又作为 printf 函数的实参来使用的。

实例 9-7　提示输入两个数字，然后对输入的数字进行最大公约数和最小公倍数运算，并输出运算结果

源码路径　daima\9\9-7

本实例的实现文件为"yunsuan.c"，具体实现代码如下。

```
hcf(int u,int v)            //定义求解最大公约数的函数
{
    int a,b,t,r;            //声明变量
    if(u>v){t=u;u=v;v=t;}   //比较两个参数的大小
    a=u;b=v;
    while((r=b%a)!=0)       //求两个数的最大公约数
    {b=a;a=r;}
    return(a);             //返回最大公约数
}
int main(void)
{ int u,v,l;               //声明变量
    int lcd(int u,int v,int h);    //声明函数
    scanf("%d,%d",&u,&v);    //输入两个数
    printf("H.C.F=%d\n",hcf(u,v)); //输出两个数的最大公约数
    l=lcd(u,v,hcf(u,v));           //获得两个数的最小公倍数
    printf("L.C.D=%d\n",l);        //输出两个数的最小公倍数
}
lcd(int u,int v,int h)            //求两个数的最小公倍数
{
    return(u*v/h);               //返回最小公倍数
}
```

拓展范例及视频二维码

范例 **9-7-01**：计算 1～1000 的
阶乘和
源码路径：**演练范例\9-7-01**

范例 **9-7-02**：比较两个分数的
大小
源码路径：**演练范例\9-7-02**

程序运行后先输入两个数字，按 Enter 键后将会对输入数字分别进行最大公约数和最小公倍数的运算，并输出运算结果。执行效果如图 9-7 所示。

上述实例通过调用已定义的函数，计算了输入数字的最大公约数和最小公倍数。在函数调

用过程中，还应该注意的一个问题是，求值顺序。所谓求值顺序是指实参表中各量是从左至右使用还是从右至左使用的。对此，各系统的规定不一定相同。

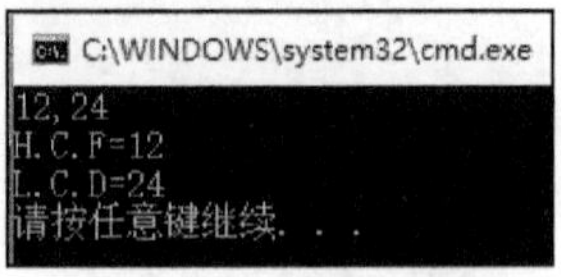

实际上，在 C 语言中调用函数的详细过程如下。

❑ 调用一个函数。

❑ 参数压栈。

❑ 跳转到调用函数的地址，同时将返回地址压栈。

图 9-7　执行效果

❑ 将堆栈框架指针寄存器压栈。

❑ 设置堆栈框架指针（可选）。

❑ 保存全局寄存器（如果被覆盖的话）。

❑ 在栈中分配局部变量所需的内存。

❑ 执行。

❑ 释放在栈中为局部变量分配的内存。

❑ 恢复全局寄存器。

❑ 恢复堆栈框架指针。

❑ 返回，由函数本身或者调用者平衡堆栈，这取决于函数调用协定。

9.5.3　被调函数的声明方式

在主调函数中，调用某个函数之前应对该被调函数进行声明，这与使用变量之前要先进行变量说明是一样的，这样可以便于在程序的编译阶段对调用函数的合法性进行全面检查。在主调函数中对被调函数进行说明的目的是使编译系统知道被调函数的返回值类型，以便在主调函数中按此种类型对返回值进行相应的处理。

声明的一般格式有如下两种。

```
类型说明符 被调函数名(类型 形参,类型 形参…);
类型说明符 被调函数名(类型,类型…);
```

在括号内给出了形参的类型和形参名，或只给出了形参类型。这便于编译系统进行检错，以防止可能出现的错误。例如在 main 函数中对 max 函数的说明可以是如下两种格式。

```
int max(int a,int b);
int max(int,int);
```

在 C 语言中规定，在如下情况下可以在主调函数中对省去被调函数的函数说明。

（1）如果被调函数的返回值是整型或字符型时，则可以不对被调函数进行说明，而是直接调用。这时系统将自动对被调函数的返回值按整型来处理。例如在前面的实例中，主函数没有对函数 s 进行说明而直接调用即属此种情形。

（2）被调函数的函数定义出现在主调函数之前时，在主调函数中也可以不对被调函数进行说明而直接调用。例如在前面实例中，函数 max 的定义放在 main 函数之前，因此可在 main 函数中省去对 max 函数的函数说明 int max (int a, int b)。

（3）如果在所有函数定义之前，在函数外已预先说明了各个函数的类型，则在以后的各主调函数中，可以不再对被调函数进行说明。例如下面的代码。

```
char str(int a);
float f(float b);
int main(void){
    ……
}
char str(int a) {
    ……
}
float f(float b) {
    ……
}
```

由于第 1、2 行对 str 函数和 f 函数预先进行了说明，因此在以后各函数中，无须对 str 函数和 f 函数再进行说明就可直接调用。

（4）调用库函数不需要再进行说明，但必须把该函数的头文件用 include 命令包含在源文件的前部。

9.5.4 对调用函数的方式进行深入分析

本章前面的内容只是从形式上讲解了调用函数的基本方式，实际上作为使用最广泛的编译语言，C 和 C++在函数调用方面有很多的相同点。例如基本的库函数和字符函数等都需要专用的头文件来指明调用。

C 语言采用了不同的调用方式来调用函数，在本小节中，函数调用的概念与前面内容中讲解的函数调用有所不同，它们指的是处理器在处理函数时的差异。理解这些不同的方式有助于我们来调试程序和链接代码。在此简要讲解主要的 4 种函数调用方法以及它们之间的区别，分别是_stdcall、_cdecl、_fastcall、thiscall。当然，还有一些更加不常用的函数调用方法，例如 nakedcall。

不同的函数调用方法之间主要存在如下 3 点区别。

- ❑ 当参数个数多于一个时，按照什么顺序把参数压入堆栈函数后再调用。
- ❑ 谁来恢复堆栈。
- ❑ 编译后的修饰名规则。

1. _stdcall 函数调用方法

参数压栈是按 Pascal 语言的顺序（从右到左）进行的，通常用于 WINAPI 中。它是由被调用者将参数从栈中清除的，所以它的编译文件比_cdecl 小。_stdcall 是 Windows API 函数中默认的调用约定，被调函数在退出时清空堆栈。这种调用方式不能实现变参函数，因为被调函数不能事先知道弹栈数量，但是这在主调函数中这是可以做到的，因为参数数量是由主调函数确定的。VC 将函数编译后会在函数名前面加上下画线前缀，并在函数名后加上"@"和参数的字节数。如函数 int func（int a，double b）的修饰名是_func@12。

_stdcall 函数的编译选项是/Gz。

❀ 注意：在创建 DLL 时，一般使用_stdcall 调用（Win32 API 方式），并采用_functionname@number 命名规则，因而各种语言间的 DLL 能互相调用。也就是说，DLL 的编制与具体的编程语言及编译器无关，只需遵守 DLL 的开发规范和编程策略，并安排正确的调用接口。用何种编程语言编制的 DLL 都具有通用性。

2. _cdecl 函数调用方法

_cdecl 函数调用是 C 语言默认的调用方法，参数按从右到左的顺序压入栈，由调用者把参数弹出栈，它的优点是支持 printf 等可变参数调用。一般可变参数的函数调用都采用这种方式，比如 int _cdecl scanf（const char *format, …）。在 C 语言中，修饰名是在函数名前加下画线，例如函数 void test（void）的修饰名是_test。除非声明为 extern "C"，否则函数将使用不同的名称修饰方案。

_cdecl 函数的编译选项是/Gd。

❀ 注意：在 C 和 C++中 main（或 wmain）函数的调用约定必须是__cdecl，不允许更改。

3. _fastcall 函数调用方法

_fastcall 函数调用较快，它通过 CPU 内部寄存器传递参数。前两个 DWORD 类型或者占更少字节的参数放入到 ECX 和 EDX 寄存器，其他剩下的参数按从右到左的顺序压入栈。由调用者把参数弹出栈。对于 C 语言函数或者变量来说，修饰名以"@"为前缀，然后是函数名，接着是符号"@"及参数的字节数，例如以下函数的修饰名是@func@12。

```
int func(int  a, double b)
```

它的编译选项是/Gr，这通常可减少执行时间。

❀ 注意：在对用内联程序集语言编写的任意函数使用_fastcall 调用约定时，一定要小心。对寄存器的使用可能与编译器对它们的使用发生冲突。Microsoft 不能保证不同编译器版本之间的 _fastcall 调用的实现相同。例如，16 位编译器与 32 位编译器的实现就不同。因此当使用 _fastcall 命名约定时，请使用标准包含文件，否则将获取无法解析的外部引用。

4．thiscall 函数调用方法

函数体 this 指针默认通过 ECX 进行传递，其他参数从右到左入栈。thiscall 是唯一一个不能明确指明的函数修饰，因为 thiscall 不是关键字。它是 C++类成员函数默认的调用约定。由于成员函数调用还有一个 this 指针，因此必须进行特殊处理。

thiscall 意味着参数从右向左入栈，如果参数个数可以确定，则 this 指针通过 ECX 传递给被调用者；如果参数个数不能确定，则 this 指针在所有参数压栈后压入堆栈。对于参数个数不定的，调用者清理堆栈，否则函数自己清理堆栈。

5．nakedcall 函数调用方法

此方法是一个很少见的调用约定，建议一般程序设计者不要使用此它。编译器不会对这种函数增加初始化和清理代码，更特殊的是不能用 return 返回值，只能用插入汇编返回结果。这一般用于实模式驱动程序设计。

9.6　函数的嵌套调用和递归调用

C 语言允许对函数进行嵌套调用和递归调用。嵌套调用是指在某个函数内调用了另外一个函数，而递归调用是指函数自己调用自己。本节将详细讲解嵌套调用和递归调用的基本知识。

知识点讲解：视频\第 9 章\ 函数的嵌套调用和递归调用.mp4

9.6.1　函数的嵌套调用

C 语言中的函数是完全平等的，不存在上一级函数和下一级函数。但是可以在一个函数内对另外一个函数进行调用，这和其他语言中的子程序嵌套是类似的。其具体关系如图 9-8 所示。

图 9-8 所示的执行过程是：执行 main 函数中的 a 函数的调用语句后，即转去执行 a 函数，在 a 函数中调用 b 函数后，又转去执行 b 函数，b 函数执行完毕返回 a 函数的断点继续执行，a 函数执行完毕返回 main 函数的断点继续执行。例如存在函数 fun1 和函数 fun2，下面的格式就是嵌套调用。

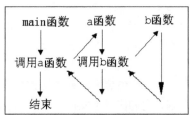

图 9-8　函数嵌套调用

```c
void fun1()
{
        if(...)
        {
                fun2();
        }
}
void fun2()
{
        if(...)
        {
                fun1();
        }
}
```

例如，计算 $s=2^2!+3^2!$，可以通过如下代码实现。

```
long f1(int p)
{
    int k;
    long r;
    long f2(int);
    k=p*p;
    r=f2(k);
    return r;
}
long f2(int q)
{
    long c=1;
    int i;
    for(i=1;i<=q;i++)
      c=c*i;
    return c;
}
int main(void)
{
    int i;
    long s=0;
    for (i=2;i<=3;i++)
      s=s+f1(i);
    printf("\ns=%ld\n",s);
}
```

在上述代码中，函数 f1 和 f2 均为长整型，都在主函数之前定义，所以不必在主函数中对 f1 和 f2 加以说明。在主程序中，循环程序依次把 i 值作为实参调用函数 f1 并求 i^2 的值。在 f1 中又发生对函数 f2 的调用，这时是把 i^2 的值作为实参去调 f2，在 f2 中完成 $i^2!$ 的计算。f2 执行完毕把 c 值（即 $i^2!$）返回给 f1，再由 f1 返回主函数实现累加。至此，函数的嵌套调用实现了题目的要求。由于数值很大，所以函数和一些变量的类型都说明为长整型，否则会造成计算错误。

实例 9-8　提示用户输入一段字符，输出最长的单词
源码路径　daima\9\9-8

本实例的实现文件为"123.c"，具体实现代码如下。

```
#include <stdio.h>
#include <string.h>
#define OUT 0
#define IN 1
int alpha(char c)
{
    if(c>='a'&&c<='z'||c>='A'&&c<='Z')
        return 1;
    else
        return 0;
}
void longest(char str[])
{
    int pointer,state,len,i,tmppoint,length,place;
    pointer=state=len=tmppoint=length=place=0;
    state=OUT;
    for(i=0;i<=strlen(str);i++) //注意,i的判断语句只能用i<=strlen(str),而不能用str[i]!='\0'
    {
        if(!alpha(str[i]))       //如果不是字母先判断字符类型
        {
            if(len>length) //观察得到的单词长度是否大于先前的最大长度,如果是,则执行下面两行代码
            {
                length=len;      //将此单词长度赋值给最大长度length
                place=tmppoint; //将最长单词的起始地址设为tmppoint的值
            }
            state=OUT;          //不是字母,设状态为单词外
            len=0;              //已在单词外,设单词长度为0
        }
        else                    //是字母
        {
```

拓展范例及视频二维码

范例 **9-8-01**：演示函数的嵌套
调用

源码路径：**演练范例\9-8-01**

范例 **9-8-02**：用梯形法计算积分

源码路径：**演练范例\9-8-02**

```
                if(state==OUT)        //如果最近一个状态为单词外,此为单词的第1个字母
                        tmppoint=pointer;  //将此地址设为单词的起始地址
                len++;                //单词长度加1
                state=IN;             //设状态为单词内
            }
            pointer++;                        //不管是不是字母、指针,位置都向后移动一位
        }
        for(i=0;i<length;i++)
            str[i]=str[i+place];      //将最长单词的起始处设为字符串的起始处
        str[i]='\0';                  //最长单词结束后添加一个字符串结束标志
    }
    int main(void)
    {
        char str[100];
        printf("请输入一个字符串:\n");
        scanf("%[^\n]",str);
        longest(str);
        printf("输入字符串中最长的单词为:%s.\n",str);
```

程序运行后先提示用户输入一段字符,按 Enter 键后将会输出文字中的最长字符。执行效果如图 9-9 所示。

图 9-9　运行结果

9.6.2　函数的递归调用

一个函数在它的函数体内调用自身称为递归调用,这种函数称为递归函数。C 语言允许函数递归调用。在递归调用过程中,主调函数又是被调函数。递归函数将反复调用其自身,每调用一次就进入新的一层。

例如下面的函数 m。

```
int m(int x)
{
    int y;
    z=m(y);
    return z;
}
```

上述函数 m 就是一个递归函数。运行该函数将无休止地调用其自身,这当然是不正确的。为了防止递归调用无终止地进行,必须在函数内有终止递归调用的手段。常用的办法是加条件判断,满足某种条件后就不再递归调用,然后逐层返回。

函数递归调用有如下两个要素。

❏　递归调用公式:即问题能写成递归调用的形式。

❏　结束条件:确定何时结束递归。

例如,用递归法计算 $n!$,可用下面的公式表示。

$$n! = \begin{cases} 1 & (n = 0, 1) \\ n \times (n-1) & (n > 1) \end{cases}$$

上述公式可用如下代码实现。

```
long ff(int n)
{
    long f;
    if(n<0) printf("n<0,input error");
    else if(n==0||n==1) f=1;
```

```
        else f=ff(n-1)*n;
        return(f);
}
int main(void)
{
        int n;
        long y;
        printf("\ninput a inteager number:\n");
        scanf("%d",&n);
        y=ff(n);
        printf("%d!=%ld",n,y);
}
```

在上述程序中，函数 ff 就是一个递归函数。主函数调用 ff 后函数 ff 开始执行，当 n<0，n==0 或 n=1 时都将结束函数的执行，否则就递归调用 ff 函数。由于每次递归调用的实参都为 n-1，即把 n-1 的值赋值给形参 n，所以最后当 n-1 的值为 1 时再进行递归调用，形参 n 的值也为 1，这会将使递归终止。然后逐层退回。

如果执行本程序时输入 5，则求 5!。主函数中的调用语句即为 y=ff(5)，进入 ff 函数后，由于 n=5，不等于 0 或 1，所以应执行 f=ff(n-1)*n，即 f=ff(5-1)*5。该语句对 ff 进行递归调用即为 ff(4)。

进行 4 次递归调用后，函数 ff 形参取得的值为 1，故不再继续递归调用而开始逐层返回主调函数。ff(1) 的返回值为 1，ff(2) 的返回值为 1×2=2，ff(3) 的返回值为 2×3=6，ff(4) 的返回值为 6×4=24，最后返回值 ff(5) 为 24×5=120。

实例 9-9 解决数学中 Hanoi 塔问题
源码路径　daima\9\9-9

Hanoi 塔描述如下所示。

一块板上有 3 根针——A、B、C。A 针上套有 64 个大小不等的圆盘，大的在下，小的在上。要把这 64 个圆盘从 A 针移动 C 针上，每次只能移动一个圆盘，移动可以借助 B 针进行。但在任何时候，任何针上的圆盘都必须保持大盘在下，小盘在上。求移动的步骤。

上述问题的算法分析如下所示：

（1）设 A 上有 n 个盘子。如果 n=1，则将圆盘从 A 直接移动到 C。

（2）如果 n=2，则进行如下操作。

❑ A 上的 n-1（等于 1）个圆盘移到 B 上。

❑ 再将 A 上的圆盘移到 C 上。

❑ 最后将 B 上的 n-1（等于 1）个圆盘移到 C 上。

（3）如果 n=3，则进行如下操作。

❑ 将 A 上的 n-1（等于 2，令其为 n'）个圆盘移到 B（借助于 C）上，具体步骤如下所示：

第一步：将 A 上的 n'-1（等于 1）个圆盘移到 C 上。

第二步：将 A 上的圆盘移到 B。

第三步：将 C 上的 n'-1（等于 1）个圆盘移到 B。

❑ 将 A 上的圆盘移到 C。

❑ 将 B 上的 n-1（等于 2，令其为 n'）个圆盘移到 C（借助 A），步骤如下所示：

第一步：将 B 上的 n'-1（等于 1）个圆盘移到 A。

第二步：将 B 上的盘子移到 C。

第三步：将 A 上的 n'-1（等于 1）个圆盘移到 C。

至此，完成了 3 个圆盘的移动过程。

从上面的算法分析中可以看出，当 n 大于等于 2 时，移动的过程可分解为 3 个步骤。

❑ 把 A 上的 $n-1$ 个圆盘移到 B 上。

❑ 把 A 上的圆盘移到 C 上。

❑ 把 B 上的 $n-1$ 个圆盘移到 C 上。其中第一步和第三步是类同的。

当 $n=3$ 时，第一步和第三步又分解为类同的 3 步，即把 $n'-1$ 个圆盘从一个针移到另一个针上，此处的 $n'=n-1$ 显然这是一个递归过程。

本实例的实现文件为"digui.c"，具体实现代码如下。

```c
#include <stdio.h>
#include <string.h>
#define OUT 0
#define IN 1
move(int n,int x,int y,int z)
{
    if(n==1)
        printf("%c-->%c\n",x,z);
    else
    {
        move(n-1,x,z,y);
        printf("%c-->%c\n",x,z);
        move(n-1,y,x,z);
    }
}
int main(void)
{
    int h;
    printf();
    scanf("%d",&h);
    printf("the step to moving %2d diskes:\n",h);
    move(h,'a','b','c');
}
```

拓展范例及视频二维码

范例 **9-9-01**：使用递归函数

源码路径：**演练范例\9-9-01**

范例 **9-9-02**：求解最大公约数

源码路径：**演练范例\9-9-02**

在上述代码中，move 函数是一个递归函数，它有 4 个形参 n、x、y、z。其中 n 表示圆盘数，x、y、z 分别表示 3 根针。move 函数的功能是把 x 上的 n 个圆盘移动到 z 上。当 n==1 时，直接把 x 上的圆盘移至 z 上，输出 x→z。如果 n!=1 则分为 3 步：递归调用 move 函数，把 n-1 个圆盘从 x 移到 y；输出 x→z；递归调用 move 函数，把 n-1 个圆盘从 y 移到 z。在递归调用过程中 n=n-1，故 n 的值逐次递减，最后 n=1 时，终止递归，逐层返回。

程序运行后先提示用户输入一个数字，按 Enter 键后将会输出求解后的步骤。例如输入 3 后的执行效果如图 9-10 所示。

图 9-10　执行效果

9.7 变量的作用域和生存期

在对形参变量进行讲解时曾经提到，形参变量只在调用期间才分配内存单元，调用结束会立即释放内存。这一点表明形参变量只有在函数内才是有效的，离开该

 知识点讲解：视频\第 9 章\必须了解变量的作用域和生存期.mp4

函数就不能再使用它了。这种变量有效性的范围称变量的作用域。不仅对于形参变量，在 C 语言中所有的量都有自己的作用域。变量说明的方式不同，其作用域也不同。C 语言中的变量按作用域范围可分为两种，即局部变量和全局变量。

本节将详细介绍 C 语言变量作用域和生存期的基本知识。

9.7.1 变量作用域

因为 C 语言中的变量分为局部变量、全局变量和文件变量，所以对应的作用域也有 3 种，下面将分别介绍它们。

1. 局部变量作用域

局部变量也称为内部变量，局部变量是在函数内定义说明的。其作用域仅限于函数内，如果离开定义函数后使用它则是非法的。例如：

```
int f1(int a)              /*函数f1*/
{
    int b,c;
    ......
}
/*a,b,c有效*/
int f2(int x)              /*函数f2*/
{
    int y,z;
    ......
}
int main(void)
{
    int m,n;
    ......
}
```

在函数 f1 内定义了 3 个变量，其中 a 为形参，b 和 c 是一般变量。在 f1 的范围内 a、b、c 有效；同样，x、y、z 的作用域仅限于 f2 内，m、n 的作用域仅限于 main 函数内。关于局部变量的作用域，应该注意如下 4 点。

（1）在主函数中定义的变量也只能在主函数中使用，不能在其他函数中使用。同时，主函数中也不能使用其他函数中定义的变量。因为主函数也是一个函数，所以它与其他函数是平行关系。这一点是与其他语言不同的，应予以注意。

（2）形参变量属于被调函数的局部变量，实参变量属于主调函数的局部变量。

（3）允许在不同函数中使用相同的变量名，它们代表不同的对象，分配不同的单元，互不干扰，也不会发生混淆。如在前例中，形参和实参的变量名都为 n，这是完全允许的。

（4）在复合语句中也可定义变量，其作用域只在复合语句范围内。

看下面的代码。

```
int main(void)
{
    int i=2,j=3,k;
    k=i+j;
    {
        int k=8;
```

```
        printf("%d\n",k);
    }
    printf("%d\n",k);
}
```

在上述代码中，在函数 main 中定义了 i、j、k 这 3 个变量，其中 k 未赋初值。而在复合语句内又定义了一个变量 k，并赋初值为 8。应该注意这两个 k 不是同一个变量。在复合语句外由 main 定义的 k 起作用，而在复合语句内则由在复合语句内定义的 k 起作用。因此程序第 4 行中的 k 为 main 所定义，其值应为 5。第 10 行输出 k 值，该行在复合语句内，其初值为 8，故输出值为 8，第 9 行输出 i、k 值。i 是在整个程序中都是有效的，第 10 行对 i 赋值为 3，故输出也为 3。而第 9 行已在复合语句之外，输出的 k 应为 main 所定义的 k，因此 k 值由第 4 行已获得为 5，所以最终输出也为 5。

2. 全局变量作用域

全局变量也称为外部变量，它是在函数外部定义的变量。全局变量不属于具体的函数，只属于一个源程序文件，其作用域是整个源程序。在函数中使用全局变量时，一般应进行全局变量说明。只有在函数内说明过的全局变量才能使用，全局变量的说明符为 extern。但在一个函数前定义的全局变量，在该函数内使用时可不用再次说明。

例如下面的代码：

```
int a,b;                /*外部变量*/
void f1()               /*函数f1*/
{
    ......
}
float x,y;              /*外部变量*/
int fz()                /*函数fz*/
{
    ......
}
int main(void)          /*主函数*/
{
    ......
}
```

在上述代码中，a、b、x 和 y 都是在函数外部定义的外部变量，都是全局变量。但 x、y 定义在函数 f1 之后，而在 f1 内又无对 x、y 的说明，所以它们在 f1 内无效。a 和 b 定义在源程序的最前面，所以在函数 f1、f2 及 main 内不进行说明也可使用。

对于 C 语言中的全局变量，读者还应该注意如下几点。

（1）局部变量的定义和说明可以不加区分。而对于外部变量则不然，外部变量的定义和说明并不是一回事。外部变量的定义必须在所有的函数之外，且只能定义一次。其一般形式如下所示。

[extern]类型说明符 变量名，变量名…

其中，方括号内的 extern 可以省略不写。例如下面两种格式是相同的。

int a,b;
extern int a,b;

而外部变量的说明出现在要使用该外部变量的各个函数内，在整个程序内，它可能出现多次，外部变量说明的一般格式如下所示。

extern类型说明符 变量名，变量名，…;

外部变量在定义时就已分配了内存单元，外部变量的定义可初始赋值，外部变量的说明不能再赋初始值，只表明在函数内要使用某个外部变量。

（2）外部变量可加强函数模块之间的数据联系，但是又使函数要依靠这些变量，因而使得函数的独立性降低。从模块化程序设计的观点来看这是不利的，因此尽量不要使用全局变量。

（3）在同一源文件中，允许全局变量和局部变量同名。在局部变量的作用域内，全局变量不起任何作用。

看下面的代码。

```
int vs(int l,int w){
    extern int h;
    int v;
    v=l*w*h;
    return v;
}
int main(void) {
    extern int w,h;
    int l=5;
    printf("v=%d",vs(l,w));
}
int l=3,w=4,h=5;
```

在上述代码中，由于外部变量是在最后定义的，所以在前面函数中对要用的外部变量必须进行说明。外部变量 l、w 和 vs 函数的形参 l，w 同名。外部变量都进行了初始赋值，mian 函数中也对 l 进行了初始化赋值。程序执行时，在 printf 语句中调用 vs 函数，实参 l 的值应为 main 中定义的 l 值（等于 5），外部变量 l 在 main 内不起作用；实参 w 的值为外部变量 w 的值（它为 4），进入 vs 后这两个值传送给形参 l，vs 函数中使用的 h 为外部变量，其值为 5，因此 v 的计算结果为 100，返回主函数后输出。变量具有不同的作用域，就其本质来说是因变量的存储类型不相同。所谓存储类型是指变量占用内存空间的方式，也称为存储方式。

实例 9-10　输入长方体的长、宽、高，求对应的体积和 3 个面的面积

源码路径　daima\9\9-10

本实例的实现文件为"quanju.c"，具体实现代码如下。

```
int s1,s2,s3;        //定义3个全局变量
int vs( int a,int b,int c)
{    //定义一个函数，求长方体的体积和3个面的面积
    int v;
    v=a*b*c;         //面积
    s1=a*b;          //3个面的面积
    s2=b*c;
    s3=a*c;
    return v;        //返回长方体的体积
}
int main(void)
{
    int v,l,w,h;     //声明变量
    printf("input length,width and height:\n");
    scanf("%d,%d,%d",&l,&w,&h);
    v=vs(l,w,h);     //调用函数vs
    printf("v=%d s1=%d s2=%d s3=%d ",v,s1,s2,s3);    //输出结果
}
```

拓展范例及视频二维码

范例 **9-10-01**：求数组中的
最大值
源码路径：**演练范例\9-10-01**

范例 **9-10-02**：求数据的平方根
源码路径：**演练范例\9-10-02**

上述代码定义了 3 个外部变量 s1、s2、s3，它们用来存放 3 个面的面积，其作用域为整个程序。函数 vs 用来求长方体体积，函数返回值为体积 v。由主函数完成长宽高的输入及结果输出。

程序运行后将首先提示用户分别输入长、宽、高，按下 Enter 键后将会分别输出对应的体积和各个面的面积，如图 9-11 所示。

```
C:\WINDOWS\system32\cmd.exe
input length,width and height:
3,4,5
v=60 s1=12 s2=20 s3=15 请按任意键继续. . .
```

图 9-11　运行结果

9.7.2　静态存储变量和动态存储变量

从变量的作用域角度分析，变量可以分为全局变量和局部变量。但是如果从存储方式来分析，则它们可以分为静态存储和动态存储两种。

❑　静态存储

静态存储变量通常是在变量定义时就已分定存储单元并一直保持不变，直至整个程序结束。

❑　动态存储

动态存储变量是在程序执行过程中，使用它时才分配存储单元，使用完毕立即释放。典型

的例子是函数的形参，在函数定义时并不给形参分配存储单元，只有调用函数时才予以分配，函数调用完毕后立即释放。假如多次调用一个函数，则反复地分配、释放形参变量的存储单元。

从以上分析可知，静态存储变量是一直存在的，而动态存储变量则时而存在时而消失。我们把这种由于变量存储方式不同而产生的特性称变量的生存期。生存期表示了变量存在的时间。生存期和作用域是从时间和空间两个不同的角度来描述变量特性的，二者既有联系又有区别。一个变量究竟属于哪一种存储方式，并不能仅从其作用域来判定，还应有明确的存储类型说明。

在 C 语言中，有如下 4 种变量存储类型。

- auto：自动变量
- register：寄存器变量
- extern：外部变量
- static：静态变量

自动变量和寄存器变量属于动态存储方式，外部变量和静态变量属于静态存储方式。在介绍了变量的存储类型之后，可知变量说明不仅应说明其数据类型，还应说明其存储类型。因此变量说明的完整形式如下所示。

```
存储类型说明符  数据类型说明符  变量名，变量名…；
```

例如下面的格式：

```
static int a,b;                    //说明a与b为静态类型变量
auto char c1,c2;                   //说明c1与c2为自动字符变量
static int a[5]={1,2,3,4,5};       //说明a为静态整型数组
extern int x,y;                    //说明x与y为外部整型变量
```

下面将分别介绍上述 4 种变量存储类型的基本知识。

1. 自动变量

自动变量存储类型是 C 语言中使用最广泛的一种类型，将变量的存储属性定义为自动变量的具体格式如下所示。

```
auto类型说明符  变量名；
```

在 C 语言中规定，函数内未加存储类型说明的变量均视为自动变量，也就是说自动变量可省去说明符 auto。在前面程序所定义的变量中未加存储类型说明符的都是自动变量。例如：

```
{
  int i,j,k;
  char c;
  ……
}
```

上述代码等价于如下代码：

```
{
  auto int i,j,k;
  auto char c;
  ……
}
```

C 语言的自动变量具有以下 4 个特点。

（1）自动变量的作用域仅限于定义该变量的个体内。在函数中定义的自动变量，只在该函数内有效。在复合语句中定义的自动变量只在该复合语句中有效。例如下面的代码。

```
int kv(int a) {
  auto int x,y;
  { auto char c;
  } /*c的作用域*/
  ……
} /*a,x,y的作用域*/
```

（2）自动变量属于动态存储方式，只有在使用它（即定义该变量的函数被调用）时才给它分配存储单元，并开始它的生存期。函数调用结束后释放存储单元，生存期结束。因此函数调用结束之后，不能保留自动变量的值。在复合语句中定义的自动变量，在退出复合语句后也不能使用，否则将引起错误。例如下面的代码。

```
int main(void) {
    auto int a,s,p;
    printf("\ninput a number:\n");
    scanf("%d",&a);
    if(a>0){
    s=a+a;
    p=a*a;
}
printf("s=%d p=%d\n",s,p);
}
{
auto int a;
    printf("\ninput a number:\n");
    scanf("%d",&a);
    if(a>0){
            auto int s,p;
            s=a+a;
            p=a*a;
        }
printf("s=%d p=%d\n",s,p);
}
```

在上述代码中，s、p 是在复合语句内定义的自动变量，它们只能在该复合语句内有效。而程序的第 9 行却是退出复合语句之后用 printf 语句来输出 s 和 p 的值，这显然会引起错误。

（3）由于自动变量的作用域和生存期都局限于定义它的个体内（函数或复合语句内），因此不同的个体中使用同名的变量而不会发生混淆。在函数内定义的自动变量也可与在该函数内部的复合语句中定义的自动变量同名。例如下面的代码。

```
int main(void) {
    auto int a,s=100,p=100;
    printf("\ninput a number:\n");
    scanf("%d",&a);
    if(a>0)
    {
        auto int s,p;
        s=a+a;
        p=a*a;
        printf("s=%d p=%d\n",s,p);
    }
    printf("s=%d p=%d\n",s,p);
}
```

在上述代码的 main 函数和复合语句中，两次定义了变量 s、p 为自动变量。按照 C 语言的规定，在复合语句内，由复合语句中定义的 s、p 起作用，所以 s 的值应为 a+a，p 的值为 a*a。退出复合语句后，s 和 p 应为 main 所定义的 s、p，其值在初始化时已给定，均为 100。从输出结果可以分析出两个 s 和两个 p 虽然变量名相同，但却是两个不同的变量。

（4）对构造类型的自动变量如数组等，不可进行初始化赋值。

2. 外部变量

外部变量的定义格式如下所示。

extern类型说明符 变量名;

由于 C 语言不允许在一个函数中定义其他函数，因此函数是外部的。一般情况下，也可以说函数是全局函数。在默认情况下，外部变量与函数具有如下性质：所有通过名字对外部变量与函数的引用（即使这种引用来自独立编译的函数）引用的都是同一个对象（标准中把这一性质称为外部连接）。

外部变量比内部变量有更大的作用域和更长的生存期。内部自动变量只能在函数内部使用，当调用所在函数时开始存在，当函数退出时消失。而外部变量是永久存在的，它们的值在一次函数调用到下一次函数调用之间保持不变。因此如果两个函数必须共享某些数据，而这两个函数互不调用对方，那么最为方便的是，把这些共享数据作为外部变量，而不是作为变元来传递。

实例 9-11 分别定义一个外部变量和两个函数，通过外部函数实现函数间的传递数据

源码路径 daima\9\9-11

本实例的实现文件为"wai.c"，具体实现代码如下。

```c
#include <stdio.h>
int x;                          /* 说明外部变量x */
int main(void)
{
    void addone(), subone();
    x=1;                        /* 为外部变量x赋值 */
    printf ("x begins is %d\n", x);
    addone (); subone (); subone ();
    addone (); addone ();
    printf ("x winds up as %d\n", x);
}
void addone()
{   x++;                        /* 使用外部变量x */
    printf ("add 1 to make %d\n", x);
}
void subone()
{   x--;                        /* 使用外部变量x */
    printf ("substract 1 to make %d\n", x);
}
```

拓展范例及视频二维码

范例 **9-11-01**：用 auto 定义局部
变量
源码路径：**演练范例\9-11-01**

范例 **9-11-02**：用 static 定义局部
变量
源码路径：**演练范例\9-11-02**

上述代码定义的 1 个外部变量 x 供后面的两个自定义函数 addone()和 subone()使用，其作用域为整个程序。其中函数 addone()的功能是将变量 x 的值递增 1，函数 subone()的功能是将变量 x 的值递减 1。执行后将会分别输出对应的结果，如图 9-12 所示。

另外在使用外部变量时，还应该注意如下两点。

（1）外部变量和全局变量是同一类变量的两种不同角度的解释。全局变量是根据作用域提出的，外部变量是根据存储方式提出的，表示了它的生存期。

（2）当一个源程序由若干个源文件组成时，在一个源文件中定义的外部变量在其他源文件中也有效。例如，有一个源程序由源文件 F1.c 和 F2.c 组成，其中文件 F1.c 的代码如下所示。

图 9-12 运行结果

```c
int a,b; /*外部变量定义*/
char c; /*外部变量定义*/
int main()
{
    ......
}
```

文件 F2.c 的代码如下所示。

```c
extern int a,b; /*外部变量说明*/
extern char c; /*外部变量说明*/
func (int x,y)
{
    ......
}
```

文件 F1.c 和 F2.c 的代码都使用了 a、b、c 这 3 个变量。其中，文件 F1.c 把 a、b、c 都定义为外部变量。文件 F2.c 用 extern 把 3 个变量说明为外部变量，从而表示这些变量已在其他文件中定义，编译系统不再为它们分配内存空间。构造类型的外部变量（如数组等）可以在说明时进行初始化赋值，若不赋初值，则系统自动定义它们的初值为零。

3．静态变量

在开发过程中，有时希望函数中的局部变量在函数调用结束后不消失，而是保留原值，这时应该指定局部变量为"静态局部变量"，用关键字 static 进行声明。静态变量存放在内存的静态存储区中，编译系统为其分配固定的存储空间。

在 C 语言中使用静态函数有如下两点好处。

❑ 静态函数会自动分配在一个一直使用的存储区中，直到退出应用程序。这避免了调用函数时的压栈出栈，执行速度快很多。

❑ 关键字"static"译成中文就是"静态的"，所以内部函数又称静态函数。但此处"static"的含义不是指存储方式，而是指函数的作用域仅局限于本文件。使用内部函数的好处是：不同的人在编写不同的函数时，不用担心自己定义的函数与其他文件中的函数同名，因为同名也没有关系。

静态变量的格式如下所示。

```
static 类型标识符 变量名;
```

静态变量有两种：一种是外部静态变量，另一种是内部静态变量。

1）外部静态变量

如果希望在一个文件中定义的外部变量的作用域仅局限于此文件，而其他文件不能访问，则可以在此外部变量的类型说明符前面使用 static 关键字。例如：

```
static float f;
```

此时，f 称为静态外部变量（或称为外部静态变量）。它只能在本文件中使用，在其他文件中，即使使用了 extern 说明，也无法使用该变量。

例如，通过两个文件代码实现两个变量值的交换。第 1 个文件的代码如下。

```
/*file1.c*/
static int x, y;                /*x与y是适用于本文件的全局变量*/
#include <stdio.h>
int main()
{
        scanf("%d%d",&x,&y);
        swap();
        printf("x=%d, y=%d\n",x,y);
}
```

第 2 个文件的代码如下所示。

```
/*file2.c*/
extern int x, y;               /*实际上x、y没有定义*/
swap()
{
        int t;
        t=x; x=y; y=t;
        return;
}
```

上述实现代码是错误的。因为在主函数所在文件 file1.c 中定义的全局变量 x、y 只适用于本文件，而在函数 swap() 所在文件 file2.c 中试图将它们说明为外部变量并使用它们，这是不可能的。因此，上述程序在编译时会指出的错误是 x、y 没有定义。

2）内部静态变量

如果希望在函数调用结束后仍然保留函数中定义的局部变量，则可以将该局部变量的类型说明符前加一个 static 关键字，说明它为内部静态变量。

实例 9-12 　**每调用一次函数，显示一个静态局部变量中的内容，然后将其值加 2**
源码路径　daima\9\9-12

本实例的实现文件为"neijing.c"，具体实现代码如下。

```
#include <stdio.h>
void test static()
{
        static int sv=0;
        printf("static=%d\n",sv);
        sv=sv+2;
}
int main(void){
        int i;
```

——— 拓展范例及视频二维码 ———

范例 **9-12-01**：用静态局部变量计算阶乘

源码路径：**演练范例\9-12-01**

范例 **9-12-02**：用 register 定义局部变量

源码路径：**演练范例\9-12-02**

```
        for(i=0;i<4;i++)
        test static();
}
```

程序运行后会输出对应的结果，如图 9-13 所示。

3）静态局部变量

静态局部变量属于静态存储方式，它具有以下 3 个特点。

图 9-13 执行效果

❑ 静态局部变量在函数内定义它的生存期为整个源程序，但是其作用域仍与自动变量相同，只能在定义该变量的函数内使用。退出该函数后，尽管该变量还继续存在，但不能再使用它。

❑ 允许对构造类静态局部变量赋初值（例如数组）若未赋初值，则由系统自动赋 0。

❑ 基本类型的静态局部变量若在说明时未赋初值，则系统会自动赋予 0 值。若对自动变量不赋初值，则其值是不确定的。根据静态局部变量的特点，可以看出它是一种生存期为整个源程序的变量。虽然离开定义它的函数后不能继续使用，但如再次调用定义它的函数时，它又可继续使用，而且保存了前次调用后留下的值。因此，当多次调用一个函数且要求在调用之间保留某些变量的值时，可考虑采用静态局部变量。虽然用全局变量也可以达到上述目的，但全局变量有时会造成意外的副作用，因此仍以采用局部静态变量为宜。

4）静态全局变量

在全局变量（外部变量）的说明之前再冠以 static 就构成了静态全局变量。全局变量本身就是静态存储方式，静态全局变量当然也是静态存储方式的。二者在存储方式上并无不同，区别在于非静态全局变量的作用域是整个源程序，当一个源程序由多个源文件组成时，非静态全局变量在各个源文件中都是有效的。

而静态全局变量则限制了其作用域，即只在定义该变量的源文件内有效，在同一源程序的其他源文件中不能使用它。由于静态全局变量的作用域局限于一个源文件，只能为该源文件内的函数所使用，因此这可以避免在其他源文件中引起错误。从以上分析可以看出，局部变量改变为静态变量后是改变了它的存储方式，即改变了它的生存期。把全局变量改变为静态变量后是改变了它的作用域，限制了它的使用范围。因此 static 这个说明符在不同的地方所起的作用是不同的。

4. 寄存器变量

前面介绍的各种变量都存放在存储器内，所以当频繁读写一个变量时，必须要反复访问内存，从而花费大量的存取时间。为此 C 语言提供了另一种变量，即寄存器变量。这种变量存放在 CPU 的寄存器中，在使用时不需要访问内存，而直接从寄存器中读写，这样可提高执行效率。寄存器变量的说明符是 register。对于循环次数较多的循环控制变量及循环体内反复使用的变量均可定义为寄存器变量。

例如，要求解自然数 1～200 的和，可以通过如下代码来实现。

```
{
    register i,s=0;
    for(i=1;i<=200;i++)
    s=s+i;
    printf("s=%d\n",s);
}
```

上述程序代码循环 200 次，i 和 s 都将频繁使用，因此可将其定义为寄存器变量。

对于寄存器变量，读者在使用时还要注意如下几点。

（1）只有局部自动变量和形参才可以定义为寄存器变量。因为寄存器变量属于动态存储方式。凡需要采用静态存储方式的变量都不能定义为寄存器变量。

（2）在 Turbo C、MS C 等微机上使用 C 语言时，实际上是把寄存器变量当成自动变量来处理的，因此这并不能提高速度。而在程序中允许使用寄存器变量只是为了与标准 C 保持一致。即使能真正使用寄存器变量的机器，由于 CPU 中寄存器的个数是有限的，因此使用寄存器变量的个数也是有限的。

9.8 C 的内部函数和外部函数

在 C 语言中，每个函数都有自己的返回值类型（整型、实型、void 型等）。但除了这个特性之外，根据函数是否能被其他源文件所调用，又将函数分为内部函数与外部函数。本节将详细介绍内部函数和外部函数的基本知识。

知识点讲解：视频\第 9 章\谈谈 C 的内部函数和外部函数.mp4

9.8.1 内部函数

如果函数只能被属于本源文件的函数所调用，则称此函数为内部函数。在定义内部函数时，应给函数定义前面加上关键字"static"。例如：

```
static int max(a,b);
```

上述 max 函数只能在本源文件中使用。

定义一个内部函数的方法是在函数类型前加一个"static"关键字，具体格式如下所示。

```
static  函数类型  函数名(函数参数表)
{......}
```

关键字"static"译成中文就是"静态的"，所以内部函数又称为静态函数。但此处"static"的含义不是指存储方式，而是指函数的作用域仅局限于本文件。

有了内部函数的概念后，在不同的源文件中可以使用相同的函数名而不会发生冲突。

实例 9-13　在不同的文件内使用同一个函数名
源码路径　daima\9\9-13

本实例的实现文件为 file1.c 和 file2.c，其中 file1.c 的具体实现代码如下。

```
/* 文件1: file1.c */
f()
{    printf ("This is the first program\n");
    ff( ); /* 调用另一个函数 ff( ) */
}
```

file2.c 的具体实现代码如下所示：

```
#include "file1.c"
/* 文件2: file2.c */
int main(void)
{    int i;
    for ( i=0; i<3; i++ )
    f(); /* 主函数中调用函数f( ) */
}
ff( ){    printf ("This is the second program\n");
}
```

拓展范例及视频二维码

范例 **9-13-01**：使用外部函数
源码路径：**演练范例\9-13-01**

范例 **9-13-02**：运行多文件程序
源码路径：**演练范例\9-13-02**

运行上述代码后将会输出对应的结果，如图 9-14 所示。

```
This is the first program
This is the second program
This is the first program
This is the second program
This is the first program
This is the second program
```

图 9-14　运行结果

9.8.2 外部函数

如果函数不仅能被本源文件的函数调用，还可以被其他源文件中的函数调用，则称此函数为外部函数。在定义外部函数时，应给函数定义前面加上关键字"extern"。例如：

```
extern int max(a,b);
```

上述 max 函数能在本工程文件的所有源文件中使用。

要注意的是，如果在源文件 A 中调用源文件 B 中的函数，那么必须在源文件 A 中对要调用的函数进行说明，格式如下所示。

```
extern int max();
```

另外要注意的是，在定义外部函数的时候，extern 关键字可以省略。

实例 9-14　**在一个文件内调用另一个外部函数**
源码路径　daima\9\9-14

本实例的实现文件为 file1.c 和 file2.c，其中 file1.c 的具体实现代码如下。

```
/* 文件一 */
int x = 10;                  /* 定义外部变量x和y */
int y = 10;
void add (void)
{ y=10+x; x*=2;
}
/* 在调用函数中说明函数sub是void型的外部函数 */
int main(void)
{
  extern void sub();
  x += 5;
  add(); sub();             /* 分别调用函数 */
  printf ("x=%d; y=%d\n", x, y);
}
```

拓展范例及视频二维码

| 范例 9-14-01：用全局变量实现交换 |
| 源码路径：**演练范例\9-14-01** |
| 范例 9-14-02：用全局变量处理成绩 |
| 源码路径：**演练范例\9-14-02** |

file2.c 的具体实现代码如下所示。

```
* 文件二 */
void sub (void) /* 函数sub定义在另一个文件中 */
{     extern int x; /* 说明定义在另一个文件中的外部变量x */
      x -= 5;
```

如果使用 Turbo C 调试本实例，则需要按下 F2 键保存上述文件。然后按照如下流程进行测试。

（1）依次选择 "Project" | "Open Project"，弹出 "Open Project File" 对话框。在此输入 "456.prj"，然后单击 OK 按钮，此时创建了一个名为 "456.prj" 的空项目文件，并在 Turbo C 3.0 下面出现一个名为 123 的项目窗口。

（2）依次选择 "Project" | "Add Item"，弹出 "Add to Project List" 对话框。

（3）输入想要添加到项目中的 C 文件 f.c。

（4）添加完毕后单击 Done 按钮，退出 "Add to Project List" 对话框。

（5）编译各个源文件，此时将自动生成需要的可执行程序 456.exe，并依次生成文件 FILE1.OBJ、FILE2.OBJ、FILE1.OBJ 和 456.exe。

然后按下 F9 键编译并链接上述代码，按下 Ctrl+F9 组合键运行上述代码，按下 Alt+F5 组合键后将会输出对应的结果，如图 9-15 所示。

图 9-15　运行结果

9.9　库　函　数

库函数，顾名思义是把函数放到库里，把一些常用到的函数编写完后放到一个文件里供别人使用。别人使用的时候把它所在的文件名用 "#include<>" 语句加到里

知识点讲解：视频\第 9 章\必须知道的库函数.mp4

面就可以了。本节将对库函数的基本知识进行简要介绍。

1. 先看 C 库函数简介

C 语言中的函数一般是指编译器提供的可在 C 源程序中调用的函数。它可分为两类，一类是 C 语言标准规定的库函数，另一类是编译器特定的库函数。

由于版权原因，库函数的源代码一般是不可见的，但在头文件中你可以看到它对外的接口。库函数是别人写的程序，你拿来用在你的程序里。

C 语言（或任意其他语言）的学习，第一是学习它的基本语法，然后就是研究类库，别人写好的东西直接拿来用就行了。

2. 再看 C 库函数的分类

C 语言中的库函数可以分为如下几类。

（1）分类函数：所在函数库为 ctype.h，主要的功能如下。

❑ int isalpha（int ch）：若 ch 是字母（'A'～'Z'、'a'～'z'）则返回非零值；否则，返回零。

❑ int isalnum（int ch）：若 ch 是字母（'A'～'Z'、'a'～'z'）或数字（'0'～'9'）则返回非零值；否则，返回零。

❑ int isascii（int ch）：若 ch 是字符（ASCII 码中的 0～1210）则返回非零值；否则，返回零。

❑ int iscntrl（int ch）：若 ch 是作废的字符（0x10F）或普通控制字符（0x00～0x1F）则返回非零值；否则，返回零。

❑ int isdigit（int ch）：若 ch 是数字（'0'～'9'）则返回非零值；否则，返回零。

❑ int isgraph（int ch）：若 ch 是可打印字符（不含空格）（0x21～0x10E）则返回非零值；否则，返回零。

❑ int islower（int ch）：若 ch 是小写字母（'a'～'z'）则返回非零值；否则，返回零。

❑ int isprint（int ch）：若 ch 是可打印字符（含空格）（0x20～0x10E）则返回非零值；否则，返回零。

❑ int ispunct（int ch）：若 ch 是标点字符（0x00～0x1F）则返回非零值；否则，返回零。

❑ int isspace（int ch）：若 ch 是空格（' '）、水平制表符（'\t'）、回车符（'\r'）、走纸换行（'\f'），垂直制表符（'\v'）、换行符（'\n'），则返回非 0 值；否则，返回零。

❑ int isupper（int ch）：若 ch 是大写字母（'A'～'Z'）则返回非零值；否则，返回零。

❑ int isxdigit（int ch）：若 ch 是十六进制数（'0'～'9'、'A'～'F'、'a'～'f'）则返回非零值；否则，返回零。

❑ int tolower（int ch）：若 ch 是大写字母（'A'～'Z'）则返回相应的小写字母（'a'～'z'）。

❑ int toupper（int ch）：若 ch 是小写字母（'a'～'z'）则返回相应的大写字母（'A'～'Z'）。

（2）数学函数：所在函数库为 math.h、stdlib.h、string.h 和 float.h。

（3）目录函数：所在函数库为 dir.h、dos.h。

（4）进程函数：所在函数库为 stdlib.h、process.h。

（5）接口子函数：所在函数库为 dos.h、bios.h。

（6）时间日期函数：函数库为 time.h、dos.h。

各 C 库函数的详细功能和使用方法在网络上相关内容比比皆是，并且有详细的使用实例。读者可以检索获取相关的资料，其中最为常见的是"C 库函数功能查询器"和"C 库函数浏览电子书"。

9.10　技　术　解　惑

9.10.1　通过 Turbo C 深入分析项目文件

在 C 语言中，一个项目程序可以由多个源文件构成，每个源文件可以包含多个函数。使用项目文件可以将这些源文件组装起来。

在 Turbo C 中，有一个 Project 菜单项。使用此菜单项，可以创建一个项目文件。项目文件是一个专用的文本文件，文件包含了待组装的文件名。下面以 Turbo C 编译器为例，介绍为 3 个源文件 file1.c、file2.c 和 file3.c 创建可执行程序 123.exe 的过程。具体流程如下所示。

（1）创建 3 个源文件 file1.c、file2.c 和 file3.c，并保存在 "10\13" 文件夹内。

（2）打开 Turbo C，依次单击 "Project" | "Open Project"，弹出 "Open Project File" 对话框，如图 9-16 所示。

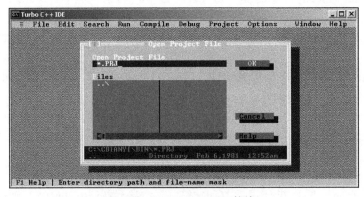

图 9-16　Open Project File 对话框

（3）在此输入 "123.prj"，然后单击 "OK" 按钮，此时创建了一个名为 "123.prj" 的空项目文件，并在 Turbo C 下面出现一个名为 123 的项目窗口，如图 9-17 所示。

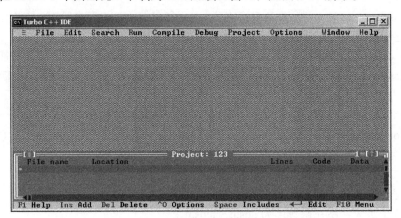

图 9-17　123.prj 项目文件

（4）依次选择 "Project" | "Add Item"，弹出 "Add to Project List" 对话框，如图 9-18 所示。

（5）在图 9-18 所示的界面中输入想要添加到项目中的 C 文件名，并依次添加前面创建的 C 源文件 file1.c、file2.c 和 file3.c。具体方法是依次单击 "Add" 按钮进行添加，如图 9-19 所示。

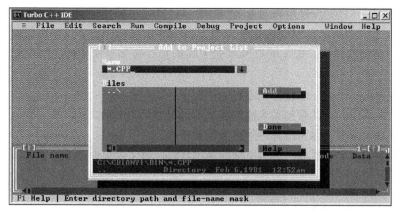

图 9-18 "Add to Project List"对话框

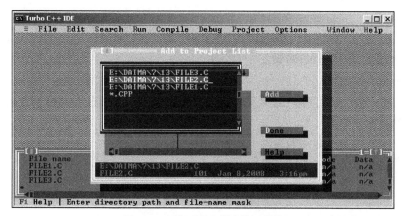

图 9-19 添加项目文件内的源文件

（6）添加完毕后单击"Done"按钮，退出"Add to Project List"对话框。

（7）编译各个源文件，此时将自动生成需要的可执行程序 123.exe。并依次生成文件 FILE1.OBJ、FILE2.OBJ、FILE1.OBJ 和 123.exe。

9.10.2 要尽量避免不必要的函数调用

我们举例说明这一点，请看下面两个函数。第 1 个函数如下。

```
void str print( char *str )
{
    int i;
    for ( i = 0; i < strlen ( str ); i++ ) {
        printf("%c",str[ i ] );
    }
}
```

第 2 个函数如下。

```
void str_print1 ( char *str )
{
    int len;
    len = strlen ( str );
    for ( i = 0; i < len; i++ ) {
        printf("%c",str[ i ] );
    }
}
```

上述两个函数的功能相似，然而第 1 个函数多次调用了 strlen 函数，而第 2 个函数只调用函数 strlen 一次，所以第 2 个函数的性能明显比第 1 个好。

9.10.3　请确保函数的声明和定义是静态的

在 C 语言中，同一函数对其他函数可见才称为静态函数。如果在外界隐藏该函数，那么这会限制其他函数访问它。现在我们并不需要为内部函数创建头文件，因为其他函数看不到该函数。

使用静态方式声明一个函数的优点有如下两个。

(1) 两个或两个以上具有相同名称的静态函数可用于不同的文件。

(2) 编译消耗减少，因为没有外部符号需要处理。

为了更好地理解上述观点，请看下面的演示代码。第 1 个文件为 first_file.c。

```
static int foo ( int a ){
        /*Whatever you want to in the function*/
    }
```

第 2 个文件为 second_file.c。

```
int foo ( int )
int main(void){
        foo();
        return 0;
    }
```

9.10.4　避免过长的 main()函数

假设有如下一个题目.

n 个人围成一圈，按顺序排号。从第 1 个人开始报数（1~3 报数），凡报到 3 的人退出圈子，问最后留下的是原来的第几号。

有很多初学者不假思索，编写出了如下代码。

```
#include <stdio.h>
int main(void)
{
    int i,k,m,n,num[50],*p;
    printf("\ninput number of person:n=");
    scanf("%d",&n);
    p=num;
    for(i=0;i<n;i++)
        *(p+i)=i+1;
    i=0;
    k=0;
    m=0;
    while(m<n-1)
        {if(*(p+i)!=0)k++;
            if(k==3)
                {*(p+i)=0;
                k=0;
                m++;
                }
            i++;
            if(i==n)i=0;
        }
    while(*p==0)p++;
    printf("The last one NO.%d\n",*p);
    return 0;
}
```

上述实现代码从头到尾都只有一个 main()函数。这种代码标志了编程者完全没有入门，连结构化程序设计思想的皮毛都没掌握。

结构化程序设计思想的一个核心理念就是"层次"。良好的代码都应非常有层次感，而垃圾代码则往往是乱糟糟地堆作一团。只有一个 main()函数有什么不可行的？如果有人问这种问题我感觉还真是有点不好回答。其实没什么不可以的，这就如同一个硬盘中存放了很多文件但没有任何文件夹也没什么不行的一样。其实一个源程序由若干个函数组成，就如同用墙把你的房间间隔出来一样。请注意，墙并没有增加房间的使用面积，相反它减少了房间的使用面积，正如使用多个函数只可能降低程序的效率一样。但是它们都有回报。这就是生活和写代码所共同遵循的辩证法，也就是结构化程序设计思想的哲学基础。

站在高处来看，解决这个问题无非是经过 4 个步骤：输入人数、初始化数组（设置编号）、"从 1 到 3 报数" $n-1$ 次、输出最后剩下的那个人的编号。这些都可以简单地用函数或基本控制语句来实现。由此可见，最合理的做法是将过程分解，用不同的函数来实现，合理的实现代码如下。

```c
#include <stdio.h>

#define MAX_NUM 50
#define BEGIN    1
#define END      3
#define REMOVED  0

void output( int [] , int );
void initialize( int [] , int );
void count_off ( int * , int[]  , const int n) ;

int main( void )
{
    int num[MAX_NUM];
    int n;                //人数
    int from_this = 0 ;  //从最前面的开始报数

    printf("输入人数(<=50):");
    scanf("%d",&n);

    initialize( num , n );

    for(int i = 0 ; i < n - 1 ; i ++ )   //"从1到3报数" n-1次
        count_off ( &from_this , num , n ) ;

    output( num , n );     //输出

    return 0;
}

void output(int num[] , int n )
{
    for(int i = 0 ; i < n ; i ++ )
        if( num[i] != REMOVED )
        {
            printf("剩下的是原来第%d号\n",num[i]);
            return ;
        }
}

void count_off ( int *p_this , int num[] , const int n )
{
    for( int i = BEGIN ; i <= END ; i ++ ) //从1到3
    {
        while( num[*p_this] == REMOVED )      //找下一个
            *p_this = (*p_this + 1) % n ;

        if ( i == END )
            num[*p_this] = REMOVED ;          //报到3的人退出
        else
            *p_this = (*p_this + 1) % n ;
    }
}

void initialize( int num[] , int n )
{
    for(int i = 0 ; i < n ; i ++ )
        num[i] = i + 1 ;
}
```

9.10.5　函数的地址也是数据

在 C 语言中，函数地址本身也是数据。只不过是相对常量的数据。为什么说是相对常量，这是因为在程序加载时，实际地址是和整个程序在内存中的位置有关的。这通常由一次寻址或者两次寻址来实现。这个不能扩展。但是需要明确，任何函数本身都是一个数据，是一个常量。而这个数据类型是指针。如果是 64 位寻址，则它的位宽就是 64 位，32 位亦然。

对于常量地址类型，还有其他方式，如下所示。

```
int table[2][3];
```

这里，table 实际是个地址，而这个地址本身并没有存储空间，它表示一个符号，指向一个整型空间。看下面的代码。

```
printf("llx, llx \n",(unsigned long long)table,(unsigned long long)&table,\
(unsigned long long )&table[1],(unsigned long long)&(table[1][0]));
```

这时会发现前面两个一样，后面两个一样。因为这里定义的是数组，所以数组单元的地址相对数组自身地址的偏移量都是常量。由此可以理解，数组中的各个地址都是相对常量。当数组的首地址确定后，无论在哪里，上述偏移量都是确定的。和函数在代码区的相对位置类似，这和如下代码是有很大区别的。

```
int **ppi;
```

例如：

```
int i;
int *pi = &i;
int **ppi = &pi;
```

此时，针对 pi 而言，自身的空间所指向的 i 地址是不一样的。而数组则不同，自身空间实际上都已经确定。例如：

```
(long)table = (long)table[0] ;
(long)table = (long)table[0][i] - sizeof(long)*i;
```

再简单地说，可以把 fp = fun 和 fp = &fun 进行如下比较。

```
int func_d[1];
int **fp_d;

fp_d = func_d; //fp = fun
fp_d = &func_d; //fp = &fun
```

但是这不等同于：

```
int func_Xd;
fp_d = func_Xd; //这里类型就错了。后者是实际变量，前者一个是地址
fp_d = &func_Xd;
```

如果 a 不是如下定义，则在 C 语言中，&&a 是没有意义的。

```
type **a;
```

由上述定义可知，实际上前面的 ppi 存在不同的存储空间，表示不同层级的指针。而如果 a 本身就是个普通变量，那么 a 的地址虽然存在，但没有实际的空间来存放这个地址，此时你再进行与就没有逻辑道理了。

9.10.6　说明函数的时机

只在当前源文件中使用的函数应该说明为内部函数（static），内部函数应该在当前源文件中说明和定义。在当前源文件以外使用的函数，应该在一个头文件中说明，因此要使用这些函数的源文件要包含这个头文件。例如，如果函数 stat_func()只在源文件 stat.c 中使用，则应该这样说明。

```
/* stat.c */
# include <aio.h>

atatic int atat_func(int,int); /* atatic declaration of atat-funcO */
int main(void);
int main(void)
{
```

```
     ......
     rc=stat_func(1,2);
     ......
}
/* definition (body) of stat-funcO */
static int stat-funcdnt argl,int arg2)
{
     return rc;
}
```

在上述代码中，函数 stat_func()只在源文件 stat.c 中使用，因此它的原型（或说明）在源文件 stat.c 以外是不可见的。为了避免与其他源文件中可能出现的同名函数发生冲突，应该将其说明为内部函数。

而在下面的代码中，函数 glob_func()在源文件 global.c 中定义和使用，并且还要在源文件 extern.c 中使用，因此应该在一个头文件（本例中为 proto.h）中说明，而源文件 global.c 和 extern.c 中都应包含这个头文件。

```
File:  proto.h
/* proto.h */
int glob_func(int,int); /* declaration of the glob-funcO function * /

 File:  global. c
/* global. c */
# include <sio.h>
# include "proto. h"  /*include this file for the declaration of
                         glob func()    */
int main(void);
int main (void)
{
    rc glob func(l,2);
}
/* deHnition (body) of the glob-funcO function */
int glob func(int argl,int arg2)
{
     return rc;
}

 File extern. c
/* extin.c */
# include <aio.h>
# include "proto. h" /*include thia file for the declaration of
                         glob func()    */
void ext func(void);
void ext_func(void)
{
     /* call glob func(), which ia deHncd in the global, c source file * /
     rc=glob func(10,20);
}
```

上述代码在头文件 proto.h 中说明了函数 glob_func()，因此，只要任意一个源文件包含了该头文件，该源文件就包含了对函数 glob_func()的说明，这样编译程序就能检查在该源文件中 glob_func()函数的参数和返回值是否符合要求。请注意，包含头文件的语句总是出现在源文件第一条说明函数的语句之前。

9.10.7　一个函数可以有多少个参数

一个函数所包括的参数数目没有明确的限制，但是参数过多（例如超过 8 个）显然是一种不可取的编程风格。参数的数目直接影响调用函数的速度，参数越多，调用函数就越慢。另一方面，参数的数目少，程序就显得精练、简洁，这有助于检查和发现程序中的错误。因此，通常应尽可能减少参数的数目，如果一个函数的参数超过 4 个，那么你就应该考虑一下函数是否编写得当。

如果一个函数不得不使用很多个参数，那么你可以定义一个结构来容纳这些参数，这是一种非常好的解决方法。在下例中，函数 print_report()需要使用 10 个参数，然而在它的说明中并没有列出这些参数，而是通过一个 RPT_PARMS 结构来获取这些参数。

9.10.8 如果一个函数没有返回值，是否需要加入 return 语句

在 C 语言中，用 void 关键字说明的函数是没有返回值的，并且也没有必要加入 return 语句。在有些情况下，一个函数可能会引起严重的错误，并且要求立即退出，这时就应该加入一个 return 语句，以跳过函数体内还未执行的代码。然而，在函数中随意使用 return 语句是一种不可取的编程习惯，因此，操作退出函数通常应该尽量集中和简洁。

9.10.9 在程序退出 main 函数之后还有可能执行一部分代码

在程序退出 main 函数之后，还有可能执行一部分代码，但是这要借助 C 库函数 atexit()。利用 atexit()函数可以在程序终止前完成一些"清理"工作，如果将指向一组函数的指针传递给 atexit()函数，那么在程序退出 main 函数后（此时程序还未终止）还能自动调用这组函数。例如下面的程序就使用了 atexit()函数。

```
# include <sio.h>
# include <alib. h>

void close_files(void);
void print_regiatration_message(void);
int main(int, char ** );

int main (int argc, char** argv)
 {
     atcxitCprint regiatration message);
     atexit(cloae_files) ;
     while (rec_count <max_recorda)
       {
         process one record ( );
       }
     exit (0);
 }
```

上述代码通过 atexit()函数指示程序在退出 main 函数后自动调用函数 close_files()和 print_registration_message()，它们分别完成关闭文件和打印登记消息这两项工作。

在使用 atexit()函数时需要注意如下两点。

（1）由 atexit()函数指定的要在程序终止前执行的函数要用关键字 void 来说明，并且不能带参数。

（2）由 atexit()函数指定的函数入栈时的顺序和调用 atexit()函数的顺序相同，即它们在执行时遵循后进先出（LIFO）的原则。在上述代码中，由 atexit()函数指定的函数入栈时的顺序如下所示。

```
atexit(print registration message);
atexit(close_files);
```

根据 LIFO 原则，程序在退出 main 函数后将先调用 close_files()函数，然后调用 print_registration_message()函数。利用 atexit()函数可以很方便地在退出 main 函数后调用一些特定的函数，以完成一些处理工作（例如关闭程序中用到的数据文件）。

9.10.10 exit()函数和 return 语句的差异

exit()函数可以退出程序并将控制权返回给操作系统，而 return 语句则可以从一个函数中返回并将控制权返回给调用该函数的函数。如果在 main 函数中加入 return 语句，那么在执行这条语句后它将退出 main 函数并将控制权返回给操作系统，这样的 return 语句和 exit()函数的作用是相同的。

9.11 课 后 练 习

1．编写一个 C 程序，给出年、月、日，计算该日在这年中是第几天。

2. 编写一个 C 程序，用递归法将一个整数 n 转换成对应的字符串。例如输入 483，应输出字符串 "483"。n 不确定，可以是任意倍数的整数。

3. 编写一个 C 语言函数，输入一个十六进制数后能够输出相应的十进制数。

4. 编写一个 C 语言函数，并有如下 3 点要求。
   - ❑ 输入 10 个职工的姓名和编号。
   - ❑ 按编号由小到大的顺序进行排序。
   - ❑ 要求输入一个职工编号，用折半法查找出该职工的姓名，从主函数中输入要查找的职工编号，输出该职工的姓名。

5. 编写一个 C 程序，用牛顿迭代法求根。方程为 $ax^3+bx^2+cx+d=0$ 系数 a、b、c、d 的值依次为 1、2、3、4，由主函数输入。求 x 在 1 附近的一个实根，求出后由主函数输出。

6. 编写一个 C 语言函数，用冒泡法对输入的 10 个字符按由小到大顺序进行排列。

7. 编写一个 C 语言函数，输入一行字符，输出此字符串中最长的单词。

第 10 章

指　针

　　指针是在 C 语言中广泛使用的一种数据类型，运用指针编程是 C 语言最主要的风格之一。利用指针变量可以表示各种数据结构，可以很方便地使用数组和字符串，并能像汇编语言一样处理内存地址，从而编出精练而高效的程序。指针极大地丰富了 C 语言的功能，学习指针是学习 C 语言的最重要一环，正确理解和使用指针是掌握 C 语言的一个标志。但是指针的概念十分难以理解，其使用技巧也十分难以掌握，所以，指针成为学习 C 语言的最大障碍。本章将详细介绍指针的基本知识，以帮助读者来攻克这个最大的障碍。

10.1　基 本 概 念

　　在计算机中，所有的数据都是存放在存储器中的。一般把存储器的一个字节称为一个内存单元，不同数据类型所占用的内存单元数不等，如整型数据占两个单元，

知识点讲解：视频\第 10 章\基本概念.mp4

字符数据占一个单元等，这在前面已有详细介绍。为了正确地访问这些内存单元，必须为每个内存单元都编号。根据编号即可准确地找到该内存单元，内存单元的编号也称为地址。根据内存单元的编号或地址就可以找到所需的内存单元，所以通常也把这个地址称为指针。

　　内存单元的指针和内存单元中的内容是两个不同的概念。可以用一个通俗的例子来说明它们之间的关系。例如我们到银行去存取款时，银行工作人员将根据我们的账号去找存款单，找到之后在存单上写入存款或取款的金额。在这里，账号就是存单的指针，存款余额是存单的内容。对于一个内存单元来说，单元的地址即为指针，其中存放的数据才是该单元的内容。在 C 语言中，允许用一个变量来存放指针，这种变量称为指针变量。因此，一个指针变量的值就是某个内存单元的地址或称为某内存单元的指针。

图 10-1　地址和指针

如图 10-1 所示，设有字符变量 C，其内容为"K"（其 ASCII 码为十进制数 75），C 占用了 011A 号单元（地址用十六进数表示）。设有指针变量 P，内容为 011A，这时我们称 P 指向变量 C，或说 P 是指向变量 C 的指针。

　　严格地说，指针是一个地址，是一个常量。而一个指针变量却可以赋值为不同的指针值。但常把指针变量简称为指针。为了避免混淆，我们约定："指针"指的是地址，是常量，"指针变量"是指取值为地址的变量。定义指针的目的是为了通过指针访问内存单元。

　　如果指针变量的值是一个地址，那么这个地址不仅可以是变量的地址，也可以是其他数据结构的地址。在一个指针变量中存放一个数组或一个函数的首地址有何意义呢？因为数组或函数都是连续存放的，访问指针变量可获得数组或函数的首地址，这样也就找到了该数组或函数。这样一来，凡是出现数组、函数的地方都可以用一个指针变量来表示，只要给该指针变量赋值数组或函数的首地址即可。这样将会使程序的概念十分清楚，程序本身也精练、高效。在 C 语言中，一种数据类型或数据结构往往都占有一组连续的内存单元。用"地址"这个概念并不能很好地描述一种数据类型或数据结构，而"指针"虽然也是一个地址，但它却是一个数据结构的首地址，它是"指向"一个数据结构的，因而概念更为清楚，表示更为明确。这也是引入"指针"概念的一个重要原因。

10.2　变量的指针和指向变量的指针变量

　　变量的指针就是变量的地址。存放变量地址的变量是指针变量。在 C 语言中，允许用变量来存放指针，这种变量称为指针变量。因此，一个指针变量的值就是某个变量的地

知识点讲解：视频\第 10 章\变量的指针和指向变量的指针变量.mp4

址，也可称为某个变量的指针。为了表示指针变量和它所指向的变量之间的关系，在程序中用"*"符号表示"指向"，例如，i_pointer 代表指针变量，而*i_pointer 是 i_pointer 所指向的变量，如图 10-2 所示。

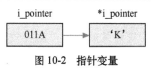

图 10-2　指针变量

　　下面两个语句的作用相同的，其中，第 2 个语句的含义是将值"3"赋给指针变量 i_pointer 所指向的变量。

```
i=3;
*i_pointer=3;
```

10.2.1 声明指针变量

指针变量是一个数值变量，和其他变量一样在使用前必须先声明。指针变量的声明包括如下内容。

（1）指针类型说明，即定义变量为一个指针变量。

（2）给出指针变量名。

（3）变量值（指针）所指向的变量的数据类型。

声明指针变量的一般格式如下所示：

```
类型说明符  *变量名;
```

其中，"*"表示这是一个指针变量；"变量名"为定义的指针变量名；"类型说明符"表示本指针变量所指向的变量的数据类型。

看下面的格式。

```
int *m1;
```

这里表示 m1 是一个指针变量，它的值是某个整型变量的地址，或者说 m1 指向一个整型变量。至于 m1 究竟指向哪一个整型变量，应由向 m1 赋值的地址来决定。

看下面的定义。

```
int *p2;                /*p2是指向整型变量的指针变量*/
float *p3;              /*p3是指向浮点变量的指针变量*/
char *p4;               /*p4是指向字符变量的指针变量*/
```

在此应该注意的是，一个指针变量只能指向同类型的变量，如 p3 只能指向浮点变量，不能时而指向浮点变量，时而又指向字符变量。

10.2.2 指针变量的初始化

指针变量和普通变量一样，在使用之前不仅要定义说明，而且还必须赋给具体的值。未经赋值的指针变量是不能使用的，否则将造成系统混乱，甚至死机。指针变量只能赋值地址，决不能赋值为任何其他数据，否则将引起错误。在 C 语言中，变量的地址是由编译系统分配的，这对用户完全透明，用户不知道变量的具体地址。

在 C 语言中，有如下两个和指针变量有关的元素。

（1）&：取地址运算符。

（2）*：指针运算符（或称为"间接访问"运算符）。

其中，地址运算符"&"表示变量的地址，一般格式如下所示。

```
&变量名;
```

例如，&a 表示变量 a 的地址，&b 表示变量 b 的地址。

定义指针变量的语句和定义其他变量或数组语句的格式基本相同，具体格式如下所示。

```
存储类型  数据类型  *指针变量名1[=初值1];
```

上述格式的功能是：定义指向"数据类型"变量或数组的若干个指针变量，同时给这些指针变量赋初值。这些指针变量具有确定的"存储类型"。

在使用上述格式时，应该注意如下 6 点。

（1）指针变量名的构成原则是标识符前面必须有"*"号。

（2）在一个定义语句中，可以同时定义普通变量、数组、指针变量。

（3）定义指针变量时，"数据类型"可以为任何基本的数据类型，也可以为以后介绍的其他数据类型。需要注意的是，这个数据类型不是指针型变量中存放的数据类型，而是它将要指向的变量或数组的数据类型。也就是说定义成某种数据类型的其他变量或数组。

（4）若省略"存储类型"，则系统默认为自动型。

（5）其中的"初值"通常是"普通变量名""数组元素"或"数组名"，这个普通变量或数组必须在前面已定义。即这个普通变量或数组可以是在前面的定义语句中定义的，也可以是在本定义语句中出现的，但必须在对应指针变量前出现定义。

若初值选用"普通变量名"，则表示该指针变量已指向对应的普通变量；若初值选用"数组元素"，则表示该指针变量已指向对应的数组元素；若选用"数组名"，则表示该指针变量已指向数组的首地址。

（6）在一个定义语句中，可以只给部分指针变量赋初值。看下面的代码。

```
int a;
int *P=&a;
```

上述代码先定义了整型变量 a，然后定义了一个指向整型变量的自动型指针变量 p，并为其赋初值为事先定义的变量 a 的地址，即整型指针变量 p 指向整型变量。看下面的代码：

```
float f1, f[10], *p1=&f1, *p2=f;
```

在同一个定义语句中，先定义单精度型变量 f1 和数组 f，后定义两个指向单精度型的指针变量 p1、p2 通过赋值使指针变量 p1、p2 分别指向变量 f1 和数组 f。

10.2.3 指针变量的引用

在 C 语言中，变量的地址是由编译系统分配的。C 语言规定在程序中引用指针型变量有多种方式，其中最为常见的有如下 3 种。

（1）给指针变量赋值。

给指针变量赋值的格式如下所示。

```
指针变量=表达式;
```

此处的表达式必须是地址型表达式，例如：

```
int i,*p i;
p_i=&i;
```

（2）直接引用指针变量名。

当需要用到地址时可以直接引用指针变量名。例如当数据输入语句的输入变量列表可以引用指针变量名时，可以用它接收输入的数据，并存入它所指向的变量；又如将指针变量 1 中存放的地址赋值到另一个指针变量中。注意，这种引用方式要求指针变量 1 必须有确定的值，例如下面的演示代码。

```
int i,j,*p=&i,*q;
q=p;                    /*将p的值(i的地址)赋给指针变量q*/
scanf("%d,%d",q,&j);    /*使用指针变量接收输入数据*/
```

（3）通过指针变量引用它所指向的变量。

通过指针变量引用它所指向的变量格式如下所示。

```
*指针变量名
```

在上述格式中，"*指针变量名"代表它所指向的变量。注意，这种引用方式要求指针变量必须有确定值。例如：

```
int=1,j=2,k,*p=&i;
k=*p+j;                 /*由于p指向i,所以*p就是i,结果k等于3*/
```

指针变量不但可以指向变量，也可以指向数组、字符串等数据。

实例 10-1 **将两个指针变量分别指向两个变量**
源码路径　daima\10\10-1

本实例的实现文件为"zhi.c"，具体实现代码如下。

```
int main(void){
    int a,b;                  //声明两个变量
    int *pointer 1, *pointer 2;//声明两个指针变量
    a=10;b=100;               //为两个变量赋初值
    pointer_1=&a;             //为两个指针变量赋值
    pointer_2=&b;
    printf("%d,%d\n",a,b);    //输出两个变量的值
    //输出两个指针变量所指向的变量的值
    printf("%d,%d\n",*pointer_1, *pointer_2);
```

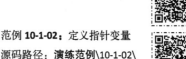

拓展范例及视频二维码

范例 **10-1-01**：运用变量和地址
源码路径：**演练范例\10-1-01**

范例 **10-1-02**：定义指针变量
源码路径：**演练范例\10-1-02**

）

执行后的效果如图 10-3 所示。

在使用指针变量时应该注意如下 4 点。

（1）指针变量可以为空值，即该指针变量不指向任何变量。

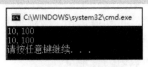

例如：

图 10-3　运行结果

```
int *p;
p = NULL;                       // NULL在头文件stdio.h中有定义
```

（2）通常不允许直接把一个数值赋给指针变量。因此，下面的代码是错误的。

```
int *p;
p = 1000; （错误）
```

（3）赋值的指针变量前不能再加 "*" 说明符。例如下面的用法也是错误的。

```
int a;
int *p;
*p = &a; （错误）
```

（4）指针变量只能指向同类型的变量。例如上例中的指针变量 p 只能指向整型变量，而不能指向其他类型的变量，因此下面的用法也是错误的。

```
float b;
int *p;
p = &b; //错误
```

10.2.4　关于指针运算符的说明

C 语言中有两种指针运算符，它们分别是取地址运算符（&）和取内容运算符（*），接下来将分别讲解这两种指针运算符的基本知识。

❑　取地址运算符（&）

取地址运算符（&）是单目运算符，其结合性为从右至左，功能是取变量的地址。在 scanf 函数及前面介绍的指针变量赋值中，我们已经了解并使用了 "&" 运算符。

❑　取内容运算符（*）

取内容运算符（*）也是单目运算符，其结合性为从右至左，用来表示指针变量所指的变量的内容。在 "*" 运算符之后跟的变量必须是指针变量。

实例 10-2　对输入的数字进行排序处理

源码路径　daima\10\10-2

本实例的实现文件为 "yun.c"，具体实现代码如下。

```
void main(void)
{
 int *p1,*p2,*p,a,b;
 scanf("%d,%d",&a,&b);
 p1=&a;
 p2=&b;
 if(a<b)
   {
    p=p1; p1=p2; p2=p; }        /* 交换指针值 */
  printf("a=%d,b=%d\n",a,b);
  printf("Max=%d,Min=%d\n",*p1,*p2);
}
```

拓展范例及视频二维码

范例 **10-2-01**：使用取地址运算符

源码路径：**演练范例\10-2-01**

范例 **10-2-02**：使用指针运算符

源码路径：**演练范例\10-2-02**

上述程序的流程如下所示。

当输入 a=56，b=34 时，由于 a<b，因此将指针变量 p1 和 p2 的值进行交换。此时，a 和 b 并未交换，它们仍保持原值，但 p1 和 p2 的值改变了。p1 的原值为&a，后来变成&b；p2 的原值为&b，后来变成&a。这样在输出*p1 和*p2 时，实际上输出的是变量 b 和 a 的值，所以先输出 56，然后输出 34。

程序运行后先提示输入两个数字，按下 Enter 键后将会输出对应的最大值和最小值。执行效果如图 10-4 所示。

图 10-4 执行效果

在进行指针运算时，应该注意如下 5 点。

（1）指针类型可以强制转换，并可以有特殊应用，例如：

```
int m, *pm=&m;
char *p1=(char*)&m, *p2=(char*)pm;
```

用 pm 读的是整型数，用 p1、p2 读的是整型数的第 1 个字节。

（2）同类型的指针可以相互赋值，例如：

```
int val1=111, val2=20, *p val1=&val1, *p val2=&val2;
// p_val1指向val1,p_val2指向val2
```

当执行 p_val1=p_val2；后，则 p_val1 也指向 val2，而没有指针指向 val1 了。

（3）必须谨慎使用指针，一旦使用不当则会产生灾难性的后果。

例如，局部指针变量在定义时其中的值为随机数，即指针指向了一个无意义的地址，也可能偶然会指向一个非常重要数据的地址。如果对所指的内存进行不当操作，则其中的数据就丢失。

全局指针变量原指向一个局部变量，后来该内存又进行重新分配了，所以我们再对该指针所指地址进行操作时，同样会发生不可预知的后果。

（4）指针变量决不可以任意赋值一个内存地址，这样的结果甚至是灾难性的。例如下面的代码，把指针变量 P 的初始值置为 0xaf110，我们并不知道那个内存单元放的是什么数据，一般这在程序中是非常危险的。

```
int *P=(int *)0xaf110;
```

（5）常量指针是指向"常量"的指针，即指针本身可以指向别的对象，但不能通过该指针修改对象。该对象可以通过其他方式进行修改，它常用于函数的参数，以避免误改了实参。类似于在"运算符重载"部分中引用参数前加 const，例如：

```
char ch='a',ch1='x';
const char * ptr1=&ch;          //ptr1是常量指针
*ptr1='b';                      //错误，只能为ch='b'
ptr1=&ch1;                      //正确
```

10.2.5 指针变量的运算

在 C 语言中，有如下 3 种指针变量运算。

1. 赋值运算

C 语言的指针变量赋值运算可以具体分为如下 5 种情况。

（1）把一个指针变量的值赋值给指向相同类型的另一个指针变量。例如：

```
int a, *pa = &a, *pb;
pb = pa;
```

（2）把数组的首地址赋值给同类型的指针变量。例如：

```
int a[5], *pa;
pa = a;
```

它也可写为如下格式。

```
pa = &a[0];
```

（3）把字符串的首地址赋值给指向字符类型的指针变量。例如：

```
char *pc;
pc = "I am a student!";
```

它也可以用初始化赋值的方法写为如下格式。

```
char *pc = " I am a student!";
```

（4）指针变量初始化赋值。

（5）把函数的入口地址赋值给指向函数的指针变量。例如：

```
int (*pf)();pf=f;                        /*f为函数名*/
```

2. 加减法算术运算

指向数组的指针变量可以加上（或减去）一个整数 n。设 pa 是指向数组 a 的指针变量，则 pa+n、pa-n、pa++、++pa、pa--、--pa 都是合法的。例如：

```
int a[10], *pa;
pa = a;                    /* pa指向数组a，也是指向a[0] */
pa = pa + 2;               /* pa指向a[2] */
```

3. 两个指针变量之间的运算

在 C 语言中，只有指向同一数组的两个指针变量之间才能进行运算，否则运算毫无意义。

（1）两指针变量相减：如果两指针变量指向同一个数组元素，则两指针变量相减所得之差是两个指针所指数组元素之间相差的元素个数。

（2）两指针变量进行关系运算：指向同一数组的两指针变量进行关系运算可表示它们所指数组元素之间的关系。

实例 10-3 | **顺序显示数组内的元素并进行逆向输出**
源码路径　daima\10\10-3

本实例的实现文件为"yunsuan.c"，具体实现代码如下。

```
#include <stdio.h>
int main(void)
{
    //声明变量和数组
    int i, *p, *q, t, a[10]={1,3,5,7,9,11,13,15,17,19};
    for( p=a,i=0; i<10; i++ )//输出数组中的各个元素
        printf("%4d",*(p+i));
    printf("\n");
    q=a+9;
    while ( p<q )              //将数组中的元素反向
       {t=*p; *p = *q; *q = t; p++; q--; }
    for( p=a; p-a<10; p++ )//反向输出数组中的各元素
        printf("%4d",*p);
    printf("\n");
}
```

拓展范例及视频二维码

范例 **10-3-01**：演示指针变量的指向
源码路径：演练范例\10-3-01\

范例 **10-3-02**：指针变量和整数的运算
源码路径：演练范例\10-3-02\

程序运行后会分别正向和逆向输出数组内的各元素，如图 10-5 所示。

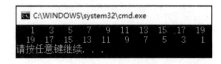

图 10-5　运行结果

10.2.6　以指针变量作为函数参数

函数的参数不仅可以是整型、实型、字符型等数据，还可以是指针类型，其作用是将一个变量的地址传送到另一个函数中。看下面的代码。

```
swap(int *p1,int *p2){
int temp;
 temp=*p1;
 *p1=*p2;
 *p2=temp;
}
int main(void){
int a,b;
int *pointer_1, *pointer_2;
    scanf("%d,%d",&a,&b);
    pointer_1=&a;pointer_2=&b;
```

```
    if(a<b) swap(pointer_1,pointer_2);
    printf("\n%d,%d\n",a,b);
}
```

在上述代码中，函数 swap 是用户定义的函数，其功能是交换两个变量（a 和 b）的值。函数 swap 的形参 p1、p2 是指针变量。上述程序的运行过程如下所示。

（1）执行 main 函数，输入 a 和 b 的值。并将 a 和 b 的地址分别赋值给指针变量 pointer_1 和 pointer_2，使 pointer_1 指向 a，pointer_2 指向 b。

（2）执行 if 语句，由于 a<b，因此执行 swap 函数。注意实参 pointer_1 和 pointer_2 是指针变量，在函数调用时，实参变量的值会传递给形参变量。采取的依然是"值传递"方式。因此虚实结合后形参 p1 的值为&a，p2 的值为&b。这时 p1 和 pointer_1 指向变量 a，p2 和 pointer_2 指向变量 b。

（3）执行 swap 函数使*p1 和*p2 的值互换，也就是使 a 和 b 的值互换。函数调用结束后，p1 和 p2 将不复存在。

（4）在 main 函数中输出的 a 和 b 的值是已经过交换的值。

请注意，*p1 和*p2 的值是如何实现交换的，如果是如下代码就会发生错误：

```
swap(int *p1,int *p2){
    int *temp;
    *temp=*p1;          /*此语句有问题*/
    *p1=*p2;
    *p2=temp;
}
```

*p1 就是 a，是整型变量。而*temp 是指针变量，是 temp 所指向的变量。但 temp 中并无确定的地址值，它的值是不可预见的。*temp 所指向的单元也是不可预见的。因此，对*temp 赋值可能会破坏系统的正常工作。应该将*p1 的值赋给一个整型变量，如程序所示，用整型变量 temp 作为临时辅助变量以实现*p1 和*p2 的交换。

❀ 注意：上述代码采取的方法是：交换 a 和 b 的值，而 p1 和 p2 的值不变。请读者考虑一下能否通过下面的函数实现 a 和 b 的互换。

```
swap(int x, int y){
    int temp;
    temp=x;
    x=y;
    y=temp;
}
```

如果在 main 函数中用"swap（a，b）；"调用 swap 函数，则会有什么结果呢？

在函数调用时，a 的值传送给 x，b 的值传送给 y。执行完 swap 函数后，x 和 y 的值就互换了，但 main 函数中 a 和 b 的值并未互换。也就是说由于"单向传送"的"值传递"方式，形参值的改变无法传给实参。

为了使在函数中改变的变量值能由 main 函数所用，不能采取上述把改变值的变量作为参数的办法，而应该用指针变量作为函数参数。在函数执行过程中使指针变量指向的变量值发生变化，函数调用结束后，这些变量值的变化依然保留下来，这样就实现了"通过调用函数使变量的值发生变化，然后在主调函数（如 main 函数）中使用这些改变了的值"的目的。

另外要注意的是，不能企图通过改变指针形参值而使指针实参的值发生改变。看下面的代码。

```
swap(int *p1,int *p2){
    int *p;
    p=p1;
    p1=p2;
    p2=p;
}
int main(void){
    int a,b;
```

```
    int *pointer 1,*pointer 2;
    scanf("%d,%d",&a,&b);
    pointer 1=&a;pointer 2=&b;
    if(a<b) swap(pointer 1,pointer 2);
    printf("\n%d,%d\n",*pointer 1,*pointer 2);
}
```

上述代码的功能是交换 pointer_1 和 pointer_2 中的值，使 pointer_1 指向值大的那一个变量。具体过程如下所示。

（1）使 pointer_1 指向 a，pointer_2 指向 b。

（2）调用 swap 函数，将 pointer_1 的值传给 p1，将 pointer_2 的值传给 p2。

（3）在 swap 函数中交换 p1 与 p2 的值。

（4）形参 p1、p2 将地址传回实参 pointer_1 和 pointer_2，使 pointer_1 指向 b，pointer_2 指向 a。然后输出*pointer_1 和*pointer_2，就得到了想要的输出"9，5"。

但是这是无法实现的，程序实际的输出结果是"5，9"。问题出在第（4）步。在 C 语言中实参变量和形参变量之间的数据传递是单向的"值传递"方式。指针变量作为函数参数也要遵循这一规则。函数调用不可能改变实参指针变量的值，但是可以改变实参指针变量所指变量的值。

众所周知，函数调用可以（而且只可以）得到一个返回值（即函数值），而运用指针变量作为参数，可以得到多个变化的值。如果不用指针变量是难以做到这一点的。

实例 10-4	输入 a、b、c 三个整数，然后按大小顺序输出

源码路径 daima\10\10-4

本实例的实现文件为"can.c"，具体实现代码如下。

```
int main(void){
    int n1,n2,n3;                      //声明3个变量
    int *p1,*p2,*p3;                   //声明3个指针变量
    scanf("%d,%d,%d",&n1,&n2,&n3);     //输入3个数
    p1=&n1;                            //将p1指向第1个数
    p2=&n2;                            //将p2指向第2个数
    p3=&n3;                            //将p3指向第3个数
    if(n1>n2)swap(p1,p2);             //若第1个数大于第2个数则交换它们
    if(n1>n3)swap(p1,p3);             //若第1个数大于第3个数则交换它们
    if(n2>n3)swap(p2,p3);             //若第2个数大于第3个数则交换它们
    printf("%d,%d,%d\n",n1,n2,n3);     //输出结果
}
swap(int *p1,int *p2) {               //交换p1和p2所指向的变量的值
  int t;
    t=*p1;*p1=*p2;*p2=t;
```

程序运行后先提示输入 3 个整数，然后按下 Enter 键后将会按大小顺序输出输入的整数，如图 10-6 所示。

图 10-6 运行结果

拓展范例及视频二维码

范例 10-4-01：演示指针变量的减法运算	
源码路径：演练范例\10-4-01\	
范例 10-4-02：指针中的比较运算符	
源码路径：演练范例\10-4-02\	

注意：在上述实例代码中，按大小顺序输出了输入的 3 个整数值。如果想通过函数调用得到 n 个要改变的值，则可以执行如下操作。

（1）在主调函数中设置 n 个变量，用 n 个指针变量指向它们。

（2）然后将指针变量作为实参，将这 n 个变量的地址传给所调用函数的形参。

（3）通过形参指针变量，改变该 n 个变量的值。

（4）主调函数就可以使用这些改变了值的变量。

10.2.7　void 类型的指针

关键字 void 表示函数不接受任何参数或不返回任何值，同时还可以在创建通用指针时使用它，通用指针是一个可指向任何类型的数据对象的指针。例如：

```
void *ptr;  // 将ptr声明为一个通用指针，但没有指定它指向的类型。
```

void 指针最常见的用途是声明函数的参数。当希望一个函数能够处理不同类型的参数时，可以将整型变量传递给它，也可以将浮点型变量传给它。在这样的情况下，可以将函数声明为 void 指针作为参数，因此它可以接受任何类型的数据，可以将指向任何类型的指针传递给该函数。例如：

```
void half(void *val);
{
  ......
}
```

我们可以利用指针的强制转换，使用 void 类型的指针。

```
int main() {
    float f=1.6, *pf;
    void *p;
    p=(void*)&f;
    pf=(float*)p;
    printf("\n&f=%X, p=%X, pf=%X", &f, p, pf);
    printf("\n*pf=%f", *pf);
}
```

在上述代码中，变量 f 的指针强制转换为 void*类型，赋值给了 void 类型的指针 p。p 又强制转换为 float*类型，赋值给 pf。实际上在程序中，&f、p 和 pf 的内存地址值都是相同的，只是指向的类型有所不同。

实例 10-5　**定义 4 个不同类型的变量，然后分别输出转换后的结果**
源码路径　daima\10\10-5

本实例的实现文件为"void.c"，具体实现代码如下。

```
include <stdio.h>
void half(void * pval, char  type);
int main(void ){
    int i = 20 ;
    long l = 100000 ;
    float f = 12.456 ;
    double d = 123.044444 ;
    printf( " \n%d " ,i);
    printf( " \n%ld " ,l);
    printf( " \n%f " ,f);
    printf( " \n%lf\n\n " ,d);
    half( & i, 'i' );
    half( & l, 'l' );
    half( & d, 'd' );
    half( & f, 'f' );
    printf( "\n%d " ,i);
    printf( "\n%ld" ,l);
    printf( "\n%f" ,f);
    printf( "\n%lf\n\n" ,d);
    return   0 ;
}
 void half( void * pval, char  type){
  switch (type){
  case 'i' :{
        * (( int * )pval) /= 2 ;      // 强制转换类型，存取指针pval指向的整型变量
        break ;
    }
     case 'l' :{
        * (( long * )pval) /= 2 ;     // 强制转换类型，存取指针pval指向的K型变量
        break ;
```

拓展范例及视频二维码

范例 **10-5-01**：指针变量作为
函数参数
源码路径：**演练范例\10-5-01**

范例 **10-5-02**：统计空白字符和
小写字符
源码路径：**演练范例\10-5-02**

```
    }
    case 'f' :{
        * (( float    * )pval) /= 2 ;        // 强制转换类型，存取指针pval指向的单精度型变量
        break ;
    }
    case 'd' :{
        * (( double * )pval) /= 2 ;          // 强制转换类型，存取指针pval指向的双精度型变量
        break ;
    }
  }
}
```

程序运行后将会输出转换后的数据，执行效果如图 10-7 所示。

图 10-7　执行效果

10.3　指针和数组

　　一个变量有一个地址，一个数组可以包含若干个元素，每个数组元素都在内存中占用存储单元，它们都有相应的存储地址。数组指针是数组的起始地址，数组元

📹 知识点讲解：视频\第 10 章\指针和数组.mp4

素的指针是数组元素的地址。指针和数组是不同的，数组是用来存放某一类型值的，当然这个值可以为指针变量。数组的每一个元素都有一个确切的内存地址，即为它的指针。在引用数组时可以用下标法来引用，例如"a[5]"。另外也可以用指针法，即通过指向数组元素的指针找到所需的元素。也就是说任何能由数组下标完成的操作，都可以用指针来实现，并且程序使用指针后将会使代码更加紧凑和灵活。

　　本节将详细讲解指针和数组的基本知识，为读者学习本书后面的知识打下基础。

10.3.1　数组元素的指针

　　由前面的内容了解到，数组元素相当于一个变量。所以，&操作符和*操作符同样适用于数组元素。例如，下面的代码是用指针变量来存取数组中的一个元素。

```
int main(void){
    int a[3]={1,2,3},*p;
    p=&a[2];
    printf("*p=%d", *p);
}
```

　　在上述代码中，指针变量 p 存放的是数组元素 a[2]的地址，所以用*操作符取在内存中对应的内容时，得到整数 3。程序的运行结果为*p=3。

　　数组是一个数据单元的序列，数组元素的类型都相同，每个数组元素所占用的内存单元的字节数也相同。并且，它们所占用的内存单元都是连续的。例如，下面的代码将输出一个数组的内存地址。

```
int main(void){
    float f[5]={1,2,3,4,5};
    int i;
```

```
        for(i=0;i<5;i++)
            printf("\nDS: %X, f[%d]=%f", &f[i], i, f[i]); /*%X：以十六进制输出*/
}
```

执行上述程序后会输出：

```
DS: FFC2, f[0]=1.000000
DS: FFC6, f[1]=2.000000
DS: FFCA, f[2]=3.000000
DS: FFCE, f[3]=4.000000
DS: FFD2, f[4]=5.000000
```

✿ 注意：在不同的运行环境下，f 的内存地址可能不同。

这样，上述程序便会输出每个数组元素的指针（即该数组元素的内存地址），以及每个数组元素的值（即该数组元素内存单元的内容）。从输出结果中我们可以看到，每个数组元素都是浮点型的，占用 4 字节。例如，f[0]占用从 FFC2 开始的 4 字节，即 FFC2、FFC3、FFC4 和 FFC5。数组元素指针的偏移量也是 4 字节，如 FFC6-FFC2=4、FFCA-FFC6=4 等。数组 f 共 5 个元素，共占用 4×5=20 字节，所占用的内存单元从 FFC2 开始到 FFD6 结束。这也说明了数组在内存中是连续存放的单元序列，如图 10-8 所示。

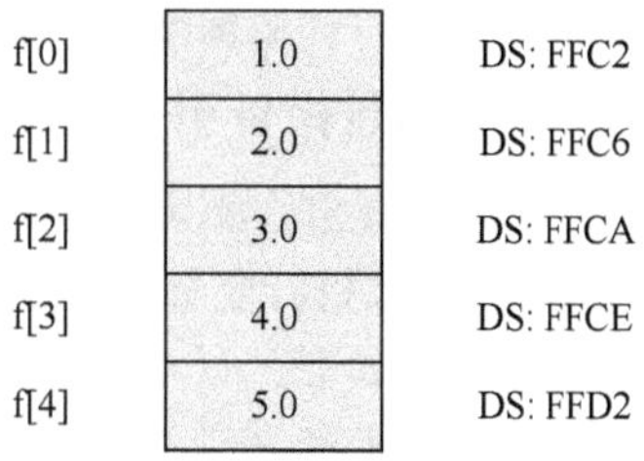

f[0]	1.0	DS: FFC2
f[1]	2.0	DS: FFC6
f[2]	3.0	DS: FFCA
f[3]	4.0	DS: FFCE
f[4]	5.0	DS: FFD2

图 10-8 执行和结果

在此需要指出的是，数组 f 是一个局部变量。程序运行到 main 函数后，系统会动态地为 f 分配内存，上述程序在不同环境下运行时，输出的数组元素地址可能有所不同。但是，数组元素的内存地址的偏移量一定是相同的，相邻元素的间地址的差值都是 4。

在 C 语言中规定，数组名称是一个常量，代表数组第 1 个元素（下标为 0）的指针。例如：

```
int main(void){
    int a[3]={1,2,3},*p;
    p=a;
    printf("\na[0]=%X, a=%X, p=%X ", &a[0],a, p);
    printf("\n*a=%d, *p=%d",*a, *p);
}
```

其中，第 1 个 printf 语句输出了数组中第 1 个元素 a[0]的指针、a 的值和指针变量 p 的值，这 3 个指针值是完全相同的。第 2 个 printf 语句输出了*a 和*p 的值。因为 a 和 p 所指向的地址完全相同，所以*a 和*p 的值对应同一块内存单元中的内容，它们也是完全相同的。

上述程序运行的结果如下所示。

```
a[0]=FFD0, a=FFD0, p=FFD0
*a=1, *p=1
```

10.3.2 指向一维数组元素的指针变量

数组是存放连续的内存单元中的，数组名就是这块连续内存单元的首地址。数组也是由各个数组元素（下标变量）组成的，每个数组元素按类型不同占用几个连续的内存单元。数组元素的首地址也是指它所占有的几个内存单元的首地址。

定义指向数组元素的指针变量的方法与以前介绍的指针变量相同。例如：

```
int a[10];                    /*定义a为包含10个整型数据的数组*/
int *p;                       /*定义p为指向整型变量的指针*/
```

应当注意，因为数组为整型，所以指针变量也应为指向整型的指针变量。下面的代码为指针变量赋值。

```
p=&a[0];
```

上述代码把元素 a[0]的地址赋给指针变量 p，也就是说 p 指向数组 a 的第 0 号元素。

C 语言规定，数组名代表数组的首地址，也就是第 0 号元素的地址，所以下面的两个语句等价的。

```
p=&a[0];
p=a;
```

在定义指针变量时可以对其赋初值，例如：

```
int *p=&a[0];
```

上述代码等效于如下代码。

```
int *p;
p=&a[0];
```

当然在定义时也可以写为如下格式。

```
int *p=a;
```

数组指针变量的一般格式如下所示。

```
类型说明符  *指针变量名；
```

其中，"类型说明符"表示所指数组的类型。从上述格式可以看出，指向数组的指针变量和指向普通变量的指针变量的说明是相同的。

10.3.3 通过指针引用数组元素

C 语言规定：如果指针变量 p 已指向数组中的一个元素，则 p+1 指向同一数组中的下一个元素。当引入指针变量后，就可以用两种方法来访问数组元素了。例如，如果 p 的初值为&a[0]，则具体说明如下。

（1）p+i 和 a+i 都是 a[i]的地址，或者说它们指向数组 a 的第 i 个元素。

（2）*(p+i)或*(a+i)就是 p+i 或 a+i 所指的数组元素，即 a[i]。例如，*(p+5)或*(a+5)就是 a[5]。

（3）指向数组的指针变量也可以带下标，如 p[i]与*(p+i)等价。

接下来的内容将详细讲解通过指针引用数组元素的方式。

1. 通过指针引用数组元素

C 语言可以使用如下两种方法引用一个数组元素。

（1）下标法：即用 a[i]形式访问数组元素，例如前面在介绍数组时都是采用的这种方法。

（2）指针法：即采用*(a+i)或*(p+i)形式，用间接访问的形式访问数组元素，其中 a 是数组名，p 是指向数组的指针变量，其初值为 p=a。

看下面的代码。

```
int main(void) {
    float fArray[3]={1.0,2.0,3.0},*pf;
    int i;
    pf =fArray;
    for(i=0;i<3;i++)
        printf("%f ",*(pf +i));
}
```

上述代码定义了指针变量 pf，并使 pf 指向数组 a 的首地址。根据指针加法规则可知，pf+i 正好是数组元素 fArray[i]的首地址，*(pf+i)的值就是数组元素 fArray[i]的值。上述程序运行的结果如下所示。

```
1.000000 2.000000 3.000000
```

上述代码在引用数组元素的过程中，指针变量 pf 的值没有发生变化，始终是数组的首地址。我们也可以用递增 pf 的方法遍历数组元素。

```
int main(void) {
    float fArray[3]={1.0,2.0,3.0},*pf=fArray;
    int i;
    for(i=0;i<3;i++,pf++)
    printf("%f ",*pf );
}
```

在循环过程中，指针变量 pf 的值发生了变化：每次循环都自增 1，pf 指向下一个数组元素的首地址，*pf 指向下一个数组元素中的内容。

在使用数组的指针时，一定要注意当前指针所在的位置。例如，下面是一个错误的例子。

```
int main(void){
    float fArray[3],*pf=fArray;
```

```
    int i;
    for(i=0;i<3;i++,pf++)                /*执行完这个循环后，pf已经指向了fArray以外 */
        scanf("%f",pf );
    for(i=0;i<3;i++,pf++)
        printf("%f ",*pf );
}
```

在上述代码中，第 1 个循环没有错误，它利用了指针变量依次输入了 fArray 中的元素。在循环过程中，pf 发生了变化，每次执行完 scanf 后 pf 都指向 fArray 中的下一个元素。当循环结束后，pf 已经指向了 fArray 范围之外，所以在第 2 个循环里 pf 指向了错误的内存。可以将上述程序进行如下修改。

```
int main(void) {
    float fArray[3],*pf=fArray;
    int i;
    for(i=0;i<3;i++,pf++)
        scanf("%f",pf );
    pf=fArray; /*重新将pf指向数组的首地址（指针复位）*/
    for(i=0;i<3;i++,pf++)
        printf("%f ",*pf );
}
```

数组名称是数组的首地址，是一个指针常量。也可以利用*（数组名称+i）的方式引用数组元素，例如下面的代码。

```
int main(void){
    int i;
    float fArray[3]={1.0,2.0,3.0};
    for(i=0;i<3;i++)
        printf("%f ",*( fArray +i));
}
```

上述这几种引用数组元素的方法都是通过指针来实现的，这通常称为指针法。而直接用数组下标的方式引用数组元素的方法，则称为下标法，如 a[0]。

实际上，数组元素的下标[]也是一种运算符，程序用下标法引用数组元素的代码，最终都由编译器自动转换为指针法进行编译。例如下面的代码是合法的。

```
int main(void) {
    float fArray[3]={1.0,2.0,3.0},*pf=fArray;
    int i;
    for(i=0;i<3;i++)
        printf("%f ",pf[i]); /*等效于*( pf +i)*/
}
```

上述代码定义 pf 为指针变量，并使其指向数组 fArray 的首地址，然后使用表达式 pf[i] 取数组中的元素。虽然 pf 没有定义为数组类型，但它也可以使用数组下标。数组下标是一种运算符，是一种计算地址和引用内存单元的方法，pf[i] 和*（pf+i）是完全等价的。

在通过指针引用数组元素时，一定要注意不要超界引用。如果发生了超界的情况，则编译器并不能发现错误，程序将继续存取数组以外的内存单元，这样可能会导致系统出现异常。

实例 10-6　通过指向数组的指针引用数组，以及利用数组名和下标引用数组

源码路径　daima\10\10-6

本实例的实现文件为"123.c"，具体实现代码如下。

```
int main(void)
{
    int a[5],i,*p;
    for(i=0;i<5;i++) scanf("%d",&a[i]);
    for(i=0;i<5;i++)            /*下标法*/
        printf("a[%d]\t=%d\t",i,a[i]);
    printf("\n");
    for(i=0;i<5;i++)            /*指针变量表示法*/
        printf("*(a+%d)\t=%d\t",i,*(a+i));
    printf("\n");
    for(p=a;p<a+5;p++)          /*指针法*/
        printf("*p\t=%d\t",*p);
```

拓展范例及视频二维码

范例 10-6-01：用指针实现数组逆序

源码路径：演练范例\10-6-01\

范例 10-6-02：用指针实现数组元素的移位

源码路径：演练范例\10-6-02\

```
        printf("\n");
        for(p=a,i=0;i<5;i++)     /*指针变量表示法*/
        printf("*(p+%d)\t=%d\t",i,*(p+i));
    printf("\n");
    for(i=0;i<5;i++)                /*指针变量表示法*/
        printf("p[%d]\t=%d\t",i,p[i]);
        getch();
}
```

程序运行后先换行输入 5 个数字，按下 Enter 键后将会输出对应的结果。运行结果如图 10-9 所示。

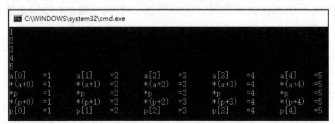

图 10-9　运行结果

2.　自增、自减运算符和指针运算符

当指针变量结合自增、自减和指针运算符时，整个代码段都不太容易理解。自增、自减运算符和指针运算符的优先级相同，结合方向是自右向左。看下面的一段代码。

```
int main(void){
    int a[5]={10,20,30,40,50}, *p;
    p=a;
    printf("\n%d", *(p++));              /*代码段1*/
    printf("\n%d", *p);
    p=a;
    printf("\n%d", *(++p));              /*代码段2*/
    printf("\n%d", *p);
    p=a;
    printf("\n%d", *p++);               /*代码段3*/
    printf("\n%d", *p);
    p=a;
    printf("\n%d", ++*p);               /*代码段4*/
    printf("\n%d", *p);
    p=a;
    printf("\n%d", (*p)++);             /*代码段5*/
    printf("\n%d", *p);
}
```

在上述 5 个代码段中，每个代码段前都使用了语句 p=a，目的是将指针变量复位，指向数组的首地址。各代码段的具体说明如下。

- 在代码段 1 中，*(p++) 表达式的值就是*p；然后指针 p 自加 1，指向下一个数组元素。所以第 1 个 printf 输出 a[0]的值为 10，第 2 个 printf 输出 a[1]的值为 20。
- 在代码段 2 中，*(++p) 表达式首先使指针 p 自加 1，然后 p 指向数组的下一个元素；然后表达式的值是 p 所指的内存单元的值，即 20。所以第 1 个 printf 输出 a[1]的值为 20，在第 2 个 printf 中 p 没有变化，仍然输出 a[1]的值为 20。
- 在代码段 3 中，根据右结合的规则，表达式*p++等价于*(p++)，所以第 1 个 printf 输出 a[0]的值为 10，第 2 个 printf 输出 a[1]的值为 20。
- 在代码段 4 中，根据右结合的规则，表达式++*p 等价于++(*p)，自增运算符作用于 *p 对应的内存单元，而不是指针变量 p，因此表达式的值为*p+1，即 11；同时，*p 对应的内存单元（即 a[0]）因为自增运算符的作用，它的值也变成了 11。但指针变量 p 本身的值没有任何变化。结果两个 printf 均输出 11。
- 在代码段 5 中，(*p)++表达式的值就是*p，即 a[0]。由于上一个代码段已经将 a[0] 变成了 11，因此这里表达式的值为 11；然后*p（即 a[0]）自加 1，*p 的值由 11 变成 12。在这个过程中指针变量 p 的值没有发生变化。所以第 1 个 printf 输出 a[0] 的值为 11，第 2 个 printf 输出 a[0] 值为 12，它是变化后的。

10.3.4 以数组名作为函数参数

在 C 语言中，数组名可以作为函数的实参和形参，看下面的代码。

```
int main(void){
    int array[10];
    ......
    ......
    f(array,10);
    ......
    ......
}
f(int arr[],int n);{
    ......
    ......
}
```

在上述代码中，array 为实参数组名，arr 为形参数组名。在学习指针变量之后就更容易理解这个问题了。数组名就是数组的首地址，实参向形参传送数组名实际上就是传送数组的地址，形参得到该地址后也指向同一个数组。这就好像同一件物品有两个不同的名称一样。

同样，指针变量的值也是地址，数组指针变量的值即为数组的首地址，当然也可作为函数的参数来使用。

实例 10-7	将数组 a 中的 n 个整数按相反顺序存放
	源码路径　daima\10\10-7

本实例的具体算法是：将 a[0] 与 a[n−1] 互换，再将 a[1] 与 a[n−2] 互换……，直到将 a[(n−1)/2] 与 a[n−int((n−1)/2)] 互换。此处可用循环来处理此问题，设两个"位置指示变量" i 和 j，i 的初值为 0，j 的初值为 n−1。将 a[i] 与 a[j] 交换，然后使 i 的值加 1，j 的值减 1，再将 a[i] 与 a[j] 交换，直到 i=(n−1)/2 为止。

本实例的实现文件为"shucan.c"，具体实现代码如下。

```
void inv(int x[],int n)    /*形参x是数组名*/
{
  int temp,i,j,m=(n-1)/2;
  for(i=0;i<=m;i++) {
    j=n-1-i;
    temp=x[i];x[i]=x[j];x[j]=temp;}
  return;
}
int main(void){
  int i,a[10]={3,7,9,11,0,6,7,5,4,2};
  printf("The original array:\n");
  for(i=0;i<10;i++)
    printf("%d,",a[i]);
  printf("\n");
  inv(a,10);
  printf("The array has benn inverted:\n");
  for(i=0;i<10;i++)
    printf("%d,",a[i]);
  printf("\n");
}
```

拓展范例及视频二维码

范例 **10-7-01**：判断数组是否中心对称
源码路径：**演练范例\10-7-01**

范例 **10-7-02**：逆序存放整数
源码路径：**演练范例\10-7-02**

程序运行后的效果如图 10-10 所示。

图 10-10　运行结果

实例 10-8　将 10 个数字存入数组，然后输出里面的最大值和最小值
源码路径　daima\10\10-8

本实例的实现文件为"zuida.c"，具体实现代码如下。

```c
int max,min;            /*全局变量*/
void max min value(int array[],int n){
 int *p,*array end;
 array end=array+n;
 max=min=*array;
 for(p=array+1;p<array end;p++)
   if(*p>max)max=*p;
   else if (*p<min)min=*p;
 return;
}
int main(void){
 int i,number[10];
 printf("enter 10 integer umbers:\n");
 for(i=0;i<10;i++)
   scanf("%d",&number[i]);
 max min value(number,10);
 printf("\nmax=%d,min=%d\n",max,min);
}
```

拓展范例及视频二维码

范例 **10-8-01**：分别计算数组中
奇偶下标元素的和

源码路径：**演练范例\10-8-01**

范例 **10-8-02**：用指针交换数
组中的最大值

源码路径：**演练范例\10-8-02**

上述代码的具体说明如下所示：

（1）将函数 max_min_value 中求出的最大值和最小值放在 max 和 min 中。由于它们是全局变量，因此可以在主函数中直接使用它们。

（2）在语句"max=min=*array"中，array 是数组名，它接收从实参传来的数组 numuber 的首地址；*array 相当于*（&array[0]）。上述语句和"max=min=array[0]"等价。

（3）在执行 for 循环时，p 的初值为 array+1，也就是使 p 指向 array[1]。以后每次执行 p++ 后会使 p 指向下一个元素。每次将*p 和 max 与 min 进行比较。将大者放入 max 中，小者放 min 中。

（4）函数 max_min_value 的形参 array 可以为指针变量类型。实参也可以不用数组名，而用指针变量传递地址。

程序运行后先提示用户输入 10 个整数，输入并按下 Enter 键后，将会输出 10 个整数中的最大值和最小值。执行效果如图 10-11 所示。

图 10-11　执行效果

10.4　指针和多维数组

前面介绍的指针和数组间的关系都是针对一维数组的，而指针是可以指向多维数组的。在具体使用方法上，多维数组要变得更加复杂。本节将详细介绍指针和多维数组之间的具体应用。

知识点讲解：视频\第 10 章\指针和多维数组.mp4

10.4.1　多维数组的地址

为了说清楚多维数组的指针，先回顾一下多维数组的性质。现在以二维数组为例，设有一个二维数组 a，它有 3 行 4 列，则可以定义为如下所示的代码。

```c
static int a[3][4]={{1,3,5,7},{9,11,13,15},{17,19,21,23}};
```

它可以这样理解，a 是一个数组名，a 数组包含 3 个元素：a[0]、a[1]、a[2]。而每个元素又是一个一维数组，它包含 4 个元素（即 4 个列元素），例如，a[0]所代表的一维数组又

包含 4 个元素：a[0][0]、a[0][1]、a[0][2]、a[0][3]；a[1]所代表的一维数组又包含 4 个元素：a[1][0]、a[1][1]、a[1][2]、a[1][3]；a[3]所代表的一维数组又包含 4 个元素：a[2][0]、a[2][1]、a[2][2]、a[2][3]。

从二维数组的角度来看，a 代表整个二维数组的首地址，即第 0 行的首地址。a+1 代表第 1 行的首地址，a+2 代表第 2 行的首地址。若 a 的地址为 2000，则 a+1 的为 2008，a+2 的为 2016。

a[0]、a[1]、a[2]既然是一维数组名，而 C 语言又规定了数组名代表数组的首地址，因此 a[0]代表第 0 行中第 0 列元素的地址，即&a[0][0]。a[1]代表的是&a[1][0]，a[2]代表的是&a[2][0]。

究竟怎么表示 a[0][1]的地址呢？可以用 a[0]+1 来表示，具体如图 10-12 所示。此时 a[0]+1 中的 1 代表的是 1 个列元素的字节数，即两个字节。若 a[0]的值是 2000，则 a[0]+1 的值是 2002。a[0]+0、a[0]+1、a[0]+2、a[0]+3 分别是 &a[0][0]、&a[0][1]、&a[0][2]、&a[0][3]。

因为 a[0]和*(a+0)等价，a[1]和*(a+1)等价，所以 a[0]+1 和*(a+0)+1 等价，值是&a[0][1]（即 2002），a[1]+2 和*(a+1)+2 等价，值是&a[1][2]（即 2012）。

a[0][1]的值怎么表示？既然 a[0]+1 是 a[0][1]的地址，那么，*(a[0]+1) 就是 a[0][1]的值。同理，*(*(a+0)+1) 或*(*a+1) 也是 a[0][1]的值，*(a[I]+j) 或*(*(a+I)+j) 是 a[I][j]的值。在此的重点是：*(a+I) 和 a[I]是等价的。

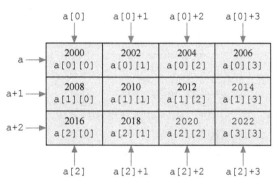

图 10-12　数组 a[3][4]

在此有必要对 a[I]的性质进行进一步说明：a[I]从形式上看是数组 a 中的第 I 个元素，如果 a 是一维数组名，则 a[I]代表数组 a 第 I 个元素所占用的内存单元。a[I]是有物理地址的，是占内存单元的。但如果 a 是二维数组，则 a[I]代表的是一维数组名。a[I]本身并不占实际的内存单元，它也不存放数组 a 中各个元素的值。它只是一个地址，如同一个一维数组名 x 并不占内存单元而只代表地址一样。

a、a+I、a[I]、*(a+I)、*(a+I)+j、a[I]+j 都是地址，*(a[I]+j)、*(*(a+I)+j) 是二维数组元素 a[I][j]的值，具体如表 10-1 所示。

表 10-1　数组说明

表示形式	含义	地址
a	二维数组名，数组首地址	2000
a[0], *(a+0) , *a	第 0 行第 0 列元素的地址	2000
a+1	第 1 行的首地址 2008	2008
a[1], *(a+1)	第 1 行第 0 列元素的地址 2008	2008
a[1]+2, *(a+1)+2, &a[1][2]	第 1 行第 2 列元素的地址 2012	2012
*(a[1]+2), *(*(a+1)+2), a[1][2]	第 1 行第 2 列元素的地址	元素值为 13

为什么 a+1 和*(a+1)都是 2008 呢？确切地说，a+1 指向 a[1]的首地址。而*(a+1)又与 a[1]等价，因此 a[1]是数组名，它可代表 a[1]的首地址。

不要把&a[I]理解为 a[I]单元的物理地址，因为并不存在 a[I]这样一个变量。它只是一种计算地址的方法，能得到第 I 行的首地址。&a[I]和 a[I]的值是一样的，但是它们的含义是不同的。

&a[I]或a+I指向行，而a[I]或*（a+I）指向列。当列下标j为0时，&a[I]和a[I]（即a[I]+j）的值相等，即指向同一位置。*（a+I）只是a[I]的另一种表示形式，不要简单地认为它是"a+I所指单元中的内容"。

在一维数组中，a+I所指的是一个数组元素的存储单元，它有具体值，上述说法是正确的。而对二维数组来说，a+I不指向具体存储单元而是指向行。在二维数组中，a+I=&a[I]=a[I]=*（a+I）=&a[I][0]，即它们的地址值是相等的。

实例 10-9　定义一个二维数组，然后以各种形式取得数组的地址并输出
源码路径　daima\10\10-9

本实例的实现文件为"duo.c"，具体实现代码如下。

```c
int main(void){
    int a[3][4]={0,1,2,3,4,5,6,7,11,9,10,11};
    //输出二维数组a的第0行首地址
    printf("a=%d\t",a);
    printf("*a=%d\t\t",*a);
    printf("a[0]=%d\t",a[0]);
    printf("&a[0]=%d\t",&a[0]);
    printf("&a[0][0]=%d\n",&a[0][0]);
    //输出二维数组a的第1行首地址
    printf("a+1=%d\t",a+1); printf("*(a+1)=%d\t",*(a+1));
    printf("a[1]=%d\t",a[1]);printf("&a[1]=%d\t",&a[1]);
    printf("&a[1][0]=%d\n",&a[1][0]);
    //输出二维数组a的第2行首地址
    printf("a+2=%d\t",a+2);printf("*(a+2)=%d\t",*(a+2));
    printf("a[2]=%d\t",a[2]);printf("&a[2]=%d\t",&a[2]);
    printf("&a[2][0]=%d\n\n",&a[2][0]);
    //输出数组元素a[0][1]的地址和值
    printf("a[0]+1=%d\t",a[0]+1); printf("*a+1=%d\t",*a+1);
    printf("&a[0][1]=%d\n",&a[0][1]);
    printf("*(a[0]+1)=%d,*(*a+1)=%d,a[0][1]=%d\n\n",*(a[0]+1),*(*a+1),a[0][1]);
    //输出数组元素a[1][1]的地址和值
    printf("a[1]+1=%d\t",a[1]+1); printf("*(a+1)+1=%d\t",*(a+1)+1);
    printf("&a[1][1]=%d\n",&a[1][1]);
    printf("*(a[1]+1)=%d,*(*(a+1)+1)=%d,a[1][1]=%d\n\n",*(a[1]+1),*(*(a+1)+1),a[1][1]);
}
```

拓展范例及视频二维码

范例 10-9-01：处理二维数组中的元素
源码路径：演练范例\10-9-01\

范例 10-9-02：获取二维数组元素的最大值
源码路径：演练范例\10-9-02\

程序运行后会输出数组元素的地址，执行效果如图 10-13 所示。

图 10-13　执行效果

10.4.2　指向多维数组的指针变量

在C语言中，可以定义指针变量指向多维数组及其元素，下面仍以二维数组为例进行说明。

二维数组在内存中是连续存储的，我们可以定义一个指向内存单元起始地址的指针变量，然后依次拨动指针，这样就可以遍历二维数组的所有元素。看下面的代码。

```c
int main(void)
{
    float a[2][3]={1.0,2.0,3.0,4.0,5.0,6.0},*p;
    int i;
    for(p=*a;p<*a+2*3;p++)
```

```
        printf("\n%f ",*p);
}
```

上述代码运行后会输出：

```
1.000000
2.000000
3.000000
4.000000
5.000000
6.000000
```

上述代码定义了一个指向浮点型变量中的指针变量。语句 p=*a 将数组的第 1 行第 1 列元素的地址赋给了 p，p 指向二维数组中第 1 个元素 a[0][0]的地址。根据 p 的定义可知，指针 p 的加法运算单位正好是二维数组中一个元素的长度，因此语句 p++使得 p 每次都指向二维数组的下一个元素，*p 对应该元素的值。

根据二维数组在内存中的存放规律，我们也可以用下面的程序找到二维数组元素的值：

```
int main(void){
    float a[2][3]={1.0,2.0,3.0,4.0,5.0,6.0},*p;
    int i,j;
    printf("Please input i =");
    scanf("%d", &i);
    printf("Please input j =");
    scanf("%d", &j);
    p=a[0];
    printf("\na[%d][%d]=%f ",i,j,*(p+i*3+j));
}
```

输入下标 i 和 j 的值后，程序就会输出 a[i][j]的值。这里我们利用了公式 p+i*3+j 计算出了 a[i][j]的首地址。计算二维数组中任何一个元素地址的一般格式如下所示。

二维数组首地址+i*二维数组列数+j

上述的指针变量指向的是数组中具体的某个元素，因此指针加法的单位是数组元素的长度。我们也可以定义指向一维数组的指针变量，使它的加法单位是若干个数组元素的长度。这种指针变量的格式如下所示。

数据类型 (*变量名称)[一维数组长度];

上述格式的具体说明如下所示。

（1）括号一定不能少，否则[]的运算级别高，变量名称会和[]先结合，结果就变成了指针数组；

（2）指针加法的内存偏移量的单位为：数据类型的字节数*一维数组长度。

例如，下面的代码定义了一个指向一维 5 个数组元素的指针变量 p。

long (*p)[5];

指针变量 p 的特点在于，加法的单位是 4*5 字节，p+1 跳过了数组的 5 个元素。

上述指针变量的特点正好和二维数组的行指针相同，因此我们也可以利用指针变量进行整行的跳动，具体代码如下所示。

```
int main(void){
    float a[2][3]={1.0,2.0,3.0,4.0,5.0,6.0};
    float (*p)[3];
    int i,j;
    printf("Please input i =");
    scanf("%d", &i);
    printf("Please input j =");
    scanf("%d", &j);
    p=a;
    printf("\na[%d][%d]=%f ",i,j,*(*(p+i)+j));
}
```

上述代码的具体说明如下所示。

（1）p 定义为一个指向浮点型、一维、3 个元素数组的指针变量。

（2）语句 p=a 将二维数组 a 的首地址赋给了 p。根据 p 的定义可知，p 加法的单位是 3 个浮点型单元，因此 p+i 等价于 a+i，*(p+i) 等价于*(a+i)，即 a[i][0]元素的地址，也就是该元素的指针。

（3）* (p+i) +j 等价于& a[i][0]+j，即数组元素 a[i][j]的地址。

（4）* (* (p+i) +j) 等价于 (* (p+i)) [j]，即 a[i][j]的值。

在定义 p 时，对应的数组长度应该和数组 a 的列长度相同。否则编译器检查不出错误，但指针偏移量的计算会出错，导致错误结果。

实例 10-10　编写一个函数，用指针方式实现 2×3 或 3×4 矩阵相乘
源码路径　daima\10\10-10

本实例的算法如下。

（1）使用一个 2×3 的二维数组和一个 3×4 的二维数组保存原矩阵中的数据；用一个 2×4 的二维数组保存结果矩阵中的数据。

（2）结果矩阵中的每个元素都需要进行计算，可以用一个嵌套循环（外层循环 2 次，内层循环 4 次）来实现。

（3）根据矩阵的运算规则可知，内层循环可以再使用一个循环，累加每个元素的值。所以一共使用 3 层嵌套循环。

本实例的实现文件为"123.c"，具体实现代码如下。

```
int main(void){
    int i,j,k, a[2][3],b[3][4],c[2][4];
    /*输入a[2][3]的内容*/
    printf("\nPlease input elements of a[2][3]:\n");
    for(i=0;i<2;i++)
for(j=0;j<3;j++)
scanf("%d", a[i]+j); /* a[i]+j等价于&a[i][j]*/
/*输入b[3][4]的内容*/
printf("Please input elements of b[3][4]: \n");
for(i=0;i<3;i++)
for(j=0;j<4;j++)
scanf("%d", *(b+i)+j); /* *(b+i)+j等价于&b[i][j]*/
/*用矩阵运算公式计算结果*/
for(i=0;i<2;i++)
for(j=0;j<4;j++)
{
*(c[i]+j)=0; /* *(c[i]+j)等价于c[i][j]*/
for(k=0;k<3;k++)
*(c[i]+j)+=a[i][k]*b[k][j];
}
/*输出结果矩阵c[2][4]*/
printf("\nResults: ");
for(i=0;i<2;i++)
{
printf("\n");
for(j=0;j<4;j++)
printf("%d ",*(*(c+i)+j)); /* *(*(c+i)+j)等价于c[i][j]*/
}
}
```

拓展范例及视频二维码

范例 10-10-01：输出二维数组中
每行的最大值
源码路径：演练范例\10-10-01\

范例 10-10-02：输出有两门以上
成绩不及格的学生
源码路径：演练范例\10-10-02\

程序运行后将先提示用户输入矩阵，输入指定的矩阵并按下 Enter 键后，将会输出运算后的结果，执行效果如图 10-14 所示。

图 10-14　运算结果

10.5 指针和字符串

在 C 语言中，指针和字符串的关系十分密切，二者之间的相互关联可以实现具体的用户需求。本节将详细介绍指针和字符串的基本知识，为读者学习本书后面的知识打下基础。

 知识点讲解：视频\第 10 章\指针和字符串.mp4

10.5.1 指针访问字符串

C 语言可以用两种方法访问一个字符串，具体说明如下。

（1）用字符数组存放一个字符串，然后输出该字符串。例如下面的代码。

```c
int main(void){
    char string[]="I love China! ";
    printf("%s\n",string);
}
```

这和前面介绍的数组属性一样，string 是数组名，它代表字符数组的首地址。

（2）用字符串指针指向一个字符串。例如下面的代码：

```c
int main(void){
    char *string="I love China! ";
    printf("%s\n",string);
}
```

字符串指针变量的定义说明与指向字符变量的指针变量说明是相同的。只能根据指针变量的赋值不同来区别。指向字符变量的指针变量应赋值为该字符变量的地址。例如：

```c
char c,*p=&c;
```

上述代码表示 p 是一个指向字符变量 c 的指针变量。而下面的代码则表示 s 是一个指向字符串的指针变量，它把字符串的首地址赋值给 s：

```c
char *s="C Language";
```

上述代码首先定义 string 是一个字符指针变量，然后把字符串的首地址赋值给 string（此处应写出整个字符串，以便编译系统把它装入到连续的内存单元中），并把首地址送入 string。程序中的 char *ps="C Language 等效于如下格式。

```c
char *ps;
ps="C Language";
```

看下面的一段代码。

```c
int main(void){
    char *ps="this is a book";
    int n=10;
    ps=ps+n;
    printf("%s\n",ps);
}
```

上述代码的功能是输出字符串中第 n 个字符后的所有字符，运行结果为 book。在程序对 ps 初始化时，会把字符串首地址赋值给 ps，当 ps= ps+10 之后，ps 指向字符 b，因此输出为 book。

实例 10-11 不使用 strcpy 函数，把一个字符串的内容复制到另一个字符串中

源码路径　daima\10\10-11

在 C 语言中，函数 cprstr 的形参为两个字符指针变量，pss 指向源字符串，pds 指向目标字符串。在此需要注意表达式：(*pds=*pss) !='\0'的用法。使用函数 cprstr 可以实现字符串复制功能。本实例的实现文件为"zifu.c"，具体实现代码如下。

```c
cpystr(char *pss,char *pds){
    while((*pds=*pss)!='\0'){
```

```
        pds++;
        pss++;
    }
    return 0;
}
int main(void){
    char *pa="CHINA",b[10],*pb;
    pb=b;
    cpystr(pa,pb);
    printf("string a=%s\nstring b=%s\n",pa,pb);
}
```

拓展范例及视频二维码

范例 **10-11-01**：字符指针作为
函数参数

源码路径：**演练范例\10-11-01**

范例 **10-11-02**：统计字符串的
出现次数

源码路径：**演练范例\10-11-02**

上述代码完成了如下两项工作。

❑ 把pss指向的源字符串复制到pds指向的目
标字符串中。

❑ 判断所复制的字符是否为"\0"，若是则表明源字符串结束，不再循环。否则，pds 和
pss 都加 1，指向下一个字符。

程序运行后的效果如图 10-15 所示。

```
string a=CHINA
string b=CHINA
请按任意键继续. . .
```

图 10-15　运行效果

10.5.2　以字符串指针作为函数参数

字符串指针作为函数参数与前面介绍的数组指针作为函数参数
没有本质的区别，函数间传递的都是地址值，所不同的仅是指针指向的对象类型不同而已。将
一个字符串从一个函数传递到另一个函数可以使用传地址的方式，即可用字符数组名或字符指
针变量作为参数。具体来说有如下 4 种情况。

❑ 实参是数组名，形参是数组名。

❑ 实参是数组名，形参是字符指针变量。

❑ 实参是字符指针变量，形参是字符指针变量。

❑ 实参是字符指针变量，形参是数组名。

实例 10-12　使用函数调用实现字符串的复制
源码路径　daima\10\10-12

本实例的实现文件为"can.c"，具体实现代码如下。

```
void copy_string(char from[], char to[]) {
    int i=0;
    while(from[i] != '\0')  {
        to[i] = from[i]; i++;
    }
    to[i] = '\0';
}
int main(void) {
char a[] = "I am a teacher.";
    char b[] = "you are a student.";
    printf("string_a =%s\n string_b =%s\n", a,b);
    copy_string(a,b);
    printf("string_a =%s\n string_b =%s\n", a,b);
}
```

拓展范例及视频二维码

范例 **10-12-01**：删除字符串中的
字符

源码路径：**演练范例\10-12-01**

范例 **10-12-02**：实现字符串连接

源码路径：**演练范例\10-12-02**

程序运行后的效果如图 10-16 所示。

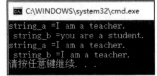

图 10-16　运行结果

10.5.3 字符串指针变量与字符数组的区别

在 C 语言中，字符数组和字符指针变量都可以实现字符串的存储和运算，但是二者是有区别的。在使用时应注意以下 7 个问题。

（1）字符串指针变量本身是一个变量，用于存放字符串的首地址。而字符串本身是存放在以该首地址开始的一块连续的内存空间中并以'\0'作为串的结束。字符数组是由若干个数组元素组成的，它可用来存放整个字符串。

（2）赋值方式。

C 语言只能对字符数组的各个元素赋值，而不能用下面的方法来对字符数组赋值。

```
char  str[14];
str="I love China"
```

对字符指针变量来说，可以采用下面的方法来赋值。

```
char *a;
a= "I love China. ";          /*赋给a的是串的首地址*/
```

（3）字符数组由若干个元素组成，每个元素存放一个字符，而字符指针变量中存放的是地址，而不是将字符串放到字符指针变量中。

（4）例如下面的代码是对字符指针变量赋初值。

```
char *a="I love China";
```

它等价于下面的代码。

```
char *a;
a="I love China. ";
```

而下面的代码是对数组的初始化。

```
char  str[14]={"I love China"};
```

它不等价于下面的代码。

```
char str[14];
str[]="I love China.";
```

这说明数组可以在变量定义时整体赋初值，但是不能在赋值语句中整体赋值。

（5）如果定义了一个字符数组，则在编译时系统会为它分配内存单元，它有确定的地址。而定义一个字符指针变量时，系统给指针变量分配内存单元，在其中可以放一个地址值。也就是说，该指针变量可以指向一个字符型数据，但是如果给它赋一个地址值，则它不会指向一个确定的字符数据，这很危险。例如下面的代码。

```
char str[10];
scanf("%s",str);           //这是可以的
char  *a;
scanf("%s",a);             //能运行，但危险，不提倡，因为在单元a中是一个不可预料的值
```

应当改为如下格式。

```
char *a,str[10];  a=str;  scanf("%s",a);
```

（6）指针变量的值是可以改变的，数组名虽然代表地址，但是不能改变它的值。可以用下标的形式来引用所指的字符串中的字符。例如下面的代码。

```
int main(void){
char *a="I love China. ";
a=a+7;
printf("%s",a);
}
```

（7）指针变量可指向一个格式字符串，用它可以代替 printf 函数中的格式字符串。这也可以用字符数组实现，但是不能采用赋值语句对数组整体赋值。例如下面的代码。

```
char *format;
format="a=%d,b=%f\n";
printf(format,a,b);
```

上述代码等价于下面的格式。

```
printf("a=%d,b=%f\n",a,b);
```

它也可以等价于下面的格式。

```
char format[ ]= "a=%d,b=%f\n";
printf(format,a,b);
```

10.6　指针数组和多级指针

当某个数组定义为指针类型时，就称它为指针数组。指针数组中的每个元素都相当于一个指针型变量，只能存放地址型数据。当定义的某个指针型变量

知识点讲解：视频\第 10 章\指针数组和多级指针.mp4

专门用来存放其他指针变量的地址时，就可称之为指针的指针，也叫二级指针。以此类推可以定义多级指针。本书仅讨论二级指针，至于其他类型，因为使用得很少，所以在本书中不具体介绍。

10.6.1　指针数组

指针数组是一组有序指针的集合，指针数组中的所有元素都必须具有相同的存储类型和指向相同数据类型的指针变量。

1. 定义指针数组

C 语言中的指针数组的定义、赋初值以及指针数组元素的引用等操作，和一般数组的处理方法基本相同。在此需要注意，指针数组是指针类型，对其元素所赋的值必须是地址值。

指针数组的定义格式如下所示。

[格式] 存储类型　数据类型　*指针数组名 [长度];

上述格式的功能为：定义指向"数据类型"变量或数组的指针型数组，同时给指针数组元素赋初值。这些指针变量具有指定的"存储类型"。

上述定义格式的具体说明如下所示。

（1）指针数组名是标识符，前面必须有"*"号。

（2）一个定义语句可以同时定义普通变量、数组、指针变量、指针数组。可以给某些指针数组赋初值，而另一些指针数组不赋初值。

（3）定义指针变量时，"数据类型"可以选取任何的基本数据类型，也可以选取以后介绍的其他数据类型。这个数据类型不是指针数组元素中存放的数据类型，而是它将要指向的变量或数组的数据类型。

（4）如果省略"存储类型"，则默认为自动型。

（5）其中的"初值"与普通数组赋初值的格式相同，每个初值通常是"&普通变量名""&数组元素"或"数组名"，对应的普通变量或数组必须在前面已定义过。

（6）注意语句中指针型数组的书写格式，不能写成"(*数组名) [长度]"的格式，因为这会定义为指向含有"长度"个元素的一维数组的指针变量。

看下面的代码。

```
int
a,b,c,c, *p[3]={&a,&b,&c};
```

上述代码定义了一个名为 p 的指针型数组，其中 3 个元素 p[0]、p[1]、p[2] 分别指向 3 个整型变量 a、b、c。

2. 引用指针数组元素

指针数组元素的引用方法和普通数组元素的引用方法完全相同，可以利用它来引用所指向的普通变量或数组元素，可以对其赋值，它也可以参与运算。具体引用格式如下所示。

引用所指向的普通变量或数组元素 *指针数组名 [下标]

对其赋值的格式如下所示。

指针数组名[下标]＝地址表达式

当指针数组参与运算时，具体情况的不同会有不同的引用方式。具体说明如下。

❑　在赋值变量时，具体格式如下。

指针变量＝指针数组名[下标]

❑　在进行算术运算时，具体格式如下。

指针数组名[下标]＋整数
指针数组名[下标]－整数
＋＋指针数组名[下标]
－－指针数组名[下标]
指针数组名[下标]＋＋
指针数组名[下标]－－

❑　在进行关系运算时，具体格式如下所示。

指针数组名[下标]关系运算符　指针数组名[下标]

其中，"算术运算"和"关系运算"一般只使用于该指针数组元素指向某个数组时。

看下面的代码。

```
#include "stdio.h"
int main(void){
    char s[5][20],*p[5];/*定义二维数组s和同类型的指针数组p*/
    int i;
    for (i=0;i<5;i++) p=s;
    /*用循环将第i行元素的首地址s赋值给第i个指针数组元素p*/
    for (i=0;i<5;i++) scanf("%s",p);
    /*用循环依次输入5个字符串并存入二维数组s*/
    for (i=0;i<5;i++) printf("%s\n",p);
    /*用循环输出二维数组s中存放的5个字符串*/
}
```

上述代码的功能是，输入5个字符串并存入一个二维数组中，然后定义一个指针数组，使它的元素分别指向这5个字符串并输出。

10.6.2　多级指针的定义和应用

由于指针型变量或指针型数组元素是指针型的，所以存放对应地址的变量不能是普通的指针变量，但是由于其存放的又是地址，所以它也应该是指针型变量。在C语言中，把这种指针型变量称为"指针的指针"，意为这种变量是指向指针变量的指针变量，也称多级指针。在现实中通常用到的多级指针是二级指针，相对来说，前面介绍的指针变量可以称为"一级指针变量"。

二级指针变量的定义和赋初值方法如下所示。

存储类型　数据类型　**指针变量名={初值};

上述格式的功能是：定义指向"数据类型"指针变量的二级指针变量，同时给二级指针变量赋初值。这些二级指针变量具有指定的"存储类型"。

上述格式的具体说明如下所示。

（1）二级指针变量名是标识符，前面必须有"**"号。

（2）一个定义语句可以同时定义普通变量、数组、指针变量、指针数组、二级指针变量等。可以给某些二级指针变量赋初值，而另一些二级指针变量不赋初值。

（3）定义"数据类型"时它可以为任何基本的数据类型，也可以选取以后介绍的其他数据类型。这个数据类型是它将要指向的指针变量所指向的变量或数组的数据类型。

（4）其中"初值"必须是某个一级指针变量的地址，通常是"&一级指针变量名"或"一级指针数组名"，对应的一级指针变量或数组必须在前面已定义过。

例如下面的定义语句。

int a,b,c,*p1,**p2=&p1;

上述代码表示定义了一个名为 p1 的一级指针变量和一个名为 p2 的二级指针变量,并且让二级指针变量 p2 指向一级指针变量 p1。

二级指针变量还可以通过赋值方式指向某个一级指针变量。具体的赋值格式如下所示。

```
二级指针变量=&一级指针变量
```

当某个二级指针变量已指向某个一级指针变量,而这个一级指针变量已指向某个普通变量时,则下列的引用格式都是正确的。

```
*二级指针变量
```

上述格式代表所指向的一级指针变量。

```
**二级指针变量
```

上述格式代表一级指针变量所指向的变量,例如下面的语句。

```
int a, *p1=&a, **p2=&p1;
```

下列引用都是正确的。

```
*p1      //代表变量a
*p2      //代表指针变量p1
**p2     //代表变量a
```

实例 10-13 提示用户输入 5 个字符串,并用字符数组存放这 5 个字符,用指针数组元素分别指向这 5 个字符,再用一个二级指针变量指向这个指针数组。最后按字符串字母的顺序输出

源码路径　daima\10\10-13　　　　视频路径　视频\实例\第 10 章\10-13

本实例的实现文件为 "duoji.c",具体实现代码如下。

```c
#include "stdafx.h"
#include <iostream>
#include <string>
int main(void){
    int i;
    char **p,*pstr[5],str[5][10];
    for(i=0;i<5;i++)
            //将第i个字符串的首地址赋值给指针数组pstr
的第i个元素
            pstr[i]=str[i];
    printf("Please input the string:\n");
    for(i=0;i<5;i++)        //输入5个字符串
            scanf("%s",pstr[i]);
    p=pstr;
    sort(p);
    printf("Sorting result:\n");
    for(i=0;i<5;i++)         //输出排序后的结果
            printf("%s\n",pstr[i]);
}
sort(char **p)             //用冒泡法对5个字符串进行排序
{
    int i,j;
    char *pchange;         //声明指向字符变量的指针
    for(i=0;i<5;i++)
            for(j=i+1;j<5;j++)
                    //将p指向的指针数组元素所指向的第i个元素和后面的元素进行比较,
                    //将最小的换到i的位置上
                    if(strcmp(*(p+i),*(p+j))>0)
                    {    pchange=*(p+i);
                         *(p+i)=*(p+j);
                         *(p+j)=pchange;
                    }
}
```

拓展范例及视频二维码

范例 10-13-01:删除有序数组中的多余元素

源码路径:演练范例\10-13-01\

范例 10-13-02:合并有序数组

源码路径:演练范例\10-13-02\

程序运行后先提示用户输入 5 个字符串,输入并按 Enter 键后将会输出处理后的结果,执行效果如图 10-17 所示。

图 10-17 排序输出

10.6.3 指向指针的指针

如果一个指针变量存放的又是另一个指针变量的地址，则称这个指针变量为指向指针的指针变量。在前面已经介绍过，通过指针访问变量的方式称为间接访问。由于指针变量直接指向变量，所以这称为"单级间址"。如果通过指向指针的指针变量来访问变量则构成了"二级间址"。看下面的代码。

```
int main(void){
char *name[]={"Follow me","BASIC","Great Wall","Fortran","Computer desighn"};
 char **p;
 int i;
 for(i=0;i<5;i++){
     p=name+i;
     printf("%s\n",*p);
 }
}
```

在上述代码中，p 是指向指针的指针变量。

10.6.4 main 函数的参数

前面介绍的函数 main 都是不带参数的，所以函数 main 后面的括号都是空括号。而实际上，函数 main 可以带参数，这个参数通常认为是函数 main 的形参。C 语言规定函数 main 的参数只能有两个，习惯上这两个参数写为 argc 和 argv。因此，函数 main 的函数头可写为如下格式。

```
main (argc,argv)
```

C 语言还规定 argc（第 1 个形参）必须是整型变量，argv（第 2 个形参）必须是指向字符串的指针数组。加上形参说明后，函数 main 的函数头应写为：

```
main (int argc,char *argv[])
```

由于函数 main 不能被其他函数调用，因此它不可能在程序内部取得实际值。那么，在何处可把实参值赋值给 main 函数的形参呢？实际上，函数 main 的参数值是从操作系统的命令行上获得的。当要运行一个可执行文件时，在 DOS 提示符下键入文件名，再输入实际参数即可把这些实参传送到函数 main 的形参中去。

在 DOS 提示符下使用命令行的一般格式如下所示。

```
c:\>可执行文件名 参数 参数……;
```

应该特别注意的是，函数 main 的两个形参和命令行中的参数在位置上不是一一对应的。因为，函数 main 的形参只有两个，而命令行中的参数个数原则上未加限制。参数 argc 表示命令行中参数的个数（注意，文件名本身也算一个参数），argc 的值是在输入命令行时由系统按实际参数的个数自动赋予的。

例如有如下的命令行。

```
C:\>E24 BASIC foxpro FORTRAN
```

因为文件名 E24 本身也是一个参数，所以共有 4 个参数，因此 argc 的值为 4。参数 argv 是字符串指针数组，其各元素值为命令行中各字符串（参数均按字符串来处理）的首地址。指针数组的长度即为参数个数。数组元素的初值由系统自动赋予。其具体表示如图 10-18 所示。

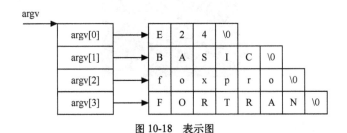

图 10-18　表示图

实例 10-14　运行带参数的 main 函数，输出指针数组参数中的值
源码路径　daima\10\10-14

本实例的实现文件为 "main.c"，具体实现代码如下。

```c
#include <stdio.h>
int main(int argc, char ** argv)
{
    int i;
    for (i=0; i < argc; i++)
    printf("Argument %d is %s.\n", i, argv[i]);
        return 0;
}
```

上述代码运行后将生成一个名为 main.exe 的文件，因为要给 main 函数的形参赋值，所以要从操作系统命令行上获得。具体操作如下所示。

上述代码显示了命令行中输入的参数。如果上述代码的可执行文件名为 main.exe，且存放在 A 驱动器的盘内，那么输入的命令行如下所示。

```
C:\>a:main BASIC foxpro FORTRAN
```

运行结果如下所示。

```
BASIC
foxpro
Fortran
```

该行共有 4 个参数，执行函数 main 时，argc 的初值为 4。argv 的 4 个元素分为 4 个字符串的首地址。执行 while 语句后，每循环一次 argv 值减 1，当 argv 等于 1 时循环停止，共循环 3 次，因此共可输出 3 个参数。在 printf 函数中，由于输出项*++argv 是先加 1 再输出的，故第一次打印的是 argv[1]所指的字符串 BASIC。第二次、第三次循环分别打印后两个字符串。而参数 e24 是文件名，不必输出。

拓展范例及视频二维码

范例 **10-14-01**：用指针函数输出
销售额

源码路径：**演练范例\10-14-01**

范例 **10-14-02**：用函数指针计算
定积分

源码路径：**演练范例\10-14-02**

10.7　指针函数和函数指针

指针函数和函数指针是两个十分重要的概念，本节将简要介绍指针函数和函数指针的基本知识和具体使用方法，为读者学习本书后面的知识打下基础。

知识点讲解：视频\第 10 章\指针函数和函数指针.mp4

10.7.1 指针函数

当一个函数声明其返回值为一个指针时，实际上就是返回一个地址给调用对象，以用在需要指针或地址的表达式中。具体格式如下所示。

```
类型说明符 * 函数名(参数)
```

因为返回的是一个地址，所以指针函数的类型说明符一般都是 int。例如：

```
int *GetData();
int *Te(int,int);
```

上述函数返回的是一个地址值，它经常使用在返回数组的某一个元素地址中。

看下面的代码。

```
int * GetDate(int &t);
int main(void){
  int i;
  do
  {
    printf("Enter week(1-5)day(1-7)\n");
    scanf("%d",&i);
  }
  printf("%c\n",*GetDate(i));
}
int * GetDate(int t)
{
  static string str="tian ya!";
  return &string[t];
}
```

在上述代码中，子函数返回的是数组元素的某个地址，输出的是这个地址里的值。

10.7.2 函数指针

指针函数和函数指针十分类似，在指针函数的声明格式中加一个括号就构成了函数指针。声明函数指针的格式如下所示。

```
类型说明符 (*函数名)(参数)
```

指针名和指针运算符外面的括号改变了运算符优先级，这样上述形式就成为函数指针，指向函数的指针包含了这个函数的地址，可以通过它来调用函数。

指针的声明必须和指向函数的声明保持一致，例如下面的代码。

```
void (*fptr)();
```

把函数地址赋值给函数指针，可以采用下面的两种形式。

```
fptr=&Function;
=Function;
```

初始化一个函数地址或赋值给一个指向函数的指针时，无须显式地使用函数地址（即采用第 2 种情况即可）。可以采用如下两种方式来通过指针调用函数。

```
x=(*fptr)();
x=fptr();
```

第 2 种格式看上去和函数调用无异。但是有些程序员倾向于使用第 1 种格式，因为它明确指出是通过指针而非函数名来调用函数的。看下面的代码。

```
void (*funcp)();
void TianFunc(),YaFunc();
int main(void){
  funcp=TianFunc;
  (*funcp)();
  funcp=YaFunc;
  (*funcp)();
}
void TianFunc(){
  printf("Tian ");
}
void YaFunc(){
  printf("Ya!\n");
}
```

执行上述代码后会输出：

```
Tian Ya!
```

在此需要注意的是，void *可以指向任何类型的数据！但不存在可以指向任何类型函数的通用函数指针。非静态成员函数的地址不是一个指针，因此不可以将一个函数指针指向非静态成员函数。函数指针有一个重载函数的地址也是合法的。一个函数指针指向内联函数也是合法的，但是通过函数指针调用内联函数将不能调用内联函数。

指针函数和函数指针的最常见应用有如下两种。

（1）用函数指针调用函数

程序在编译后，每个函数都会有一个首地址（也就是函数中第一条指令的地址），这个地址称为函数的指针。可以定义指向函数的指针变量，使用指针变量可间接调用函数。看下面的一段代码。

```
float max(float x,float y){
  return x>y?x:y;
}
float min(float x,float y){
  return x<y?x:y;
}
int main(void){
  float a=1,b=2, c;
  float (*p)(float x, float y);
  p=max;
  c=(*p)(a,b);  /*等效于max(a,b)*/
  printf("\nmax=%f",c);
  p=min;
  c=(*p)(a,b); /*等效于min(a,b)*/
  printf("\nmin=%f",c);
}
```

上述代码的具体说明如下所示。

❑ 语句 float (*p)(float x, float y) 定义了一个指向函数的指针变量。函数的返回值为浮点型，形参列表是 (float x, float y)。定义 p 后，它可以指向任何满足该格式的函数。

❑ 定义指向函数的指针变量的格式如下。

```
数据类型(*指针变量名称)(形参列表);
```

其中，"数据类型"是函数返回值的类型，"形参列表"是函数的形参列表。在形参列表中，参数名称可以省略。例如下面的代码：

```
float (*p)(float x, float y);
```

它也可以写为：

```
float (*p)(float, float);
```

指针变量名两边的括号不能省略。

❑ 语句 p=max 将 max 函数的首地址值赋给指针变量 p，这也就是使 p 指向函数 max。在 C 语言中，函数名代表函数的首地址。

❑ 在第 1 个语句 c= (*p) (a, b) 中，由于 p 指向了 max 函数的首地址，因此 (*p) (a, b) 完全等效于 max (a, b)，函数返回 2.0。*p 两边的括号不能省略。

❑ 语句 p=min；将 min 函数的首地址值赋给指针变量 p。p 的值实际上是一个内存地址，可以指向 max，也可以指向 min，但指向函数的格式必须与 p 的定义相符合。

❑ 在第 2 个语句 c= (*p) (a, b) 中，由于 p 指向了 min 函数的首地址，因此 (*p) (a, b) 完全等效于 min (a, b)。函数返回 1.0。

❑ 当将函数首地址赋给指针变量时，直接写函数名称即可，不用写括号和函数参数。

❑ 利用指针变量调用函数时，要写明函数的实际参数。

（2）用函数指针作为函数参数

有时候虽然函数的功能不同，但是它们的返回值和形参列表都相同。在这种情况下，可以构造一个通用函数，然后把函数的指针作为函数参数，这样有利于程序的模块化设计。例如在下面的代码中，我们把对两个浮点数进行加、减、乘、除操作的 4 个函数归纳成一个数学操作函数 MathFunc。这样，在调用 MathFunc 函数时，只需将具体函数名称作为函数实际参数，MathFunc 就会自动调用相应的加、减、乘、除函数，并计算出结果。具体代码如下所示。

```
float Plus(float f1, float f2);
float Minus(float f1, float f2);
float Multiply(float f1, float f2);
float Divide(float f1, float f2);
float MathFunc(float (*p)(float, float), float para1,float para2);
int main(void){
    float a=1.5, b=2.5;
    printf("\na+b=%f", MathFunc(Plus, a,b));
    printf("\na-b=%f", MathFunc(Minus, a,b));
    printf("\na*b=%f", MathFunc(Multiply, a,b));
    printf("\na/b=%f", MathFunc(Divide, a,b));
}
float Plus(float f1, float f2){
    return f1+f2;
}
float Minus(float f1, float f2){
    return f1-f2;
}
float Multiply(float f1, float f2){
    return f1*f2;
}
float Divide(float f1, float f2){
    return f1/f2;
}
float MathFunc(float (*p)(float, float), float para1,float para2){
    return (*p)( para1, para2);
}
```

运行上述代码后会输出如下结果。

```
a+b=4.000000
a-b=-1.000000
a*b=3.750000
a/b=0.600000
```

10.8　技 术 解 惑

10.8.1　初始化指针时的注意事项

在 C 语言程序设计中，指针是不可缺少的内容。利用指针可以直接对内存中具有不同数据结构的数据进行快速处理，为函数修改及其调用参数提供方便，同时动态分配例程也需要指针的支持。正因为有了指针及其灵活的应用，才使得 C 语言成为一门用途极广的语言。但指针作为 C 语言最显著特征的同时，又给 C 语言的应用造成了一定的困难。

指针是存放另一变量地址的变量，指针中的值是计算机内存单元的地址，所以它只具有正的整数值，但指针并不是整数，它有自己的含义和运算操作。一旦指针赋值错误，这就将成为最难排除的程序故障，这是因为每次使用错误的指针时，均会对某些未知的存储单元进行读写。如果是读操作，则可能会得到无效的数据；若是写操作，就会重写其他代码段或数据段，导致数据丢失，使程序运行一段时间后出现错误，而且不易找到错误所在，因此使用指针时要特别小心。下面对 C 语言程序设计中应用指针应注意的问题进行了综述。

指针在使用前必须进行初始化（即赋值指针变量一个初值）。指针的初值必须是一个地址量，且往往是一个数据的地址或地址变量或空指针，例如：

```
int a,*pa; a=10; pa=&a;            /*将数据a的地址赋给指针变量pa*/
int *qa=pa;                        /*将地址变量pa赋给指针变量qa*
/int *p=NULL; /*将空值赋给指针变量p*/
```

指针未初始化或初始化错误，将会导致程序无法正常运行。

1. 指针未初始化

指针未初始化，指针变量就未分配到存储空间。在程序中若不慎使用了未分配空间的指针，将会引起难以查找的程序错误。看下面的代码。

```
int main(void){
    int a, *p;
    a=100;
    *p=a;
    printf("%d",*p);
}
```

在上述代码中，指针变量 p 没有赋任何初值，当执行*p=a 后，a 会存入到一个未知的单元中。由于该程序较小，所以此时会出现一些莫明其妙的结果，但当程序较大时，p 可能指向操作系统或程序代码中关键的地址，改写该地址的数据，最终使程序无法正常运行。

又如在程序段｛int *p; *p=5; ……｝中，*p=5 的目的是将 p 指向的单元内容置为 5，但由于 p 事先未初始化，因而 p 的值是不确定的，它可能指向某一内存单元。当这个单元是操作系统或其他用户程序区时，执行赋值语句*p=5 将会改变不属于该程序内存单元的内容，从而导致该系统运行错误。

2. 指针的初始化错误

指针进行了错误的初始化后也会造成程序执行错误或内存空间"丢失"。如程序段：

```
fun(){
        int y;
        static int *p=y;
        int *r=y;
        ……

}
```

在上述代码中，指针 p 的初始化是错误的。因为 y 为内部自动变量，其对应的存储单元随函数的调用而存在，随函数的执行完毕而回收，而静态指针却长期占用内存，不随函数的调用或执行结束而释放，当再次进入函数后该指针又成为可见的。因此，用内部自动变量的地址去初始化一个静态指针是没有意义的。

3. 指针初值可赋为空值

指针初值可赋为空值（即地值 0），编程时常以符号#define NULL 0 的形式给出。指针初值赋为空值表明它不指向任何目标，因而把一个空指针用于除了赋值和比较之外的任何用途都是非法的。若某些系统允许第 0 号内存既可以写入也可以读出，这时错用空指针可能会改写操作系统中的一部分内容，从而使系统彻底崩溃；若系统只允许读第 0 号内存，则这时空指针指向一个无用的字符串；如果系统对第 0 号单元实行写保护，则对空指针的操作将失败。因此，使用空指针时要特别小心。

10.8.2 为指针赋值时的注意事项

（1）指针相互赋值会造成内存空间的"丢失"。

在 C 语言中指针之间可以相互赋值，但使用不当可能会造成一部分内存空间"丢失"，即这部分内存空间既不能再被该程序所访问，也不能被其他任何程序访问。看下面的代码。

```
int *a; int *b;
a=(int*) malloc(sizeof(int));
b=(int*) malloc(sizeof(int));
*a=17; *b=211;
a=b;
……
```

在上述代码中，a、b 均定义为指向整型数的指针，在为它们分别分配存储空间后即可对其所指向的单元进行赋值等操作。在编程中有可能会执行上述赋值语句 a=b，当执行赋值语句后，a 和 b 两指针便指向同一个存储单元，a 在前面指向的单元不能再被任何程序访问，当然也不能调用 free()函数来释放它，亦即该单元"丢失"了。在大型系统中如果出现类似的情况，那么会导致内存空间在不该溢出时便会溢出。解决办法是在执行赋值语句 a=b 前先执行 free (a) 语句，释放 a 所持有的存储空间。

（2）给指针变量赋值为寄存器的地址，看下面的代码。

```
int main(void){
    register int d;
    int *p;
    p=&d;
    printf("%d", p);
}
```

在上述代码中，p=d 是将寄存器变量 d 的地址赋给指针变量 p，这是不允许的，因而这是一个错误的程序。

（3）混淆指针和它所指向的数据而导致程序错误，看下面的代码。

```
int main(void){
    int x, *p;
    x=10; p=x;
    printf("%d",*p);
}
```

在上述代码中，语句 p=x 把数据 10 而不是 10 所对应的单元地址赋值给指针变量 p，因而 printf()调用语句无法在屏幕上显示 x 的值。

10.8.3　当指针用于数组时的注意事项

要注意将指针用于数组时，指针的关系运算符只能指向同一数组中的两个指针。例如下面的程序对指向两个不同数组的指针进行了比较，因而产生了意想不到的结果。

```
# include"stdio.h";
int main(void) {
    int i;
    char s[10], y[10];
    printf("input s[i]\n");
    for(i=1; i<=10; i++)
        s[i]=getchar();
        printf("input y[i]\n");
    for(i=1; i<10; i++)
        scanf("%c", &y[i]);
        er(s, y);
}
er(s, y)
char s[10], y[10]; {
    char *p1, *p2;
    p1=s;
    p2=y;
    if (p1<p2)
        printf("%s", p1);
    else
        printf("%s", p2);
}
```

10.8.4　在结构中使用指针时的注意事项

在使用结构中的指针尤其是多层嵌套结构中的指针时，很容易产生错误。例如下面的代码。

```
Struct PERSON{
    char * name;
    int age;
    float salary;
    }*p
p=(Struct PERSON *) malloc(sizeof(p));
```

```
p->age=27;
strcpy(p->name, "Mary");
```

上述代码虽然已定义了一个指向结构 PERSON 的指针 p，并为其分配了存储空间。但在实际运行中，当调用函数 strcpy()欲将 name 变量赋值为"Mary"时程序便会出错。这是因为，虽然指针 p 在分配空间前已经赋值，但却未给结构中的 name 指针分配空间，因而调用 strcpy()函数时便会出错。应在指针 p 赋值前加上语句 p->name= (char*) malloc (5)，即为 name 指针分配 5 个字节以存储字符串"Mary"。

当多层嵌套的复杂结构中含有大量的指针变量时，一定要注意要先给所有的指针变量分配存储空间后，才能使用这些指针变量。另外，释放指针所持有的存储空间也是一个值得注意的问题。上例中在利用 free (p) 释放 p 指针所持有空间的同时还应释放 name 指针所持有的空间，否则这部分内存空间将不能再访问，从而造成内存空间的"丢失"。

总之，在使用指针过程中难免会出现各种各样的错误，但这不能成为不使用指针的理由，因为指针是 C 语言中最有用的特征之一。指针使用得当，不仅能灵活有效地完成编程，而且往往会使程序短小、紧凑、高效，达到事半功倍的效果。

10.8.5 避免不必要的内存引用

在此用两个例子来对比解释。第 1 个示例如下。

```
int multiply ( int *num1 , int *num2 )
{
    *num1 = *num2;
    *num1 += *num2;
    return *num1;
}
```

第 2 个示例如下：

```
int multiply1 ( int *num1 , int *num2 )
{
    *num1 = 2 * *num2;
    return *num1;
}
```

这两个函数具有类似的功能。不同的是第 1 个函数有以下几个引用。

❏ 读取*num1。
❏ 读取*num2。
❏ 写入*num1。

而第 2 个函数只有如下两个内存引用。

❏ 读取*num2。
❏ 写入*num1。

所以在此建议使用第 2 个函数。

10.8.6 避免悬空指针和野指针

如果一个指针的指向对象已删除，那么它就成了悬空指针。野指针是那些未初始化的指针，需要注意的是野指针不指向任何特定的内存。看下面的两段代码。第一段代码如下。

```
void dangling example(){
    int *dp = malloc ( sizeof ( int ));
    /*........*/
    free( dp );                // dp是一个悬空指针
    dp = NULL;                 // dp不是一个悬空指针
}
```

第二段代码如下。

```
void wild example(){
    int *ptr;                  //未初始化的指针
    printf("%u"\n",ptr );
    printf("%d",*ptr );
}
```

当遭遇这些指针后，程序通常会有"怪异"的表现。

10.8.7　数组下标与指针的效率解析

在此以字符串复制函数为例，解析数组中下标与指针的效率情况。其实 C 语言中指针的效率至少和下标相同，具体参考 C 下标的实现原理。注意编译器的差异，因为部分编译器针对下标设置了特殊的汇编指令，所以可以不考虑。看下面的代码。

```
#define SIZE 50
int x[SIZE];
int y[SIZE];
int i;
int *p1, *p2;
```

在接下来的内容中，将介绍 5 种字符串复制函数的方案。

（1）如果使用下标方案，则实现代码如下。

```
void strcpy(){
    for(i=0;i<SIZE;i++)
        x[i] = y[i];
}
```

（2）如果使用指针方案，则实现代码如下。

```
void strcpy(){
    for(p1 = x,p2 = y; p1-x <SIZE; *p1++ = *p2++);
}
```

（3）如果使用计数器方案，则实现代码如下。

```
void strcpy()
{
    for(i = 0, p1 =x,  p2= y; i<SIZE; i++)
        *p1++ = *p2++;
}
```

（4）如果使用寄存器方案，则实现代码如下。

```
void strcpy()
{
    register int *p1, *p2, i;
    for(i = 0, p1=x ,p2 = y;i<SIZE; i++)
        *p1++ = *p2++;
}
```

（5）如果去掉计数器，则实现代码如下。

```
void strcpy()
{
    register int *p1, *p2;
    for(p1 = x, p2 = y; p1< &x[SIZE];*p1++= *p2++);
}
```

在上述 5 种实现方案中，前 3 种性能基本相同，第 4 种稍好，第 5 种最高（基本上无法再提高了）。但现实中的性能和可读性难以兼得，如果对性能要求不高，则建议用第 1 种，直接明了；如果对于性能要求极高，比如实时性系统，则建议第 5 种。

另外，在 C 库中字符串复制函数的实现如下所示。

```
void strcpy(char *buffer, char const *string)
{
    while(*buffer++ = *string++) != '\0');
}
```

这种方式更加简洁和高效，原因是它充分利用了字符串结尾的'\0'标志。也由此给大家一个建议，如果是自定义类型的数组，则不妨也设一些结束标志，以方便编写操作函数。如字符串数组就以 NUL（不是 NULL）作为结束标志。

10.8.8　使用指针时的常见错误

（1）指针未初始化

初始化指针不是定义指针，而是指针变量存储的数值是个无效的数值。比如定义 float a 会为 a 分配一个地址，但初始值是一个乱七八糟的数据。同样，float *a 也会为 a 分配一个地址，初始值也是乱七八糟的数据。初始化可以将 a = NULL，这样在以后的程序中可以增加 if (a == NULL) 语句来判断指针是否有效，否则不可以。或者为指针分配或者指定空间。如 float *a = new float，或者 float b; float *a = &b 都可以为指针指向一块内存以实现初始化。

（2）指针越界

指针越界是个比较难以捕捉的错误。如果测试不全面，则不容易发现。对于为指针分配的空间大小，程序员一定要时刻注意。

（3）指针指向局部变量

指针是记录某块内存起始地址的变量，要想指针有效，则必须确保这块内存有效。用 new 分配的内存空间，只要不删除，则一直有效。但是对于指向某个变量地址的指针，程序员必须清楚该变量的作用域。如果离开了它的作用域，该变量的内存空间就会让系统自动回收，当再使用指针时，将会发生错误。这是程序中最容易出现的错误。

（4）指针指向的转移

有些初涉 C 语言的程序员，常常会写出这样的程序。

```
char *pChar = new char;
char chs;
pChar = &chs;
delete pChar;
```

他们的目的是想将 chs 中的内容传递给 pChar 指针指向的内存。但这样写，将会使 pChar 先前指向的空间变成垃圾地址，因为地址无法再获取了。这俗称野指针。它将会导致内存泄漏。而且，在调用 delete pChar 时，也会发生异常错误。因为不是用 new 创建的空间，所以不能使用 delete 删除。这时 pChar 已经转到指向 chs 这个变量的地址了。

```
char *p=(char*)malloc(1);///为指针p分配一块内存
free(p);//释放p所指向的内存
free(p);//错误，因为p所指向的内存已经释放了，再次释放原来的内存区域将会引起错误操作
p=0;//将0赋给指针p
free(p);
free(p);/正确，一个空指针可以多次释放
```

10.9 课后练习

1. 编写一个 C 程序，用指向指针的指针对 n 个整数进行排序并输出结果。要求将排序单独写成一个函数。n 个整数在主函数中输入，最后在主函数中输出。

2. 编写一个 C 程序，要求编写一个函数 new，对 n 个字符开辟连续的存储空间，此函数应返回一个指向字符串开始空间的指针（地址）。new(n) 表示分配 n 个字节的内存空间。

3. 编写一个 C 程序，输入月份，输出该月的英文名。例如，输入"3"，则输出"March"，要求用指针数组来处理。

4. 编写一个 C 语言函数，实现两个字符串的比较，即自己写一个 strcmp 函数，原型为：
```
int strcmp (char *p1, char *p2);
```
设 p1 指向字符串 s1，p2 指向字符串 s2。要求当 s1=s2 时，返回值为 0，若 s1!=s2 返回它们之间第 1 个不同字符的 ASCII 码差值（如"BOY"与"BAD"的第 2 个字母不同，"O"与"A"之差为 79-65=14）。如果 s1>s2，则输出正值，如果 s1<s2，则输出负值。

5. 输入一个字符串，它应有数字和非数字字符，例如：
```
a123x456 17960? 302tab5876
```

编写一个 C 程序，将其中连续的数字作为一个整数，并依次存放到数组 a 中。例如，123 存入在 a[0]中，456 存放在 a[1]中……，统计共有多少个整数，并输出这些数。

6. 一个班有 4 个学生，5 门课程。编写一个 C 程序实现如下 3 个功能：

❑ 求第 1 门课程的平均分；

❑ 找出有两门以上课程不及格的学生，输出他们的学号和全部课程的成绩及平均成绩；

❑ 找出平均成绩在 90 分以上或全部课程成绩在 85 分以上的学生。

7. 编写一个 C 程序，将 n 个数按输入时的逆序来排列。

第 11 章

数据的熔炉——结构体、共用体和枚举

在前面，我们学习了一种构造数据类型——数组，数组的使用可以给整个程序带来极大的方便。但是在实际开发中，一组数据往往具有不同的数据类型。例如，在学生登记表中，姓名应为字符型、学号可为整型或字符型、年龄应为整型、性别应为字符型、成绩可为整型或实型。很显然，我们不能用一个数组来存放这组数据。因为在数组中各元素的类型和长度都必须一致，以便于编译系统来处理。为了解决这个问题，C 语言给出了另外的构造数据类型——"结构"（structure）或叫"结构体"、共用体和枚举。本章将详细讲解结构体、共用体和枚举的基本知识。

11.1 结 构 体

结构体是C语言中另一种常用的构造
数据类型，它相当于其他高级语言中的记
录。"结构"是一种构造类型，它是由若干
个"成员"组成的。每个成员既可以是一
个基本的数据类型或者又可以是一个构造类型。本节将详细介绍结构体的基本知识。

知识点讲解：视频\第 11 章\
先谈结构体.mp4

11.1.1 定义结构体类型

在 C 语言中，一个结构的一般格式如下。

```
struct结构名{
数据类型 成员名1;
数据类型 成员名2;
……
数据类型 成员名n;
};
```

下面定义了一个结构 stu，它里面包含了 4 个成员。

```
struct stu{
        int num;
        char name[20];
        char sex;
        float score;
};
```

在上述结构定义中，结构名为 stu，该结构由如下 4 个成员组成。

❑ 第 1 个成员 num 是整型变量。

❑ 第 2 个成员 name 是字符数组。

❑ 第 3 个成员 sex 是字符变量。

❑ 第 4 个成员 score 是实型变量。

在此应该注意，代码中括号后的分号是必不可少的。定义结构之后，即可进行变量说明。
在上述代码中，结构 stu 的变量由上述 4 个成员组成。由此可见，结构是一种复杂的数据类型，
是数量固定、类型不同的若干有序变量的集合。

在定义结构体时，应该注意如下 3 点。

❑ 不要忽略最后的分号，程序设计者指定了一个新的结构体类型 struct student（struct 是
声明结构体类型时要使用的关键字，不能省略），它向编译系统声明这是一个"结构体
类型"，包括 num、name、sex、age、score、addr 等不同类型的数据项。

❑ struct xxx 是一个类型名，它和系统提供的标准类型（如 int、char、float、double 等）具有相
同的作用，都可以用来定义变量的类型，只不过结构体类型需要由用户自己来指定而已。

❑ 可以把"成员表列"（member list）称为"域表"（field list）。每个成员也可称为结构体
中的一个域，成员名的命名规则与变量名的相同。

11.1.2 定义结构体类型变量

前面介绍的定义格式只指定了一个结构体类型，它相当于一个模型，但其中并无具体数据，
系统对之也不分配实际的内存单元。为了能在程序中使用结构体类型的数据，应当定义结构体
类型的变量，并在其中存放具体的数据。

定义基本数据类型变量的语法格式如下所示。

```
数据类型 变量名称;
```

例如定义整型变量 a，可以用下面的代码来实现。

```
int a;
```

结构体类型变量的定义方法与基本数据类型变量的定义方法类似，但是它要求完成结构体定义之后才能使用此结构体定义变量。换而言之，只有定义完新的数据类型之后才可以使用它。在 C 语言中，所有数据类型都遵循"先定义后使用"的原则。对于基本数据类型（float、int 和 char 等）来说，由于其已由系统预先定义，因而可在程序设计中直接使用，所以无须重新定义。有如下 3 种定义结构体类型变量的方法。

1. 先定义结构体后定义变量

例如下面的代码定义 student1 和 student2 为 struct student 类型的变量，即它们具有 struct student 类型结构。

```
struct student student1, student2;
```

在定义了结构体变量后，系统会为之分配内存单元。

2. 定义类型的同时定义变量

在定义结构体类型的同时定义结构体类型的变量，例如下面的代码。

```
struct Point{
    double x;
    double y;
    double z;
}oP1, oP2;
```

这样在定义结构体类型 struct Point 的同时，又定义了 struct Point 类型变量 oP1 和 oP2。此方法的语法格式如下。

```
struct结构体标识符{
    成员变量列表;
    ……
} 变量1，变量2，…，变量n;
```

其中，"变量 1，变量 2，…，变量 n"为变量列表，遵循变量的定义规则，彼此之间通过逗号分隔。

在此需要注意的是，在实际应用中，定义结构体的同时定义结构体变量适合于局部使用的结构体类型或结构体类型变量，例如在一个文件内部或函数内部。

3. 直接定义变量

此种方法在定义结构体的同时又定义结构体类型的变量，但是它不给出结构体标识符，例如下面的代码。

```
struct {
    double x;
    double y;
    double z;
}oP1,oP2;
```

此方法的语法格式如下。

```
struct {
    成员变量列表;
    ……
}变量1，变量2，…，变量n;
```

在实际的应用中，此方法适合于临时定义局部变量或结构体成员变量。

在上述 3 种方法中，第 3 种方法与第 2 种方法的区别在于第 3 种方法省去了结构名，而直接给出结构变量。

❀ 注意：（1）类型与变量是不同的概念，不要混淆。变量可以赋值、存取或进行运算以及分配内存空间。

（2）结构体中的成员（即"域"）可以单独使用，它的作用与地位相当于普通变量。

（3）成员也可以是一个结构体变量。

（4）成员名可以与程序中的变量名相同，二者不代表同一对象。

看下面的代码。

```
struct date{
/*声明一个结构体类型*/
int num;
char name[20];
char sex;
int age;
float score;
struct date birthday;            /*birthday是struct date类型*/
char addr[30];
} student1,student2;
```

上述代码先声明一个结构体类型 data，它包括 7 个成员：num、name、sex、age、score、birthday、addr，其中成员 birthday 设置为结构体 date 类型{80,75}、{91,95}、{59,93}、{85,87}。

11.1.3 引用结构体变量

定义了结构体类型变量以后，就可以对结构体变量进行引用了，它包括赋值、存取和运算。结构变量与数组在很多方面都是类似的，例如它们的元素、成员都必须存放在连续的存储空间中；它们都通过存取数组元素来访问数组。与此类似，存取结构变量的成员可以访问结构变量；数组元素有数组元素的表示形式，结构变量的成员也有专用表示形式等。但是，结构变量与数组在概念上有重要区别：数组名是一组元素存放区域的起始位置，是一个地址；结构变量名只代表一组成员，它不是地址而是一个特殊变量；数组中的元素都有相同的数据类型，而结构中成员的数据类型可以不相同。

如下两种方式可以实现对结构体变量的引用。

1. 结构体变量成员的引用

结构体变量的成员可作为普通的变量来使用，它包括赋值、运算、I/O 等操作。成员的引用格式如下所示。

```
结构变量名.成员名
```

上述格式既是结构变量成员的表示形式，也是它的访问形式。其中的“.”号称为“结构成员运算符”，它用来连接结构体名与成员名，具有“从属于”的含义，即其后的成员名是前面结构变量中的一个成员。如上面示例中的结构变量 birthdate，它的 3 个成员分别表示为如下格式。

```
birthdate.day
birthdate.month
birthdate.year
```

“.”是一个运算符，“结构变量名.成员名”实质上是一个运算表达式，它具有与普通变量完全相同的性质，可以像普通变量那样参与各种运算。它既可以出现在赋值号的左边进行赋值，也可以出现在赋值号的右边作为一个运算分量参与表达式的计算。因此，它可以作为“＋＋”“－－”“&”等运算符的操作数。例如，下面是一些正确的结构变量成员的表示和访问代码。

```
student1. name="C.S.Sun";
student2. Score+=127.5;
scanf("%s", student1. name);
```

实例 11-1　**定义结构体 stud1，输入名字后输出对应的年龄和分数**
源码路径　daima\11\11-1

本实例的实现文件为“yin.c”，具体实现代码如下。

```
int main(void){
    struct student{
        char name[20];
        char sex;
        int age;
        float score;
    };
struct student stud1={"zhangsan",'m',20,125.5},stud2;
gets(stud2.name);//也可scanf("%s",stud2.name);
stud2.sex='f';
stud2.age=stud1.age-2;
stud2.score=stud1.score;
stud2.age++;
```

——— 拓展范例及视频二维码 ———

范例 **11-1-01**：定义结构体类型
源码路径：**演练范例\11-1-01**

范例 **11-1-02**：初始化结构变量
源码路径：**演练范例\11-1-02**

```
    printf("%s is ", stud2.name);
    if(stud2.sex=='f') printf("female");
    else printf("male");
    printf(" whose age is %d and score is %6.2f\n",
        stud2.age, stud2.score);
}
```

程序运行后先在界面中输入用户名，按 Enter 键后将会输出最终的结果。执行效果如图 11-1 所示。

上述代码实现了对结构体变量的引用。如果某个成员还是结构体成员，则对此成员再逐个引用它的成员，例如 stu1.name、stu1.mybirthday.year 和 stu1.num。在具体引用时，应该注意如下 7 点。

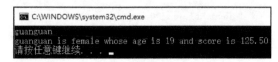

图 11-1　执行效果

（1）结构体中的各成员可以像使用同类型的变量一样使用。

（2）可引用结构体变量的地址也可引用各成员的地址，例如：

```
scanf("%d", &student1.num);             //输入student1.num的值
printf("%o", &student1);                //输出student1的首地址
```

但是不能用以下语句整体读入结构体变量，例如：

```
scanf("%d,%s,%c,%d,%f,%s",&student1);
```

结构体变量的地址主要用作函数参数，传递结构体的地址。

（3）允许一个有值的结构体变量给另一个结构体整体赋值，例如：

```
stu2=stu1
```

（4）不能将一个结构体变量作为一个整体进行输入和输出。例如，若定义 student1 和 student2 为结构体变量并且它们已有值，则不能使用如下格式来引用。

```
printf("%d, %s, %c,%d,%f,%s\n,", student1);
```

只能对结构体变量中的各个成员进行输出。引用格式如下所示。

```
结构体变量名.成员名
```

（5）如果成员本身又是一个结构体类型，则要用若干个成员运算符，一级一级地找到最低一级的成员。只能对最低级的成员进行赋值、存取以及运算。

（6）成员变量可以像普通变量一样进行各种运算（根据其类型来决定可以进行的运算）。

（7）可以对嵌套结构变量进行访问，例如：

```
student. birthday.Month
```

2. 结构体变量作为整体的引用

在 C 语言中，结构体变量作为整体引用，一般仅限于赋值操作，即将一个结构体变量赋值给另一个同类型的结构体变量，以此达到赋值各个成员的目的。例如下面的代码。

```
int main(void){
    struct date{
        int month;
        int day;
        int year;
    } olddate={10,25,2001};
    struct date newdate;
    newdate=olddate;
    newdate.year+=10;
    printf("The date of ten years later is %d.%d.%d\n",
        newdate.year,newdate.month,newdate.day);
}
```

上述代码的运行结果如下所示。

```
The date of ten years later is 2011.10.25
```

11.1.4　初始化结构体变量

和其他类型变量一样，可以在定义结构变量时初始化赋值。例如下面的代码。

```
int main(void){
    struct stu       /*定义结构*/
    {
```

```
        int num;
        char *name;
        char sex;
        float score;
    }boy2,boy1={102,"Zhang ping",'M',78.5};
    boy2=boy1;
    printf("Number=%d\nName=%s\n",boy2.num,boy2.name);
    printf("Sex=%c\nScore=%f\n",boy2.sex,boy2.score);
}
```

在上述代码中，boy2、boy1 均定义为外部结构变量，并对 boy1 进行了初始化赋值。在 main 函数中，把 boy1 的值整体赋值给 boy2，然后用两个 printf 语句输出 boy2 中各成员的值。

结构体变量的初始化方式与数组的初始化方式类似，它分别给结构体的成员变量赋以初始值，而结构体成员变量的初始化遵循简单变量或数组的初始化方法。具体的形式如下。

```
struct结构体标识符
{
成员变量列表;
……
};
struct结构体标识符 变量名={初始化值1，初始化值2，…，初始化值n };
```

初始化处理仅是对其中部分成员变量进行初始化。C 语言要求初始化的数据至少有一个，其他没有初始化的成员变量由系统完成初始化操作，系统提供了默认的初始化值。各种基本数据类型的成员变量的初始化默认值如表 11-1 所示。

表 11-1   基本数据类型成员变量的初始化默认值

数据类型	默认的初始化值
int	0
char	'\0x0'
float	0.0
double	0.0
char Array[n]	""
int Array[n]	{0, 0, …, 0}

对于复杂的结构体类型变量的初始化，同样需要遵循上述规律，对结构体成员变量分别初始化。例如下面的代码。

```
struct Line{
   int id;
   struct Point StartPoint;
   struct Point EndPoint;
}oLine1={0, /*初始化ID */
{0,0,0}, /*初始化StartPoint*/
{100,0,0} /*初始化EndPoint */
};
```

其中，常量 0 用于初始化 oLine1 的基本类型成员变量 id；常量列表{0, 0, 0}用于初始化 oLine1 的 struct Point 类型成员变量 StartPoint；常量列表{100，0，0}用于初始化 oLine1 的 struct Point 类型成员变量 EndPoint。

11.2   结构体数组

数组是一组具有相同数据类型的变量的有序集合，可以通过下标获得其中的任意元素。结构体类型数组与基本类型数组的定义与引用规则基本上是相同的，区别

知识点讲解：视频\第 11 章\进一步谈结构体数组.mp4

在于结构体数组中的所有元素均为结构体变量。本节将进一步详解结构体数组的基本知识。

11.2.1　定义结构体数组

因为数组中的元素也可以是结构体类型的，所以可以构成结构型数组。在 C 语言中，结构数组中的每一个元素都是具有相同结构类型的下标结构变量。在实际应用中，经常用结构数组来表示具有相同数据结构的一个群体。因为有 3 种定义结构体变量的方法，所以也有 3 种定义结构体数组的方法，具体说明如下所示。

1. 先定义结构体类型再定义结构体数组

在 C 语言中，先定义结构体类型再定义结构体数组的格式如下。

```
struct 结构体标识符{
    成员变量列表；
    ……
};
struct 结构体标识符  数组名[数组长度];
```

其中，"数组名"为数组名称，遵循变量的命名规则；"数组长度"为数组的长度，要求为大于 0 的整型常量。例如：

```
struct student{
    long num;
    char name[20];
    char sex;
    int age;
    float score;
    char addr[30];
};
struct student stud[100];
```

2. 在定义结构体类型的同时定义结构体数组

在 C 语言中，在定义结构体类型的同时定义结构体数组的格式如下。

```
struct 结构体标识符{
    成员变量列表；
    ……
}数组名[数组长度];
```

其中，"数组名"为数组名称，遵循变量的命名规则；"数组长度"为数组的长度，要求为大于 0 的整型常量。例如：

```
struct student{
    long num; char name[20];
    char sex;
    int age;
    float score;
    char addr[30];
}
stud[100];
```

3. 直接定义结构体数组

在 C 语言中，直接定义结构体数组的具体格式如下。

```
struct {
    成员变量列表；
    ……
}数组名[数组长度];
```

其中，"数组名"为数组名称，遵循变量的命名规则；"数组长度"为数组的长度，要求为大于 0 的整型常量。例如下面的代码。

```
struct {
    long num;
    char name[20];
    char sex;
    int age;
    float score;
    char addr[30];
}stud[100];
```

本实例的实现文件为"ding.c",具体实现代码如下:

```
struct stu{
    int num;
    char *name;
    char sex;
    float score;
}boy[5]={
            {101,"Li ping",'M',45},
            {102,"Zhang ping",'M',62.5},
            {103,"He fang",'F',122.5},
            {104,"Cheng ling",'F',87},
            {105,"Wang ming",'M',58},
        };
int main(void){
    int i,c=0;
    float ave,s=0;
    for(i=0;i<5;i++)
    {
        s+=boy[i].score;
        if(boy[i].score<60) c+=1;
    }
    printf("s=%f\n",s);
    ave=s/5;
    printf("average=%f\ncount=%d\n",ave,c);
}
```

拓展范例及视频二维码

| 范例 **11-2-01**:判断点和圆的 |
| 位置 |
| 源码路径:**演练范例\11-2-01** |
| 范例 **11-2-02**:使用结构体数组 |
| 源码路径:**演练范例\11-2-02** |

上述代码定义了一个外部结构数组 boy,它一共有 5 个元素,并进行了初始化赋值。在 main 函数中,用 for 语句累加各元素的 score 成员值并存于 s 之中,如 score 的值小于 60(不及格)则使计数器 C 加 1,循环完毕后计算平均成绩,并输出全班的总分、平均分及不及格人数。

程序运行后的效果如图 11-2 所示。

```
C:\WINDOWS\system32\cmd.exe
s=345.000000
average=69.000000
count=2
请按任意键继续. . .
```

图 11-2 运行结果

11.2.2 初始化结构体数组

在 C 语言中,结构体类型数组的初始化操作遵循着基本数据类型数组的初始化规律,在定义数组的同时,需要对其中的每一个元素进行初始化。例如下面的代码。

```
struct Student                     /*定义结构体struct Student*/
{
    char Name[20];                 /*姓名*/
    float Math;                    /*数学*/
    float English;                 /*英语*/
    float Physical;                /*物理*/
}oStus[2]={
{"Liming", 78, 812, 125},
{"Majun", 87, 712, 122}
};
```

上述代码在定义结构体 struct Student 的同时定义了长度为 2 的 struct Student 类型数组 oStus,并分别对每个元素进行了初始化操作,每个元素的初始化规律遵循结构体变量的初始化规律。

在定义数组并同时进行初始化的情况下,可以省略数组的长度,系统会根据初始化数据的多少来确定数组的长度。例如下面的代码。

```
struct Key{
    char word[20];
    int count;
}keytab[]={
{"break", 0},
{"case", 0},
```

```
    {"void", 0}
};
```

在上述代码中，结构体数组 keytab 的长度系统自动默认为 3。

实例 11-3　定义并初始化一个结构体数组，然后输出数组内的元素
源码路径　daima\11\11-3

本实例的实现文件为"chu.c"，具体实现代码如下。

```
int main(void){
    struct object{                    //定义结构体类型
        char name[16];
        float high;
        float weight;
    };
    //定义结构体数组并初始化
    struct object  box[3]={{"One",1.7,33.25},
{"Two",2.12,56.122},{"Three",0.32,112.78}};
    int i;
    for(i=0;i<3;i++)                  //输出结果
        printf("%-16s%8.2f%8.2f\n",box[i].name,
box[i].high, box[i].weight);
}
```

拓展范例及视频二维码

范例 **11-3-01**：初始化结构体
数组
源码路径：**演练范例\11-3-01**

范例 **11-3-02**：实现整数排序
源码路径：**演练范例\11-3-02**

程序运行后的效果如图 11-3 所示。

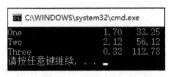

图 11-3　运行结果

11.2.3　引用结构体数组

在 C 语言中，数组的引用分为数组元素的引用和数组本身的引用两种。数组元素的引用的实质为简单变量的引用。数组本身引用的实质是数组首地址的引用。结构体数组引用的具体说明如下。

1. 数组元素的引用

在 C 语言中，引用数组元素的语法格式如下。

数组名[数组下标];

其中，"[]"为下标运算符；"数组下标"的取值范围为 $(0, 1, 2, \cdots, n-1)$，n 为数组长度。

实例 11-4　手机信息系统
源码路径　daima\11\11-4

本实例的实现文件为"duo.c"，具体实现代码如下。

```
#include <stdio.h>
#define MAX_TITLE_SIZE 30
#define MAX_AUTHOR_SIZE 40
#define MAX_SIZE 2
//构造一个结构体BOOK，用于存放title,author,price
struct book
{
    char title[MAX_TITLE_SIZE];
    char author[MAX_AUTHOR_SIZE];
    float price;
};
int main(void)
{
    //设置一个计数器，用来计数输入的次数
    int count=0;
    //设置另外一个计数器，用来遍历显示输入的book
    int index=0;
①   struct book lib[MAX_SIZE];
```

拓展范例及视频二维码

范例 **11-4-01**：使用结构体数组
源码路径：**演练范例\11-4-01**

范例 **11-4-02**：插入数组元素
源码路径：**演练范例\11-4-02**

```
            printf("手机信息录入系统\n");
            //对相关的参量进行数据输入
        while(count<MAX_SIZE&&
            printf("手机型号是:")&&gets(lib[count].title)!=NULL && lib[count].title[0]!='\n')
                {
                        printf("制造厂商: \t");
                        gets(lib[count].author);
                        printf("价格: \t");
                        scanf("%f",&lib[count].price);
                            count++;
                        //如果不为\n，则继续下一次的数据输入
                        while(getchar()!='\n')
                        {
                            continue;
                        }

                        if(count<MAX_SIZE)
                        {
                            printf("输入下一款手机信息\n");

                        }
                    }
        if(count>0)
            {
                printf("下面是手机列表\n");
                //遍历结构体数组
                for(index=0;index<count;index++)
                {
                    printf("手机型号是%s制造厂商是%s价格是%f \n"
                                ,lib[index].title,lib[index].author,lib[index].price);
                }
            }
        return 0;
}
```

上述代码使用结构体构造了一个 book 类型的结构体，在里面可以存储多个 book 类型的值，这称为结构体数组。代码的第①处声明了一个结构数组，顾名思义，结构数组是指能够存放多个结构体类型的一种数组形式。执行后的效果如图 11-4 所示。

图 11-4 执行效果

2. 数组的引用

在 C 语言中，数组作为一个整体引用时，一般表现在如下两个方面。

（1）作为连续存储单元的起始地址与结构体指针变量配合使用，此问题在结构体指针部分将进行深入讲解。

（2）作为函数参数。函数 void Mutiline（struct Point oPoints[]）的形参为结构体类型数组，在调用函数时将实参 struct Point oPoints[NPOINTS]作为整体传入，如 Mutiline（oPoints）。

11.3 结构体指针

在计算机系统中每一个数据均需要占用一定的内存空间，而每段空间均有唯一的地址与之对应，因此在计算机系统中任意数据均有确定的地址与之对应。在 C 语言中，为了描述数据存放的地址信息，特意引入了指针变量这一概念。本节将详细讲解结构体类型指针变量的基本知识。

> 📹 知识点讲解：视频\第 11 章\详谈结构体指针.mp4
>

11.3.1 定义结构体指针变量

在 C 语言中，定义结构体指针变量的一般格式有如下 3 种形式。

形式 1：

```
struct结构体标识符{
    成员变量列表；……
};
struct结构体标识符 *指针变量名；
```

形式 2：

```
struct结构体标识符{
    成员变量列表；……
} *指针变量名；
```

形式 3：

```
struct {
    成员变量列表；……
}*指针变量名；
```

其中，"指针变量名"是结构体指针变量的名称。形式 1 是先定义结构体，然后再定义此类型的结构体指针变量；形式 2 和形式 3 是在定义结构体的同时又定义了此类型的结构体指针变量。例如，定义 struct Point 类型的指针变量 pPoints 的形式如下。

```
struct Point{
double x;
double y;
double z;
} *pPoints;
```

11.3.2 初始化结构体指针变量

在使用结构体指针变量前必须先进行初始化，其初始化的方式与基本数据类型指针变量的初始化方式相同，在定义的同时赋值结构体变量的地址。例如：

```
struct Point oPoint={0, 0, 0};
struct Point pPoints=& oPoint;        /*定义的同时初始化*/
```

在实际应用过程中，可以不对结构体指针变量进行初始化，但是在使用前必须通过赋值表达式给其赋值为有效的地址值。例如：

```
struct Point oPoint={0, 0, 0};
struct Point *pPoints2;
pPoints2=& oPoint;                    /*通过赋值表达式*/
```

11.3.3 引用结构体指针变量

与基本类型指针变量相似，结构体指针变量主要的作用是存储结构体变量的地址或结构体数组的地址，通过间接方式操作对应的变量和数组。在 C 语言中规定，结构体指针变量可以参与的运算符有++、--、+、*、->、.、|、&和！。

实例 11-5　使用结构体指针变量打印结构体成员变量的信息
源码路径　daima\11\11-5

本实例的实现文件为"123.c"，具体实现代码如下。

```
#include <stdio.h>
struct Point{
    double x; /*x坐标*/
    double y; /*y坐标*/
    double z; /*z坐标*/
};
int main(void)
{
    struct Point oPoint1={100,100,0};
    struct Point oPoint2;
    struct Point *pPoint;/*定义结构体指针变量*/
    pPoint=& oPoint2;      /*赋值结构体指针变量*/
    (*pPoint).x=oPoint1.x;
```

拓展范例及视频二维码

范例 **11-5-01**：用结构体指针
处理变量
源码路径：**演练范例\11-5-01**

范例 **11-5-02**：用指针变量处理
结构数组
源码路径：**演练范例\11-5-02**

```
        (*pPoint).y=oPoint1.y;
        (*pPoint).z=oPoint1.z;
        printf("oPoint2={%7.2f,%7.2f,%7.2f}",oPoint2.x,oPoint2.y,oPoint2.z);
        return(0);
}
```

在上述代码中，表达式 &oPoint2 的作用是获得结构体变量 oPoint2 的地址。表达式 pPoint=&oPoint2 的作用是将 oPoint2 的地址存储在结构体指针变量 pPoint 中，因此 pPoint 存储的是 oPoint2 的地址。*pPoint 代表指针变量 pPoint 中的内容，因此*pPoint 和 oPoint2 等价。

图 11-5　运行结果

程序运行后的效果如图 11-5 所示。

11.3.4　指向结构变量的指针

在 C 语言中，当一个指针变量用来指向一个结构变量时，称之为结构指针变量。结构指针变量中的值是所指向的结构变量的首地址。通过结构指针可以访问该结构变量，这与数组指针和函数指针的情况是相同的。

在 C 语言中，结构指针变量的一般格式如下。

```
struct结构名 *结构指针变量名
```

看下面的一段代码。

```
struct stu {
        int num;
        char *name;
        char sex;
        float score;
    } boy1={102,"Zhang ping",'M',78.5},*pstu;
int main(void){
    pstu=&boy1;
    printf("Number=%d\nName=%s\n",boy1.num,boy1.name);
    printf("Sex=%c\nScore=%f\n\n",boy1.sex,boy1.score);
    printf("Number=%d\nName=%s\n",(*pstu).num,(*pstu).name);
    printf("Sex=%c\nScore=%f\n\n",(*pstu).sex,(*pstu).score);
    printf("Number=%d\nName=%s\n",pstu->num,pstu->name);
    printf("Sex=%c\nScore=%f\n\n",pstu->sex,pstu->score);
}
```

上述代码定义了一个结构 stu 和一个 stu 类型的结构变量 boy1 并进行了初始化赋值，还定义了一个指向 stu 类型结构的指针变量 pstu。在 main 函数中，pstu 赋值为 boy1 的地址，因此 pstu 指向 boy1。然后在 printf 语句内用 3 种形式输出 boy1 中的各个成员值。

在 C 语言中，如下 3 种用于表示结构成员的形式是完全等效的。

```
结构变量.成员名
(*结构指针变量).成员名
结构指针变量->成员名
```

例如，要说明一个指向 stu 的指针变量 pstu，可写为如下格式。

```
struct stu *pstu;
```

当然，也可在定义 stu 结构的同时说明 pstu。与前面讨论的各种指针变量相同，结构指针变量也必须要先赋值后才能使用。

赋值是把结构变量的首地址赋予该指针变量，不能把结构名赋予该指针变量。如果要指定 boy 是为 stu 类型的结构变量，则下面的格式是正确的。

```
pstu=&boy
```

而下面的格式是错误的。

```
pstu=&stu
```

结构名和结构变量是两个不同的概念，不能混淆。结构名只能表示一个结构形式，编译系统并不对它分配内存空间。只有当某个变量说明为这种类型结构时，系统才为该变量分配存储空间。因此 &stu 这种写法是错误的，不可能获取一个结构名的首地址。有了结构指针变量，就能更方便地访问结构变量的各个成员。一般有如下两种访问形式。

```
(*结构指针变量).成员名
结构指针变量->成员名
```

例如：

```
(*pstu).num
pstu->num
```

11.3.5　指向结构体数组的指针

在 C 语言中，指针变量可以指向一个结构数组，这时结构指针变量的值是整个结构数组的首地址。结构指针变量也可以指向结构数组中的一个元素，这时结构指针变量的值是该结构数组元素的首地址。

假设 ps 是指向结构数组的指针变量，则 ps 也指向该结构数组的 0 号元素，ps+1 指向 1 号元素，ps+i 则指向 i 号元素。这与普通数组的情况是一致的。

实例 11-6　用指针变量输出结构数组
源码路径　daima\11\11-6

本实例的实现文件为"123.c"，具体实现代码如下。

```c
struct stu{
    int num;
    char *name;
    char sex;
    float score;
}boy[5]={
            {101,"Zhou ping",'M',45},
            {102,"Zhang ping",'M',62.5},
            {103,"Liou fang",'F',122.5},
            {104,"Cheng ling",'F',87},
            {105,"Wang ming",'M',58},
        };
int main(void){
 struct stu *ps;
 printf("No\tName\t\t\tSex\tScore\t\n");
 for(ps=boy;ps<boy+5;ps++)
 printf("%d\t%s\t\t%c\t%f\t\n",ps->num,ps->name,ps->sex,ps->score);
}
```

拓展范例及视频二维码

范例 **11-6-01**：加密部分字符
源码路径：**演练范例\11-6-01**

范例 **11-6-02**：指向数组元素的
结构指针运算
源码路径：**演练范例\11-6-02**

上述代码定义了 stu 结构类型的外部数组 boy 并进行了初始化赋值。在 main 函数内定义 ps 为指向 stu 类型的指针。在循环语句 for 的表达式 1 中，ps 赋值为 boy 的首地址，然后循环 5 次，输出 boy 数组中各成员值。

程序运行后的效果如图 11-6 所示。

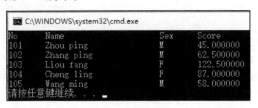

图 11-6　运行结果

11.4　在函数中使用结构体

在 C 语言中，结构体变量和结构体指针都可以像其他数据类型一样，作为一个函数的参数，也可以将函数定义为结构体类型或结构体指针类型。本节将详细介绍结构体在

知识点讲解：视频\第 11 章\
在函数中使用结构体.mp4

函数内的使用知识。

11.4.1 结构体变量和结构体指针可以作为函数参数

在 C 语言中，可以将一个结构体变量的值传递给另一个函数，具体来说有如下 3 种方法。

（1）用结构体变量的成员作为参数。例如，用 stu[1].num 或 stu[2].name 作为函数参数，将实参值传给形参，具体用法和普通变量作为实参是一样的，这属于"值传递"方式。在此应当注意实参与形参的类型应保持一致。

（2）用结构体变量作为实参。

（3）用指向结构体变量（或数组）的指针作为实参，将结构体变量（或数组）的地址传给形参。

实例 11-7	定义一个结构体变量，然后定义一个函数 days 以计算该天在当年中是第几天，最后在主函数中调用该函数并输出天数
	源码路径：daima\11\11-7

本实例的实现文件为"shican.c"，具体实现代码如下。

```
struct dt{                     //定义结构体类型
  int year;
  int month;
  int day;
}date;
days(struct dt date) {          //定义函数
  int daysum=0,i;
  //定义静态整型数组
  int daytab[13]={0,31,28,31,30,31,30,31,31,30,
31,30,31};
  for(i=1;i<date.month;i++)     //累加各月的天数
      daysum+=daytab[i];
  daysum+=date.day;             //将当前天数加到天数内
      if((date.year%4==0&&date.year%100!=0||
date.year%400==0)&&date.month>=3)
      daysum+=1;                //若当前的年份是闰年则要将总天数再加1
  return(daysum);
}
int main(void){
 printf("Please input the year, month and day:\n");
 //输入年月日
 scanf("%d-%d-%d",&date.year,&date.month,&date.day);
 //调用days函数，并输出函数的返回值
 printf("\ndays: %d\n",days(date));
}
```

拓展范例及视频二维码

范例 **11-7-01**：分配结构变量的
内存空间
源码路径：**演练范例\11-7-01**

范例 **11-7-02**：结构变量作为
函数的参数
源码路径：**演练范例\11-7-02**

程序运行后先提示用户输入一个日期，按 Enter 键后将显示该天在当年中是第几天，执行效果如图 11-7 所示。

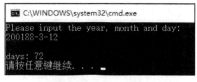

图 11-7　运行结果

11.4.2 函数可以返回结构体类型的值

在 C 语言中一个函数可以返回一个函数值，这个函数值可以是整型、实型、字符型、指针型等。它还可以返回一个结构体类型的值，即函数的类型可以定义为结构体类型，一般格式如下所示。

```
struct结构体名 函数名(形参列表) {....}
```

其中，结构体类型是已经定义好的，可以在 return 语句中指定结构体变量为返回值。在主调用程序中，要用一个相同的结构体变量来接收返回值。

实例 11-8	提示用户输入学生的信息，然后输出输入的所有学生信息
	源码路径　daima\11\11-8

本实例的实现文件为"123.c"，具体实现代码如下。

```
#include "stdlib.h"
#include "stdio.h"
struct stud type{ long num;
    char name[20];
    char sex;
    int age;
    float score;
};
int main(void){
  void list(struct stud type student);
    struct stud type new(void);
    struct stud type student[3];
    int i;
    for(i=0;i<3;i++)
    student[i]=new();
    printf("num\t name sex age score\n");
    for(i=0;i<3;i++)
    list(student[i]);
}
struct stud type new(void){
    struct stud type student;
    char ch;
    char numstr[20];
    printf("\nenter all data of student:\n");
    gets(numstr); student.num=atol(numstr);
    gets(student.name);
    student.sex=getchar();
    ch=getchar();
    gets(numstr); student.age=atoi(numstr);
    gets(numstr); student.score=atof(numstr);
    return(student);
}
void list(struct stud type student)
{
    printf("%ld %-15s %3c %6d %6.2f\n",student.num,student.name,
    student.sex,student.age,student.score);
}
```

拓展范例及视频二维码

范例 11-8-01：实现复数运算
源码路径：演练范例\11-8-01\

范例 11-8-02：实现数据连续查询
源码路径：演练范例\11-8-02\

在上述代码中，函数 new 的作用是从键盘上输入数据。本实例一共调用了 3 次 new 函数，每调用一次 new 函数，就从键盘上输入一组数据。函数 new 定义为 struct stud_type 类型，new 函数在 return 语句中将 student 的值作为返回值。因此 student 的类型与函数的类型应一致。在 main 函数中，将函数 new 的值赋给 student[i]，因此二者的类型应该相同。

程序运行后先提示用户输入信息，连续输入学生信息并按 Enter 键后将会输出输入学生的所有信息。执行效果如图 11-8 所示。

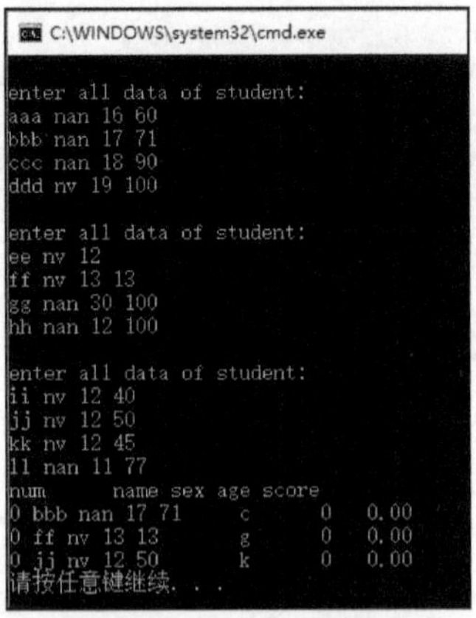

图 11-8　执行效果

11.5　共用体（联合）

在 C 语言中，所谓共用体类型是指将不同的数据项组织成一个整体，并且它们在内存中占用同一段存储单元。也有的参考书称为"联合"。本节将详细介绍共用体的基本知识和具体的使用方法。

📹 知识点讲解：视频\第 11 章\再谈共用体（联合）.mp4

11.5.1　定义共用体和共用体变量

在 C 语言中，用关键字 union 来标识共用体类型，一般的定义格式如下。

```
union标识符
        {成员表};
```

由标识符给出的共用体名是共用体类型名的主体，共用体类型由"union 标识符"标识。例如，定义一个共用体类型，要求它包含一个整型成员、一个字符型成员和一个单精度型成员，具体代码如下。

```
union icf
{int i;
char c;
float f;
};
```

共用体变量的定义和结构体变量的定义方法类似，也有 3 种方法。在此提倡使用第 1 种方式来定义共用体变量，各方法的具体信息如下。

（1）先定义共用体类型，再定义共用体变量。具体格式如下。

```
union共用体名
        {成员表};
```

或

```
union共用体名变量表;
```

（2）定义共用体类型的同时定义共用体变量，具体格式如下。

```
union共用体名
  {成员表}变量表;
```

（3）直接定义共用体变量，具体格式如下所示。

```
union{成员表}变量表;
```

实例 11-9　分别输出结构体和共用体的空间大小

源码路径　daima\11\11-9

本实例的实现文件为"gong.c"，具体实现代码如下。

```
union data{                    /*共用体*/
        int a;
        float b;
        double c;
        char d;
}mm;
struct stud{                   /*结构体*/
        int a;
        float b;
        double c;
        char d;
};
int main(void){
        struct stud student;
        printf("%d,%d",sizeof(struct stud),sizeof(union data));
}
```

拓展范例及视频二维码

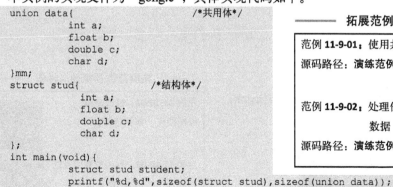

范例 **11-9-01**：使用共用体变量
源码路径：**演练范例\11-9-01**

范例 **11-9-02**：处理任意类型的数据
源码路径：**演练范例\11-9-02**

程序运行后会分别输出结构体和共用体占用的空间，如图 11-9 所示。

上述实例代码分别输出了结构体和共用体占用的空间大小。程序的执行结果说明在结构体类型中各成员有各自的内存空间，一个结构变量所占的内存空间为其各成员所占内存空间之和；而在共用体类型中各成员共享一段内存空间，实际占用的存储空间为其最长的成员所占的存储空间。

图 11-9 运行结果

11.5.2 引用和初始化共用体变量

共用体变量的引用，同样分为共用体变量本身的引用和共用体成员变量的引用。共用体变量的引用遵循结构体变量的引用规则。例如：

```
union variant a;
union variant *pA;
pA=&a;
```

共用体变量引用其成员变量的语法描述如下所示。

```
共用体变量.成员变量
```

共用体指针变量间接引用成员变量的语法描述如下所示。

```
共用体变量->成员变量
```

共用体成员变量的引用遵循基本类型变量的引用规则。

实例 11-10 分别定义共用体和成员，在定义的结构体内使用共用体成员

源码路径　daima\11\11-10

本实例的实现文件为"shiyong.c"，具体实现代码如下。

```c
struct udata{                       //定义结构体类型
  int type;
    union{                          //定义共用体类型及其变量
      int uint;
       float ufloat;
       char uchar;
     }u;
}x;                                 //定义结构体变量
int main(void){
    void func(struct udata *b);     //声明要调用的函数
    x.type=1;                       //为结构体变量x的成员type赋值
    x.u.uint=100;                   //为结构体变量x的成员u的成员uint赋值
    printf("%d:%d\n",x.type,x.u.uint);//输出结果
    func(&x);                       //调用函数
}
void func(struct udata *b) {        //定义函数
    switch(b->type)                 //成员type的值
    { case 1:                       //若为1，则输出成员u的成员uint
          printf("%d\n",b->u.uint);
          break;
      case 2:                       //若为2，则输出成员u的成员ufloat
          printf("%f\n",b->u.ufloat);
          break;
      case 3:                       //若为3，则输出成员u的成员uchar
          printf("%c\n",b->u.uchar);
          break;
    }
}
```

程序运行后将会分别输出结构体和共用体占用的空间大小，如图 11-10 所示。

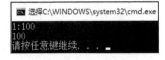

图 11-10 运行结果

拓展范例及视频二维码

范例 **11-10-01**：错误分析

源码路径：**演练范例\11-10-01**

范例 **11-10-02**：取出整数变量的高低字节数据

源码路径：**演练范例\11-10-02**

另外，在引用共用体变量时应该注意如下 6 点。

（1）共用体变量可以包含若干个成员及若干种类型，但不能同时使用共用体成员。在某一时刻，只有一个成员及一种类型起作用，不能同时引用多个成员及多种类型。

（2）在共用体变量中起作用的成员值是最后一次存放的成员值，即共用体变量的所有成员共用同一段内存单元，后存放的值会将先存放的值覆盖，故只能使用最后一次给定的成员值。

（3）共用体变量的地址和它的各个成员的地址相同。

（4）不能对共用体变量初始化和赋值，也不能试图通过引用共用体变量名来得到某成员的值。

（5）共用体变量不能作为函数参数，函数的返回值也不能是共用体类型。

（6）共用体类型和结构体类型可以相互嵌套，共用体成员可以为数组，甚至还可以定义共用体数组。

11.6　枚　　举

在日常生活中，经常会遇到和集合有关的问题，这些问题所描述的状态往往只有有限的几个。例如，比赛结果只有输和赢两种状态。一周有 7 天，一共为 7 个状态。以人为中心进行方位描述，可以包括如下的几个状态：上、下、前、后、左和右。如果在

知识点讲解：视频\第 11 章\最后谈枚举.mp4

计算机中表述这 6 种方位信息，则需要定义一组整型常量，例如下面的代码。

```
#define UP 1
#define DOWN 2
#define BEFORE 3
#define BACK 4
#define LEFT 5
#define RIGHT 6
```

从上面的定义来看，这 6 个常量虽然表达了同一类型的信息，但是在语法上它们是彼此孤立的个体，不是一个完整的逻辑整体。其实在 C 语言中所有基本数据类型都是在描述集合信息，例如 int 用于描述具 1~216 个有限元素集合的整数。是否可以引入新的由用户自定义的类型来描述仅具有上述 6 个元素的集合，并作为一个新的数据类型呢？C 语言引入了枚举类型来解决此问题。

本节将详细介绍枚举的基本知识和具体的使用方法。

11.6.1　定义枚举类型

在一般情况下，枚举类型的语法格式如下。

```
enum枚举标识符{常量列表};
```

其中，"enum"为定义关键字，"枚举标识符"遵循变量的命名规则。在"常量列表"中，每个枚举常量之间通过逗号来分隔。

例如，为了描述前面讲解的方位问题，可定义枚举类型 enum Direction。

```
enum Direction {
  up,down,before,back,left,right
};
```

其中，up、down、before、back、left、right 是枚举常量，可以直接引用它们。

另外，还可以为枚举常量指定对应的整型常量，例如下面的代码。

```
enum Direction {
  up=1,down=2,before=3,back=4,left=5,right=6
};
```

但是不可以重复出现常量，例如下面的格式是违法的。

```
enum Direction{
  up=1,down=1,before=3,back=4,left=5, right=6
};
```

如果在给定枚举常量的时候不指定其对应的整数常量值，则系统将自动为每一个枚举常量设定一个对应的整数常量值，例如：

```
enum Direction{
  up, down, before, back, left, right
};
```

在上述代码中，up 对应的整数值为 0，down 对应的整数值为 1，以此类推 right 为 5。

```
printf("%d", right)                        //输出结果为5
```

另外，允许设定与部分枚举常量对应的整数常量值，但是要求从左到右依次设定枚举常量对应的整数常量值，并且不能重复。例如：

```
enum Direction{
  up=7,down=1,before,back,left,right
};
```

上述代码从第 1 个没有设定值的常量开始，其整数常量值为前一枚举常量对应的整数常量值加 1。所以输出语句 printf（"%d"，right）的输出结果为 5。

注意：（1）在枚举中每个成员（标识符）的结束符是 "，"，不是 "；"，最后一个成员可省略 "，"。

（2）初始化时可以赋值为负数，以后的标识符仍会每次加 1。

（3）枚举变量只能取枚举说明结构中的某个标识符常量。

例如：

```
enum string {
            x1=5,
            x2,
            x3,
            x4,
};
enum strig x=x3;
```

此时，枚举变量 x 的值实际上是 7。

11.6.2　定义枚举变量

在定义枚举类型变量之前，需要先定义枚举类型。在 C 语言中，有如下两种定义枚举变量的形式。

（1）先定义枚举类型，然后定义枚举变量。例如：

```
enum Direction{
  up,down, before,back,left,right
};
enum Direction fisrt Direction,second Direction;
```

（2）定义枚举类型的同时定义枚举变量。例如：

```
enum Direction{
  up,down,before,back,left,right
} fisrt Direction,second Direction;
```

11.6.3　引用枚举变量

根据枚举类型的定义，枚举类型的主要用途是描述特定的集合对象，这与基本数据类型类似。例如 int 描述了 -32 768 ~ 32 767 之间所有的整数集合，unsigned 描述了 0 ~ 65 535 之间所有的整数集合；而 enum Direction{up, down, before, back, left, right}描述了 up, down, before, back, left, right 这 6 个常量的集合，一般将上述 6 个常量用对应的整数常量 0 ~ 5 来表述，因此 enum Direction 描述了 0 ~ 5 的整数集合。枚举类型的实质是整数集合，因此枚举变量的引用类似于整数变量的引用，它可以与整型数据之间进行类型转换而不会有数据丢失。

实例 11-11　口袋中有若干个红、黄、蓝、白、黑 5 种颜色的球。每次从口袋中取出 3 个球，问得到 3 种不同颜色球的可能取法，输出每种排列的情况

源码路径　daima\11\11-11

问题分析：球只能是 5 种颜色之一，而且要判断各球是否同色。应该用枚举类型变量来处

理它。设取出的球为 i、j、k。根据题意 i、j、k 分别是 5 种色球之一,并要求 i、j、k 不能同时为同一值。可使用穷举法(即一种可能一种可能地试),看哪一组符合条件。

本实例的实现文件为"meiju.c",具体实现代码如下。

```c
#include <stdio.h>
int main(void){
  enum color {red,yellow,blue,white,black};
  enum color i,j,k,pri;
  int n,loop;
  n=0;
  for (i=red;i<=black;i++)
  for (j=red;j<=black;j++)
  if (i!=j)
{ for (k=red;k<=black;k++)
if ((k!=i) && (k!=j))
{ n=n+1;
  printf("%-4d",n);
  for (loop=1;loop<=3;loop++)
{ switch (loop)
{ case 1: pri=i;break;
  case 2: pri=j;break;
  case 3: pri=k;break;
  default:break;
}
switch (pri)
{ case red:printf("%-10s","red"); break;
  case yellow: printf("%-10s","yellow"); break;
  case blue: printf("%-10s","blue"); break;
  case white: printf("%-10s","white"); break;
  case black: printf("%-10s","black"); break;
  default :break;
}
}
printf("\n");
}
}
printf("\ntotal:%5d\n",n);
}
```

拓展范例及视频二维码

| 范例 11-11-01:使用枚举类型 |
| 源码路径:**演练范例\11-11-01** |

| 范例 11-11-02:计算日期 |
| 源码路径:**演练范例\11-11-02** |

程序运行后将会分别输出各种问题的解法,并输出一共有多少种解法,如图 11-11 所示。

```
C:\WINDOWS\system32\cmd.exe
1    red      yellow    blue
2    red      yellow    white
3    red      yellow    black
4    red      blue      yellow
5    red      blue      white
6    red      blue      black
7    red      white     yellow
8    red      white     blue
9    red      white     black
10   red      black     yellow
11   red      black     blue
12   red      black     white
13   yellow   red       blue
14   yellow   red       white
15   yellow   red       black
16   yellow   blue      red
17   yellow   blue      white
18   yellow   blue      black
19   yellow   white     red
20   yellow   white     blue
21   yellow   white     black
22   yellow   black     red
23   yellow   black     blue
24   yellow   black     white
25   blue     red       yellow
26   blue     red       white
27   blue     red       black
```

图 11-11　运行结果

11.7　typedef 定义类型的作用

在现实生活中，信息的概念可能是长度、数量和面积等。在 C 语言中，信息抽象为整型、单精度和双精度型等基本数据类型。利用基本数据类型名称，不能够看

📹 知识点讲解：视频\第 11 章\为什么需要用 typedef 定义类型.mp4

出其所代表的物理属性，并且 int、float 和 double 为系统关键字，不可以修改。为了解决用户自定义的数据类型名称的需求，C 语言不仅提供了丰富的数据类型，而且还允许由用户自己定义类型说明符，也就是允许由用户为数据类型取"别名"。使用类型定义符 typedef 可以完成此功能。本节将详细讲解 typedef 定义类型的基本知识。

11.7.1　类型定义符 typedef 的基础

typedef 的一般格式如下所示：

```
typedef类型名称 类型标识符;
```

其中，"typedef"为系统保留字，"类型名称"为已知的数据类型名称，它包括基本数据类型和由用户自定义的数据类型，"类型标识符"为新的类型名称。例如：

```
typedef double LENGTH;
typedef unsigned int COUNT;
```

在定义了新的类型名称之后，可以像基本数据类型那样定义变量。例如：

```
typedef unsigned int COUNT;
unsigned int b;
COUNT c;
```

在 C 语言中，主要有如下几种使用 typedef 的形式。

（1）为基本数据类型定义新的类型名。例如：

```
typedef unsigned int COUNT;
typedef double AREA;
```

此种应用的主要目的是丰富数据类型所包含的属性信息，另外也是为了满足系统移植的需要。

（2）为自定义数据类型（结构体、共用体和枚举类型）提供简洁的类型名称，例如：

```
struct Point{
    double x;
    double y;
    double z;
};
struct Point oPoint1={100, 100, 0};
struct Point oPoint2;
```

其中，结构体 struct Point 为新的数据类型，在定义变量的时候要有保留字 struct，而不能像 int 和 double 那样直接使用 Point 来定义变量。经过如下修改：

```
typedef struct tagPoint{
    double x;
    double y;
    double z;
} Point;
```

此时定义变量的方法可以简化为如下格式。

```
Point oPoint;
```

由于定义结构体类型有多种形式，因此可以修改为如下所示的代码。

```
typedef struct {
    double x;
    double y;
    double z;
} Point;
```

（3）为数组定义简洁的类型名称。如下代码定义了 3 个长度为 5 的整型数组。

```
int a[10], b[10], c[10], d[10];
```

在 C 语言中，可以将长度为 10 的整型数组看作是一个新的数据类型，再利用 typedef 为其重新定义一个新的名称，可以用更加简洁的形式定义此种类型的变量，具体的处理方式如下所示。

```
typedef int INT_ARRAY_10[10];
typedef int INT_ARRAY_20[20];
INT_ARRAY_10 a, b, c, d;
INT_ARRAY_20 e;
```

其中，"INT_ARRAY_10" 和 "INT_ARRAY_20" 为新的类型名，10 和 20 为数组的长度。a，b，c，d 均是长度为 10 的整型数组，e 是长度为 20 的整型数组。

（4）为指针定义简洁的名称。首先为数据指针定义新的名称，例如：

```
typedef char * STRING;
STRING csName={"Jhon"};
```

然后为函数指针定义新的名称，例如：

```
typedef int (*MyFUN)(int a, int b);
```

其中，"MyFUN" 代表 "int *XFunction（int a，intb）" 类型指针的新名称。例如：

```
typedef int (*MyFUN)(int a, int b);
int Max(int a, int b);
MyFUN *pMyFun;
pMyFun= Max;
```

另外，在使用 typedef 时，应当注意如下 3 个问题。

❑ typedef 的作用是为已知的数据类型增加一个新的名称，因此并没有引入新的数据类型。

❑ typedef 只适于定义类型名称，不适合定义变量。

❑ typedef 与#define 具有相似的之处，但是实质不同。

11.7.2 使用 typedef

实例 11-12 **求解两个复数的乘积**
源码路径　daima\11\11-12

本实例的实现文件为 "type.c"，具体实现代码如下。

```
#include "stdio.h"
typedef int INTEGER;              /* 定义新的类型INTEGER(整型) */
typedef struct complx             /* 定义新的类型COMP(结构) */
{
    INTEGER real, im;             /* real为复数的实部, im为复数的虚部 */
}COMP;
int main(void)
{
    static COMP za = {3,4};       /* 说明静态COMP型变量并初始化 */
    static COMP zb = {5,6};
    COMP z, cmult();              /* 说明COMP型的变量z和函数cmult */
    void cpr( );
    z=cmult(za, zb);             /* 结构变量调用cmult函数, 返回值赋给结构变量z */
    cpr (za, zb, z);             /* 结构变量调用cpr函数, 输出计算结果 */
}
/* 计算复数za*zb, 函数的返回值为COMP类型 */
COMP cmult (COMP za,COMP zb)
  /* 形式参数为COMP类型 */
{ COMP w;
    w.real = za.real * zb.real - za.im * zb.im;
    w.im = za.real * zb.im + za.im * zb.real;
    return (w);                  /* 返回结果 */
}
/* 输出复数za×zb=z */
void cpr (COMP za,COMP zb,COMP z)
  /* 形式参数为COMP类型 */
{
    printf ("(%d+%di)*(%d+%di)=", za.real, za.im,
zb.real, zb.im);
    printf ("(%d+%di)\n", z.real, z.im);
}
```

拓展范例及视频二维码

范例 **11-12-01**：输出火车票价
源码路径：**演练范例\11-12-01**

范例 **11-12-02**：模拟人工洗牌的过程
源码路径：**演练范例\11-12-02**

程序运行后将会输出指定复数的乘积，如图 11-12 所示。

图 11-12　运行结果

11.8　技术解惑

11.8.1　可以省略结构名吗

在 C 语言中，当结构的定义和说明同时进行时，有时可以省略结构名，例如下面的代码。

```
struct
{
    int day;
    int month;
    int year;
    int yearday;
    char month name[10];
}date,birthdate,*pd;
```

11.8.2　是否可以定义一种通用数据类型以存储任意类型的数据

计算机系统所用的信息均是以二进制编码形式存储的。例如 char a=5 在内存中的存储形式为：

```
0000 0101
```

int a=5 在内存中的存储形式为：

```
0000 0000 0000 0101
```

信息在计算机系统中的存储形式均是二进制数据 0 和 1 的编码组合。因此从计算机信息存储的角度来看，所有类型的数据在二进制层次上相互兼容。前面已经介绍了不同类型的数据可以进行转换，例如：

```
int a=10;
float d;
d=a;
```

可以用占有存储空间比较大的变量存储占用存储空间较小的变量中的数据，且不会发生数据丢失的现象。例如用浮点型变量 d，存储整型数 a 的信息，并不造成数据的丢失。是否可以定义一种通用数据类型以方便存储字符型、整型、单精度型、双精度型等任意类型的数据呢？自从引入结构体后，用户就可以方便地定义新的数据类型，用成员变量来存储事物不同方面的特性。从这里好像已经看到了解决定义通用数据类型的曙光，但是结构体中的每一个成员变量均需要占用一定的存储空间，这与实际的要求存在一定的差距。

为此 C 语言引入了新的自定义数据类型共用体（union），它很像结构体类型，有自己的成员变量，但是所有的成员变量占用同一段内存空间。共用体变量在某一时间点上，只能存储其某一个成员的信息。

11.8.3　结构和共用体的区别

结构体和共用体（联合）的主要区别如下。

（1）结构和共用体都是由多个不同的数据类型成员组成的，但在任何时刻，共用体中都只存储一个被选中的成员，而结构的所有成员都会存在。

（2）赋值给共用体的不同成员，将会重写其他成员，原来成员的值就不存在了，而对结构的不同成员进行赋值是互不影响的。

看下面的代码。

```
int main(void) {
    union{                                  /*定义一个共用体*/
        int i;
        struct{                             /*在联合中定义一个结构*/
            char first;
            char second;
        }half;
    }number;
    number.i=0x4241;                        /*共用体成员赋值*/
    printf("%c%c\n", number.half.first, mumber.half.second);
    number.half.first='a';                  /*共用体中结构成员赋值*/
    number.half.second='b';
    printf("%x\n", number.i);
    getch();
}
```

上述代码的输出结果为：

```
AB
6261
```

从上例结果可以看出：当给 i 赋值后，其低 8 位就是 first 和 second 的值；当给 first 和 second 赋字符后，这两个字符的 ASCII 码也将作为 i 的低 8 位和高 8 位。

简单来说，就是共用体里的所有变量共用一个内存区域，其大小是所有变量中最大的那个。改动某一个变量的值，其他的值也会随之改变。

11.8.4　定义 C 结构体的问题

观察下面的两种定义方式，看看有什么区别。第 1 种定义方式如下。

```
typedef struct A{
    void **date;
}B,*C;
```

第 2 种定义方式如下。

```
typedef struct{
    void **date;
}D;
```

第 1 种方式首先定义了一个结构，这个结构的名字叫 A，然后定义了两个变量 B、*C，这两个变量的类型为 A。它相当于下面的格式。

```
typedef struct A {
void **date;
};
A B,*C;
```

而第 2 种方式定义了一个结构，这个结构没有名字，然后又定义了一个变量，这个变量的类型就是这个结构，和"int a;"中 a 的类型为整型一样。

11.9　课　后　练　习

1. 有 10 个学生，每个学生的数据包括学号、姓名、3 门课程的成绩，从键盘上输入 10 个学生的数据，要求输出 3 门课程的总平均成绩，以及最高分的学生数据（包括学号、姓名、3 门课程成绩、平均分数）。

2. 编写一个函数 print，打印一个学生的成绩数组，该数组中有 5 个学生的数据，每个学生的数据包括 num（学号）、name（姓名）、score[3]（3 门课的成绩）。用主函数输入这些数据，用 print 函数输出这些记录。

3. 定义一个结构体变量（包括年月日），计算某日在一年中是第几天。（注意闰年问题。）

4. 编写一个函数 print，打印一个学生的成绩数组，该数组中有 5 个学生的数据，每个学生的数据包括 num（学号）、name（姓名）、score[3]（3 门课的成绩）。用主函数输入这些数据，用 print 函数输出这些记录。编写一个函数 input，用来输入 5 个学生的数据记录。

第 12 章

链　表

　　在 C 语言的数组中，不允许存在动态数组类型。但是在现实应用中，往往会发生这种情况，即所需的内存空间取决于实际输入的数据，而无法预先做出决定。在这个时候，数组的方法难以解决这个问题，为此，在 C 语言中推出了链表这个概念。链表为 C 程序提供了一个支撑点，确保了整个程序的稳固性。本章将详细讲解链表的基本知识。

12.1 动态内存分配

在 C 语言中，内存管理是通过专门的函数来实现的。另外，为了兼容各种编程语言，操作系统提供的接口通常是用 C 语言编写的函数声明（Windows 本身也是由 C 和汇编语言编写的）。本节将详细讲解内存管理的基本知识。

知识点讲解：视频\第 12 章\深入理解动态内存分配.mp4

12.1.1 动态内存分配的作用

在没有学习链表的时候，如果要存储数量比较多的同类型或同结构的数据时，那么应使用一个数组来实现。比如说要存储一个班中学生的某科分数，则会通过如下代码定义一个浮点型（存在 0.5 分）数组。

```
float score[30];
```

但是在使用数组的时候，总有一个问题困扰着我们：数组应该有多大？在很多情况下并不能确定要使用多大的数组，比如可能并不知道该班级的学生数，这时就要把数组定义得足够大，这样程序在运行时就申请了固定大小、认为足够大的内存空间。即使知道该班级的学生数，但是因为某种特殊原因人数有增加或者减少，所以必须重新修改程序，扩大数组的存储范围。在现实应用中，通常将这种固定大小的内存分配方法称为静态内存分配。这种内存分配方法存在比较严重的缺陷，特别是在处理某些问题时通常会浪费大量的内存空间。在少数情况下，当定义的数组不够大时可能会引起下标越界错误，甚至会导致严重的后果。

有没有其他的方法来解决这样的问题呢？有，那就是动态内存分配。所谓动态内存分配，是指在程序的执行过程中动态地分配或者回收存储空间的分配内存方法。动态内存分配不像静态内存分配方法那样需要预先分配存储空间，而是由系统根据程序的需要即时分配，且分配的大小就是程序要求的大小。从动、静态内存分配的比较可知，动态内存分配相对于静态内存分配具有如下两个特点。

- 不需要预先分配存储空间。
- 分配的空间可以根据程序的需要扩大或缩小。

12.1.2 实现动态内存分配及管理的方法

C 语言提供了专用函数以实现动态内存的分配及管理，接下来将详细讲解这几个专用函数的基本用法。

1. 分配内存空间函数 malloc

函数 malloc 的基本格式如下。

```
void *malloc (unsigned int size)
```

函数 malloc 的作用是，在内存的动态存储区中分配一个长度为 size 的连续空间。其参数是一个无符号整型数，返回值是一个指向所分配的连续存储区域的起始地址的指针。还有一点必须要注意的是，若函数未能成功分配存储空间（如内存不足）则就会返回一个 NULL 指针。所以在调用该函数时应该检测返回值是否为 NULL 并执行相应的操作。

> **实例 12-1** 动态分配 13 个整型存储区域，然后赋值并输出
> 源码路径　daima\12\12-1

本实例的实现文件为"malloc.c"，具体实现代码如下。

```
#include "stdlib.h"
int main(void){
//count是一个计数器，array是一个整型指针
    int count,*array;
```

```
    if((array=(int *) malloc(13*sizeof(int)))==NULL) {
        printf("Cannot succeed the assignment storage space. ");
        exit(1);
    }
    for (count=0;count<13;count++) /*给数组赋值*/
        array[count]=count;
    for(count=0;count<13;count++) /*打印数组元素*/
        printf("%2d",array[count]);
}
```

程序运行后将会输出指定结果，如图 12-1 所示。

拓展范例及视频二维码

范例 **12-1-01**：调用 malloc 分配
内存

源码路径：**演练范例\12-1-01**

范例 **12-1-02**：调用 calloc 分配
内存

源码路径：**演练范例\12-1-02**

```
C:\WINDOWS\system32\cmd.exe
0 1 2 3 4 5 6 7 8 9101112请按任意键继续. . . ▮
```

图 12-1　运行结果

2．分配内存空间函数 calloc

函数 calloc 的功能也是分配内存空间，此函数的语法格式如下所示。

```
(类型说明符*)calloc(n,size)
```

上述格式的功能是，在内存动态存储区中分配 n 块长度为"size"字节的连续区域，函数的返回值为该区域的首地址。其中，"(类型说明符*)"用于强制类型转换。

函数 calloc 与函数 malloc 的区别仅在于它一次可以分配 n 块区域。例如：

```
ps=(struet stu*)calloc(2,sizeof(struct stu));
```

其中，"sizeof (struct stu)"的功能是计算 stu 的结构长度，该语句的意思是：按 stu 的长度分配两块连续区域，然后强制转换为 stu 类型，并把其首地址赋值给指针变量 ps。

3．释放函数 free

由于内存区域总是有限的，因此它不能无限制地分配，而且一个程序要尽量省资源，所以当所分配的内存区域不用时就要及时地释放它，以便其他的变量或程序使用。

在动态分配内存时，应该总是在不需要该内存时释放它们。堆上分配的内存会在程序结束时自动释放，最好在使用完这些内存后立即释放，在退出程序之前，也应立即释放。在比较复杂的情况下，很容易出现内存泄漏。当动态分配了一些内存后，没有保留对它们的引用，就会出现内存泄漏，此时无法释放内存，这常常发生在循环中。由于没有释放不再需要的内存，所以程序会使用越来越多的内存，最终占用所有内存。

当然，要释放由 malloc()或 calloc()分配的内存，必须使用函数返回的引用内存的地址。这时我们就要用到 free 函数，函数 free 的格式如下所示。

```
void free(void *p)
```

上述格式的功能是释放指针 p 所指向的内存。其中，参数 p 必须是之前调用函数 malloc 或函数 calloc（另一个动态分配存储区域的函数）时返回的指针。给函数 free 传递其他的值很可能会造成死机或其他灾难性的后果。

这里的指针值不是用来申请动态内存指针本身的，例如下面的代码。

```
int *p1,*p2;
p1=malloc(13*sizeof(int));
p2=p1;
……
free(p2)  /*或者free(p2)*/
```

在上述代码中，malloc 返回值赋给 p1，又把 p1 的值赋给 p2，所以此时 p1 和 p2 都可作为函数 free 的参数。

函数 malloc 是对存储区域进行分配的，函数 free 是释放已经不用的内存区域的，所以这两个函数就可以实现内存区域的动态分配及简单的管理了。

4．函数 realloc()

函数 realloc()的功能是，把 mem_address 所指内存区域的大小更改为 newsize。如果重新分配成功则返回指向所分配内存的指针；否则返回空指针 NULL。当内存不再使用时，应使用free()函数将内存释放。

函数 realloc()可以重用前面通过 malloc()、calloc()或 realloc()分配的内存。函数需要两个参数：一个是指针，它包含前面调用 malloc()、calloc()或 realloc()返回的地址；另一个是要分配的新内存的字节数。

函数 realloc()可以释放第 1 个指针参数引用的之前分配的内存，然后重新分配该内存区域，以满足第 2 个参数指定的新请求。显然，第 2 个参数的值不应超过以前分配的字节数，否则，新分配的内存将与以前分配的内存大小相同。

实例 12-2	通过 malloc 函数分配一个大的内存，然后再分配一个小的内存并查看是否分配成功，如果不成功则使用 free 来释放
	源码路径　daima\12\12-2

本实例的实现文件为"shifang.c"，具体实现代码如下。

```
#include    <stdio.h>
#include    <stdlib.h>
int main(void)  {
  long *buf1,*buf2;
  long size=13000* sizeof(long);
  buf1= (long *)malloc(size);
  if(buf1!=NULL)
        printf("\nAllocation of %ld bytes
successful.\n",size);
  else
  {
      printf("\nAttempt to allocate %ld bytes
failed.\n",size);
              exit(1);
  }
//分配13 000个长型元素的数组
//由于分配内存的函数要求指定需要分配的大小是以字节为单位的，所以这个大小是13000×sizeof(long)。
        //若返回数值为NULL，则表示内存不足，没有分配成功
        //再分配一个同样大小的内存
buf2=(long *)malloc(size);
      if(buf2!=NULL)
{   //若分配成功则输出成功的消息
    printf("\nSecond allocation of %ld bytes successful.\n",size);
    exit(0);
}
else   //若失败则输出失败的消息
    printf("\nSecond attempt to allocate %ld bytes failed.\n",size);
free(buf1);//释放第1个内存
printf("\nFreeing first block.\n");
if((buf2=(long *)malloc(size))!=NULL)
    printf("\nAfter free(),allocation of %ld bytes successful.\n",size);
}
```

拓展范例及视频二维码

范例 **12-2-01**：动态存放学生
信息
源码路径：**演练范例\12-2-01**

范例 **12-2-02**：处理任意长度的
字符串
源码路径：**演练范例\12-2-02**

程序运行后的效果如图 12-2 所示。

在 C 语言中，动态分配的内存基本使用规则如下：

（1）避免分配大量的小内存块。由于分配堆上的内存会有一些系统开销，所以分配许多小的内存块比分配几个大的内存块的系统开销大。

（2）仅在需要时分配内存。只要使用完堆上的内存块，就释放它。

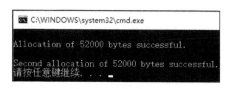

图 12-2　运行结果

（3）确保释放已分配的内存。在编写分配内存的代码时，要确定在代码的什么地方释放内存。

（4）在释放内存之前，确保不会无意覆盖堆上分配的内存地址，否则程序就会出现内存泄

漏。在循环中分配内存时，要特别小心。

12.2　链表详解

　　链表是一种在物理存储单元上非连续、非顺序的存储结构，数据元素的逻辑顺序是通过链表中的指针链接次序实现的。链表由一系列节点（链表中的每一个元素称为一个

　　知识点讲解：视频\第 12 章\
链表详解.mp4

节点）组成，节点可以在运行时动态生成。每个节点包括两个部分：一个是存储数据元素的数据域，另一个是存储下一个节点地址的指针域。本节将详细的讲解 C 语言中链表的基本知识。

12.2.1　链表简介

　　在 C 语言中，可以通过简单类型变量来描述事物的某一方面的特性，例如数量。为了描述大规模的集合类型数据（如向量和矩阵），在 C 语言中引入了数组这一概念。

　　数组的引入可以方便地存储大规模的连续数据，例如向量和矩阵。在使用数组的时候，要求先定义数组及其长度，然后才能使用它。但是在实际的应用中，有时并不知道数据的数量，即不能确定数组的具体长度。例如，在商场内进行问卷调查时，并不知道有多少人可能参与，若使用数组存储信息，则可能会出现两种情况。第 1 种情况是数组的长度过大，可能造成内存空间的浪费。第 2 种情况是给定的数组长度过小，造成存储空间不足。

　　另外，在科学计算方面需要大量的矩阵计算。在进行矩阵运算时，如果表示 130×130 的单精度浮点数，则需要 $130 \times 130 \times sizeof$（float）=40 000 字节。在大规模的科学计算中，可能需要更大规模的矩阵，其所占用的连续内存空间是巨大的，而计算机的内存却很有限。为了解决此问题，必须找到可用的存储方法。通过研究发现，大多数的大规模矩阵为稀疏矩阵，因此这类问题的关键为存储稀疏矩阵。

　　数组数据的存储需要大量连续性存储空间，在计算机内存中可能同时运行多个程序，连续的内存空间是非常有限的，而大多内存空间都分割成各种碎块。如何充分利用内存空间是计算机软件设计中一个非常重要的课题。

　　解决上述问题的一个关键是链表技术及其相关算法的引入。下面介绍简单的线性链表。一个有趣的游戏叫作"老鹰捉小鸡"。由"老母鸡"带头的小鸡队伍如图 12-3 所示。

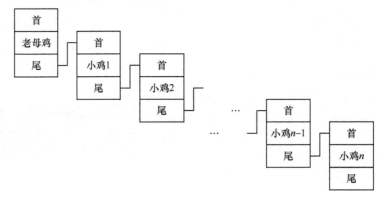

图 12-3　老鹰捉小鸡

　　第一只"小鸡"用手揪住"老母鸡"的尾巴，第二只小鸡揪住第一只"小鸡"的尾巴……，依次类推，最后第 n 只"小鸡"揪住第 $n-1$ 只"小鸡"的尾巴。在游戏过程中，"小鸡"们紧

密地连接在一起，首尾相连，这就是简单线性链表的模型。

实例 12-3 解决"老鹰捉小鸡"的问题
源码路径 daima\12\12-3

本实例利用结构体描述上述关系，可以定义如下所示的结构体。

```
struct Chicken{
    ......
struct Chicken * next;
}
```

在结构体中增加一个新的成员 struct Chicken * next，用于存储下一个对象的内存地址，这样找到"老母鸡"即可找到所有的小鸡。

本实例的实现文件为"lian.c"，具体实现代码如下。

拓展范例及视频二维码

范例 **12-3-01**：构建一个单链表

源码路径：**演练范例\12-3-01**

范例 **12-3-02**：头插法建立单

链表

源码路径：**演练范例\12-3-02**

```c
#include    <stdio.h>
#include    <stdlib.h>
int main(void)
{  long *buf1,*buf2;
   long size=13000* sizeof(long);
   buf1= (long *)malloc(size);
   if(buf1!=NULL)
        printf("\nAllocation of %ld bytes
            successful.\n",size);
   else
   {
        printf("\nAttempt to allocate %ld bytes failed.\n",size);
        exit(1);
   }
   //分配13 000个长型元素的数组
   //由于分配内存的函数要求指定需要分配的大小是以字节为单位的，所以这个大小是13000×sizeof(long)。
        //若返回数值为null，则表示内存不足，没有分配成功
        //再分配一个同样大小的内存
   buf2=(long *)malloc(size);
        if(buf2!=NULL)
   {    //若分配成功则输出成功的消息
        printf("\nSecond allocation of %ld bytes successful.\n",size);
        exit(0);
   }
   else //若失败则输出失败的消息
        printf("\nSecond attempt to allocate %ld bytes failed.\n",size);
   free(buf1);//释放第1个内存块
   printf("\nFreeing first block.\n");
   if((buf2=(long *)malloc(size))!=NULL)
        printf("\nAfter free(),allocation of %ld bytes successful.\n",size);
}
```

程序运行后的效果如图 12-4 所示。

图 12-4　运行结果

12.2.2　单向链表

在 C 语言单向链表的每个节点中，除了信息域以外还有一个指针域，它用来指出后续节点，单向链表中最后一个节点的指针域为空（NULL）。单向链表由头指针唯一确定，因此单向链表可以用头指针的名字来命名，例如头指针名为 head 的单向链表称为表 head，头指针指向单向链表的第 1 个节点。在用 C 语言实现时，首先说明一个结构类型，这个结构类型包含一个（或

多个）信息成员以及一个指针成员。例如下面的代码。

```
#define NULL 0
typedef int DATATYPE
typedef struct node{
    DATATYPE info;
    node *next;
}LINKLIST;
```

链表结构包含指针型的结构成员，类型为指向相同结构类型的指针。根据 C 语言的语法要求可知，结构成员不能是结构自身类型，即结构不能自己定义自己，因为这样将会导致一个无穷的递归定义，但结构成员可以是结构自身的指针类型，通过指针引用自身类型的结构。

链表中的每个节点都是 lINKIST 结构类型的一个变量，例如下面的代码定义了一个链表的头指针 head 和两个指向链表节点的指针 p 和 q。

```
LINKLIST *head,*P, *q;
```

根据结构成员的引用方法可知，当 p 和 q 分别指向链表的确定节点后，p->info 和 p->next 分别是某个节点的信息分量和指针分量，LINKLIST 结构的信息分量是整型，可以用常规的方法来对这两个节点的信息分量进行赋值。具体代码如下。

```
p->info=20;
q->info=30;
```

指针分量是指向 LINKLIST 类型变量的指针，指针将存储链表的下一个节点的首地址，在链表尾部的最后一个节点的指针域中，指针值为空（NULL）。

```
head=p;
p->next=q;
q->next=NULL;
```

经上述的赋值处理后，将组成图 12-5 所示的一个链表。

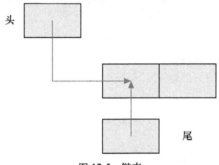

头

尾

图 12-5　链表

将建立单向链表的算法写为函数 create()，该函数能够将顺序输入的一个组数构造为一个首尾相接的单向链表。为了将新节点放在当前链表的尾部，函数特意定义了一个尾指针 tail，使其一直指向当前链表的尾节点。

实例 12-4　创建一个单向链表，并输出节点中的数据
源码路径　daima\12\12-4

本实例的实现文件为"dan.c"，具体实现代码如下。

```
#define NULL 0//定义字符常量
typedef struct node//定义结构体类型以及该结构体类型
的别名
{
    int info;
    struct node *next;
}LINKLIST;
int main(void)
{
    LINKLIST *head, *p, x, y, z;//定义结构体类型的变量
    x.info = 10;//为节点的info成员赋值
```

拓展范例及视频二维码

范例 **12-4-01**：尾插法建立单链表
源码路径：**演练范例\12-4-01**

范例 **12-4-02**：计算单链表的长度
源码路径：**演练范例\12-4-02**

```
        y.info = 20;
        z.info = 30;
        head = &x;//定义指针head指向节点x
        x.next = &y;//定义节点x的下一个成员指向节点y
        y.next = &z;//定义节点y的下一个成员指向节点z
        z.next = NULL;//定义节点z的下一个成员为空指针
        p = head;//定义指针p也指向节点x
        while (p != NULL)
        {
                printf("%d\n", p->info);//输出p指向的节点的info成员
                p = p->next;//指针p指向下一个节点
        }
}
```

程序运行后的效果如图 12-6 所示。在实际应用中，不但可以创建单向链表，而且还可以对节点进行处理，例如添加和删除等操作。

1. 插入节点

在单向链表中插入一个节点会使插入位置前面节点的指针发生变化，例如如下代码在单向链表的 p 节点后面插入一个信息域的值为 x 的新节点。

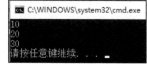

图 12-6 运行结果

```
void insert(LINKLIST*p, DATATYPE x) {
LINKLIST *newp=new(LINKLIST);
    newp->info=x;
    newp->next=p->next;
    p->next=newp;
}
```

在插入一个节点时，首先要由 new（LINKLIST）向系统申请一个存储 LINKLIST 类型变量的空间，并将该空间的首地址赋给指向新节点的指针 newp。在为该新节点的信息域赋值后，先要将插入位置后面节点的指针赋值给该节点的指针域，然后才能将指向该节点的指针赋值给前一个节点的指针域，这样来完成节点的插入过程。

2. 删除节点

在单向链表中删除节点同样要引起前面节点的指针的变化，例如下面代码会删除单向链表节点*p 后面的节点。

```
void delete(LINKLIST *p) {
    LINKKLIST *temp;
    temp=p->next;
    p->next=P->next->next;
    delete (temp);
    }
```

将指向删除节点的指针保存在一个同类型的指针变量中，然后将前一个节点的指针调整到指向后一个节点，最后将删除节点释放给系统。

3. 遍历链表

由于链表是一个动态的数据结构，链表的各个节点由指针链接在一起，所以在访问链表元素时可通过每个链表节点的指针逐个找到下一个节点，一直找到链表尾，最后一个节点的指针为空。例如如下所示的遍历链表函数。

```
void outputlist(LINKLIST *head)
    LINKLIST *current=head->next;
    while(current! =NULL) {
     printf("%d\n",current->info);
     current=current->next;
    }
    return;
    }
```

12.2.3 创建一个链表

当在 C 语言中使用链表时，通常将链表中的每个数据对象称为节点。创建链表的基本步骤

如下所示。

(1) 创建第 1 个节点，并保存此节点的内存地址。

(2) 创建第 2 个节点，将第 2 个节点的首地址保存在第 1 个节点的成员变量中。

(3) 以此类推，创建第 *n* 个节点，并将此节点的地址存储到第 *n*-1 节点的成员变量中。

例如下面的演示代码。

```
struct Node{
    ……
    struct Node * Next; /*下一个对象的位置*/
};
struct Node *Create(unsigned int Size) {
    struct Node *pHead=NULL;
    struct Node *pOne=NULL;
    struct Node *pPrevOne=NULL;
    int I;
    pOne=malloc(sizeof(struct Node));
    pOne ->Next=NULL;
    pPrevOne=pHead=pOne;
    /*构建循环*/
for(I=0;I<Size;I++){
    ……
    pPrevOne=pOne;
    pOne=( struct Node *)malloc(sizeof(struct Node));
    pPrevOne->Next=pOne;
    }
    return pHead;
}
```

12.2.4　删除整个链表

在 C 语言中，删除链表的基本操作步骤如下。

(1) 获得第 1 个节点的地址。

(2) 根据第 1 个节点获得第 2 个节点的地址。

(3) 调用 free 函数释放第 1 个节点。

(4) 根据第二个节点获得第 3 个节点地址。

(5) 调用 free 函数释放第 2 个节点。

(6) 以此类推从头到尾删除所有的对象。

例如下面的演示代码。

```
struct Node{
    ……
    struct Node * Next; /*下一个对象的位置*/
};
void RemoveAll(struct Node *List){
    struct Node *pHead=NULL;
    struct Node *pOne=NULL;
    pOne= List;
    while(pOne->Next!=NULL){
    pPrevOne=pOne;
    pOne=pOne->Next;
    free(pPrevOne);
    }
}
```

12.2.5　在链表中插入节点

在 C 语言的链表中，插入节点的基本步骤如下。

(1) 获得第 1 个节点的地址。

(2) 找到插入节点的位置。

(3) 创建新的节点 InsertNode。

（4）将当前节点的下一个节点信息存储到新创建节点 InsertNode 的成员变量中。

（5）将 InsertNode 的地址存储到当前节点的成员变量中。

例如下面的演示代码。

```
struct Node{
    ......
    struct Node * Next;                     /*下一个对象的位置*/
};
int InsertElement (struct Node *List,int I, struct Node *Node)
{
    /* List为链表的第1个节点地址，I为第n个元素。如果存在，则返回I，否则返回0*/
    struct Node *pOne=NULL;
    struct Node *pNewOne=NULL;
    int j=0;                                /*计数器*/
    pOne= List;                             /*指向数组的第1个节点*/
    /*顺序查找，直到到达链表的尾部或j=I*/
    while((pOne!=NULL)&&(j<I-1))
    {
      pOne=pOne->Next;                      /*查找下一个节点*/
      j++;
    }
    if((pOne->Next==NULL)||(j>I-1))         /*第I个元素不存在*/
      return 0;
      pNewOne= ( struct Node *)malloc(sizeof(struct Node)); {
      /*拷贝参数Node信息到新增加的节点pNewOne */
      ......
      pNewOne ->Next= Node ->Next;
    }
    pNewOne ->Next= pOne ->Next;           /*将下一节点的地址复制到插入节点的成员变量中*/
    pOne ->Next= pNewOne;                   /*将插入节点的地址复制到当前节点的成员变量中*/
    return j;
}
```

12.2.6　在链表中删除节点

在 C 语言的链表中，插入节点的基本操作步骤如下。

（1）获得第 1 个节点的地址

（2）找到将要删除节点的位置。

（3）保存准备删除节点的地址。

（4）将准备删除节点的下一节点地址存储到前一个节点的成员变量中。

（5）删除准备删除的节点。

例如下面的演示代码。

```
struct Node{
    ......
    struct Node * Next;                              /*下一个对象的位置*/
};
int RemoveElement (struct Node *List,int I)
{
    /* List为链表的第1个节点地址，I为第n个元素。如果存在，则返回I，否则返回0*/
    struct Node *pOne=NULL;
    struct Node *pDeleteOne=NULL;
    int j=0;                                         /*计数器*/
    pOne= List;                                      /*指向数组的第1个节点*/
    /*顺序查找，直到到达链表的尾部或j=I*/
    while((pOne!=NULL)&&(j<I-1))
    {
      pOne=pOne->Next;                               /*查找下一节点*/
      j++;
    }
    if((pOne->Next==NULL)||(j>I-1))                  /*第I个元素不存在*/
      return 0;
      pDeleteOne = pOne ->Next;                      /*找到准备删除的节点*/
      pOne ->Next= pDeleteOne->Next0;                /*将准备删除的节点下一节点的地址
      /*复制到前一节点的成员变量中*/
```

```
        free(pDeleteOne);                              /*删除节点，并释放空间*/
        return j;
}
```

引入结构体后，还可以解决更加复杂的计算机软件问题，例如堆栈、队列、二叉树和图等多种复杂算法的设计，具体的情况请参考数据结构方面的资料。

12.2.7　双向链表

双向链表也被为双链表，是链表的一种，它的每个数据节点都有两个指针，分别指向直接后继和直接前驱。所以从双向链表的任意一个节点开始，都可以很方便地访问它的前驱节点和后继节点。一般我们都构造双向循环链表。

在双向链表中，除含有数据域外，节点还有两个链域：一个存储直接后继节点的地址，一般称为右链域；一个存储直接前驱节点的地址，一般称为左链域。C 语言可以将双向链表节点类型定义为如下所示的格式。

```
typedef strUCt node{
    int data;                          /*数据域*/
    struct node *llink,*rlink;         /*链域，*llink是左链域指针，*rlink是右链域指针*/
}JD;
```

当然，也可以把一个双向链表构建成一个双向循环链表。双向链表与单向链表一样，也有3 种基本运算：查找、插入和删除。

1. 查找

假如要在一个带表头的双向循环链表中查找数据域为某一特定值的节点时，应从表头节点往后依次比较各节点数据域的值，若正是该特定值，则返回指向节点的指针，否则继续往后查，直到表尾。下面的代码演示了应用双向循环链表查找算法的过程。

```
#include <stdio.h>
#include <malloc.h>
#define N 13
typedef struct node{
 char name[20];
 struct node *llink,*rlink;
}stud;
stud * creat(int n){
 stud *p,*h,*s;
 int i;
 if((h=(stud *)malloc(sizeof(stud)))==NULL)
 {
  printf("不能分配内存空间!");
  exit(0);
 }
 h->name[0]= '\0';
 h->llink=NULL;
 h->rlink=NULL;
 p=h;
 for(i=0;i<n;i++)
 {
  if((s= (stud *) malloc(sizeof(stud)))==NULL)
  {
   printf("不能分配内存空间!");
   exit(0);
  }
  p->rlink=s;
  printf("请输入第%d个人的姓名",i+1);
  scanf("%s",s->name);
  s->llink=p;
  s->rlink=NULL;
  p=s;
 }
 h->llink=s;
 p->rlink=h;
 return(h);
```

```
}
stud * search(stud *h,char *x){
 stud *p;
 char *y;
 p=h->rlink;
 while(p!=h)
 {
  y=p->name;
  if(strcmp(y,x)==0)
   return(p);
  else p=p->rlink;
 }
 printf("没有查找到该数据!");
}
void print(stud *h){
 int n;
 stud *p;
 p=h->rlink;
 printf("数据信息为: \n");
 while(p!=h)
 {
  printf("%s ",&*(p->name));
  p=p->rlink;
 }
 printf("\n");
}
int main(void){
 int number;
 char studname[20];
 stud *head,*searchpoint;
 number=N;
 clrscr();
 head=creat(number);
 print(head);
 printf("请输入你要查找人的姓名:");
 scanf("%s",studname);
 searchpoint=search(head,studname);
 printf("你所要查找人的姓名是:%s",*&searchpoint->name);
```

2. 插入

对于双向循环链表，我们现在可以随意地在某个已知节点 p 前或者后插入一个新的节点。假设 s、p、q 是 3 个连续节点的指针，如果要在 p 前插入一个新节点 r，则只需把 s 的右链域指针指向 r，r 的左链域指针指向 s，r 的右链域指针指向 p，p 的左链域指针指向 r 即可。在 p 和 q 之间的插入原理也一样。

读者可以参阅光盘中的代码来了解双向循环链表插入算法的实现方法。

3. 删除

删除某个节点的过程其实就是插入某个节点的逆操作。对于双向循环链表来说，要在连续的 3 个节点 s、p、q 中删除 p 节点，只需把 s 的右链域指针指向 q、q 的左链域指针指向 s，并收回 p 节点就可以了。

读者可以参阅光盘中的代码，来了解双向循环链表删除算法的实现方法。

12.2.8 循环链表

循环链表是与单链表一样，是一种链式的存储结构，所不同的是，在循环链表中最后一个节点的指针指向该循环链表的第 1 个节点或者表头节点，从而构成一个环形的链。

循环链表的运算和单链表的运算基本一致，二者的不同点如下所示。

（1）在建立一个循环链表时，必须使其最后一个节点的指针指向表头节点，而不是像单链表那样置为 NULL。此种情况还适用于在最后一个节点后插入一个新的节点。

（2）在判定是否到达表尾时，应判定该节点链域的值是否是表头节点，当链域值等于表头指针时，说明已到表尾。而非像单链表那样判定链域值是否为 NULL。

12.3　技　术　解　惑

12.3.1　链表的总结

下面的代码演示了链表的基本操作。

```
typedef struct Node{        /* 定义单链表节点类型 */
    elemType element;
    Node *next;
}Node;


/* （1）初始化线性表，即置单链表的表头指针为空 */
void initList(Node **pNode)
{
    *pNode = NULL;
    printf("initList函数执行，初始化成功\n");
}

/* （2）创建线性表，若函数输入负数则终止读取数据*/
Node *creatList(Node *pHead)
{
    Node *p1;
    Node *p2;

    p1=p2=(Node *)malloc(sizeof(Node)); //申请新节点
    if(p1 == NULL || p2 ==NULL)
    {
        printf("内存分配失败\n");
        exit(0);
    }
    memset(p1,0,sizeof(Node));

    scanf("%d",&p1->element);           //输入新节点
    p1->next = NULL;                    //新节点的指针置为空
    while(p1->element > 0)              //输入的值大于0则继续，直到输入的值为负
    {
        if(pHead == NULL)              //空表，接入表头
        {
            pHead = p1;
        }
        else
        {
            p2->next = p1;             //非空表，接入表尾
        }
        p2 = p1;
        p1=(Node *)malloc(sizeof(Node));    //再重新申请一个节点
        if(p1 == NULL || p2 ==NULL)
        {
        printf("内存分配失败\n");
        exit(0);
        memset(p1,0,sizeof(Node));
        scanf("%d",&p1->element);
        p1->next = NULL;
    }
    printf("执行creatList函数，链表创建成功\n");
    return pHead;               //返回链表的头指针
}

/* （3）打印链表，遍历链表*/
void printList(Node *pHead)
{
```

```
        if(NULL == pHead)     //链表为空
        {
            printf("执行PrintList函数，链表为空\n");
        }
        else
        {
            while(NULL != pHead)
            {
                printf("%d ",pHead->element);
                pHead = pHead->next;
            }
            printf("\n");
        }
}

/* （4）清除线性表L中的所有元素，即释放单链表L中的所有节点，使之成为一个空表 */
void clearList(Node *pHead)
{
    Node *pNext;                //定义一个与pHead相邻的节点

    if(pHead == NULL)
    {
        printf("执行clearList函数，链表为空\n");
        return;
    }
    while(pHead->next != NULL)
    {
        pNext = pHead->next;//保存下一节点的指针
        free(pHead);
        pHead = pNext;        //表头下移
    }
    printf("执行clearList函数，清除链表\n");
}

/* （5）返回单链表的长度 */
int sizeList(Node *pHead)
{
    int size = 0;

    while(pHead != NULL)
    {
        size++;               //遍历链表size大小比链表的实际长度小1
        pHead = pHead->next;
    }
    printf("执行sizeList函数，链表长度为 %d \n",size);
    return size;       //链表的实际长度
}

/* （6）检查单链表是否为空。若为空则返回1；否则，返回0 */
int isEmptyList(Node *pHead)
{
    if(pHead == NULL)
    {
        printf("执行isEmptyList函数，链表为空\n");
        return 1;
    }
    printf("执行isEmptyList函数执行，链表非空\n");

    return 0;
}

/* （7）返回单链表中第pos个节点中的元素，若pos超出范围，则程序停止运行 */
elemType getElement(Node *pHead, int pos)
{
    int i=0;

    if(pos < 1)
    {
        printf("执行getElement函数，pos值非法\n");
```

```
            return 0;
        }
        if(pHead == NULL)
        {
            printf("执行getElement函数，链表为空\n");
            return 0;
            //exit(1);
        }
        while(pHead !=NULL)
        {
            ++i;
            if(i == pos)
            {
                break;
            }
            pHead = pHead->next; //移到下一节点
        }
        if(i < pos)                     //链表长度不足则退出
        {
            printf("执行getElement函数，pos值超出链表长度\n");
            return 0;
        }

        return pHead->element;
}
/* （8）从单链表中查找具有给定值x的第1个元素。若查找成功则返回该节点数据域的存储地址；否则，返回NULL */
elemType *getElemAddr(Node *pHead, elemType x)
{
        if(NULL == pHead)
        {
            printf("执行getElemAddr函数，链表为空\n");
            return NULL;
        }
        if(x < 0)
        {
            printf("执行getElemAddr函数，给定值x不合法\n");
            return NULL;
        }
        while((pHead->element != x) && (NULL != pHead->next))
        //判断是否到链表末尾，以及是否存在所要查找的元素
        {
            pHead = pHead->next;
        }
        if((pHead->element != x) && (pHead != NULL))
        {
            printf("执行getElemAddr函数，在链表中未找到x值\n");
            return NULL;
        }
        if(pHead->element == x)
        {
            printf("执行getElemAddr函数，元素 %d的地址为0x%x\n",x,&(pHead->element));
        }

        return &(pHead->element);//返回元素的地址
}
/* （9）把单链表中第pos个节点的值修改为x。若修改成功则返回1；否则，返回0 */
int modifyElem(Node *pNode,int pos,elemType x)
{
        Node *pHead;
        pHead = pNode;
        int i = 0;

        if(NULL == pHead)
        {
            printf("执行modifyElem函数，链表为空\n");
        }
        if(pos < 1)
```

```
        {
                printf("执行modifyElem函数，pos值非法\n");
                return 0;
        }
        while(pHead !=NULL)
        {
                ++i;
                if(i == pos)
                {
                        break;
                }
                pHead = pHead->next;        //移到下一个节点
        }
        if(i < pos)                         //链表长度不足则退出
        {
                printf("执行modifyElem函数，pos值超出链表长度\n");
                return 0;
        }
        pNode = pHead;
        pNode->element = x;
        printf("执行modifyElem函数\n");

        return 1;
}

/*（10）向单链表的表头插入一个元素 */
int insertHeadList(Node **pNode,elemType insertElem)
{
        Node *pInsert;
        pInsert = (Node *)malloc(sizeof(Node));
        memset(pInsert,0,sizeof(Node));
        pInsert->element = insertElem;
        pInsert->next = *pNode;
        *pNode = pInsert;
        printf("执行insertHeadList函数，成功向表头插入元素\n");

        return 1;
}

/*（11）向单链表的末尾添加一个元素 */
int insertLastList(Node **pNode,elemType insertElem)
{
        Node *pInsert;
        Node *pHead;
        Node *pTmp; //定义一个临时链表用来存放第1个节点

        pHead = *pNode;
        pTmp = pHead;
        pInsert = (Node *)malloc(sizeof(Node)); //申请一个新节点
        memset(pInsert,0,sizeof(Node));
        pInsert->element = insertElem;

        while(pHead->next != NULL)
        {
                pHead = pHead->next;
        }
        pHead->next = pInsert;      //将链表末尾节点的下一节点为新添加的节点
        *pNode = pTmp;
        printf("执行insertLastList函数，成功向表尾插入元素\n");

        return 1;
}

/****************************************************************/
int main(void)
{
        Node *pList=NULL;
        int length = 0;
```

```
        elemType posElem;

        initList(&pList);           //链表初始化
        printList(pList);           //遍历链表，打印链表

        pList=creatList(pList);  //创建链表
        printList(pList);

        sizeList(pList);            //链表的长度
        printList(pList);

        isEmptyList(pList);         //判断链表是否为空链表

        posElem = getElement(pList,3);   //获取第3个元素，如果元素不足3个，则返回0
        printf("执行getElement函数，位置3中的元素为 %d\n",posElem);
        printList(pList);

        getElemAddr(pList,5);      //获得元素5的地址

        modifyElem(pList,4,1);   //将链表中位置4中的元素修改为1
        printList(pList);

        insertHeadList(&pList,5);     //表头插入元素12
        printList(pList);

        insertLastList(&pList,10);    //表尾插入元素10
        printList(pList);

        clearList(pList);           //清空链表
        system("pause");

}
```

12.3.2　面试题——判断单链表是否有环

判断链表是否存在环的方法为：设有两个指针（fast，slow），它们的初始值都指向头指针，slow 每次前进一步，fast 每次前进两步，如果链表存在环，则 fast 必定先进入环，而 slow 后进入环，这时两个指针必定相遇。具体实现代码如下。

```
#include<stdio.h>
#include<stdlib.h>

typedef struct node{
    int elem;
    struct node * next;
}Node, *NodeList;

bool IsExitsLoop(NodeList head){
    NodeList slow=head,fast=head;
    while(fast && fast->next){
        slow=slow->next;
        fast=fast->next->next;
        if(slow==fast)
            break;
    }
    return !(fast==NULL || fast->next==NULL);
}

int main(void){
    //创建一个有环的单链表
    NodeList head=NULL,p,q;
    for(int i=1;i<=5;i++){
        p=(NodeList)malloc(sizeof(Node));
        p->elem=i;
        if(head==NULL)
            head=q=p;
        else
            q->next=p;
```

```
                q=p;
        }
        p=(NodeList)malloc(sizeof(Node));
        p->elem=6;
        q->next=p;
        q=p;
        q->next=head->next->next->next;
        //判断单链表是否存在环
        printf("单链表是否存在环: ");
        bool b=IsExitsLoop(head);
        printf("%s\n",b==false?"false":"true");
}
```

12.3.3 面试题——实现单链表逆置

具体实现代码如下。

```
#include<stdio.h>
#include<stdlib.h>
typedef struct node{
    int data;
    struct node *next;
}Node;

//创建链表
Node *createList(void){
    int val,i,n;
    Node *head,*p,*q;
    head=NULL;
    printf("请输入您要建立的链表长度:\n");
    scanf("%d",&n);
    printf("请输入您要输入的数据:\n");
    for(i=0;i<n;i++){
        scanf("%d",&val);
        p=(Node*)malloc(sizeof(Node));
        p->data=val;
        if(head==NULL)
            head=q=p;
        else
            q->next=p;
        q=p;
    }
    p->next=NULL;
    return head;
}
//链表的逆置
Node *ReverseList(Node *head){
    Node *p,*q,*r;
    p=head;
    q=r=NULL;
    while(p){
        q=p->next;
        p->next=r;
        r=p;
        p=q;
    }
    return r;
}
//输出链表
void ShowList(Node *head){
    Node *p;
    p=head;
    while(p){
        printf("%d ",p->data);1
        p=p->next;
    }
    printf("\n");
}
int main(void){
    Node *head;
```

```
head=createList();
printf("链表逆置前的数据:\n");
ShowList(head);
head=ReverseList(head);
printf("链表逆置后的数据:\n");
ShowList(head);
}
```

12.4 课后练习

1. 一个字符串包含 n 个字符，编写一个 C 程序，将此字符串中从第 m 个字符开始之后的全部字符复制成为另一个字符串。

2. 建立一个链表，其中每个节点数据包括：学号、姓名、性别、年龄。输入一个年龄，如果在链表中节点所包含的年龄等于此年龄，则将此节点删去。

3. 有两个链表 a 和 b，设节点中包含学号和姓名，从 a 链表中删除和 b 链表中相同学号的节点。

4. 编写一个 C 程序实现链表的建立、输出、删除和插入，在主函数中指定需要删除和插入节点的数据。

5. 13 个人围成一圈，从第 1 个人开始顺序报数 1、2、3，凡是报到 3 者退出圈子。找出最后留在圈子中原来人的序号。要求用链表来实现。

第 13 章

位 运 算

　　前面介绍的各种运算都是以字节为最基本单位进行的，但在很多系统程序中常要求在位（bit）一级进行运算或处理。C 语言提供了位运算的功能，这使得 C 语言也能像汇编语言一样来编写系统程序。本章将详细讲解位运算的基本知识和具体的使用方法。

13.1 位运算符和位运算

C 语言的发展与操作系统的发展密切相关，其最早的用途就是为了编制 UNIX 操作系统的。到目前为止，几乎所有的操作系统和主流的应用软件均由 C 语言来

知识点讲解：视频\第 13 章\什么是位运算符和位运算.mp4

编写。操作系统作为计算机系统中最基础和最底层的软件平台，是计算机硬件与应用软件之间的桥梁。在 C 语言出现之前，操作各种硬件的主要开发工具是汇编语言。使用汇编语言可以直接操作硬件，并且汇编程序具有体积小、运行速度快的特点。为了能够编写出与汇编程序相当的程序，C 语言引入了指针和位运算这两个概念。C 语言提供了如下 6 种位运算符。

- ❑ &：按位与。
- ❑ |：按位或。
- ❑ ^：按位异或。
- ❑ ~：取反。
- ❑ <<：左移。
- ❑ >>：右移。

本节将详细讲解上述 6 种位运算符的基本知识。

13.1.1 按位与运算

按位与运算符"&"是一个双目运算符，其功能是将参与运算的两个数的对应的二进制位进行与操作。只有对应的两个二进制位均为 1 时，结果位才为 1，否则为 0。参与运算的数以补码的方式出现。例如，9&5 可以写为如下所示的算式。

```
  00001001      （9 的二进制补码）
& 00000101      （5 的二进制补码）
  00000001      （1 的二进制补码）
```

可由此见 9&5=1。

按位与运算通常用来对某些位进行清零操作或保留某些位。例如把 a 的高 8 位清零，保留低 8 位，可进行 a&255 运算（255 的二进制数为 0000000011111111）。

按位与运算的实质是将参与运算的两个数据，按对应的二进制数位逐位地进行逻辑与运算。例如整型常量 4 和 7 进行按位与运算的过程如下所示。

```
  0000 0000 0000 0100
& 0000 0000 0000 0111
  0000 0000 0000 0100
```

如果是负数，则需要按其补码进行运算。例如整型常量-4 和 7 进行按位与运算的过程如下所示。

```
  1111 1111 1111 1100
& 0000 0000 0000 0111
  0000 0000 0000 0100
```

按位与运算的主要用途如下所示。

（1）清零：快速地对某一段数据单元中的数据清零，即将其全部的二进制位置为 0。例如整型数 a=321 对其全部数据清零的操作为 a=a&0x0。

    0000 0001 0100 0001

& 0000 0000 0000 0000

    0000 0000 0000 0000

（2）获取数据中的指定位。假如要获得整型数 a 的低 8 位数据的操作为"a=a&0xFF"，则可以通过如下所示的代码来实现。

```
int main(void){
    int a=9,b=5,c;
    c=a&b;
    printf("a=%d\nb=%d\nc=%d\n",a,b,c);
}
```

（3）保留数据区中的特定位。假如要保留整型数 a=321 的第 7～8 位（从 0 开始），则可以通过如下所示的过程实现。

    0000 0001 0100 0001

& 0000 0001 1000 0000

    0000 0001 0000 0000

13.1.2 按位或运算

    按位或运算符"|"是一个双目运算符，其功能是将参与运算的两个数的对应的二进制位进行或运算。只要对应的两个二进制位有一个为 1 时，结果位就为 1。参与运算的两个数均以补码的方式出现。例如整型常量 5 和 7 进行位或运算的表达式为 5|7，具体结果如下。

0000 0000 0000 0101

<u>0000 0000 0000 0111</u>

0000 0000 0000 0111

    位或运算的主要用途是设定数据的指定位。例如整型数"a=321"将其低 8 位数据置为 1 的操作为"a=a|0XFF"。

0000 0001 0100 0001

<u>0000 0000 1111 1111</u>

0000 0000 1111 1111

    例如：9|5 的算式如下。

00001001

<u>|00000101</u>

00001401   （十进制为 13）可见 9|5=13

具体的实现代码如下所示。

```
int main(void){
    int a=9,b=5,c;
    c=a|b;
    printf("a=%d\nb=%d\nc=%d\n",a,b,c);
}
```

13.1.3 按位异或运算

    按位异或运算符"^"是一个双目运算符，其功能是将参与运算的两个数的对应的二进制位进行异或运算。当两个对应的二进制位相异时，结果为 1。参与运算的两个数仍以补码的方式出现，例如 9^5 可写成如下算式。

00001001

<u>^00000101</u>

00001400   （十进制为 12）

实现代码如下所示。

```
int main(void){
    int a=9;
    a=a^5;
    printf("a=%d\n",a);
}
```

例如，整型常量 5 和 7 按位异或运算的表达式为 5^7，结果如下。

```
        5=          0000 0000 0000 0101
^       7=          0000 0000 0000 0111
        =           0000 0000 0000 0010
```

按位异或运算的主要用途如下所示。

（1）定位翻转。例如设定一个数据的指定位，将 1 变为 0，0 变为 1。例如将整型数"a=321"的低 8 位数据进行翻位的操作为 a=a^0XFF，即为下面的运算过程。

$$(a)\ 10 = (321)\ 10 = (0000\ 0001\ 0100\ 0001)\ 2$$
$$a^\wedge 0XFF = (0000\ 0001\ 1011\ 1110)\ 2 = (0x1BE)\ 16$$

```
        321=        0000 0001 0100 0001
^       0xFF=       0000 0000 1111 1111
        =           0000 0001 1011 1110
```

（2）数值交换。例如 a=3、b=4，这样可以通过如下代码无须引入第 3 个变量，利用位运算来实现数据交换。

```
int main(int argc, char* argv[]){
    int a,b;
    a=3,b=4;
    printf("\na=%d,b=%d",a,b);
    a=a^b;
    b=b^a;
    a=a^b;
    printf("\na=%d,b=%d",a,b);
    return 0;
}
```

上述程序的运算过程如下。

```
b=b^ (a^b) =b^b^a=a;
a=a^b= (a^b) ^ (b^a^b) =a^b^b^a^b= a^a^ b^b ^b=b
```

最终的运行结果如下。

```
a=3, b=4
a=4, b=3
```

13.1.4　取反运算

求反运算符"～"为单目运算符，具有向右结合性的特点。其功能是对参与运算的二进制数按位求反。例如，～9 的运算为：

～（0000 0000 0000 1001）

结果为：

1111 1111 1111 0110

13.1.5　左移运算

左移运算符"<<"是一个双目运算符，其功能把"<<"左边的二进制位全部左移若干位，由"<<"右边的数值指定移动的位数，高位丢弃，低位补 0。例如：

```
a<<4
```

上述代码的功能是把 a 的各个二进制位向左移动 4 位。如 a=00000011（十进制为 3），左移 4 位后为 0011 0000（十进制为 48）。

左移运算的实质是将对应的二进制值左移若干位，并在空出的位置上填 0，最高位溢出并舍弃。例如：

```
int a,b;
a=5;
b=a<<2;
```

如果 b=20，则具体过程如下。

```
(a)10=(5)10=(0000 0000 0000 0101)2
b=a<<2;
b=(0000 0000 0001 0100)2=(20)10
```

从上例可以知 $b/a=4=2\times 2$，这可以看出位运算能实现二倍乘运算。由于位移操作的运算速度比乘法的运算速度快很多，因此在处理数据的乘法运算时，采用位移运算可以获得较快的速度。

13.1.6 右移运算

右移运算符 ">>" 是一个双目运算符，其功能是把 ">>" 左边的各二进制位全部右移若干位，">>" 右边的数值指定移动的位数。例如：

```
a=15,
a>>2
```

这表示把 000001111 右移为 00000011 （十进制为 3）。

右移运算的实质是将对应的二进制值右移若干位，并舍弃出界的数字。如果当前的数据为无符号数，则高位补 0。例如：

```
int (a)10=(5)10=(0000 0000 0000 0101)2
b=a>>2;
b=(0000 0000 0000 0001)2=(1)10
```

如果当前的数据为有符号数，则在右移的时候，要根据符号位决定左边补 0 还是补 1。如果符号位为 0，则左边补 0；但是如果符号位为 1，则根据不同的计算机系统，可能有不同的处理方式。

由此可以看出，位右移运算可以实现除数为 2 的整除运算。在此需要说明的是，对于有符号数，在右移时符号位将随同移动。当它为正数时，最高位补 0，而它为负数时，符号位为 1，最高位是补 0 还是补 1 取决于编译系统的规定。Turbo C 和很多系统规定补 1。另外，如果将所有除 2 的整除运算转换为位移运算，则可提高程序的运行效率。

13.1.7 位运算的应用实例

下面通过一个具体的实例来说明 C 语言按位运算的使用过程。

实例 13-1 对两个数进行位运算并输出结果
源码路径　daima\13\13-1

本实例的实现文件为 "jiao.c"，具体实现代码如下。

```
#include "stdio.h"
int main(void)
{
    int a=255,b=10,i;          //定义3个整型变量
    //计算两个数的与运算
    printf("The %d & %d is %d \n",a,b,a & b);
    //计算两个数的或运算
    printf("The %d | %d is %d \n",a,b,a | b);
    //计算两个数的异或运算
    printf("The %d ^ %d is %d \n",a,b,a ^ b);
    //计算a取反运算的值
    printf("The~%d is %d \n",a,~a);
    printf("decimal\t\tshift left by\tresult\n");
    for(i=1;i<9;i++)
    {
        b=a<<i;                 //使a左移i位
        printf("%d\t\t%d\t\t%d\n",a,i,b);  //输出左移结果
    }
    printf("decimal\t\tshift right by\tresult\n");
```

拓展范例及视频二维码

范例 **13-1-01**：演示位与运算
源码路径：**演练范例\13-1-01**

范例 **13-1-02**：按位清零处理
源码路径：**演练范例\13-1-02**

```
for(i=1;i<9;i++)
{
    b=a>>i;                            //使a右移i位
    printf("%d\t\t%d\t\t%d\n",a,i,b);   //输出右移结果
}
}
```

程序运行后的效果如图 13-1 所示。

上述实例对两个指定数据进行了位运算并输出了运算结果。其实在 C 语言中，还有很多复合的位运算符，具体如下。&=、!=、>>=、<<=、^=。

例如，a&=0x14 等价于 a= a&0x14，其他运算符以此类推。

不同类型的整数在进行混合类型的位运算时，都按右端对齐的原则进行处理，按数据长度大的数据进行处理，将数据长度小的数据左端补 0 或 1。例如 char a 与 int b 进行位运算的时候，按整型进行处理，char a 转化为整型数据，并在左端补 0。具体的补位原则如下。

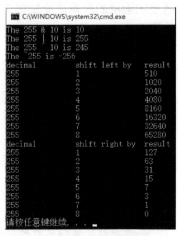

- 有符号数据：如果 a 为正整数，则左端补 0，如果 a 为负数，则左端补 1。

- 无符号数据：在左端补 0。

例如，要获得一个无符号数据中从第 p 位开始的 n 位二进制数据。假设数据右端对齐，第 0 位二进制数在数据的最右端，获得的结果要求右对齐。

图 13-1 运行结果

```c
#include <stdio.h>
/*getbits:获得从第p位开始的n位二进制数 */
unsigned int getbits(unsigned int x, unsigned int p, unsigned n){
    unsigned int a;
    unsigned int b;
    a=x>>(p+1);
    b=~(~0<<n);
    return a&b;
}
int main(void){
    unsigned int a=123;
    unsigned int b;
    b=getbits(a,2,4);
    printf("a=%u\t b=%u\n",a,b);
    printf("a=%x\t b=%x\n",a,b);
}
```

在上述代码中，a 的二进制形式如下所示。

```
0000 0000 0111 1011
```

左移 p+1 位（从 0 开始）：

```
0000 0000 0000 1111
```

0 的二进制形式如下所示。

```
0000 0000 0000 0000
```

0 取反：

```
1111 1111 1111 1111
```

0 右移 4 位（从 0 开始）：

```
1111 1111 1111 0000
```

0 右移 4 位取反，因此 b 的二进制形式为：

```
0000 0000 0000 1111
```

a&b 的运算结果如下所示。

```
0000 0000 0000 1111
```

上述程序的最终运行结果为：

```
a=123 b=15
a=7b b=f
```

13.2 位　域

在存储有些信息时，并不需要占用一个完整的字节，而只须占用几个或一个二进制位。例如在存放一个开关量时，只有0和1两种状态，这时只需用一位二进制数即可。为了节省存储空间，并使处理简便，C语言又提供了一种称为"位域"或"位段"的数据结构。本节将深入讲解位域的基本知识。

知识点讲解：视频\第13章\深入理解位域.mp4

13.2.1 位域的定义和位域变量的说明

所谓"位域"，是指把一个字节中的二进制位划分为几个不同的区域，并说明每个区域的位数。每个域有一个域名，允许程序按域名进行操作。这样就可以把几个不同的对象，用一个字节来表示了。定义位域的方法与定义结构的方法相仿，一般格式如下。

```
struct 位域结构名
    { 位域列表 };
```

其中位域列表的格式如下。

```
类型说明符 位域名:位域长度
```

例如下面的代码：

```
struct bs{
    int a:8;
    int b:2;
    int c:6;
};
```

位域变量的说明方式与结构变量的说明方式相同，可以采用先定义后说明、同时定义和说明或者直接说明这3种方式。例如下面的代码。

```
struct bs{
    int a:8;
    int b:2;
    int c:6;
}data;
```

其中，data为bs变量，共占2字节。其中位域a占8位，位域b占2位，位域c占6位。

C语言中的位域定义需要进行以下3点说明。

（1）一个位域必须存储在同一个字节中，不能跨两个字节。如果一个字节所剩的空间不够存放一个位域时，则应在下一单元存放该位域。也可以有意使某位域从下一单元开始。例如：

```
struct bs{
    unsigned a:4
    unsigned :0          /*空域*/
    unsigned b:4         /*从下一单元开始存放*/
    unsigned c:4
}
```

在上述定义位域的代码中，a占第一个字节的4位，后4位填0表示不使用；b从第二个字节开始，占用4位；c占用4位。

（2）由于位域不允许跨两个字节，因此位域的长度不能大于一个字节的长度。也就是说，不能超过8位二进制位。

（3）位域可以无位域名，这时它只用来填充或调整位置。无名位域是不能使用的。例如：

```
struct k{
        int a:1
        int  :2               /*这两位不能使用*/
        int b:3
        int c:2
};
```

从以上分析可以看出，位域在本质上就是一种结构类型，不过其成员是按二进制位分配的。

13.2.2　位域的使用

位域的使用方法和结构成员的使用方法相同，其一般格式如下。

位域变量名·位域名

位域允许用各种格式进行输出。

实例 13-2　使用位域实现运算

源码路径　daima\13\13-2

本实例的实现文件为"123.c"，具体实现代码如下。

```c
int main(void){
    struct bs {
        unsigned a:1;
        unsigned b:3;
        unsigned c:4;
    } bit,*pbit;
    bit.a=1;
    bit.b=7;
    bit.c=15;
    printf("%d,%d,%d\n",bit.a,bit.b,bit.c);
    pbit=&bit;
    pbit->a=0;
    pbit->b&=3;
    pbit->c|=1;
    printf("%d,%d,%d\n",pbit->a,pbit->b,pbit->c);
}
```

拓展范例及视频二维码

范例 **13-2-01**：演示按位异或运算

源码路径：**演练范例\13-2-01**

范例 **13-2-02**：交换两个数据的值

源码路径：**演练范例\13-2-02**

程序运行后的效果如图 13-2 所示。

图 13-2　运行结果

13.3　技术解惑

13.3.1　二进制补码的运算公式

$-x = \sim x + 1 = \sim(x-1)$

$\sim x = -x - 1$

$-(\sim x) = x + 1$

$\sim(-x) = x - 1$

$x + y = x - \sim y - 1 = (x|y) + (x \& y)$

$x - y = x + \sim y + 1 = (x|\sim y) - (\sim x \& y)$

$x \wedge y = (x|y) - (x \& y)$

$x|y = (x \& \sim y) + y$

$x \& y = (\sim x|y) - \sim x$

$x == y: \sim(x-y|y-x)$

$x != y: x-y|y-x$

$x < y: (x-y) \wedge ((x \wedge y) \& ((x-y) \wedge x))$

$x <= y: (x|\sim y) \& ((x \wedge y)|\sim(y-x))$

$x < y: (\sim x \& y)|((\sim x|y) \& (x-y))$　　//比较无符号数 x、y

$x <= y: (\sim x|y) \& ((x \wedge y)|\sim(y-x))$　　//比较无符号数 x、y

13.3.2　面试题——从某个数中取出指定的某些位

从 0x56cf（它是一个 16 位的整数，对应的二进制为 0101 0110 1100 1111）中取出从第 4 位开始的 4 位，即第 4、5、6、7 位，得到新的数为 0000 0000 0000 1100。

在此需要注意，在硬件开发中，第 4 位其实就是第 5 位，因为数据是从第 0 位算起的，这是电子系统中约定的，最低位是第 0 位（而不是第 1 位）。另外，程序都是将数据定义为无符号数。

在算法中，主要用到两个位运算。一个是位与（&），它用于取得所关注的若干位；另一个是位右移（>>）。

首先，通过位与运算得到所要求的 4 位。

```
  0101011011001111
& 0000000011110000
  0000000011000000
```

然后，右移 4 位（因为是从第 4 位开始的，如果是第 5 位开始则右移 5 位），得到：

```
0000000000001100
```

它首先将原数右移 4 位（因为是从第 4 位开始的），然后对整数 0 进行位求反（~0，即为 1111111111111111），然后将结果左移 4 位（因为要取 4 位）得到 1111111111110000，再求反得到 0000000000001111，将此与上面右移后的数进行位与运算即得到要求的数：0000000000001100。

13.3.3 位域的内存对齐原则

（1）如果相邻的成员变量类型相同，且其位宽之和不大于成员变量类型的位宽（在此郑重强调，这是类型位宽而不是成员变量 sizeof，也不是类型的 sizeof 或者其他参数），则后面的字段将紧邻前一个字段进行存储，直到不能容纳为止。

（2）如果相邻位域字段的类型相同，但其位宽之和不大于成员变量类型的宽度，则后面的字段将从新的存储单元开始，其偏移量其类型大小的整数倍。

（3）如果相邻位域字段的类型不同，不同位域字段存放在不同的位域类型字节中（这其实会根据编译器的不同而采用不同的规则，此处以 Visual C++ 6.0 标准来说明）。

13.4 课后练习

1. 请编写函数。

```
unsigned int reverse_bit(unsigned int value);
```

这个函数的返回值是把 value 的二进制值从左到右变换后的值，例如在 32 位机器上，25 这个值包含下列各个位。

```
00000000000000000000000000011001
```

函数的返回值是 2550136832，它的二进制模式是：

```
10011000000000000000000000000000
```

编写函数时要注意不要让它依赖于机器上整型值的长度。

2. 请编写一个函数，以实现输入一个整数，输出在该数二进制表示中 1 的个数，例如把 9 表示成二进制是 1001。

3. 编写一个程序，输入一个整数后能够显示各位的数字值是多少。

4. 请考虑下面代码的输出结果。

```
#include <stdio.h>

#define MAX 32

void deal(int n,int p1,int p2,int num[])
{
    int i;

    int temp = 0;
    int k = 0;

    int a[MAX];
```

```
        for(i = p1 - 1; i <= p2; i++)
        {
            temp = ( n >> i ) & 1;
            num[k] = temp;
        k++;
        }
}

void output(int p1,int p2,int num[])
{
    int i;
    int n;

    n = p2 - p1;

    for(i = n; i >= 0; i--)
    {
        printf("%d",num[i]);
    }
}

int main(void)
{
    int n;
    int p1,p2;

    int num[MAX]={0};

    printf("please input the int:");
    scanf("%d",&n);

    printf("please input p1,p2:");
    scanf("%d %d",&p1,&p2);

    deal(n,p1,p2,num);

    output(p1,p2,num);
    printf("\n");

    return 0;
}
```

第 14 章

预编译处理

前面的内容已多次使用过以"#"号开头的预处理命令，例如包含命令#include、宏定义命令#define 等。在源程序中这些命令都放在函数之外，而且一般都放在源文件的前面，它们称为预处理部分。C 语言提供了多种预处理功能，如宏定义、文件包含、条件编译等。合理使用预处理功能编写的程序便于阅读、修改、移植和调试，也有利于模块化程序设计。本章将详细介绍编译预处理的基本知识。

14.1 预编译的基础

所谓预处理是指在编译的第一遍扫描（词法扫描和语法分析）之前所做的工作。预处理是 C 语言的一个重要功能，它由预处理程序负责完成。当编译一个源文件时，系统将自动引用预处理程序对源程序中的预处理部分进行处理，处理完毕后自动编译源程序。

知识点讲解：视频\第 14 章\预编译基础.mp4

在软件工程中一个非常重要的问题是软件的可移植性和可重用性问题，例如在计算机平台上开发的程序需要顺利地移植到大型计算机上去运行，同一套代码不进行修改或经过少量的修改即可适应多种计算机系统。C 语言作为软件工程中广泛使用的一门程序设计语言，需要很好地解决此类问题。为此 ANSIC 引入了预编译处理命令，它主要规范和统一不同编译器的指令集合。这些指令控制编译器对不同的代码段进行编译处理，从而生成针对不同计算机的程序。

C 语言主要定义了如下 3 类预编译指令。

- ❑ #define 与#undef 指令
- ❑ #include 指令
- ❑ #if #endif 和#if #else #endif 指令

14.2 宏 定 义

C 语言源程序允许用一个标识符表示一个字符串，这称为"宏"。定义为"宏"的标识符称为"宏名"。在编译预处理时，程序中所有出现的"宏名"，都用宏定义中的字符串去替换，这称为"宏替换"或"宏展开"。

知识点讲解：视频\第 14 章\深入理解宏定义.mp4

宏定义是由源程序中的宏定义命令完成的。宏替换是由预处理程序自动完成的。在 C 语言中，"宏"分为有参数和无参数两种。下面将分别讨论这两种宏定义和调用方法。

14.2.1 不带参数的宏定义

在无参宏的宏名后面不带任何参数，其定义格式如下。

```
#define 标识符 字符串
```

其中，"#"表示这是一条预处理命令。凡是以"#"开头的命令均为预处理命令。"define"为宏定义命令，"标识符"为所定义的宏名。"字符串"可以是常数、表达式、格式字符串等。

前面介绍过的符号常量其实就是一种无参宏。此外，可对程序中反复使用的表达式进行宏定义。例如：

```
#define M (y*y+3*y)
```

上述代码的作用是指定标识符 M 来代替表达式(y*y+3*y)。这样在编写源程序时，所有的(y*y+3*y)都可由 M 来代替，而对源程序进行编译时，则将先由预处理程序进行宏替换，即用(y*y+3*y)表达式去替换所有的宏名 M，然后再进行编译。

看下面的代码。

```
#define PI 3.1415926
int main(void){
float l,s,r,v;
    printf("input radius:");
    scanf("%f",&r);                        /* 输入圆的半径 */
    l = 2.0*PI*r;                          /* 圆周长 */
```

```
    s = PI*r*r;                              /* 圆面积 */
    v = 4.0/3.0*PI*r*r*r;                    /* 球体积 */
    printf("l=%10.4f\ns=%10.4f\nv=%10.4f\n",l,s,v);
}
```

在上述代码中，标识符（称为"宏名"）PI 代替了字符串"3.1415926"。另外，也可以使用"#undef"终止宏定义命令。

关于宏定义的进一步说明如下。

（1）一般宏名用大写字母表示（变量名一般用小写字母表示）。

（2）使用宏可以提高程序的可读性和可移植性。在上述程序中多处需要使用 π 值，用宏名既便于修改又意义明确。

（3）宏定义是用宏名代替字符串，在宏扩展时它仅进行简单替换，不检查语法。语法检查在编译时进行。

（4）宏定义不是 C 语句，后面不能有分号。如果加入分号，则连分号一起替换。例如：

```
#define PI 3.1415926;
area = P*r*r;
```

在宏扩展后成为：

```
area = 3.1315926; *r*r;
```

这样在编译时会出现语法错误。

（5）通常把#define 命令放在一个文件的开头，使其在本文件内全部有效。用#define 定义的宏仅在本文件有效，在其他文件中无效，这与全局变量不同。

（6）宏定义终止命令#undef 可结束先前定义的宏名。

```
#define G 9.8
int main(void){
}
#undef G                          /* 取消G的定义 */
f1()
```

（7）宏定义可以引用已定义的宏名。例如：

```
#define R 3.0
#define PI 3.1415926
#deinfe L 2*PI*R
#define S PI*R*R
int main(void){
    printf("L=%f\nS=%f\n",L,S);
}
```

（8）在程序中用双引号括起来的字符串，即使与宏名相同，也不能替换。例如在上例的 printf 语句中，双引号括起来 L 和 S 不能替换。

实例 14-1　**使用不同的方法输出 3 个实数**
源码路径　daima\14\14-1

本实例的实现文件为"hong.c"，具体实现代码如下。

```
//定义不带参数的宏
#define PR printf
#define NL "\n"
#define Fs "%f"
#define F "%6.2f"
#define F1 F NL
#define F2 F "\t" F NL
#define F3 F "\t" F "\t" F NL
int main(void)
{
    float a,b,c;
    //输入3个实数
    scanf(Fs,&a);
    scanf(Fs,&b);
    scanf(Fs,&c);
    PR(NL);                          //输出换行符
```

拓展范例及视频二维码

范例 **14-1-01**：演示无参宏定义
源码路径：**演练范例\14-1-01**

范例 **14-1-02**：演示带参宏定义
源码路径：**演练范例\14-1-02**

```
//分3行输出3个实数
PR(F1,a);
PR(F1,b);
PR(F1,c);
PR(NL);                                    //输出换行符
//分两行输出3个数
PR(F2,a,b);
PR(F1,c);
PR(NL);                                    //输出换行符
//分一行输出3个数
PR(F3,a,b,c);
}
```

程序运行后先输入 3 个实数，按 Enter 键后将会输出 3 种形式的结果。执行效果如图 14-1 所示。

❋ 注意：在使用不带参数的宏定义时，应该注意如下 5 点。

（1）宏定义必须以#define 开头，行末不分号。

（2）#define 命令一般出现在函数外部。

（3）每一个#define 命令只能定义一个宏，且只占一个书写行。

（4）宏定义中的宏体只是一串字符，没有值和类型。编译系统只对程序中出现的宏名用定义中的宏体进行简单替换，而不进行语法检查，且不分配内存空间。

（5）宏体为空时，宏名定义为字符常量 0。

图 14-1　执行效果

14.2.2　带参数的宏定义

C 语言允许宏带有参数。宏定义中的参数称为形参，宏调用中的参数称为实参。在调用中，带参数的宏不仅要宏展开，而且要用实参来替换形参。

定义带参宏的一般格式如下。

```
#define  宏名(形参表)  字符串
```

调用带参宏的一般格式如下。

```
宏名(实参表);
```

例如：

```
#define M(y)  y*y+3*y                      /*宏定义*/
k=M(5);                                     /*宏调用*/
```

在上述宏调用时，用实参 5 去代替形参 y，经过预处理宏展开后的语句为：

```
k=5*5+3*5
```

看下面的代码。

```
#define MAX(a,b)  (a>b)?a:b
int main(void){
    int x,y,max;
    printf("input two numbers:    ");
    scanf("%d%d",&x,&y);
    max=MAX(x,y);
    printf("max=%d\n",max);
}
```

在上述代码中，第 1 行进行了带参宏的定义操作，用宏名 MAX 表示条件表达式 (a>b)?a:b，形参 a、b 均出现在条件表达式中。程序的第 7 行 max=MAX(x,y) 为宏调用，实参 x、y 将替换形参 a、b。宏展开后该语句为：

```
max=(x>y)?x:y;
```

这实际上是计算 x、y 中的大数。

对于 C 语言中带参宏的定义，有如下 6 点需要进行说明。

（1）在带参宏定义中，宏名和形参表之间不能有空格。例如下面的代码。

```
#define MAX(a,b)  (a>b)?a:b
```

可以写为如下格式。

```
#define MAX (a,b)  (a>b)?a:
```

这样它将认为是无参宏定义，宏名 MAX 代表字符串 (a,b) (a>b)?a:b。宏展开时，宏调用语句"max=MAX(x,y);"将变为"max=(a,b)(a>b)?a:b(x,y);",这显然是错误的。

（2）在带参宏定义中，不给形参分配内存单元，因此不必进行类型定义。而宏调用中的实参有具体的值，要用它们去替换形参，因此必须进行类型说明。这与函数中的情况是不同的。在函数中，形参和实参是两个不同的量，各有自己的作用域，调用时要把实参值赋予形参，进行"值传递"。而在带参宏中，只是符号替换，不存在值传递的问题。

（3）在宏定义中，形参是一个标识符，而在宏调用中，实参可以是表达式。看下面的代码。

```
#define SQ(y) (y)*(y)
int main(void){
    int a,sq;
    printf("input a number:    ");
    scanf("%d",&a);
    sq=SQ(a+1);
    printf("sq=%d\n",sq);
}
```

在上述代码中，第 1 行为宏定义，形参为 y。在程序的第 7 行宏调用中实参为 a+1，它是一个表达式，在宏展开时，用 a+1 替换 y，再用(y)*(y)替换 SQ，这将得到如下语句。

```
sq=(a+1)*(a+1);
```

这与函数的调用是不同的，在函数调用时要把实参表达式的值求出来再赋值给形参。而宏替换中对实参表达式不进行计算直接照原样替换。

（4）在宏定义中，字符串内的形参通常要用括号括起来以避免出错。在上面代码的宏定义(y)*(y)表达式中，y 都用括号括起来，因此结果是正确的。但是如果去掉括号，则程序应改为下面的形式。

```
#define SQ(y) y*y
int main(void){
    int a,sq;
    printf("input a number:    ");
    scanf("%d",&a);
    sq=SQ(a+1);
    printf("sq=%d\n",sq);
}
```

此时的运行结果为：

```
input a number:3
sq=7
```

在此若同样输入 3，但是结果却是不一样的。这是因为只是进行了符号替换而没有进行其他处理。宏替换后将得到以下语句。

```
sq=a+1*a+1;
```

此时由于 a=3，所以 sq 的值为 7。这显然与题意相违，因此参数两边的括号是必不可少的。在参数两边加括号还是不够的，请看下面的程序。

```
#define SQ(y) (y)*(y)
int main(void){
    int a,sq;
    printf("input a number:    ");
    scanf("%d",&a);
    sq=160/SQ(a+1);
    printf("sq=%d\n",sq);
}
```

上述代码和前面的代码相比，只把宏调用语句改为了"sq=160/SQ(a+1)"，运行本程序时如输入值仍为 3，则希望结果为 10。但实际运行的结果如下所示。

```
input a number:3
sq=160
```

为什么会得到这样的结果呢？分析宏调用语句可知，在宏替换之后程序变为：

```
sq=160/(a+1)*(a+1);
```

当 a 为 3 时，由于"/"和"*"运算符的优先级和结合性相同，所以先算 160/(3+1)得 40，再算 40*(3+1)最后得 160。为了得到正确答案应在宏定义的整个字符串外加括号，需要将程序修改为如下代码。

```
#define SQ(y) ((y)*(y))
int main(void){
    int a,sq;
    printf("input a number:    ");
    scanf("%d",&a);
    sq=160/SQ(a+1);
    printf("sq=%d\n",sq);
```

由此可见，宏定义不仅应在参数两侧加括号，也应在整个字符串外加括号。

（5）带参宏和带参函数很相似，但有本质上的不同，除上面已谈到的各点外，同一表达式用函数处理与用宏处理的结果有可能是不同的。

（6）宏定义也可用来定义多个语句，在宏调用时，这些语句又可替换到源程序内。看下面的代码。

```
#defineSSSV(s1,s2,s3,v)s1=l*w;s2=l*h;s3=w*h;v=w*l*h;
int main(void){
    intl=3,w=4,h=5,sa,sb,sc,vv;
    SSSV(sa,sb,sc,vv);
    printf("sa=%d\nsb=%d\nsc=%d\nvv=%d\n",sa,sb,sc,vv);
}
```

在上述代码中，第 1 行为宏定义，用宏名 SSSV 表示 4 个赋值语句，4 个形参分别为 4 个赋值符左侧的变量。在宏调用时，4 个语句展开并用实参代替形参，并使计算结果送入实参之中。

14.2.3　字符串化运算符

字符串化运算符即#运算符，出现在宏定义中的#运算符会把跟在其后的参数转换成一个字符串。有时把这种用法的#称为字符串化运算符。例如：

```
#define PASTE(n) "adhfkj"#n
int main(void)
{
    printf("%s\n",PASTE(15));
}
```

宏定义中的#运算符告诉预处理程序，把源代码中任何传递给该宏的参数转换成一个字符串。所以以上代码的输出应该是 adhfkj15。

14.2.4　并接运算符

并接运算符即##运算符，##运算符的功能是把参数连接到一起。预处理程序把出现在##两侧的参数合并成一个符号。看下面的代码。

```
#define NUM(a,b,c) a##b##c
#define STR(a,b,c) a##b##c
int main(void){
    printf("%d\n",NUM(1,2,3));
    printf("%s\n",STR("aa","bb","cc"));
}
```

运行上述代码后会输出：

```
153
aabbcc
```

但是读者无须担心，除非需要或者宏的用法恰好和手头的工作相关，否则很少有程序员知道##运算符。绝大多数程序员从来都没用过它。

14.3　文　件　包　含

文件包含是指一个源文件可以将另一个源文件的内容全部包含进来。通常一个大的程序可以分为多个模块，并由多个程序员分别编程。有了文件包含处理功能，

📹 知识点讲解：视频\第 14 章\文件包含详解.mp4

就可以将多个模块共用的数据（如符号常量和数据结构）或函数集中到一个单独的文件中。这样，凡是要使用其中的数据或调用其中函数的程序员，只要使用文件包含处理功能就能将所需文件包含进来，不必重复定义它们，从而减少重复劳动。

文件包含是 C 预处理程序的另一个重要功能，文件包含命令行的一般有如下两种形式。

```
#include"文件名"
#include<文件名>
```

上述两种格式的区别如下所示。

（1）使用双引号：系统首先到当前目录下查找被包含文件，如果没找到，则到系统指定的"包含文件目录"（由用户在配置环境时设置）中去查找。

（2）使用尖括号：直接到系统指定的"包含文件目录"去查找。一般地说，使用双引号比较安全。

实例 14-2 将 3 个不同的 C 文件用文件包含命令来处理，输出 3 个数字中的最小值
源码路径　daima\14\14-2

第 1 个 C 文件为"file1.c"，具体实现代码如下。

```
//file1.c源程序文件清单
/* 求两个整数中的最小数*/
int min1(int a, int b) {
    if(a>b) return(b);
    else
        return(a);
}
```

上述代码定义了一个函数 min1，它用于比较两个数字的大小。

第 2 个 C 文件为"file2.c"，具体实现代码如下。

```
//file2.c源程序文件清单
/* 求3个整数中的最小数*/
int min2(int a, int b, int c) {
    int z,m;
    z=min1(a,b);
    m=min1(z,c);
    return (m);
}
```

上述代码定义了一个函数 min2，它首先用 min1 函数比较 a 和 b 的大小，获取小者为 z；然后用 min1 函数比较 z 和 c 的大小，并最终返回小者为 m。

第 3 个 C 文件为"file3.c"，具体实现代码如下。

```
#include "file1.c"
#include "file2.c"
int main(void){
    int x1,x2,x3,min;
    scanf("%d,%d,%d",&x1,&x2,&x3);
    min=min2(x1,x2,x3);
    printf("min=%d\n",min);
}
```

拓展范例及视频二维码

范例 **14-2-01**：使用文件包含
源码路径：**演练范例\14-2-01**

范例 **14-2-02**：设置输出模式
源码路径：**演练范例\14-2-02**

上述代码首先使用#include 包含了前面的两个文件，对用户输入的 3 个数据进行比较，并最终获取最小值。

编译运行文件 file3.c，在命令行中输入 3 个实数。按下 Enter 键后将会输出这 3 个数中的最小值。执行效果如图 14-2 所示。

图 14-2　执行效果

✿ 注意：读者在使用文件包含命令时应该注意如下几点。

（1）一个 include 命令只能指定一个被包含文件，如果想要包含 n 个文件，则应用 n 个 include 命令。

（2）#include 命令的文件名可以使用两种括号。#include <math.h>与#include "math.h"的区别在于系统遇到#include <math.h>命令时从默认的头文件目录中查找文 math.h 文件；系统遇到

#include "math.h" 时首先从当前的目录中搜索，如果没有找到再到默认的头文件目录中查找 math.h 文件。因此若系统包含系统提供的库函数则使用#include <math.h>方式搜索速度比较快；若系统包含用户自定义的.h 文件则使用#include "math.h" 方式搜索速度比较快。

（3）在预处理后，被包含文件与其所在文件成为一个文件，因此，如果被包含文件中定义有全局变量，则在其他文件中不必用 extern 关键字声明。但一般不在被包含文件中定义变量。

（4）文件包含可以嵌套，即在被包含文件中又包含另一个文件。

另外在软件开发中，一般将符号常量、全局变量、函数声明包含在头文件（.h 文件）中，并将其定义放在.c 文件中。在使用的时候，包含对应的头文件即可。例如，下面是常用数学库函数头文件 "math.h" 中的部分代码，其中_Cdecl 为 Turbo C 系统的中保留字。

```
   Definitions for the math floating point package.
   Copyright (c) Borland International 1987,1988
   All Rights Reserved.
   */
   int _Cdecl abs (int x);
   double _Cdecl acos (double x);
   double _Cdecl asin (double x);
   double _Cdecl atan (double x);
   double _Cdecl atan2 (double y, double x);
   double _Cdecl atof (const char *s);
   double _Cdecl ceil (double x);
   double _Cdecl cos (double x);
```

如果在程序中需要使用数学库函数，则在文件中加入如下的代码即可：

```
#include <math.h>
#include"math.h"
```

另外，在使用#include 命令时，对系统文件要使用#include <math.h>的形式；对用户自定义文件则要使用#include "math.h" 的形式。

14.4　条　件　编　译

在编译程序的时候，为了实现控制哪些代码可以参与编译，哪些代码不能参与编译，C 语言特意引入了条件编译指令。使用条件编译可以将针对不同硬件平台或软件平台的代码，编写在同一程序文件中，从而方便程序的维护和移植。在进行软件移植的时候，可以针对不同的情况控制编译不同的代码段。本节将详细讲解常用的 C 条件编译命令的基本知识。

知识点讲解：视频\第 14 章\条件编译.mp4

14.4.1　#ifdef… #else…#endif 命令

此编译命令类似于 C 语言中的 if else 语句，是一种典型的条件编译指令。其语法格式如下。

```
#ifdef常量表达式
    代码段1
#else
    代码段2
#endif
```

其中，"常量表达式" 可以仅为一个编译标志。

如果常量表达式的值为真（非零值），编译 "代码段 1"，否则编译 "代码段 2"。当常量表达式为简单的编译标志时，如果此编译标志在前面的代码中已经用#define 指令定义过，且在当前代码段中有效，则编译代码段 1，否则编译代码段 2。

下面的代码定义了符号常量 CONST_TRUE 和 TAG_TRUE，并根据不同的条件进行不同操作。

```
#define CONST_TRUE 1
#define TAG_TRUE
int main(void){
   #ifdef CONST_TRUE
      printf("The CONST_TRUE is true\n");
   #else
      printf("The CONST_TRUE is false\n");
   #endif
   #ifdef TAG_TRUE
      printf("The TAG_TRUE is defined\n");
   #else
      printf("The TAG_TRUE is not defined\n");
   #endif
}
```

因为 CONST_TRUE 代表 1，所以系统编译 printf（"The CONST_TRUE is true\n"）语句，因此程序输出 "The CONST_TRUE is true" 的结果。如果 CONST_TRUE 代表 0，则系统编译 printf（"The CONST_TRUE is false\n"）语句。由于 TAG_TRUE 已经定义，所以系统编译 printf（"The TAG_TRUE is defined\n"）语句。

最终的运行结果如下所示。

```
The CONST_TRUE is true
The TAG_TRUE is defined
```

此编译指令的简单形式为单分支条件编译指令，其语法格式如下。

```
#ifdef常量表达式
    代码段
#endif
```

如果常量表达式的值为真，则编译 "代码段"，否则跳过此部分的代码。当常量表达式为编译标志时，如果此编译标志有效，则编译 "代码段"，否则跳过此部分的代码。

例如，下面的程序只有定义了 TAG_TRUE 之后，才可以编译 printf（"The TAG_TRUE is defined\n"）语句。

```
#ifdef TAG_TRUE
    printf("The TAG_TRUE is defined\n");
#endif
```

14.4.2   #if defined… #else…#endif

此编译命令为#ifdef… #else…#endif 的等价编译指令，其语法格式如下。

```
#if defined常量表达式
    代码段1
#else
    代码段2
#endif
```

或

```
#if defined (常量表达式)
    代码段1
#else
    代码段2
#endif
```

此编译命令的简单形式为单分支条件编译指令，其语法形式如下。

```
#if defined常量表达式
    代码段1
#endif
```

14.4.3   #ifndef… #else…#endif

此编译命令的一般格式如下。

```
#ifndef常量表达式
    代码段1
#else
    代码段2
#endif
```

如果常量表达式的值为假（零值）时，则编译 "代码段"，否则编译 "代码段 2"。当常量表达式为编译标志时，如果此编译标志无效则编译"代码段 1"，否则编译"代码段 2"。

此编译命令的简单形式为单分支选择编译指令，其语法格式如下。

```
#ifndef常量表达式
    代码段1
    ……
#endif
```

14.4.4 #if !defined… #else…#endif

此编译命令与#ifndef… #else…#endif 等价，其语法形式如下。

```
# if !defined常量表达式
    代码段1
#else
    代码段2
#endif
```

或

```
# if !defined(常量表达式)
    代码段1
#else
    代码段2
#endif
```

注意：在使用上述格式时，要避免头文件的重复包含，这会造成变量重复定义或函数的重复声明。此错误是初学者经常遇到的一个问题。主要原因是在编辑自己程序的头文件时，并没有加入有效的预防措施。为了解决此类问题，建议在文件开始与结尾加入如下所示的代码。

```
#if !defined(MY_INCLUDED_)          /*此头文件对应的编译标志*/
    #define MY_INCLUDED             /*这里没有包含此头文件，所以编译此部分的代码*/
#endif
```

14.4.5 #ifdef…#elif… #elif…#else… #endif

此条件编译命令为多分支条件编译指令，类似于多分支的选择结构 if…else if…else，其语法格式如下。

```
# ifdef常量表达式1
    代码段1
#elif常量表达式2
    代码段2
#elif常量表达式3
    代码段3
#endif
```

其中，elif 为 else if 的意思。常量表达式 1、常量表达式 2、常量表达式 3 为常量表达式或编译标志。当常量表达式 1 为常量表达式时，如果其值为真（非零值）则编译代码段 1；如果常量表达式 2 的值为真（非零值）则编译代码段 2，依次类推。

其他等价的多分支条件编译指令如下。

形式 1 如下。

```
# ifndef常量表达式1
    代码段1
#elif常量表达式2
    代码段2
#elif常量表达式3
    代码段3
#endif
```

形式 2 如下。

```
# if defined常量表达式1
    代码段1
#elif常量表达式2
    代码段2
#elif常量表达式3
    代码段3
#endif
```

形式 3 如下。

```
# if !defined ( 常量表达式1)
    代码段1
#elif常量表达式2
    代码段2
#elif常量表达式3
    代码段3
#endif
```

在使用时应该注意，条件编译指令的作用是控制不同的代码编译形成机器指令；而条件语句是控制可以执行哪些机器指令。在条件编译中不同分支的代码不会同时编译并保存在同一个可执行文件中；而条件语句中的所有分支语句均会编译机器指令，并存放在同一可执行文件中。

实例 14-3 使用条件编译方法输入两段文字，然后选择两种输出格式。其中一种是原文输出，另一种是将字母变为下一个字母，即 a 变为 b，b 变为 c，……，z 变为 a

源码路径 daima\14\14-3

本实例的实现文件为"bianyi.c"，具体实现代码如下。

```
#include "file1.c"
#include "file2.c"
int main(void){
    int x1,x2,x3,min;
    scanf("%d,%d,%d",&x1,&x2,&x3);
    min=min2(x1,x2,x3);
    printf("min=%d\n",min);
}
```

── 拓展范例及视频二维码 ──

范例 **14-3-01**：使用#if 条件编译指令

源码路径：**演练范例\14-3-01**

范例 **14-3-02**：用条件编译实现加密和解密

源码路径：**演练范例\14-3-02**

上述代码首先使用#include 包含了前面两个文件，对用户输入的 3 个数据进行比较，并获取最小值。

执行后先输入 3 个实数，按 Enter 键后将会输出另外一种结果，执行效果如图 14-3 所示。

图 14-3 执行效果

14.5 技 术 解 惑

14.5.1 还有其他预编译指令吗

在 C 语言中除了本章前面讲解的常用的预编译指令之外，还有一些其他的预编译指令，具体说明如下。

1. #error

#error 指令的语法格式如下。

```
#error token-sequence
```

其主要作用是在编译的时候输出编译错误信息 token-sequence，从而方便程序员检查程序中的错误。例如下面的代码。

```
#include "stdio.h"
int main(int argc, char* argv[]){
    #define CONST_NAME1 "CONST_NAME1"
    printf("%s\n",CONST_NAME1);
    #undef CONST_NAME1
    #ifndef CONST_NAME1
    #error No defined Constant Symbol CONST_NAME1
```

```
        #endif
        {
            #define CONST_NAME2 "CONST_NAME2"
            printf("%s\n",CONST_NAME2);
        }
        printf("%s\n",CONST_NAME2);
        return 0;
    }
```

在编译的时候，它会输出如下编译信息。

```
fatal error C1189: #error : No defined Constant Symbol CONST_NAME1
```

2. # pragma

pragma 指令的语法格式如下。

```
# pragma token-sequence
```

此指令的作用是触发所定义的动作。如果 token-sequence 存在，则触发相应的动作，否则忽略。

3. # line

line 指令的功能是对强制编译器按指定的行号，对源程序的代码重新编号。在调试的时候，可以按此规定输出错误代码的准确位置。

形式 1 的语法格式如下所示。

```
# line constant"filename"
```

其作用是使其后的源代码从指定的行号 constant 开始重新编号，并将当前文件命名为 filename。

形式 2 的语法格式如下。

```
# line constant
```

其作用是在编译的时候准确输出错误代码所在的位置（行号），而在源程序中并不出现行号，从而方便程序员准确定位。

14.5.2 带参的宏定义和函数不同

（1）函数调用时，先求实参表达式值，后代入。而带参宏只是进行简单的字符替换。

（2）函数调用是在程序运行时完成的，分配临时的内存单元。而宏展开则是在编译时进行的，不分配内存单元，不进行值传递，也无返回值。

（3）函数中的实参和形参都要定义类型，类型应一致。而宏不存在类型问题，宏名和参数无类型，只是一个符号代表，它在展开时代入指定的字符即可。

（4）调用函数只可得到一个返回值，而用宏可能会得到几个结果。

（5）多次使用宏数时，宏展开后使源程序变长，而函数调用不使源程序变长。

（6）宏替换不占运行时间，只占编译时间。而函数调用则占用运行时间（分配单元、保留现场、值传递、返回），一般用宏代表简短的表达式比较合适。

14.5.3 C 语言中预处理指令的总结

在 C 语言中，预处理指令是以#号开头的代码行。#号必须是该行除了空白字符外的第 1 个字符。#后是指令关键字，在关键字和#号之间允许存在任意个空白字符。整行语句构成了一条预处理指令，该指令将在编译器进行编译之前对源代码进行某些转换。下面是 C 语言中常用的预处理指令。

- ❑ #：空指令，无任何效果。
- ❑ #include：包含一个源代码文件。
- ❑ #define：定义宏。
- ❑ #undef：取消已定义的宏。
- ❑ #if：如果给定条件为真，则编译下面的代码。
- ❑ #ifdef：如果宏已经定义，则编译下面的代码。

- ❑ #ifndef：如果宏没有定义，则编译下面的代码。
- ❑ #elif：如果前面的#if给定条件不为真，当前条件为真，则编译下面的代码，其实它就是 else if 的简写。
- ❑ #endif：结束一个#if...#else 条件编译块。
- ❑ #error：停止编译并显示错误信息。

14.5.4 预编译指令的本质

基本上预编译程序所完成的是对源程序的"替代"工作。经过此种替代，会生成一个没有宏定义、没有条件编译指令、没有特殊符号的输出文件。这个文件的含义同没有经过预处理的源文件是相同的，但内容有所不同。下一步此输出文件将作为编译程序的输出而翻译成为机器指令。

14.5.5 sizeof（int）在预编译阶段是不会求值的

只要知道"预编译阶段"在真正的"编译阶段"之前，就很容易理解它了。预编译阶段只是对组成源代码中的字符进行操作，从某种意义上来说，它有时甚至不知道操作对象是什么，它只是按照既定的规则执行替换。

看下面的代码。

```
sizeof(int)
```

无论是 sizeof 的解析，还是类型的解析，都是在"编译阶段"才开始的，编译阶段知道它的操作对象是什么，所以下面的代码是错误的。

```
#if sizeof(int) == 2
    printf("precompile sizeof(int)");
#endif
```

14.5.6 多行预处理指令的写法

当把一个预处理指令写成多行的形式时，建议使用符号"/"，并且在该符号后面应紧跟换行符。而非预处理指令的代码行不需要使用该符号，直接换行即可。原因是编译阶段会自动忽略空白符，而预编译阶段不会。

14.6 课 后 练 习

1. 编写一个 C 程序，直接使用#来将宏参数的名称转化为字符串。
2. 在#if 中可以使用逻辑操作符（&&、||、!），但在#ifdef 中这是不可以使用的，这也是#if 的优点。请编写一个 C 程序演示上述优点。
3. 已知函数 strcpy 的原型是：

```
char *strcpy(char *strDest, const char *strSrc);
```

请编写一个 C 程序，不调用 C 的字符串库函来实现函数 strcpy。

第 15 章

文 件 操 作

　　在计算机信息系统中，根据信息存储时间的长短，信息可以分为临时性信息和永久性信息。简单来说，临时性信息存储在计算机系统临时存储设备（例如计算机内存）中，这类信息随系统断电而丢失。永久性信息存储在计算机的永久性存储设备（例如磁盘和光盘）中。永久性的最小存储单元为文件，因此，文件管理是计算机系统中的一个重要问题。本章将详细讲解实现文件操作的基本知识。

15.1 文　　件

所谓"文件"是指一组相关数据的有序集合。这个数据集有一个名称，叫作文件名。实际上在前面我们已经多次使用了文件，例如源程序文件、目标文件、可执行文件、库文件（头文件）等。

 知识点讲解：视频\第 15 章\文件.mp4

文件通常是驻留在外部介质（如磁盘等）上的，在使用时才调入内存中。从不同的角度可对文件进行不同的分类。从用户的角度看，文件可分为普通文件和设备文件两种。

普通文件是指驻留在磁盘或其他外部介质上的一个有序数据集，它可以是源文件、目标文件、可执行程序；也可以是一组待输入处理的原始数据，或者是一组输出结果。源文件、目标文件、可执行程序可以称为程序文件，输入输出数据可称为数据文件。

设备文件是指与主机相连的各种外部设备，如显示器、打印机、键盘等。在操作系统中，把外部设备也看作是一个文件来进行管理，它们的输入、输出等同于磁盘文件的读和写。

通常把显示器定义为标准输出文件，一般情况下屏幕上显示的有关信息就是输出的标准输出文件。如前面经常使用的 printf、putchar 函数就是这类输出。

键盘通常指定标准输入文件，从键盘上输入意味着从标准输入文件上输入数据。scanf、getchar 函数就属于这类输入。

从文件编码的方式来看，文件可分为 ASCII 码文件和二进制码文件。ASCII 文件也称为文本文件，这种文件在磁盘中存放时每个字符对应一个字节，以存放对应的 ASCII 码。例如，数字 5678 的存储形式为。

ASCII 码：　　　　00110101　00110110　00110111　00111000
十进制码：　　　　　　5　　　　　6　　　　　7　　　　　8
它共占用 4 字节。

ASCII 码文件可在屏幕上按字符显示，例如源程序文件就是 ASCII 码文件，用 DOS 命令 TYPE 可显示文件的内容。由于是按字符显示的，因此我们能读懂文件内容。

二进制文件是按二进制编码方式来存放文件的，例如数字 5678 的存储形式为：

```
00010110  00101110
```

它只占两字节。二进制文件虽然也可在屏幕上显示，但其内容无法读懂。C 语言在处理这些文件时，并不区分类型，都看成是字符流，按字节进行处理。

输入输出字符流的开始和结束只能由程序控制而不受物理符号（如回车符）的控制，因此也把这种文件称为"流式文件"。

在 C 语言中，文件操作主要是流式文件的打开、关闭、读、写、定位等各种操作。

15.1.1　文本文件

文本文件是一种典型的顺序文件，文件的逻辑结构又属于流式文件。特别是，文本文件是指以 ASCII 码方式（也称文本方式）存储文件的，更确切地说，英文、数字等字符存储的是 ASCII 码，而汉字存储的是机内码。文本文件除了存储有效字符信息（包括能用 ASCII 码字符表示的回车、换行等信息）外，不能存储任何其他信息，因此文本文件不能存储声音、动画、图像、视频等信息。

设某个文件的内容是下面一行文字。

```
中华人民共和国CHINA 1949
```

如果以文本方式进行存储，则机器中存储的是下面的代码（以十六进制表示，机器内部仍以二进制方式存储）：

```
D6 D0 BB AA C8 CB C3 F1∥B9 B2 BA CD B9 FA 20 43 48 49 4E 41 20 31 39 34∥39 A1 A3
```

其中，D6D0、BBAA、C8CB、C3F1、B9B2、BACD、B9FA 分别是"中华人民共和国 ABCD"7 个汉字的机内码，20 是空格的 ASCII 码，43、48、49、4E、41 分别是 5 个英文字母"CHINA"的 ASCII 码，31、39、34、39 分别是数字字符"1949"的 ASCII 码，A1A3 是标点"。"的机内码。

从上面可以看出，文本文件中的信息是按单个字符编码存储的，如 1949 分别存储为"1""9""4""9"这 4 个字符的 ASCII 编码，如果将 1949 存储为 079D（对应的二进制为 0000 0111 1001 1101，即十进制 1949 的等值数），则该文件一定不是文本文件。

15.1.2　文件分类

文件作为信息存储的一个基本单位，根据存储信息的方式不同，它分为文本文件（又名 ASCII 文件）和二进制文件。如果存储的信息采用字符串的方式来保存，那么称此类文件为文本文件。如果存储的信息严格按其在内存中的存储形式来保存，则称此类文件为二进制文件。例如下面的一段信息。

```
This is 1000
```

C 语言分别采用字符串和整数来表示它们，具体如下。

```
char szText[]="This is";
int a=1000;
```

其中，"This is"为一个字符串，1000 为整型数据。如果这两个数据在内存中是连续存放的，则其二进制编码的十六进制形式为：

```
54 68 69 73 20 69 73 20 00 03 E8
```

如果将上述信息全部按对应的 ASCII 码来存储，则其二进制编码的十六进制形式为：

```
54 68 69 73 20 69 73 20 00 31 30 30 30
```

如果上述信息保存到文件中，则是按如下形式来存储的。

```
54 68 69 73 20 69 73 20 00 03 E8
```

该文件称为二进制文件。如果是按 54 68 69 73 20 69 73 20 00 31 30 30 30 形式来存储，则称此文件为文本文件。

C 语言把文件看作一组字符或二进制数据的集合，也称为"数据流"。"数据流"的结束标志为-1，C 语言规定文件的结束标志为 EOF。EOF 是一个符号常量，其定义在头文件"stdio.h"中，具体形式如下所示：

```
#define EOF (-1)              /* End of file indicator */
```

15.2　文 件 指 针

在 C 语言中，若使用一个指针变量指向一个文件，则这个指针称为文件指针。通过文件指针就可对它所指的文件进行各种操作。文件指针的一般格式如下所示。

识点讲解：视频\第 15 章\什么是文件指针.mp4

```
FILE *指针变量标识符;
```

其中，"FILE"应为大写，它实际上是一个由系统定义的结构，该结构中含有文件名、文件状态和文件当前位置等信息。在编写源程序时不必关心 FILE 结构的细节。例如：

```
FILE *fp;
```

上述代码表示 fp 是指向 FILE 结构的指针变量，通过 fp 即可找存放某个文件信息的结构变量，然后按结构变量提供的信息找到该文件，对文件进行操作。习惯上也笼统地把 fp 称为指向一个文件的指针。

15.3 文件的打开与关闭

进行文件处理时，首先要打开一个文件，然后对文件进行操作，最后在操作完成之后关闭文件。

接下来将详细讲解在 C 语言中实现文件打开与关闭的方法。

 知识点讲解：视频\第 15 章\实现文件的打开与关闭.mp4

15.3.1 打开文件

在 C 语言中，打开文件的操作是通过函数 fopen 实现的。函数 fopen 的声明在文件 "stdio.h" 中，具体原型如下。

```
FILE * fopen (const char *path, const char *mode);
```

- ❑ const char *path：文件名称，用字符串表示。
- ❑ const char *mode：文件打开方式，同样用字符串表示。
- ❑ 函数返回值：FILE 类型指针。如果运行成功，则函数 fopen 返回文件的地址，否则返回 NULL。

注意：在使用 fopen 函数时要检测它的返回值，防止打开文件失败后，继续对文件进行读写操作而出现严重的错误。

文件名称一般要求为文件全名，文件全名由文件所在的目录名加文件名构成。例如文件 123.c 存储在 C 驱动器的 temp 目录中，则文件所在的目录名为 "c:\temp"，文件名为 "123.c"，文件全名为 "c:\temp\123.c"。如果用字符串来存储文件全名，则应表示为如下所示的形式。

```
char szFileName[256]= "c:\\temp\\123.c"
```

函数 fopen 允许文件名称仅为文件名，这时此文件的目录名由系统自动确定，一般为系统的当前目录名。例如假设在文件 ctest.c 中包括如下所示的程序语句。

```
FILE *fpFile;
fpFile =fopen("C:\\a.txt", "w+");
```

编译链接后产生可执行程序 ctest.exe，无论 ctest.exe 在什么目录下运行，都会准确地打开 C 盘根目录下的 a.txt 文件。但是如果程序包括如下的语句。

```
FILE *fpFile;
fpFile =fopen ("a.txt", "w+");
```

则文件 "a.txt" 的位置与 ctest.exe 所在的目录有关。假设 ctest.exe 存储在 c:\tc 目录下，执行下面的 DOS 命令，会在 c:\tc 目录下创建名为 a.txt 的文件。

```
c:\>cd c:\tc
c:\tc>Ctest
```

但是如果执行下面的 DOS 命令，则会在 c:\目录下创建名为 a.txt 的文件。因此在确定文件名称时，要非常注意。

```
c:\>cd c:\
c:\>C:\TC\ctest
```

注意：在使用这个函数时，注意文件名称的格式要求路径的分隔符为 "\\"，而不是 "\"，因为在 C 语言中 "\\" 代表字符 "\"，例如 "C:\\Test.dat"。

根据不同的需求，文件的打开方式有如下几种常用模式。

- ❑ 只读模式

只能从文件中读取数据，也就是说只能使用读取数据的文件处理函数，同时要求文件本身已经存在。如果文件不存在，则函数 fopen 的返回值为 NULL，打开文件失败。由于文件类型不同，所以只读模式有两种不同的参数。"r" 用于处理文本文件（例如.c 文件和.txt 文件），"rb"

用于处理二进制文件（例如.exe 文件和.zip 文件）。

❑ 只写模式

只能向文件输出数据，也就是说只能使用写数据的文件处理函数。如果文件存在，则删除文件中的全部内容，准备写入新的数据。如果文件不存在，则建立一个以当前文件名命名的文件。如果创建或打开成功，则函数 fopen 返回文件的地址。同样只写模式也有两种不同的参数，"w"用于处理文本文件，"wb"用于处理二进制文件。

❑ 追加模式

它是一种特殊的写模式，如果文件存在，则准备从文件的末尾开始写入新的数据，文件中原有的数据保持不变。如果此文件不存在，则建立一个以当前文件名命名的新文件。如果创建或打开成功，则函数 fopen 返回此文件的地址。其中参数"a"用于处理文本文件，参数"ab"用于处理二进制文件。

❑ 读写模式

这种模式可以向文件写数据，也可从文件中读取数据。此模式中有如下几个参数："r+"和"rb+"要求文件已经存在。如果文件不存在，则打开文件失败。"w+"和"wb+"表示如果文件已经存在，则删除当前文件中的内容，然后对文件进行读写操作；如果文件不存在，则建立新文件，开始对此新文件进行读写操作。"a+"和"ab+"表示如果文件已经存在，则从当前文件末尾开始对文件进行读写操作；如果文件不存在，则建立新文件，然后对此新文件进行读写操作。

在 C 语言中，共有 12 种操作文件的方式，具体说明如表 15-1 所示。

表 15-1 使用文件的方式

char *mode	含 义	注 释
"r"	只读	打开文本文件，仅允许从文件中读取数据
"w"	只写	打开文本文件，仅允许向文件输出数据
"a"	追加	打开文本文件，仅允许在文件尾部追加数据
"rb"	只读	打开二进制文件，仅允许从文件中读取数据
"wb"	只写	打开二进制文件，仅允许向文件输出数据
"ab"	追加	打开二进制文件，仅允许在文件尾部追加数据
"r+"	读写	打开文本文件，允许输入/输出数据到文件
"w+"	读写	创建新文本文件，允许输入/输出数据到文件
"a+"	读写	以附加方式打开可读写的文件。若文件不存在，则会创建该文件；如果文件存在，写入的数据会追加到文件尾后，即文件原先的内容会保留
"rb+"	读写	以读写方式打开二进制文件，允许读写数据，文件必须存在
"wb+"	读写	创建新的二进制文件，允许输入/输出数据到文件
"ab+"	读写	以读写方式打开二进制文件，允许读数据或在文件末尾追加数据

对于表 15-1 所示的文件使用方式有以下 7 点说明。

（1）文件使用方式由 r、w、a、t、b、+6 个字符拼成，各字符的具体含义如下。

❑ r（read）：读。

❑ w（write）：写。

❑ a（append）：追加。

❑ t（text）：文本文件，可省略不写。

❑ b（binary）：二进制文件。

❑　+：读和写。

（2）用"r"方式打开一个文件时，则该文件必须已经存在，且只能从该文件中读出。

（3）用"w"方式打开的文件只能向该文件写入。若打开的文件不存在，则以指定的文件名建立文件，若打开的文件已经存在，则将该文件删去，重建一个新文件。

（4）若要向一个已存在的文件追加新的信息，则只能用"a"方式打开文件。但此时该文件必须是存在的，否则将会出错。

（5）在打开一个文件时，如果出错，则函数 fopen 将返回一个空指针值 NULL。在程序中可以用这个信息来判别是否完成打开文件的操作，并进行相应的处理。

（6）当把一个文本文件读入内存时，要将 ASCII 码转换成二进制码，而把文件以文本方式写入磁盘时，也要把二进制码转换成 ASCII 码，因此文本文件的读写要花费较多的转换时间。二进制文件的读写不存在这种转换。

（7）标准输入文件（键盘）、标准输出文件（显示器）、标准出错输出（出错信息）是由系统打开的，可直接使用。

15.3.2　关闭文件

在 C 语言中，关闭文件的功能是通过函数 fclose 实现。此函数声明在文件"stdio.h"中，具体格式如下所示。

```
int fclose (FILE *stream);
```

上述各参数的具体说明如下。

❑　FILE *stream：打开文件的地址。

❑　函数返回值：整型，如果返回值为零，则表示文件关闭成功，否则表示失败。

文件处理完之后，最后一步操作是关闭文件，它要保证所有数据已经正确读写完毕，并清理与当前文件相关的内存空间。在关闭文件之后，不可以再对文件进行操作。

实例 15-1　**通过各种方式对文件进行操作**
源码路径　daima\15\15-1

本实例的实现文件为"doc.c"，具体实现代码如下。

```
#include <stdio.h>
#include <string.h>
#define M 4
int main (void) {
    FILE *fp[M];                    //定义文件指针数组
    char ch,filename[40],mode[4],fn[M+1][40]=
{0,0,0,0};
    int i=1,n=0;
    while(i<=M){
        printf("\nPlease input the filename and
mode(%d):\n",i);
        gets(filename);        //输入要打开的文件名
        fflush(stdin);         //刷新输入缓冲区
        gets(mode);            //输入文件方式
        //使用fopen函数打开文件，检查打开是否成功
        if((fp[i]=fopen(filename,mode))!=NULL)
            {                 //若成功则输出成功的消息，并将文件保存在数组fn中
            printf("Successful open %s in mode %s.\n",filename,mode);
                strcpy(fn[i],filename);
            }
        else                   //若不成功则输出不成功的消息
            printf("Error open file %s in mode %s.\n",filename,mode);
        i++;
    }
    printf("Please input the filename which must close.\n ");
    gets(filename);              //输入要关闭的文件名
    for(i=1;i<=M;i++)            //从文件指针数组中找到指向要关闭文件的指针
```

拓展范例及视频二维码

范例 **15-1-01**：演示打开、关闭文件

源码路径：**演练范例\15-1-01**

范例 **15-1-02**：演示打开一批文件的过程

源码路径：**演练范例\15-1-02**

```
        {
            if(strcmp(fn[i],filename)==0)
            {n=i;break;}
        }
    if(n==0)//若n等于0则说明要关闭的文件并没有打开
        printf("Opens file named %s not to succeed!\n",filename);
    else
    {   if (fclose(fp[n])==0)        /* 检测是否关闭成功 */
                printf("Success close file named %s\n",fn[n]);
        else
        {
                printf("can not close file named %s!\n",filename);
                exit(1);         //退出程序
        }
    }
    printf("Whether to close all file?(y/n)\n");
    scanf("%c",&ch);
    if(ch=='y')                    //关闭所有文件
        printf("The success closure is left over %d files.\n",fcloseall());
}
```

程序运行后先按照提示依次输入打开和关闭的文件路径和文件名称，按 Enter 键后将会输出对应的结果，如图 15-1 所示。

```
e:\daima\13\1\123.txt
r
Successful open e:\daima\13\1\123.txt in mode r.

Please input the filename and mode(2):
111.c
w
Successful open 111.c in mode w.

Please input the filename and mode(3):
222.c
rb
Error open file 222.c in mode rb.

Please input the filename and mode(4):
333
```

图 15-1　运行结果

15.4　文件读写

打开文件之后就可以对文件进行读写操作。在 C 语言中，这种读写操作通过一组库函数来实现，这些函数分为读函数和写函数。常用的读写函数可以分为如下几类。

知识点讲解：视频\第 15 章\文件读写详解.mp4

- □　字符的读写
- □　数值的读写
- □　格式化读写
- □　数据块的读写
- □　字符串的读写

本节将详细讲解文件读写函数的基本知识和具体用法。

15.4.1　字符读写函数

字符读写函数是以字符（字节）为单位的读写函数，函数每次可从文件读出或向文件写入一个字符。常用的字符读写函数有 getc、fgetc、putc 和 fputc，下面将分别介绍它们。

1. 函数 getc 和函数 fgetc

函数 getc 和函数 fgetc 完全相同，二者之间可以互换。它们的功能是从指定的文件中读一个字符，函数调用的形式为：

```
字符变量=fgetc(文件指针);
字符变量=getc (文件指针);
```

例如：

```
ch=fgetc(fp);
```

上述代码的含义是从打开的文件 fp 中读取一个字符并送入 ch 中。

对于函数 getc 和函数 fgetc 的用法，有以下几点需要特别说明。

（1）在调用 fgetc 函数时，读取的文件必须是以读或读写方式打开的。

（2）读取字符的结果也可以不赋值给字符变量，例如：

```
fgetc(fp);
```

但是不能保存读出的字符。

（3）文件内部有一个位置指针。它用来指向文件的当前读写字节。在打开文件时，该指针总是指向文件的第 1 个字节。使用 fgetc 函数后，该位置指针将向后移 1 个字节。因此可连续多次使用 fgetc 函数，读取多个字符。

实例 15-2　**读取指定文件 h:\\123.txt 中的内容**
源码路径　daima\15\15-2

本实例的实现文件为"123.c"，具体实现代码如下。

```
#include<stdio.h>
int main(void){
    FILE *fp;
    char ch;
    if((fp=fopen("h:\\123.txt","rt"))==NULL)
        {
        printf("\nCannot open file strike any
key exit!");
        getch();
        exit(1);
        }
    ch=fgetc(fp);
    while(ch!=EOF) {
        putchar(ch);
        ch=fgetc(fp);
    }
    fclose(fp);
}
```

拓展范例及视频二维码

| 范例 **15-2-01**：使用函数实现写入文件的操作 |
| 源码路径：**演练范例\15-2-01** |
| 范例 **15-2-02**：复制磁盘中的文件 |
| 源码路径：**演练范例\15-2-02** |

上述代码的功能是从文件中逐个读取字符，然后在屏幕上显示出来。程序定义了文件指针 fp，以读文本文件的方式打开文件"h:\\123.txt"，并使 fp 指向该文件。如打开文件出错，则给出提示并退出程序。程序的第 12 行先读出一个字符，然后进入循环，只要读出的字符不是文件结束标志（每个文件末尾都有一结束标志 EOF）就把该字符显示在屏幕上，再读入下一字符。每读一次，文件内部的位置指针就向后移动一个字符，读取结束时，该指针指向 EOF。执行本程序后将显示整个文件。

程序运行后将会输出指定文件中的内容，如图 15-2 所示。

2．函数 putc 和函数 fputc

函数 putc 和函数 fputc 的功能是把一个字符写入到指定的文件中。函数调用的语法格式如下所示：

图 15-2　运行结果

```
fputc(字符量,文件指针);
```

其中，待写入的"字符量"可以是字符常量或变量。例如：

```
fputc('a',fp);
```

上述代码的功能是把字符 a 写入 fp 所指向的文件中。

实例 15-3　**提示用户从键盘输入一行字符，并将输入的字符写入到一个指定文件中**
源码路径　daima\15\15-3

本实例的实现文件为"shu.c"，具体实现代码如下。

```
#include<stdio.h>
```

```
int main(void){
    FILE *fp;
    char ch;
    //打开一个文本文件
    if((fp=fopen("test.txt","wt+"))==NULL)
    {
            printf("Cannot open file strike any
            key exit!");
            getch();
            exit(1);
    }
    printf("input a string:\n");//输入要写入到文件的内容
    ch=getchar();              //获得第1个字符
    while (ch!='\n'){
            fputc(ch,fp);      //将当前字符输入到文件中
            ch=getchar();      //获得下一个字符
    }
    fclose(fp);                //关闭文件
}
```

拓展范例及视频二维码

范例 **15-3-01**：实现多个文件的
合并处理

源码路径：演练范例\15-3-01\

范例 **15-3-02**：使用函数实现写入
文件的操作

源码路径：演练范例\15-3-02\

程序运行后先输入一段字符，如图 15-3 所示。

按下 Enter 键后会在指定的目录中创建一个名为"123.txt"的文件，并且文件内容是图 15-4
所示的输入的字符。运行结果如图 15-4 所示。

请输入你要跟京东所要说的话：
京东，加油，一定要超越亚马逊！

图 15-3 运行结果

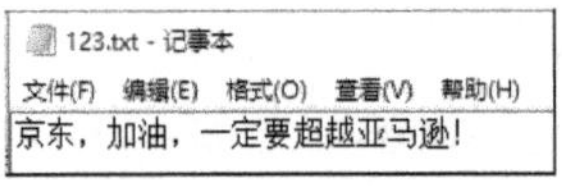

123.txt - 记事本
文件(F) 编辑(E) 格式(O) 查看(V) 帮助(H)
京东，加油，一定要超越亚马逊！

图 15-4 运行结果

在使用函数 putc 和函数 fputc 时还应该注意如下 3 点。

（1）被写入的文件可以用写、读写、追加方式来打开，用写或读写方式打开一个已存在的文件
时将会清除原有的文件内容，写入字符是从文件首开始的。如果需要保留原有文件内容，并且希望从
文件末尾开始存放写入的字符，则必须以追加方式打开文件。若被写入的文件不存在，则创建该文件。

（2）每写入一个字符，文件内部的位置指针将向后移动一字节。

（3）函数 fputc 有一个返回值，如写入成功则返回写入的字符，否则返回一个 EOF。可用
此来判断写入是否成功。

15.4.2 字符串读写函数

字符串读写函数有函数 fgets 和函数 fputs，它们以字符串为单位进行读写，每次可以从文
件中读出或向文件中写入一个字符串。

1. 函数 fgets

函数 fgets 的功能是从指定的文件中读一个字符串到字符数组中，此函数的格式如下。

```
fgets(字符数组名,n,文件指针);
```

其中，n 是一个正整数，表示从文件中读出的字符串不能超过 n-1 个字符。在读入最后一个字
符后应加上串结束标志'\0'。例如：

```
fgets(str,n,fp);
```

上述代码的功能是从 fp 所指的文件中读出 n-1 个字符送入字符数组 str 中。

实例 15-4 读取目标文件中的内容，并输出前 10 个字符
源码路径 daima\15\15-4

本实例的实现文件为"fgets.c"，具体实现代码如下。

```
#include<stdio.h>
int main(void){
    FILE *fp;
    char str[11];
    if((fp=fopen("h:\\123.txt","rt"))==NULL){
        printf("\nCannot open file strike any key exit!");
```

```
        getch();
        exit(1);
    }
    fgets(str,11,fp);
    printf("\n%s\n",str);
    fclose(fp);
}
```

拓展范例及视频二维码

范例 **15-4-01**：实现文本存储和	
输出	
源码路径：**演练范例\15-4-01**	
范例 **15-4-02**：用 fprintf 函数写入	
文件	
源码路径：**演练范例\15-4-02**	

上述代码定义了一个字符数组 str，它共有 11 个字节，在以读文本文件方式打开文件 string 后，读出 10 个字符送入到 str 数组中，在数组的最后一个单元内加上'\0'，然后在屏幕上输出数组 str。输出的 10 个字符正是文件"h:\\123.txt"中的前 10 个字符。

程序运行后如果没有找到目标文件，则输出对应的提示，如图 15-5 所示。如果已找到目标文件，则按下 Enter 键后，将会输出目标文件"h:\\123.txt"中的前 10 个字符，如图 15-6 所示。

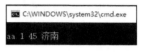

图 15-5　没有找到提示

图 15-6　运行结果

另外，函数 fgets 在使用时还应该注意如下两点。

（1）在读出 *n*-1 个字符之前，如遇到了换行符或 EOF，则读出结束。所以确切地说，在调用 fgets 函数时，最多只能读 *n*-1 个字符。读出结束后，系统将自动在最后加'\0'，并以 str 作为函数值返回。

（2）fgets 函数也有返回值，其返回值是字符数组的首地址。

2.　函数 fputs

函数 fputs 的功能是向指定的文件中写入一个字符串，具体格式如下。

```
fputs(字符串,文件指针);
```

其中，"字符串"可以是字符串常量，也可以是字符数组名或指针变量，例如：

```
fputs("abcd",fp);
```

上述代码的含义是把字符串"abcd"写入 fp 所指向的文件之中。

实例 15-5 使用 fputs 函数向指定文件中写入一个字符串，然后使用 fgets 函数读取该字符串并进行输出

源码路径　daima\15\15-5

本实例的实现文件为"duxie.c"，具体实现代码如下。

拓展范例及视频二维码

范例 **15-5-01**：实现多个字符的	
存储	
源码路径：**演练范例\15-5-01**	
范例 **15-5-02**：实现多行字	
符串的存储	
源码路径：**演练范例\15-5-02**	

```
#include<stdio.h>
int main(void){
  FILE *fp;
  char ch,strin[20],strout[20];
  if((fp=fopen("123.txt","wt+"))==NULL)
                              //打开文件123.txt
  {
        printf("can not open file named 123.txt");
        getch();
        exit(1);
  }
  printf("input a string:\n");
  gets(strin);              //输入字符串
  fputs(strin,fp);          //将该字符串写入到123.txt文件中
  fclose(fp);//关闭文件
  if((fp=fopen("123.txt","r"))==NULL)  //再次打开文件123.txt
  {
        printf("can not open file named 123.txt");
        getch();
        exit(1);
```

```
    }
    fgets(strout,21,fp);              //从文件中读取字符串
    puts(strout);                      //输出字符串
    fclose(fp);                        //关闭文件
```

程序运行后先提示用户输入一段字符串，如图 15-7 所示。输入内容并按下 Enter 键后将会输出输入的信息，如图 15-8 所示。并在编译器安装路径的 "BIN" 目录下生成文件 "123.txt"，文件内容是图 15-8 中输入的字符串，如图 15-9 所示。

图 15-7 输入提示

图 15-8 运行结果

图 15-9 123.txt 文件中的内容

15.4.3 格式化读写函数

在 C 语言中格式化读写函数是 fscanf 和 fprintf，其功能和前面使用的函数 scanf 和 printf 的功能相似，都是格式化读写函数。二者的区别在于函数 fscanf 和函数 fprintf 的读写对象不是键盘和显示器，而是磁盘文件。

调用函数 fscanf 和 fprintf 的语法格式如下。

```
fscanf(文件指针,格式字符串,输入表列);
fprintf(文件指针,格式字符串,输出表列);
```

例如：

```
fscanf(fp,"%d%s",&i,s);
fprintf(fp,"%d%c",j,ch);
```

实例 15-6 从键盘输入两个用户数据，然后写入一个文件中，再读出这两个用户数据并显示在屏幕上
源码路径　daima\15\15-6

本实例的实现文件为 "geshi.c"，具体实现代码如下。

```
#include<stdio.h>
struct stu{
    char name[10];
    int num;
    int age;
    char addr[15];
}boya[2],boyb[2],*pp,*qq;
int main(void){
    FILE *fp;
    char ch;
    int i;
    pp=boya;
    qq=boyb;
    if((fp=fopen("123.txt","wb+"))==NULL)
    {
        printf("Cannot open file strike any key exit!");
        getch();
        exit(1);
    }
    printf("\ninput data\n");
    for(i=0;i<2;i++,pp++)
        scanf("%s%d%d%s",pp->name,&pp->num,&pp->age,pp->addr);
    pp=boya;
    for(i=0;i<2;i++,pp++)
        fprintf(fp,"%s %d %d %s\n",pp->name,pp->num,pp->age,pp->
                addr);
    rewind(fp);
```

拓展范例及视频二维码

范例 **15-6-01**：使用 fscanf 函数
源码路径：演练范例\15-6-01\

范例 **15-6-02**：文件的倒置
源码路径：演练范例\15-6-02\

```
    for(i=0;i<2;i++,qq++)
        fscanf(fp,"%s %d %d %s\n",qq->name,&qq->num,&qq->age,qq->addr);
    printf("\n\nname\tnumber    age      addr\n");
    qq=boyb;
    for(i=0;i<2;i++,qq++)
        printf("%s\t%5d  %7d %s\n",qq->name,qq->num, qq->age,
                        qq->addr);
    fclose(fp);
}
```

在上述代码中，fscanf 和 fprintf 函数每次只能读写一个结构数组元素，因此程序采用了循环语句来读写全部数组元素。还要注意指针变量 pp 和 qq。由于循环改变了它们的值，因此在程序的第 25 和 32 行分别对它们重新赋值为数组的首地址。程序运行后先要输入两个用户的信息，按下【Enter】键后将会输出输入的用户信息，并在编译器安装路径的"BIN"目录下生成文件"123.txt"，文件内容是输入的字符串。

15.4.4 数据块读写函数

C 语言还提供了用于整块数据的读写函数 fread 和 fwrite，其功能是读写一组数据，例如一个数组元素、一个结构变量的值等。读取数据块函数的一般格式如下。

```
fread(buffer,size,count,fp);
```

写数据块函数的一般格式为：

```
fwrite(buffer,size,count,fp);
```

在上述格式中各参数的具体说明如下所示。

❑ buffer：是一个指针。在 fread 函数中，它存放输入数据的首地址；在 fwrite 函数中，它存放输出数据的首地址。

❑ size：表示数据块的字节数。

❑ count：表示要读写的数据块块数。

❑ fp：表示文件指针。

例如：

```
fread(fa,4,5,fp);
```

上述代码的含义是：从 fp 所指向的文件中每次读 4 字节（一个实数）送入到实数数组 fa 中，连续读 5 次，即读 5 个实数到 fa 中。

实例 15-7 **将一组字符串数据存储在指定的目标文件中**
源码路径　daima\15\15-7

本实例的实现文件为"123.c"，具体实现代码如下。

```
#include <stdio.h>
#include <stdlib.h>
#include <string.h>
int main(void) {
    /* buffer存放10个字符串*/
    /*注意字符串要占用的空间还未分配 */
    char* buffer[10];
    FILE* fp;
    int iter;
    const char* format = "This is the %d%s sentence!\n";
    /*  字符串format为输入字符串的格式 */
    char* postfix[4] = { "st", "nd", "rd", "th" };
    /*  postfix存放后缀    */
    if ((fp = fopen("123.txt", "wb+")) == NULL){
        printf("can not open file fwb for writing\n");
        exit(1);
    }
    /* 通过循环给buffer动态分配足够的空间并输入格式字符串到buffer中 */
    for(iter = 0; iter < 10; iter++)
    {
        buffer[iter] = (char*)malloc(strlen(format) + 1);
```

拓展范例及视频二维码

范例 **15-7-01**：使用 fwtrite 函数
写入文件
源码路径：**演练范例\15-7-01**

范例 **15-7-02**：使用 fread 函数
读取文件
源码路径：**演练范例\15-7-02**

```
            sprintf(buffer[iter], format, iter + 1, postfix[iter > 3 ? 3 : iter]);
    }
    /*  通过循环将buffer里的内容写入到文件中并释放动态分配的内存 */
    for(iter = 0; iter < 10; iter++){
        fwrite(buffer[iter], strlen(format), 1, fp);
        free(buffer[iter]);
    }
    fclose(fp);
}
```

执行后会在编译器安装路径中的"BIN"目录下生成一个"123.txt"文件，文件内容是预先设置的内容。因为是二进制文件，所以里面会显示乱码格式，如图 15-10 所示。

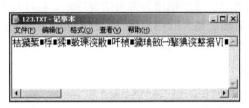

图 15-10　123.txt 文件内容

15.4.5　其他读写函数

除了前面介绍的几个函数外，C 语言还使用常用的 getw 函数和 putw 函数进行文件读写。C 编译系统还提供了字（word）的输入输出函数，即一次读写一个字（2 字节），此函数在文件"stdio.h"中的原型如下。

```
int getw (FILE *stream);
int putw (int w, FILE *stream);
```

其中，函数 getw 的作用是从文件中读取一个字的信息，函数的形参如下所示。

❑　FILE *stream：文件地址。

❑　函数返回值：如果成功读取，则返回当前读入的信息，否则返回 EOF。

看下面的程序。

```
int b;
FILE *fp;
..
b=getw(fp);
```

函数 putw 的作用是向文件写一个字的信息，函数的返回值为当前写入的信息，它是一个整数。如果成功，则它与输入参数 w 的值相等，否则返回 EOF。函数 putw 有如下所示的 3 个形参。

❑　FILE *stream：文件地址。

❑　int w：整型数据。

❑　函数返回值：如果成功，则它与输入参数 w 的值相等；否则返回 EOF。

看下面的程序。

```
int b;
FILE *fp;
...
b=putw(b,fp);
```

putw(10,fp) 的作用是将整数 10 输出到 fp 指向的文件中。而 i=getw(fp) 的作用是从磁盘文件中读一个整数到内存，并赋给整型变量 i。

实例 15-8	使用 putw 函数向文件中写入一个整数，然后使用 getw 函数从文件中读取该整数并输出
	源码路径　daima\15\15-8

本实例的实现文件为"qita.c"，具体实现代码如下。

```
include "stdio.h"
int main (void) {
    FILE *fp;
    int word;
    //打开二进制文件,只允许写数据
    fp = fopen("Ex1216", "wb");
    if (fp == NULL)              //判断返回值是否为空
    {      //若是则输出错误信息,并退出程序
        printf("Error opening file Ex1216\n");
        exit(1);
    }
    word = 100;
    if(putw(word+80,fp)==word+80) //将整数写入到文件中
        printf("Successful write\n");
    fclose(fp);                      //关闭文件
    fp = fopen("Ex1216", "rb");      //重新打开二进制文件,它只允许读数据
    if (fp == NULL)                  //判断返回值是否为空
    {                                //若是则输出错误信息,并退出程序
        printf("Error opening file Ex1216\n");
        exit(1);
    }
    word = getw(fp);                 //从文件中读取一个整数,赋给变量word
    printf("Successful read: word = %d\n", word);
    fclose(fp);                      //关闭文件
}
```

拓展范例及视频二维码

范例 **15-8-01**：实现文本的追加

源码路径：**演练范例\15-8-01**

范例 **15-8-02**：输出文件的一部分

源码路径：**演练范例\15-8-02**

程序运行后的效果如图 15-11 所示。

图 15-11　运行效果

15.5　文件的随机读写

文件可以理解为是一个完整的数据流,因此可以将"数据流"分为文件头、文件尾和文件主体 3 个部分。在 C 语言中 FILE 类型指针可描述文件流的位置,因此

知识点讲解：视频\第 15 章\必须掌握文件的随机读写.mp4

FILE 类型指针又称为文件指针。在默认情况下,文件的读取是按顺序进行的。在读写完一段信息之后,文件指针移动到其后的位置上准备下一次读写。在特殊情况下,需要对文件进行随机的读写,即读取完当前位置的信息后,并不读取紧接其后的信息,而是根据需要读取特定位置处的信息。为了满足文件的随机读写操作,C 语言提供了文件指针定位函数,以实现对文件的随机读写。本节将详细讲解随机读写文件的基本知识。

15.5.1　fseek 函数

函数 fseek 是 C 语言中最重要的文件随机读写函数之一,此函数在文件"stdio.h"中的原型如下。

```
int fseek (FILE *stream, long offset, int whence);
```

❑　FILE *stream：文件地址。

❑　long offset：文件指针偏移量。

❑　int whence：偏移起始位置。

❑　函数返回值：非零值表示成功,零表示失败。

在计算文件指针偏移量时,首先要确定相对位置的起始点。相对位置的起始点可分为三类：文件头、文件尾和文件当前位置,它可以用符号常量来表示。

函数 fseek 的语法格式如下所示：

```
fseek (文件指针，位移量，起始点)；
```

- ❑ 文件指针：指向被移动的文件。
- ❑ 位移量：表示移动的字节数，位移量要求是长型数据，以便在文件长度大于 64KB 时不会出错。当用常量表示位移量时，要求加后缀 "L"。
- ❑ 起始点：表示从何处开始计算位移量，起始点有 3 种：文件头、文件当前位置和文件尾。这 3 种起始点的表示方法如表 15-2 所示。

表 15-2 起始点的 3 种表示方法

相对位置的起始点	符 号 常 量	整 数 值	说　　明
文件头	SEEK_SET	0	相对偏移量的参照位置为文件头
文件尾	SEEK_END	2	相对偏移量的参照位置为文件尾
文件当前位置	SEEK_CUR	1	相对偏移量的参照位置为文件指针的当前位置

文件偏移量的计算单位为字节。文件偏移量可为负值，这表示从当前位置向反方向偏移。

实例 15-9	将一组数据写入到文件中，然后使用 fseek 函数从文件中随机读取其中的某个数据 源码路径　daima\15\15-9

本实例的实现文件为 "fseek.c"，具体实现代码如下所示。

```c
#include <stdlib.h>
#include <stdio.h>
#define MAX 50
int main(void){
  FILE *fp;                        //文件指针
  int num,i,array[MAX];
  long offset;                     //定义位移量
  for(i=0;i<MAX;i++)
        array[i]=i+10;             //字符数组赋值
  if((fp=fopen("123.txt","wb"))==NULL)
                                   //打开二进制文件
{       printf("Error opening file 123.txt\n");
        exit(1);
}
  if(fwrite(array,sizeof(int),MAX,fp)!=MAX)  //将数组中的元素写入到文件中
{
        printf("Error writing data to file\n");
        exit(1);
}
fclose(fp);                        //关闭文件
if((fp=fopen("123.txt","rb"))==NULL)  //打开二进制文件
{       printf("Error opening file 123.txt\n");
        exit(1);
}
while(1)
{
        printf("Please input offset (input -1 to quit):\n");
        scanf("%ld",&offset);      //输入位移量
        if(offset<0) break;        //若输入-1或任何负数则退出循环
        if(fseek(fp,(offset*sizeof(int)),SEEK_SET)!=0)//文件定位
{       printf("Error using fseek().\n");
        exit(1);
}
        fread(&num,sizeof(int),1,fp);  //从文件中读取当前位置上的数
        //输出结果
        printf("The offset is %ld , its value is %d.\n",offset,num);
}
fclose(fp);//关闭文件
}
```

拓展范例及视频二维码

范例 15-9-01：检索文件中的
关键字
源码路径：演练范例\15-9-01\

范例 15-9-02：文件查找字符串
源码路径：演练范例\15-9-02\

程序运行后要先输入数据，按 Enter 键后将会出现对应的结果，直到输入负数后才会终止。运行结果如图 15-12 所示。

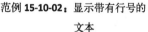

图 15-12 运行结果

15.5.2 rewind 函数

函数 rewind 的功能是将当前文件的指针重新移动到文件的开始位置，此函数在文件 "stdio.h" 中的原型如下。

```
void rewind (FILE *stream);
```

各函数形参的具体说明如下所示。

❑ FILE *stream：文件地址。

❑ 函数返回值：无。

函数 rewind 的作用是将文件的指针移动到文件头，并清除状态标志。例如：

```
fseek(fp,0L,SEEK_SET);
clearerr(fp);
```

15.5.3 ftell 函数

函数 ftell 的功能是获取文件的当前读写位置，此函数的原型如下。

```
long ftell(FILE *fp)
```

函数 ftell 的返回值是当前读写位置偏离文件头部的字节数。例如：

```
ban=ftell(fp);
```

上述代码的功能是获取由 fp 指定的文件的当前读写位置，并将值传给变量 ban。

使用函数 ftell 可以方便地知道一个文件的长度，例如下面的代码。

```
ftell(fp,0L,SEEK_END);
len = ftell(fp)
```

上述代码首先将当前位置移到文件的末尾，然后调用函数 ftell 获得当前位置相对于文件开头的位移，该位移等于文件所包含的字节数。

实例 15-10 使用函数 rewind 将文件的位置指针移到文件开头，使用函数 ftell 获得当前位置指针离文件头的距离

源码路径　daima\15\15-10

本实例的实现文件为 "chuli.c"，具体实现代码如下。

```
#include <stdlib.h>
#include <stdio.h>
int main(void){
    FILE *fp;
    char buf[4],str[80];
    printf("please input a string:\n");
    scanf("%s",str);                //输入字符串
    if((fp=fopen("Ex1215","wb+"))==NULL)
                                    //打开二进制文件
    {
        printf("Error opening file.\n");
        exit(1);
    }
    if(fputs(str,fp)==EOF)          //将字符串写入文件中
    {
```

拓展范例及视频二维码

范例 **15-10-01**：判断读写文件的位置

源码路径：**演练范例\15-10-01**

范例 **15-10-02**：显示带有行号的文本

源码路径：**演练范例\15-10-02**

```
            printf("Error writing to file.\n");
            exit(1);
    }
    rewind(fp);                                      //将文件中的位置指针移到文件的开头
    printf("Current position=%ld\n",ftell(fp));     //输出当前位置
    fgets(buf,4,fp);                                 //从文件中读取3个字符
    //输出读取后文件中位置指针的位置
    printf("After reading in %s,Current position=%ld\n",buf,ftell(fp));
    fgets(buf,4,fp);                                 //再次从文件中读取3个字符
    //再次输出读取文件后位置指针的位置
    printf("Then,After reading in %s,Current position=%ld\n",buf,ftell(fp));
    rewind(fp);                                      //将文件中的位置指针移到文件的开头
    printf("The position is back at %ld",ftell(fp));
    fclose(fp);                                      //关闭文件
}
```

程序运行后先提示用户输入一段字符串，按 Enter 键后将会显示对应的处理信息，执行效果如图 15-13 所示。

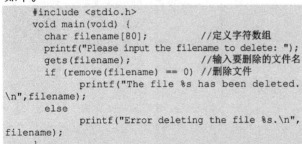

图 15-13　运行结果

15.6　文件管理函数

　　文件管理是指对已经存在的文件进行管理操作，例如删除、复制和重命名。C 语言标准库包含了用于删除和重命名的函数，而用户可以自行定义文件复制函数。本节将详细讲解各个文件管理函数的基本知识。

📹 知识点讲解：视频\第 15 章\文件管理函数详解.mp4

15.6.1　删除文件

　　在 C 语言中，删除文件的功能可以使用函数 remove 来实现，其调用格式如下。

```
remove(文件指针);
```

其中，"文件指针"是指向要删除文件的指针变量，其功能是删除文件指针所指向的文件。

实例 15-11	使用 remove 函数删除指定的文件

源码路径　daima\15\15-11

　　本实例的实现文件为"remove.c"，具体实现代码如下。

```
#include <stdio.h>
void main(void) {
    char filename[80];          //定义字符数组
    printf("Please input the filename to delete: ");
    gets(filename);             //输入要删除的文件名
    if (remove(filename) == 0) //删除文件
        printf("The file %s has been deleted.\n",filename);
    else
        printf("Error deleting the file %s.\n",filename);
}
```

拓展范例及视频二维码

范例 **15-11-01**：删除一个文件
源码路径：**演练范例\15-11-01**

范例 **15-11-02**：获取文件的路径
源码路径：**演练范例\15-11-02**

程序运行后需要输入要删除文件的路径，按 Enter 键后将会删除指定的文件。

15.6.2 重命名文件

在 C 语言中，文件的重命名功能可以使用函数 rename 来实现，其调用格式如下所示。

```
rname (旧文件名,新文件名);
```

上述格式的功能是将旧文件名修改为新文件名，其中文件名要遵循 C 语言的文件命名规则。

实例 15-12 **使用 rename 函数重命名指定的文件**
源码路径　daima\15\15-12

本实例的实现文件为"rename.c"，具体实现代码如下所示。

```
#include <stdio.h>
int main(void){
    char oldname[80], newname[80];   //定义两个字符数组
    printf("File to rename:");
    gets(oldname);                   //输入旧文件名
    printf("New name:");
    gets(newname);                   //输入新文件名
    if (rename(oldname, newname) == 0) //给文件重命名
            printf("Renamed %s to %s.\n", oldname,
newname);
    else
            printf("Error has occurred renaming
%s.\n",oldname);
    }
```

拓展范例及视频二维码

范例 **15-12-01**：重命名一个文件

源码路径：**演练范例\15-12-01**

范例 **15-12-02**：判断访问文件的
模式

源码路径：**演练范例\15-12-02**

程序运行后会先提示用户输入要重命名的文件名称（原来的名称），输入文件名称并按下
Enter 键后提示用户输入新名称，输入新名称并按 Enter 键后输出操作过程。

在进行重命名操作时，有如下 3 种常见的错误。

（1）指定的"旧文件名"不存在。

（2）设置的"新文件名"已经存在。

（3）文件重命名后将其移动到其他目录中。

15.6.3 复制文件

在 C 语言标准库中没有专用的文件复制函数，要想实现文件复制功能则必须自己编写程序。
复制程序的设计流程如下所示。

（1）以文本或二进制模式打开目标文件进行读取，在此最好使用二进制模式来打开，因为
这种方式能够复制任何文件，而不仅是文本文件。

（2）以文本或二进制模式打开目标文件进行写入。

（3）读取源文件中的一个字符。

（4）如果 foef 则表明已经到达源文件末尾，则关闭两个文件，并返回到调用程序的位置。

（5）如果没有到达源文件的末尾处，则将字符写入到目标文件中，然后回到步骤（3）。

根据上述流程，可以编写如下所示的通用复制代码。

```
int copy_file(char *oldname,char *newname)
{
    FILE *fpnew,*fpold;                      //定义文件指针
    int ch;
    if ((fpnew= fopen(newname,"wb"))== NULL) //打开或建立文件
        return -1;
    if ((fpold = fopen(oldname,"rb")) == NULL) //打开已有文件
        return -1;
    while(1)
    {
        ch = fgetc(fpold);                   //从文件oldname中读取一个字符
        if(!feof(fpold))
                fputc(ch, fpnew);            //将该字符写入data.txt文件中
        else
                break;                       //若newname文件结束则退出循环
    }
```

```
    fclose(fpnew);                                    //关闭文件
    fclose(fpold);
    return 0;
}
```

上述代码定义了一个具有复制功能的函数 copy_file，此时即可使用如下所示的格式以实现调用操作：

```
copy_file (原文件名,目标文件名)
```

其中，"原文件名"是已经存在并要复制文件的名称；"目标文件名"是复制后的新文件名称。并且上述两个文件并不默认为在 TC 安装目录下，在使用时需要带上完整的路径名。如果返回 0，则说明复制成功；若返回-1，则说明发生错误。

实例 15-13 使用自定义的 copy_file 函数复制指定的目标文件

源码路径 daima\15\15-13

本实例的实现文件为"fu.c"，具体实现代码如下。

```
#include "stdio.h"
int copy_file(char *oldname,char *newname){
    FILE *fpnew,*fpold;                            //定义文件指针
    int ch;
    if ((fpnew= fopen(newname,"wb"))== NULL)       //打开或建立文件
        return -1;
    if ((fpold = fopen(oldname,"rb")) == NULL)     //打开已有文件
        return -1;
    while(1)
    {
        ch = fgetc(fpold);            //从文件oldname中读取一个字符
        if(!feof(fpold))
            fputc(ch, fpnew);         //将该字符写入data.txt文件中
        else
            break;//若newname文件结束则退出循环
    }
    fclose(fpnew);                                 //关闭文件
    fclose(fpold);
    return 0;
}
int main(void)
{ char sou[80],des[80];
    printf("Input source file:\n");
    gets(sou);                        //输入原文件名
    printf("Input destination file:\n");
    gets(des);                        //输入目标文件名
    if(copy_file(sou,des)==0)
                                      //调用copy_file函数复制文件
        puts("Copy operation successful.\n");
    else
        printf("Error during copy operation.");
}
```

拓展范例及视频二维码

范例 **15-13-01**：获取文件流的
文件句柄
源码路径：**演练范例\15-13-01**

范例 **15-13-02**：利用文件流指针
导出文件句柄
源码路径：**演练范例\15-13-02**

程序运行后先提示用户输入要复制文件的名称，输入文件名称并按 Enter 键后提示用户输入复制后的目标文件名称。输入并按 Enter 键后完成文件复制，如图 15-14 所示。

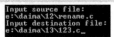

```
Input source file:
e:\daina\12\rename.c
Input destination file:
e:\daina\13\123.c_
```

图 15-14 运行结果

15.7 文件状态检测函数

为了跟踪文件的读写状态，检测读写中是否出现了未知的错误，C 语言提供了 3 个函数来检查文件的读写状态，具体说明如下所示。

❑ feof 函数

📹 知识点讲解：视频\第 15 章\
文件状态检测函数详解.mp4

❑ ferror 函数
❑ clearerr 函数

本节将详细讲解文件状态检测函数的基本知识和具体用法。

15.7.1 feof 函数

函数 feof 的作用是检验文件指针是否到达文件末尾，它在文件"stdio.h"中的原型如下：

```
#define feof(f) ((f)->flags & _F_EOF)
```

在文件处理过程中，一般应用此函数来检测文件指针是否到达文件末尾。如果其返回值非零，则说明文件指针到达文件尾；否则返回值为零。

例如，在模拟实现 MS-DOS 的 COPY 命令的程序代码中，应用 feof 函数可以检测文件指针是否到达文件末尾，此功能的具体实现代码如下。

```
int main(void){
  FILE *fpFrom,*fpTo;
  ……
  while(!feof(fpFrom))
  fputc(fgetc(fpFrom),fpTo);
  ……
}
```

15.7.2 ferror 函数

在 C 语言中，函数 ferror 的作用是检验文件的错误状态，此函数在文件"stdio.h"中的定义格式如下。

```
#define ferror(f) ((f)->flags & _F_ERR)
```

如果此函数的返回值非零，则说明对当前文件的操作已出错，否则说明当前的文件操作正常。

❀ 注意：ferror 仅给出上一次文件操作的状态，因此必须在执行一次文件操作后，且执行下一次文件操作前调用 ferror，才可以正确反映此次操作的错误状态。

15.7.3 clearerr 函数

当操作文件出错后，文件状态标志为非零值，此后所有的文件操作均无效。如果希望继续对文件进行操作，则必须使用 clearerr 函数清除此错误标志，然后才可以继续操作。函数 clearerr 在文件"stdio.h"中的原型如下。

```
void clearerr (FILE *stream);
```

例如，文件指针到文件末尾时会产生文件结束标志，执行此函数后，才可以继续对文件进行操作。因此在执行 fseek(fp,0L,SEEK_SET) 和 fseek(fp,0,SEEK_END) 语句后，注意应调用此函数。

实例 15-14	使用 ferror 函数检测文件读写时是否出错，并调用 clearerr 函数清除错误标志
	源码路径　daima\15\15-14

本实例的实现文件为"jiance.c"，具体实现代码如下。

```
#include <stdio.h>
int main(void){
  FILE *fp;
  //以"W"方式打开文件123.txt
  fp= fopen("123.txt", "w");
  /* force an error condition by attempting
to read */
  (void) getc(fp);        //从文件中读取一个字符
  if (ferror(fp))         //检测读取字符时是否有错误
  {                       //若有错误则显示错误信息
      printf("Error reading from Ex1219.\n");
      clearerr(fp);       //清除错误标志
```

拓展范例及视频二维码

范例 **15-14-01**：用 feof 函数判断
文件是否结束
源码路径：**演练范例\15-14-01**

范例 **15-14-02**：用 feof 函数判断
文件的结尾
源码路径：**演练范例\15-14-02**

```
    }
    fclose(fp);
}
```

上述代码首先以只读方式打开或建立文件 "123.txt"，然后调用函数 fgetc 从文件中读取一个字符，但是引文文件只允许执行写操作，所以在进行上述操作时会发生错误。在后面使用 ferror 函数进行检测时，返回值肯定为非零值，并输出对 "123.txt" 读操作的错误结果，最后调用 clearerr 清除了错误标志。执行后的效果如图 15-15 所示。

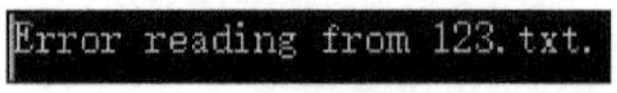

Error reading from 123.txt.

图 15-15　运行结果

15.8　Win32 API 中的文件操作函数

在 Win32 API 中，还有一系列可实现文件操作的函数，当然。对于一般文件的打开和保存操作，读者会想到以前介绍的通用对话框库，其中包括 OpenFile 对话框

知识点讲解：视频\第 15 章\Win32 API 中的文件操作函数.mp4

和 SaveFile 对话框，它们巧妙地避开了有关系统的文件名分析，简化了步骤。所以在一般情况下，使用它们可以不用关心很多细节的东西从而实现自己想要的功能。

15.8.1　创建和打开文件

创建任何一种文件都只需要用到 API 函数 CreateFile，应用程序可以通过该函数指定文件的格式为读取、写入或二者皆可，也可以指定其是否为共享文件。如果该文件名已经存在，则将其打开。下面对函数 CreateFile 进行详细的介绍。

函数 CreateFile 的功能是创建一个指定类型的文件，具体的语法格式如下。

```
HANDLE CreateFile(LPCTSTR lpFileName,
DWORD dwDesiredAccess,
DWORD dwShareMode,
LPSECURITY_ATTRIBUTES lpSecurityAttributes
DWORD dwCreationDisposition
DWORD dwFlagsAndAttributes
HANDLE hTemplateFile);
```

上述各参数的具体说明如下所示。

❑ lpFileName：以空值结尾的字符串指针，它包含要创建、打开或截取的文件、管道、通信资源、磁盘设备或控制台的名称。

❑ dwDesiredAccess：指定文件的输出类型。

❑ dwShareMode：确定是否且如何共享这个文件。

❑ lpSecurityAttributes：是指向 SECURITY_ATTRIBUTES 结构的指针，它指定了目录的安全属性，但要求文件系统支持一些格式（如 NTFS）。Windows 98 不支持此属性，在函数调用时应将其设置为 NULL。

❑ dwCreationDisposition：确定文件存在或不存在时应采取的动作。

❑ dwFlagsAndAttributes：指定文件的属性和标志。

❑ hTemplateFile：用于存取模板文件的句柄，模板文件为正在创建的文件提供了扩展属性。

❑ 返回值：如果函数调用成功则返回打开文件的句柄。如果调用前文件已经存在，且 "dwCreationDisposition" 参数使用 "CREATE_ALWAYS" 或 "OPEN_ALWAYS"，

则返回 ERROR_ALREADY_EXISTS；如果函数调用失败则返回 INVALID_HANDLE_VALUE。

例如，创建一个在"C"目录下名为"FILE.DOC"（word 文档）的文件时，其代码如下所示，其中 hFile 为 HANDLE 类型。

```
hFile=CreateFile("C:\\FILE.DOC",GENERIC_READ|GENERIC_WRITE.C,
NULL,OPEN_ALWAYS,FILE_ATTRISUTE_NORMAL,NULL);
```

15.8.2 读取、写入和删除文件

在第一次打开文件时，Windows 会在文件的开头存放一个文件指针，文件指针所指的位置就是下一次读取或写入的地方。随着读取或写入，Windows 也相应地增加文件指针。应用程序可以利用函数 SetFilePointer 来移动文件指针的位置。

执行读取和写入的函数是 ReadFile 和 WriteFile。这两个函数在文件指针位置处读取和写入指定数量的字节，并且不格式化数据。

函数 ReadFile 的功能是从文件指针位置处读取指定数量的字节，具体格式如下。

```
BOOL ReadFile(HANDLE hFile,              //文件指针
LPVOID lpBuffer,                         //数据缓冲
DWORD nNumberOfBytesToRead,              //读的字节数
LPDWORD lpNumberOfBytesRead,             //接收要读取的字节数
LPOVERLAPPED lpOverlapped                //覆盖缓冲
```

上述各参数的具体说明如下所示。

❑ hFile：指向要打开文件的指针。

❑ lpBuffer：接收来自文件数据缓冲区的指针。

❑ nNumberOfBytesToRead：表示从文件中读取的字节数。

❑ lpNumberOfBytesRead：用于接收要读取的字节数。

❑ lpOverlapped：是指向 OVERLAPPED 结构的指针。如果 hFile 所指向的文件是用 FILE_FLAG_OVERLAPPED 创建的，则需要用到此结构。

返回值：如果函数调用成功则返回值为 TRUE，否则为 FALSE。

函数 WriteFile 的功能是向文件指针位置处写入指定数量的字节，具体格式如下所示。

```
BOOL WriteFile (HANDLE hFile,
LPCVOID lpBuffer,
DWORD nNumberOfBytesToWrite,
LPDWORD lpNumberOfBytesWritten,
LPOVERLAPPED lpOverlapped);
```

其参数设置与函数 ReadFile 大同小异，只需要将读取改成写入即可，返回值也很相似，在这里就不多介绍了。

函数 DeleteFile 的功能是删除一个已存在并指定路径的文件，具体格式如下所示。

```
BOOL DeleteFile(LPCTSTR lpFileName);
```

参数 lpFileName 是一个指向字符串的指针，字符串中存储的是包含具体路径的文件名。

如果函数调用成功则返回 TRUE，否则返回 FALSE。

函数 CloseHandle 的功能是关闭当前打开的对象句柄，具体格式如下所示。

```
BOOL CloseHandle(HANDLE hObject);
```

hObject 为对象的句柄。如果函数调用成功则返回值为 TRUE，否则返回值为 FALSE。

15.9 技 术 解 惑

15.9.1 文件指针是文件内部的位置指针吗

读者再次需要注意：文件指针和文件内部的位置指针不是一回事。文件指针是指向整个文

件的，必须在程序中定义说明，只要不重新赋值，文件指针的值是不变的。文件内部的位置指针用来指示文件内部的当前读写位置，每读写一次，该指针均会向后移动，它不需要在程序中定义说明，而是由系统自动设置的。

15.9.2 fseek 函数的换行问题

函数 fseek 一般用于二进制文件，当然它也可以用于文本文件。当用于文本文件中时，需特别注意回车换行的情况，因为在一般浏览工具（如 UltraEdit）中，回车换行视为两个字符 0x0D 和 0x0A，但在真实的文件读写和定位时它确按照一个字符 0x0A 进行处理，因此碰到此类问题时，可以考虑将整个文件读入内存，然后在内存中手工插入 0x0D，这样可以达到较好的处理效果。

15.9.3 怎样解决 gets 函数的溢出问题

函数 gets 的功能是从 stdin 流中读取字符串，直至接收到换行符或 EOF 时停止，并将读取的结果存放在 buffer 指针所指向的字符数组中。换行符不是串中的内容，读取的换行符转换为空值，并由此来结束字符串。函数 gets 的返回值是：如果读入成功，则返回与参数 buffer 相同的指针；若读入过程中遇到 EOF（End-of-File）或发生错误，则返回 NULL 指针。所以在遇到返回值为 NULL 的情况时，要用函数 ferror 或函数 feof 来检查是发生了错误还是遇到了 EOF。

因为函数 gets 可以无限读取，不会判断上限，所以程序员应该确保 buffer 的空间足够大，以便在执行读操作时不会发生溢出。如果溢出，则多出来的字符将会写入到堆栈中，这就覆盖了堆栈中原先的内容，破坏一个或多个不相关的变量值。为了避免这种情况，我们可以用 gets_s() 来替换 gets()。这个事实导致 gets 函数只适用于玩具程序。

15.9.4 feof 函数会多读一个数据吗

在 C 语言中函数 feof() 的返回值取决于文件指针的指向情况。也就是说，当我们用函数 fread，得到最后一组数据时，文件指针还没有在末尾（文件指针指向最后一组数据），文件末尾是最后一个数据的下一个位置，所以你会多读一次，因此得到了我们不想要的东西。比如写通讯录程序的时候有如下所示的代码。

```
i=0;
while(!feof(fp)){
  fread(&stu[i],LEN,1,fp);
  printf("Name:%s Address:%s PostalCode:%ld PhoneNumber:%s\n\n\n",stu [i].name,stu[i].
    add,stu [i].pos,stu[i].phone);
  i++;

}
```

解决方案如下所示。

```
i=0;
fread(&stu[i],LEN,1,fp);
while(!feof(fp)){
  printf("Name:%s Address:%s PostalCode:%ld PhoneNumber:%s\n\n\n",stu [i].name,stu[i].
    add,stu [i].pos,stu[i].phone);
  i++;
  fread(&stu[i],LEN,1,fp);
}
```

15.9.5 流和文件的关系

在 C 语言中，流就是一种文件形式，它实际上表示一个文件或设备（从广义上讲，设备也是一种文件）。我们不习惯把流当作文件，所以有人称这种和流等同的文件为流式文件，流的输入输出也称为文件的输入输出操作。当流进入到磁盘而成为文件时，意味着它要启动磁盘写入操作，这样流入一个字符（文本流）或流入一个字节（二进制流）均要启动磁盘操作，这将大大降低传输效率（磁盘是慢速设备），且降低了磁盘的使用寿命。为此，C 语言在输入输出时使用了缓冲技术，即在内存中为输入的磁盘文件开辟了一个缓冲区（默认为 512 字节），当流到该缓冲区中并装满后，再启动磁盘一次，将缓冲区中的内容装到磁盘文件中去。读取文件也是类似。

在 C 语言中将此种文件的输入输出操作称为标准输入输出，或称为流式输入输出（因这种输入输出操作是 ANSIC 推荐的标准）。还有一种是不带缓冲文件的输入输出，它称为非标准文件输入输出或低级输入输出，它由 DOS 系统直接管理。

15.10 课后练习

1. 从键盘输入若干行字符（每行长度不等），输入后把录入文件存储到磁盘中，再从该文件中读取这些数据，将其中的小写字母转换成大写字母后显示在屏幕上。

2. 有一磁盘文件"employee"，它存放着职工的数据。每个职工数据包括职工姓名、职工号、性别、年龄、住址、工资、健康状况、文化程度。要求将职工名、工资的信息单独抽出来另建一个简明的职工工资文件。

3. 有 5 个学生，每个学生有 3 门课程的成绩，从键盘输入学生数据（包括学号、姓名、3 门课的成绩），计算出平均成绩，将原有数据和计算出的平均分数存放在磁盘文件"stud"中。

4. 有两个磁盘文件"A"和"B"，它们各存放一行字母，今要求把这两个文件中的信息合并为一个（按字母顺序排列），并输出到一个新文件"C"中去。

5. 从键盘输入一个字符串将其中的小写字母全部转换成大写字母，然后输出到一个磁盘文件"test"中保存，输入的字符串以"!"作为结束。

6. 将第 3 题"stud"文件中的学生数据按平均分进行排序，将已排序的学生数据存入一个新文件"stu_sort"中。

7. 将第 6 题中已排序的学生成绩文件执行插入处理。插入一个学生的 3 门课程成绩。程序先计算新插入学生的平均成绩，然后将它按成绩的高低顺序插入，插入后建立一个新文件。将结果仍存入原有的"stu_sort"文件中而不另建新文件。

第 16 章

错误和程序调试

　　C 语言不但功能强大，而且使用范围广，程序员可以方便地使用 C 语言编写出功能强大的项目。但是要想真正学好 C 语言，其实并不容易。特别是对于初学者来说，经常会遇到一些错误。本章将详细介绍常见的错误和程序调试知识，以此来提高读者的开发经验，尽量避免不必要的错误。

16.1 常见错误分析

在进行 C 语言开发时，不可避免地会出现不同的错误。在一般情况下，C 语言中的错误主要分为 3 大类。本节将详细讲解这 3 大类常见错误的基本知识。

 知识点讲解：视频\第 16 章\常见错误分析.mp4

16.1.1 语法错误

这种错误使用编译器很容易解决。所以，改错题的第一步是先编译，以此来解决这类语法错误。下面总结了一些常见的语法错误。

（1）丢失分号或分号误写成逗号。

（2）关键字拼写错误，如本来小写的变成大写的。

（3）语句格式错误，例如在 for 语句中多写或者少写分号。

（4）表达式声明错误，例如少了括号"()"。

（5）函数类型说明错误，与 main 函数中不一致。

（6）函数形参类型声明错误，例如少了"*"等。

（7）运算符书写错误，例如将"/"写成了"\"。

下面以编译器的具体提示，列出了常见语法错误的解决方法。

（1）fatal error Clolo:unexpected end of file while looking for precompiled header directive.

这表示寻找预编译头文件路径时遇到了不该遇到的文件末尾，一般是没有#include"stdafx.h"。

（2）fatal error C1083:Cannot open include file: 'R……h':No such file or directory.

这表示不能打开头文件"R…….h"，没有这样的文件或目录。

（3）error C2011:'c……'：'class' type redefinition.

这表示类"C……"重定义。

（4）error C2057:expected constant expression.

这表示希望代码中的表达式是常量表达式，一般出现在 switch 语句的 case 分支中。

（5）error C2018:unknown character'Oxa3'

这表示有不认识的字符'Oxa3'，这一般是汉字或中文标点符号。

（6）error C2065: 'IDD_MYDIALOG':undeclared indentifier.

这表示 IDD_MYDIALOG 未声明过这个标识符。

（7）error C2082:redefinition of formal parameter 'bReset'.

这表示函数参数 bReset 在函数中重定义了。

（8）error C2143: syntax error:missing ' : 'before'{'.

这是语法错误，表示"{"前缺少":"。

（9）error C2146:syntax error:missing ';' before identifier 'dc'.

这表示语法错误，在 dc 前丢了";"。

（10）error C2196:case value '69' already used。

这表示值 69 已经用过，它一般出现在 switch 语句的 case 分支中。

（11）error C2511:'reset':overloaded member function 'void（int）' not found in 'B'。

这表示重载函数 void reset（int）在类 B 中找不到。

（12）error 2555: 'B::f1':overriding virtual function differs from 'A::fi' only by return type or calling convertion.

这表示类 B 对类 A 中同名函数的重载仅根据返回值或调用约定进行区别。

（13）warning C4553:"=="operator has no effect:did you intend '='?

这表示没有效果的运算符"=="是否改为"="。

（14）warning C4035:'f……':no return value.

这表示"f……"的 return 语句没有返回值。

（15）warning C4700:local variable 'bReset' used without having been initialized

这表示局部变量 bReset 没有初始化。

（16）LINK:fatal error LNK1168:cannot open Debug/P1.exe.for writing.

这表示连接错误，不能打开 P1.exe 文件，请改写内容，这一般是 P1.exe 还在运行未关闭。

16.1.2　逻辑错误（语义错误）

这和程序实现的功能紧密相关，一般不能用编译器来发现。对于 C 语言的逻辑错误，可以按下面的步骤进行查找。

（1）读试题，看清题目的功能要求。

（2）通读程序，看懂程序中算法的实现方法。

（3）细看程序，发现常见错误点。

下面列出了一些常见的逻辑错误以供参考。

❑　变量初值错误。

❑　循环次数不对。

❑　下标越界。

❑　运算类型不匹配。

具体来说，在编写 C 语言的过程中，常见的逻辑错误如下所示。

（1）忘记定义变量，例如：

```
int main(void){
x=3;y=6;
    printf("%d",x y);
}
```

C 语言中的变量一定要先定义才能使用。

（2）输入输出数据的类型和所用格式的说明符不一致，例如：

```
int a=3;float b=4.5;printf("%f%d",a,b);
```

它们并不是按照赋值规则进行转换的，例如把 4.5 转换为 4，而是将数据在存储单元中的形式按格式符的需要进行输出，例如 b 占 4 字节，只把最后两字节的数据按%d 格式作为整数来输出。

（3）未注意 int 型数据的数值范围，例如 short int 型数据的数值范围（-32 768～32 767）。而在下面的演示代码中，将变量 num 的值设置为 89101，这样会将超过 short int 型数据的数值范围，所以编译器会截断数据，从而得到 23565：

```
int num=89101;
printf("%d",num);
```

在定义了长型后，在输出时仍用"%d"说明符，也会出现以上错误。

（4）输入变量时忘记使用地址符，例如：

```
scanf("%d%d",a,b);
```

（5）输入数据的组织和需要不符，在 scanf 函数的格式字符串中除了格式说明符外，其他字符必须按原样输入。

（6）误把"="作为"等于"比较符。其实"="是一个赋值运算符，"=="是比较运算符。

（7）语句后面漏了分号，例如：

```
{
    t=a;
    a=b;
```

```
    b=t  //此处漏掉了分号
}
```

（8）不该加分号的地方加了分号，例如：

```
if(a>b);
printf("a is larger than b");
for(i=0;i<10;i ); {
    scanf("%d",&x);
    printf("%d",x*x);
}
```

（9）应该有花括弧的复合语句，忘记加花括弧。例如：

```
sum=0;
i=1;
while(i<=100)
sum=sum 1;
i ;
```

（10）括弧不配对，例如：

```
while((c=getchar()!='#')
putchar(c);
```

（11）在使用标识时，忘记了大写字母和小写字母的区别。例如：

```
{
    int a,b,c;
    a=2;
    b=3;
    C=A B;
    printf("%d %d=%D",A,B,C);
}
```

（12）引用数组元素时误用圆括弧，例如：

```
{
    int i,a(10);
    for(i=0;i<10;i )
        scanf("%d",&a(i));
}
```

（13）在定义数组时，将定义的"元素个数"误认为是可使用的最大下标值。例如：

```
{
    int a[10]={1,2,3,4,5,6,7,8,9,10};
    int i;
    for(i=1;i<=10;i )
        printf("%d",a);
}
```

（14）二维或多维数组的定义和引用方法不对，例如：

```
{
    int a[5,4];
    ......
    printf("%d",a[1 2,2 2]);
    ......
}
```

（15）误以为数组名代表数组中的全部元素，例如：

```
{
    int a[4]={1,2,3,4};
    printf("%d%d%d%d",a);
}
```

（16）混淆字符数组和字符指针的区别，例如：

```
int main() {
    char str[40];
    str="Computer and c";
    printf("%s",str);
}
```

（17）在引用指针变量之前没有对它赋予确定的值，例如：

```
{
    char *p;
    scanf("%s",p);
}
{
```

```
    char *p,c[20];
    p=c;
    scanf("%s",p);
}
```

(18) switch 语句的各分支中漏写了 break 语句，混淆字符和字符串的表示形式。例如：

```
...
char sex;
sex="M";
...
```

(19) 使用自加（++）和自减（--）运算符时出现的错误，例如：

```
{
    int *p,a[5]={1,3,5,7,9};
    p=a;
    printf("%d",*p );
}
```

其中要注意 p 与*p 的区别。

(20) 所调用的函数在调用语句之后才定义，而在调用前又未加说明。例如：

```
int main(void){
float x,y,z;
    x=3.5;y=-7.6;
    z=max(x,y);
    printf("%f",z);
}
float max(float x,float y) {
    return (x>y?x:y);
}
```

(21) 误认为改变形参值会影响实参值，例如：

```
swap(int x,int y) {
    int t;
    t=x;x=y;y=t;
}
int main(){
    int a,b;
    a=3;b=4;
    swap(a,b);
    printf("%d,%d",a,b);
}
```

(22) 函数的实参和形参类型不一致，例如：

```
fun(float x,float y)
int main(void)
{
    int a=3,b=4;
    c=fun(a,b);
...
}
```

(23) 不同类型的指针混用，例如：

```
{
    int i=3,*p1;
    float a=1.5,*p2;
    p1=&i;p2=&a;
    p2=p1;
    printf("%d,%d",*p1,*p2);
}
```

(24) 没有注意函数参数的求值顺序，例如：

```
int i=3;
printf("%d,%d,%d",i, i, i);
```

运行结果为 5，5，4。

VC 是采取从右至左的顺序求函数值，而 C 标准没有具体规定函数参数的求值顺序。

(25) 混淆数组名和指针变量的区别，例如：

```
{
 int i,a[5];
    for(i=0;i<5;i )
```

```
          scanf("%d",a );
}
{int a[5],*p;
    p=a;
    for(int i=0;i<5;i )
        scanf("%d",p )
}
{int a[5],*p;
    for(p=a;p<a 5;p )
        scanf("%d",p);
```

（26）混淆结构体类型和结构体变量的区别，例如：

```
struct worker
{   long int num;
    char name[20];
    char sex;
    int age;
};
worker.num=187045;
strcpy(worker.name, "ZhangFun");
worker.sex='M';
worker.age=18;
```

（27）使用文档时忘记打开，用只读方式打开，却试图向该文档输出数据。例如：

```
if(fp=fopen("test","r"))==NULL)
{printf("cannot open this file");
    exit(0);
}
ch=fgetc(fp);
while(ch!= '#')
{ch=ch 4;
fputc(ch,fp);
ch=fgetc(fp);
}
```

16.1.3　内存错误

在 C 语言中，内存错误是最为人诟病的。这些错误可让项目延期或者被迫取消，引发无数的安全问题，甚至出现人命关天的灾难。抛开这些大道理不谈，它们确实浪费了大量时间，这些错误引发的是随机现象，即使有一些先进工具的帮助，为了找到重现的路径，花上几天的时间也不足为怪。如果能够在编写代码时就避免这些错误，则开发效率至少提高一倍以上，质量可以提高几倍了。下面列举了在 C 语言中一些常见的内存错误。

1. 内存泄漏

大家都知道，在堆上分配的内存，如果不使用了，应该把它释放掉，以便后面可以重用。在 C/C++ 中，内存管理器不会帮你自动回收不使用的内存。如果你忘了释放不再使用的内存，那么这些内存就不能重用了，这就造成了所谓的内存泄漏。

把内存泄漏列为首位，并不是因为它有多么严重的后果，而是它为最常见的一类错误。一两处内存泄漏通常不会让程序崩溃，也不会出现逻辑上的错误。在进程退出时，系统会自动释放与该进程相关的所有内存（共享内存除外），所以内存泄漏的后果相对来说还是比较温和的。但是，量变会导致质变，一旦内存泄漏过多以至于耗尽内存，后续的内存分配将会失败，程序可能因此而崩溃。

虽然现在计算机的内存够大了，加上进程有独立的内存空间，对于一些小程序来说，内存泄漏已经不具有太大的威胁。但是对于大型软件来说，特别是长时间运行的软件，或者嵌入式系统，内存泄漏仍然是致命的因素之一。

建议读者不管在什么情况下，采取谨慎的态度，杜绝内存泄漏的出现。相反，认为内存很大，对内存泄漏采取放任自流的态度，这都不是负责的。尽管一些工具可以帮助我们检查内存泄漏的问题，但我认为还是应该在编程时就仔细一点，及早排除这类错误，工具只是验证的手段。

2. 内存越界访问

内存越界访问有两种：一种是读越界，即读了不属于自己的数据，如果所读的内存地址是无效的，那么程度立刻就崩溃了。如果所读的内存地址是有效的，并且在读的时候不会出问题，但由于读到的数据是随机的，那么它也会产生不可预料的后果。另外一种是写越界，又叫缓冲区溢出，所写入的数据对别的程序来说是随机的，它也会产生不可预料的后果。

内存越界访问造成的后果非常严重，是程序稳定性的致命威胁之一。更麻烦的是，它造成的后果是随机的，表现出来的症状和出现的时机也是随机的，让漏洞的现象和本质看似没有什么联系，这会给漏洞的定位带来极大的困难。

在市面中有一些工具可以帮助检查内存越界访问的问题，但也不能太依赖于工具。内存越界访问通常是动态出现的，即依赖于测试数据，在极端的情况下才会出现，除非精心设计测试数据，否则工具也无能为力。工具本身也有一些限制，在一些大型项目中，工具也会变得完全不可用。比较保险的方法还是在编程是就要小心，特别是外部传入的参数要仔细检查。

我们来看一个例子。

```
#include <stdlib.h>
#include <string.h>
int main(int argc, char* argv[]) {
    char str[10];
    int array[10] = {0,1,2,3,4,5,6,7,8,9};
    int data = array[10];
    array[10] = data;
    if(argc == 2) {
        strcpy(str, argv[1]);
    }
    return 0;
}
```

在上述代码中，有如下两个错误是新手常犯的。

其一：int array[10]定义了一个有 10 个元素的数组，由于 C 语言中数组索引是从 0 开始的，所以程序只能访问 array[0]~array[9]，访问 array[10]就造成了越界错误。

其二：对于 strcpy(str，argv[1])；是否存在越界错误依赖于外部输入的数据，这样的写法在正常下可能没有问题，但受到一点恶意攻击后就会崩溃了。除非你确定输入的数据在你的控制范围内，否则不要用 strcpy、strcat 和 sprintf 之类的函数，而是用 strncpy、strncat 和 snprintf 来代替。

3. 野指针

野指针是指那些已经释放掉的内存指针。当调用 free(p) 时，你真正清楚这个动作背后的内容吗？你会说 p 指向的内存被释放了。但 p 本身有变化吗？答案是 p 本身没有变化。它指向的内存仍然是有效的。

释放掉的内存会由内存管理器重新分配，此时，野指针指向的内存已经赋予了新的意义。访问野指针指向的内存，无论是有意还是无意的，都为此会付出巨大的代价，因为它造成的后果，如同越界访问一样是不可预料的。

释放内存后立即把对应的指针置为空值，这是避免野指针常用的方法。这个方法简单有效。只是要注意，当指针是从函数外层传入时，在函数内把指针置为空值，这对外层的指针没有影响。比如，你在析构函数里把 this 指针置为空值，没有任何效果，这时应该在函数外层把指针置为空值。

4. 访问空指针

空指针在 C/C++中占有特殊的地址，通常用来判断一个指针的有效性。空指针一般定义为 0。现代操作系统都会保留从 0 开始的一块内存，至于这块内存有多大，视不同的操作系统而定。一旦程序试图访问这块内存，系统就会触发一个异常信号。

操作系统为什么要保留一块内存，而不是仅保留一个字节的内存呢？原因是：一般都是按页进行内存管理的，无法单纯保留一个字节，至少要保留一个页面。保留一块内存也有额外的好处，就是它可以检查诸如 p=NULL 之类的内存错误。

在一些嵌入式系统（如 Arm7）中，从 0 开始的一块内存是用来存储中断向量的，没有 MMU 的保护，直接访问这块内存好像不会引发异常。不过这块内存是属于代码段的，不是程序中有效的变量地址，所以用空指针来判断指针的有效性仍然可行。

5.　引用未初始化的变量

未初始化的变量中的内容是随机的（有的编译器会在调试版本中把它们初始化为固定值，如 0xcc），使用这些数据会造成不可预料的后果，调试这样的程序也是非常困难的。

对于态度严谨的程度员来说，防止这类漏洞非常容易。在声明变量时就对它初始化，是一个好的编程习惯。另外也要重视编译器的警告信息，发现引用了未初始化的变量，立即修改程序。

例如在下面的代码中，全局变量 g_count 是确定的，因为它在 bss 段中自动初始化为零了。临时变量 a 是没有经过初始化的，堆内存 str 是没有经过初始化的。但这个例子有点特殊，因为程序刚运行起来，很多东西是确定的，如果你想把它们当作随机数的种子是不行的，因为它们还不够随机。

```
#include <stdlib.h>
#include <string.h>
 int g_count; int main(int argc, char* argv[]) {
      int a;
      char* str = (char*)malloc(100);
      return 0;
 }
```

6.　不清楚指针运算

对于一些新手来说，指针常常让他们犯糊涂，比如 int *p = …;p+1 等于(size_t)p + 1 吗？老手们自然清楚，新手可能就搞不懂了。事实上，p+n 等于(size_t)p + n * sizeof (*p)。

指针是 C/C++中最有力的武器，功能非常强大。无论是变量指针还是函数指针，都应该非常熟练地掌握。只要有不确定的地方，马上写个小程序来验证一下。对每一个细节了然于胸，在编程时会省下不少时间。

7.　结构成员顺序的变化引发的错误

在初始化一个结构时，老手可能很少像新手那样老老实实的，一个成员一个成员地为结构初始化，而是采用快捷方式，如：

```
struct s {
   int l; char* p;
};
int main(int argc, char* argv[]) {
   struct s s1 = {4, "abcd"};
   return 0;
}
```

以上这种方式是非常危险的，原因在于你对结构的内存布局进行了假设。如果这个结构是由第三方提供的，它很可能会调整结构中成员的相对位置。而这样的调整往往不会在文档中说明，你自然很少去关注。如果调整的两个成员具有相同的数据类型，则在编译时不会有任何警告，而程序的逻辑可能相距十万八千里了。

正确的初始化方法应该是（当然，一个成员一个成员地初始化也行）：

```
struct s {
   int l; char* p;
}; int main(int argc, char* argv[]) {
   struct s s1 = {.l=4, .p = "abcd"};
   return 0;
 }
```

❀ 注意：有的编译器可能不支持新标准。

8．结构大小的变化引发的错误

我们看看下面这个例子：

```
struct base {
    int n;
};
struct s {
    struct base b; int m;
};
```

在面向对象时，我们可以认为第 2 个结构继承了第 1 个结构，这有什么问题吗？当然没有，这是 C 语言实现继承的基本手法。

现在假设第 1 个结构是由第三方提供的，第 2 个结构是你自己的。第三方提供的库是以 DLL 方式进行分发的，DLL 的最大好处在于可以独立替换。但随着软件的进化，问题可能就产生了。

当第三方在第 1 个结构中增加了一个新的成员 int k，编译好后把 DLL 给你，你直接把它给了客户了，让他们替换掉老版本。程序加载时不会有任何问题，但运行逻辑可能会完全改变！原因是两个结构的内存布局重叠了。

解决这类错误的唯一办法就是重新编译全部代码。由此看来，动态库并不见得可以动态替换。

9．分配/释放不配对

大家都知道 malloc 要和 free 配对使用，new 要和 delete/delete[]配对使用，重载类 new 操作时，应该同时重载类的 delete/delete[]操作。这些都是书上反复强调过的，除非当时晕了头，一般不会犯这样的低级错误。

而有时候我们却蒙在鼓里，两个代码看起来都是调用 free 函数的，实际上却是调用了不同的实现。比如在 Win32 下，调试版与发布版，单线程与多线程是不同的运行时库，不同的运行时库使用的是不同的内存管理器。一不小心连接了错误的库，那你就麻烦了。程序可能会崩溃，原因在于一个内存管理器分配的内存，在另外一个内存管理器中释放时就会出现问题。

10．返回指向临时变量的指针

大家都知道，栈里面的变量都是临时的。执行完当前函数后，会清除相关的临时变量和参数都。不能把指向这些临时变量的指针返回给调用者，这些指针指向的数据是随机的，会给程序造成不可预料的后果。

下面是一个错误的例子。

```
char* get_str(void) {
    char str[] = {"abcd"};
    return str;
}
int main(int argc, char* argv[]) {
    char* p = get_str();
    printf("%s\n", p);
    return 0;
}
```

而下面的代码则没有问题。

```
char* get_str(void) {
    char* str = {"abcd"};
    return str;
}
int main(int argc, char* argv[]) {
    char* p = get_str();
    printf("%s\n", p);
    return 0;
}
```

11．试图修改常量

在函数参数前加上修饰符 const，只是给编译器进行类型检查用的，编译器禁止修改这样的变量。但这并不是强制性的，你完全可以用强制类型转换绕过去，一般也不会出什么错。

而全局常量和字符串即使使用强制类型转换绕过去，在运行时仍然会出错。原因在于它们是放在.rodata 里面的，而.rodata 内存页面是不能修改的。试图修改它们，会引发内存错误。例如下面这个程序在运行时会出错：

```
int main(int argc, char* argv[]) {
    char* p = "abcd";
    *p = '1';
    return 0;
}
```

12. 误解传值与传引用

在 C/C++中，参数默认的传递方式是传值，即在参数入栈时复制一份。在函数里修改这些参数不会影响外面的调用。例如：

```
#include <stdlib.h>
#include <stdio.h>
void get_str(char* p) {
    p = malloc(sizeof("abcd"));
    strcpy(p, "abcd");
    return;
}
int main(int argc, char* argv[]) {
    char* p = NULL;
    get_str(p);
    printf("p=%p\n", p);
    return 0;
}
```

在 main 函数里，p 的值仍然是空值。在函数里修改指针指向的内容也是可以的。

13. 栈溢出

在计算机中，普通线程的栈空间也有十几兆字节，这通常够用了，定义大一点的临时变量不会有什么问题。而在一些嵌入式中，线程的栈空间可能只有 5KB 大小，甚至小到只有 256 字节。在这样的平台中，栈溢出是最出现的错误之一。在编程时应该清楚平台的限制，避免栈溢出。

14. 误用 sizeof

尽管 C/C++通常是按值传递参数的，但数组是例外。在传递数组参数时，数组退化为指针（即按引用来传递），用 sizeof 是无法取得数组大小的。这可以从下面的例子中看出。

```
void test(char str[20]) {
    printf("%s:size=%d\n", __func__, sizeof(str));
}
int main(int argc, char* argv[]) {
    char str[20] = {0};
    test(str);
    printf("%s:size=%d\n", __func__, sizeof(str));
    return 0;
}
[root@localhost mm]# ./t.exe test:size=4 main:size=20
```

15. 字节对齐

字节对齐的主要目的是提高内存访问效率。但在有的平台（如 Arm7）上，这就不仅是效率问题了，如果不对齐，则得到的数据是错误的。所幸的是，在大多数情况下，编译会保证全局变量和临时变量按正确的方式对齐。内存管理器会保证动态内存按正确的方式对齐。要注意的是，在不同类型的变量之间进行转换时要小心，如把 char*强制转换为 int*时，要格外小心。

另外，字节对齐也会造成结构的大小发生变化，在程序内部用 sizeof 来取得结构的大小，这就足够了。若数据要在不同的机器间传递，则在通信协议中要规定对齐方式，以避免对齐方式不一致引发的问题。

16. 字节顺序

字节顺序历来是跨平台设计软件时头疼的问题。字节顺序是数据在物理内存中的布局的问题，最常见的字节顺序有两种：大端模式与小端模式。

- □　大端模式是高位字节数据存放在低地址处，低位字节数据存放在高地址处。
- □　小端模式是指低位字节数据存放在内存低地址处，高位字节数据存放在内存高地址处。

在普通软件中，字节顺序的问题并不引人注目。而在开发与网络通信和数据交换有关的软件时，字节顺序的问题就要特殊注意了。

17．多线程共享变量没有用 valotile 修饰

关键字 valotile 的作用是告诉编译器，不要把变量优化到寄存器里。在开发多线程并发的软件时，如果这些线程共享一些全局变量，则这些全局变量最好用 valotile 来修饰。这样可以避免由于编译器优化而引起的错误，这样的错误非常难查。

18．忘记函数的返回值

函数需要返回值，如果你忘记了 return 语句，那么它仍然会返回一个值，因为在 i386 上，EAX 用来保存返回值，如果没有明确的返回值，那么返回 EAX 中最后的内容，所以 EAX 的内容是随机的。

16.2　错误的检出与分离

在通常情况下，编译程序可以找到源程序中的语法错误和语义错误，并将其分离出来，但是它不能检出程序编制的是否得当及算法是否正确。在 C 语言源程序的

知识点讲解：视频\第 16 章\错误的检出与分离.mp4

调试过程中，比较麻烦的一种错误是程序可以执行，但得不到希望的结果，即使在算法正确的情况下，程序员也要从头到尾地对整个程序进行检查。找出错误的方法是从一组检查数据开始，把已知的数据送入程序，并把范围逐步变小，直到找出错误所在并将其分离出来为止。这种方法大都采用在源程序中加入若干个 printf() 语句来实现，检查中间结果就可能把出错的原因找出来。但这种方法过于繁琐复杂，使用不便。

最为简单的错误检出与分离的解决方法是编译程序，首先设计一个排错函数 debug()，在此假定编译程序支持整型、字符型、整型数组和字符型数组。如果编译程序还支持其他的数据类型，那么只须稍加修改 debug() 函数。debug() 函数的实现代码如下所示。

```c
#include<stdio.h>
#include<conio.h>
#define CLEARS 111
void debug(char let,char c_array[],int n_array[],int asize,int num,int opt)
{
  int I;
  switch(opt)
  {
  case 1:
    printf("The value is %d",num);
    break;
  case 2:
    printf("The letter is %c",let);
    break;
  case 3: {
    puts("The number array contains ");
    for(i=0;i<=asize;++i)
    printf("%d",n_array[i]);
    break;
  }
  case 4:{
    puts("The character array contains ");
    for(i=0;i<=asize;++i)
    printf("%c",c_array[i]);
```

```
      break;
    }
    default:
    puts(" Invalid option selected!");
    break;
    }
    puts(" Please press any key to continue:");
    getch();
}
int main(void) {
    int I,j,a[10];
    char ch,b[10];
    for(i=5,j=0;i<15;++I,++j){
      a[j]=j;
      b[j]=j;
    }
    putchar(CLEARS);
    ch='a';
    debug(0,0,0,0,I,1); /*display value of i*/
    debug(ch,0,0,0,0,2);/*display value of ch*/
    debug(0,0,a,10,0,3);/*display value of a*/
    debug(0,b,0,10,0,4);/*display value of b*/
    debug(0,0,0,0,0,7);/*error*/
}
```

在上述代码中，函数 debug 能够在排错过程中把所需的过程打印出来。实现过程如下：把要打印的数据类型传递给它，并由后面的 printf 语句将其打印出来，调用 getch 函数引起程序暂停运行，直到按任意键继续。debug 函数包括了能够检查的错误类型，例如整型、字符型、整型数组和字符型数组，读者可以根据需要添加其他有关的参数；Opt 是要使用的可选项。

在实际应用时，读者可以把 debug 函数包含到需要的程序中。当把错误找出来后，可以很容易地把所有的 debug 函数都清除出去。把所有这些调用和为包含函数 debug 所用的#include 命令从程序中撤销是件很容易的事。例如 Vi 编辑在"ex 转换方式"下使用的搜索和替换命令 g 和 s，这在源程序中使用 printf 函数是很难办到的。

16.3 调试时的注意事项

对程序设计者来说，不仅要会编写程序，还要使程序上机调试通过。即使一个有经验的程序员也常会出现因某些疏忽而造成程序调试失败，更何况初学者了。调

知识点讲解：视频\第 16 章\
调试时的注意事项.mp4

试的目的不仅是验证程序的正确性，而且还是掌握程序调试技术，提高动手能力。程序调试具有很强的技术性和经验性，其效率的高低在很大程度上依赖于程序设计者的经验。有经验的人很快就能发现错误，而有的人在计算机显示出错误信息并告诉他哪一行有错之后还找不出错误所在。所以初学者调试一个程序所耗费的时间往往比编写这个程序花的时间还要多。调试程序是程序设计的一个重要环节，调试之前要做好程序调试的准备工作。

16.3.1 上机前要先熟悉程序的运行环境

一个 C 语言源程序应在一定的硬件和软件支持环境下进行编辑、编译、连接和运行，而这其中的每一步都直接影响程序调试的效率。所以初学者必须了解所使用的计算机系统的基本操作方法，学会使用该系统，了解在该系统上如何编辑、编译、连接和运行一个 C 语言程序。上机时需要输入和修改程序，不同的操作系统提供的编辑程序是不同的。DOS 操作系统提供了全屏幕编辑程序 Edit，UNIX 操作系统提供了屏幕编辑程序 VI，还有一些集成环境提供了编辑功能。如果对编辑程序的基本功能和操作不熟悉，就很难使用好这个工具，那么在输入和修改程

序中就会遇到很多困难，往往会越改越乱。更有甚者，由于初学者对操作系统或编辑程序的操作命令不熟悉而误删了一个正在调试或已经调试好的程序，因此就不得不重新输入、调试，这浪费了许多时间。所以在上机调试之前，必须认真了解程序的运行环境，了解常用的操作命令，这样上机调试程序时效率就会大大提高。

16.3.2　在编程时要为调试做好准备

（1）采用模块化、结构化方法设计程序。

模块化是指将一个大任务分解成若干个较小的部分，每一部分承担一定的功能，称其为"功能模块"。每个模块可以由不同的人来编写程序、编译和调试，这样可以在相对较小的范围内确定出错误，较快地改正错误并对其重新编译。不要将全部语句都写在 main()函数中，并且要多使用函数，用一个函数完成一个单一功能。这样既便于阅读，也便于调试。反之，如果只用一个函数编写出来，不仅增加了程序的复杂度，而且在调试时很难确定错误所在，即使找到了错误，修改起来也很麻烦，有时为了改正一个错误有可能会引起新的错误。

（2）编程时要为调试程序提供足够的灵活性。

在设计程序时，要充分考虑程序调试时可能出现的各种情况，要为调试中临时修改、选择输入数据的形式、个数和改变输出形式等情况提供尽可能的灵活性。这就需要使程序具有通用性。一方面，在选择和设计算法时要使其具有灵活性，另一方面数据输入要灵活，可以采用交互方式输入数据。例如排序算法、求和、求积分算法中的数据个数都可以通过应答程序的提问来确定，从而为程序调试带来方便。

（3）根据程序调试的需要，可以通过设置"分段隔离""设置断点"和"跟踪打印"来调试程序。如果是复杂的程序，则可以在适当的地方设置必要的断点，这样查找问题会迅速、容易。为了判断程序是否在正常执行，可以观察程序执行路径和中间结果的变化情况，并在适当的地方打印出必要的中间结果，通过这些中间结果可以观察程序的执行情况。调试结束后再将断点、打印中间结果的语句删掉。

（4）要精心地准备调试程序所需数据。这些数据包括程序调试时要输入的具有典型性和代表性的数据及相应的预期结果。例如，选取适当的数据可保证程序中每条可能的路径都至少执行一次并使每个判定表达式中条件的各种可能组合都至少出现一次。要选择"边界值"，即选取刚好等于、稍小于、稍大于边界值的数据。经验表明，处理边界情况时程序最容易发生错误，例如许多程序错误出现在下标、数据结构和循环等边界附近。验证这些数据可以看到程序在各种可能条件下的运行情况，它暴露程序出错的可能性更大，从而提高程序的可靠性。

16.4　技术解惑

16.4.1　编译通过并不代表运行正确

请看下面的代码。

```
char *str = "abcd";
char str2[] = "dcba";
*str = str[0];
```

上述代码为什么会出错？究竟错在哪里？虽然能够编译通过，但是执行时却显示出 Segmentation fault。这是因为编译器声明一个字符型的指针字符串之后，把它放在了只读存储区，在执行时写入失败。实际上，这样声明的就是一个字符串常量。在此还需要注意，声明指针之后一定要初始化。有如下两种初始化指针的方法。

（1）使用地址初始化，例如：

```
int *p = &i;
```

（2）动态初始化，例如：

```
int *p = (int *)malloc(sizeof(int));
```

16.4.2 两段代码的编译差别

看如下所示的两段代码：

```
char *str = "abcd";
char str[] = "abcd";
```

究竟二者有什么不同呢？根据编译原理可知：

在第 1 种情况下，编译器生成字符串 "abcd"，添加 '\0' 结束符之后，将其放入静态存储区中，指针 str 为字符串常量 "abcd" 的首地址。

在第 2 种情况下，编译器首先为数组分配内存空间，并从静态存储区中复制字符串常量到此内存区间。

16.4.3 调试程序的方法与技巧

程序调试主要有两种方法，即静态调试和动态调试。程序的静态调试就是在程序编写完成以后，由人工"代替"或"模拟"计算机，对程序进行仔细检查，它主要检查程序中的语法规则和逻辑结构的正确性。实践表明，很大一部分错误可以通过静态检查来发现。通过静态调试，可以大大缩短上机调试的时间，提高上机的效率。程序的动态调试就是实际上的机调试，它贯穿在编译、连接和运行的整个过程中。根据程序在编译、连接和运行时计算机给出的错误信息进行程序调试，这是程序调试中最常用的方法，也是最初步的动态调试。在此基础上，通过"分段隔离""设置断点""跟踪打印"进行程序调试。实践表明，要想查找某些类型的错误，静态调试比动态调试更有效，而对于其他类型的错误来说刚好相反。因此静态调试和动态调试是互相补充、相辅相成的，缺少其中任何一种方法都会使查找错误的效率降低。

1. 静态调试

首先，对程序语法规则进行检查，具体过程如下。

（1）检查语句的正确性。

保证程序中每个语句的正确性是编写程序时的基本要求。因为程序中包含大量的语句，所以书写过程中由于疏忽或笔误，写错语句是不可避免的。在检查程序语句时应注意以下几点。

- ❏ 检查每个语句中是否有字符遗漏，包括必要的空格符。
- ❏ 检查是否正确书写了形体相近的字符，例如字母 o 和数字 0，在书写时要有明显的区别。
- ❏ 检查函数调用时形参和实参的类型、个数是否相同。

（2）检查语法的正确性。

每种计算机语言都有自己的语法规则，书写程序时必须遵守一定的语法规则，否则编译时程序将给出错误信息。

- ❏ 语句的配对检查：许多语句都是成对出现的，不能只写半个语句。另外，语句有多重括号时，每个括号也都应成对出现。
- ❏ 检查语句顺序：有些语句不仅句法要正确，而且语句在程序中的位置也必须正确。例如，变量定义要放在所有可执行语句之前。

然后，检查程序的逻辑结构。具体过程如下所示。

（3）检查程序中各变量的初值和初值的位置是否正确。

在编程过程中，经常遇到"累加"和"累乘"的情况，其初值和位置都非常重要。用于累加的变量应为零值或给定的初值，用于累乘的变量应赋初值或为给定的值。因为累加或累乘都是通过循环结构来实现的，所以这些变量赋初值语句应在循环体之外。对于多重循环结构来说，内循环体中的变量赋初值语句应在内循环之外；外循环体中的变量赋初值语句应在外循环之外。

如果赋初值的位置不正确，那么将得不到预想的结果。

（4）检查程序中的分支结构是否正确。

在 C 语言程序中的分支结构中，根据给定条件来判定执行哪条路径，为此一定要谨慎地设置各条路径的判断条件时。在设置"大于"和"小于"等条件时，一定要仔细考虑是否应该包含"等于"这个条件，更不能把条件写反。并且需要注意，实型数据在运算过程中会产生误差，如果用"等于"或"不等于"对实数的运算结果进行比较，则会因为误差而产生误判断，路径选择也就错了。因此在遇到要判断实数 a 与 b 是否相等作为条件来选择路径时，应该把条件写成：if(fabs(a-b)<=1e-6)，而不应该写成 if(a==b)。要特别注意在条件语句嵌套时，if 和 else 的配对关系。

（5）检查程序中循环结构的循环次数和循环嵌套是否正确。

在 C 语言中，可以使用 for 循环、while 循环和 do...while 循环。在给定循环条件时，不仅要考虑循环变量的初始条件，还要考虑循环变量的变化规律、变化时间，任何一个变化都会引起循环次数的变化。

（6）检查表达式的合理与否。

当编写完一段代码后，不仅要保证表达式的正确性，而且还要保证其合理性。尤其要注意表达式运算中的溢出问题，若运算数值可能超出整数范围就不应该采用整型运算，否则会导致运算结果的错误。两个相近的数不能相减，以免产生"下溢"。更要避免在一个分式的分母运算中发生"下溢"，因为编译系统常把下溢作为零来处理。因此分母中出现下溢时要产生"被零除"的错误。由于表达式不合理而引起的程序运行错误往往很难查找，这会增加程序调试的难度。因此，认真检查表达式的合理性，是减少程序运行错误，提高程序动态调试效率的重要方法。

静态调试是程序调试的非常重要的一步。初学者应培养自己静态检查的良好习惯，在上机前认真做好程序的静态检查工作，从而节省上机时间，使有限的机时充分发挥作用。

2．动态调试

虽然在静态调试中可以发现和改正很多错误，但是因为静态调试的特点，不能检查出那些比较隐蔽的错误。只有经过动态调试后，才能够找到这些错误并改正它们。

3．编译过程中的调试

编译过程除了将源程序翻译成目标程序外，还要对源程序进行语法检查。如果发现源程序中有语法错误，系统将显示错误信息。用户可以根据这些提示信息查找出错误性质，并在出错之处进行相应的修改。有时我们会发现在编译时有几行显示的错误信息都是一样的，并且检查这些行本身没有发现错误，这时要仔细检查与这些行有关的名字、表达式是否有问题。例如，因为程序中数组说明语句有错，这时，与该数组有关的程序行都会被编译系统检查出有错误。在这种情况下，用户只要仔细分析一下，修改了数组说明语句的错误，许多错误就会同时消失了。对于编译阶段的调试，要充分利用屏幕给出的错误信息，对它们进行仔细分析判断。只要注意总结经验，使程序编译通过是不难做到的。

4．连接过程中的调试

当编译程序成功后还需要进行连接。在连接过程中也有查错功能，它将指出外部调用、函数之间的联系及存储区设置等方面的错误。如果连接时有这类错误，编译系统也会给出错误信息，用户要对这些信息进行仔细判断，从而找出程序中的问题并改之。连接时较常见的错误有以下几类。

（1）某个外部调用有错，通常系统明确会提示外部调用的名字，只要仔细检查各模块中与该名有关的语句，就不难发现错误。

（2）找不到某个库函数或某个库文件，这类错误是由于库函数名写错、疏忽了某个库文件的连接等造成的。

（3）某些模块的参数值超过系统的限制。如模块的大小、库文件的个数超出规定等。

（4）由于引起连接错误的原因有很多，而且它们很隐蔽，给出的错误信息也不如编译时给出的直接、具体。因此，连接时给出的错误要比编译时给出的错误更难查找，需要仔细分析判断，而且程序员要对系统的限制和要求有所了解。

（5）运行过程中的调试：运行过程中的调试是动态调试的最后一个阶段。这一阶段的错误大体可分为如下两类。

❏ 运行程序时给出错误信息。

运行时出错多与数据的输入、输出格式有关，还可能与文件的操作有关。如果给出数据格式有错，这时要对有关的输入输出数据格式进行检查，一般容易发现该种错误。如果程序中的输入输出函数较多，则可以在中间插入调试语句，采取分段隔离的方法，这样很快就可以确定错误的位置了。如果是文件操作有误，则可以针对程序中的有关文件的操作采取类似的方法进行检查。

❏ 运行结果不正常或不正确。

此类错误大多数是因为编程人员的操作失误而引起的，例如算法错误和常量定义错误，只需要细心即可解决此问题。

16.5　课后练习

1. 请看下面的结构合法吗，如果合法，则它的作用什么？

```
int a = 5,  b = 7,  c;
c = a+++b;
```

2. 下面的 C 代码输出是什么，为什么？

```
void foo(void){
    unsigned int a = 6;
    int b = -20;
    (a+b > 6) ? puts("> 6") : puts("<= 6");
}
```

第 17 章

内 存 管 理

　　在运行 C 程序的过程中，所有的遍历、常量、数组等数据都保存在内存空间中，以便能够及时地为程序所使用。另外在软件开发的过程中，经常需要动态地分配或撤销内存空间，并对内存空间进行管理。为此本章将详细讲解使用 C 语言实现内存管理的基本知识，以此来提高读者的开发经验，使读者的开发水平更上一层楼。

17.1 C语言中的内存模型

C程序开发并编译完成后，需要载入内存（或主存）后才能运行，变量名、函数名等数据都会对应内存中的一块区域。在内存中运行着很多应用程序，我们编写的程序只占用一部分空间，这部分空间又可以细分为5个区域，具体说明如下。

知识点讲解：细说C语言的前世今生.mp4

（1）程序代码区（Code Area）：存放函数体的二进制代码。

（2）静态数据区（Data Area）：也称为全局数据区，它包含的数据类型比较多，如全局变量、静态变量、一般常量、字符串常量。其中全局变量和静态变量是放在一起存储的，已初始化的全局变量和静态变量在一块区域，未初始化的全局变量和未初始化的静态变量在相邻的另一块区域。而常量数据（一般常量、字符串常量）存放在另一个区域。

❈ 注意：静态数据区占用的内存在程序结束后由操作系统释放。

（3）堆区（Heap Area）：一般由程序员分配和释放，如果程序员不释放它，则程序运行结束时由操作系统回收。在C语言程序中，函数malloc()、calloc()和free()可操作这块内存区域。

❈ 注意：这里所说的堆区与数据结构中的堆不是一个概念，堆区的分配方式类似于链表。

（4）栈区（Stack Area）：由系统自动分配和释放，它存放函数的参数值、局部变量的值等。其操作方式类似于数据结构中的栈。

（5）命令行参数区：存放命令行参数和环境变量的值，如通过main()函数传递的值。

因为不好难理解上述5种空间的具体结构，所以下面绘制一幅结构图。C语言程序的内存模型如图17-1所示。对于C语言程序来说，局部的字符串常量究竟存放在全局的常量区还是栈区，不同的编译器有不同的实现，通常Visual C++ 6.0编译器将局部常量网局部变量一样对待，存放在栈（图17-1中的⑥区）中，而TC编译器则将其存储在静态数据区的常量区（图17-1中的②区）。

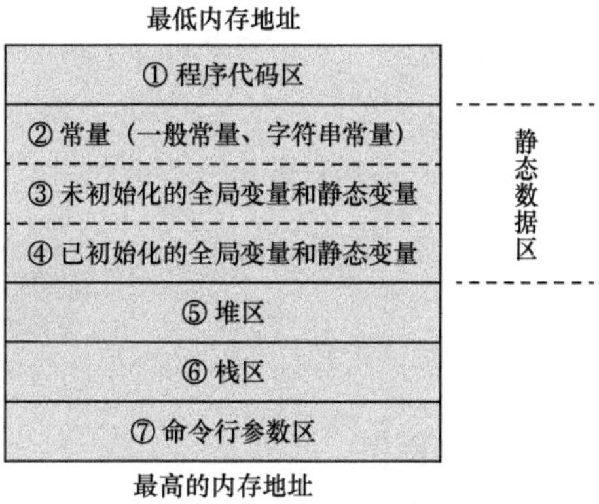

最低内存地址

| ① 程序代码区 |
| ② 常量（一般常量、字符串常量） |
| ③ 未初始化的全局变量和静态变量 |
| ④ 已初始化的全局变量和静态变量 |
| ⑤ 堆区 |
| ⑥ 栈区 |
| ⑦ 命令行参数区 |

静态数据区

最高的内存地址

图17-1 C语言内存模型示意图

17.2 栈 和 堆

在C语言程序中，栈是由编译器在需要时分配的，且在不需要时自动清除的变量存储区。其中的变量通常是局部变量、函数参数等。堆是由函数malloc分配的内存块，内存释放由函数free完成。

知识点讲解：视频\第17章\栈和堆.mp4

17.2.1 栈操作

在C语言程序中，栈内存操作的基本特点如下。

❑ 管理方式：栈编译器自动管理，无须程序员手工控制。

□ 空间大小：栈是向低地址扩展的数据结构，是一块连续的内存区域。这句话的意思是栈顶的地址和栈的最大容量是系统预先规定好的，当申请的空间超过栈的剩余空间时，系统将提示溢出。因此，用户能从栈中获得的空间较小。

□ 是否产生碎片：对于栈来讲，不会产生碎片。

□ 增长方向：栈的增长方向是向下的，即向着内存地址减小的方向增长。

□ 分配方式：栈的分配和释放是由编译器完成的，栈的动态分配由函数 malloc() 完成，但是栈的动态分配和堆的是不同的，它的动态分配是由编译器进行申请和释放的，无须手工实现。

□ 分配效率：栈是系统提供的数据结构，计算机在底层对栈提供支持，分配专门的寄存器存放栈的地址，入栈出栈都有专门的指令。

实例 17-1　在堆中动态分配并释放内存

源码路径　daima\17\17-1

本实例的实现文件为"Malloc.c"，具体实现代码如下。

```c
#include <stdlib.h>
#include<stdio.h>

int main()
{
    int *pInt;              /*定义整型指针*/
    pInt=(int*)malloc(sizeof(int)); /*分配内存*/

    *pInt=100;              /*使用分配的内存*/
    printf("%d\n",*pInt);    /*显示数值*/
    free(pInt);             /*释放内存*/
    return 0;
}
```

拓展范例及视频二维码

范例 **17-1-01**：使用 malloc

函数 01

源码路径：**演练范例\17-1-01**

范例 **17-1-02**：使用 malloc

函数 02

源码路径：**演练范例\17-1-02**

程序运行后的效果如图 17-2 所示。

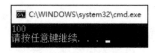

图 17-2　运行结果

17.2.2　堆操作

在 C 语言程序中，堆操作的基本特点如下。

□ 管理方式：堆空间的申请和释放工作由程序员控制，因此容易产生内存泄漏。

□ 空间大小：堆是向高地址扩展的数据结构，是不连续的内存区域。因为系统是用链表来存储空闲的内存地址的，且链表的遍历方向是由低地址向高地址。所以，堆获得的空间较灵活，也较大。

□ 是否产生碎片：对于堆来讲，频繁地使用 malloc/free（new/delete）势必会造成内存空间的不连续，从而产生大量的碎片，使程序效率降低（虽然在程序退出后操作系统会对内存进行回收管理）。

□ 分配方式：堆由程序中的 malloc() 函数动态申请和分配，并由 free() 函数释放。

□ 由增长方向：堆的增长方向是向上的，即向着内存地址增加的方向进行。

□ 分配效率：堆是 C 函数库提供的，其分配机制非常复杂。例如为了分配一块内存，库函数会按照一定的算法（具体的算法可以参考数据结构/操作系统）在堆内存中搜索可用的足够大的空间，如果没有足够大的空间（可能由于内存碎片太多），那么就需要操作系统来重新整理内存空间，这样就有机会分到足够大小的内存，然后返回。由此可见，堆的效率比栈要低得多。

下面的实例演示了在调用函数时操作栈的过程。

实例 17-2　在调用函数时操作栈

源码路径　daima\17\17-2

本实例的实现文件为"Stall.c"，具体实现代码如下：

```c
#include<stdio.h>

void DisplayB(char* string)        /*函数B*/
{
    printf("%s\n",string);
}

void DisplayA(char* string)        /*函数A*/
{
    char String[40]="但是我想创业,目标是开发游戏并上市!";
    printf("%s\n",string);
    DisplayB(String);              /*调用函数B*/
}

int main()
{
    char String[30]="虽然妈妈让我老实巴交地上班, ";
    DisplayA(String);              /*将参数传入函数A中*/
    return 0;
}
```

拓展范例及视频二维码

范例 17-2-01：堆内存操作演练

源码路径：**演练范例\17-2-01**

范例 17-2-02：二叉树操作演练

源码路径：**演练范例\17-2-02**

程序运行后的效果如图 17-3 所示。

虽然妈妈让我老实巴交地上班,
但是我想创业,目标是开发游戏并上市!

图 17-3　运行结果

17.3　动 态 管 理

C 语言提供了内置的库函数以实现内存空间的动态管理。下面将详细讲解动态管理函数的基本知识。

📹 知识点讲解：视频\第 17 章\动态管理.mp4

17.3.1　使用函数 malloc 动态分配内存空间

由于在 C 语言程序中，函数 malloc 在头文件 stdlib.h 中定义，所以在使用函数 malloc 时需要加入下面的引用代码。

```c
#include <stdlib.h>
```

函数 malloc() 的功能是动态地分配内存空间，其原型如下。

```c
void* malloc (size_t size);
```

❑ 参数 "size"：表示需要分配的内存空间的大小，单位是字节。

❑ 功能：函数 malloc() 在堆区分配一块指定大小的内存空间，用来存放数据。这块内存空间在函数执行完成后不会初始化，它们的值是未知的。如果希望在分配内存的同时进行初始化，那么请使用函数 calloc() 来实现。

❑ 返回值：在分配成功则返回指向该内存的地址，若失败则返回 NULL。因为不能确定是否申请到内存空间，所以需要自行判断是否申请成功，然后进行后续操作。如果 size 的值为 0，那么返回值会因标准库的实现不同而不同，它可能是 NULL，也可能不是，但是不应再次引用返回的指针。

注意：函数 malloc()的返回值类型是 "void *"，void 并不是说没有返回值或者返回空指针，而是返回的指针类型未知。所以在使用函数 malloc()时通常需要进行强制类型转换，将 void 指针转换成我们希望的类型，例如：

```
char *ptr = (char *)malloc(10);   // 分配有10个字节的内存空间，用来存放字符
```

下面的实例演示了随机生成指定长度字符串的过程。

实例 17-3 随机生成指定长度的字符串
源码路径　daima\17\17-3

本实例的实现文件为 "Malloc.c"，具体实现代码如下。

拓展范例及视频二维码

范例 **17-3-01**：最基本的内存分配
源码路径：**演练范例\17-3-01**

范例 **17-3-02**：常规的内存分配方法
源码路径：**演练范例\17-3-02**

```c
#include <stdio.h>  /* printf, scanf, NULL */
#include <stdlib.h>  /* malloc, free, rand, system */

int main (){
inti,n;
char * buffer;

printf ("输入字符串的长度: ");
scanf ("%d", &i);

    buffer = (char*)malloc(i+1);  // 字符串最后包含 \0
    if(buffer==NULL) exit(1);        // 判断是否分配成功

    // 随机生成字符串
for(n=0; n<i; n++)
buffer[n] = rand()%26+'a';
buffer[i]='\0';

printf ("随机生成的字符串为: %s\n",buffer);
    free(buffer);  // 释放内存空间

system("pause");
return 0;
}
```

上述代码随机生成了一个指定长度的字符串，字符串的长度仅受限于可用内存的长度。执行后的效果如图 17-4 所示。

图 17-4　运行结果

17.3.2　使用函数 calloc 分配内存空间并初始化

在 C 语言程序中，因为函数 calloc 在头文件 stdlib.h 中定义，所以在使用函数 calloc 时需要加入下面的引用代码。

```
#include <stdlib.h>
```

在 C 语言程序中，函数 calloc 用来动态地分配内存空间并将其初始化为 0，使用函数 calloc 的语法格式如下。

```
void* calloc (size_tnum, size_t size);
```

❑ 功能：由于它在内存中动态地分配 num 个长度为 size 的连续空间，并将每一个字节都初始化为零。所以结果是分配了 num*size 个字节长度的内存空间，并且每个字节的值都是零。

❑ 返回值：若分配成功则返回指向该内存的地址，若失败则返回 NULL。如果 size 的值为零，那么返回值会因标准库的实现不同而不同。它可能是 NULL，也可能不是，但不应再次引用返回的指针。

注意：函数 calloc() 的返回值类型是 "void *"，void 并不是说没有返回值或者返回空指针，而是返回的指针类型未知。所以在使用 calloc() 时通常需要进行强制类型转换，将 void 指针转换成我们希望的类型，例如：

```
char *ptr = (char *)calloc(10, 10);   // 分配有100个字节的内存空间
```

函数 calloc() 与函数 malloc() 的一个重要区别是：函数 calloc() 在动态地分配完内存后，自动初始化该内存空间为零，而函数 malloc() 不进行初始化，里边数据是未知的。例如下面的两种写法是等价的。

```
// 第1种：calloc() 分配内存空间并初始化
char *str1 = (char *)calloc(10, 2);
//第2种：malloc() 分配内存空间并用memset() 进行初始化
char *str2 = (char *)malloc(20);
memset(str2, 0, 20);
```

例如下面的实例演示了存储输入数据的过程。

实例 17-4　存储输入的数据
源码路径　daima\17\17-4

本实例的实现文件为 "ArrayCalloc.c"，具体实现代码如下。

```
#include <stdio.h>
#include <stdlib.h>
int main (){
inti,n;
int * pData;
    printf ("要输入小目标的数目: ");
    scanf ("%d",&i);
    pData = (int*) calloc (i,sizeof(int));
    if (pData==NULL) exit (1);
    for (n=0;n<i;n++){
        printf ("请输一个小目标 #%d: ",n+1);
        scanf ("%d",&pData[n]);
    }
    printf ("你输入的小目标为: ");for (n=0;n<i;n++) printf ("%d ",pData[n]);
free (pData);
system("pause");
return 0;
}
```

拓展范例及视频二维码

范例 17-4-01：追加操作内存
分配
源码路径：**演练范例\17-4-01**

范例 17-4-02：函数 calloc 的内存
分配
源码路径：**演练范例\17-4-02**

上述代码会将输入的数字存储起来，然后输出在控制台中。因为程序在运行时会根据需要动态地分配内存，所以每次运行程序时你都可以输入不同的数字。执行后的效果如图 17-5 所示。

图 17-5　运行结果

17.3.3　使用函数 realloc 重新分配内存

因为在 C 语言程序中函数 realloc() 在头文件 stdlib.h 中定义，所以在使用函数 realloc() 时需要加入下面的代码：

```
#include <stdlib.h>
```

使用函数 realloc() 的语法格式如下：

```
void *realloc(void *ptr, size_t size);
```

函数 realloc() 的功能是将 ptr 所指向的内存块的大小修改为 size，并返回新的内存指针。如果程序移动了 ptr 所指的内存块，那么会调用函数 free(ptr)。假设之前的内存块大小为 n，则会存在如下 4 种情形。

❑　如果 size < n，那么截取的内容不会发生变化。

□　如果 size > n，那么不会初始化新分配的内存。

□　如果 ptr = NULL，那么相当于调用 malloc(size)；如果 size = 0，那么相当于调用 free(ptr)。

□　如果 ptr 不为 NULL，那么它肯定是由之前的内存分配函数返回的，例如 malloc()、calloc() 或 realloc()。

例如在下面的实例中，使用函数 realloc 重新分配了内存。

实例 17-5　使用函数 realloc 重新分配内存
源码路径　daima\17\17-5

本实例的实现文件为"Realloc.c"，具体实现代码如下。

```c
#include<stdio.h>
#include <stdlib.h>
int main(){
    double *fDouble;          /*定义实型指针*/
    int* iInt;                /*定义整型指针*/
    printf("奋斗%d年后, 小鸟成为500强企业的CTO! \n",
sizeof(*fDouble));          /*输出空间的大小*/
    iInt=realloc(fDouble,sizeof(int));    /*使用
realloc改变分配空间的大小*/
    printf("在这之前的%d年, 他的工作是架构师, 再之前是
码农! \n",sizeof(*iInt));
    return 0;
}
```

拓展范例及视频二维码

范例 **17-5-01**：realloc 仅改变索引信息

源码路径：**演练范例\17-5-01**

范例 **17-5-02**：两段分配函数的区别

源码路径：**演练范例\17-5-02**

执行后的效果如图 17-6 所示。

奋斗8年后, 小鸟成为500强企业的CTO!
在这之前的4年, 他的工作是架构师, 再之前是码农!

图 17-6　运行结果

17.3.4　使用函数 free 释放内存空间

由于在 C 语言程序中，函数 free() 在头文件 stdlib.h 中定义，所以在使用函数 free() 时需要加入下面的代码。

```c
#include <stdlib.h>
```

函数 free() 的功能是释放动态分配的内存空间，使用此函数的语法格式如下所示。

```c
void free (void* ptr);
```

□　功能：可以释放由 malloc()、calloc()、realloc() 分配的内存空间，以便其他程序再次使用。

□　参数 ptr：表示将要释放的内存空间的地址。如果参数 ptr 所指向的内存空间不是由上面 3 个函数所分配的，或者已被释放，那么调用 free() 会发生无法预知的情况。如果 ptr 为 NULL，那么函数 free() 不会有任何作用。

在 C 语言程序中，函数 free() 只能释放动态分配的内存空间，并不能释放任意的内存。例如下面的写法是错误的。

```c
int a[10];
// ...
free(a);
```

✿　注意：函数 free() 不会改变 ptr 本身的值，调用 free() 后它仍然会指向相同的内存空间，但是此时该内存已无效，不能使用。所以建议将 ptr 的值设置为 NULL，例如：

```c
free(ptr);
ptr = NULL;
```

下面的实例使用函数 free 释放了内存空间。

实例 17-6　使用函数 free 释放内存空间
源码路径　daima\17\17-6

本实例的实现文件为"Free.c"，具体实现代码如下。

```
#include <stdlib.h>
int main (){
int * buffer1, * buffer2, * buffer3;
    buffer1 = (int*) malloc (100*sizeof(int));
    buffer2 = (int*) calloc (100,sizeof(int));
    buffer3 = (int*) realloc (buffer2,500*sizeof
(int));
    free (buffer1);
    free (buffer3);
    system("pause");
    return 0;
}
```

—— 拓展范例及视频二维码 ——

范例 17-6-01：用 malloc()动态 地分配内存	
源码路径：**演练范例\17-6-01**	
范例 17-6-02：用 realloc 重新 分配内存	
源码路径：**演练范例\17-6-02**	

程序运行后的效果如图 17-7 所示。注意，在不同的计算机和调试工具下执行效果不同。

```
100
1406048
```

图 17-7　运行结果

17.4　课后练习

1. 在 C 程序中，不能对数组名直接进行复制与比较。若想把数组 a 中的内容复制给数组 b，不能用语句 b = a；否则，将产生编译错误。请编写一个 C 程序，使用标准库函数 strcpy 进行复制。
2. 请编写一个 C 程序，用运算符 sizeof 计算数组的容量（字节数）。
3. 请编写一个 C 程序，使用函数返回值来传递动态内存。

第 18 章

C 语言高级编程技术

在前面的内容中，C 语言的开发都是在 DOS 环境下进行的。程序执行后只能显示简单的文字效果，界面枯燥无味。而使用过 C 语言等开发工具的程序员应该了解到，图形界面会给开发人员带来巨大的诱惑。而 C 语言作为使用最广泛的语言，它在图形界面和多媒体方面也有很好的应用。本章将着重介绍常用的 C 语言开发图形程序和多媒体程序的使用方法。

18.1　C 语言的高级编程技术

使用过 Windows 系统的用户肯定都感受到了图形用户界面的直观和高效。所有 Windows 系统中的应用程序都拥有相同或相似的基本外观，它包括窗口、菜单、工

知识点讲解：视频\第 18 章\何谓 C 语言的高级编程技术.mp4

具条、状态栏等。用户只要掌握其中一个，就不难学会其他软件，这样就降低了学习成本和难度。而且 Windows 是一个多任务的操作环境，它允许用户同时运行多个应用程序，或在一个程序中同时做几件事情。例如可以一边欣赏音乐一边用上网，可以在运行 word 的同时编辑多个文档等。用户直接通过鼠标或键盘来使用应用程序，或在不同的应用程序之间进行切换，它们非常方便。这些都是单任务、命令行界面的 DOS 操作系统所无法比拟的。Turbo C 3.0 是在 DOS 环境下运行的 C 系统。

C 语言发展如此迅速，而且成为最受欢迎的语言之一，主要原因是它具有强大的功能。C 是一种"中"级语言，它可把高级语言的基本结构和语句与低级语言的实用性结合起来。C 语言可以对位、字节和地址进行操作，而这三者是计算机中最基本的工作单元。C 语言具有各种各样的数据类型，并引入了指针概念。这可使程序效率更高。另外，C 语言也具有强大的图形功能，支持多种显示器和驱动器。而且它的计算功能、逻辑判断功能也比较强大，可以实现决策。由于 C 系统提供了大量的功能各异的标准库函数，这减轻了编程的负担。所以，要用 C 语言实现具有类 Windows 系统应用程序界面特征的或更生动复杂的 DOS 程序，就必须掌握更高级的编程技术。这些技术与计算机的硬件密切相关，除了第 1 章介绍的内容，要想了解更深入的知识读者可参考计算机接口和汇编等知识。

注意：本章中的实例代码只能在 Turbo C 环境下调试成功。

18.2　分析文本的屏幕输出和键盘输入

C 程序可以控制屏幕的显示样式，例如颜色设置和屏幕分割，并且它还可以实现键盘和系统间的通信。本节将详细介绍 C 语言处理文本的屏幕输出和键盘输入的使用方法。

知识点讲解：视频\第 18 章\分析文本的屏幕输出和键盘输入.mp4

18.2.1　实现文本的屏幕输出

显示器的屏幕显示方式有两种：文本方式和图形方式。文本方式就是显示文本的模式，它的显示单位是字符而不是图形方式下的像素，在屏幕上显示字符的位置坐标时就要用行和列来表示。Turbo C 的字符屏幕函数的功能主要包括文本窗口大小的设定、窗口颜色的设置、窗口文本的清除和输入输出等。这些函数的有关信息（如宏定义等）均包含在头文件 conio.h 中，因此，用户程序在使用这些函数时，必须用 include 将 conio.h 包含进程序。

1. 文本窗口的定义

Turbo C 默认定义的文本窗口为整个屏幕，它是共有 80 列 25 行的文本单元，如图 18-1 所示。规定整个屏幕的左上角坐标为（1，1），右下角坐标为（80，25），并规定水平方向为 x 轴，方向朝右为正；垂直方向为 y 轴，方向朝下为正。每个单元包括一个字符和一个属性，字符为 ASCII 码字符，属性规定该字符的颜色和强度。除了默认的 80 列 25 行的文本显示方式外，还可由用户定义如下函数。

```
void textmode(int newmode);
```

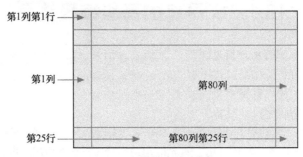

图 18-1　屏幕文本显示坐标

上述函数可以显式地设置 Turbo C 支持的 5 种文本显示方式。该函数将清除屏幕，以整个屏幕为当前窗口，并将光标移动到屏幕的左上角。文本显示方式的具体说明如表 18-1 所示。

表 18-1　文本显示方式

方　　式	符 号 常 量	显示列×行数和颜色
0	BW40	BW40 40×25 黑白显示
1	C40	40×25 彩色显示
2	BW80	80×25 黑白显示
3	C80	80×25 彩色显示
7	MONO	80×25 单色显示
-1	LASTMODE	上一次的显示方式

在实际应用中，既可以用表中指出的方式，又可以用符号常量来进行显示。LASTMODE 方式指定为上一次设置的文本显示方式，它常用于图形方式到文本方式的切换。

Turbo C 也可以让用户根据自己的需要重新设定显示窗口，也就是说，使用窗口设置函数 window()定义屏幕上的一个矩形域作为窗口。window()函数的具体格式如下所示。

```
void window(int left, int top, int right, int bottom);
```

函数中形参（int left, int top）是窗口左上角的坐标，（int right, int bottom）是窗口的右下角坐标，其中（left, top）和（right, bottom）是相对于整个屏幕而言的。例如，要定义一个窗口左上角在屏幕（20, 5）处，大小为 30 列 15 行的窗口可写为：

```
window(20, 5, 50, 25);
```

如果 window()函数中的坐标超过了屏幕坐标的界限，则窗口定义就失去了意义，也就是说定义将不起作用，但程序编译连接时并不会出错。

在定义窗口之后，用有关的窗口输入输出函数就可以只在此窗口内进行操作而不会超出窗口的边界了。另外，一个屏幕可以定义多个窗口，但现行窗口只能有一个（因为 DOS 为单任务操作系统）。当需要用另一窗口时，可将定义该窗口的 window()函数再调用一次，此时该窗口便成为现行窗口。

2．文本窗口颜色和其他属性的设置

文本窗口颜色的设置包括背景颜色和字符颜色（既前景色）的设置，可使用的函数及具体说明如下所示。

❑　设置背景颜色函数：void textbackground(int color)。

❑　设置字符颜色函数：void textcolor(int color)。

有关颜色的具体信息如表 18-2 所示。

表 18-2 颜色表

符 号 常 数	数 值	含 义	用于前景或背景
BLACK	0	黑	前景、背景色
BLUE	1	蓝	前景、背景色
GREEN	2	绿	前景、背景色
CYAN	3	青	前景、背景色
RED	4	红	前景、背景色
MAGENTA	5	洋红	前景、背景色
BROWN	6	棕	前景、背景色
LIGHTGRAY	7	淡灰	前景、背景色
DARKGRAY	8	深灰	前景色
LIGHTBLUE	9	淡蓝	前景色
LIGHTGREEN	10	淡绿	前景色
LIGHTCYAN	11	淡青	前景色
LIGHTRED	12	淡红	前景色
LIGHTMAGENTA	13	洋淡红	前景色
YELLOW	14	黄	前景色
WHITE	15	白	
BLINK	128	闪烁	

表中的符号常数与相应的数值等价，二者可以互换。例如设定蓝色背景可以使用 textbackground(1)，也可以使用 textbackground(BLUE)，二者没有任何区别，只不过后者比较容易记忆，一看就知道是蓝色。

Turbo C 另外还提供了一个函数，它可以同时设置文本的字符和背景颜色，这个函数是文本属性设置函数，具体格式如下。

```
void textattr(int attr);
```

其中，参数"attr"的值表示颜色编码的信息，每一位代表的含义如下。

```
位   7   6   5   4         3   2   1   0
     B   b   b   b         c   c   c   c
     ↑   ↑   ↑   ↑         ↑   ↑   ↑   ↑
    闪烁   背景颜色              字符颜色
```

字节的低 4 位 cccc 设置字符颜色，4~6 位 bbb 设置背景颜色，第 7 位 B 设置字符是否闪烁。假如要设置一个蓝底黄字，则定义方法如下。

```
textattr(YELLOW+(BLUE<<4));
```

若再要求字符闪烁，则定义方法如下。

```
textattr(128+YELLOW+(BLUE<<4);
```

❉ 注意：（1）背景只有 0~7 这 8 种颜色，若取大于 7 且小于 15 的数，则代表的颜色为与减 7 后对应的颜色。

（2）用 textbackground()和 textcolor()函数设置了窗口的背景与字符颜色后，在没有用 clrscr()函数清除窗口之前，颜色不会改变，直到使用了函数 clrscr()，整个窗口和随后输出到窗口中的文本字符才会变成新颜色。

（3）用函数 textattr()时背景颜色应左移 4 位，这样才能使 3 位背景颜色移到正确位置。

实例 18-1	在一个屏幕的不同位置定义 7 个窗口，其背景色分别使用了 7 种不同的颜色

源码路径　daima\18\18-1

本实例的实现文件 1.c 的具体代码如下。

```c
#include <stdio.h>
#include <conio.h>
int main(void)
{
  int i;
  /* 设置屏幕背景色，待使用clrscr后起作用 */
  textbackground(0);
  clrscr();                    /* 清除文本屏幕 */
  for(i=1; i<8; i++)
  {
    window(10+i*5, 5+i, 30+i*5, 15+i);
                               /* 定义文本窗口 */
    textbackground(i);         /* 定义窗口背景色 */
    clrscr();                  /* 清除窗口 */
  }
  getch();
  return 0;
}
```

拓展范例及视频二维码

范例 **18-1-01**：定义多窗口并
设置背景颜色

源码路径：**演练范例\18-1-01**

范例 **18-1-02**：设置绘图窗口的
颜色

源码路径：**演练范例\18-1-02**

上述代码使用了窗口大小的定义、颜色的设置等函数，在一个屏幕的不同位置定义了 7 个窗口，其背景色分别使用了 7 种不同的颜色。执行后的效果如图 18-2 所示。

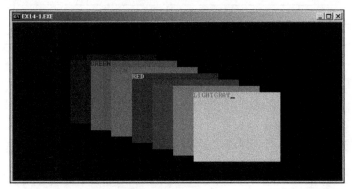

图 18-2　运行结果

3. 窗口内文本的输入输出函数

C 语言可以使用专门的输入输出函数，来实现窗口内的文本处理。下面将分别介绍它们。

❏　窗口内文本的输出函数。

前面介绍的 printf()、putc()、puts()、putchar()和输出函数，都是以整个屏幕为窗口的，虽然它们不受由 Windows 设置的窗口限制，且也无法用函数控制它们输出的位置，但是 Turbo C 提供了 3 个文本输出函数，它们受窗口的控制，窗口内显示光标的位置就是开始输出的位置。

当输出行的右侧超过窗口右边界时，程序会自动移到窗口内的下一行开始输出，当输出到窗口底部边界时，窗口内的内容将自动上卷，直到输出完为止，这 3 个函数均受当前光标的控制，每输出一个字符后光标后移一个字符位置。上述 3 个输出函数的具体格式如下所示。

```c
int cprintf(char *format，表达式表);
int cputs(char *str);
int putch(int ch);
```

它们的使用格式类似于函数 printf()、puts()和 putc()。cprintf()将按格式化串定义的字符串或数据输出到定义的窗口中，其输出格式串同 printf()函数，不过它的输出受当前光标控制，输出特点如上所述。cputs()类似于 puts()在定义的窗口中输出一个字符串。而 putch()则输出一个字符到窗口，它实际上是函数 putc() 的宏定义，即将输出定向到屏幕。

❑ 窗口内文本的输入函数。

可直接使用 stdio.h 中的 getch() 或 getche() 函数实现窗口内文本的输入。需要说明的是，getche() 函数从键盘上获得一个字并在屏幕上显示的时候，如果字符超过了窗口的右边界，则它会自动转移到下一行的开始位置。

4. 其他屏幕操作函数

在 C 语言中还可以使用如下所示的屏幕操作函数。

❑ void clrscr(void)：该函数将清除窗口中的文本，并将光标移到当前窗口的左上角，即 (1, 1) 处。

❑ void clreol(void)：该函数将清除当前窗口中从光标位置到本行结尾的所有字符，但不改变光标的位置。

❑ void delline(void)：该函数将删除光标所在行的字符。

❑ void gotoxy(int x,int y)：该函数很有用，它用来定位光标在当前窗口中的位置。这里 x 和 y 是指光标要定位的坐标（相对于窗口而言）。当 x 和 y 超出了窗口的界限时，该函数就不起作用了。

❑ int movetext(int x1,int y1,int x2,int y2,int x3,int y3)：该函数将把屏幕上左上角坐标为 (x1 和 y1)，右下角坐标为 (x2, y2) 的矩形内文本复制到左上角坐标为 (x3, y3) 的一个新矩形区内。这里 x 和 y 坐标是以整个屏幕为窗口坐标系的，即屏幕左上角坐标为 (1, 1)。该函数与开设的窗口无关，且原矩形区内的文本不变。

❑ int gettext(int x1,int y1,int x2,int y2,void *buffer)：该函数将把屏幕内左上角坐标为 (x1, y1)，右下角坐标为 (x2, y2) 的矩形区内的文本存到由指针 buffer 指向的一个内存缓冲区。若操作成功，则返回 1；否则返回 0。因在屏幕上显示一个字符需占存储器 VRAM 的两个字节，第 1 个字节是该字符的 ASCII 码，第 2 个字节为属性字节，它表示显示的前景、背景色及是否闪烁，所以 buffer 指向的内存缓冲区的字节总数的计算格式如下所示：

字节总数=矩形内的行数×每行的列数×2

其中，矩形内行数=y2-y1+1，每行的列数=x2-x1+1。矩形内文本字符在缓冲区内存放的次序是从左到右，从上到下，每个字符占两个连续字节并依次存放。

❑ int puttext(int x1,int y1,int x2,int y2,void *buffer)：该函数则是将 gettext() 函数存入到内存 buffer 中的文字内容复制到屏幕上指定的位置。

🌸 注意：（1）gettext() 函数和 puttext() 函数中的坐标是对整个屏幕而言的，即是屏幕的绝对坐标，而不是相对窗口的坐标。

（2）movetext() 函数是复制而不是移动窗口区中的内容，即使用该函数后，原位置区域的文本内容仍然存在。

5. 状态查询函数

在程序开发过程中，有时需要知道当前屏幕的显示方式，例如当前窗口的坐标、当前光标的位置和文本的显示属性等。C 语言提供了一些有关屏幕文本信息的函数，具体如下所示。

```
void gettextinfo(struct text_info *f);
```

这里的 text_info 是在头文件 conio.h 中定义的一个结构，该结构的具体定义如下。

```
struct text_info{
unsigned char winleft;                    /* 窗口左上角的x坐标 */
unsigned char wintop;                     /* 窗口左上角的y坐标 */
unsigned char winright;                   /* 窗口右下角的x坐标 */
unsigned char winbottom;                  /* 窗口右下角的y坐标 */
```

```
unsigned char attributes;                    /*  文本属性  */
unsigned char normattr;                       /*  通常属性  */
unsigned char currmode;                       /*  当前文本方式  */
unsigned char screenheight;                   /*  屏高  */
unsigned char screenwidth;                    /*  屏宽  */
unsigned char curx;                           /*  当前光标的x值  */
unsigned char cury;                           /*  当前光标的y值  */
};
```

18.2.2　实现键盘输入

计算机键盘是一个智能化的键盘，在键盘内有一个微处理器，它用来扫描和检测每个键的按下和拾起。然后它以程序中断的方式（INT 9）与主机通信。ROM 中 BIOS 内的键盘中断处理程序会将一个字节的按键扫描码翻译成对应的 ASCII 码。扫描码的第 0～6 位标识了每个键在键盘上的位置，最高位标识按键的状态，0 对应该键被按下，1 对应松开。它并不能区别大小写字母，而且一些特殊键如 PrintScreen 等不产生扫描码而是直接引起中断调用。

因为 ASCII 码仅有 256 个，它不能包括键盘上的全部键，所以有些控制键如 Ctrl、Alt、End、Home、Del 等用扩充的 ASCII 码表示。扩充码用两个字节的数据表示，第 1 个字节是 0，第 2 个字节是 0～255 的数据，键盘中断处理程序将把转换后的扩充码存放在 Ax 寄存器中，存放格式如表 18-3 所示。字符键的扩充码就是其 ASCII 码。

表 18-3　键盘扫描码

键　　　名	AH	AL
字符键	扩充码=ASCII 码	ASCII 码
功能键/组合键	扩充码	0

如何检测是否有键按下，何键按下，在简单的应用中可采用两种办法：一是直接使用 Turbo C 提供的键盘操作函数 bioskey() 来识别；二是通过第 1 章介绍的 int86() 函数，用它调用 BIOS 的 INT 16H，功能号为 0 的中断，它将按键的扫描码存放在 Ax 寄存器的高字节中。函数 bioskey() 的具体格式如下所示。

```
int bioskey(int cmd);
```

它在头文件 bios.h 中进行了说明，参数 cmd 用来确定 bioskey() 如何操作。参数 cmd 的取值为 0、1、2，具体说明如下所示。

- ❑ 0：bioskey() 返回按健的键值，该值是两个字节的整型数。若没有键按下，则该函数一直等待，直到有键按下。当有键按下时，若返回值的低 8 位为非零值，则表示为普通键，其值代表该键的 ASCII 码。若返回值的低 8 位为零，则高 8 位为扩展的 ASCII 码，表示按下的是特殊功能键。
- ❑ 1：bioskey() 查询是否有键按下。若返回非零值，则表示有键按下，若为零表示没键按下。
- ❑ 2：bioskey() 将返回一些控制键是否被按过，按过的状态由该函数返回的低 8 位中的各位来表示，具体如表 18-4 所示。

表 18-4　低 8 位中各位值的说明

字　节　位	对应的十六进制数	说　　　明
0	0x01	右边的 Shift 键被按下
1	0x02	左边的 Shift 键被按下
2	0x04	Ctrl 键被按下
3	0x08	Alt 键被按下

字 节 位	对应的十六进制数	说 明
4	0x10	Scroll Lock 已打开
5	0x20	Num Lock 已打开
6	0x40	Caps Lock 已打开
7	0x80	Inset 已打开

当某位为1时，表示相应的键已按下，或相应的控制功能已有效。如当参数 cmd 为 2 时，如果 key 值为 0x09，则表示右边的 Shift 键被按下，同时又按了 Alt 键。

函数 bioskey()的具体格式如下所示。

```
int int86(int intr_num, union REGS *inregs, union REGS *outregs);
```

此函数在头文件 bios.h 中进行了说明，它的第 1 个参数 intr_num 表示 BIOS 调用类型号，相当于 int n 调用的中断类型号 n；第 2 个参数表示它是指向联合类型 REGS 的指针，它用于接收调用的功能号及其他一些指定的入口参数，以便传给相应的寄存器；第 3 个参数也是一个指向联合类型 REGS 的指针，它用于接收功能调用后的返回值，即出口参数，调用的结果和状态信息等值可从相关寄存器中得到。

18.2.3 应用实例

下面将通过一个具体实例来说明在 C 语言中使用屏幕函数的方法。

实例 18-2 **设置输出屏的颜色，并将其分割为左右两个部分**
源码路径　daima\18\18-2

本实例的实现文件代码如下。

拓展范例及视频二维码

范例 **18-2-01**：使用图形窗口坐标

源码路径：**演练范例**\18-2-01\

范例 **18-2-02**：绘制一条直线

源码路径：**演练范例**\18-2-02\

```c
#include <stdio.h>
#include <conio.h>
#include <bios.h>
char leftbuf[40*25*2];      /*切换时保存左窗口文本*/
char rightbuf[40*25*2];     /*切换时保存右窗口文本*/
int leftx, lefty;           /*切换时保存左窗口当前坐标*/
int rightx, righty;         /*切换时保存右窗口当前坐标*/
void draw_left_win();       /*重绘左边窗口*/
void draw_right_win();      /*重绘右边窗口*/
int main(void){
    int key;
    int turn;
    textmode(C80);              //设置显示文本方式C80
    textbackground(0);          //设置背景色
    textcolor(WHITE);           //设置前景色即文本字符的颜色
    clrscr();                   //清屏
    gotoxy(60,1);               //定位光标在当前窗口的（60，1）处
    cprintf("Press Esc to Quit"); //输出一行字符串
    /*右边窗口为绿色背景，黄色前景*/
    window(41,2,79,24);         //绘制右窗口
    textbackground(2);          //设置右窗口背景色
    textcolor(14);              //设置右窗口前景色
    clrscr();                   //清屏
    gettext(41,2,79,24, rightbuf); //保存右窗口中的文本
    /*左边窗口为蓝色背景，白色前景*/
    window(2,2,40,24);          //绘制左窗口
    textbackground(1);          //设置左窗口背景色
    textcolor(15);              //设置左窗口前景色
    clrscr();                   //清屏
    gettext(2,2,40,24, leftbuf); //保存左窗口中的文本
    turn = 1;                   /*激活右窗口*/
    for(;;){
        key=bioskey(0);
        if(key == 0x011b)
```

```
                  exit(0);
          key=key&0xff;                  /*获取窗口输入文本的ASCII码*/
          if(key == '\t'){
                  if(turn == 1) {        /*切换到右窗口*/
                          gettext(2,2,40,24, leftbuf);
                          leftx = wherex();
                          lefty = wherey();
                          draw_right_win();
                          turn = 0;
                  }
                  else if(turn == 0) { /*切换到左窗口*/
                          gettext(41,2,79,24, rightbuf);
                          rightx = wherex();
                          righty = wherey();
                          draw_left_win();
                          turn = 1;
                  }
          }
          else
                  putch(key);          /*在当前光标处显示新输入的文本字符*/
    }
}
void draw_right_win(){                    //重绘右窗口函数
    window(41,2,79,24);
    textbackground(2);
    textcolor(14);
    clrscr();
    puttext(41,2,79,24, rightbuf);
    gotoxy(rightx, righty);
}
void draw_left_win(){                     //重绘左窗口函数
    window(2,2,40,24);
    textbackground(1);
    textcolor(15);
    clrscr();
    puttext(2,2,40,24, leftbuf);
    gotoxy(leftx, lefty);
}
```

程序运行后的效果如图 18-3 所示。

图 18-3　运行结果

18.3　分析图形显示方式和鼠标输入

　　Turbo C 提供了非常丰富的图形函数，所有图形函数的原型均存储在 graphics.h 中，本节主要介绍图形模式的初始化、独立图形程序的建立、基本图形功能、图形窗口以及图形模式下的文本输出函数等。另外，使用图形函数时要确保已有显示器图形驱动程序*BGI，同时将集成开发环境 Options/Linker 中的 Graphics lib 选为 on，只有这样才能保证正确使用图形函数。

18.3.1 初始化图形模式

不同的显示器有不同的图形分辨率。就是同一个显示器，在不同模式下也有不同的分辨率。因此，在屏幕显示之前，必须根据显示器的种类将显示器设置成为某种图形模式。在未设置图形模式之前，计算机系统默认屏幕为文本模式（80 列 25 行的字符模式），此时所有图形函数均不能工作。可用下列图形初始化函数设置屏幕为图形模式。

```
void far initgraph(int far *gdriver, int far *gmode, char *path);
```

其中，gdriver 和 gmode 分别表示图形驱动器和模式，path 是指图形驱动程序所在的目录路径。图形驱动器、图形模式的符号常数及对应的分辨率信息如表 18-5 所示。

表 18-5 图形驱动器、模式的符号常数及数值

适配器	模式	分辨率	颜色数	页数	标识符
CGA	0	320×200 像素	4	1	CGAC0
	1	320×200 像素	4	1	CGAC1
	2	320×200 像素	4	1	CGAC2
	3	320×200 像素	4	1	CGAC3
	4	640×200 像素	2	1	CGAHI
MCGA	0	320×200 像素	4	1	MCGA0
	1	320×200 像素	4	1	MCGA1
	2	320×200 像素	4	1	MCGA2
	3	320×200 像素	4	1	MCGA3
	4	640×200 像素	2	1	MCGAMED
	5	640×480 像素	2	1	MCGAHI
EGA	0	640×200 像素	16	4	EGAL0
	1	640×350 像素	16	2	EGAHI
EGA64	0	640×200 像素	16	1	EGA64L0
	1	640×350 像素	4	1	EGA64HI
EGAMON0	0	640×350 像素	2	1	EGAMON0HI
IBM8514	0	640×480 像素	256		IBM8514L0
	1	1024×768 像素	256		IBM8514HI
VGA	0	640×200 像素	16	2	VGAL0
	1	640×350 像素	16	2	VGAMED
	2	640×480 像素	16	1	VGAHI
HREC	72	640×348 像素	2	1	HRECMONOHI
ATT400	0	320×200 像素	4	1	ATT400C0
	1	320×200 像素	4	1	ATT400C1
	2	320×200 像素	4	1	ATT400C2
	3	320×200 像素	4	1	ATT400C3
	4	640×200 像素	2	1	ATT400MED
	5	640×400 像素	2	1	ATT400HI
PC3270	0	720×350 像素	2	1	PC3270HI

其中最为常用的适配器有如下 3 种。

1. 彩色图形适配器（CGA）

在图形方式下，Turbo C 支持两种分辨率：一种为高分辨方式（CGAHI），像素数为 640×200，这时背景色是黑色（当然也可重新设置），前景色可供选择，但前景色只是同一种，因而图形只显示两色；另一种为中分辨显示方式，像素数为 320×200，其背景色和前景色均可由用户选择，但仅能显示 4 种颜色。在该显示方式下，可有 4 种模式供选择，即 CGAC0、CGACl、CGAC2、CGAC3，它们的区别是显示的 4 种颜色不同。

2. 增强型图形适配器（EGA）

该适配器和与之配接的显示器，除支持 CGA 的 4 种显示模式外，还增加了由 Turbo C 称为 EGALO（EGA 低分辨显示方式，分辨率为 640×200）的 16 色显示方式，640×350 的 EGAHI（EGA 高分辨显示方式，分辨率为 640×350）的 16 色显示方式。

3. 视频图形阵列适配器（VGA）

它支持 CGA 和 EGA 的所有显示方式，且自己还有 640×480 的高分辨显示方式（VGAHI）、640×350 的中分辨显示方式（VGAMED）和 640×200 的低分辨显示方式（VGALO），它们均可有 16 种显示颜色可供选择。

众多生产厂家推出了许多性能优于 VGA 但名字各异的图形显示系统。美国标准协会制订了这种系统应具有的主要性能标准，并常将属于此的适配器统称为 SVGA（即 SuperVGA）。目前基本上使用的适配器都属于 SVGA，可以使用 VGA 方式进行编程。

显示器有两种工作方式，即文本方式（或称为字符显示方式）和图形显示方式，它们的主要差别是显示存储器（VRAM）中存储的信息不同。在使用字符方式时，VRAM 存放要显示字符的 ASCII 码，用它作为地址，取出字符发生器 ROM（固定存储器）中存放的相应字符的图像（又称字模），并变成视频信号在显示器上进行显示。EGA、VGA 可以使用几种字符集，如 EGA 中有 3 种字符集，VGA 有 5 种字符集。而当选择图形方式时，则要显示的图形图像直接存在 VRAM 中，在 VRAM 中某地址单元存放的数据就表示了相应屏幕上某行和某列上的像素及颜色。在 CGA 的中分辨图形方式下，每字节代表 4 像素，即每两位表示一个像素及颜色。

图形驱动程序由 Turbo C 出版商提供，文件扩展名为.BGI。根据不同的图形适配器有不同的图形驱动程序。例如对于 EGA、VGA 来说，图形适配器就调用驱动程序 EGAVGA.BGI。Turbo C 提供了退出图形状态的函数 closegraph()，其调用格式如下所示。

```
void far closegraph(void);
```

调用此函数后可退出图形状态而进入文本方式（Turbo C 默认的方式），并释放用于保存图形驱动程序和字体的内存。

18.3.2　清屏和恢复显示函数

画图前一般需清除屏幕，使得屏幕如同一张白纸，以画出最新最美的图画，因而必须使用清屏函数。清屏函数的原型如下所示。

```
void far cleardevice(void);
```

此函数的作用范围为整个屏幕，如果用函数 setviewport 定义一个图视窗口，则可用清除图视口函数清除图视口区域内的内容，该函数的说明原型如下所示。

```
void far clearviewport(void);
```

当画图程序结束，回到文本方式时，要关闭图形系统，回到文本方式，该函数的说明原型如下所示。

```
void far closegraph(void);
```

由于进入 C 环境编程后，即进入了文本方式，所以为了在画图程序结束后恢复为原来的状况，一般在画图程序结束前调用该函数，使其恢复到文本方式。为了不关闭图形系统，使适配器相应的驱动程序和字符集（字库）仍驻留在内存，但又回到原来了所设置的模式，则可用恢复工作模式函数，它也同时进行清屏操作，它的说明原型如下所示。

```
void far restorecrtmode(void);
```

该函数常和另一图形工作模式函数 setgraphmode 交互使用，这样会使显示器工作方式在图形和文本方式之间来回切换，这在编制菜单程序和说明程序时很有用处。

18.3.3　建立独立图形程序

对于用 initgraph()函数直接进行的图形初始化程序时，Turboc 在编译和连接时并没有将相应的驱动程序（*.BGI）装入到执行程序中，当程序执行到 intitgraph()语句时，再从该函数的第 3 个形参 char *path 所规定的路径中去找相应的驱动程序。若没有驱动程序，则在 C:\TC 中去找，若 C:\TC 中仍没有或 TC 不存在，则将会出现如下错误。

```
BGI Error: Graphics not initialized (use 'initgraph')
```

为了使用方便，应该建立一个不需要驱动程序就能独立运行的可执行图形程序，因此，在 Turbo C 中进行如下所示的设置步骤。

（1）在 C:\TC 子目录下输入命令：BGIOBJ EGAVGA。

此命令将驱动程序 EGAVGA.BGI 转换成 EGAVGA.OBJ 的目标文件。

（2）在 C:\TC 子目录下输入命令：TLIB LIB\GRAPHICS.LIB+EGAVGA。

此命令的意思是将 EGAVGA.OBJ 的目标模块装载到 GRAPHICS.LIB 库文件中。

（3）程序中在 initgraph()函数调用之前加上如下语句。

```
registerbgidriver(EGAVGA_driver);
```

此函数告诉连接程序在连接时应把 EGAVGA 的驱动程序装载到用户的执行程序中。经过上面的处理后，编译链接后的执行程序可在任何目录或其他兼容机上运行。

18.3.4　基本绘图函数

图形由点、线、面组成，Turbo C 提供了一些函数以完成这些操作。而所谓的面则可由封闭图形填充颜色来实现。当图形系统初始化后，将要进行的画图操作均采用默认值作为参数的当前值，如画图屏幕为全屏，当前开始画图的坐标为（0，0）（又称为当前画笔位置，虽然这个笔是无形的），又如设置画图的背景颜色和前景颜色、图形的填充方式，以及可以采用的字符集（字库）等均为默认值。

1. 画点函数

画点函数有 putpixel 和 getpixel 两个，其中 putpixel 函数的格式如下。

```
void far putpixel(int x, int y, int color);
```

此函数表示在指定的（x，y）位置处画一点，点的颜色由设置的 color 值来决定，有关颜色的设置，将在设置颜色函数中介绍。

getpixel 函数的格式如下。

```
int far getpixel(int x, int y);
```

此函数与 putpixel()相对应，它得到在（x，y）点上像素的颜色值。

2. 画图坐标的位置函数

在屏幕上画线时，如同在纸上画线一样。画笔要放在开始画图的位置，并经常要抬笔移动，以便到另一位置再画。我们也可想象在屏幕上画图时，有一支无形的画笔可以控制它的定位、移动（不画），也可知道它能移动的最大位置等。实现上述功能的常用函数有如下 3 个。

❑ 移动画笔到指定的（x，y）位置，移动过程中不画图。格式如下。

```
void far moveto(int x, int y);
```

❑ 画笔从现在位置（x，y）处移到一个位置增量处（x+dx，y+dx），移动过程中不画图。格式如下所示。

```
void far moverel(int dx, int dy);
```

❑ 得到当前画笔的所在位置，格式如下。

```
int far getx(void);              //得到当前画笔的x位置
int far gety(void);              //得到当前画笔的y位置
```

3．画线函数

此类函数提供的功能是从一个点到另一个点用设定的颜色画一条直线。由于起始点的设定方法不同，因而会有如下不同的画线函数。

❑　两点之间的画线函数的具体格式如下。

```
void far line(int x0, int y0, int x1, int y1);
```

从点 (x0，y0) 到点 (x1，y1) 画一条直线。

❑　从现行画笔位置到某点的画线函数，其具体格式如下。

```
void far lineto(int x, int y);
```

将从现行画笔位置到点 (x，y) 画一条直线。

❑　从现行画笔位置到一增量位置的画线函数，其具体格式如下。

```
void far linerel(int dx, int dy);
```

它将从现行画笔位置 (x，y) 到位置增量处 (x+dx，y+dy) 画一直线。

下面的代码使用 moveto 函数将画笔移到 (100，20) 处，然后从 (100，20) 到 (100，80) 之间用 lineto 函数画一直线。再将画笔移到 (200，20) 处，用 lineto 画一直线到 (100，80) 处，再用 line 函数在 (100，90) 到 (200，90) 间画一直线。接着又从上次使用 lineto 函数画线结束位置开始（它是当前画笔的位置）用 linerel 函数画一直线，即它从 (100，80) 点开始到 x 增量为 0，y 增量为 20 的点 (100，100) 为止。moverel (−100，0) 将使画笔从上次用 linerel (0，20) 画直线时的结束位置 (100，100) 处开始移到 (100−100，100−0)，然后用 linerel (30，20) 从 (0，100) 处再画直线至 (0+30，100+20) 处。用 line 函数画直线时，不用考虑画笔位置，它也不影响画笔原来的位置；lineto 和 linerel 函数要求画笔位置、画线起点从此位置开始，而结束位置就是画线完成后画笔停留的位置，所以这两个函数将会改变画笔的位置。

```
#include <graphics.h>
int main(void){
    int graphdriver=VGA;
    int graphmode=VGAHI;
    initgraph(&graphdriver,&graphmode,"");
    cleardevice();
    moveto(100,20);
    lineto(100,80);
    moveto(200,20);
    lineto(100,80);
    line(100,90,200,90);
    linerel(0,20);
    moverel(-100,0);
    linerel(30,20);
    getch();
    closegraph();
}
```

4．画矩形和条形图函数

画矩形函数 rectangle 将会画出一个矩形框，而画条形函数 bar 将以给定的填充模式和填充颜色画出一个条形图，而不是一个条形框。

❑　画矩形函数的具体格式如下。

```
void far rectangle(int x1, int y1, int x2, int y2);
```

此函数将以 (x1，y1) 点为左上角，(x2，y2) 点为右下角画一矩形框。

❑　画条形图函数的具体格式如下。

```
void bar(int x1, int y1, int x2, int y2);
```

此函数将以 (x1，y1) 点为左上角，(x2，y2) 点为右下角画一实形条状图，它没有边框，图的颜色和填充模式可以设定。若没有设定，则使用默认模式。

下面代码将用 rectangle 函数以 (100，20) 为左上角，(200，50) 为右下角画一矩形，接着又用 bar 函数以 (100，80) 为左上角，(150，180) 为右下角画一实形条状图，用默认颜色（白色）填充。

```
#include <graphics.h>
int main(void){
    int graphdriver=DETECT;
    int graphmode,x;
    initgraph(&graphdriver,&graphmode, "");
    cleardevice();
    rectangle(100, 20, 200, 50);
    bar(100, 80, 150, 180)5
    getch();
    closegraph();
}
```

5. 画椭圆、圆和扇形图函数

在画图函数中，有关于角的概念。在 Turbo C 中它是这样规定的：屏的 x 轴方向为 $0°$，当半径从此处逆时针方向旋转时，则依次是 $90°$、$180°$、$270°$，当转动 $360°$ 时，则它和 x 轴的正向重合，即旋转了一周。

❑ 画椭圆函数的具体格式如下。

```
void ellipse(int x, int y, int stangle, int endangle, int xradius, int yradius);
```

该函数将以（x，y）为中心，以 xradius 和 yradius 为 x 轴和 y 轴半径，从起始角 stangle 开始到 endangle 角结束，画一椭圆线。当 stangle=0，endangle=360 时，画出的是一个完整的椭圆，否则画出的将是椭圆弧。

❑ 画圆函数的具体格式如下。

```
void far circle(int x, int y, int radius);
```

该函数将以（x，y）为圆心，radius 为半径画圆。

❑ 画圆弧函数的具体格式如下。

```
void far arc(int x, int y, int stangle, int endangle, int radius);
```

该函数将以（x，y）为圆心，radius 为半径，从起始角 stangle 开始，到结束角 endangle 画一圆弧。

❑ 画扇形图函数的具体格式如下。

```
void far pieslice(int x, int y, int stangle, int endangle, int radius);
```

该函数将以（x，y）为圆心，radius 为半径，以 stangle 为起始角，以 endangle 为结束角，画一扇形图，扇形图的填充模式和填充颜色可以事先设定，否则为默认模式。

下面程序将用 ellipse 函数画椭圆，中心为（320，100），起始角为 $0°$，终止角为 $360°$，x 轴的半径为 75，y 轴的半径为 50。接着用 circle 函数以（320，220）为圆心，以 50 为半径画圆。然后分别用 pieslice 和 ellipse 及 arc 函数在下方画出一扇形图和椭圆弧及圆弧。

```
#include <graphics.h>
int main(void){
    int graphdriver=DETECT;
    int graphmode,x;
    initgraph(&graphdriver,&graphmode,"");
    cleardevice();
    ellipse(320,100,0,360,75,50);
    circle(320,220,50);
    pieslice(320,340,30,150,50);
    ellipse(320,400,0,180,100,35);
    arc(320,400,180,360,50);
    getch();
    closegraph();
}
```

6. 画多边形函数

画多边形函数 drawpoly()的功能是，用当前绘图色、线型及线宽，画一个给定若干点的多边形。具体格式如下。

```
void drawpoly(int pnumber,int *points);
```

其中，参数"pnumber"为多边形的顶点数；参数"points"指向整型数组，该数组存储的是多边形所有顶点的（x，y）坐标值，即一系列整数对，x 坐标值在前。显然整型数组的维数至少为顶点数的 2 倍，在定义了多边形所有顶点的数组 polypoints 后，顶点数目可通过计算 sizeof （polypoints）除以 2 倍的 sizeof（int）得到，这里除以 2 的原因是每个顶点有两个整数坐标值。另外有一点要注意，画一个有 *n* 个顶点的闭合图形时，顶点数必须等于 *n*+1，并且最后一（第 *n*+1 个）点的坐标必须等于第一点的坐标。drawpoly()函数对应的头文件为 grpahics.h，它没有返回值。

18.3.5　线性函数

Turbo C 提供了可以改变线型的函数，其中线型包括宽度和形状。宽度只有一点宽和三点宽两种选择，而线的形状有 5 种。下面将简要介绍常用的线型函数。

1. 设定线型函数

前面在画线、圆、框时，线的宽度都是一样的，实际上 Turbo C 也提供了改变线的宽度、类型的函数，具体格式如下：

```
void far setlinestyle(int linestyle, unsigned upattern, int thickness);
```

当不设定线的宽度参数（thickness）时，取缺省值，即一个像素宽，当设定为 3 时，可取 3 个像素宽，取值见表 18-6。

表 18-6　线宽

符 号 名	值	含 义
NORM_WIDTH	1	1 个像素宽
THICK_WIDTH	3	3 个像素宽

当不设定时线型参数（1inestyle），取缺省值，即为实线；设定参数时，可有 5 种选择，如表 18-7 所示。

表 18-7　直线的形状

符 号 名	值	含 义
SOLID_LINE	0	实线
DOTTED_LINE	1	点线
CENTER_LINE	2	中心线
DASHED_LINE	3	点划线
USERBIT_LINE	4	用户自定义的线

upattern 参数只有在 1inestyle 取 4 或 USERBIT_LINE 时才有意义，即表示在用户自定义线型时，该参数才有用。该参数若表示成 16 位二进制数，则每位代表一个像素。若某位为 1，则代表像素是用前景色显示的。若某位为 0，则代表像素是用背景色显示的（实际没有显示）。例如图 18-4 所示为由 16 个像素构成的一条 16 像素长的线段，线段为 1 像素宽。当 1ineseyle 不是 USERBIT_LINE 时，upattern 取零值。

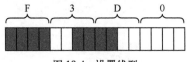

图 18-4　设置线型

下面的程序首先在屏中间以屏中心为圆心，半径为 98 画出一个绿色的圆框，由于没有设置画线的线型和线宽，故取默认值为 1 个像素宽的实线。接着用 setcolor（12）设置前景色为淡红色。程序进入 for 循环，从而画出线宽交替为 1 个和 3 个像素宽的 15 个矩形框来，框由小到大，一个套一个，颜色为淡红色。程序的下一个 for 循环将用 2、3、4 和 5 颜色（即绿、青、红、洋红）分别画出通过屏幕中心的 4 条线，线型分别是实线、点线、中心线和点划线，线宽为 3 个像素，如此重复，共画出 5 组。程序最后用 setcolor（EGA_WHITE）设置画线颜色为白色，将用自定义线型（0x1001）在原先画出的绿色圆框中，标出一个十字线，线的形状为 4 个白点，8 个不显示点，又 4 个白点，接着又重复这个线段模式，直到画至圆周上。由于人的视觉分辨能力，我们会将 4 个白点看成了一个点。

```c
#include <graphics.h>
int main(void){
    int graphdriver=VGA,graphmode =VGAHI;
    int i,j,x1,y1,x2,y2;
    initgraph(&graphdriver,&graphmode,"");
    setbkcolor(EGA_BLUE);
    cleardevice();
    setcolor(EGA_GREEN);
    circle(320,240,98);                    /* 画出一个绿色圆 */
    setcolor(12);                          /* 设置颜色为淡红色 */
    j=0;
    for(i=0;i<=90;i=i+6)
    {
        setlinestyle(0,0,j);               /* 画出一个套一个的矩形框 */
        x1=440-i;y1=280-i;
        x2=440+i;y2=280+i;
        rectangle(x1,y1,x2,y2);
        j=j+3;
        if(j>4)  j=0;
    }
    j=0;
    for ( i=0;i<=180;i=i+16)               /* 画出通过屏幕中心的4种线型的4色线 */
    {
        if(j>3)j=0;
        setcolor(j+2);
        setlinestyle(j,0,3);
        j++;
        x1=0;y1=i,
        x2=640;y2=480-i;
        line(x1,y1,x2,y2);
    }
    setcolor(EGA_WHITE);
    setlinestyle(4,0x1001,1);              /* 用户自定义线型,1个像素宽 */
    line(220,240,420,240);                 /* 画出通过圆心的y线 */
    line(320,140,320,340);                 /* 画出通过圆心的x线 */
    getch();
    closegraph();
}
```

2．得到当前画线信息的函数

与设定线型函数 setlinestyle 相对应的是得到当前画线信息的函数，具体格式如下所示。

```c
void far getlinesettings(struct linesettingstype far *lineinfo);
```

该函数将把当前线的信息存放到由 lineinfo 指向的结构中，结构 linesetingstype 的定义格式如下所示。

```c
struct linesettingstype {
    int linestyle;
    unsigned upattern;
    int thickness;
};
```

18.3.6　颜色控制函数

像素的显示颜色（或者说画线）、填充面的颜色既可采用默认值，也可用一些函数来设置。与文本方式一样，在图形方式下，像素也有前景色和背景色。按照 CGA、EGA、VGA 图形适配器的硬件结构，颜色可以通过对内部相应寄存器进行编程来改变。

为了能形象地说明如何设置颜色，一般用所谓的调色板来进行描述，它实际上对应一些硬件寄存器。从 C 语言的角度看，调色板就是一张颜色索引表，对于 CGA 显示器，在中分辨显示方式下，它有 4 种显示模式，每一种模式对应一个调色板，可用调色板号来区别它们。每个调色板有 4 种颜色可供选择，颜色可以用颜色值 0、1、2、3 来表示。由于 CGA 有 4 个调色板，所以一旦显示模式确定后，即确定调色板了，如选 CGAC0 模式，则选 0 号调色板，但选调色板的哪种颜色则可由用户根据需要从 0、1、2 和 3 中选择，在表 18-8 中列出了调色板与对应的颜色值。在表中若选调色板的颜色值为 0，则表示此时选择的颜色和当时的背景色一样。

表 18-8　CGA 的调色板号与对应的颜色值

模式	调色板号	颜色值			
		0	1	2	3
CGAC0	0	背景色	绿	红	黄
CGAC1	1	背景色	青	洋红	白
CGAC2	2	背景色	淡绿	淡红	棕
CGAC3	3	背景色	淡青	淡洋红	淡灰

1. 颜色设置函数

颜色设置函数有如下两个。

❏ 前景色设置函数的具体格式如下。

```
void far setcolor(int color);
```

该函数将使前景以所选 color 颜色进行显示，对于 CGA，当使用中分辨模式时只能选 0、1、2、3。

❏ 选择背景颜色的函数，其具体格式如下。

```
void far setbkcolor(int color)
```

该函数将使得背景色按所选 16 种中的一种颜色 color 进行显示。表 18-9 列出了与颜色值 color 对应的颜色，此函数在使用时，color 既可用值表示，也可用相应的大写颜色名来表示。

表 18-9　背景色值与对应的颜色名

颜色值	颜色名	颜色	颜色值	颜色名	颜色
0	BLACK	黑	8	DARKGRAY	深灰
1	BLUE	蓝	9	LIGHTBLUE	淡蓝
2	GREEN	绿	10	LIGHTGREEN	淡绿
3	CYAN	青	11	LIGHTCYAN	淡青
4	RED	红	12	LIGHTRED	淡红
5	MAGENTA	洋红	13	LIGHTMAGENTA	淡洋红
6	BROWN	棕	14	YELLOW	黄
7	LIGHTGRAY	浅灰	15	WHITE	白

2. 设置调色板颜色

设置调色板颜色的函数具体格式如下。

```
void far setpalette(int index, int actual_color);
```

该函数用来设置调色板的颜色，一般用在 EGA、VGA 显示方式上。各调色板寄存器对应的标准色和值信息如表 18-10 所示。

表 18-10　各调色板寄存器对应的标准色和值信息

寄存器号	颜色名	值	寄存器号	颜色名	值
0	EGA_BLACK	0	2	EGA_GREEN	2
1	EGA_BLUE	1	3	EGA_CYAN	3

续表

寄存器号	颜色名	值	寄存器号	颜色名	值
4	EGA_RED	4	10	EGA_LIGHTGREEN	10
5	EGA_MAGENTA	5	11	EGA_LIGHTCYAN	11
6	EGA_BROWN	6	12	EGA_LIGHTRED	12
7	EGA_LIGHTGRAY	7	13	EGA_LIGHTMAGENTA	13
8	EGA_DARKGRAY	8	14	EGA_YELLOW	14
9	EGA_LIGHTBLUE	9	15	EGA_WHITE	15

当编制动画或菜单等高级程序时，在系统图形初始化时常需要改变每个调色板寄存器的颜色设置，这时就可用 setpalette 函数来对某一个调色板寄存器颜色进行再设置。VGA 显示器只有一个调色板，对应 16 个调色板寄存器。但这些寄存器中的内容和 EGA 的不同，它们装的又是一个颜色寄存器表的索引。共有 256 个颜色寄存器供索引。由于 VGA 的调色板寄存器是 6 位，而要寻址 256 个颜色寄存器需有 8 位，所以还要通过一个名为模式控制寄存器的最高位（即第 7 位）的值来决定如何寻址：若这位为 0（对于 $64 \times 480 \times 16$ 色显示是这样的），则低 6 位由调色板寄存器来给出，高两位由颜色选择寄存器给出，从而组合出 8 位地址码。因此它的像素显示过程是：由 VRAM 提供调色板寄存器索引号（0～15），再由检索到的调色板寄存器中的内容同颜色选择寄存器相互配合，检索到颜色寄存器，再由颜色寄存器存储的颜色值而使显示器显示；当模式寄存器的最高位为 1 时，调色板寄存器给出低 4 位的地址码，而由颜色选择寄存器给出高 4 位的地址码，从而组合成 8 位地址码来对颜色寄存器寻址而得出颜色值。这里的调色板寄存器、颜色选择寄存器、模式控制寄存器和颜色寄存器均属于 VGA 显示器中的属性控制器。

由于 Turbo C 不支持 VGA 的 256 色的图形模式，只有 16 色方式，因而 16 个颜色寄存器寄存了 16 个颜色寄存器索引号，它们代表的颜色如表 18-10 所示，所显示的颜色和 CGA 下选背景色的顺序一样。EGA 和 VGA 的调色板寄存器中的值虽然一样（当图形系统初始化时，它为默认值），但含义不同，前者是颜色值，后者是颜色寄存器索引号，不过它们最终表示的颜色是一致的。因而当用 setpalette（index actual_color）对 index 指出的某个调色板寄存器重新设置颜色时，actual_color 可用表 18-10 所示的颜色值，也可用大写名，如 EGA_BLACK，EGA_BLUE 等。在默认情况下，和 CGA 中的 16 色顺序一样，当使用 setpalette 函数时，index 只能取 0～15 中的一个，而若 actual_color 的值是表 18-10 所示的值，则调色板颜色保持不变，即调色板寄存器的值不变。

❑ 改变调色板 16 种颜色的函数的具体格式如下。

```
void far setallpalette(struct palettetype far *palette);
```
其中，结构 palettetype 的定义格式如下。

```
#define MAXCOLORS 15
struct palattetype {
    unsigned char size;
    signed char colors[MAXCOLORS+1];
};
```
该结构在头文件 graphics.h 中定义。size 元素由适配器类型和当前模式下调色板的颜色数决定，即调色板寄存器数。colors 是个数组，它实际上代表调色板寄存器，每个数组元素的值表示相应调色板寄存器的颜色值。对 VGA 中的 VGAHI 模式，size=16，默认的 colors 值相当于表 18-10 所示的值。

❑ 得到调色板颜色数和颜色值的函数

与上述两个函数相对应的是如下两个函数，具体格式如下。

```
void far getpalette(struct palettetype far *palette);
void far getpalettesize(void);
```

前者将得到调色板的颜色数（即调色板寄存器个数）和所装的颜色值，后者将得出调色板颜色数。getpalette 函数将把得到的信息存入由 palette 指向的结构中，其结构 palettetype 定义如上所示。

18.3.7　填色函数和画图函数

Turbo C 提供了一些画基本图形的函数，如我们前面介绍过的画条形图函数 bar 和将要介绍的一些函数，它们首先画出一个封闭的轮廓，然后再按设定的颜色和模式进行填充，设定颜色和模式有特定的函数。

1. 填色函数

具体使用格式如下。

```
void far setfilestyle(int pattern, int color);
```

该函数将用设定的 color 颜色和 pattern 图模式对后面画出的轮廓图进行填充。这些图的轮廓是由待定函数画出的，color 实际上就是调色板寄存器索引号，在 VGAHI 方式下它为 0~15，即 16 色，pattern 表示填充模式，可用表 18-11 所示的值或符号名来表示。

表 18-11　填充模式的规定

符　号　名	值	含　义
EMPTY_FILL	0	用背景色填充
SOLID_FILL	1	用单色实填充
LINE_FILL	2	用"—"线填充
LTSLASH_FILL	3	用"∥"线填充
SLASH_FILL	4	用粗"∥"线填充
BKSLASH_FILL	5	用"\\"线填充
LTBKSLASH_FILL	6	用粗"\\"线填充
HATCH_FILL	7	用方网格线填充
XHATCH_FILL	8	用斜网格线填充
INTTERLEAVE_FILL	9	用间隔点填充
WIDE_DOT_FILL	10	用稀疏点填充
CLOSE_DOT_FILL	11	用密集点填充
USER_FILL	12	由用户定义样式填充

当 pattern 选用 USER_FILL，即用户自定义样式填充时，setfillstyle 函数对填充的模式和颜色不起任何作用，若要选用 USER_FILL 样式填充时，可选用下面的函数。

2. 用户自定义填充函数

具体使用格式如下所示。

```
void far setfillpattern(char *upattern, int color);
```

该函数设置用户自定义可填充模式，以 color 给出的颜色对封闭图形进行填充。这里的 color 实际上就是调色板寄存器号，也可用颜色名来代替。参数 upattern 是一个指向 8 字节存储区域的指针，这 8 字节表示一个 8×8 像素点阵组成的填充图模，它是由用户自定义的，它将用来填充封闭图形。8 字节的图模是这样形成的：每个字节代表一行，而每个字节中的每一个二进制位代表该行对应列上的像素。它若是 1，则用 color 显示；若是 0 则不显示。

3. 得到填充模式和颜色的函数

具体使用格式如下所示。

```
void far fillsettings(struct fillsettingstype far *fillinfo);
```
它将得到当前的填充模式和颜色，这些信息存在结构指针变量 fillinfo 指向的结构中。该结构定义的格式如下。
```
struct fillsettingstype{
    int pattern;                              /* 当前填充模式 */
    int color;                                /* 填充颜色 */
};
void far getfillpattern(char *upattern);
```
该函数将把用户自定义的填充模式和颜色存入由 upattern 指向的内存区域中。

4. 与填充函数有关的画图函数

在前面已经介绍了画条形图函数 bar 和画扇形函数 pieslise，它们需要用 setfillstyle 函数来设置填充模式和颜色，否则使用默认方式。另外还有一些画图函数也要用到填充函数。具体如下所示。

❏ 画三维立体直方图函数，其具体格式如下。
```
void far bar3d(int x1, int y1, int x2, int y2, int depth, int topflag);
```
当 topflag 非零时，画出三维顶，否则将不画出三维顶，depth 决定了三维直方图的长度。

❏ 画椭圆扇形函数，其具体格式如下。
```
viod far sector(int x, int y, int stangle, int endangle, int xradius, int yradius);
```
该函数将以（x, y）为圆心，以 xradius 和 yradius 为 x 轴和 y 轴的半径，从起始角 stangle 开始到 endangle 角结束，画一椭圆扇形图，并按设置的填充模式和颜色进行填充。当 stangle 为 0，endangle 为 360 时，它画出一个完整的椭圆图。

❏ 画椭圆图函数，其具体格式如下。
```
void far fillellipse(int x, int y, int xradius, int yradius);
```
该函数将以（x, y）为圆心，以 xradius 和 yradius 为 x 轴和 y 轴的半径，画一椭圆图，并以设定或默认模式和颜色进行填充。

❏ 画多边形图函数，其具体格式如下。
```
void far fillpoly(int numpoints, int far *polypoints)
```
该函数将画出一个顶点数为 numpoints，各顶点坐标由 polypoints 给出的多边形，即边数为 polypoints−1。当为一封闭图形时，numpohts 应为多边形的顶点数加 1，并且第 1 个顶点坐标应和最后一个顶点的坐标相同。

实例 18-3	使用不同的填充模式和颜色来绘制矩形、长方体、扇形和椭圆扇形，然后在定义一种填充模式用红色来绘制

源码路径　daima\18\18-3

本实例的实现文件为"tian.c"，具体实现代码如下。

━━━ 拓展范例及视频二维码 ━━━

范例 **18-3-01**：绘制一个矩形
源码路径：**演练范例\18-3-01**

范例 **18-3-02**：绘制一个圆形
源码路径：**演练范例\18-3-02**

```
#include<graphics.h>
int main(void){
    /*用户定义填充模式*/
    char str[8]={10,20,30,40,50,60,70,80};
    int gdriver,gmode,i;
    /*定义一个用来存储填充信息的结构变量*/
    struct fillsettingstype save;
    gdriver=DETECT;
    initgraph(&gdriver,&gmode,"c:\\tc\\bgi");
                                    //初始化图形模式
    setbkcolor(BLUE);               //设置背景色
    cleardevice();                  //清屏
    for(i=0;i<13;i++) {
        setcolor(i+3);
        setfillstyle(i,2+i);                //设置填充类型
        bar(100,150,200,50);                //画矩形并填充*
        bar3d(300,100,500,200,70,1);        //画长方体并填充
        pieslice(200, 300, 90, 180, 90);    //画扇形并填充
        sector(500,300,180,270,200,100);    //画椭圆扇形并填充
```

```
            delay(1000);                             //延时1000ms
    }
    cleardevice();
    setcolor(14);                                    //设置画笔颜色
    setfillpattern(str, RED);                        //自定义填充模式和颜色
    bar(100,150,200,50);                             //画矩形
    bar3d(300,100,500,200,70,0);                     //画长方体
    pieslice(200,300,0,360,90);                      //画圆
    sector(500,300,0,360,100,50);                    //画椭圆
    getch();
    getfillsettings(&save);                          //获得当前填充模式的信息
    closegraph();
    clrscr();
    /*输出目前填充图模和颜色值*/
    printf("The pattern is %d, The color of filling is %d", save.pattern,save.color);
    getch();
}
```

在实际应用中，可对任意封闭图形进行填充。前面介绍的填充函数只能对由上述特定函数产生的图形进行颜色填充，对任意封闭图形均可进行填充的函数的使用格式如下。

```
void far floodfill(int x, int y, int border);
```

此函数将对一封闭图形进行填充，其颜色和模式将由设定的或默认的图模与颜色来决定。其中参数（x，y）为封闭图形中的任意一点，border 是封闭图形的边框颜色。编程时该函数位于画图函数之后。在此需要注意如下 4 点。

（1）若（x，y）点位于封闭图形边界上，则该函数将不进行填充。

（2）若对不封闭图形进行填充，则会填到别的地方，会发生溢出。

（3）若（x，y）点在封闭图形之外，则将对封闭图形之外进行填充。

（4）由参数 border 指出的颜色必须与封闭图形轮廓线的颜色一致，否则会填充到别的地方。

18.3.8　图形窗口函数

1．图形窗口操作函数

在图形方式下可以在屏幕的某一区域内设置一个窗口，这样以后的画图操作就可以均在这个窗口内进行，且使用的坐标以此窗口的左上角为（0，0）作为参考，而不再用物理屏幕坐标 [屏幕左上角的（0，0）点]。在图视口内画的图形将显示出来，超出图视口的部分可以不显示出来，也可以显示出来（不剪断），该函数的使用格式如下所示。

```
void far setviewport(int x1, int y1, int x2, int y2, clipflag);
```

其中，（x1，y1）为图视口的左上角坐标，（x2，y2）为所设置的图视口的右下角坐标，它们都是以原屏幕的物理坐标为参考的。clipflag 参数若为非零值，则所画图形超出图视口的部分将被切除而不显示出来。若 clipflag 为零，则超出图视口的图形部分仍将显示出来。

2．图形窗口清除与取信息函数

主要有如下几个常用函数。

❑　图视口清除函数，其具体格式如下。

```
void far clearviewport(void);
```

该函数将清除图视口内的图像。

❑　取图视口信息函数，其具体格式如下。

```
void far getviewsettings(struct viewport type far *viewport);
```

该函数将获得当前设置的图视口信息，它存储于由结构 viewporttype 定义的结构变量 viewport 中，结构 viewporttype 的定义如下。

```
struct viewporttype {
    int left,top,right,bottom;
    int clipflag;
};
```

使用图视口设置函数 setviewport 可以在屏幕上设置不同的图视口——窗口，它们甚至可以

部分重叠，然而最近一次设置的窗口才是当前窗口，后面的图形操作都将在此窗口中进行，其他窗口均无效。若不清除那些窗口中的内容，则它们仍在屏幕上保持。当要对它们进行处理时，可再一次设置那个窗口，这样它就变成当前窗口了。

使用 setbkcolor 设置背景色时，它对整个屏幕背景都起作用，它不只是改变图视口内的背景，在用 setcolor 设置前景色时，它对图视口内画图起作用。如果下一次没有设置颜色，那么上次在另一图视口内设置的颜色在本次设置的图视口内仍起作用。

18.3.9　分析图形方式下的文本输出函数

在图形方式下，虽然也可以用 printf()、puts()、putchar() 函数输出文本，但它们只能在屏幕上用白色显示，无法选择输出的颜色，尤其想在屏幕上定位输出文本，更是困难，且输出格式也是不能改变的 80 列×25 行。Turbo C 提供了一些专门用在图形方式下的文本输出函数，它们可以用来选择输出位置、字型、大小和方向等。

1. 文本输出函数

文本输出函数有当前位置文本输出函数和定位文本输出函数两种，具体说明如下所示。

❑　当前位置文本输出函数的具体格式如下。

```
void far outtext(char far *textstring);
```

该函数将在屏幕的当前位置上输出由字符串指针 textsering 指出的文本字符串。该函数没有定位参数，只能在当前位置上输出字符串。

❑　定位文本输出函数的具体格式如下。

```
void far outtextxy(int x, int y, char far *textstring);
```

该函数将在指定位置（x，y）处输出字符串。还需要用位置确定函数 settextjustify() 来确定（x，y）的位置；还需用 settextstyle() 函数来确定选用何种字形显示、字体大小及横向或纵向显示。这些均要在文本输出函数之前确定。若没有使用函数来确定它们，则输出使用默认方式，即字体采用 8×8 点阵字库，横向输出，（x，y）位置表示输出字符串的第 1 个字符的左上角位置，字体比例 1:1。例如，当执行函数 outtextxy（10，10，"Turbo C"）;时，Turbo C 将采用默认方式显示在图 18-5 所示的位置，"T" 字左上角的位置为（10，10），字体为 8×8 点阵（8 像素宽，8 像素高），尺寸为 1:1，即和字库中的字同大。

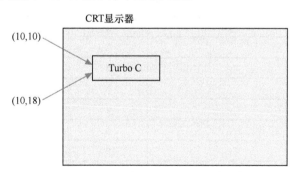

图 18-5　outtextxy（10，10，"Turbo c"）的输出

❑　文本输出位置函数的具体格式如下。

```
void far settextjustify(int horiz, int vert);
```

该函数将确定输出字位串时，如何定位（x，y）。即当用 outtext（x，y，"字符串"）或 outtextxy（x，y，"字符串"）输出字符串时，（x，y）点定位在字符串的哪个位置，horiz 将决定如何确定相对于输出字符串的（x，y）点的水平位置，vert 参数将决定如何确定相对于输出字符串的（x，y）点的垂直位置。这两个参数的取值和相应的符号名如表 18-12 所示。

表 18-12　参数 horiz、vert 的取值说明

参数 horiz			参数 vert		
符号名	值	含义	符号名	值	含义
LEFT_TEXT	0	输出左对齐	BOTTOM_TEXT	0	底部对齐
CENTER_TEXT	1	输出以字串中心对齐	CENTER_TEXT	1	中心对齐
RIGHT_TEXT 2	2	输出右对齐	TOP_TEXT	2	顶部对齐

如果 horiz 取 LEFT_TEXT（或 0），则（x，y）点是以输出的第 1 个字符的左边为开始位置，那么（x，y）应定位于此。但是以第 1 个字符左边的顶部、中部，还是底部定位（x，y），这还不能确定，也就是说（x，y）点是指输出字符串中第 1 个字符的左边位置，第 1 个字符左边垂直方向上的位置还须由参数 vert 来决定。如 vert 取 TOP_TEXT（即 2），则（x，y）在垂直方向定位于第 1 个字符左边位置的顶部。

2．文本字型函数

具体格式如下。

```
void far settextstyle(int font, int direction, int charsize);
```

该函数用来设置文本输出的字体、方向和大小，其相应参数 font、参数 direction 和参数 size 的取值如表 18-13 所示。

表 18-13　font、direction、size 的取值说明

	符 号 名	值	含　义
font	DEFAULT_FONT	0	8×8 字符点阵（默认值）
	TRIPLEX_FONT	1	三倍笔划体字
	SMALL_FONT	2	小字笔划体字
	SANS_SERIF_FONT	3	无衬线笔划体字
	GOTHIC_FONT	4	黑体笔划体字
direction	HORIZ_DIR	0	水平输出
	VERT_DIR	1	垂直输出
size		1	8×8 点阵
		2	6×16 点阵
		3	24×24 点阵
		4	32×32 点阵
		5	40×40 点阵
		6	48×48 点阵
		7	56×56 点阵
		8	64×64 点阵
		9	72×72 点阵
		10	80×80 点阵
	USER_CHAR_SIZE	0	用户自定义字符大小

3．文本输出字符串函数

具体格式如下。

```
int sprintf(char *string, char *format[, argument, …]);
```

该函数将把变量值 argument，按 format 指定的格式输出到由指针 string 指定的字符串中，该字符串代表了输出。这个函数虽然不是图形专用函数，但它在图形方式下的文本输出中很有用，因为用 outtext() 或 outtextxy() 函数输出时，输出量是文本字符串，所以当我们要输出数值时不太方便可使用它。因而可用 sprintf 函数将数值输出到一个字符数组中，再让文本输出函数输出这个字符数组中的字符串。

实例 18-4　在图形模式下输出不同样式的文本
源码路径　daima\18\18-4

本实例的实现文件为"wen.c"，具体实现代码如下所示。

```c
#include <graphics.h>
int main(void){
    int i, graphdriver,graphmode;
    char s[30];
    graphdriver=DETECT;
    initgraph(&graphdriver,&graphmode,"c:\\tcpp\\bgi");
    cleardevice();
    setbkcolor(BLUE);                      //设置背景色
    setviewport(40,40,600,440,1);          //定义图形窗口
    setfillstyle(1,2);                     //以绿色实填充
    setcolor(YELLOW);                      //设置画笔颜色为黄色
    rectangle(0,0,560,400);                //画一矩形
    floodfill(50,50,14);                   // 用绿色填充画出的矩形框
    rectangle(20,20,540,380);              //画一矩形
    setfillstyle(1,13);                    //设置以淡洋红色实填充
    floodfill(19,19,14);                   //用淡洋红色填充画出的矩形框
    setcolor(15);                          //设置画笔颜色为白色
    settextstyle(1,0,6);                   // 设要显示字符串的字体、方向和尺寸
    outtextxy(100,60,"Welcome Your");      //输出字符串
    setviewport(100,200,540,380,0);        //再定义一个图形窗口
    setcolor(14);                          //设置画笔颜色为黄色
    setfillstyle(1,12);                    //设置以淡红色实填充
    rectangle(20,20,420,120);              //画一矩形
    floodfill(21,100,14);                  //用淡红色填充
    settextstyle(2,0,9);
    i=620;
    sprintf(s, "Your score is %d", i);     //将数字转化为字符串
    setcolor(YELLOW);
    outtextxy(60,40, s);                   /* 用黄色显示字符串 */
    setcolor(1);                           //设置画笔颜色为蓝色
    settextstyle(3, 0, 0);                 //设置输出的字符大小由用户自定义
    setusercharsize(4, 1, 1, 1);           //自定义文本字符的大小
    outtextxy(70, 80, "Good");             //显示字符串
    getch();
    closegraph();
}
```

程序的运行效果如图 18-6 所示。

图 18-6　运行效果

拓展范例及视频二维码

范例 **18-4-01**：绘制一个扇形
源码路径：**演练范例\18-4-01**

范例 **18-4-02**：设置线条的类型
源码路径：**演练范例\18-4-02**

18.4　菜　单　设　计

对于广大读者来说都十分熟悉菜单，用户通过软件中的菜单可以灵活地进行各种操作。例如 Word 里的工具栏和菜单栏就是由不同的界面菜单构成的。根据菜单

知识点讲解：视频\第 18 章\
菜单设计.mp4

的外观样式，可以将其分为固定式菜单、弹出式菜单和下拉式菜单等。菜单在用户编写的程序中占有很重要的地位。一个高质量的菜单，不仅能使系统美观，更主要的是能够使操作者使用方便，避免一些误操作带来的严重后果。

Turbo C 可以实现简单的菜单样式。下拉式菜单是一个窗口菜单，它具有一个主菜单，其中包括几个选项，主菜单的每一项又可以分为下一级菜单，这样逐级下分，并用窗口的形式弹出在屏幕上，一旦操作完毕后就可以从屏幕上消失，并恢复至原来的屏幕状态。设计下拉式菜单的关键就是在下级菜单窗口弹出之前，要将该窗口占用的屏幕区域保存起来，然后产生这一级菜单窗口，并可用光标键选择菜单中的各项，用 Enter 键来确认。如果某选择项还有下级菜单，则按同样的方法产生下一级菜单窗口。

Turbo C 在文本方式时用提供的函数 gettext() 来显示屏幕规定区域中的内容，当需要时用 puttext() 函数释放，再加上键盘管理函数 bioskey()，就可以完成下拉式菜单的设计。

下面的程序将生成一个基本的下拉式菜单，并可以通过键盘对光标进行移动，且具有快捷键功能。具体实现代码如下。

```c
#include <dos.h>
#include <conio.h>
#define Key_DOWN 0x5100                    //Down键的键盘扫描码
#define Key_UP 0x4900                      //Up键的键盘扫描码
#define Key_ESC 0x011b                     //Esc键的键盘扫描码
#define Key_ALT_F 0x2100                   //Alt+F组合键的键盘扫描码
#define Key_ALT_X 0x2d00                   //Alt+X组合键的键盘扫描码
#define Key_ENTER 0x1c0d                   //Enter键的键盘扫描码
int main(void)
{
    int i,key,x,y,l;
    char *menu[] = {"File","Edit","Run","Option","Help","Setup","Zoom","Menu"};
    /* 主菜单中的各项 */
    char *red[] = { "F","E","R","O","H","S","Z","M" };    /* 加上红色热键 */
    char *f[] = {"Load file", "Save file", "Print", "Modify ", "Quit Alt_x"};
    /* File项的子菜单 */
    char buf[16*10*2],buf1[16*2];                     /* 定义保存文本的缓冲区 */
    while(1)
    {
        textbackground(BLUE);                         //设置背景色
        clrscr();
        textmode(C80);                                //设置文本显示方式
        window(1,1,80,1);                             /* 定义显示主菜单的窗口 */
        textbackground(LIGHTGRAY);
        textcolor(BLACK);                             //设置前景色
        clrscr();
        gotoxy(5,1);//坐标定位
        for(i=0,l=0;i<8;i++)
        {
            x=wherex();                               /* 得到当前光标的坐标 */
            y=wherey();
            cprintf("%s",menu[i]);                    /* 显示各菜单项 */
            l=strlen(menu[i]);                        /* 得到菜单项的长度 */
            gotoxy(x,y);
            textcolor(RED);
            cprintf("%s",red[i]);                     /* 在主菜单各头字符写上红字符 */
```

```
                x=x+1+5;
                gotoxy(x,y);
                textcolor(BLACK);              /* 为显示下一个菜单项移动光标 */
        }
        gotoxy(5,1);
        key=bioskey(0);
        switch (key){
                case Key_ALT_X:
                        exit(0);               /* ALT_X则退出 */
                case Key_ALT_F:
                {
                        textbackground(BLACK);
                        textcolor(WHITE);
                        gotoxy(5,1);
                        cprintf("%s",menu[0]);    /* 加黑File项 */
                        gettext(5,2,20,12,buf);   /* 保存窗口中原来的文本 */
                        window(5,2,20,9);         /* 设置为矩形框的窗口 */
                        textbackground(LIGHTGRAY);
                        textcolor(BLACK);
                        clrscr();
                        for(i=2;i<7;i++)          /* 显示子菜单中的各项 */
                        {    gotoxy(2,i);
                             cprintf("%s",f[i-2]);
                        }
                        gettext(2,2,18,3,buf1);   /*将下拉菜单的内容保存在buf1中*/
                        textbackground(BLACK);
                        textcolor(WHITE);
                        gotoxy(2,2);
                        cprintf("%s",f[0]);       /*加黑下拉菜单的第一项load file*/
                        gotoxy(2,2);
                        y=2;
                        while ((key=bioskey(0))!=Key_ALT_X)   // 等待选择下拉菜单项
                        {
                                if ((key==Key_UP)||(key==Key_DOWN))
                                {
                                        puttext(2,y,18,y+1,buf1); // 恢复原先的项
                                        if (key==Key_UP)
                                                y=(y==2?6:y-1);
                                        else
                                                y=(y==6?2:y+1);
                                        gettext(2,y,18,y+1,buf1); /*保存要压上光条的子菜单项*/
                                        textbackground(BLACK);
                                        textcolor(WHITE);
                                        gotoxy(2,y);
                                        cprintf("%s",f[y-2]);     /* 产生黑条压在所选项上 */
                                        gotoxy(2,y);
                                }
                                else
                                //若是Enter键，则判断是哪一个子菜单按下的，在此没有相应的
                                  特殊处理
                                if (key==Key_ENTER)
                                {
                                        switch ( y-1 )
                                        {
                                                case 1:          /* Load file是子菜单项第一项*/
                                                        break;
                                                case 2: /* Save file */
                                                        break;
                                                case 3: /* print */
                                                        break;
                                                case 4: /* modify */
                                                        break;
                                                case 5:
                                                        exit(0);
                                                default:
                                                        break;
                                        }
                                        break;
                                }
```

```
                                            else
                                            if (key==Key_ESC)
                                                    break;        /* 若是Enter键, 则返回主菜单 */
                                    }
                            if (key==Key_ALT_X) exit(0);
                    }
            }
    }
```

上述代码在文本方式下产生了一个下拉式菜单。程序运行时首先在屏幕顶行产生一个浅灰底黑字的主菜单，各菜单项的第 1 个字母加红，表示它为热键。当选择主菜单第一项（即按下 ALT_F）时，便产生一个下拉式子菜单，可用 up 和 down 键使压在第 1 个子菜单项上的黑色光条上下移动，当光标压在某子菜单项上并且按 Enter 键后，程序便转去执行相应子菜单项中的内容，该程序仅是一个演示程序，只编写了第 1 个主菜单项和对应的子菜单，且子菜单项对应的操作只在程序的相应处进行了说明，并无具体内容。主菜单项中的其他各项没有设中选它时相应的子菜单，但做法和第一项 File 的相同，故不赘述。

在程序中使用指针数组 munu[]存放主菜单的各项，red[]存放各项的热键字符（即主菜单各项中的第 1 个字母），f[]存放主菜单第一项 file 的子菜单项。定义字符数组 buf 存放原子菜单所占区域中的内容，buf1 存放一个子菜单项中的内容，由于一个字符占两个字节，故所占列数均乘以了 2。外层循环处理主菜单，第一步显示主菜单界面，即先使整个屏幕的背景色为蓝色，然后打开显示主菜单的窗口 [window（1，1，80，1）]，用浅灰底黑字依次显示出主菜单的各项，用红色字母重现各项的第 1 个字母，并使光标定位在主菜单第一项 File 的 F 处。

第二步用键盘管理函数 bioskey()获取菜单选项，当按 Alt+X 组合键时，则退出本程序；当按 Alt+F 组合键时，则执行弹出子菜单的操作。首先加黑主菜单的 File 项，将子菜单中的内容保存到 buf 缓冲区内 [用 gettext（5，2，20，12，buf)]，这样当子菜单项消失时，用它来恢复原区域中的内容。

接着是处理 File 的子菜单的内层循环：首先获取按键，当为 Alt+X 组合键时退出本程序；当为 Esc 键时直接返回到外层循环，即返回到主界面；当为 Up 或 Down 键时，则产生黑色光条并上下移动，当光条在第一项上时，若再按下 Up 键，则光条移到最后一项，若光条原来就在最后一项，再按下 Down 键，则光条退回到这子菜单项，这由 y=y==2?6:y-1 和 y=y==6?2:y+1 来实现。当光条压在某子菜单项上，当按 Enter 键时程序则转去执行相应子菜单项指明的操作，它们由 switch（y-1）语句来实现。当光条压在第一子菜单项上，且按下 Enter 键后，则执行 case 1 后的操作。由于本程序是示范程序，故具体操作没有给出。要想变为实用菜单，则需在此处填上操作内容，转去执行相应的处理，处理之后返回到外层循环。

程序执行后将会显示一个类似 Turbo C 的界面，如图 18-7 所示。

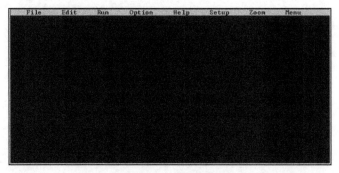

图 18-7　运行效果

按下 Alt+F 组合键后，将会显示 File 下的子菜单，如图 18-8 所示。并且此时可以通过 Up 键和 Down 键进行上下移动来选择，如图 18-9 所示。

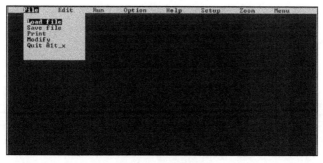

图 18-8　子菜单效果

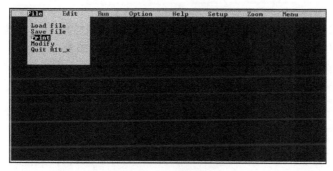

图 18-9　上下移动子菜单

至此，C 语言中的高级编程技术介绍完毕。因为篇幅所限，所以只对其中的基本知识和实现方法进行了介绍。至于更加深入和详细的知识，读者可以参阅相关资料。

18.5　课 后 练 习

1. 编写一个 C 程序，使用 Turbo C 绘制金刚石图案。
2. 编写一个 C 程序，用 Turbo C 在屏幕上绘制一个动态五角星，每按一次键盘五角星转动 90°。
3. 编写一个 C 程序，用 Turbo C 在屏幕上绘制漂亮的六叶图案。

第 19 章

算法——抓住程序的灵魂

做任何事情都要有一定的步骤，为了解决一个问题而采取的方法和步骤就称为算法。C 语言的算法是计算机算法，即计算机能够执行的算法。只有明确了算法后，才能使应用程序实现某些功能。所以，通常人们会将算法称为程序的灵魂。本章将详细介绍 C 语言算法的基础知识。

19.1 我们对算法的理解

一个程序应包括对数据的描述。在程序中要指定数据的类型和数据的组织形式（即数据结构，对操作的描述（即操作步骤），也就是算法（algorithm）。Wirth

知识点讲解：视频\第 19 章\我们对算法的理解.mp4

曾经提出了一个经典的公式：数据结构+算法=程序。而谭浩强的总结为：程序=算法+数据结构+程序设计方法+语言和环境

19.1.1 算法是程序的灵魂

当重新审视自己走过的路时，我越来越能理解算法的重要性。算法不仅是工具，而且还是程序的灵魂。在初涉这一领域时，就多次看过 Wirth 教授的《算法+数据结构=程序》一书。后来思想慢慢转移到了方法论上，对 OO、GP 或者 IoC 这些知识超乎寻常地关心，却冷落了程序的本质。很多实际问题还是要靠精心设计的算法才能有效解决。

作者曾发现一本比较有趣的书，它是由 Udi Manber 所写的 *Introduction to Algorithms——A Creative Approach*。此书的最大特点就是数学归纳法贯穿全文，我的理解就是"由一粒沙看世界"。复杂的问题，应如何对其分解？在这本书中，不仅给出了一些具体算法，更重要的是它要培养读者设计算法的能力。而这种能力的核心，在作者看来，就是对归纳的理解和灵活运用。

算法是计算机处理信息的本质，因为计算机程序本质上是一个算法，所以应告诉计算机确切的步骤以执行一个指定的任务，如计算职工的薪水或打印学生的成绩单。一般，当算法在处理信息时，数据会从输入设备上读取，写入至输出设备，保存起来供以后使用。

著名计算机科学家 Wirth 提出一个公式。

数据结构+算法=程序

实际上，一个程序还应当采用结构化程序设计方法进行程序设计，并且用某一种计算机语言来表示。因此，它可以这样表示。

程序=算法+数据结构+程序设计方法+语言和环境

以上 4 个方面是一门程序设计语言所应具备的基本知识。其中，算法是灵魂，数据结构是加工对象，语言是工具。算法解决"做什么"和"怎么做"的问题。

程序中的操作语句实际上就是算法的体现。显然，不了解算法就谈不上程序设计。本书虽然不是专门讲解算法的，但不会算法就达不到我们的目的——用 C 语言进行程序设计。

数据是操作对象，操作的描述即是操作步骤，操作目的是对数据进行加工处理以得到期望的结果。打个比方，厨师做菜肴，需要有菜谱。菜谱上一般应包括配料（数据）与操作步骤（算法）。

这样，对于同一些原料就可以加工出不同风味的菜肴。

19.1.2 何谓算法

做任何事情都要有一定的步骤。为解决一个问题而采取的方法和步骤称为算法。计算机能够执行的算法称为计算机算法。计算机算法可分为如下两大类。

❑ 数值运算算法：求解数值。
❑ 非数值运算算法：事务管理领域。

看下面的运算。

$$1×2×3×4×5$$

为了计算上述运算，通常需要按照如下步骤来操作。

第 1 步：求 1×2，得到结果 2。

第 2 步：将第 1 步得到的乘积乘以 3，得到结果 6。

第 3 步：将 6 再乘以 4，得 24。

第 4 步：将 24 再乘以 5，得 120。

上述过程就是一个算法，虽然过程有点复杂。而计算机程序对上述算法进行了改进，它使用如下算法。

第 1 步：令 $t=1$。

第 2 步：令 $i=2$。

第 3 步：计算 $t \times i$，乘积仍然放在变量 t 中，可表示为 $t \times i \to t$。

第 4 步：会 i 的值+1，即 $i+1 \to i$。

第 5 步：如果 $i \leqslant 5$，则返回重新执行步骤 3 以及步骤 4 和步骤 5；否则，算法结束。

上述算法就是数学中的"$n!$"公式。

看下面的数学应用题。

（1）有 80 个学生，要求将他们中成绩在 60 分以上的姓名和成绩打印出来。

在此设 n 表示学生的学号，n_i 表示第 i 个学生的学号；cheng 表示学生成绩，$cheng_i$ 表示第 i 个学生成绩。则对应算法表示如下。

第 1 步：令 $i=1$。

第 2 步：如果 $cheng_i \geqslant 60$，则输出 n_i 和 $cheng_i$；否则不输出。

第 3 步：$i+1 \to i$。

第 4 步：若 $i \leqslant 80$，则返回步骤 2；否则，结束。

（2）判定在 1900～2000 年中哪一年是闰年，并输出结果。

闰年需要满足的条件如下所示。

❑ 能被 4 整除，但不能被 100 整除的年份。

❑ 能被 100 整除，又能被 400 整除的年份。

在此可以设 y 为被检测的年份，则对应算法如下所示。

第 1 步：令 $y=1900$。

第 2 步：若 y 不能被 4 整除，则输出 y "不是闰年"，然后转到第 6 步。

第 3 步：若 y 能被 4 整除，不能被 100 整除，则输出 y "是闰年"，然后转到第 6 步。

第 4 步：若 y 能被 100 整除，又能被 400 整除，则输出 y "是闰年"；否则，输出 y "不是闰年"，然后转到第 6 步。

第 5 步：输出 y "不是闰年"。

第 6 步：$y+1 \to y$。

第 7 步：当 $y \leqslant 2000$ 时，返回第 2 步继续执行；否则，结束。

19.1.3　算法的特性

对于程序设计人员来说，必须会设计算法，并根据算法写出程序。算法的特性如下所示。

❑ 有穷性，一个算法应包含有限的操作步骤而不能是无限的。

❑ 确定性，在算法中每一个步骤都应当是确定的，而不能是含糊的、模棱两可的。

❑ 有零个或多个输入。

❑ 有一个或多个输出。

❑ 有效性，在算法中每一个步骤都应当能有效地执行，并得到确定的结果。

19.2　算法表示法——流程图

算法的表示方法为算法的描述和外在表现，上节的算法都是通过语言描述来体现的。除了语言描述外，还可以通过流程图来描述。在日常应用中，流程图的描述格式如图 19-1 所示。

知识点讲解：视频\第 19 章\算法表示法——流程图.mp4

例如，有 80 个学生，要求将他们之中成绩在 60 分以上的姓名和成绩打印出来。上述问题的算法可使用图 19-2 所示的流程图来表示。

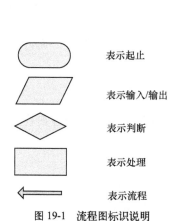

图 19-1　流程图标识说明

表示起止

表示输入/输出

表示判断

表示处理

表示流程

开始

$1 \rightarrow i$

$cheng_i \geqslant 60$

输出 n_i 和 $cheng_i$

$i+1 \rightarrow i$

$i > 800?$

结束

图 19-2　算法流程图

在日常流程设计中，流程图通常包含如下 3 种结构。

❑ 顺序结构：顺序结构如图 19-3 所示，其中 A 和 B 两个框是顺序执行的。即在执行完 A 的操作以后再执行 B 的操作。顺序结构是一种基本结构。

❑ 选择结构：选择结构也称为分支结构，如图 19-4 所示。在此结构中必含一个判断框，根据给定条件是否成立而选择是执行 A 框还是 B 框。无论条件是否成立，都只能执行 A 框或 B 框之一，也就是说 A、B 两个框只有一个，也必须有一个被执行。

❑ 循环结构：循环结构分为两种，一种是当型循环，另一种是直到型循环。当型循环是先判断条件 P 是否成立，若成立才执行 A 操作，而直到型循环则相反，先执行 A 操作再判断条件 P 是否成，当条件不满足时执行循环体，满足时则停止，如图 19-5 所示。

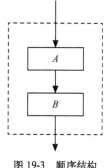

图 19-3　顺序结构

A

B

在上述 3 种基本结构中，有以下 4 个共同点。

❑ 只有一个入口。

❑ 只有一个出口。

❑ 结构内的每个部分都有机会执行。

❑　结构内不存在"死循环"。

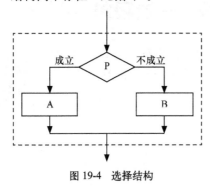

图 19-4　选择结构

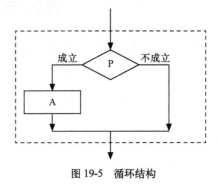

图 19-5　循环结构

19.3　枚 举 算 法

枚举算法思想的最大特点是，在面对任何问题时它都会去尝试每一种解决方法。在进行归纳推理时，如果逐个考察了某类事件的所有可能情况，因此得出一般结论，那么这个结论是可靠的，这种归纳方法叫作枚举法。

　知识点讲解：视频讲解\第 19 章\枚举算法思想.mp4

19.3.1　枚举算法的基础

枚举算法的思想是：一一列举了问题的所有可能答案，然后根据条件判断此答案是否合适，保留合适的，丢弃不合适的。在 C 语言中，枚举算法一般使用 while 循环实现。使用枚举算法解题的基本思路如下。

（1）确定枚举对象、枚举范围和判定条件。

（2）逐一列举可能的解，验证每个解是否是问题的解。

枚举算法一般按照如下 3 个步骤进行操作。

（1）题解的可能范围，不能遗漏任何一个真正解，也要避免重复解。

（2）判断是否是真正解的方法。

（3）使可能解的范围降至最小，以便提高解决问题的效率。

枚举算法的主要流程如图 19-6 所示。

19.3.2　实战演练——百钱买百鸡

为了说明枚举算法的基本用法，接下来将通过一个具体实例，详细讲解枚举算法在编程中的基本应用。

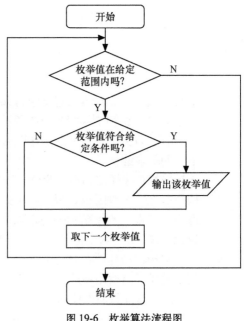

图 19-6　枚举算法流程图

实例 19-1	使用枚举法解决"百钱买百鸡"的问题
	源码路径　daima\19\xiaoji.c

问题描述：我国古代数学家在《算经》中有一道题："鸡翁一，值钱五；鸡母一，值钱三；

鸡雏三，值钱一。百钱买百鸡，问鸡翁、母、雏各几何？"意为：公鸡每只 5 元，母鸡每只 3 元，小鸡 3 只 1 元。用 100 元钱买 100 只鸡，问公鸡、母鸡、小鸡各多少只？

算法分析：根据问题描述可以使用枚举法解决这个问题。以 3 种鸡的个数为枚举对象（分别设为 mj、gj 和 xj），以 3 种鸡的总数（mj+gj+xj=100）和买鸡钱的总数（xj/3+mj×3+gj×5=100）作为判定条件，穷举各种鸡的个数。

具体实现：根据上述问题描述，可用枚举算法解决此问题。根据"百钱买百鸡"的枚举算法分析，编写实现文件 xiaoji.c。具体实现代码如下所示。

拓展范例及视频二维码

范例 **19-1-01**：测试二叉树操作
函数

源码路径：**演练范例\19-1-01**

范例 **19-1-02**：实现各种线索
二叉树的操作

源码路径：**演练范例\19-1-02**

```c
#include <stdio.h>
int main(void)
{
    //定义3个变量,分别表示公鸡、母鸡和小鸡的个数
    int x,y,z;
    for(x=0;x<=20;x++)
    {
        for(y=0;y<=33;y++)
        {
            z=100-x-y;
            if (z%3==0 &&x*5+y*3+z/3==100)//3种鸡一共100只
                printf("公鸡: %d,母鸡: %d,小鸡: %d\n",x,y,z);
        }
    }
    getch();
    return 0;
}
```

程序运行后的效果如图 19-7 所示。

```
公鸡: 0,母鸡: 25,小鸡: 75
公鸡: 4,母鸡: 18,小鸡: 78
公鸡: 8,母鸡: 11,小鸡: 81
公鸡: 12,母鸡: 4,小鸡: 84
```

图 19-7 "百钱买百鸡"问题的执行效果

19.3.3 实战演练——填写运算符

一个实例不能说明枚举算法思想的基本用法，下面的实例将详细解使用枚举法解决"填写运算符"的问题。

实例 19-2 解决"填写运算符"的问题
源码路径 daima\19\yunsuan.c

问题描述：在下面的算式中，添加"+""−""×""÷"4 个运算符，使这个等式成立。
$$5 \quad 5 \quad 5 \quad 5 \quad 5 = 5$$

算法分析：上述算式由 5 个数字构成，一共需要填入 4 个运算符。根据题目要求可知每两个数字之间的运算符只能有 4 种选择，分别是"+""−""×""÷"。在具体编程时，可以通过循环来填入各种运算符，然后再判断算式是否成立。要保证当填入除号时，其右侧的数不能是 0，并且"×""÷"运算符的优先级高于"+""−"。

具体实现：根据上述算法分析，编写实现文件 yunsuan.c。具体实现代码如下。

```c
#include <stdio.h>
int main(void)
{
    int j,i[5];              //循环变量,数组i用来表示4个运算符
    int sign;                //累加运算时的符号
    int result;             //保存算式的结果
    int count=0;            //计数器,统计符合条件的方案
    int num[6];             //保存操作数
```

```
        float left,right;                              //保存中间结果
        char oper[5]={' ','+','-','*','/'};            //运算符
        printf("输入5个数，它们之间用空格隔开: ");
for(j=1;j<=5;j++)
scanf("%d",&num[j]);
        printf("输入结果: ");
scanf("%d",&result);
        for(i[1]=1;i[1]<=4;i[1]++)                     //循环4种运算符，1表示+，2表示-，3表示*，4表示/
        {
if((i[1]<4) || (num[2]!=0))                            //运算符若是/，则第2个运算数不能为0
            {
                for(i[2]=1;i[2]<=4;i[2]++)
                {
if((i[2]<4) || (num[3]!=0))
                    {
                        for(i[3]=1;i[3]<=4;i[3]++)
                        {
if((i[3]<4) || num[4]!=0)
                            {
                                for(i[4]=1;i[4]<=4;i[4]++)
                                {
if((i[4]<4) || (num[5]!=0))
                                    {
left=0;
right=num[1];
sign=1;
//使用case语句，将4种运算符填到对应的空格位置，并进行运算
for(j=1;j<=4;j++)
{
switch(oper[i[j]])
{
case '+':
left=left+sign*right;
sign=1;
right=num[j+1];
break;
case '-':
left=left+sign*right;
sign=-1;
right=num[j+1];
break;//通过f=-1实现减法
case '*':
right=right*num[j+1];
break;//实现乘法
case '/':
                                                right=right/num[j+1];//实现除法
break;
}
                                    }
//开始判断，如果算式的结果和输入的结果相同，则表示找到一种算法，并输出这个解
if(left+sign*right==result)
{
count++;
printf("%3d: ",count);
for(j=1;j<=4;j++)
printf("%d%c",num[j],oper[i[j]]);
printf("%d=%d\n",num[5],result);
}
}
                                }
                            }
                        }
                    }
                }
            }
        }
if(count==0)
```

拓展范例及视频二维码

范例 19-2-01：在控制台中测试线
索二叉树的操作
源码路径：演练范例\19-2-01\

范例 19-2-02：编码实现各种
霍夫曼树的操作
源码路径：演练范例\19-2-02\

```
        printf("没有符合要求的方法！\n");
    getch();
    return 0;
    }
```

上述代码定义了 left 和 right 两个变量，left 用于保存上一步的运算结果，right 用于保存下一步的运算结果。因为"×"和"÷"的优先级高于"+"和"−"，所以先计算"×"和"÷"，再计算"+"和"−"。程序运行后的效果如图 19-8 所示。

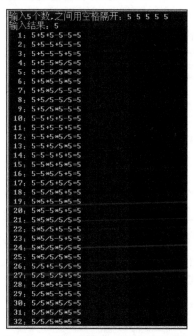

图 19-8 "填写运算符"问题的执行效果

19.4 递 推 算 法

与枚举算法相比，递推算法能够通过已知的某个条件，利用特定的关系得出中间推论，然后逐步递推，直到得到结果。由此可见，递推算法要比枚举算法聪明，它不会尝试每种可能的方案。

📹 知识点讲解：视频讲解\第 19章\递推算法思想.mp4

19.4.1 递推算法的基础

递推算法可以不断地利用已有的信息推导出新的信息，在日常应用中有如下两种递推 算法。

❑ 顺推法：从已知条件出发，逐步推算出要解决问题的方法。例如斐波那契数列就可以通过顺推法不断递推算出新的数据。

❑ 逆推法：从已知结果出发，用迭代表达式逐步推算出问题开始的条件，即为顺推法的逆过程。

19.4.2 实战演练——斐波那契数列

为了说明递推算法的基本用法，接下来将通过一个具体实例详细讲解递推算法在编程过程中的基本应用。

实例 19-3　使用顺推法解决"斐波那契数列"问题

源码路径　daima\19\shuntui.c

问题描述：斐波那契数列因数学家列昂纳多·斐波那契的以兔子繁殖为例子而引入，故又称为"兔子数列"。一般而言，兔子在出生两个月后，就有繁殖能力，一对兔子每个月能生出一对小兔子来如果所有兔子都不死，那么一年以后可以繁殖多少对兔子？

算法分析：以新出生的一对小兔子进行如下分析。

（1）由于第 1 个月小兔子没有繁殖能力，所以还是一对。

（2）2 个月后，由于一对小兔子生下了一对新的小兔子，所以共有两对兔子。

（3）3 个月以后，老兔子又生下一对小兔子，因为小兔子还没有繁殖能力，所以一共有 3 对兔子。

……

依次类推可以列出关系表，如表 19-1 所示。

表 19-1　月数与兔子对数的关系表

月数	1	2	3	4	5	6	7	8	…
对数	1	1	2	3	5	8	13	21	…

表中数字 1，1，2，3，5，8……构成了一个数列，这个数列有个十分明显的特点：前面相邻两项之和构成后一项。这个特点的证明：每月的大兔子数为上个月的兔子数，每月的小兔子数为上个月的大兔子数，某月兔子的对数等于前面紧邻两个月的和。

由此可以得出具体的算法，如下所示。

设置初始值为 $F_0=1$，第 1 个月兔子的总数是 $F_1=1$。

第 2 个月的兔子总数是 $F_2=F_0+F_1$。

第 3 个月的兔子总数是 $F_3=F_1+F_2$。

第 4 个月的兔子总数是 $F_4=F_2+F_3$。

……

第 n 个月的兔子总数是 $F_n=F_{n-2}+F_{n-1}$。

具体实现：根据上述问题描述，利用"斐波那契数列"的顺推算法分析，编写实现文件 shuntui.c。具体实现代码如下。

```c
#include <stdio.h>
#define NUM 13
int main(void)
{
    int i;
    long fib[NUM] = {1,1}; //定义一个拥有13个元
素的数组，用于保存兔子的初始数据和每月的总数
    //顺推每个月的兔子总数
    for(i=2;i<NUM;i++)
    {
        fib[i] = fib[i-1]+fib[i-2];
    }
    //循环输出每个月的兔子总数
    for(i=0;i<NUM;i++)
    {
        printf("第%d月兔子总数:%d\n", i, fib[i]);
    }
    getch();
    return 0;
}
```

拓展范例及视频二维码

范例 **19-3-01**：在控制台中测试霍夫曼树操作
源码路径：**演练范例\19-3-01**

范例 **19-3-02**：创建一个邻接矩阵
源码路径：**演练范例\19-3-02**

程序运行后的效果如图 19-9 所示。

图 19-9　"斐波那契数列"问题的执行效果

19.4.3　实战演练——银行存款

一个实例不能说明递推算法的基本用法，接下来使用逆推算法解决"银行存款"的问题。

实例 19-4　使用逆推法解决"银行存款"问题
源码路径　daima\19\nitui.c

问题描述：母亲为儿子小 Sun 4 年的大学生活准备了一笔存款，方式是整存零取，规定小 Sun 每月月底取下一个月的生活费。现在假设银行的年利息为 1.71%，请编写程序，计算母亲最少需要存入多钱？

算法分析：可以采用逆推法分析存钱和取钱的过程，因为以月为周期取钱，所以需要将 4 年分为 48 个月，并分别对每个月进行计算。

如果在第 48 个月后小 Sun 大学毕业时连本带息要取 1000 元，则要先求出第 47 个月时银行存款的钱数。

❑　第 47 个月末的存款=1000/(1+0.0171/12)。

❑　第 46 个月末的存款=(第 47 个月末的存款+1000)/(1+0.0171/12)。

❑　第 45 个月末的存款=(第 46 个月末的存款+1000)/(1+0.0171/12)。

❑　第 44 个月末的存款=(第 45 个月末的存款+1000)/(1+0.0171/12)。

……

❑　第 2 个月末的存款=(第 3 个月末的存款+1000)/(1+0.0171/12)。

❑　第 1 个月末的存款=(第 2 个月末的存款+1000)/(1+0.0171/12)。

具体实现：编写实现文件 nitui.c，具体实现代码如下所示。

```
#include <stdio.h>
#define FETCH 1000
#define RATE 0.0171
int main(void)
{
    double corpus[49];
    int i;
    corpus[48]=(double)FETCH;
    for(i=47;i>0;i--)
    {
        corpus[i]=(corpus[i+1]+FETCH)/(1+RATE/12);
    }
    for(i=48;i>0;i--)
    {
        printf("%d月月末本利共计:%.2f\n",i,corpus[i]);
    }
    getch();
    return 0;
}
```

拓展范例及视频二维码

范例 **19-4-01**：使用邻接表
保存图
源码路径：**演练范例\19-4-01**

范例 **19-4-02**：实现图的遍历
操作方法
源码路径：**演练范例\19-4-02**

程序运行后的效果如图 19-10 所示。

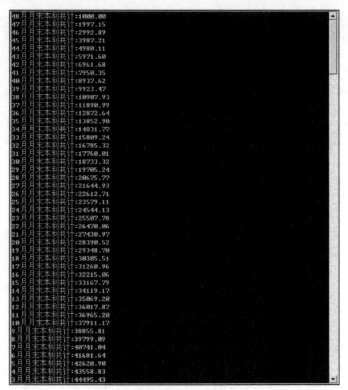

图 19-10 "银行存款"问题的执行效果

19.5 递 归 算 法

因为递归算法的思想往往用函数的形
式来体现，所以递归算法需要预先编写功
能函数。这些函数要有独立的功能，能够
解决某个具体的问题，当需要时直接调用

📹 知识点讲解：视频讲解\第 19
章\递归算法思想.mp4

这个函数即可。本节将详细讲解递归算法思想的基本知识。

19.5.1 递归算法的基础

在计算机编程中，递归算法对解决大多数问题都是十分有效的，它能够使算法的描述变得
简洁而且易于理解。递归算法有如下 3 个特点。

- ❑ 递归过程一般通过函数或子过程来实现。
- ❑ 递归算法是在函数或子过程的内部，直接或者间接地调用自己的算法。
- ❑ 递归算法实际上是把问题转化为规模缩小了的同类问题的子问题，然后再递归调用函
  数或过程来求解问题的解。

在使用递归算法时，读者应该注意如下 4 点。

- ❑ 递归是在过程或函数中调用自身的过程。
- ❑ 在使用递归策略时，必须有一个明确的递归结束条件，这称为递归出口。
- ❑ 递归算法通常虽然很简洁，但是运行效率较低，所以一般不提倡用递归算法设计程序。
- ❑ 在递归调用过程中，系统用栈来存储每一层的返回点和局部变量。如果递归次数过多，
  则容易造成栈溢出，所以一般不提倡用递归算法设计程序。

19.5.2 实战演练——汉诺塔

为了说明递归算法的基本用法，接下来将通过一个具体实例详细讲解递归算法在编程中的基本应用。

实例 19-5 使用递归算法解决"汉诺塔"问题
源码路径　daima\19\hannuo.c

问题描述：寺院里有 3 根柱子，第一根有 64 个盘子，从上往下盘子越来越大。方丈要求小和尚 A_1 把这 64 个盘子全部移动到第 3 根柱子上。在移动的时候，始终只能是小盘子压着大盘子，而且每次只能移动一个。

方丈发布命令后，小和尚 A_1 就马上开始了工作，下面看看他的工作过程。

（1）聪明的小和尚 A_1 在移动时，觉得很难，另外他也非常懒惰，所以找来 A_2 帮他。他觉得要是 A_2 能把前 63 个盘子先移动到第二根柱子上，自己再把最后一个盘子直接移动到第三根柱子上，再让 A_2 把前 63 个盘子从第二根柱子移动到第三根柱子上，整个任务就完成了。所以他找了另一个小和尚 A_2，然后下了如下命令。

- ❏ 把前 63 个盘子移动到第二根柱子上。
- ❏ 把第 64 个盘子移动到第三根柱子上后。
- ❏ 把前 63 个盘子移动到第三根柱子上。

（2）由于小和尚 A_2 接到任务后也觉得很难，所以他也和 A_1 想的一样：要是有一个人能把前 62 个盘子先移动到第三根柱子上，然后把最后一个盘子直接移动到第二根柱子上，再让那个人把前 62 个盘子从第三根柱子移动到第二根柱子上，任务就算完成了。所以他也找了另外一个小和尚 A_3，然后下了如下命令。

- ❏ 把前 62 个盘子移动到第三根柱子上。
- ❏ 自己把第 63 个盘子移动到第二根柱子上后。
- ❏ 把前 62 个盘子移动到第二根柱子上。

（3）小和尚 A_3 接了任务，又把移动前 61 个盘子的任务"依葫芦画瓢"地交给了小和尚 A_4，这样一直递推下去，直到把任务交给了第 64 个小和尚 A_{64} 为止。

（4）此时此刻，任务马上就要完成了，唯一的工作就是 A_{63} 和 A_{64} 的工作了。

小和尚 A_{64} 移动第 1 个盘子，把它移开，然后小和尚 A_{63} 移动给他分配的第 2 个盘子。

小和尚 A_{64} 再把第 1 个盘子移动到第 2 个盘子上，这时 A_{64} 的任务完成，A_{63} 完成了 A_{62} 交给他的第一步任务。

算法分析：从小和尚的工作过程可以看出，只有 A_{64} 的任务完成后，A_{63} 的任务才能完成，只有小和尚 A_2 至 A_{64} 的任务完成后，小和尚 A_1 剩余的任务才能完成。只有小和尚 A_1 的任务完成，才能完成方丈吩咐给他的任务。由此可见，整个过程是一个典型的递归问题。接下来我们以 3 个盘子为例来分析。

- ❏ 第 1 个小和尚命令第 2 个小和尚先把第一根柱子上的前两个盘子移动到第二根柱子上，这要借助第三根柱子。
- ❏ 第 1 个小和尚自己把第一根柱子上的最后一个盘子移动到第三根柱子。
- ❏ 第 1 个小和尚命令第 2 个小和尚把前两个盘子从第二根柱子移动到第三根柱子上。

非常显然，第二步很容易实现。

在第一步中，第 2 个小和尚有两个盘子，他发出以下命令。

- ❏ 第 3 个小和尚把第一根柱子中的第 1 个盘子移动到第三根柱子（借助第二柱子）上。
- ❏ 第 2 个小和尚自己把第一根柱子中的第 2 个盘子移动到第二根柱子上。

❑ 第 3 个小和尚把第 1 个盘子从第三根柱子移动到第二根柱子上。

同样，第二步很容易实现，第 3 个小和尚只需要移动 1 个盘子，所以他也不用再下派任务了（注意：这就是停止递归的条件，也叫边界值）。

第三步可以分解为，第 2 个小和尚还是有两个盘子，于是他发出以下命令。

❑ 第 3 个小和尚把第二根柱子上的第 1 个盘子移动到第一根柱子上。

❑ 第 2 个小和尚把第 2 个盘子从第二根柱子移动到第三根柱子；

❑ 第 3 个小和尚把第一根柱子上的盘子移动到第三根柱子。

分析组合起来就是：1→3，1→2，3→2，借助第三根柱子移动到第二根柱子；1→3 是自私人留给自己的活；2→1，2→3，1→3 是借助别人帮忙，把第一根柱子上的盘子移动到第三根柱子一共需要 7 步来完成。

如果是 4 个盘子，则在第 1 个小和尚的命令中第一步和第三步各有 3 个盘子，所以各需要 7 步，共 14 步，再加上第 1 个小和尚的第一步，所以 4 个盘子总共需要移动 7+1+7=15 步；同样，5 个盘子需要 15+1+15=31 步，6 个盘子需要 31+1+31=63 步……由此可知，移动 n 个盘子需要（$2n-1$）步。

假设用 hannuo（n,a,b,c）表示把第一根柱子上的 n 个盘子借助第二根柱子移动到第三根柱子。由此可以得出如下结论。

第一步的操作是 hannuo（$n-1,1,3,2$），第三步的操作是 hannuo（$n-1,2,1,3$）。

具体实现：根据上述算法分析，编写实现文件 hannuo.c。具体代码如下。

```
move(int n,int x,int y,int z)//移动函数根据递归算法来编写
{
if (n==1)
printf("%c-->%c\n",x,z);
else
    {
move(n-1,x,z,y);
printf("%c-->%c\n",x,z);
        {
getchar();}
move(n-1,y,x,z);
    }
}
int main(void)
{
int h;
    printf("输入盘子个数: ");//提示输入盘子个数
scanf("%d",&h);
    printf("移动%2d个盘子的步骤如下:\n",h);
    move(h,'a','b','c');//调用前面定义的函数开始移动，依次输出相关的步骤
system("pause");
}
```

拓展范例及视频二维码

范例 **19-5-01**：创建一个最小
生成树
源码路径：演练范例\19-5-01\

范例 **19-5-02**：创建最短路径
算法函数
源码路径：演练范例\19-5-02\

程序运行后先输入移动盘子的个数，按 Enter 键后将会显示具体步骤。执行效果如图 19-11 所示。

图 19-11 "汉诺塔"问题的执行效果

19.5.3 实战演练——阶乘

为了说明递归算法的基本用法，接下来将通过一个具体实例详细讲解使用递归算法解决阶乘问题的方法。

实例 19-6 使用递归算法解决"阶乘"问题
源码路径　daima\19\yunsuan.c

问题描述：阶乘是基斯顿·卡曼（Christian Kramp）于 1808 年发明的一种运算符号。自然数中 $1\sim n$ 的 n 个数连乘积叫作 n 的阶乘，记作 $n!$。

如果要求的数是 4，则阶乘式是 $1\times2\times3\times4$，得到的积是 24，即 24 就是 4 的阶乘。

如果要求的数是 6，则阶乘式是 $1\times2\times3\times\cdots\times6$，得到的积是 720，即 720 就是 6 的阶乘。

如果要求的数是 n，则阶乘式是 $1\times2\times3\times\cdots\times n$，设得到的积是 x，x 就是 n 的阶乘。

下面列出了 $0\sim10$ 的阶乘。

$0!=1$

$1!=1$

$2!=2$

$3!=6$

$4!=24$

$5!=120$

$6!=720$

$7!=5040$

$8!=40\ 320$

$9!=362\ 880$

$10!=3\ 628\ 800$

算法分析：计算 6 的阶乘，则计算过程如图 19-12 所示。

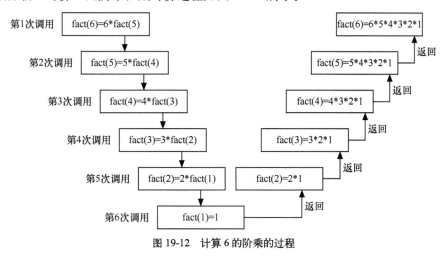

图 19-12　计算 6 的阶乘的过程

具体实现：根据上述算法分析，使用递归法编写文件 jiecheng.c。具体代码如下。

```c
#include <stdio.h>
int fact(int n);
int main(void)
{
    int i;
    printf("输入要计算阶乘的一个整数：");
    scanf("%d",&i);
```

```
        printf("%d的阶乘结果为: %d\n",i,fact(i));
        getch();
        return 0;
    }
    int fact(int n)
    {
        if(n<=1)
        return 1;
        else
        return n*fact(n-1);
    }
```

程序运行后如果输入“6”并按 Enter 键，则会输出 6 的阶乘 720，执行效果如图 19-13 所示。

拓展范例及视频二维码

范例 **19-6-01**：实现顺序查找算法

源码路径：**演练范例\19-6-01**

范例 **19-6-02**：改进的顺序查找算法

源码路径：**演练范例\19-6-02**

输入要计算阶乘的一个整数：6
6的阶乘结果为：720

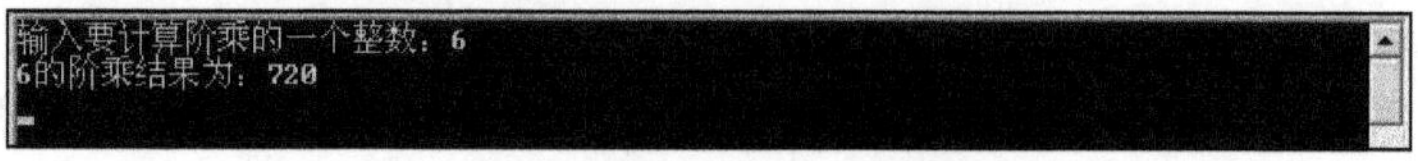

图 19-13　计算 6 的阶乘得到的结果

19.6　分 治 算 法

本节将要讲解的分治算法也采取了各个击破的方法，将一个规模为 N 的问题分解为 K 个规模较小的子问题，这些子问题相互独立且与原问题性质相同。只要求出子问题的解，就可得到原问题的解。

知识点讲解：视频讲解\第 19 章\分治算法思想.mp4

19.6.1　分治算法的基础

在编程过程中，经常会遇到处理数据多、求解过程比较复杂、直接求解会比较耗时的问题。在求解这类问题时，可以采用各个击破的方法。具体做法是：先把这个问题分解成几个较小的子问题，找到这几个子问题的解法后，再找到合适的方法把它们组合成求解整个大问题。如果这些子问题还是比较大，则还可以继续把它们分成几个更小的子问题，以此类推，直至可以直接求解为止。这就是分治算法的基本思想。

使用分治算法解题的一般步骤如下。

（1）分解，将要解决的问题划分成若干个规模较小的同类问题。

（2）求解，当子问题划分得足够小时，用较简单的方法就可解决它。

（3）合并，按原问题的要求，将子问题的解逐层合并构成原问题的解。

19.6.2　实战演练——大数相乘

为了说明分治算法的基本用法，接下来将通过一个具体实例详细讲解分治算法在编程中的基本应用。

实例 19-7　使用分治算法解决“大数相乘”问题

源码路径　daima\19\fenzhi.c

问题描述：所谓大数相乘就是计算两个大数的积。

算法分析：假如计算 123×456 的结果，则分治算法的基本过程如下。

第一次拆分 12 和 45，具体说明如下所示。

设 `char *a = "123"`, `*b = "456"`，对 a 执行 `t = strlen(a)`操作，将 t 的第 0 位、第 1 位和第 2 位分别对应于 a 拆分后的三个数字 1、2 和 3。

同理，对另一部分 b 也按照上述方法进行拆分，即拆分 456。

使用递归求解 12×45，将求得 12×45 的结果左移两位并将右边零，因为实际上是 120×450；12×6（同上左移一位其实是 120×6）；3×45（同上左移一位其实是 3×450）；3×6（解的结果不移动）。

第二次拆分 12 和 45，具体说明如下所示。

1 和 4：交叉相乘并将结果相加，1×4 左移两位为 400，1×5 左移一位为 50，2×4 左移一位为 80，2×5 不移为 10。

2 和 5：相加得 400+50+80+10=540。

另外几个不需要拆分得 72、135、18，所以 54 000+720+1 350+18=56 088。

由此可见，整个解法的难点是对分治的理解，以及结果的调整和合并。

具体实现：根据上述分治算法思想，编写实例文件 fenzhi.c。具体实现代码如下。

```c
#include <stdio.h>
#include <malloc.h>
#include <stdlib.h>
#include <string.h>

char *result = '\0';
int  pr = 1;

void getFill(char *a,char *b,int ia,int ja,int ib,int jb,int tbool,int move){
int  r,m,n,s,j,t;
char *stack;

    m = a[ia] - 48;
    if( tbool ){// 直接将结果数组的标志位填入，这里用了堆栈思想
        r = (jb - ib > ja - ia) ? (jb - ib) : (ja - ia);
stack = (char *)malloc(r + 4);
for(r = j = 0,s = jb; s >= ib; r ++,s --){
            n = b[s] - 48;
stack[r] = (m * n + j) % 10;
            j = (m * n + j) / 10;
        }
if( j ){
stack[r] = j;
r ++;
        }
for(r --; r >= 0; r --,pr ++)
result[pr] = stack[r];
free(stack);
for(move = move + pr; pr < move; pr ++)
result[pr] = '\0';
    else{ //与结果的某几位相加,这里不改变标志位pr的值
        r = pr - move - 1;
for(s = jb,j = 0; s >= ib; r --,s --){
            n = b[s] - 48;
            t = m * n + j + result[r];
result[r] = t % 10;
            j = t / 10;
        }
for( ; j ; r -- ){
            t = j + result[r];
result[r] = t % 10;
            j = t / 10;
        }
    }
}

int  get(char *a,char *b,int ia,int ja,int ib,int jb,int t,int move){
int m,n,s,j;
if(ia == ja){
        getFill(a,b,ia,ja,ib,jb,t,move);
```

拓展范例及视频二维码

范例 **19-7-01**：使用折半查找算法
查找数据

源码路径：**演练范例\19-7-01**

范例 **19-7-02**：使用折半查找算法
查找 10 个数据

源码路径：**演练范例\19-7-02**

```
    return 1;
        }
    else if(ib == jb){
            getFill(b,a,ib,jb,ia,ja,t,move);
    return 1;
        }
    else{
            m = (ja + ia) / 2;
            n = (jb + ib) / 2;
            s = ja - m;
            j = jb - n;
            get(a,b,ia,m,ib,n,t,s + j + move);
            get(a,b,ia,m,n + 1,jb,0,s + move);
            get(a,b,m + 1,ja,ib,n,0,j + move);
            get(a,b,m + 1,ja,n + 1,jb,0,0 + move);
        }
    return 0;
    }

    int  main(void){
    char *a,*b;
    int  n,flag;

        a = (char *)malloc(1000);
        b = (char *)malloc(1000);
    printf("The program will computer a*b\n");
    printf("Enter a b:");
    scanf("%s %s",a,b);
    result = (char *)malloc(strlen(a) + strlen(b) + 2);
    flag = pr = 1;
    result[0] = '\0';
    if(a[0] == '-' && b[0] == '-')
            get(a,b,1,strlen(a)-1,1,strlen(b)-1,1,0);
    if(a[0] == '-' && b[0] != '-'){
    flag = 0;
            get(a,b,1,strlen(a)-1,0,strlen(b)-1,1,0);
        }
    if(a[0] != '-' && b[0] == '-'){
    flag = 0;
            get(a,b,0,strlen(a)-1,1,strlen(b)-1,1,0);
        }
    if(a[0] != '-' && b[0] != '-')
            get(a,b,0,strlen(a)-1,0,strlen(b)-1,1,0);
    if(!flag)
    printf("-");
    if( result[0] )
    printf("%d",result[0]);
    for(n = 1; n < pr ; n ++)
    printf("%d",result[n]);
    printf("\n");
    free(a);
    free(b);
    free(result);
    system("pause");
    return 0;
    }
```

程序运行后先分别输入两个大数，例如 123 和 456，按下 Enter 键后将输出这两个数的乘积。执行效果如图 19-14 所示。

图 19-14　"大数相乘"问题的执行效果

19.6.3　实战演练——欧洲冠军杯比赛日程安排

实例 19-8　使用分治算法解决"欧洲冠军杯比赛日程安排"问题
源码路径　daima\19\fenzhi.c

问题描述：一年一度的欧洲冠军杯马上就要打响了，在初赛阶段采用循环制，设共有 n 队参加，初赛共进行 $n-1$ 天，每队要和其他各队都进行一场比赛，然后按照最后积分选拔进入决赛的球队。要求每队每天只能进行一场比赛，并且不能轮空。请按照上述需求安排比赛日程，决定每天各队的对手。

算法分析：根据分治算法的思路，将所有参赛队伍分为两组，则 n 队的比赛日程表可以通过 $n/2$ 个队的比赛日程来决定。然后继续按照一分为二的方法对参赛队进行划分，直到只剩余最后两队时为止。

假设 n 队的编号为 1，2，3，…，n，比赛日程表为一个二维表格，每行表示每队所对阵队的编号。8 支球队 7 天比赛的日程表如表 19-2 所示。

表 19-2 8 队比赛日程表

编号	第 1 天	第 2 天	第 3 天	第 4 天	第 5 天	第 6 天	第 7 天
1	2	3	4	5	6	7	8
2	1	4	3	6	5	8	7
3	4	1	2	7	8	5	6
4	3	2	1	8	7	6	5
5	6	7	8	1	2	3	4
6	5	8	7	2	1	4	3
7	8	5	6	3	4	1	2
8	7	6	5	4	3	2	1

根据对表 19-2 的分析，可以将复杂的问题分治而解，即分解为多个简单的问题。例如有 4 队的比赛日程如表 19-3 所示。

表 19-3 4 队比赛日程表

编号	第 1 天	第 2 天	第 3 天
1	2	3	4
2	1	4	3
3	4	1	2
4	3	2	1

具体实现：根据上述分治算法思想，编写实例文件 ouguan.c。具体实现代码如下。

```c
#include <stdio.h>
#define MAXN 64
int a[MAXN+1][MAXN+1]={0};
void gamecal(int k,int n)//处理从编号k开始的n个球队的比赛日程
{
int i,j;

if(n==2)
    {
        a[k][1]=k;        //参赛球队编号
        a[k][2]=k+1;      //对阵球队编号
        a[k+1][1]=k+1;    //参赛球队编号
        a[k+1][2]=k;      //对阵球队编号
}else{
        gamecal(k,n/2);
        gamecal(k+n/2,n/2);
        for(i=k;i<k+n/2;i++) //填充右上角
        {
        for(j=n/2+1;j<=n;j++)
            {
a[i][j]=a[i+n/2][j-n/2];
            }
        }
```

```
                for(i=k+n/2;i<k+n;i++)  //填充左下角
                {
                        for(j=n/2+1;j<=n;j++)
                        {
a[i][j]=a[i-n/2][j-n/2];
                        }
                }
        }
}

int main(void)
{
    int m,i,j;
    printf("参赛球队数：");
    scanf("%d",&m);
    j=2;
for(i=2;i<8;i++)
    {
        j=j*2;
        if(j==m) break;
    }
if(i>=8)
    {
        printf("参赛球队数必须为2的整数次幂，并且不超过64！\n");
        getch();
        return 0;
    }
    gamecal(1,m);
    printf("\n编号 ");
for(i=2;i<=m;i++)
        printf("%2d天 ",i-1);
        printf("\n");
        for(i=1;i<=m;i++)
    {
for(j=1;j<=m;j++)
printf("%4d ",a[i][j]);
printf("\n");
    }
getch();
return 0;
}
```

程序运行后先输入参赛球队的数目，输入完成并按 Enter 键后会显示具体的比赛日程，执行效果如图 19-15 所示。

图 19-15 比赛日程安排的执行效果

19.7 贪 心 算 法

本节所要讲解的贪心算法也称为贪婪算法，它在求解问题时总想用当前看来最好的方法来实现。这种算法思想不从整体最优上考虑问题，仅是在某种意义上求解局部最优解。虽然贪心算法并不能得到所有问题的整体最优解，但是面对范围相当广的许多问题时，它能产生整体最优解或者整体最优解的近似解。由此可见，贪心算法只是追求某个范围

知识点讲解：视频讲解\第 19 章\贪心算法思想.mp4

内的最优,可以称之为"温柔的贪婪"。

19.7.1 贪心算法的基础

贪心算法从问题的某一个初始解出发,逐步逼近给定的目标,以便尽快求出更好的解。当达到算法中的某一步不能再继续前进时,就停止运行,并给出一个近似解。由贪心算法的特点和思路可看出,贪心算法存在以下 3 个问题。

(1)不能保证最后的解是最优的。

(2)不能用来求最大或最小解问题。

(3)只能求解满足某些约束条件的可行解范围。

贪心算法的基本思路如下所示。

(1)建立数学模型来描述问题。

(2)把求解的问题分成若干个子问题。

(3)求解每一子问题,得到子问题的局部最优解。

(4)把子问题的局部最优解合并成原来问题的一个解。

实现该算法的基本过程如下所示。

(1)从问题的某一初始解出发。

(2)while 语句能向给定总目标前进一步。

(3)求出可行解的一个解元素。

(4)由所有解元素组合问题的一个可行解。

19.7.2 实战演练——装箱

为了说明贪心算法的基本用法,接下来将通过一个具体实例详细讲解贪心算法在编程中的基本应用。

实例 19-9 使用贪心算法解决"装箱"问题
源码路径 daima\19\zhuangxiang.c

问题描述: 假设有编号分别为 $0, 1, \cdots, n-1$ 的 n 种物品,体积分别为 $V_0, V_1, \cdots, V_{n-1}$。将这 n 种物品装到容量都为 V 的若干个箱子里。约定 n 种物品的体积均不超过 V,即对于 $0 \leqslant i < n$ 时,有 $0 < V_i \leqslant V$。不同的装箱方案所需要的箱子数目可能不同。装箱问题要求用尽量少的箱子装下这 n 种物品。

算法分析: 如果将 n 种物品分解为 n 个或小于 n 个物品的子集,那么使用最优解法就可以找到答案。但是对于所有可能的划分,总数会显得太大。对于适当大的 n,如果要找出所有可能的划分,则需要花费很多时间。此时可以使用贪心算法这种近似算法来解决装箱问题。如果每只箱子所装物品都用链表来表示,则链表的首节点指针保存在一个结构中,该结构能够记录剩余的空间量和该箱所装物品链表的首指针,然后使用全部箱子的信息构成链表。

具体实现: 根据上述算法思想,编写实例文件 zhuangxiang.c。具体实现代码如下。

```c
#include <stdio.h>
#include <stdlib.h>

#define N 6
#define V 100

typedef struct box
{
  int no;
  int size;
  struct box* next;
}BOX;
```

拓展范例及视频二维码

范例 **19-9-01**:用索引查找法查找	
出指定的关键字	
源码路径:**演练范例\19-9-01**	

范例 **19-9-02**:实现索引查找并	
插入新的关键字	
源码路径:**演练范例\19-9-02**	

```
void init_list(BOX** H)
{
    *H = (BOX*)malloc(sizeof(BOX));
    (*H)->no = 0;
    (*H)->size = 0;
    (*H)->next = NULL;
}

BOX* find_p(BOX* H, int volume, int v)
{
    BOX* p = H->next;
    while(p!=NULL)
    {
      if(p->size+volume <= v)
      break;
      p = p->next;
    }
    return p;
}
void add_list_tail(BOX* H, BOX* p)
{
    BOX* tmp = H->next;
    BOX* q = H;
    while(tmp!=NULL)
    {
      q = tmp;
      tmp = tmp->next;
    }
    q->next = p;
}

void print_list(BOX* H)
{
    BOX* p = H->next;
    while(p!=NULL)
    {
      printf("%d:%d\n", p->no, p->size);
      p = p->next;
    }
}

int add_box(int volume[], int v)
{
  int count = 0;
  int i;
  BOX* H = NULL;
  init_list(&H);
  for(i=0;i<N;i++)
    {
    BOX* p = find_p(H, volume[i], v);
    if(p==NULL)
      {
      count++;
      p = (BOX*)malloc(sizeof(BOX));
      p->no = count;
      p->size = volume[i];
      p->next = NULL;
      add_list_tail(H, p);
      }
    else
      {
      p->size += volume[i];
      }
    }
    print_list(H);
    return count;
}

int main(int argc, char *argv[])
```

```
{
    int ret;
    int volumes[] = {60, 45, 35, 20, 20, 20};
    ret = add_box(volumes, V);
    printf("%d\n", ret);
    system("PAUSE");
    return 0;
}
```

程序运行后的效果如图 19-16 所示。

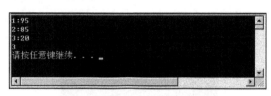

图 19-16 "装箱"问题的执行效果

19.7.3 实战演练——找零方案

为了说明贪心算法的基本用法，接下来将通过一个具体实例的实现过程，详细讲解"找零方案"问题的解决方法。

实例 19-10	使用贪心算法解决"找零方案"的问题
	源码路径　daima\19\ling.c

问题描述：要求编写一段程序实现统一银座超市的找零方案，只输入需要补给顾客的金额，然后通过程序可以计算出该金额可以由哪些面额的人民币组成。

算法分析：人民币有 100、50、10、5、2、1、0.5、0.2、0.1（单位为元）等多种面额。在找零钱时，可以有多种方案，例如需补零钱 68.90 元，至少可有以下 3 个方案。

❑　1 张 50 元，1 张 10 元，1 张 5 元，3 张 1 元，1 张 5 角，4 张 1 角。

❑　2 张 20 元，2 张 10 元，1 张 5 元，3 张 1 元，1 张 5 角，4 张 1 角。

❑　6 张 10 元，1 张 5 元，3 张 1 元，1 张 5 角，4 张 1 角。

具体实现：根据上述算法思想分析，编写实例文件 ling.c，具体实现代码如下。

```
#include <stdio.h>
#define MAXN 9
int parvalue[MAXN]={10000,5000,2000,1000,500,100,50,10};
int num[MAXN]={0};
int exchange(int n)
{
int i,j;
for(i=0;i<MAXN;i++)
        if(n>parvalue[i]) break; //找到比n小的最大面额
while(n>0 && i<MAXN)
    {
if(n>=parvalue[i])
        {
        n-=parvalue[i];
        num[i]++;
}else if(n<10 && n>=5)
        {
        num[MAXN-1]++;
        break;
}else i++;
    }
return 0;
}
int main(void)
{
    int i;
    float m;
```

```
        printf ("输入需要找零金额: " );
        scanf("%f",&m);
        exchange((int)100*m);
        printf("\n%.2f元零钱的组成: \n",m);
for(i=0;i<MAXN;i++)
if(num[i]>0)
                printf("%6.2f: %d张\n",(float)parvalue[i]/100.0,num[i]);
getch();
return 0;
}
```

程序运行后先输入需要找零的金额，例如 68.2，按下 Enter 键后会输出找零方案，执行效果如图 19-17 所示。

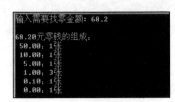

图 19-17　"找零方案"问题的执行效果

19.8　试探法算法

试探法也叫回溯法，试探法的操作方式比较委婉，它先暂时放弃问题规模大小的限制，将问题的候选解按某种顺序逐一进行枚举和检验。当发现当前候选解不可

知识点讲解：视频讲解\第 19 章\试探法算法思想.mp4

能是正确解时，就选择下一个候选解。如果当前候选解除了不满足问题规模的要求之外能够满足所有其他要求时，则继续扩大当前候选解的规模，并继续试探。如果当前候选解满足包括问题规模在内的所有要求时，则该候选解就是问题的一个解。在试探算法中，放弃当前候选解并继续寻找下一个候选解的过程称为回溯。扩大当前候选解的规模，并继续试探的过程称为向前试探。

19.8.1　试探法算法的基础

使用试探算法解题的基本步骤如下。

（1）针对所给问题，定义问题的解空间。

（2）确定易于搜索的解空间结构。

（3）以深度优先方式搜索解空间，并在搜索过程中用剪枝函数避免无效搜索。

试探法为了求得问题的正确解，先会委婉地试探某一种可能情况。在进行试探的过程中，一旦发现原来选择的假设是不正确的，则立即会自觉地退回一步重新选择，然后继续向前试探，如此这般反复进行，直至得到解或证明无解时才结束。

假设存在一个可以用试探法求解的问题 P，该问题表达为：对于已知的由 n 元组 $(y_1, y_2, \cdots, y_n)$ 组成的一个状态空间 $E=\{(y_1, y_2, \cdots, y_n) \mid y_i \in S_i, i=1, 2, \cdots, n\}$，给定 n 元组中一个分量的一个约束集 D，要求出 E 中满足 D 的全部约束条件的所有 n 元组。其中，S_i 是分量 y_i 的定义域且 $|S_i|$ 有限，$i=1, 2, \cdots, n$。E 中满足 D 的全部约束条件的任意一个 n 元组为问题 P 的一个解。

求解问题 P 的最简单方法是使用枚举法，即对 E 中所有 n 元组逐一检测其是否满足 D 的全部约束，如果满足，则它为问题 P 的一个解。但是这种方法的计算量非常大。

对于现实中的许多问题，所给定的约束集 D 具有完备性，即 i 元组 $(y_1, y_2, \cdots, y_i)$ 满足 D 中仅涉及 $y_1, y_2, \cdots, y_i$ 的所有约束。这意味着 j $(j<i)$ 元组 $(y_1, y_2, \cdots, y_j)$ 一定也满足 D 中仅涉及 $y_1, y_2, \cdots, y_j$ 的所有约束，其中 $i=1, 2, \cdots, n$。换句话说，只要存在 $0 \leqslant j \leqslant n-1$，使得 $(y_1, y_2, \cdots, y_j)$ 违反 D 中仅涉及 $y_1, y_2, \cdots, y_j$ 的约束之一，则以 $(y_1, y_2, \cdots, y_j)$ 为前缀的任何 n 元组 $(y_1, y_2, \cdots, y_j, y_{j+1}, \cdots, y_n)$ 一定也违反 D 中仅涉及 $y_1, y_2, \cdots, y_i$ 的一个约束，$n \geqslant i > j$。因此，对于约束集 D 具有完备性的问题 P，一旦检测断定某个 j 元组 $(y_1, y_2, \cdots, y_j)$ 违反 D 中仅涉及 $y_1, y_2, \cdots, y_j$ 的一个约束，就可以肯定以 $(y_1, y_2, \cdots, y_j)$ 为前缀的任何 n 元组 $(y_1, y_2, \cdots, y_j, y_{j+1}, \cdots, y_n)$ 都不会是问题 P 的解，因而就不必去搜索、检测它们。试探法是针对这类问题而推出的，比枚举算法的效率更高。

19.8.2 实战演练——八皇后

为了说明试探算法的基本用法，接下来将通过一个具体实例详细讲解试探算法思想在编程中的基本应用。

实例 19-11 使用试探算法解决"八皇后"问题
源码路径　daima\19\hui.c

问题描述："八皇后"问题是一个古老而著名的问题，是试探法的典型例题。该问题由 19 世纪数学家高斯于 1850 年手工解决：在 8×8 格的国际象棋棋盘上摆放 8 个皇后，使其不能互相攻击，即任意两个皇后都不能处于同一行、同一列或同一斜线上，问有多少种摆法。

算法分析：首先简化这个问题，设为 4×4 格的棋盘，会知道有两种摆法，每行摆在列 2、4、1、3 或列 3、1、4、2 上。

输入：无

输出：若干种可行方案，每种方案用空行隔开，如下所示是一种方案。

第 1 行第 2 列

第 2 行第 4 列

第 3 行第 2 列

第 4 行第 3 列

试探算法将每行的可行位置入栈（放入一个数组 a[5] 中，这里使用的是 a[1]～a[4]），不行就退栈换列重试，直到找到一套方案。接着在第 1 行换列重试其他方案。

具体实现：根据上述问题描述，使用试探算法可以解决它。根据"八皇后"的试探算法分析，编写实现文件 hui.c。具体实现代码如下。

```c
#include <stdio.h>
#define N 8
int solution[N], j, k, count, sols;
int place(int row, int col)
{
for (j = 0; j <row; j++)
    {
if (row - j == solution[row] - solution[j] || row + solution[row] == j + solution[j] ||
solution[j] == solution[row])
    return 0;
    }
    return 1;
    }
void backtrack(int row)
{
count++;
if (N == row)
    {
        sols++;
        for (k = 0; k <N; k++)
```

```
            printf("%d\t", solution[k]);
            printf("\n\n");
        }
    else
        {
    int i;
    for (i = 0; i <N; i++)
        {
            solution[row] = i;
            if (place(row, i))
            backtrack(row + 1);
        }
        }
}
void queens()
{
backtrack(0);
}
int main(void)
{
    queens();
    printf("总共方案: %d\n", sols);
    getch();
    return 0;
```

拓展范例及视频二维码

范例 **19-11-01**：用冒泡排序算法
排序数据
源码路径：**演练范例\19-11-01**

范例 **19-11-02**：演示快速排序
算法的用法
源码路径：**演练范例\19-11-02**

程序运行后会输出所有的解决方案，执行效果如图 19-18 所示。

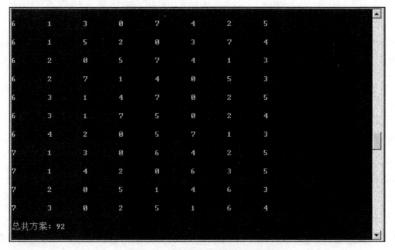

图 19-18　"八皇后"问题的执行效果

19.8.3　实战演练——体彩 29 选 7 的组合

为了说明试探算法的基本用法，接下来将通过一个具体实例详细讲解"体彩 29 选 7 的组合"问题的解决方法。

实例 19-12	解决"体彩 29 选 7 的组合"问题	
	源码路径　aima\19\caipiao.c	视频路径　视频\实例\第 19 章\19-12

问题描述：假设有一种 29 选 7 的彩票，每注由 7 个 1～29 的数字组成，且这 7 个数字不能相同，编写程序生成所有的号码组合。

算法分析：采用试探法可以逐步找出所有可能的组合，首先按照如下顺序生成彩票号码。

29 28 27 26 25 24 23

29 28 27 26 25 24 22

29 28 27 26 25 24 21

……

29 28 27 26 25 24 1

29 28 27 26 25 23 22

……

从上述排列顺序可以看出，在生成组合时首先变化最后一位，当最后一位为 1 时试着计算倒数第 2 位，并且使该位的值减 1，到最后再变化最后一位。通过上述递归调用，就可以实现 29 选 7 的彩票组合。

具体实现：根据"彩票组合"的试探算法分析并编写实现文件 caipiao.c。具体实现代码如下。

```c
#include <stdio.h>
#define MAXN 7  //设置每一注彩票的位数
#define NUM 29  //设置组成彩票的数字
int num[NUM];
int lottery[MAXN];
void combine(int n, int m)
{
int i,j;
for(i=n;i>=m;i--)
    {
        lottery[m-1]=num[i-1];  //保存一位数字
if (m>1)
combine(i-1,m-1);
        else          //若m=1，则输出一注号码
        {
for(j=MAXN-1;j>=0;j--)
printf("%3d",lottery[j]);
getch();
printf("\n");
        }
    }
}
int main(void)
{
int i,j;
    for(i=0;i<NUM;i++)   //设置彩票的各位数字
num[i]=i+1;
for(i=0;i<MAXN;i++)
lottery[i]=0;
combine(NUM,MAXN);
getch();
return 0;
```

拓展范例及视频二维码

范例 **19-12-01**：用直接选择排序算法对数据进行排序	
源码路径：**演练范例\19-12-01**	
范例 **19-12-02**：使用堆排序算法排序数据	
源码路径：**演练范例\19-12-02**	

程序运行后的效果如图 19-19 所示。

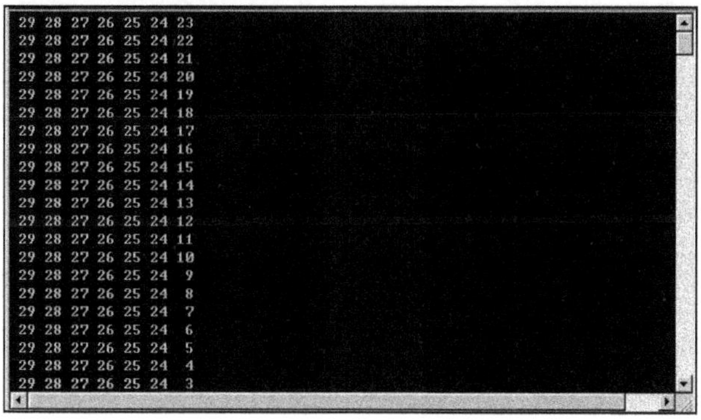

图 19-19 "体彩 29 选 7 的组合"问题的执行效果

19.9　迭代算法

迭代法也称辗转法，是一种不断用变量的旧值递推新值的过程，在解决问题时总是重复利用同一种方法。与迭代法相对应的是直接法（或者称为一次解法），即一次性解决问题。迭代法又分为精确迭代和

知识点讲解：视频讲解\第 19 章\迭代算法.mp4

近似迭代。"二分法"和"牛顿迭代法"属于近似迭代法，其功能比较类似。

19.9.1　迭代算法的基础

迭代算法是用计算机解决问题的一种基本方法。它利用计算机运算速度快、适合重复操作的特点，让计算机重复执行一组指令（或一定步骤），在每次执行这组指令（或这些步骤）时，都从变量的原值推出它的一个新值。

在使用迭代算法解决问题时，需要做好如下 3 个方面的工作。

（1）确定迭代变量。

在使用迭代算法解决的问题时，至少应存在一个迭代变量，它是直接或间接地不断由旧值递推出新值的变量。

（2）建立迭代关系式。

迭代关系式是指如何从变量的前一个值推出下一个值的公式或关系。通常可以使用递推或倒推的方法来建立迭代关系式，迭代关系式的建立是解决迭代问题的关键。

（3）控制迭代过程。

在编写迭代程序时，必须确定在什么时候结束迭代过程，不能让迭代过程无休止地重复执行下去。通常可分为如下两种情况来控制迭代过程。

- ❑ 所需的迭代次数是一个确定的值，它可以计算出来，可以构建一个固定次数的循环来实现对迭代过程的控制。
- ❑ 所需的迭代次数无法确定，需要进一步分析用来结束迭代过程的条件。

19.9.2　实战演练——求平方根

为了说明迭代算法的基本用法，接下来将通过一个具体实例详细讲解迭代算法思想在编程中的基本应用。

实例 19-13　**解决"求平方根"问题**
源码路径　daima\19\diedai.c

问题描述：在屏幕中输入一个数字，编程求其平方根。

算法分析：求平方根的迭代公式是：$x_1 = 1/2 * (x_0 + a/x_0)$。

（1）设置初值 x_0 作为 a 的平方根值，在程序中取 $a/2$ 作为 a 的初值；利用迭代公式求出一个 x_1。此值与真正的 a 的平方根值相比往往会有很大的误差。

（2）把新求得的 x_1 代入 x_0，用这个新的 x_0 再去求出一个新的 x_1。

（3）利用迭代公式再求出一个新的 x_1，此值将更加趋近于真正的平方根值。

（4）比较前后两次求得的平方根值 x_0 和 x_1，如果它们的差值小于指定值，即达到了所要求的精度，则认为 x_1 就是 a 的平方根值，然后执行步骤（5）；否则执行步骤（2），即循环进行迭代。

（5）输出结果。

迭代法常用于求方程或方程组的近似根，假设方程为 $f(x)=0$，用某种数学方法导出其等价形式 $x=g(x)$，然后按以下步骤执行。

(1) 选一个方程的近似根，赋给变量 x_0。

(2) 将 x_0 的值保存于变量 x_1 中，然后计算 $g(x_1)$，并将结果存于变量 x_0 中。

(3) 当 x_0 与 x_1 差的绝对值还大于指定的精度要求时，重复步骤（2）。

如果方程有根，并且用上述方法计算出来了近似的根序列，则按照上述方法求得的 x_0 就认为是方程的根。

具体实现：根据上述算法思想，编写实例文件 diedai.c。具体实现代码如下。

```c
#include<stdio.h>
#include<math.h>
int main(void)
{
double a,x0,x1;
printf("Input a:\n");
scanf("%lf",&a);
if(a<0)
printf("Error!\n");
else
{
x0=a/2;
x1=(x0+a/x0)/2;
do
{
x0=x1;
x1=(x0+a/x0)/2;
}while(fabs(x0-x1)>=1e-6);
}
printf("Result:\n");
printf("sqrt(%g)=%g\n",a,x1);
getch();
return 0;
}
```

拓展范例及视频二维码

范例 **19-13-01**：使用归并算法
排序数据

源码路径：**演练范例\19-13-01**

范例 **19-13-02**：用归并排序算法
求逆序对

源码路径：**演练范例\19-13-02**

程序运行后先输入要计算平方根的数值，假如输入 2，按 Enter 键后会输出 2 的平方根。执行效果如图 19-20 所示。

使用迭代法求根时应注意以下两种可能发生的情况。

❑ 如果方程无解，则算法求出的近似根序列就不会收敛，迭代过程会变成死循环，因此在使用迭代算法前应先确定方程是否有解，并在程序中对迭代次数给予限制。

```
Input a:
2
Result:
sqrt(2)=1.41421
```

图 19-20 "求平方根"问题的执行效果

❑ 方程虽然有解，但迭代公式选择不当，或迭代的初始根选择不合理，也会导致迭代失败。

19.10 模 拟 算 法

模拟是对真实事物或者过程的虚拟。在编程时为了实现某个功能，可以用语言来模拟这个功能，模拟成功也就相应地表示编程成功。

📹 知识点讲解：视频讲解\第 19章\模拟算法思想.mp4

19.10.1 模拟算法的思路

模拟算法是一种基本的算法，可用于考查程序员的基本编程能力，其解决方法就是根据题目给出的规则对要求的相关过程进行编程模拟。在解决模拟类问题时，需要注意字符串的处理、特殊情况的处理和对题目意思的理解。在 C 语言中，通常使用函数 srand() 和 rand() 来生成随机数。其中，函数 srand()用于初始化随机数发生器，然后使用函数 rand()来生成随机数。如果要使用上述两个函数，则需要在源程序头文件中包含 time.h 文件。在程序设计过程中，可使用随机函数来模拟自然界中发生的不可预测情况。在解题时，需要仔细分析题目给出的规则，要尽可能地做到全面考虑了所有可能出现的情况，这是解决模拟类问题的关键点之一。

19.10.2　实战演练——猜数字游戏

为了说明模拟算法的基本用法，接下来将通过一个具体实例详细讲解模拟算法思想在编程中的基本应用。

实例 19-14　**使用模拟算法解决"猜数字游戏"问题**
源码路径　daima\19\shuzi.c

问题描述：用计算机随机生成 1～100 的一个数字，然后由用户来猜这个数，根据用户猜测的次数分别给出不同的提示。

算法分析：使用模拟算法进行如下分析。

❏　通过 rand()随机生成一个 1～100 之间的数字。

❏　通过循环让用户逐个输入要猜测的整数，并将输入的数据与随机数字进行比较。

❏　输出比较结果。

具体实现：根据上述问题描述，及"猜数字游戏"的模拟算法分析，编写实现文件 shuzi.c。具体实现代码如下：

```c
#include <time.h>
#include <stdio.h>
int main(void)
{
    int n,m,i=0;
    srand(time(NULL));
    n=rand() % 100 + 1;
do{
        printf("输入你猜的数字:");
        scanf("%d",&m);
        i++;
if (m>n)
            printf("错误!数太大了!\n");
else if (m<n)
            printf("错误!数太小了!\n");
}while(m!=n);
    printf("回答正确!\n");
    printf("共猜测了%d次。\n",i);
if(i<=5)
        printf("你太聪明了，这么快就猜出来了！ ");
else if(i>5)
        printf("还需改进方法，以便更快猜出来！ ");
getch();
return 0;
}
```

拓展范例及视频二维码

范例 **19-14-01**：最大公约数和
最小公倍数
源码路径：**演练范例\19-14-01**

范例 **19-14-02**：哥德巴赫猜想
源码路径：**演练范例\19-14-02**

程序运行后的效果如图 19-21 所示。

图 19-21　"猜数字游戏"问题的执行效果

19.10.3　实战演练——掷骰子游戏

为了说明模拟算法的基本用法，接下来将通过一个具体实例详细讲解"掷骰子游戏"问题的解决方法。

实例 19-15 使用模拟算法解决"掷骰子游戏"问题

源码路径 daima\19\guzi.c

问题描述：由用户输入骰子数量和参赛人数，然后由计算机随机生成每一粒骰子的点数，再累加得到每一个选手的总点数。

算法分析：使用模拟算法进行分析。

❑ 定义一个随机函数 play()，它根据骰子数量随机生成骰子的点数。

❑ 设置一个可以重复操作的死循环。

❑ 处理每个选手，调用函数 play()模拟掷骰子游戏的场景。

具体实现：根据"掷骰子游戏"的模拟算法分析并编写实现文件 guzi.c。具体实现代码如下。

```c
#include <stdio.h>
#include <time.h>
void play(int n)
{
int i,m=0,t=0;
for(i=0;i<n;i++)
    {
            t=rand()%6+1;
            m+=t;
            printf("\t第%d粒:%d;\n",i+1,t);
    }
    printf("\t总点数为:%d\n",m);
}
int main(void)
{
    int c;//参赛人数
    int n;//骰子数量
int i,m;
do{
        srand(time(NULL));
        printf("设置骰子数量(输入0则退出):");
        scanf("%d",&n);
        if(n==0) break;//至少一个骰子
        printf("\n输入本轮参赛人数(输入0则退出):");
        scanf("%d",&c);
if(c==0) break;
for(i=0;i<c;i++)
        {
            printf("\n第%d位选手掷出的骰子为：\n",i+1);
            play(n);
        }
printf("\n");
}while(1);
return 0;
}
```

拓展范例及视频二维码

范例 **19-15-01**：求出 1～10000 间的完全数

源码路径：**演练范例\19-15-01**

范例 **19-15-02**：求出指定范围内的亲密数

源码路径：**演练范例\19-15-02**

程序运行后的效果如图 19-22 所示。

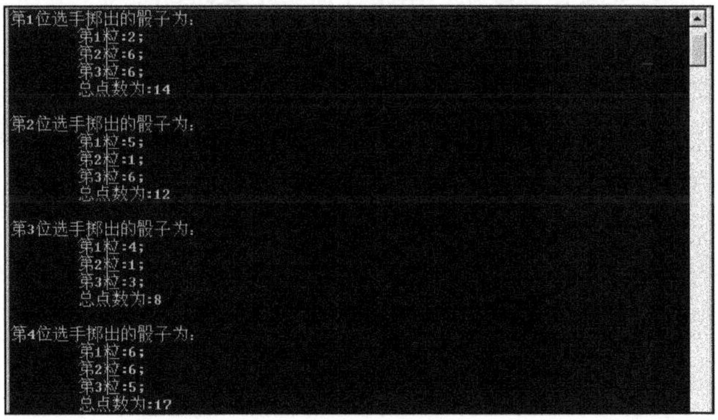

图 19-22 "掷骰子游戏"问题的执行效果

19.11 技术解惑

19.11.1 衡量算法的标准

算法是否优劣有如下 5 个标准。

（1）确定性。算法中的每一种运算都必须有确定的意义，该种运算执行何种动作应无二义性，目的明确。

（2）可行性。要求算法中待实现的运算都是可行的，即至少在原理上能由人用纸和笔在有限的时间内完成。

（3）输入。一个算法要有零个或多个输入，在算法开始运算之前给出算法所需数据的初值，这些输入来自特定的对象集合。

（4）输出。输出是算法运算的结果，一个算法会产生一个或多个输出，输出同输入具有某种特定关系。

（5）有穷性。一个算法总是在执行了有穷步的运算后终止，即该算法是有终点的。

通常有如下两种衡量算法效率的方法：

（1）事后统计法。该方法的缺点是必须在计算机上实际运行该程序，它容易被其他因素掩盖算法的本质。

（2）事前分析估算法。该方法的优点是可以预先比较各种算法，以便均衡利弊从中选优。

与算法执行时间相关的因素如下所示。

- ❑ 算法所用的"策略"
- ❑ 算法所解问题的"规模"
- ❑ 编程所用的"语言"
- ❑ "编译"的质量
- ❑ 执行算法的计算机的"速度"

在上述因素中，后 3 条受计算机硬件和软件的制约，因为这是"估算"，所以只需考虑前两条即可。

事后统计容易陷入盲目境地，例如，当程序执行很长时间仍未结束时，不易判别是程序出错了还是确实需要那么长的时间。

由于一个算法的"运行工作量"通常是随问题规模的增长而增长的，所以应该用"增长趋势"来作为比较不同算法优劣的准则。假如，随着问题规模 n 的增长，算法执行时间的增长率与 $f(n)$ 的增长率相同，则可记作：$T(n) = O(f(n))$，这时称 $T(n)$ 为算法的（渐近）时间复杂度。

究竟如何估算算法的时间复杂度呢？由于任何一个算法都是由一个"控制结构"和若干个"原操作"组成的，所以可以将一个算法的执行时间看作是所有原操作的执行时间之和［原操作 (i) 的执行次数×原操作 (i) 的执行时间］。

算法的执行时间与所有原操作的执行次数之和成正比。对于所研究的问题来说，应从算法中选取一种基本操作的原操作，该基本操作在算法中重复执行的次数会作为算法时间复杂度的依据。以这种衡量效率的办法所得出的不是时间量，而是增长趋势的量度。它与软硬件环境无关，只暴露了算法本身执行效率的优劣。下面通过 3 段代码介绍时间复杂度的估算方法。

代码 1 用于实现两个 $n×n$ 矩阵相乘。其中，矩阵的"阶" n 为问题的规模。

算法如下。

```
void Mult_matrix( int c[][], int a[][], int b[][], int n)
  {
  // a、b和c均为n阶方阵，且c是a和b的乘积
```

```
for (i=1; i<=n; ++i)
for (j=1; j<=n; ++j) {
c[i,j] = 0;
for (k=1; k<=n; ++k)
c[i,j] += a[i,k]*b[k,j];
    }
}// Mult_matrix
```

算法的时间复杂度为 $O(n^3)$。

代码 2 用于对 n 个整数序列进行选择排序。其中，序列的"长度" n 为问题的规模。

算法如下：

```
void select_sort(int a[], int n)
{
// 将a中的整数序列重新排列成从小至大的有序整数序列
for ( i = 0; i< n-1; ++i ) {
    j = i;
for ( k = i+1; k < n; ++k )
if (a[k] < a[j] ) j = k;
if ( j != i ) { w = a[j]; a[j] = a[i]; a[i] = w;}
    } // select_sort
```

算法的时间复杂度为 $O(n^2)$。

代码 3 用于对 n 个整数序列进行起泡排序。其中，序列的"长度" n 为问题的规模。

算法如下。

```
void bubble_sort(int a[], int n)
{
// 将a中的整数序列重新排列成从小至大有序的整数序列
for (i=n-1, change=TRUE; i>1 && change; --i) {
change = FALSE;
for (j=0; j<i; ++j)
if (a[j] > a[j+1])
{ w = a[j]; a[j]= a[j+1]; a[j+1]= w; change = TRUE }
    } // bubble_sort
```

算法的时间复杂度为 $O(n^2)$。

从上述 3 个例子可见，算法时间复杂度取决于最深循环内包含基本操作语句的重复执行次数，这时称语句重复执行的次数为语句的"频度"。

19.11.2 选择使用枚举法的时机

也许很多读者觉得枚举（enumeration）有点"笨"，所以很多人称之为暴力算法，但是枚举却又总是人们面对算法问题时的第一反应。

在任何情况下，都需要选准最合适的对象，无论是枚举还是其他算法，这都是最关键的。选准（枚举）对象的根本原因在于优化，具体表现为减少求解步骤，缩小求出的解空间，或者使程序更具有可读性和易于编写。有时候选好了枚举对象，确定了枚举思想，问题就迎刃而解了。有时候对题目无从下手，只得使用枚举算法解题时，需要考虑的往往是从众多枚举对象中选择最适合的对象，这往往需要有辨别的智慧。

在运用枚举法时需要面对的问题如表 19-4 所示。

表 19-4 运用枚举法时需要面对的问题

特点及要求	可能出现的问题
选取考察对象	选取的考察对象不恰当
逐个考察所有可能的情况	没有"逐个"考察，不恰当地遗漏了一些情况 没有考察"所有"，确定解空间集产生失误
选取判断标准	判断标准"不正确"，导致结果错误 "不全面"，导致结果错误或得到结果的效率下降 "不高效"，意味着没有足够的剪枝

用枚举法解题的最大缺点是运算量比较大，解题效率不高。如果枚举范围太大（一般以不超过 200 万次为限），则效率低的问题在时间上难以承受。但枚举算法的思路简单，无论是程序编写和还是调试都很方便。所以如果题目的规模不是很大，并且在规定的时间与空间限制内能够求出解，那么最好采用枚举法，而不需太在意是否还有更快的算法，这样可以有更多的时间去解答其他难题。

19.11.3　递推和递归的差异

递推和递归虽然只有一个字的差异，但是二者之间还是不同的。递推像是多米诺骨牌，根据前面几个现象得到后面的；递归是大事化小，比如"汉诺塔"问题就是典型的递归。如果一个问题既可以用递归算法求解，也可以用递推算法求解，那么此时往往会选择用递推算法，因为递推的效率比递归高。

19.11.4　分治法解决问题的类型

分治法所能解决的问题一般具有以下 4 个特征。

（1）当问题的规模缩小到一定程度时就可以容易地解决问题。此特征是绝大多数问题都能满足的，因为问题的计算复杂性一般随着问题规模的增加而增加。

（2）问题可以分解为若干个规模较小的相同问题，即该问题具有最优子结构性质。此特征是应用分治法的前提，它也是大多数问题能满足的，此特征反映了递归思想的应用。

（3）利用该问题分解出的子问题解可以合并为该问题的解。此特征最为关键，能否利用分治法完全取决于问题是否具有这个特征，如果具备了特征 1 和特征 2，而不具备本特征，则要考虑用贪婪法或动态迭代法求解。

（4）该问题所分解出的各个子问题是相互独立的，即子问题之间不包含公共的子问题。此特征涉及分治法的效率。如果各子问题不是独立的则分治法要做许多不必要的工作，重复地解公共的子问题，此时虽然可用分治法，但一般用动态迭代法较好。

19.11.5　分治算法的机理

分治策略的思想起源于对问题解的特性所做出的观察和判断，即原问题可以划分成 k 个子问题，然后用一种方法将这些子问题的解进行合并，合并结果就是原问题的解。既然知道解可以以某种方式构造出来，就没有必要（使用枚举回溯）进行大批量的搜索了。枚举、回溯、分支限界利用了计算机工作的第 1 个特点——高速，不怕数据量大；分治算法利用了计算机工作的第 2 个特点——重复。

19.11.6　贪婪算法并不是解决问题最优方案的原因

"装箱"问题可以说明贪婪算法并不是解决问题的最优方案。该算法依次将物品放到第 1 个能放进去的箱子中，该算法虽不能保证找到最优解，但还是能找到非常好的解。设 n 件物品的体积按从大到小排序，即有 $V_0 \geq V_1 \geq \cdots \geq V_{n-1}$。如不满足上述要求，只要先对这 n 件物品按它们的体积从大到小排序，然后按排序结果对物品重新编号即可。下面介绍就是一个典型的贪心算法。

```
先取体积最大的箱子
{    输入箱子的容积；
输入物品数n；
按体积从大到小排序，输入各物品的体积；
预置已用箱子链为空；
预置已用箱子计数器box_count为0；
for (i=0;i<n;i++)
    {    从已用的第一只箱子开始顺序寻找能放入物品i的箱子j；
        if（已用箱子都不能再放物品i)
            {    另用一个箱子，并将物品i放入该箱子；
```

```
        box_count++;
    }
else
将物品i放入箱子j;
    }
}
```

上述算法能够求出需要的箱子数 box_count，并能求出各箱子所装物品。

再看下面的例子。

设有 6 种物品，它们的体积分别为 60、45、35、20、20 和 20 个单位体积，箱子的容积为 100 个单位体积。按上述算法进行计算可知需 3 只箱子，各箱子所装物品分别为：第一只箱子装物品 1、3；第二只箱子装物品 2、4、5；第三只箱子装物品 6。而最优解则为两只箱子，它们分别装物品 1、4、5 和 2、3、6。

上述例子说明，贪心算法不一定能找到最优解。

19.11.7 回溯算法是否会影响算法效率

下面是回溯算法的 3 个要素。

❑ 解空间：是要解决问题的范围，不知道范围进行搜索是不可能找到结果的。

❑ 约束条件：包括隐形的和显性的，题目中的要求以及题目描述的隐含约束条件是搜索有解的保证。

❑ 状态树：是构造深搜过程的依据，整个搜索以此树进行展开。

它适合解决没有要求最优解的问题，如果采用了此算法，一定要注意跳出条件及搜索完成的标志，否则会陷入泥潭不可自拔。

下面是影响算法效率的因素。

❑ 搜索树的结构、解的分布、约束条件的判断。

❑ 改进回溯算法的途径。

❑ 搜索顺序。

❑ 节点少的分支优先，解多的分支优先。

❑ 让回溯尽量早发生。

19.11.8 递归算法与迭代算法的区别

递归是自顶向下逐步拓展需求，最后自下向顶进行运算，即由 $f(n)$ 拓展到 $f(1)$，再由 $f(1)$ 逐步算回 $f(n)$。迭代是直接自下向顶进行运算，由 $f(1)$ 算到 $f(n)$。递归是在函数内调用本身，迭代是利用循环求值，建议熟悉其他算法的读者不推荐使用递归算法。

虽然递归算法的效率低，但递归便于理解，可读性强，随着现在计算机性能的提升，所以建议对其他算法不熟悉的初学者使用递归算法来解决问题。

19.12 课后练习

1．在歌星大奖赛中，有 10 个评委为参赛的选手打分，分数范围为 1～100。选手最后得分为：去掉一个最高分和一个最低分后其余 8 个分数的平均值。请编程实现上述计分功能。

2．小明有 5 本新书，要借给 A、B、C 三位小朋友，若每人每次只能借一本，则可以有多少种不同的借法？

3．中国有句俗语叫"三天打鱼两天晒网"。某人从 1990 年 1 月 1 日起开始"三天打鱼两天晒网"，编程求解这个人在以后的某一天中是"打鱼"还是"晒网"。

4．某天夜里，A、B、C、D、E 这五人一块去捕鱼，到第二天凌晨时它们都疲惫不堪，于是各自找地方睡觉。天亮了，A 第一个醒来，他将鱼分为 5 份，把多余的一条鱼扔掉，拿走属于自己的一份。B 第二个醒来，也将鱼分为 5 份，把多余的一条鱼扔掉，拿走属于自己的一份。C、D、E 依次醒来，也按同样的方法拿走鱼。问他们合伙至少捕了多少条鱼？

5．鱼商 A 将养的一缸金鱼分 5 次出售，第一次卖出全部的一半加二分之一条；第二次卖出余下的三分之一加三分之一条；第三次卖出余下的四分之一加四分之一条；第四次卖出余下的五分之一加五分之一条；最后卖出余下的 11 条。问原来的鱼缸中共有几条金鱼？

6．A、B、C 三位渔夫出海打鱼，他们随船带了 21 只箩筐。返航时发现有 7 筐装满了鱼，还有 7 筐装了半筐鱼，另外 7 筐则是空的，由于他们没有秤，所以只好通过目测认为 7 个满筐鱼的质量是相等的，7 个半筐鱼的质量是相等的。在不将鱼倒出来的前提下，怎样将鱼和筐平分为 3 份？

7．《九章算术》是我国现存最早的数学专著，其中第 8 章《方程》中的第 13 题是著名的"五家共井"问题。题目描述如下：今有五家共井，甲二绠不足如乙一绠，乙三绠不足如丙一绠，丙四绠不足如丁一绠，丁五绠不足如戊一绠，戊六绠不足如甲一绠。如各得所不足一绠，皆逮。问井深、绠长各几何？（题中："绠"表示汲水桶上的绳索，"逮"表示到达井底水面。）

第 20 章

数 据 结 构

（**视频讲解：100 分钟**）

上一章已经讲解了现实中最常用的算法。其实这些算法都是用来处理数据的，这些处理的数据必须按照一定的规则进行组织。当这些数据之间存在一种或多种特定关系时，通常将这些关系称为数据结构。在 C 语言数据之间一般存在如下 3 种基本结构。

- ❑ 线性结构：数据元素间是一对一的关系。
- ❑ 树形结构：数据元素间是一对多的关系。
- ❑ 网状结构：数据元素间是多对多的关系。

本章将详细讲解上述 3 种数据结构的基本知识，并通过具体实例详细讲解使用 C 语言处理数据结构的过程。

20.1　使用线性表

在线性表中各个数据元素之间是一对一的关系，除了第 1 个和最后 1 个数据元素之外，其他数据元素都是首尾相接的。因为线性表的逻辑结构简单，便于实现和操作，所以在实际应用中它是广泛采用的一种数据结构。下面将详细讲解线性表的基本知识。

📹 知识点讲解：视频\第 20 章\使用线性表.mp4

20.1.1　线性表的特性

线性表是最基本、最简单、最常用的一种数据结构之一。在实际应用中，线性表通常以栈、队列、字符串和数组等特殊线性表的形式来使用。因为这些特殊线性表都具有自己的特性，所以掌握这些特殊线性表的特性，对于数据运算的可靠性和操作效率是至关重要的。线性表是一个线性结构，它是一个含有 $n \geq 0$ 个节点的有限序列。在这些节点中，有且仅有一个开始节点没有前驱但有一个后继节点，有且仅有一个终端节点没有后继但有一个前驱节点。其他的节点都有且仅有一个前驱和一个后继节点。通常可以把一个线性表表示成一个线性序列：k_1，k_2，$\cdots$，k_n，其中 k_1 是开始节点，k_n 是终端节点。

1. 线性结构的特征

在编程领域中，线性结构具有如下两个基本特征。

（1）集合中一定存在唯一的"第一元素"和"最后元素"。

（2）除第一个和最后一个元素之外，均有唯一的后继和唯一的前驱节点。

线性表是由 $n(n \geq 0)$ 个数据元素（节点）a_1，a_2，$\cdots$，a_n 组成的有限序列，数据元素的个数 n 定义为表的长度。当 $n=0$ 时称为空表，我们通常将非空的线性表（$n>0$）记作：

$(a_1, a_2, \cdots, a_n)$

数据元素 $a_i(1 \leq i \leq n)$ 没有特殊含义，大家不必"追根问底"地研究它，它只是一个抽象的符号，其具体含义在不同的情况下可以不同。

2. 线性表的基本操作过程

线性表虽然是一对一的对应关系，但是其操作功能非常强大，具备很多操作技能。线性表的基本操作过程如下所示。

（1）用 Setnull(L) 置空表。

（2）用 Length(L) 求表的长度和表中各元素的个数。

（3）用 Get(L,i) 获取表中第 i 个元素（$1 \leq i \leq n$）。

（4）用 Prior(L,i) 获取 i 的前趋元素。

（5）用 Next(L,i) 获取 i 的后继元素。

（6）用 Locate(L,x) 返回指定元素在表中的位置。

（7）用 Insert(L,i,x) 插入新元素。

（8）用 Delete(L,x) 删除已存在元素。

（9）用 Empty(L) 来判断表是否为空。

3. 线性表的结构特点

（1）均匀性：虽然不同数据表的数据元素是不同的，但同一线性表中的各数据元素必须有相同的类型和长度。

（2）有序性：各数据元素在线性表中的位置只取决于它们的顺序。数据元素之前的相对位置是线性的，即存在唯一的"第 1 个"和"最后 1 个"数据元素，除了第一个和最后一个元素外，其他元素前面只有一个数据元素直接前趋，后面只有一个直接后继元素。

20.1.2　顺序表操作

在现实应用中，有两种方法可以实现线性表数据元素存储功能，它们分别是顺序存储结构和链式存储结构。顺序表操作是最简单的线性表操作方法，此方式的主要操作功能如下所示。

（1）计算顺序表的长度。

数组的最小索引是 0，顺序表的长度就是数组中最后一个元素的索引 last 加 1。使用 C 语言计算顺序表长度的算法如下。

```
public int GetLength(){
    return last+1;
}
```

（2）执行清空操作。

清空操作是指清除顺序表中的数据元素，最终目的是使顺序表为空，此时 last 等于-1。使用 C 语言清空顺序表的算法如下。

```
public void Clear(){
    last = -1;
}
```

（3）判断线性表是否为空。

当顺序表的 last 为-1 时表示顺序表为空，此时会返回 true，否则返回 false，它表示顺序表不为空。使用 C 语言判断线性表是否为空的算法如下。

```
public bool IsEmpty(){
    if (last == -1){
        return true;
    }
    else{
        return false;
    }
}
```

（4）判断顺序表是否已满。

当顺序表已满时 last 值等于 maxsize-1，此时会则返回 true，如果不满则返回 false。使用 C 语言判断顺序表是否已满的算法如下。

```
public bool IsFull(){
        if (last == maxsize - 1){
            return true;
        }
        else{
            return false;
        }
}
```

（5）执行附加操作。

在顺序表没有满的情况下可以进行附加操作。在表的末端添加一个新元素，然后使顺序表的 last 加 1。附加操作的算法如下。

```
public void Append(T item){
    if(IsFull()){
        Console.WriteLine("List is full");
        return;
    }
    data[++last] = item;
}
```

（6）执行插入操作。

在顺序表中插入数据的方法非常简单，只需要在顺序表的第 i 个位置插入一个值为 item 的新元素即可。插入新元素后，原来长度为 n 的表$(a_1, a_2, \cdots, a_{(i-1)}, a_i, a_{(i+1)}, \cdots, a_n)$，现在长度变为 $(n+1)$，也就是变为$(a_1, a_2, \cdots, a_{(i-1)}, item, a_i, a_{(i+1)}, \cdots, a_n)$。$i$ 的取值范围是 $1 \leqslant i \leqslant n+1$。当 i 为 $n+1$ 时，表示在顺序表的末尾插入数据元素。

在顺序表中插入一个新数据元素的基本步骤如下所示。

❑　判断顺序表的状态，判断顺序表是否已满和插入的位置是否正确，当表满或插入位置不正确时不能插入；

❑　当表未满且插入位置正确时，将 $a_n \sim a_i$ 依次向后移动，以便为新的数据元素空出位置。在算法中这用循环来实现；

❑　将新的数据元素插入到空出的第 i 个位置上；

❑　修改 last 表长，使其仍指向顺序表的最后一个数据元素。

具体插入过程如图 20-1 所示。

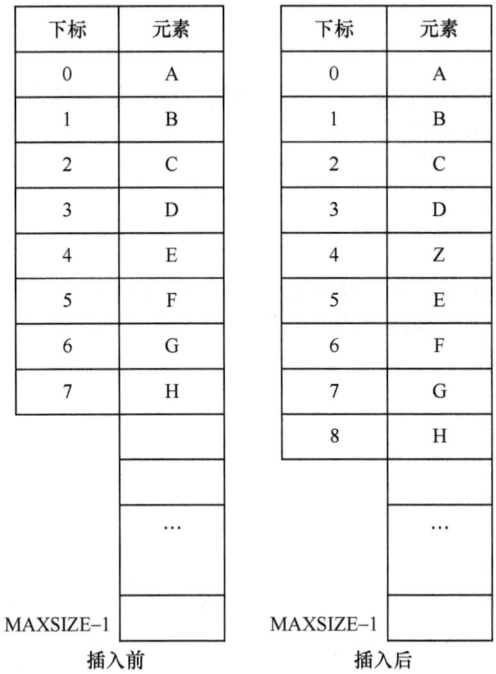

下标	元素
0	A
1	B
2	C
3	D
4	E
5	F
6	G
7	H
…	

MAXSIZE−1

插入前

下标	元素
0	A
1	B
2	C
3	D
4	Z
5	E
6	F
7	G
8	H
…	

MAXSIZE−1

插入后

图 20-1　插入示意图

使用 C 语言在顺序表中实现插入操作的代码如下。

```
public void Insert(T item, int i){
    //判断顺序表是否已满
    if (IsFull()){
       Console.WriteLine("Listisfull");
       return;
    }
//判断插入的位置是否正确
//i小于1表示在第1个位置之前插入
//i大于last+2表示在最后一个元素后面的第2个位置插入
if(i<1||i>last+2){
       Console.WriteLine("Positioniserror!");
       return;
    }
//在顺序表的表尾插入数据元素
if(i==last+2){
    data[i-1]=item;
}
else//在表的其他位置插入数据元素
{
    //元素移动
    for(intj=last;j>=i-1;--j){
         data[j+1]=data[j];
    }
```

```
    //将新的数据元素插入到第1个位置上
    data[i-1]=item;
    }
    //修改表长
    ++last;
    }
```

在上述代码中，位置变量 i 的初始值是 1 而不是 0。

（7）执行删除操作。

我们可以删除顺序表中的第 i 个数据元素，删除会使原来长度为 n 的表（a_1, a_2, …, a_{i-1}, a_i, a_{i+1}, …, a_n）变为长度为（$n-1$）的表，即（a_1, a_2, …, a_{i-1}, a_{i+1}, …, a_n）。i 的取值范围为 $1 \leqslant i \leqslant n$。当 i 为 n 时，表示删除顺序表末尾的数据元素。

在顺序表中删除一个数据元素的基本流程如下所示。

❑ 判断顺序表是否为空，并判断删除的位置是否正确，当为空或删除位置不正确时不能删除。

❑ 如果表为空且删除位置正确，则将 a_{i+1}～a_n 依次向前移动，在算法中用循环来实现移动功能。

❑ 修改 last 值以修改表长，使它仍指向顺序表的最后一个元素。

图 20-2 展示了在顺序表中删除一个元素的前后变化过程。图中原来表的长度是 8，如果删除第 5 个元素 E，则在删除后为了满足顺序表的先后关系，必须将第 6～8 个元素（下标为 5～7）向前移动一位。

下标	元素
0	A
1	B
2	C
3	D
4	E
5	F
6	G
7	H
…	
MAXSIZE-1	

下标	元素
0	A
1	B
2	C
3	D
4	F
5	G
6	H
8	
…	
MAXSIZE-1	

图 20-2 顺序表中删除一个元素

使用 C 语言在顺序表中删除数据元素的基本算法如下所示。

```
publicTDelete(inti){
    tmp = default(T);
    //判断表是否为空
    if (IsEmpty()){
    Console.WriteLine("List is empty");
        return tmp;
    }
            //判断删除的位置是否正确
            // i小于1表示删除第1个位置之前的元素
            // i大于last+1表示删除最后一个元素后面的第1个位置的元素
```

```
        if (i < 1 || i > last+1){
            Console.WriteLine("Position is error!");
                return tmp;
        }
    //删除的是最后一个元素
    if (i == last+1){
      tmp = data[last--];
            return tmp;
        }
        else //删除的不是最后一个元素
        {
            //元素移动
            tmp = data[i-1];
            for (int j = i; j <= last; ++j){
                data[j] = data[j + 1];
            }
        }
    //修改表长
    --last;
return tmp;
}
```

（8）获取表元。

获取表元运算可以返回顺序表中第 i 个数据元素的值，i 的取值范围是 $1 \leqslant i \leqslant last+1$。因为表中数据是随机存取的，所以当 i 的取值正确时，获取表元运算的时间复杂度为 $O(1)$。使用 C 语言实现获取表元运算的算法如下。

```
public T GetElem(int i){
    if (IsEmpty()|| (i<1) || (i>last+1)){
        Console.WriteLine("List is empty or Position is error!");
        return default(T);
    }
    return data[i-1];
}
```

（9）按值进行查找。

按值查找是指在顺序表中查找满足给定值的数据元素。就像我们房间的门牌号一样，这个值必须具体到 X 单元和 X 室，否则会查找不到。按值查找就像 word 中的搜索功能一样，它可以在众多的 word 文字中找到我们需要查找的内容。在顺序表中找到一个值的基本流程如下所示。

❑ 从第 1 个元素起依次与给定值进行比较，如果找到，则返回在顺序表中首次出现与给定值相等的数据元素的序号，这称为查找成功。

❑ 如果没有找到，则在顺序表中没有与给定值匹配的数据元素，返回一个特殊值以表示查找失败。

使用 C 语言实现按值查找运算的算法如下。

```
publicintLocate(Tvalue){
//顺序表为空
if(IsEmpty()){
    Console.WriteLine("listisEmpty");
    return-1;
}
inti=0;
    //循环处理顺序表
    for(i=0;i<=last;++i){
        //顺序表中存在与给定值相等的元素
        if(value.Equals(data[i])){
        break;
    }
}
//顺序表中不存在与给定值相等的元素
if(i>last){
    return-1;
}
```

```
returni;
}
```

20.1.3 实战演练——使用顺序表操作函数

为了说明顺序表的基本操作方法，接下来将通过一个具体实例详细讲解操作顺序表的基本流程。

实例 20-1 | **演示顺序表操作函数的用法**
源码路径 daima\20\20-1\

本实例编写了一个测试主函数 main()，然后调用前面定义的顺序表操作函数进行对应的操作。实例文件 SeqListTest.c 的具体实现代码如下。

```
#include <stdio.h>
typedef struct{
  char key[15];                      //节点的关键字
  char name[20];
  int age;
} DATA;                              //定义节点类型，它可定义为简单类型，也可定义为结构
#include "2-1 SeqList.h"
#include "2-2 SeqList.c"
int SeqListAll(SeqListType *SL)     //遍历顺序表中的节点
{
  int i;
  for(i=1;i<=SL->ListLen;i++)
  printf("(%s,%s,%d)\n",SL->ListData[i].key,SL->ListData[i].name,SL->ListData[i].age);
}
int main(){
  int i;
  SeqListType SL;                    //定义顺序表变量
  DATA data,*data1;                  //定义节点，保存数据类型变量和指针变量
  char key[15];                      //保存关键字

  SeqListInit(&SL);                  //初始化顺序表

  do {                               //循环添加节点数据
    printf("输入添加的节点(学号姓名年龄)：");
    fflush(stdin);                   //清空输入缓冲区
    scanf("%s%s%d",&data.key,&data.name,&data.age);
    if(data.age)                     //若年龄不为零
    {
      if(!SeqListAdd(&SL,data))      //若添加节点失败
        break;                       //退出死循环
    }else    //若年龄为零
      break;        //退出死循环
  }while(1);
  printf("\n顺序表中的节点顺序为：\n");
  SeqListAll(&SL);                   //显示所有节点数据

  fflush(stdin);                     //清空输入缓冲区
  printf("\n要取出节点的序号：");
  scanf("%d",&i);                    //输入节点序号
  data1=SeqListFindByNum(&SL,i);     //按序号查找节点
  if(data1)                          //若返回的节点指针不为NULL
    printf("第%d个节点为：(%s,%s,%d)\n",i,data1->key,data1->name,data1->age);

  fflush(stdin);                     //清空输入缓冲区
  printf("\n要查找节点的关键字：");
  scanf("%s",key);                   //输入关键字
  i=SeqListFindByCont(&SL,key);      //按关键字查找，返回节点序号
  data1=SeqListFindByNum(&SL,i);     //按序号查询，返回节点指针
  if(data1)                          //若节点指针不为NULL
    printf("第%d个节点为：(%s,%s,%d)\n",i,data1->key,data1->name,data1->age);
  getch();
  return 0;
}
```

程序运行后的效果如图 20-3 所示。

图 20-3　执行效果

20.2　队　　列

队列严格按照"先来先得"的原则，例如在银行办理业务时都要先取一个号排队，早来的会获得先到柜台办理业务的待遇。再例如购票火车票时需要排队，早来

知识点讲解：视频\第 20 章\
队列详解.mp4

的先获得买票资格。计算机算法中的队列是一种特殊的线性表，它只允许在表的前端执行删除操作，在表的后端执行插入操作。队列是一种比较有意思的数据结构，最先插入的元素也是最先删除的；反之最后插入的元素是最后删除的，因此队列又称为"先进先出"（first in-first out，FIFO）的线性表。执行插入操作的端称为队尾，执行删除操作的端称为队头。执队列中没有元素时，称之为空队列。

20.2.1　队列的定义

在 C 语言数据结构中，队列和栈一样，只允许在断点处插入和删除元素，循环队的入队算法如下所示。

（1）令 tail=tail+1。

（2）如果 tail=n+1，则 tail=1。

（3）如果 head=tail，即表示尾指针与头指针重合，则表示元素已装满队列，会施行"上溢"出错处理；否则 Q(tail)=X，结束整个过程，其中 X 表示新的入队或出队元素。

队列的抽象数据类型定义是 ADT Queue，具体格式如下。

```
ADT Queue{
数据对象：D={ai|ai∈ElemSet, i=1,2,…,n,  n≥0}
数据关系：R={R1},R1={<ai-1,ai>|ai-1,ai∈D, i=2,3,…,n }
基本操作：
InitQueue(&Q)
操作结果：构造一个空队列Q
DestroyQueue(&Q)
初始条件：队列Q已存在
操作结果：销毁队列Q
ClearQueue(&Q)
初始条件：队列Q已存在
操作结果：将队列Q重置为空队列
QueueEmpty(Q)
初始条件：队列Q已存在
操作结果：若Q为空队列，则返回true；否则，返回false
QueueLength(Q)
初始条件：队列Q已存在
操作结果：返回队列Q中数据元素的个数
GetHead(Q,&e)
初始条件：队列Q已存在且非空
操作结果：用e返回Q中的队头元素
```

```
EnQueue(&Q, e)
初始条件：队列Q已存在
操作结果：插入元素e为Q的新的队尾元素
DeQueue(&Q, &e)
初始条件：队列Q已存在且非空
操作结果：删除Q的队头元素，并用e返回其值
QueueTraverse(Q, visit())
初始条件：队列Q已存在且非空
操作结果：从队头到队尾依次对Q中的每个数据元素调用函数visit()。一旦visit()失败，则操作失败
}ADT Queue
```

20.2.2 实战演练——实现一个排号程序

在日常生活中，排号程序的应用范围很广泛。例如银行存取款、电话缴费和买菜等都需要排队。为了提高服务质量，很多机构专门设置了排号系统，以便于规范化地管理排队办理业务的客户。要求编写一个 C 语言程序，在里面创建一个队列，每个顾客通过该系统得到一个序号，程序将该序号添加到队列中。柜台的工作人员在处理完一个顾客的业务后，可以选择办理下一位顾客的业务，程序将从队列的头部获取下一位顾客的序号。

实例 20-2 演示一个完整的循环队列的操作过程
源码路径　daima\20\20-2\

（1）编写实例文件 xuncao.h 来演示一个完整循环队列的操作过程，具体代码如下。

```c
#define QUEUEMAX 15
typedef struct{
    DATA data[QUEUEMAX]; //队列数组
    int head; //队头
    int tail; //队尾
}CycQueue;
CycQueue *CycQueueInit(){
    CycQueue *q;
    if(q=(CycQueue *)malloc(sizeof(CycQueue))) //申请保存队列的内存
    {
        q->head = 0;//设置队头
        q->tail = 0;//设置队尾
return q;
}else
        return NULL; //返回空
}
void CycQueueFree(CycQueue *q)     //释放队列
{
 if (q!=NULL)
 free(q);
}
int CycQueueIsEmpty(CycQueue *q)    //队列是否为空
{
 return (q->head==q->tail);
}
int CycQueueIsFull(CycQueue *q)    //队列是否已满
{
 return ((q->tail+1)%QUEUEMAX==q->head);
}
int CycQueueIn(CycQueue *q,DATA data)//入队函数
{
if((q->tail+1)%QUEUEMAX == q->head ){
        printf("队列满了! \n");
return 0;
}else{
        q->tail=(q->tail+1)%QUEUEMAX; //求列尾序号
        q->data[q->tail]=data;
return 1;
    }
}
DATA *CycQueueOut(CycQueue *q)//循环队列的出队函数
{
```

拓展范例及视频二维码

范例 **20-2-01**：用二分法解
非线性方程
源码路径：**演练范例\20-2-01**

范例 **20-2-02**：用牛顿迭代法解
非线性方程
源码路径：**演练范例\20-2-02**

```
            if(q->head==q->tail)           //队列为空
            {
                printf("队列空了！\n");
return NULL;
}else{
                q->head=(q->head+1)%QUEUEMAX;
return&(q->data[q->head]);
            }
}
int CycQueueLen(CycQueue *q)        //获取队列长度
{
int n;
    n=q->tail-q->head;
if(n<0)
        n=QUEUEMAX+n;
return n;
}
DATA *CycQueuePeek(CycQueue *q)  //获取队定中第1个位置上的数据
{
if(q->head==q->tail)
    {
        printf("队列已经空了!\n");
return NULL;
}else{
return&(q->data[(q->head+1)%QUEUEMAX]);
    }
}
```

（2）根据队列操作原理编写实例文件 dui.c，具体算法如下。

① 定义 DATA 数据类型，它表示进入队列的数据。

② 定义全局变量 num，它保存顾客的序号。

③ 编写新增顾客函数 add()，为新到顾客生成一个编号，并添加到队列中；

④ 编写柜台工作人员呼叫下一个顾客的处理函数 next()；

⑤ 编写主函数 main()，它应能根据不同的选择分别调用函数 add()或 next()来实现对应的操作。

实例文件 dui.c 的具体代码如下。

```
#include <stdio.h>
#include <stdlib.h>
#include <time.h>
typedef struct
{
    int num;                                    //顾客编号
    long time;                                  //进入队列的时间
}DATA;
#include "xuncao.h"
int num;//顾客序号
void add(CycQueue *q)                           //新增顾客队列
{
    DATA data;
if(!CycQueueIsFull(q))                          //如果队列未满
    {
        data.num=++num;
        data.time=time(NULL);
        CycQueueIn(q,data);
    }
else
        printf("\n排队的人实在是太多了，请您稍候再排队！\n");
}
void next(CycQueue *q)                           //通知下一个顾客准备
{
    DATA *data;
if(!CycQueueIsEmpty(q))                          //若队列不为空
    {
        data=CycQueueOut(q);                     //取队列头部的数据
```

```
            printf("\n欢迎编号为%d的顾客到柜台办理业务!\n",data->num);
        }
    if(!CycQueueIsEmpty(q))                          //若队列不为空
        {
            data=CycQueuePeek(q);                    //取队列中指定位置的数据
            printf("请编号为%d的顾客做好准备,马上将为您办理业务!\n",data->num);
        }
}
int main(void){
    CycQueue *queue1;
    int i,n;
    char select;
    num=0;                                           //顾客序号
    queue1=CycQueueInit();                           //初始化队列
    if(queue1==NULL)
    {
        printf("创建队列时出错! \n");
        getch();
        return 0;
    }
do{
    printf("\n请选择具体操作:\n");
    printf("1.新到顾客\n");
    printf("2.下一个顾客\n");
    printf("0.退出\n") ;
    fflush(stdin);
    select=getch();
    switch(select)
        {
        case '1':
        add(queue1);
                printf("\n现在共有%d位顾客在等候!\n",CycQueueLen(queue1));
        break;
        case '2':
        next(queue1);
                printf("\n现在共有%d位顾客在等候!\n",CycQueueLen(queue1));
        break;
        case '0':
        break;
        }
    }while(select!='0');
    CycQueueFree(queue1);                            //释放队列
    getch();
return 0;
}
```

程序运行后的效果如图 20-4 所示。

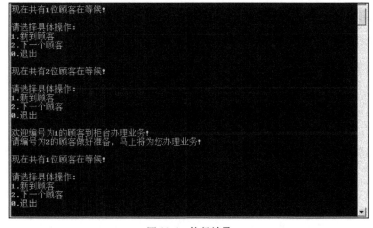

图 20-4　执行效果

20.3　栈

前面曾经说过"先进先出"是一种规则，其实在很多时候"后进先出"也是一种规则。以银行排队办理业务为例，假设银行工作人员通知说：今天的营业时间就

知识点讲解：视频\第 20 章\栈.mp4

要到了，还能办理 x 号到 y 号的业务，请 y 号以后的客户明天再来办理。也就是说因为时间关系，排队的队伍中后来几位需要自觉退出，等第二天再来办理。本节将要讲的"栈"就遵循这一规则。栈即 stack，是一种数据结构，是只能在某一端执行插入或删除操作的特殊线性表。栈按照后进先出的原则存储数据，先进的数据压入栈底，最后进入的数据在栈顶。当需要读数据时，从栈顶开始弹出数据，最后一个数据会第 1 个读出来。栈通常也称为后进先出表。

20.3.1　栈的定义

栈允许在同一端执行插入和删除操作，允许插入和删除操作的一端称为栈顶，另一端称为栈底。栈底是固定的，而栈顶浮动的，如果栈中元素个数为零则称为空栈。插入操作一般称为入栈（Push），删除操作一般称为出栈（Pop）。在栈中有两种基本操作，它们分别是入栈和出栈。

1. 入栈

将数据保存到栈顶。在执行入栈操作前，先修改栈顶指针，使其向上移动一个元素位置，然后将数据保存到栈顶指针所指的位置。入栈操作的算法如下所示。

❑ 如果 TOP ≥ n，则输出溢出信息，做出错处理。在进栈前首先检查栈是否已满，如果已满则溢出；不满则进入下一步骤；

❑ 设置 TOP=TOP+1，使栈指针加 1，指向进栈地址；

❑ S(TOP)=X，结束操作，X 为新进栈的元素。

2. 出栈

弹出栈顶的数据，然后修改栈顶指针，使其指向栈中的下一个元素。出栈操作的算法如下。

❑ 如果 TOP ≤ 0，则输出下溢信息，并执行出错处理。在退栈之前先检查是否已为空栈，如果为空，则下溢；如果不空，则进入下一步骤。

❑ 令 X=S(TOP)，把退栈后的元素赋给 X。

❑ 令 TOP=TOP−1，结束操作，栈指针减 1，指向栈顶。

20.3.2　实战演练——实现栈操作

接下来将通过一个具体实例详细讲解对栈执行操作的过程。

实例 20-3　实现栈操作
源码路径　daima\20\20-3\

（1）在文件 ceStack.h 中定义各种操作栈的函数，具体实现流程如下所示。

① 对栈进行初始化，先按照符号常量 SIZE 指定的大小申请一块内存空间，用这块内存空间来保存栈中的数据，然后设置栈顶指针为零，这表示是一个空栈。具体代码如下。

```
SeqStack *SeqStackInit(){
    SeqStack *p;
    if(p=(SeqStack *)malloc(sizeof(SeqStack)))  //申请栈内存
    {
        p->top=0;  //设置栈顶指针为零
        return p;  //返回指向栈的指针
    }
```

```
    return NULL;
}
```

② 当通过函数 malloc()为栈分配使用的内存空间后，在不使用栈的时候应该调用函数 free()及时释放所分配的内存，对应代码如下。

```
void SeqStackFree(SeqStack *s)              //释放栈所占用的空间
{
   if(s)
   free(s);
}
```

③ 判断栈的状态，在对栈进行操作之前需要判断栈的状态，然后才能决定是否进行操作，下列函数用于判断栈的状态。

```
int SeqStackIsEmpty(SeqStack *s)            //判断栈是否为空
{
  return(s->top==0);
}
void SeqStackClear(SeqStack *s)             //清空栈
{
  s->top=0;
}
int SeqStackIsFull(SeqStack *s)             //判断栈是否已满
{
  return(s->top==SIZE);
}
```

④ 执行入栈和出栈操作。入栈和出栈都是最基本的栈操作，对应的函数代码如下。

```
int SeqStackPush(SeqStack *s,DATA data) //入栈操作
{
if((s->top+1)>SIZE)
    {
        printf("栈溢出!\n");
return 0;
    s->data[++s->top]=data;     //元素入栈
return 1;
}
DATA SeqStackPop(SeqStack *s) //出栈操作
{
if(s->top==0)
    {
        printf("栈为空! ");
exit(0);
    }
return (s->data[s->top--]);
}
```

⑤ 获取栈顶元素。当使用出栈函数后，原来的栈顶元素就不存在了。有时需要在获取栈顶元素后要求继续使该元素在栈顶，这时就需要使用获取栈顶元素的函数。对应的代码如下。

```
DATA SeqStackPeek(SeqStack *s)              //读栈顶数据
{
if(s->top==0){
        printf("栈为空! ");
        exit(0);
    }
return (s->data[s->top]);
}
```

(2) 编写测试文件 ceStackTest.c，其功能是调用文件 ceStack.h 中定义的栈操作函数实现出栈操作。文件 ceStackTest.c 的具体实现代码如下。

```
#include <stdio.h>
#include <stdlib.h>
#define SIZE 50
typedef struct{
char name[15];
int age;
}DATA;
#include "ceStack.h"
int main(void){
```

```
    SeqStack *stack;
    DATA data,data1;
    stack=SeqStackInit();   //初始化栈
    printf("入栈操作：\n");
    printf("输入姓名年龄进行入栈操作:");
scanf("%s%d",data.name,&data.age);
SeqStackPush(stack,data);
    printf("输入姓名年龄进行入栈操作:");
scanf("%s%d",data.name,&data.age);
SeqStackPush(stack,data);
    printf("\n出栈操作：\n按任意键执行出栈操作:");
getch();

    data1=SeqStackPop(stack);
    printf("出栈的数据是(%s,%d)\n" ,data1.name,data1.age);
    printf("按任意键执行出栈操作:");
getch();
    data1=SeqStackPop(stack);
    printf("出栈的数据是(%s,%d)\n" ,data1.name,data1.age);
    SeqStackFree(stack); //释放栈所占用的空间
getch();
return 0;
}
```

拓展范例及视频二维码

范例 **20-3-01**：实现矩阵运算

源码路径：**演练范例\20-3-01**

范例 **20-3-02**：实现 $n×n$ 整数

方阵的转置

源码路径：**演练范例\20-3-02**

程序运行后的效果如图 20-5 所示。

图 20-5　执行效果

20.4　技 术 解 惑

20.4.1　线性表插入操作的时间复杂度

在顺序表上执行插入操作的过程看似比较复杂，其实现比较简单，它只是一个插入并重新排序的过程。在整个过程中，时间主要消耗在数据移动上。在第 i 个位置插入一个元素，元素从 a_i 到 a_n 都要向后移动一个位置，一共需要移动 $n−i+1$ 个元素。i 的取值范围为 $1≤i≤n+1$。当 $i=1$ 时，需要移动的元素个数最多，它为 n 个；当 $i=n+1$ 时，不需要移动元素。如果在第 i 个位置执行插入的概率为 P_i，则数据元素的平均移动次数为 $n/2$。这说明在顺序表上进行的插入操作，平均需要移动一半的数据元素，所以，插入操作的时间复杂度为 $O(n)$。

20.4.2　线性表删除操作的时间复杂度

顺序表的删除操作与插入操作一样，时间主要消耗在数据移动上。当在第 i 个位置删除一个元素时，从 a_{i+1} 到 a_n 都要向前移动一个位置，共需要移动 $n−i$ 个元素，而 i 的取值范围为 $1≤i≤n$。当 $i=1$ 时，需要移动 $n−1$ 个元素；当 $i=n$ 时，不需要移动元素。假如在第 i 个位置执行删除的概率为 P_i，则数据元素的平均移动次数为$(n−1)/2$。这说明在顺序表上执行删除操作平均需要移动表中一半的数据元素，所以，删除操作的时间复杂度为 $O(n)$。

20.4.3　线性表按值查找操作的时间复杂度

在顺序表中按值查找实现一个比较运算，比较次数与给定值在表中的位置和表长有关。当给定值与第 1 个数据元素相等时，比较次数为 1；当给定值与最后一个元素相等时，比较次数为 n。所以，平均比较次数为(n+1)/2，时间复杂度为 O(n)。因为顺序表是用连续空间存储数据元素的，所以有很多按值查找的方法。如果顺序表是有序的，则建议用折半查找法，这样可以提高效率。

20.4.4 线性表链接存储操作的 11 种算法

下面用 C 语言演示了线性表链接存储（单链表）的 11 个功能。

```c
#include "stdafx.h"
#include "stdio.h"
#include <stdlib.h>
#include "string.h"

typedef int elemType ;
/***************************************************************/
/*         以下是线性表链接存储（单链表）操作的11种算法       */

/* 1.初始化线性表，即置单链表的表头指针为空 */
/* 2.创建线性表，若此函数输入负数则表示终止读取数据*/
/* 3.打印链表，链表的遍历*/
/* 4.清除线性表L中的所有元素，即释放单链表L中的所有节点，使之成为一个空表 */
/* 5.返回单链表的长度 */
/* 6.检查单链表是否为空，若为空则返回1，否则返回0 */
/* 7.返回单链表第pos个节点中的元素，若pos超出范围，则停止程序运行 */
/* 8.从单链表中查找具有给定值x的第1个元素，若查找成功则返回该节点data域的存储地址，否则返回NULL */
/* 9.把单链表中第pos个节点的值修改为x，若修改成功则返回1，否则返回0 */
/* 10.向单链表的表头插入一个元素 */
/* 11.向单链表的末尾添加一个元素 */
/***************************************************************/
typedef struct Node{        /* 定义单链表节点类型 */
elemType element;
    Node *next;
}Node;
/* 1.初始化线性表，即置单链表的表头指针为空 */
void initList(Node **pNode)
{
    *pNode = NULL;
    printf("执行initList函数，初始化成功\n");
}
/* 2.创建线性表，若此函数输入负数则表示终止读取数据*/
Node *creatList(Node *pHead)
{
    Node *p1;
    Node *p2;
    p1=p2=(Node *)malloc(sizeof(Node)); //申请新节点
if(p1 == NULL || p2 ==NULL)
    {
        printf("内存分配失败\n");
exit(0);
    }
memset(p1,0,sizeof(Node));
    scanf("%d",&p1->element);     //输入新节点
    p1->next = NULL;              //新节点的指针置为空
    while(p1->element > 0)        //输入的值大于0则继续，直到输入的值为负数
    {
        if(pHead == NULL)         //空表，接入表头
        {
pHead = p1;
        }
    else
        {
            p2->next = p1;        //非空表，接入表尾
        }
        p2 = p1;
        p1=(Node *)malloc(sizeof(Node));    //重新申请一个节点
if(p1 == NULL || p2 ==NULL)
        {
        printf("内存分配失败\n");
```

```
        exit(0);
        }
memset(p1,0,sizeof(Node));
scanf("%d",&p1->element);
        p1->next = NULL;
    }
    printf("执行creatList函数，链表创建成功\n");
    return pHead;            //返回链表的头指针
}
/* 3.打印链表，链表的遍历*/
void printList(Node *pHead)
{
    if(NULL == pHead)        //链表为空
    {
        printf("执行PrintList函数，链表为空\n");
    }
    else
    {
while(NULL != pHead)
        {
printf("%d ",pHead->element);
pHead = pHead->next;
        }
printf("\n");
    }
}
/* 4.清除线性表L中的所有元素，即释放单链表L中的所有节点，使之成为一个空表 */
void clearList(Node *pHead)
{
    Node *pNext;            //定义一个与pHead相邻的节点
if(pHead == NULL)
    {
        printf("执行clearList函数，链表为空\n");
return;
    }
while(pHead->next != NULL)
    {
        pNext = pHead->next;//保存下一节点的指针
free(pHead);
        pHead = pNext;        //表头下移
    printf("执行clearList函数，链表已清除\n");
}
/* 5.返回单链表的长度 */
int sizeList(Node *pHead)
{
int size = 0;
while(pHead != NULL)
    {
        size++;                //遍历链表size的大小比链表的实际长度小1
pHead = pHead->next;
    }
    printf("执行sizeList函数，链表长度为 %d \n",size);
    return size;            //链表的实际长度
}
/* 6.检查单链表是否为空，若为空则返回1，否则返回0 */
int isEmptyList(Node *pHead)
{
if(pHead == NULL)
    {
        printf("执行isEmptyList函数，链表为空\n");
return 1;
    }
    printf("执行isEmptyList函数，链表非空\n");
return 0;
}
/* 7.返回单链表第pos个节点中的元素，若pos超出范围，则停止程序运行 */
elemType getElement(Node *pHead, int pos)
{
```

```
int i=0;
if(pos < 1)
    {
        printf("执行getElement函数，pos值非法\n");
return 0;
    }
if(pHead == NULL)
    {
        printf("执行getElement函数，链表为空\n");
return 0;
        //exit(1);
    }
while(pHead !=NULL)
    {
        ++i;
if(i == pos)
        {
break;
        }
        pHead = pHead->next; //移到下一节点
    }
    if(i < pos)                //链表长度不足则退出
    {
        printf("执行getElement函数，pos值超出链表长度\n");
return 0;
    }
return pHead->element;
}
/* 8.从单链表中查找具有给定值x的第1个元素，若查找成功则返回该节点data域的存储地址，否则返回NULL */
elemType *getElemAddr(Node *pHead, elemType x)
{
if(NULL == pHead)
    {
        printf("执行getElemAddr函数，链表为空\n");
return NULL;
    }
if(x < 0)
    {
        printf("执行getElemAddr函数，给定值x不合法\n");
return NULL;
    }
while((pHead->element != x) && (NULL != pHead->next))
//判断是否到达链表末尾，以及是否存在所要查找的元素
pHead = pHead->next;
    }
if((pHead->element != x) && (pHead != NULL))
    {
        printf("执行getElemAddr函数，在链表中未找到x值\n");
return NULL;
    }
if(pHead->element == x)
    {
        printf("执行getElemAddr函数，元素 %d 的地址为 0x%x\n",x,&(pHead->element));
    }
    return &(pHead->element);//返回元素的地址
}
/* 9.把单链表中第pos个节点的值修改为x，若修改成功则返回1，否则返回0 */
int modifyElem(Node *pNode,int pos,elemType x)
{
    Node *pHead;
pHead = pNode;
int i = 0;
if(NULL == pHead)
    {
        printf("执行modifyElem函数，链表为空\n");
    }
if(pos < 1)
    {
```

```
          printf("执行modifyElem函数，pos值非法\n");
return 0;
    }
while(pHead !=NULL)
    {
        ++i;
if(i == pos)
        {
break;
        }
        pHead = pHead->next; //移动到下一节点
    }
    if(i < pos)                //链表长度不足则退出
    {
        printf("执行modifyElem函数，pos值超出链表长度\n");
return 0;
    }
pNode = pHead;
pNode->element = x;
    printf("执行modifyElem函数\n");
return 1;
}
/* 10.向单链表的表头插入一个元素 */
int insertHeadList(Node **pNode,elemType insertElem)
{
    Node *pInsert;
pInsert = (Node *)malloc(sizeof(Node));
memset(pInsert,0,sizeof(Node));
pInsert->element = insertElem;
pInsert->next = *pNode;
    *pNode = pInsert;
    printf("执行insertHeadList函数，向表头插入元素成功\n");
return 1;
}
/* 11.向单链表的末尾添加一个元素 */
int insertLastList(Node **pNode,elemType insertElem)
{
    Node *pInsert;
    Node *pHead;
    Node *pTmp; //定义一个临时链表用来存放第1个节点
pHead = *pNode;
pTmp = pHead;
    pInsert = (Node *)malloc(sizeof(Node)); //申请一个新节点
memset(pInsert,0,sizeof(Node));
pInsert->element = insertElem;
while(pHead->next != NULL)
    {
pHead = pHead->next;
    }
    pHead->next = pInsert;         //将链表末尾节点的下一个节点指向新添加的节点
    *pNode = pTmp;
    printf("执行insertLastList函数，向表尾插入元素成功\n");
return 1;
}
/****************************************************************/
int main(void)
{
    Node *pList=NULL;
int length = 0;
elemType posElem;
    initList(&pList);              //链表初始化
    printList(pList);              //遍历链表，打印链表
    pList=creatList(pList);        //创建链表
printList(pList);
    sizeList(pList);               //链表的长度
printList(pList);
    isEmptyList(pList);            //判断链表是否为空链表
    posElem = getElement(pList,3); //获取第3个元素，如果元素不足3个，则返回0
    printf("执行getElement函数，位置 3 中的元素为 %d\n",posElem);
```

```
    printList(pList);
        getElemAddr(pList,5);        //获得元素5的地址
        modifyElem(pList,4,1);       //将链表中位置4的元素修改为1
    printList(pList);
        insertHeadList(&pList,5);    //表头插入元素12
    printList(pList);
        insertLastList(&pList,10);   //表尾插入元素10
    printList(pList);
        clearList(pList);            //清空链表
    system("pause");
    }
```

20.4.5 堆和栈的区别

在计算机领域，堆栈是一个不容忽视的概念，我们编写的 C 语言程序基本上都要用到它。但对于很多初学者来说，堆栈是一个很模糊的概念。堆栈是一种数据结构，是一个在程序运行时用于存放数据的地方。这可能是很多初学者的认识，因为作者曾经就是这么想的，将 C 语言中的堆栈和汇编语言中的堆栈混为一谈。

首先，在数据结构上要知道堆栈，尽管我们这么称呼它，但实际上堆栈是两种数据结构：堆和栈。堆和栈都是一种按序排列的数据结构。

栈就像是装数据的桶或箱子，是一种具有后进先出性质的数据结构。也就是说，后存放的先取，先存放的后取。这就如同我们要取出放在箱子底下的东西（比较早放入的物体），我们首先要移开压在它上面的物体（放入比较晚的物体）。

堆像一棵倒过来的树，是一种经过排序的树形数据结构，每个节点都有一个值。通常我们所说的堆的数据结构是指二叉堆。堆的特点是根节点的值最小（或最大），且根节点的两个子树也是一个堆。堆的这个特性常用来实现优先队列，堆的存取是随意的，这就如同我们在图书馆的书架上取书，虽然书是有顺序摆放的，但是我们想取任意一本时不必像栈一样，先取出前面所有的书，书架这种机制不同于箱子，可以直接取出我们想要的书。

接下来，讨论 C 程序内存分配中的堆和栈。

内存中的栈区处于相对较高的地址中，如果将地址的增长方向表示为向上，则栈地址是向下增长的。在栈中可以分配局部变量的空间，堆区是向上增长的用于分配程序员申请的内存空间。另外，静态区是用于分配静态变量空间和全局变量空间的；而只读区是负责分配常量和程序代码空间。

由此可见，堆和栈的第 1 个区别就是申请方式不同，栈（stack）是系统自动分配存储空间的，例如定义一个 char a，系统会自动在栈上为其开辟空间；而堆（heap）则是程序员根据需要自己申请的空间，例如 malloc(10) 会开辟 10 字节的空间。由于栈上的空间是自动分配自动回收的，所以栈上数据的生存周期只是在函数的运行过程中，运行后就释放掉，不可以再访问。而堆上的数据只要程序员不释放空间，就一直可以访问，不过它的缺点是一旦忘记释放会造成内存泄漏。

20.5　课后练习

1．使用递归法解决"八皇后"问题。

2．使用循环法解决"八皇后"问题。

3．用 C 语言编程解决生命游戏问题。

4．用 C 语言编写一个黑白棋人机对战程序。

5．用 C 语言编写代码以实现迷宫问题求解。

第 21 章

网络编程技术

现在，人们已经越来越离不开互联网带给我们的方便了，邮件、QQ、网购已经深入到人们的日常生活中。其实 C 语言也可以用在网络开发项目中，本章将详细讲解 C 语言开发网络项目的基本知识，这样会使读者的开发水平更上一层楼。

21.1 OSI 7 层网络模型

当前的通用网络协议标准是 TCP/IP，它是一个比较复杂的协议集，有很多专业书籍介绍过它。在此，仅介绍其与编程密切相关的部分，即以太网上 TCP/IP 的分层结构及其报文格式。

知识点讲解：视频\第 21 章\
OSI 7 层网络模型.mp4

TCP/IP 并不完全符合 OSI 的 7 层参考模型。传统的开放式系统互连参考模型是一种通信协议 7 层抽象的参考模型，其中每一层执行某一特定任务。该模型的目的是使各种硬件在相同的层上相互通信。这 7 层分别是物理硬件层、数据链路层、网络层、数据传输层、会话层、表示层和应用层。OSI 网络模型是一个开放式系统互连的参考模型。通过这个参考模型，用户可以非常直观地了解网络通信的基本过程和原理。OSI 参考模型如图 21-1 所示。

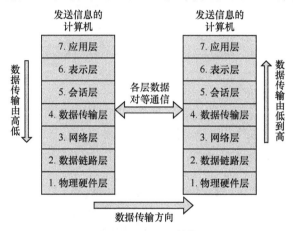

图 21-1　OSI 7 层网络模型

从图 21-1 所示的 OSI 网络模型可以看到，在网络数据从发送方到达接收方的过程中，数据的流向以及经过的通信层和相应的通信协议。事实上在网络通信的发送端，通信数据每到一个通信层，该层协议都会在数据中添加一个包头数据。而在接收方过程恰好相反，数据通过每一层时该层协议都会剥去相应的包头数据。用户也可以这样理解，网络模型中的各层都进行对等通信。在 OSI 7 层网络模型中，各个网络层都具有各自的功能，如表 21-1 所示。

表 21-1　各网络层的功能

协 议 层 名	功 能 概 述
物理硬件层	表示计算机网络中的物理设备。常见的有计算机网卡等
数据链路层	将传输数据压缩与加压缩
网络层	将传输数据进行网络传输
数据传输层	进行信息的网络传输
会话层	建立物理网络连接
表示层	将传输数据以某种格式来表示
应用层	应用程序接口

而 TCP/IP 采用 4 层的层级结构，每一层都呼叫它的下一层来提供网络以完成自己的需求。这 4 层结构的具体信息如下所示。

❑ 应用层：应用程序间沟通的层，如简单的电子邮件传输（SMTP）、文件传输协议（FTP）、网络远程访问协议（Telnet）等。

❑ 传输层：此层提供了节点间的数据传送服务，如传输控制协议（TCP）、用户数据报协议（UDP）等，TCP 和 UDP 给数据包加入传输数据并把它传输到下一层，这一层负责传送数据，并且确定数据已送达并接收。

❑ 互联网络层：负责提供基本的数据封包传送功能，让每一块数据包都能够到达目的主机（但不检查是否正确接收），如网际协议（IP）。

❑ 网络接口层：管理实际的网络媒体，定义如何使用实际网络（如 Ethernet、Serial Line 等）来传送数据。

上述层模型对应的协议信息如表 21-2 所示。

表 21-2　TCP/IP 模型

层	协　　　议
应用层	HTTP、Telnet、FTP、SMTP、SNMP
传输层	TCP、UDP
互联网络层	IP（ARP、RARP、ICMP）
网络接口层	Ethernet、X.25、SLIP、PPP

注意：TCP 和 UDP 的关系。

TCP/IP 实际上是一个协议簇，其包括了很多协议。例如，FTP（文本传输协议）、SMTP（邮件传输协议）等应用层协议。TCP/IP 的网络模型只有 4 层，包括数据链路层、网络层、数据传输层和应用层，如图 21-2 所示。

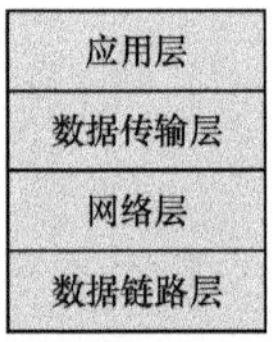

在 TCP/IP 网络编程模型中，各层的功能如表 21-3 所示。

应用层
数据传输层
网络层
数据链路层

图 21-2　TCP/IP 网络协议模型

表 21-3　TCP/IP 网络协议各层功能

协 议 层 名	功 能 概 述
数据链路层	网卡等网络硬件设备以及驱动程序
网络层	IP 等互联网协议
数据传输层	为应用程序提供通信方法，通常为 TCP、UDP
应用层	负责处理应用程序的实际层协议

数据传输层包括 TCP 和 UDP。其中，TCP 是基于面向连接的可靠的通信协议。其具有重发机制，即当数据被破坏或者丢失时，发送方将重发该数据。而 UDP 是基于用户数据报协议的，属于不可靠连接通信协议。例如当使用 UDP 发送一条消息时，并不知道该消息是否已经到达接收方，或者在传输过程中数据是否已经丢失。在即时通信中，UDP 对一些时间要求较高的网络数据传输方面有着重要的作用。

21.2　TCP/IP

本节将简单介绍各主要 TCP/IP 子协议的基本知识，为读者学习本书后面的知识打下基础。

📽 知识点讲解：视频\第 21 章\
TCP/IP 子协议.mp4

21.2.1 IP

网际协议 IP 是 TCP/IP 的心脏，也是网络层中最重要的协议。IP 层接收由更低层（网络接口层，例如以太网设备驱动程序）发来的数据包，并把该数据包发送到更高层——TCP 或 UDP 层；相反，IP 层也把从 TCP 或 UDP 层接收来的数据包传送到更低层。IP 数据包是不可靠的，因为 IP 并没有做任何事情来确认数据包是否为按顺序发送的或者有没有被破坏。IP 数据包中含有发送它的主机地址（源地址）和接收它的主机地址（目的地址）。其报头结构如图 21-3 所示。

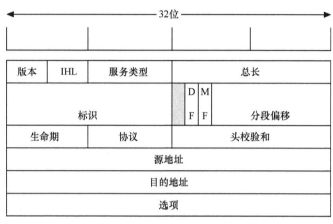

图 21-3　IP 报头结构

上述结构的具体说明如下。

- 版本：4 位。它记录了数据报对应的协议版本号。当前的 IP 有两个版本：IPv4 和 IPv6。
- IHL：4 位。它代表头部的总长度，以 32 字节为一个单位。
- 服务类型：8 位。它使主机告诉子网它想要什么样的服务。服务类型域又分为 5 个部分。优先权字段是标志优先级的；3 个标志位分别代表延迟、吞吐量、可靠性。
- 总长：16 位。它指头部和数据的总长。其最大长度是 65 535 字节。
- 标识：16 位。通过它，目的主机可判断新来的分段属于哪个分组，所有属于同一分组的分段包含同样的标识值。
- DF：代表不要分段。它命令路由器不要将数据报分段，因为目的端不能重组分段。
- MF：代表还有进一步的分段，用它来标识是否所有的分组都已到达。除了最后一个分段外所有分段都设置了这一位。
- 分段偏移：13 位。它标明分段在当前数据报的什么位置。
- 生命期：8 位。它用来限制分组生命周期的计数器。它在每个节点中都递减，而且当它在一个路由器中排队时可以按倍数递减。
- 协议：8 位。它说明将分组发送给哪个传输进程，如 TCR、VDP 等。
- 头校验和：16 位。它仅用来校验头部。
- 源地址：32 位。它产生 IP 数据报的源主机的 IP 地址。
- 目的地址：32 位。它产生 IP 数据报的目的主机的 IP 地址。
- 选项：即可选项，是变长的。每个可选项用一个字节来标明内容。有些可选项还有一字节的可选项长度字段，其后是一个或多个数据字节。现在已定义了安全性、严格的源路由选择、不严格的源路由选择、记录路由和时间标记 5 个可选项。但不是所有的路由器都支持全部这 5 个可选项。

高层的 TCP 和 UDP 服务在接收数据包时，通常假设包中的源地址是有效的。也可以这样说，IP 地址形成了许多服务的认证基础，这些服务相信数据包是从一个有效主机发送来的。IP 确认包含一个叫作 IP source routing 的选项，它可以用来指定一条源地址和目的地址之间的直接路径。对于一些 TCP 和 UDP 服务来说，使用该选项的 IP 包好像是从路径上的最后一个系统中传递过来的，而不是来自于它的真实地点。由于这个选项是为了测试而存在的，说明了它可以用来欺骗系统仍进行平常被禁止的连接。所以，许多依靠 IP 源地址进行确认服务的将产生问题并且会非法入侵。

21.2.2　TCP

如果 IP 数据包中存在已经封好的 TCP 数据包，那么 IP 将把它们向"上"传送到 TCP 层。TCP 将包排序并进行错误检查，同时实现虚电路间的连接。TCP 数据包中包括序号和确认，所以未按照顺序收到的包可以进行排序，而损坏的包可以重传。其报头结构如图 21-4 所示。

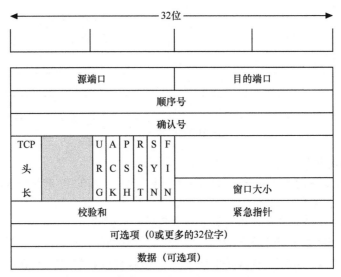

图 21-4　TCP 报头结构

上述结构的具体说明如下。

- 源端口、目的端口：16 位。标识远端和本地的端口号。
- 顺序号：32 位。它表明了发送数据报的顺序。
- 确认号：32 位。希望收到下一个数据报的序列号。
- TCP 头长：4 位。它表明 TCP 头中包含多少个 4 字节。
- 图中灰色部分：此 6 位未用。
- URG：表示是否有紧急数据标志。
- ACK：ACK 位置 1 表明确认号是合法的。如果 ACK 为 0，那么数据报不包含确认信息，会省略确认字段。
- PSH：表示数据是带有 PUSH 标志的。因此接收方接收到请求数据报后便可送往应用程序而不必等到缓冲区装满后才传送。
- RST：用于复位由于主机崩溃或其他原因而出现的错误连接。它还可用于拒绝非法的数据报或拒绝连接请求。
- SYN：用于建立连接。

- ❑ FIN：用于释放连接。
- ❑ 窗口大小：16 位。窗口大小字段表示在确认了字节之后还可以发送多少字节。
- ❑ 校验和：16 位。它是为了确保高可靠性而设置的。它校验头部、数据和伪 TCP 头部之和。
- ❑ 可选项：0 个或多个 4 字节。包括最大 TCP 载荷、窗口比例、选择重发数据报等选项。
  - ➢ 最大 TCP 载荷：允许每台主机设定其能够接受的最大 TCP 载荷能力。在建立连接期间，双方均要声明最大载荷能力，并选取其中较小的作为标准。如果一台主机未使用该选项，那么其载荷能力默认为 536 字节。
  - ➢ 窗口比例：允许发送方和接收方商定一个合适的窗口比例因子。这一因子使滑动窗口最大能够达到 232 字节。
  - ➢ 选择重发数据报：这个选项允许接收方请求发送指定的一个或多个数据报。

TCP 将它包含的信息送到更高层的应用程序中，例如 Telnet 的服务程序和客户程序。应用程序轮流将信息送回 TCP 层，TCP 层便将它们向下传送到 IP 层，设备驱动程序和物理介质，最后到接收方。

由于面向连接的服务（例如 Telnet、FTP、rlogin、X Windows 和 SMTP）需要高度的可靠性，所以它们使用了 TCP。DNS 在某些情况下使用 TCP（发送和接收域名数据库），但使用 UDP 传送单个主机的信息。

21.2.3 UDP

因特网协议组也支持无连接的传输协议 UDP（user data protocol）。UDP 使用底层的因特网协议来传送报文，提供与 IP 一样的不可靠、无连接的数据报传输服务。它不使用确认信息来确认报文的到达，不排序收到的数据报，也不提供反馈信息来控制机器之间传输的信息流量。UDP 通信的可靠性方面包括报文的丢失、重复、乱序等现象，它们由使用 UDP 的应用程序来负责。

一个 UDP 数据报包括一个 8 字节的头和数据部分。报头的格式如图 21-5 所示，它包括 4 个长为 16 字节的字段。源端口和目的端口的作用与 TCP 中的相同，用来标明源端和目的端的端口号。UDP 长度字段指明包括 8 字节的头和数据在内的数据报长度。UDP 校验和字段是可选项，用于记录 UDP 头、UDP 伪头、用户数据三者的校验和。

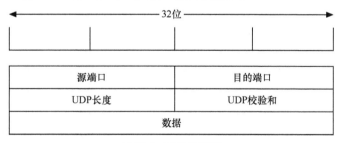

图 21-5 UDP 头结构

21.2.4 ICMP

ICMP 与 IP 位于同一层，它用来传送 IP 的控制信息。它主要用来提供通向目的地址的路径信息。ICMP 中的"Redirect"信息通知主机通向其他系统的更准确的路径，而"Unreachable"信息则指出路径有问题。另外，如果路径不可用了，则 ICMP 可以使 TCP 连接"体面地"终止。Ping 是最常用的基于 ICMP 的服务。

ICMP 对于网络安全具有极其重要的意义。ICMP 本身的特点决定了它非常容易用于攻击网络上的路由器和主机。例如在 1999 年 8 月，海信集团"悬赏"50 万元人民币测试其防火墙，其防火墙遭受到的 ICMP 攻击达 334 050 次之多，占整个攻击总数的 90%以上。由此可见，ICMP 的重要性绝不可以忽视！

比如，可以利用操作系统规定的 ICMP 数据包的最大尺寸不应超过 64KB 这一规定，向主机发起"Ping of Death"（死亡之 Ping）攻击。"Ping of Death"攻击的原理是：如果 ICMP 数据包的尺寸超过 64KB 时，则主机就会出现内存分配错误，导致 TCP/IP 堆栈崩溃，致使主机死机（现在的操作系统已经取消了发送 ICMP 数据包大小的限制，从而解决了这个漏洞）。

此外，向目标主机长时间、连续、大量地发送 ICMP 数据包，最终也会使系统瘫痪。大量的 ICMP 数据包会形成"ICMP 风暴"，使得目标主机耗费大量的 CPU 资源进行处理。

21.3　使用 C 语言开发网络项目

在实际开发应用中，通常使用 Visual C++ 6.0 来开发网络项目。本节将详细讲解使用 Visual C++ 6.0 工具用 C 语言开发网络项目的基础知识。

知识点讲解：视频\第 21 章\C 语言怎么开发网络项目.mp4

21.3.1　网络编程方式

可以使用 MFC 中封装的套接字类来编写网络应用程序，也可以使用 Windows API 函数进行程序开发。其中 MFC 网络编程比较简单，使用起来也非常方便。但是，使用 MFC 相关类编程会使用户对网络通信的基本原理没有清晰的认识。而使用 Windows API 函数则恰好相反，可以使用户熟悉网络通信的基本原理。在实际编程过程中，通信双方的连接以及数据通信均是基于套接字（Socket）进行的。

1. 套接字

用户在 Windows 系统中编写网络通信程序时，需要使用 Windows Sockets（Windows 套接字）。与 Windows 套接字相关的 API 函数称为 Winsock 函数。

网络通信的双方均有各自的套接字，并且该套接字与特定的 IP 地址和端口号相关联。通常，套接字主要有两种类型，它们分别是流式套接字（SOCK_STREAM）和数据报套接字（SOCK_DGRAM）。其中，流式套接字专门用于使用 TCP 通信的应用程序中，而数据报套接字则专门用于使用 UDP 进行通信的应用程序中。

2. 网络字节顺序

网络字节顺序是指在 TCP/IP 中规定的数据传输使用格式,与之相对的字节顺序是主机字节顺序。网络字节顺序表示首先存储数据中最重要的字节。例如，当数据 0x358457 使用网络字节顺序进行存储时，该值在内存中的存放顺序将是 0x35、0x84、0x57。因为通信数据可能会在不同的机器之间进行传输，所以通信数据必须以相同的格式进行整理。只有经过格式处理后的通信数据，才能在不同的机器之间进行传输。

21.3.2　网络通信的基本流程

要想通过互联网进行通信，用户至少需要一对套接字，其中一个运行于客户机端，我们称之为 ClientSocket；另一个运行于服务器端，我们称之为 ServerSocket。根据网络通信的特点，套接字可以分为两类：流式套接字和数据报套接字。套接字之间的连接过程可以分为 3 个步骤，它们分别是服务器监听、客户端请求和连接确认。具体说明如图 21-6 所示。

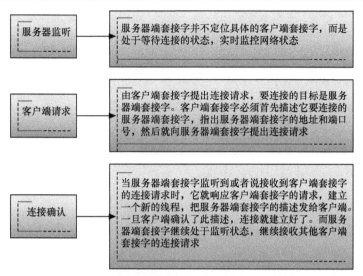

图 21-6 套接字之间的连接过程

21.3.3 搭建开发环境

在 Visual C++6.0 环境下进行 Winsock 的 API 编程开发时，需要在项目中导入以下 3 个文件，否则会发生编译错误。

（1）WINSOCK.h：它们 WINSOCK API 的头文件，需要包含在项目中。

（2）WSOCK32.lib：WINSOCK API 连接库文件，在使用时一定要把它作为项目的非默认连接库包含到项目文件中去。

（3）WinSock.dll：Winsock 的动态连接库，位于 Windows 的安装目录下。

21.3.4 两个常用的数据结构

套接字是网络通信过程中端点的抽象表示，在实现中以句柄的形式进行创建，包含网络通信必需的 5 种信息：连接使用的协议、本地主机的 IP 地址、本地进程的协议端口、远地主机的 IP 地址和远地进程的协议端口。WinSock 编程中常用的数据结构有 sockaddr_in 和 in_addr。

1. sockaddr_in 结构

WinSock 通过 sockaddr_in 结构对套接字的信息进行了封装。

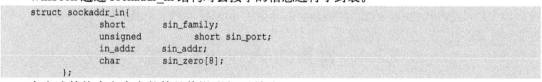

```
struct sockaddr_in{
        short       sin_family;
        unsigned        short sin_port;
        in_addr     sin_addr;
        char        sin_zero[8];
    };
```

在上述结构中各个参数的具体说明如下所示。

❑ sin_family：指网络中在标识不同设备时使用的地址类型，对于 IP 地址，它的类型是 AF_INET。

❑ sin_port：指套接字对应的端口号。

❑ sin_addr：是一个结构，它封装 IP。

❑ sin_zero：一个用来填充结构的数组，字符全为 0，这个结构对于不同的地址类型可以有相同的大小。

2. in_addr 结构

in_addr 结构对 IP 地址进行了封装，它既可以用 4 个单字节数来表示，也可以转换为两个双字节数来表示，或一个 4 字节数来表示。这样定义是为了方便使用，例如在程序初始化 IP 时，可以传入 4 个单字节整数，而在函数间传递这个值时，可以将它转换成一个 4 字节整数来使用。

```
struct in_addr {
            union {
            struct { u_char s_b1,s_b2,s_b3,s_b4; }      S_un_b;
            struct { u_short s_w1,s_w2; }      S_un_w;
            u_long  S_addr;
            } S_un;
};
```

21.3.5　Windows 套接字的基础

MFC 类库几乎封装了 Windows 套接字的全部功能。接下来将简单介绍两个最常用的套接字相关类——CAsyncSocket 类和 CSocket 类。

1. CAsyncSocket 类

在微软基础类库中，CAsyncSocket 类封装了异步套接字的基本功能。用户使用该类进行网络数据传输的步骤如下所示。

- ❑ 调用构造函数创建套接字对象。
- ❑ 如果想创建服务器端套接字，则调用函数 Bind()绑定本地 IP 地址和端口，然后调用函数 Listen()监听客户端的请求。如果请求到来，则调用函数 Accept()响应该请求。如果想创建客户端套接字，则直接调用函数 Connect()连接服务器。
- ❑ 调用 Send()等功能函数进行数据传输与处理。
- ❑ 关闭或销毁套接字对象。

2. CSocket 类

CSocket 类派生于 CAsyncSocket 类。该类不但具有 CAsyncSocket 类的基本功能，还具有串行化功能。用户在实际编程中，将 CSocket 类与 CSocketFile 类和 CArchive 类一起使用，能够很好地管理数据以及发送数据。用户使用该类进行网络编程的步骤如下所示。

- ❑ 创建 CSocket 类对象。
- ❑ 如果想创建服务器端套接字，则调用函数 Bind()绑定本地 IP 地址和端口，然后调用函数 Listen()监听客户端请求。如果请求到来，则调用函数 Accept()响应该请求。如果想创建客户端套接字，则直接调用函数 Connect()连接服务器。
- ❑ 创建与 CSocket 类对象相关联的 CSocketFile 类对象。
- ❑ 创建与 CSocketFile 类相关联的 CArchive 对象。
- ❑ 使用 CArchive 类对象在客户端和服务器之间进行数据传输。
- ❑ 关闭或销毁 CSocket 类、CSocketFile 类和 CArchive 类的 3 个对象。

21.4　常用的 Winsock 函数

在 Windows 系统中网络编程规范 Windows 套接字是当前使用最广泛、支持多种协议的网络编程接口。它从 1991 年至今已经推出了多个版本，经过不断完善并

> 📹 知识点讲解：视频\第 21 章\
> 常用的 Winsock 函数.mp4

在 Intel、Microsoft、Sun、SGI、Informix、Novell 等公司的全力支持下，事实上已成为 Windows 网络编程的标准。C 语言可以通过调用 Winsock 实现网络编程处理。Winsock 内包含大量的网络处理函数，通过这些函数可以迅速地实现网络项目。本节将详细讲解在 Winsock 中常用的函数。

21.4.1　WSAStartup 函数

用于初始化 Winsock，其声明格式如下。

```
int WSAStarup(WORD wVersionRequested,LPWSADATA lpWSAData);
```

参数说明如下所示。

❏ wVersionRequested：要求使用 Winsock 的最低版本号。

❏ lpWSAData：Winsock 的详细资料。

当函数成功调用时返回 0，若失败则返回非零值。

21.4.2 socket 函数

用于生成 socket（soket Descriptor），其声明格式如下所示。

```
SOCKET socket (int af,int type,int protocol);
```

参数说明如下。

❏ af：地址家族（通常使用:AF_INET）。

❏ type：socket 的种类。

❏ SOCK_STREAM：用于 TCP 中。

❏ SOCK_DGRAM：用于 UDP 中。

❏ protocol：所使用的协议。

当函数成功调用时返回一个新的 SOCKET（Socket Descriptor），若失败则返回 INVALID_SOCKET。

21.4.3 inet_addr 函数

把形如"xxx.xxx.xxx.xxx"的十进制 IP 地址转换为 32 位整数，其声明格式如下所示。

```
unsigned long inet_addr ( const char FAR *cp );
```

其中，cp 是一个指针，它指向以"*xxx.xxx.xxx.xxx*"格式的十进制数表示的 IP 地址。

当函数成功调用时返回用 32 位整数表示的 IP 地址（按网络字节排列顺序），若失败则返回 INADDR_NONE。

21.4.4 gethostbyname 函数

它可以从主机名中获取主机资料，其声明格式如下。

```
struct hostent FAR * gethostbyname ( const char FAR *name );
```

其中，name 指向主机名字符串的指针。

当函数成功调用时返回主机信息，失败时返回 NULL（空值）。

21.4.5 bind 函数

指定本地 IP 地址所使用的端口号，其声明格式如下。

```
int bind ( SOCKET s , const struct sockaddr FAR *addr , int namelen );
```

参数说明如下所示。

❏ s：指向用 socket 函数生成的 Socket Descriptor。

❏ addr：指向 Socket 地址的指针。

❏ namelen：说明该地址的长度。

当函数成功调用时返回零，若调用失败则返回 SOCKET_ERROR。

21.4.6 connect 函数

用于与服务器建立连接，发出连接请求，必须在参数中指定服务器的 IP 地址和端口号，其声明格式如下所示。

```
int connect (SOCKET s , const struct sockaddr FAR *name , int namelen );
```

参数说明如下。

❏ s：指向用 socket 函数生成的 Socket Descriptor。

❏ name：指向服务器地址的指针。

❑ namelen：说明该地址的长度。

当函数成功调用时返回零，若调用失败则返回 SOCKET_ERROR。

21.4.7　select 函数

可以用于调查一个或多个 SOCKET 的状态，其声明格式如下所示：

```
int select ( int nfds , fd_set FAR *readfds , fd_set FAR *writefds , fd_set FAR *exceptfds ,
const struct timeval FAR *timeout );
```

参数说明如下。

❑ nfds：在 Windows SOCKET API 中该参数可以忽略，通常赋值为 NILL。

❑ readfds：用于指向接收套接字设备的指针。

❑ writefds：用于发送数据的套接字设备的指针。

❑ exceptfds：检查错误的状态。

❑ timeout：超时设定。

当返回大于 0 的值时，表示与条件相符的 SOCKET 数；返回 0 表示超时；若失败则返回 SOCKET_ERROR。

21.4.8　recv 函数

利用 socket 函数接收数据，其声明格式如下所示。

```
int recv ( SOCKET s , char FAR *buf , int len , int flags );
```

参数说明如下。

❑ s：指向用 socket 函数生成的 Socket Descriptor。

❑ buf：接收数据缓冲区（数组）的指针。

❑ len：缓冲区的大小。

❑ flags：调用方式（MSG_PEEK 或 MSG_OOB）。

若调用成功则返回收到的字节数；如果连接中断则返回 0；若失败则返回 SOCKET_ERROR。

21.4.9　sendto 函数

利用 socket 函数发送数据，其声明格式如下所示。

```
int sendto ( SOCKET s , const char FAR *buf , int len , int flags , const struct sockaddr
FAR *to , int token );
```

参数说明如下。

❑ s：指向用 socket 函数生成的 Socket Descriptor。

❑ buf：接收数据缓冲区（数组）的指针。

❑ len：缓冲区的大小。

❑ flags：调用方式（MSG_DONTROUTE，MSG_OOB）。

❑ to：指向发送方套接字地址的指针。

❑ token：指向发送方套接字地址的大小。

函数调用成功时返回已经发送的字节数，若失败返回 SOCKET_ERROR。

21.5　MAC 地址

MAC 意为介质访问控制，MAC 地址是烧录在 NetworkInterfaceCard（网卡，NIC）里的地址，也叫硬件地址，是由 48 位长（6 字节）十六进制数字组成的。0～

　　知识点讲解：视频\第 21 章\
MAC 地址.mp4

23 位叫作组织唯一标志符（Organizationally Unique）是识别 LAN（局域网）节点的标识，24～47 位是由厂家自己分配，其中第 40 位是组播地址标志位。网卡的物理地址通常是由网卡生产厂家烧入网卡的 EPROM（一种闪存芯片）中，它存储的是传输数据时真正赖以标识发出数据的计算机和接收数据的主机地址。

在网络底层的物理传输过程中物理地址可以识别主机，它一般也是全球唯一的。例如以太网卡的物理地址是 48 位的整数，格式如 44-45-53-54-00-00，它以机器可读的方式存入主机接口中。以太网地址管理机构（IEEE，电气和电子工程师协会）将以太网地址，也就是 48 位的不同组合分为若干独立的连续地址组。生产以太网卡的厂家就购买其中一组，具体生产时，逐个将唯一地址赋予以太网卡。

由此可见，MAC 地址就如同我们的身份证号码，具有全球唯一性。在 Windows 操作环境下，依次单击"开始"|"运行"，然后输入 ipconfig/all（注意，ipconfig 和"/"之间有一个空格）即可获取机器的 MAC 地址，如图 21-7 所示。

图 21-7　输入 ipconfig /all 获取 MAC 地址

21.6　NetBIOS 编程

NetBIOS 是基本的输入/输出系统，是一个用于源与目的地之间交换的应用于程序接口。它能够支持计算机应用程序和设备通信时要用到的各种具有明确而简单的

知识点讲解：视频\第 21 章\
NetBIOS 编程.mp4

通信协议，必须用特殊的命令序列来调用 NetBIOS。NetBIOS 处于表示层和会话层之间，是参考模型的高层。因此其接口程序的应用在很大程度上并且也从本质上会与较低层次的各种活动隔离开。它支持 IEEE802.2 逻辑链路控制协议。现在 NetBIOS 正迅速地成为不同操作系统中普遍使用的通信平台，这些操作系统包括 PC DOS、OS/2、UNIX 和 Windows。

21.6.1　处理过程

在 NetBIOS 中会话服务的建立过程如下。

（1）建立会话。

该过程类似 c/s 模式中的连接建立过程，在此不再讨论。需注意的是，NetBIOS 的客户端方是采用 call 呼叫对方的，而不是连接。

（2）传送数据。

因为 NetBIOS 的会话服务是以双工流的形式实现的，所以会话双方（或多方）均可以同时发送或接收数据而不必考虑对方的状态。

NetBIOS 的发送命令支持两种模式，一种是 send，其数据块的最大长度为 64KB，且它们位于连续的内存空间中；另一种则是 chain send 命令，顾名思义，它是利用多个缓冲区（两个）发送数据的，因此该命令一次可最多传送 64KB×2 的数据。与此对应的 NetBIOS 接收命令有以下 3 种。

❑ receive 命令，它以建立会话时所得的唯一能标识对方的会话号为句柄接收数据。

❑ receive any 命令，该命令可从由一个 name 建立的多个会话上取得数据。

❑ receive any-any 命令，它可从任何会话上接收任何数据。

（3）终止会话。

当会话一方发出悬挂命令后即可终止对话，并释放相应资源。

21.6.2　NetBIOS 命令

NetBIOS 作为一种接口，拥有许多实现某些功能的接口。最常用的 NetBIOS 命令如表 21-4 所示。

表 21-4　NetBIOS 命令一览表

类别	命令	命令代码		功能说明
		wait	no wait	
名字管理	add name	30h	b0h	增加本地唯一名字
	add group name	36h	b6h	增加本地小组名字
	delete name	31h	b1h	删除本地名字
数据报服务	send datagram	20h	a0h	发送数据报
	send broadcast	22h	a2h	发送广播数据报
	receive datagram	21h	a2h	接收数据报
	receive broadcast	23h	a3h	接收广播数据报
会话服务	call	10h	90h	呼叫建立会话
	Listen	11h	91h	侦听建立会话
	Send	14h	94h	按会话号发送数据
	china send	17h	97h	按会话号发送双缓冲数据
	send no-ack	71h	f1h	按会话号发送数据，不应答
	chain send no-ack	72h	f2h	发送双缓冲数据，不应答
	receive	15h	95h	按会话号接收数据
	receive any	16h	96h	从任意会话号上接收数据
	hang up	12h	92h	删除当前会话
一般命令	Repeat	32h		初始化网络适配器
	adapter status	33h		读取网络适配器状态
	session status	34h	b3h	按名字读取当前会话状态
	Cancel	35h	b4h	撤销一个 NetBIOS 命令
	unlink	70h		断开远程连接

21.6.3　NetBIOS 名字解析

由于 NetBIOS 是一种与 TCP/IP 独立发展的标准，虽然它可以使用 TCP/IP 作为传输协议，但是由于概念的不同，所以它并没有利用 TCP/IP 提供的全部能力，而是使用自己的方式来完成类似的工作。其中最大的区别在于名字解析方式。NetBIOS 具有独立的名字解析概念和能力，因此它使用的名字解析方式与 TCP/IP 中的标准解析方式——DNS 不同。在必须经过 NetBIOS 名字解析获得命名相应的 IP 地址之后，NetBIOS 会话就可以建立在普通 TCP 连接基础上了。所以在 NetBIOS 中，名字解析是 NetBIOS 会话与普通 TCP 连接最大的不同之处。

NetBIOS 名字解析与 DNS 名字解析的最大不同点在于 NetBIOS 是动态的，计算机需要首先注册自己的名字，然后才能解析到该名字。动态解析虽然带来很大的方便，但却很复杂和低效，因此只能用于小范围的局域网上。

每个 NetBIOS 名字可以包含多达 16 个字符，第 16 个字符用来标识输入名字时使用的程序类型。当使用 NetBIOS 的计算机进行通信时，它必须基于 NetBIOS 名字，而不能基于 IP 地址。一个 NetBIOS 服务程序必须首先注册自己的 NetBIOS 名字，而一个应用程序则需要查询所需要的 NetBIOS 名字。例如每台 Windows 计算机在启动之后，在初始化网络时就使用所配置的计算机名字来初始化其使用的 NetBIOS 名字。

1. NetBIOS 名字的解析方式

利用 NetBIOS 名字查找相应的节点地址（TCP/IP 中为 IP 地址），有以下几种不同的查找方式。

- ❏ 本地广播：在本地网络上发送广播，通过广播某设备的 NetBIOS 名字，查找对应的 IP 地址。广播方式也能注册自己的 NetBIOS 名字，例如一台计算机可以通过广播本机的名字，向其他计算机宣告自己使用了这个 NetBIOS 名字。

- ❏ 缓冲：每个支持 NetBIOS 的计算机都维护一个 NetBIOS 名字和相应的 IP 地址列表，这些对应的名字都有一定的生存期，以便能及时更新。

- ❏ NetBIOS 名字服务器：使用名字服务器来提供名字与 IP 之间的解析任务，这个 NetBIOS 名字服务器称为 NBNS（NetBIOS Name Server），Microsoft 实现的 NBNS 名字服务器为 WINS（Windows Internet Name Service）。NetBIOS 计算机首先要向 NBNS 登记自己的 NetBIOS 名字，从而完成名字的注册过程。

- ❏ 预定义文件 lmhosts：Microsoft Windows 能通过查找存放在本地文件 lmhosts 中的数据，识别网络上 NetBIOS 名字和 IP 的关系。这个方式不是 NetBIOS 名字识别标准，但它是 Microsoft 的实现方式，因此它是一种事实标准。

- ❏ 通过 DNS 和 hosts 文件解析：DNS 服务器和本地 hosts 文件中存放的数据是标准 TCP/IP 中名字和 IP 之间转换使用的方式，但当使用其他方式查找不出对应的节点地址时，Microsoft Windows 中通常也能通过标准的 TCP/IP 名字解析方式，进行名字和 IP 的转换。同样这也不是 NetBIOS 的标准，而是 Microsoft 的扩展。

从上述 5 种 NetBIOS 识别方式，以及其中不同的名字注册方式出发，可以实现不同的组合方式，从而构成不同的名字识别策略。在 NetBIOS 标准中，将使用不同名字识别策略的模式称为不同的 NetBIOS 节点类型。

- ❏ B-node：通过广播方式进行注册和识别 NetBIOS 名字。对于 IP 上的 Net BIOS，需要基于 UDP 进行广播，在小网络上这种方式工作得很好，但当网络增大时，它就会由路由器将大网络分割为几个小网。在一般情况下，路由器不转发广播数据，广播包仅发送到本地网络。虽然可以配置路由器进行 B-node 广播转发，但是这将使 UDP 广播产生大量的无用网络数据，且名字注册和解析难度也增加了。因此对于较大的网络而言，这种方式不可取。

- ❏ P-node：对等方式能为识别名字提供非常有效的方法，它使用 NetBIOS 名字服务器进行名字的注册登记和识别。因此对于每个 NetBIOS 计算机来说，必须指定同样的 NBNS 服务器的 IP 地址。这样在 NBNS 服务器停机或更改了设置（如 IP 地址等）的情况下，名字解析不能完成，就不能进行 NetBIOS 通信了。当然 NetBIOS 计算机可以配置为使用多个 NBNS 服务器，以便在其中一个出现问题时使用备份的服务器。

- ❏ M-node：为了正确解析 NetBIOS 名字，最好综合使用广播和名字服务器的方式，这样的名字识别是一个复合过程。M-node 首先通过 B-node 广播方式识别名字，当广播方式失败之后，再使用 P-node 方式进行查询。

- ❏ H-Node：H-node 模式也是一种复合模式，它与 M-node 不同的地方是查找顺序不同。H-node 先查找 NBNS 名字服务器，然后使用广播方式进行查询。

- ❏ Windows 中实际使用的名字识别方式是对标准 H-node 方式的扩展，Windows 计算机将首先检查缓存中的内容，然后再查看 WINS 服务器，之后进行广播，然后将会查找 lmhosts 文件，以及通过 hosts 和 DNS 进行查找。实际进行 NetBIOS 识别是一个复杂的过程，因为 NetBIOS 是一个动态的名字解析方式，所以每台计算机都必须注册自身。

2．NetBIOS 名字识别的过程

与 DNS 不同，NetBIOS 名字使用动态方式进行管理。DNS 数据是静态的，增加和删除 DNS 名字需要管理员手工更改配置文件。但 NetBIOS 要求计算机在网络上自动注册名字，计算机停机之后占用的名字会释放，这个过程不需要管理员干预。因为它需要额外的网络数据以完成名字登记等过程，因为它不适合于互联网等大型网络。NetBIOS 名字识别需要如下 3 个步骤。

- ❑ 名字注册：在 NetBIOS 启动时，计算机向整个网络声明了一个 NetBIOS 名字，如果已经有其他计算机占用了这个名字，则这个计算机就会收到错误信息。注册是通过向网络广播声明信息或向 NetBIOS 名字服务器登记的方式来实现的。
- ❑ 名字解析：广播或查询 NetBIOS 名字服务器可以解析一个 NetBIOS 名字。此外还可以通过 lmhosts 文件和 DNS 辅助解析名字。
- ❑ 名字删除：在系统关机或工作站服务结束时，会删除其占用的 NetBIOS 名字。

通过 NetBIOS 名字和共享的目录名能够定位 Windows 计算机上的资源。Microsoft 使用 UNC 的形式来确定网络资源的位置，一个 UNC 以双反斜线开始，接下来是提供资源计算机的 NetBIOS 名字，然后是计算机上提供资源的共享名，接下来就是下面的目录和文件名。如：\\ntserver\share\files，因此使用一个资源的命令格式如下所示。

```
C:\> net use f: \\ntserver\share
C:\> f:
F:\>
```

3．名字服务器的工作原理

B-node 广播会在网络上产生大量的信息流，尤其网络是由多个子网构成的时候。而使用路由器本来就是要隔离广播信息，可是为了名字解析，就不得不转发 B-node 广播信息包，这样就达不到缩减无用网络流量的目的。

使用名字服务器进行解析就能避免这个问题，客户通过名字服务器进行查询而非广播，信息流不必传播到各个子网上，这样能减少广播数据，减轻网络负担及节省带宽，并且能有效地提高名字解析的速度及准确性。

实际存在的 Windows 网络甚至很少利用名字服务器进行名字解析，这就使得这些网络名字解析存在很大的问题，因此常常会出现不同计算机的网络邻居列表不同，根本原因就是广播方式是没有保证的，必须转向名字服务器方式才能解决名字解析问题。

当普通 NetBIOS 计算机和 NBNS 服务器进行通信时，可有如下 4 个不同的通信过程。

- ❑ 名字注册：每台 NetBIOS 计算机启动时，都会在名字服务器上注册。这样就保持了数据库的自动更新，并具备了动态更新的特性。名字服务器将返回确认信息，以及这个名字的生存期 TTL。如果客户要求的名字已经占用了，则服务器就查询占用这个名字的客户是否还在网络上，以判断这个名字是否可以再次使用。这种情况主要发生在 Windows 计算机死机后重新登记的过程中，因为在计算机死机之前，在名字服务器中登记的名字还存在，如果名字服务器简单地拒绝提供名字，那么这个计算机就无法再次获得自己的名字。只有在真正发生冲突的情况下，客户的名字注册才会失败。
- ❑ 名字更新：由于每个名字都存在一个生存期 TTL，所以当经历了 TTL 一半的时间后，客户会向服务器提出更新请求，刷新服务器上的 TTL 设置。
- ❑ 名字释放：客户停机时会与服务器通信以释放其占用的 NetBIOS 名字，若名字的 TTL 超时也会使服务器释放这个名字。
- ❑ 名字识别：客户可以向 NBNS 服务器发送查询名字的请求，以便进行名字解析。

在某些情况下，客户没有设置名字服务器，或者使用的客户软件还不支持名字服务器进行解析，这时可以通过设置 WINS 代理，由它在广播数据和查询名字服务器之间进行转换，它可以帮助客户注册并回应客户的广播查询。

21.6.4　NetBEUI

NetBEUI 是网络操作系统使用的 NetBIOS 协议的加强版本。它规范了在 NetBIOS 中未标准化的传输帧，还加了额外的功能。Microsoft LAN Manager（微软局域网操作器）使用经常传输层驱动器。NetBEUI 执行 OSI LLC2 协议。NetBEUI 是原始的 PC 网络协议和 IBM 为 LanManger（局域网操作器）服务器设计的接口。本协议稍后由微软采用作为其网络产品的标准。它规定了高层软件通过 NetBIOS 帧协议发送、接收信息的方法。本协议运行在标准 802.2 数据链协议层上。

21.6.5　NetBIOS 的范围

NetBIOS 范围 ID 为建立在 TCP/IP（叫作 NBT）模块上的 NetBIOS 提供额外的命名服务。NetBIOS 范围 ID 的主要目的是隔离单个网络上的 NetBIOS 通信和那些有相同 NetBIOS 范围 ID 的节点。NetBIOS 范围 ID 是附加在 NetBIOS 名称上的字符串。两个主机上的 NetBIOS 范围 ID 必须匹配，否则它们无法通信。NetBIOS 范围 ID 允许计算机使用相同的计算机名，不同的范围 ID。范围 ID 是 NetBIOS 名称的一部分，它使名称唯一。

21.6.6　NetBIOS 控制块

NetBIOS 控制块是所有 NetBIOS 应用程序都要用来访问 NetBIOS 服务的一个程序设计结构，并且它是唯一的一个。设备驱动程序也使用类似的结构。NetBIOS 控制块的定义结构如下。

```
typedef struct _NCB {
    BYTE ncb_command;
    BYTE ncb_retcode;
    BYTE ncb_lsn;
    BYTE ncb_num;
    DWORD ncb_buffer;
    WORD ncb_length;
    BYTE ncb_callName[16];
    BYTE ncb_name[16];
    BYTE ncb_rto;
    BYTE ncb_sto;
    BYTE ncb_post;
    BYTE ncb_lana_num;
    BYTE ncb_cmd_cplt;
    BYTE ncb_reserved[14];
} NCB, * PNCB;
```

上述结构中的各个参数的具体说明，请读者参考相关资料，本书在此将不再详细讲解。

21.7　实战演练——获取当前机器的 MAC 地址

本节将通过一个具体实例详细讲解使用"Visual C++ 6.0"+"C 语言"组合开发网络项目的基本方法。

📹💿 知识点讲解：视频\第 21 章\实战演练——获取当前机器 MAC 地址.mp4

实例 21-1	获取当前机器的 MAC 地址
	源码路径　daima\21\MAC

21.7.1　选择开发工具

Visual C++是一个功能强大的可视化软件开发工具。自从 1993 年 Microsoft 公司推出 Visual

C++ 1.0 以来，不断有新版本问世。随后微软又推出了.NET 系列，它添加了很多网络功能，Visual C++已成为专业程序员进行软件开发的首选工具，其中，Visual C++ 6.0 是比较成熟的一个版本，也是最常用的一个版本。

21.7.2 设计 MFC 窗体

使用 Visual C++ 6.0 创建一个 MFC 项目后，根据本实例的需要，我们设计 3 个窗体，它们分别是 IDD_ABOUTBOX（见图 21-8）、IDD_GETNETSETTING_DIALOG（见图 21-9）和 IDD_CARDINFO（见图 21-10）。

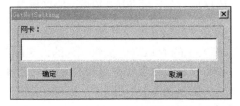

图 21-8 IDD_ABOUTBOX 窗体

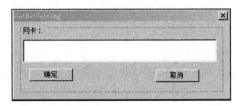

图 21-9 IDD_GETNETSETTING_DIALOG 窗体

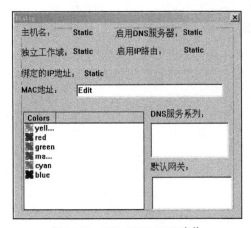

图 21-10 IDD_CARDINFO 窗体

21.7.3 具体编码

设计好窗体之后，接下来开始讲解具体的编码过程。

（1）在文件 lassNetSetting.h 中，定义类 ClassNetSetting，根据不同的操作系统来获取存储网卡中 MAC 地址的结构。具体代码如下。

```
//操作系统的类型
enum Win32Type{
    Unknow,
    Win32s,
    Windows9X,
    WinNT3,
    WinNT4orHigher
};

typedef struct tagASTAT
{
    ADAPTER_STATUS adapt;
    NAME_BUFFER    NameBuff [30];
}ASTAT,*LPASTAT;

//存储网卡中MAC地址的结构
typedef struct tagMAC_ADDRESS
{
```

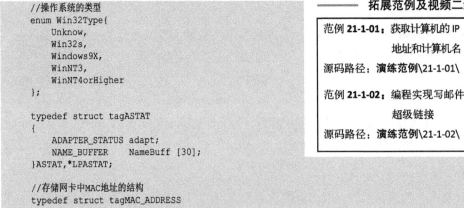

拓展范例及视频二维码

范例 **21-1-01**：获取计算机的 IP 地址和计算机名

源码路径：**演练范例\21-1-01**

范例 **21-1-02**：编程实现写邮件超级链接

源码路径：**演练范例\21-1-02**

```
    BYTE b1,b2,b3,b4,b5,b6;
}MAC_ADDRESS,*LPMAC_ADDRESS;

//网卡信息的数据结构，它记录网卡的厂商及型号，与之绑定的IP地址，网关等
//DNS序列，子网掩码和物理地址
typedef struct tagNET_CARD
{
    TCHAR szDescription[256];
    BYTE  szMacAddr[6];
    TCHAR szGateWay[128];
    TCHAR szIpAddress[128];
    TCHAR szIpMask[128];
    TCHAR szDNSNameServer[128];
}NET_CARD,*LPNET_CARD;

class ClassNetSetting
{
    public:
    void ProcessMultiString(LPTSTR lpszString,DWORD dwSize);
    UCHAR GetAddressByIndex(int lana_num,ASTAT & Adapter);
    BOOL GetSettingOfWinNT();
    int GetMacAddress(LPMAC_ADDRESS pMacAddr);
    BOOL GetSetting();
    ClassNetSetting();
    virtual~ClassNetSetting();
    public:
    BOOL GetSettingOfWin9X();
    Win32Type GetSystemType();
    int            m_TotalNetCards;//系统的网卡数
    TCHAR          m_szDomain[16];//域名
    TCHAR          m_szHostName[16];//主机名
    int            m_IPEnableRouter;//是否允许IP路由:0一不允许,21一允许,2一未知
    int            m_EnableDNS;//是否允许DNS解析:0一不允许,21一允许,2一未知
    NET_CARD       m_Cards[MAX_CARD];//默认的最大网卡数是10
    Win32Type      m_SystemType;//操作系统的类型
    MAC_ADDRESS m_MacAddr[MAX_CARD];//允许10个网卡

};
```

（2）编写文件 lassNetSetting.cpp 向网卡发送信息，以获取当前计算机的网卡数目和名称。
具体代码如下。

```
ClassNetSetting::ClassNetSetting()
{
    m_TotalNetCards = 0;
    _tcscpy(m_szDomain,_T(""));
    _tcscpy(m_szHostName,_T(""));
    m_IPEnableRouter = 2;
    m_EnableDNS = 2;
    m_SystemType = Unknow;
}

ClassNetSetting::~ClassNetSetting()
{
}

BOOL ClassNetSetting::GetSetting()
{
    m_SystemType = GetSystemType();
    if (m_SystemType == Windows9X)
            return GetSettingOfWin9X();
      else if(m_SystemType == WinNT4orHigher)
            return GetSettingOfWinNT();
      else//不支持老旧的操作系统
            return FALSE;
}

Win32Type ClassNetSetting::GetSystemType()
{
    Win32Type  SystemType;
```

```
        DWORD winVer;
        OSVERSIONINFO *osvi;
        winVer = GetVersion();
        if(winVer < 0x80000000)
        {
                /*NT */
                SystemType = WinNT3;
                osvi = (OSVERSIONINFO *)malloc(sizeof(OSVERSIONINFO));
                if (osvi != NULL)
                {
                        memset(osvi,0,sizeof(OSVERSIONINFO));
                        osvi->dwOSVersionInfoSize = sizeof(OSVERSIONINFO);
                        GetVersionEx(osvi);
                        if (osvi->dwMajorVersion >= 4L)
                                SystemType = WinNT4orHigher;//yup, it is NT 4 or higher!
                        free(osvi);
                }
        }
        else if  (LOBYTE(LOWORD(winVer)) < 4)
                SystemType=Win32s;/*Win32s*/
        else
                SystemType=Windows9X;/*Windows9X*/
        return SystemType;
}
BOOL ClassNetSetting::GetSettingOfWin9X()
{
    LONG lRet;
    HKEY hMainKey;
    TCHAR szNameServer[256];

//得到域名、网关和DNS的设置
        lRet = ::RegOpenKeyEx(HKEY_LOCAL_MACHINE,_T("System\\CurrentControlSet\\Services\\VxD\\MSTCP"),
            0,KEY_READ,
        &hMainKey);
        if(lRet == ERROR_SUCCESS)
        {
                DWORD dwType,dwDataSize = 256;
                ::RegQueryValueEx(hMainKey,_T("Domain"),NULL,&dwType,(LPBYTE)m_szDomain,&dwDataSize);
                dwDataSize = 256;

                ::RegQueryValueEx(hMainKey,_T("Hostname"),NULL,&dwType,(LPBYTE)m_szHostName,&dwDataSize);
                dwDataSize = 256;

                ::RegQueryValueEx(hMainKey,_T("EnableDNS"),NULL,&dwType,(LPBYTE)&m_EnableDNS,&dwDataSize);
                dwDataSize = 256;

                ::RegQueryValueEx(hMainKey,_T("NameServer"),NULL,&dwType,(LPBYTE)szNameServer,&dwDataSize);
        }
        ::RegCloseKey(hMainKey);

        HKEY hNetCard = NULL;
//调用CTcpCfg类的静态函数得到网卡的数目和相应的MAC地址
        m_TotalNetCards = GetMacAddress(m_MacAddr);
        lRet = ::RegOpenKeyEx(HKEY_LOCAL_MACHINE,_T("System\\CurrentControlSet\\Services\\Class\\Net"),
            0,KEY_READ,&hNetCard);
        if(lRet != ERROR_SUCCESS)//此处失败就返回
        {
                if(hNetCard != NULL)
                        ::RegCloseKey(hNetCard);
                return FALSE;
        }
        DWORD dwSubKeyNum = 0,dwSubKeyLen = 256;
//得到子键的个数,通常它与网卡个数相等
        lRet = ::RegQueryInfoKey(hNetCard,NULL,NULL,NULL,&dwSubKeyNum,&dwSubKeyLen,
            NULL,NULL,NULL,NULL,NULL,NULL);
        if(lRet == ERROR_SUCCESS)
        {
//              m_TotalNetCards = dwSubKeyNum;//网卡个数以此为主
                LPTSTR lpszKeyName = new TCHAR[dwSubKeyLen + 1];
```

```
                DWORD dwSize;
                for(int i = 0; i < (int)m_TotalNetCards; i++)
                {
                        TCHAR szNewKey[256];
                        HKEY hNewKey;
                        DWORD dwType = REG_SZ,dwDataSize = 256;
                        dwSize = dwSubKeyLen + 1;
                        lRet = ::RegEnumKeyEx(hNetCard,i,lpszKeyName,&dwSize,NULL,NULL,NULL,NULL);
                        if(lRet == ERROR_SUCCESS)
                        {
                                lRet = ::RegOpenKeyEx(hNetCard,lpszKeyName,0,KEY_READ,&hNewKey);
                                if(lRet == ERROR_SUCCESS)
                        ::RegQueryValueEx(hNewKey,_T("DriverDesc"),NULL,&dwType,(LPBYTE)m_Cards[i].
                            szDescription,&dwDataSize);
                                ::RegCloseKey(hNewKey);
                                wsprintf(szNewKey,_T("System\\CurrentControlSet\\Services\\Class\\NetTrans\\
                                    %s"),lpszKeyName);
                                lRet = ::RegOpenKeyEx(HKEY_LOCAL_MACHINE,szNewKey,0,KEY_READ,&hNewKey);
                                if(lRet == ERROR_SUCCESS)
                                {
                                        dwDataSize = 256;
                        ::RegQueryValueEx(hNewKey,_T("DefaultGateway"),NULL,&dwType,(LPBYTE)m_Cards[i].
                            szGateWay,&dwDataSize);
                                        ProcessMultiString(m_Cards[i].szGateWay,dwDataSize);
                                        dwDataSize = 256;
                        ::RegQueryValueEx(hNewKey,_T("IPAddress"),NULL,&dwType,(LPBYTE)m_Cards[i].szIpAddress,
                            &dwDataSize);
                                        ProcessMultiString(m_Cards[i].szIpAddress,dwDataSize);
                                        dwDataSize = 256;
                        ::RegQueryValueEx(hNewKey,_T("IPMask"),NULL,&dwType,(LPBYTE)m_Cards[i].szIpMask,&dwDataSize);
                                        ProcessMultiString(m_Cards[i].szIpMask,dwDataSize);
        //复制前面得到的DNS主机名
                                        _tcscpy(m_Cards[i].szDNSNameServer,szNameServer);
                                }
                                ::RegCloseKey(hNewKey);
                        }
                        m_Cards[i].szMacAddr[0] = m_MacAddr[i].b1;
                        m_Cards[i].szMacAddr[1] = m_MacAddr[i].b2;
                        m_Cards[i].szMacAddr[2] = m_MacAddr[i].b3;
                        m_Cards[i].szMacAddr[3] = m_MacAddr[i].b4;
                        m_Cards[i].szMacAddr[4] = m_MacAddr[i].b5;
                        m_Cards[i].szMacAddr[5] = m_MacAddr[i].b6;
                }
        }
        ::RegCloseKey(hNetCard);
        return lRet == ERROR_SUCCESS ? TRUE : FALSE;
}
int ClassNetSetting::GetMacAddress(LPMAC_ADDRESS pMacAddr)
{
    NCB ncb;
    UCHAR uRetCode;
    int num = 0;
    LANA_ENUM lana_enum;
    memset(&ncb, 0, sizeof(ncb) );
    ncb.ncb_command = NCBENUM;
    ncb.ncb_buffer = (unsigned char *)&lana_enum;
    ncb.ncb_length = sizeof(lana_enum);
    //向网卡发送NCBENUM命令,以获取当前机器的网卡信息,如有多少个网卡
    //每张网卡的编号
    uRetCode = NetBIOS(&ncb);
    if (uRetCode == 0)
    {
        num = lana_enum.length;
//每一张网卡以网卡编号为输入编号,获取其MAC地址
        for (int i = 0; i < num; i++)
        {
                ASTAT Adapter;
                if(GetAddressByIndex(lana_enum.lana[i],Adapter) == 0)
                {
```

```
                                                pMacAddr[i].b1 = Adapter.adapt.adapter_address[0];
                                                pMacAddr[i].b2 = Adapter.adapt.adapter_address[1];
                                                pMacAddr[i].b3 = Adapter.adapt.adapter_address[2];
                                                pMacAddr[i].b4 = Adapter.adapt.adapter_address[3];
                                                pMacAddr[i].b5 = Adapter.adapt.adapter_address[4];
                                                pMacAddr[i].b6 = Adapter.adapt.adapter_address[5];
                            }
                }
        }
        return num;
}
BOOL ClassNetSetting::GetSettingOfWinNT()
{
    LONG lRtn;
HKEY hMainKey;
TCHAR szParameters[256];
//获得域名、主机名和是否使用IP路由
_tcscpy(szParameters,_T("SYSTEM\\ControlSet001\\Services\\Tcpip\\Parameters"));
lRtn = ::RegOpenKeyEx(HKEY_LOCAL_MACHINE,szParameters,0,KEY_READ,&hMainKey);
if(lRtn == ERROR_SUCCESS)
{
        DWORD dwType,dwDataSize = 256;
        ::RegQueryValueEx(hMainKey,_T("Domain"),NULL,&dwType,(LPBYTE)m_szDomain,&dwDataSize);
        dwDataSize = 256;
        ::RegQueryValueEx(hMainKey,_T("Hostname"),NULL,&dwType,(LPBYTE)m_szHostName,&dwDataSize);
        dwDataSize = 256;
        ::RegQueryValueEx(hMainKey,_T("IPEnableRouter"),NULL,&dwType,(LPBYTE)&m_IPEnableRouter,&dwDataSize);
        }
        ::RegCloseKey(hMainKey);

//获得IP地址和DNS解析等其他设置
        HKEY hNetCard = NULL;
        m_TotalNetCards = GetMacAddress(m_MacAddr);
        lRtn = ::RegOpenKeyEx(HKEY_LOCAL_MACHINE,_T("SOFTWARE\\Microsoft\\Windows NT\\CurrentVersion\\
          NetworkCards"), 0,KEY_READ,&hNetCard);
        if(lRtn != ERROR_SUCCESS)//此处失败就返回
        {
                if(hNetCard != NULL)
                        ::RegCloseKey(hNetCard);
                return FALSE;
        }
        DWORD dwSubKeyNum = 0,dwSubKeyLen = 256;
//得到子键的个数，它通常与网卡个数相等
        lRtn = ::RegQueryInfoKey(hNetCard,NULL,NULL,NULL,&dwSubKeyNum,&dwSubKeyLen,
                NULL,NULL,NULL,NULL,NULL,NULL);
        if(lRtn == ERROR_SUCCESS)
        {
                m_TotalNetCards = dwSubKeyNum;//网卡个数以此为主
                LPTSTR lpszKeyName = new TCHAR[dwSubKeyLen + 1];
                DWORD dwSize;
                for(int i = 0; i < (int)dwSubKeyNum; i++)
                {
                        TCHAR szServiceName[256];
                        HKEY hNewKey;
                        DWORD dwType = REG_SZ,dwDataSize = 256;
                        dwSize = dwSubKeyLen + 1;
                        ::RegEnumKeyEx(hNetCard,i,lpszKeyName,&dwSize,NULL,NULL,NULL,NULL);
                        lRtn = ::RegOpenKeyEx(hNetCard,lpszKeyName,0,KEY_READ,&hNewKey);
                        if(lRtn == ERROR_SUCCESS)
                        {
                                lRtn = ::RegQueryValueEx(hNewKey,_T("Description"),NULL,&dwType,(LPBYTE)
                                  m_Cards[i].szDescription,&dwDataSize);
                                dwDataSize = 256;
                                lRtn = ::RegQueryValueEx(hNewKey,_T("ServiceName"),NULL,&dwType,(LPBYTE)
                                  szServiceName,&dwDataSize);
                                if(lRtn == ERROR_SUCCESS)
                                {
                                        TCHAR szNewKey[256];
                                        wsprintf(szNewKey,_T("%s\\Interfaces\\%s"),szParameters,szServiceName);
```

```
                                        HKEY hTcpKey;
                                        lRtn = ::RegOpenKeyEx(HKEY_LOCAL_MACHINE,szNewKey,0,KEY_READ,&hTcpKey);
                                        if(lRtn == ERROR_SUCCESS)
                                        {
                                                dwDataSize = 256;
                                                ::RegQueryValueEx(hTcpKey,_T("DefaultGateway"),NULL,&dwType,
                                                  (LPBYTE)m_Cards[i].szGateWay,&dwDataSize);
                                                ProcessMultiString(m_Cards[i].szGateWay,dwDataSize);
                                                dwDataSize = 256;
                                                ::RegQueryValueEx(hTcpKey,_T("IPAddress"),NULL,&dwType,
                                                  (LPBYTE)m_Cards[i].szIpAddress,&dwDataSize);
                                                ProcessMultiString(m_Cards[i].szIpAddress,dwDataSize);
                                                dwDataSize = 256;
                                                ::RegQueryValueEx(hTcpKey,_T("SubnetMask"),NULL,&dwType,
                                                  (LPBYTE)m_Cards[i].szIpMask,&dwDataSize);
                                                ProcessMultiString(m_Cards[i].szIpMask,dwDataSize);
                                                dwDataSize = 256;
                                                ::RegQueryValueEx(hTcpKey,_T("NameServer"),NULL,&dwType,
                                                  (LPBYTE)m_Cards[i].szDNSNameServer,&dwDataSize);
                                        }
                                        ::RegCloseKey(hTcpKey);
                                }
                        }
                        ::RegCloseKey(hNewKey);
                        m_Cards[i].szMacAddr[0] = m_MacAddr[i].b1;
                        m_Cards[i].szMacAddr[1] = m_MacAddr[i].b2;
                        m_Cards[i].szMacAddr[2] = m_MacAddr[i].b3;
                        m_Cards[i].szMacAddr[3] = m_MacAddr[i].b4;
                        m_Cards[i].szMacAddr[4] = m_MacAddr[i].b5;
                        m_Cards[i].szMacAddr[5] = m_MacAddr[i].b6;
                }
                delete[] lpszKeyName;
        }
        ::RegCloseKey(hNetCard);
        return lRtn == ERROR_SUCCESS ? TRUE : FALSE;
}
UCHAR ClassNetSetting::GetAddressByIndex(int lana_num, ASTAT &Adapter)
{
    NCB ncb;
UCHAR uRetCode;
memset(&ncb, 0, sizeof(ncb) );
ncb.ncb_command = NCBRESET;
ncb.ncb_lana_num = lana_num;
//指定网卡号,首先对选定的网卡发送一个NCBRESET命令,以便进行初始化
uRetCode = Netbios(&ncb );
memset(&ncb, 0, sizeof(ncb) );
ncb.ncb_command = NCBASTAT;
ncb.ncb_lana_num = lana_num;    //指定网卡号
strcpy((char *)ncb.ncb_callname,"*        " );
ncb.ncb_buffer = (unsigned char *)&Adapter;
//指定返回信息存放的变量
ncb.ncb_length = sizeof(Adapter);
//接着发送NCBASTAT命令以获取网卡的信息
uRetCode = NetBIOS(&ncb );
return uRetCode;
}

void ClassNetSetting::ProcessMultiString(LPTSTR lpszString, DWORD dwSize)
{
    for(int i = 0; i < int(dwSize - 2); i++)
        {
                if(lpszString[i] == _T('\0'))
                        lpszString[i] = _T(',');
        }
}
```

到此为止,本实例的主要代码讲解完毕。程序运行后将首先显示网卡的类型,如图 21-11 所示。单击"确定"按钮,在弹出的窗体中可以查看此网卡的 MAC 地址,如图 21-12 所示。

图 21-11 获取网卡的类型

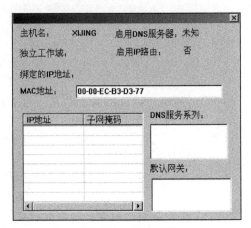

图 21-12 网卡详情

网络编程通常使用 C/S 编程模型吗？是的，网络编程通常使用 C/S 编程模型。C/S 编程模型是基于可靠性连接的通信模型。通信的双方必须使用各自的 IP 地址以及端口进行通信。否则，通信过程将无法实现。通常情况下，当用户使用 C/S 模型进行通信时，通信的任意一方称为客户端，另一方称为服务器端。

服务器端等待客户端连接请求的到来，这个过程称为监听过程。通常，服务器监听功能是在特定的 IP 地址和端口上进行的。然后，客户端向服务器端发出连接请求，服务器响应该请求则表示连接成功。否则，客户端的连接请求失败。C/S 编程模型如图 21-13 所示。

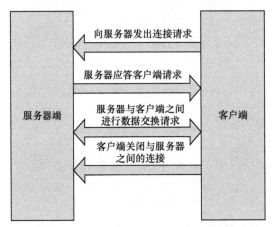

图 21-13 C/S 编程模型

由于在客户端连接服务器时，需要使用服务器的 IP 地址和监听端口号才能完成连接。所以，服务器的 IP 地址和端口必须是固定的。在这里，向用户介绍部分协议所使用的端口号码。例如，HTTP（网页浏览服务协议）所使用的端口号为 80，FTP（文本传输协议）所使用的端口号是 21。

第 22 章

初入江湖——设计游戏项目

　　俄罗斯方块是一款风靡全球的电视游戏和掌上游戏机游戏，这款游戏最初是由 Alex Pajitnov 制作的，它看似简单但却变化无穷，令人上瘾。

　　本章将介绍使用 C 语言开发一个简单的俄罗斯方块的方法，并详细介绍具体的实现流程。

22.1 游戏功能描述

本节将通过一个简单的俄罗斯方块实例说明用 C 语言编写游戏项目的基本方法。本实例的实现文件为"youxi.c",它保存在"光盘:daima\22\"文件夹中。本实例的功能模块如下所示。

❏ 游戏方块预览功能

当运行游戏后会在底部出现一个游戏方块时,并且必须在预览界面中出现下一个方块,这样便于玩家提前进行控制处理。因为在此游戏中共有 19 种方块,所以在方块预览区内要显示随机生成的游戏方块。

❏ 游戏方块控制功能

玩家可以对出现的方块进行移动处理,以分别实现左移、右移、快速下移、自由下落和行满自动消除的功能效果。

❏ 游戏显示更新功能

当方块游戏移动处理时,要清除先前的游戏方块,用新坐标重绘游戏方块。

❏ 游戏速度和分数更新功能

此处的游戏分数一般用完成的行数来划分,例如可以设置完成完整的一行为 10 分。当达到一定数量后,需要给游戏者的等级进行升级。当玩家级别升高后,方块的下落速度将会增加,从而游戏的难度就对应地提高了。

❏ 游戏帮助功能

玩家进入游戏系统后,通过帮助可以了解游戏的操作提示。

上述功能的总体结构如图 22-1 所示。

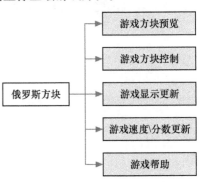

图 22-1 游戏构成的功能模块

22.2 游戏总体设计

经过游戏构成功能分析后,可根据各构成的功能模块进行对应的设计处理。本节将简要介绍游戏的总体设计过程。

22.2.1 功能模块设计

1. 游戏运行流程

此游戏的运行流程如图 22-2 所示。

在图 22-2 所示的运行流程中,键值有左移 VK_LEFT、右移 VK_RIGHT、下移 VK_DOWN、旋转 VK_UP 和退出 VK_ESC 键判断。具体说明如下。

❏ VK_LEFT:调用 MoveAble() 函数判断是否能左移,如果可以则调用 EraseBox 函数,清除当前的游戏方块,并在下一步调用 show_box() 函数,在左移位置显示当前的方块。

❏ VK_RIGHT:右移处理,和上面的 VK_LEFT 处理类似。

❏ VK_DOWN:下移处理,如果不能再移动,则必须将 flag_newbox 标志设置为 1。

❏ VK_UP:旋转处理,首先判断旋转动作是否可执行,此处需要满足多个条件,如果不合条件,则不予执行。

❏ VK_ESC:按 Esc 键后将退出游戏。

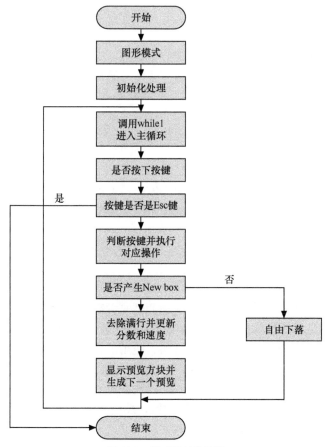

图 22-2　游戏运行流程图

2. 游戏方块预览处理

新方块将在 4×4 的正方形小方块中预览，使用随机函数 rand() 可以产生 1~19 的任意的游戏方块编号，并将其作为预览的方块编号。其中正方形小方块的大小由 BSIZE×BSIZE 来计算。

3. 游戏方块控制处理

方块的移动控制是整个游戏的重点和难点，具体信息如下所示。

1）左移处理。

处理过程如下所示。

（1）判断是否能够左移，判断条件有两个：左移一位后方块不能超越游戏底板的左边线，否则将越界；游戏方块有值位置，不能占用游戏底板。

（2）清除左移前的游戏方块。

（3）在左移一位的位置处，重新显示此方块。

2）右移处理。

处理过程如下所示。

（1）判断是否能够右移，判断条件有两个：右移一位后方块不能超越游戏底板的右边线，否则将越界；游戏方块有值位置，不能占用游戏底板。

（2）清除右移前的游戏方块。

（3）在右移一位的位置处，重新显示此方块。

3）下移处理。

处理过程如下所示。

（1）判断是否能够下移，判断条件有两个：下移一位后方块不能超越游戏底板的底边线，否则将越界；游戏方块有值位置，不能占用游戏底板。满足上述两个条件后，可以进行下移处理。否则将 flag_newbox 设置为 1，主循环会判断此标志。

（2）清除下移前的游戏方块。

（3）在下移一位的位置处，重新显示此方块。

4）旋转处理。

处理过程如下所示。

（1）判断是否能够旋转，判断条件有两个：旋转后方块不能超越游戏底板的底边线、左边线和右边线，否则将越界；游戏方块有值位置，不能占用游戏底板。

（2）清除旋转前的游戏方块。

（3）在游戏方块显示区域（4×4），使用当前游戏方块的数据结构中的 next 值作为旋转后的新方块的编号，并重新显示这个编号的方块。

4. 游戏显示更新处理

当游戏中的方块在进行移动时，要清除先前的游戏方块，用新坐标重绘游戏方块。当消除满行后，要重绘游戏底板的当前状态。清除游戏方块的方法是先画轮廓再填充，具体过程如下：

绘制一个轮廓，然后使用背景色填充小方块，使用前景色画一个游戏底板中的小方块。循环这个过程，变化当前的坐标绘制并填充 16 个这样的方块。从而在游戏中清除了此方块。

5. 游戏速度和分数更新处理

当行满后，积分变量 score 会增加一个固定值，然后将等级变量 level 和速度变量 speed 相关联，实现等级越高速度越快的效果。

22.2.2 数据结构设计

实例中包含的数据结构如下。

1. 游戏底板结构体

此处的游戏底板结构体是 BOARD，其具体代码如下。

```
struct BOARD              /*游戏底板结构,表示每个点所具有的属性*/
{
    int var;              /*当前状态只有0和1,1表示此点已占用*/
    int color;            /*颜色,游戏底板中的每个点都可以拥有不同的颜色以增强美观性*/
}Table_board[Vertical_boxs][Horizontal_boxs];
```

BOARD 结构体表示游戏底板中每个小方块的属性，var 表示了当前的状态，它为 0 时表示未被占用，它为 1 时表示已经占用。

2. 游戏方块结构体

此处的游戏方块结构体是 SHAPE，其具体代码如下。

```
struct SHAPE
{
    char box[2];              /*一个字节等于8位,每4位表示方块的一行,例如:box[0]="0x88",
    box[1]="0xc0"表示的是:

                                  1000
                                  1000
                                  1100
                                  0000*/
    int color;                /*每个方块的颜色*/
    int next;                 /*下个方块的编号*/
};
```

SHAPE 结构体表示某个小方块的属性，char box[2]表示用两个字节来表示这个与方块的形状，每 4 位表示方块的一行。color 表示每个方块的颜色，颜色值可以根据需要而设置。

3. SHAPE 结构数组

此处的游戏方块结构体是 SHAPE，其具体代码如下。

```
/*初始化方块内容，即定义MAX_BOX个SHAPE类型的结构数组，并初始化*/
struct SHAPE shapes[MAX_BOX]=
{
/*
 *    □       □□□    □□       □
 *    □         □      □    □□□
 *    □□                □
 */
    {0x88,   0xc0,    CYAN,    1},
    {0xe8,   0x0,     CYAN,    2},
    {0xc4,   0x40,    CYAN,    3},
    {0x2e,   0x0,     CYAN,    0},
/*
 *    □          □□   □□□
 *    □ □         □      □
 * □□ □□□ □
 */
    {0x44,   0xc0,    MAGENTA,  5},
    {0x8e,   0x0,     MAGENTA,  6},
    {0xc8,   0x80,    MAGENTA,  7},
    {0xe2,   0x0,     MAGENTA,  4},
/*
 *    □
 *    □□        □□
 *      □       □□
 */
    {0x8c,   0x40,    YELLOW, 9},
    {0x6c,   0x0,     YELLOW, 8},
/*
 *    □        □□
 * □□         □□
 * □
 */
    {0x4c,   0x80,    BROWN,  11},
    {0xc6,   0x0,     BROWN,  10},
/*
 *    □        □          □
 * □□□       □□□        □□□
 *            □         □    □
 */
    {0x4e,   0x0,     WHITE,  13},
    {0x8c,   0x80,    WHITE,  14},
    {0xe4,   0x0,     WHITE,  15},
    {0x4c,   0x40,    WHITE,  12},
/* □
 * □
 * □        □□□□
 * □
 */
    {0x88,   0x88,    RED,     17},
    {0xf0,   0x0,     RED,     16},
/*
 * □□
 * □□
 */
    {0xcc,   0x0,     BLUE,    18}
};
```

上述代码定义了 MAX_BOX 个 SHAPE 类型的结构数组，并进行了初始化处理。因为共有
19 种不同的方块类型，所以 MAX_BOX 为 19。

22.2.3 构成函数介绍

此实例中各主要构成函数的基本信息如下。

（1）函数 NewTimer

函数 NewTimer 用于实现新的时钟，其具体结构如下。

```
void interrupt newtimer(void)
```

（2）函数 SetTimer

函数 SetTimer 用于设置新时钟的处理过程，其具体结构如下。

```
void SetTimer(void interrupt (*IntProc)(void))
```

（3）函数 KillTimer

函数 KillTimer 用于回复原有时钟的处理过程，其具体结构如下。

```
void KillTimer()
```

（4）函数 initialize

函数 initialize 用于初始化界面，其具体结构如下。

```
void initialize(int x,int y,int m,int n)
```

（5）函数 DelFullRow

函数 DelFullRow 用于删除满行，y 设置删除的行数，其具体结构如下。

```
int DelFullRow(int y)
```

（6）函数 setFullRow

函数 setFullRow 用于查询满行，并调用 DelFullRow 函数进行处理，其具体结构如下。

```
void setFullRow(int t_boardy)
```

（7）函数 MkNextBox

函数 MkNextBox 用于生成下一个游戏方块，并返回方块号，其具体结构如下。

```
int MkNextBox(int box_numb)
```

（8）函数 EraseBox

函数 EraseBox 用于清除以点（x，y）开始的编号为 box_numb 的游戏方块，其具体结构如下。

```
void EraseBox(int x,int y,int box_numb)
```

（9）函数 show_box

函数 show_box 用于显示以点（x，y）开始、编号为 box_numb、颜色值为 color 的游戏方块，其具体结构如下。

```
void show_box(int x,int y,int box_numb,int color)
```

（10）函数 MoveAble

函数 MoveAble 首先判断方块是否可以移动，其中（x，y）是当前位置，box_numb 是方块号，direction 是方向标志。其具体结构如下。

```
int MoveAble(int x,int y,int box_numb,int direction)
```

22.3　游戏的具体实现

经过了前面的功能模块分析和总体设计后，现在可以进行程序设计了。本节将详细介绍此游戏的具体实现过程。

22.3.1　预处理

程序预处理包括文件加载，定义结构体、常量和变量，并分别进行初始化。具体代码如下。

```
#include <stdio.h>
#include <stdlib.h>
#include <dos.h>
#include <graphics.h>                          /*图形函数库*/

/*定义按键码*/
#define VK_LEFT   0x4b00
#define VK_RIGHT  0x4d00
#define VK_DOWN   0x5000
```

```
#define VK_UP      0x4800
#define VK_ESC     0x011b
#define TIMER 0x1c                               /*设置中断号*/

/*定义常量*/
#define MAX_BOX 19                               /*总共有19种形态的方块*/
#define BSIZE 20                                 /*方块的边长是20个像素*/
#define Sys_x 160                                /*显示方块界面的左上角x坐标*/
#define Sys_y 25                                 /*显示方块界面的左上角y坐标*/
#define Horizontal_boxs 10                       /*水平方向以方块为单位长度*/
#define Vertical_boxs 15                         /*垂直方向以方块为单位长度,也就说长是15个方块*/
#define Begin_boxs_x Horizontal_boxs/2           /*产生第1个方块时出现的起始位置*/

#define FgColor 3                                /*前景颜色,如文字.2-green*/
#define BgColor 0                                /*背景颜色.0-black*/

#define LeftWin_x Sys_x+Horizontal_boxs*BSIZE+46 /*右边状态栏的x坐标*/

#define false 0
#define true 1
/*移动的方向*/
#define MoveLeft 1
#define MoveRight 2
#define MoveDown 3
#define MoveRoll 4
/*此后坐标的每个方块可以看作是像素点为BSIZE*BSIZE的正方形*/
/*定义全局变量*/
int current_box_numb;                            /*保存当前方块的编号*/
int Curbox_x=Sys_x+Begin_boxs_x*BSIZE,Curbox_y=Sys_y;/*x,y是方块的当前坐标*/
int flag_newbox=false;                           /*是否要产生新方块的标记*/
int speed=0;                                     /*下落速度*/
int score=0;                                     /*总分*/
int speed_step=30;                               /*每等级所需要的分数*/
void interrupt (*oldtimer)(void);        /* 指向原来时钟中断处理过程入口的中断处理函数指针 */

struct BOARD                             /*游戏底板结构表示每个点所具有的属性*/
{
    int var;                                     /*当前状态只有0和1,1表示此点已占用*/
    int color;                                   /*颜色,游戏底板的每个点都可以拥有不同的颜色,以增强美观*/
}Table_board[Vertical_boxs][Horizontal_boxs];

/*方块结构*/
struct SHAPE
{
    char box[2];                                 /*一个字节等于8位,每4位表示方块的一行
                                         如:box[0]="0x88",box[1]="0xc0"表示的是:
                                         1000
                                         1000
                                         1100
                                         0000*/

    int color;                                   /*每个方块的颜色*/
    int next;                                    /*下个方块的编号*/
};
/*初始化方块内容,即定义MAX_BOX个SHAPE类型的结构数组,并初始化*/
struct SHAPE shapes[MAX_BOX]=
{
/*
 *  □      □□□   □□      □
 *  □       □      □     □ □□□
 *  □□            □
 */

    {0x88,  0xc0,   CYAN,   1},
    {0xe8,  0x0,    CYAN,   2},
    {0xc4,  0x40,   CYAN,   3},
    {0x2e,  0x0,    CYAN,   0},
/*
 *  □        □□ □□□
```

```
 *    □   □      □        □
 * □□ □□□  □
 */
    {0x44,   0xc0,    MAGENTA,   5},
    {0x8e,   0x0,     MAGENTA,   6},
    {0xc8,   0x80,    MAGENTA,   7},
    {0xe2,   0x0,     MAGENTA,   4},
/*
 *    □
 *   □□           □□
 *     □          □□
 */
    {0x8c,   0x40,    YELLOW,    9},
    {0x6c,   0x0,     YELLOW,    8},
/*
 *   □          □□
 * □□           □□
 * □
 */
    {0x4c,   0x80,    BROWN,    11},
    {0xc6,   0x0,     BROWN,    10},
/*
 *   □        □             □
 * □□□       □□    □□□      □□
 *            □      □       □
 */
    {0x4e,   0x0,     WHITE,    13},
    {0x8c,   0x80,    WHITE,    14},
    {0xe4,   0x0,     WHITE,    15},
    {0x4c,   0x40,    WHITE,    12},
/* □
 * □
 * □        □□□□
 * □
 */
    {0x88,   0x88,    RED,      17},
    {0xf0,   0x0,     RED,      16},
/*
 * □□
 * □□
 */
    {0xcc,   0x0,     BLUE,     18}
};
unsigned int TimerCounter=0;   /*定时计数器变量*/

/* 新的时钟中断处理函数 */
void interrupt newtimer(void)
{
    (*oldtimer)();    /* call the old routine */
    TimerCounter++;/* increase the global counter */
}
/* 设置新的时钟中断处理过程 */
void SetTimer(void interrupt(*IntProc)(void))
{
    oldtimer=getvect(TIMER); /*获取中断号为TIMER的中断处理函数的入口地址*/
    disable(); /* 在设置新的时钟中断处理过程时，禁止所有中断 */
    setvect(TIMER,IntProc);
    /*将中断号为TIMER的中断处理函数的入口地址改为IntProc()函数的入口地址
    即中断发生时，将调用IntProc()函数。*/
    enable();  /* 开启中断 */
}
/* 恢复原有的时钟中断处理过程 */
void KillTimer()
{
    disable();
    setvect(TIMER,oldtimer);
    enable();
}
```

22.3.2　主函数

游戏主函数 main 控制整个程序的运行，并对相关模块进行调用。具体实现代码如下。

```c
int main (void)
{
    int GameOver=0;
    int key,nextbox;
    int Currentaction=0;/*标记当前动作状态*/
    int gd=VGA,gm=VGAHI,errorcode;
    initgraph(&gd,&gm,"");
    errorcode = graphresult();
    if (errorcode != grOk)
    {
        printf("\nNotice:Graphics error: %s\n", grapherrormsg(errorcode));
        printf("Press any key to quit!");
        getch();
        exit(1);
    }
    setbkcolor(BgColor);
    setcolor(FgColor);
    randomize();
    SetTimer(newtimer);
    initialize(Sys_x,Sys_y,Horizontal_boxs,Vertical_boxs);/*初始化*/
    nextbox=MkNextBox(-1);
    show_box(Curbox_x,Curbox_y,current_box_numb,shapes[current_box_numb].color);
    show_box(LeftWin_x,Curbox_y+200,nextbox,shapes[nextbox].color);
    show_intro(Sys_x,Curbox_y+320);
    getch();
    while(1)
    {
        /* Currentaction=0;
        flag_newbox=false;
        检测是否有按键*/
        if (bioskey(1)){key=bioskey(0);      }
        else            {            key=0;        }
        switch(key)
        {
            case VK_LEFT:
                if(MoveAble(Curbox_x,Curbox_y,current_box_numb,MoveLeft))
                {EraseBox(Curbox_x,Curbox_y,current_box_numb);Curbox_x-=BSIZE;Currentaction=
                MoveLeft;}
                break;
            case VK_RIGHT:
                if(MoveAble(Curbox_x,Curbox_y,current_box_numb,MoveRight))
                {EraseBox(Curbox_x,Curbox_y,current_box_numb);Curbox_x+=BSIZE;Currentaction=
                MoveRight;}
                break;
            case VK_DOWN:
                if(MoveAble(Curbox_x,Curbox_y,current_box_numb,MoveDown))
                {EraseBox(Curbox_x,Curbox_y,current_box_numb);Curbox_y+=BSIZE;Currentaction=
                MoveDown;}
                else flag_newbox=true;
                break;
            case VK_UP:/*旋转方块*/
                if(MoveAble(Curbox_x,Curbox_y,shapes[current_box_numb].next,MoveRoll))
                {EraseBox(Curbox_x,Curbox_y,current_box_numb);current_box_numb=shapes
                [current_box_numb].next;
                    Currentaction=MoveRoll;
                }
                break;
            case VK_ESC:
                GameOver=1;
                break;
            default:
                break;
        }
        if(Currentaction)
        {   /*表示当前有动作,它为移动或转动*/
```

```
                    show_box(Curbox_x,Curbox_y,current_box_numb,shapes[current_box_numb].color);
                    Currentaction=0;
                }
                    /*按了向下键,但不能下移,产生新方块*/
            if(flag_newbox)
            {
                /*这时相当于方块到底部了,把其中已满的一行清去,置0*/
                ErasePreBox(LeftWin_x,Sys_y+200,nextbox);
                nextbox=MkNextBox(nextbox);
                show_box(LeftWin_x,Curbox_y+200,nextbox,shapes[nextbox].color);
                if(!MoveAble(Curbox_x,Curbox_y,current_box_numb,MoveDown))/*刚一开始,游戏结束*/
                {
                    show_box(Curbox_x,Curbox_y,current_box_numb,shapes[current_box_numb].color);
                    GameOver=1;
                }
                else
                {
                    flag_newbox=false;
                }
                Currentaction=0;
            }
            else    /*自由下落*/
            {
                if (Currentaction==MoveDown || TimerCounter> (22-speed*2))
                {
                    if(MoveAble(Curbox_x,Curbox_y,current_box_numb,MoveDown))
                    {
                        EraseBox(Curbox_x,Curbox_y,current_box_numb);Curbox_y+=BSIZE;
                        show_box(Curbox_x,Curbox_y,current_box_numb,shapes[current_box_numb].color);
                    }
                    TimerCounter=0;
                }
            }
            if(GameOver )/*|| flag_newbox==-1*/
            {
                printf("game over,thank you! your score is %d",score);
                getch();
                break;
            }
        }
        getch();
        KillTimer();
        closegraph();
    }
```

22.3.3　初始化界面处理

在每次游戏试玩时,都需要初始化游戏界面。在主函数中对其调用,以实现最终的初始化处理。初始化界面的处理流程如下所示。

(1) 循环调用函数 line(),以绘制当前的游戏板。

(2) 调用函数 ShowScore(),以显示初始得分,初始得分是 0。

(3) 调用函数 ShowSpeed(),以显示初始的等级速度,初始速度是 1。

具体代码如下。

```
/**********初始化界面*******
 *参数说明:
 *      x,y为左上角的坐标
 *      m,n对应于Vertical_boxs,Horizontal_boxs
 *      分别表示纵横方向上方块的个数(以方块为单位)
 *      BSIZE Sys_x Sys_y
****************************/
void initialize(int x,int y,int m,int n)
{
    int i,j,oldx;
    oldx=x;
    for(j=0;j<n;j++)
    {
```

```
            for(i=0;i<m;i++)
            {
                Table_board[j][i].var=0;
                Table_board[j][i].color=BgColor;
                line(x,y,x+BSIZE,y);
                line(x,y,x,y+BSIZE);
                line(x,y+BSIZE,x+BSIZE,y+BSIZE);
                line(x+BSIZE,y,x+BSIZE,y+BSIZE);
                x+=BSIZE;
            }
            y+=BSIZE;
            x=oldx;
    }
    Curbox_x=x;
    Curbox_y=y;                      /*x,y用于保存方块的当前坐标*/
    flag_newbox=false;               /*是否要产生新方块的标记0*/
    speed=0;                         /*下落速度*/
    score=0;                         /*总分*/
    ShowScore(score);
    ShowSpeed(speed);
}
```

22.3.4 时钟中断处理

用户的级别越高，方块的下落速度就越快，这时游戏的难度就增加了。下落的速度越快，时间中断的间隔就越小。时钟中断处理的流程如下所示。

（1）定义时钟中断处理函数 newtimer。

（2）使用函数 SetTimer 来设置时钟中断处理的过程。

（3）定义中断回复函数 KillTimer。

具体代码如下。

```
void interrupt newtimer(void)
{
    (*oldtimer)();
    TimerCounter++;
}
/* 设置新的时钟中断处理过程 */
void SetTimer(void interrupt(*IntProc)(void))
{
    oldtimer=getvect(TIMER);              /*获取中断号为TIMER的中断处理函数的入口地址*/
    disable();                            /* 在设置新的时钟中断处理过程时，禁止所有中断 */
    setvect(TIMER,IntProc);
    /*将中断号为TIMER的中断处理函数的入口地址改为IntProc()函数的入口地址
    即中断发生时，将调用IntProc()函数。*/
    enable();                             /* 开启中断 */
}
/* 恢复原有的时钟中断处理过程 */
void KillTimer()
{
    disable();
    setvect(TIMER,oldtimer);
    enable();
}
```

22.3.5 成绩、速度和帮助处理

成绩、速度和帮助是此游戏的重要组成部分，具体流程如下所示。

（1）调用函数 ShowScore，以显示当前用户的成绩。

（2）调用函数 ShowSpeed，以显示当前游戏的下落速度。

（3）调用函数 Show_help，以显示和此游戏有关的帮助信息。

具体代码如下。

```
/*显示分数*/
void ShowScore(int score)
{
```

```
        int x,y;
        char score_str[5];                    /*保存游戏得分*/
        setfillstyle(SOLID_FILL,BgColor);
        x=LeftWin_x;
        y=100;
        bar(x-BSIZE,y,x+BSIZE*3,y+BSIZE*3);
        sprintf(score_str,"%3d",score);
        outtextxy(x,y,"SCORE");
        outtextxy(x,y+10,score_str);
}
/*显示速度*/
void ShowSpeed(int speed)
{
        int x,y;
        char speed_str[5];                    /*保存速度值*/
        setfillstyle(SOLID_FILL,BgColor);
        x=LeftWin_x;
        y=150;
        bar(x-BSIZE,y,x+BSIZE*3,y+BSIZE*3);
        /*确定一个以(x1,y1)为左上角坐标,(x2,y2)为右下角坐标的矩形窗口,再使用规定图模和颜色填充*/
        sprintf(speed_str,"%3d",speed+1);
        outtextxy(x,y,"Level");
        outtextxy(x,y+10,speed_str);
        /*输出字符串指针speed_str所指的文本在规定的(x, y)位置*/
        outtextxy(x,y+50,"Nextbox");
}
void show_help(int xs,int ys)
{
char stemp[50];
setcolor(15);
rectangle(xs,ys,xs+239,ys+100);
sprintf(stemp," -Roll -Downwards");
stemp[0]=24;
stemp[8]=25;
setcolor(14);
outtextxy(xs+40,ys+30,stemp);
sprintf(stemp," -Turn Left    -Turn Right");
stemp[0]=27;
stemp[13]=26;
outtextxy(xs+40,ys+45,stemp);
outtextxy(xs+40,ys+60,"Esc-Exit");
setcolor(FgColor);
}
```

22.3.6 满行处理

当不能处理方块的左移、右移和旋转等操作时,需要判断游戏是否已满行。如果已满行,则必须消除。满行处理的过程分为查找和消除两个步骤,具体流程如下所示。

(1)调用函数 setFullRow,查找满行。

从当前方块的位置开始从上到下逐行判断,如果该行方块值为 1 的个数大于一行的块数时,则此行为满行。此时将调用函数 DelFullRow 进行满行处理,并返回当前游戏非空行的最高点。否则将继续对上一行进行判断,直到游戏的最上行。

如果有满行,则根据 DelFullRow 函数处理后的游戏主板 Table_board 数组中的值,重绘游戏主板,显示消除满行后的游戏界面,同时并对游戏成绩和速度进行更新。

(2)调用函数 DelFullRow,消除满行后,将上行的方块移至下行。

具体代码如下。

```
/*   删除一行已满的情况
*    这里的y为具体哪一行已满
*/
int DelFullRow(int y)
{
        /*该行游戏板往下移一行*/
        int n,top=0;              /*top保存的是当前最高点,一行全空就表示为最高点,移动到最高点结束*/
        register m,totoal;
```

```
        for(n=y;n>=0;n--)/*从当前行往上看*/
        {
            totoal=0;
            for(m=0;m<Horizontal_boxs;m++)
            {
                if(!Table_board[n][m].var)totoal++;          /*没占有方格+1*/
                /*如果上行不等于下行，就把上行传给下行，xor关系*/
                if(Table_board[n][m].var!=Table_board[n-1][m].var)
                {
                    Table_board[n][m].var=Table_board[n-1][m].var;
                    Table_board[n][m].color=Table_board[n-1][m].color;
                }
            }
            if(totoal==Horizontal_boxs)                       /*发现上面有连续的空行提前结束*/
            {
                top=n;
                break;
            }
        }
        return(top);                                          /*返回最高点*/
}
/*找到一行满的情况*/
void setFullRow(int t_boardy)
{
    int n,full_numb=0,top=0;                                  /*top保存的是当前方块的最高点*/
    register m;
/*
t_boardy □        5
         □        6
    □□□□□      7
n   □□□□□      8
 */
    for(n=t_boardy+3;n>=t_boardy;n--)
    {
        if(n<0 || n>=Vertical_boxs ){continue;}              /*超过底线了*/
        for(m=0;m<Horizontal_boxs;m++)                       /*水平的方向*/
        {
            if(!Table_board[n+full_numb][m].var) break;      /*发现有一个是空的就跳过该行*/
        }
        if(m==Horizontal_boxs)                               /*找到满了*/
        {
            if(n==t_boardy+3)                                /*如果满行，则赋值给n，表示最高行数*/
                top=DelFullRow(n+full_numb);                 /*清除游戏板里的这一行，并下移数据*/
            else
                DelFullRow(n+full_numb);
            full_numb++;                                     /*统计找到的行数*/
        }
    }
    if(full_numb)
    {
        int oldx,x=Sys_x,y=BSIZE*top+Sys_y;
        oldx=x;
        score=score+full_numb*10;                            /*加分数*/
        /*这里相当于重显调色板*/
        for(n=top;n<t_boardy+4;n++)
        {
            if(n>=Vertical_boxs)continue;                    /*超过底线了*/
            for(m=0;m<Horizontal_boxs;m++)                   /*水平的方向*/
            {
                if(Table_board[n][m].var)
                    setfillstyle(SOLID_FILL,Table_board[n][m].color);/*Table_board[n][m].color*/
                else
                    setfillstyle(SOLID_FILL,BgColor);
                bar(x,y,x+BSIZE,y+BSIZE);
                line(x,y,x+BSIZE,y);
                line(x,y,x,y+BSIZE);
                line(x,y+BSIZE,x+BSIZE,y+BSIZE);
                line(x+BSIZE,y,x+BSIZE,y+BSIZE);
                x+=BSIZE;
```

```
            }
            y+=BSIZE;
            x=oldx;
        }
        ShowScore(score);
        if(speed!=score/speed_step)
            {speed=score/speed_step; ShowSpeed(speed);}
        else
            {ShowSpeed(speed);}
    }
}
```

22.3.7   方块显示和消除处理

具体流程如下所示。

（1）调用函数 show_box，从点 (x, y) 处开始，使用指定颜色 color 显示编号为 box_number 的方块。

（2）调用函数 EraseBox，消除在从 (x, y) 处开始的编号为 box_number 的方块。

（3）调用函数 MkNextBox，将编号为 box_number 的方块作为当前的游戏编号，并随机生成下一个方块的编号。

具体代码如下。

```
void show_box(int x,int y,int box_numb,int color)
{
    int i,ii,ls_x=x;
    if(box_numb<0 || box_numb>=MAX_BOX)/*指定的方块不存在*/
        box_numb=MAX_BOX/2;
    setfillstyle(SOLID_FILL,color);
/********************************
 *    利用移位来判断哪一位是1
 *    每一个方块的行用半个字节来表示
 ********************************/
    for(ii=0;ii<2;ii++)
    {
        int mask=128;
        for(i=0;i<8;i++)
        {
            if(i%4==0 && i!=0)                              转到方块的下一行了*/
            {
                y+=BSIZE;
                x=ls_x;
            }
                        if((shapes[box_numb].box[ii])&mask)
            {
                bar(x,y,x+BSIZE,y+BSIZE);
                line(x,y,x+BSIZE,y);
                line(x,y,x,y+BSIZE);
                line(x,y+BSIZE,x+BSIZE,y+BSIZE);
                line(x+BSIZE,y,x+BSIZE,y+BSIZE);
            }
            x+=BSIZE;
            mask/=2;
        }
        y+=BSIZE;
        x=ls_x;
    }
}
/*
*擦除从点(x,y)开始的编号为box_numb的方块
*/
void EraseBox(int x,int y,int box_numb)
{
    int mask=128,t_boardx,t_boardy,n,m;
    setfillstyle(SOLID_FILL,BgColor);
    for(n=0;n<4;n++)
    {
```

```
            for(m=0;m<4;m++)                                    /*4个单元*/
            {
                if( ((shapes[box_numb].box[n/2]) & mask) )    /*最左边有方块并且当前游戏板也有方块*/
                {
                    bar(x+m*BSIZE,y+n*BSIZE,x+m*BSIZE+BSIZE,y+n*BSIZE+BSIZE);
                    line(x+m*BSIZE,y+n*BSIZE,x+m*BSIZE+BSIZE,y+n*BSIZE);
                    line(x+m*BSIZE,y+n*BSIZE,x+m*BSIZE,y+n*BSIZE+BSIZE);
                    line(x+m*BSIZE,y+n*BSIZE+BSIZE,x+m*BSIZE+BSIZE,y+n*BSIZE+BSIZE);
                    line(x+m*BSIZE+BSIZE,y+n*BSIZE,x+m*BSIZE+BSIZE,y+n*BSIZE+BSIZE);
                }
                mask=mask/(2);
                if(mask==0)mask=128;
            }
    }
}
/*
* 将新的方块放置在游戏板上，并返回此方块号
*/
int MkNextBox(int box_numb)
{
    int mask=128,t_boardx,t_boardy,n,m;
    t_boardx=(Curbox_x-Sys_x)/BSIZE;
    t_boardy=(Curbox_y-Sys_y)/BSIZE;
    for(n=0;n<4;n++)
    {
        for(m=0;m<4;m++)
        {
            if( ((shapes[current_box_numb].box[n/2]) & mask) )
            {
                Table_board[t_boardy+n][t_boardx+m].var=1;/*设置游戏板*/
                Table_board[t_boardy+n][t_boardx+m].color=shapes[current_box_numb].color;
/*设置游戏板*/
            }
            mask=mask/(2);
            if(mask==0)mask=128;
        }
    }
    setFullRow(t_boardy);
    Curbox_x=Sys_x+Begin_boxs_x*BSIZE,Curbox_y=Sys_y;/*再次初始化坐标*/
    if(box_numb==-1)  box_numb=rand()%MAX_BOX;
    current_box_numb=box_numb;
    flag_newbox=false;
    return(rand()%MAX_BOX);
}
```

22.3.8   方块判断处理

此模块负责对方块进行移动和旋转。在处理前要首先进行判断，如果满足条件则返回 True，即循序操作。此处的判断由函数 MoveAble 实现。(x, y) 表示当前的方块位置，box_number 是方块的编号，direction 是左移、下移、右移和旋转的标志。

具体代码如下。

```
int MoveAble(int x,int y,int box_numb,int direction)
{
    int n,m,t_boardx,t_boardy;                    /*t_boardx当前方块的最左边在游戏板中的位置*/
    int mask;
    if(direction==MoveLeft)                       /*如果向左移*/
    {
        mask=128;
        x-=BSIZE;
        t_boardx=(x-Sys_x)/BSIZE;
        t_boardy=(y-Sys_y)/BSIZE;
        for(n=0;n<4;n++)
        {
            for(m=0;m<4;m++)                       /*看最左边的4个单元*/
            {
                if((shapes[box_numb].box[n/2]) & mask)  /*最左边有方块并且当前游戏板也有方块*/
                {
```

```
                        if((x+BSIZE*m)<Sys_x)return(false);  /*碰到最左边了*/
                        else if(Table_board[t_boardy+n][t_boardx+m].var)
                          /*左移一个方块后，此4*4的区域与游戏板有冲突*/
                        {
                            return(false);
                        }
                    }
                    mask=mask/(2);
                    if(mask==0)mask=128;
            }
        }
        return(true);
    }
    else if(direction==MoveRight)              /*如果向右移*/
    {
        x+=BSIZE;
        t_boardx=(x-Sys_x)/BSIZE;
        t_boardy=(y-Sys_y)/BSIZE;
        mask=128;
        for(n=0;n<4;n++)
        {
            for(m=0;m<4;m++)                    /*看最右边的4个单元*/
            {
                if((shapes[box_numb].box[n/2]) & mask) /*最右边有方块并且当前游戏板也有方块*/
                {
                    if((x+BSIZE*m)>=(Sys_x+BSIZE*Horizontal_boxs) )return(false);
                     /*碰到最右边了*/
                    else if( Table_board[t_boardy+n][t_boardx+m].var)
                    {
                        return(false);
                    }
                }
                mask=mask/(2);
                if(mask==0)mask=128;
            }
        }
        return(true);
    }
    else if(direction==MoveDown)               /*如果向下移*/
    {
        y+=BSIZE;
        t_boardx=(x-Sys_x)/BSIZE;
        t_boardy=(y-Sys_y)/BSIZE;
        mask=128;
        for(n=0;n<4;n++)
        {
            for(m=0;m<4;m++)                    /*看最下边的4个单元*/
            {
                if((shapes[box_numb].box[n/2]) & mask) /*最下边有方块并且当前游戏板也有方块*/
                {
                    if((y+BSIZE*n)>=(Sys_y+BSIZE*Vertical_boxs) ||  Table_board[t_
                    boardy+n][t_boardx+m].var)
                    {
                        flag_newbox=true;
                        break;
                    }
                }
                mask=mask/(2);
                /*mask依次为:10000000,01000000,00100000,00010000
                            00001000,00000100,00000010/00000001
                 */
                if(mask==0)mask=128;
            }
        }
        if(flag_newbox)
        {
            return(false);
        }
        else
```

```
            return(true);
    }
    else if(direction==MoveRoll)                    /*旋转*/
    {
        t_boardx=(x-Sys_x)/BSIZE;
        t_boardy=(y-Sys_y)/BSIZE;
        mask=128;
        for(n=0;n<4;n++)
        {
            for(m=0;m<4;m++)                         /*看最下边的4个单元*/
            {
                if((shapes[box_numb].box[n/2]) & mask)  /*最下边有方块并且当前游戏板也有方块*/
                {
                    if((y+BSIZE*n)>=(Sys_y+BSIZE*Vertical_boxs) )return(false);/*碰到最下边了*/
                    if((x+BSIZE*n)>=(Sys_x+BSIZE*Horizontal_boxs) )return(false);/*碰到最左边了*/
                    if((x+BSIZE*m)>=(Sys_x+BSIZE*Horizontal_boxs) )return(false);/*碰到最右边了*/
                    else if( Table_board[t_boardy+n][t_boardx+m].var)
                    {
                        return(false);
                    }
                }
                mask=mask/(2);
                if(mask==0)mask=128;
            }
        }
        return(true);
    }
    else
    {
        return(false);
    }
}
```

至此，整个游戏介绍完毕。运行后将首先显示提示页面，如图 22-3 所示。

图 22-3 提示界面

进入游戏后，可以轻松地使用预设的快捷键玩游戏了，如图 22-4 所示。

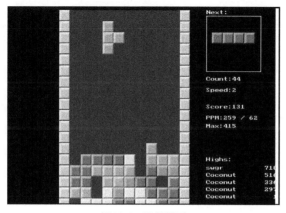

图 22-4 运行界面

第 23 章

风云再起——设计网络项目

　　Ping 命令是使用最为频繁的一个网络测试命令之一，它能够测试一个主机到另外一个主机间的网络连接是否通畅。在微软的 Windows 系统内自带了一个 Ping 命令工具，它可以实现多个网络连接。本章将介绍使用 C 语言开发一个类似 Windows 系统 Ping 工具的方法，并详细介绍具体的实现流程，让读者体会 C 语言在网络编程领域中的应用。

23.1 系统功能描述

本章将通过一个简单的类似 Windows 系统的 Ping 工具实例，来说明用 C 语言编写网络项目的基本方法。本实例的实现文件为"wangluo.c"，它保存在"daima\23\"文件夹中。

本实例的构成功能模块如下所示。

❏ 初始化模块

用于初始化各个全局变量，为全局变量赋初始值，初始化 Winsock，加载 Winsock 库。

❏ 控制模块

此模块由其他模块来调用，以实现获取参数、计算校验和、填充 ICMP 数据报文、释放占用的资源和显示用户帮助。

❏ 数据解读模块

用于解读接收到的 ICMP 报文和 IP 选项。

❏ Ping 测试模块

此模块是本项目的核心模块，它可以调用其他模块来实现一些功能，最终实现 Ping 命令的功能。

上述模块的总体结构如图 23-1 所示。

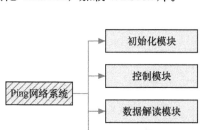

图 23-1 项目功能的模块结构

23.2 系统总体设计

本节将简要介绍此系统的总体设计过程。经过本节的功能分析后，可根据各功能模块进行对应的设计处理了。

23.2.1 功能模块设计

1. 系统运行流程

此系统的运行流程如图 23-2 所示。

在图 23-2 所示的运行流程中，首先调用 InitPing()函数来初始化各个全局变量，然后使用函数 GetArgments 来获取用户输入的参数，并检查用户输入的参数。如果参数不正确，则显示帮助信息，并结束程序；如果参数正确则执行 Ping 命令。如果 Ping 通则显示结果并释放所占用的资源。如果没有 Ping 通则显示错误信息，并释放所占用的资源。

2. GetArgments 函数

GetArgments 函数用于获取用户输入的参数，在此获取的参数有以下 3 个。

❏ -r：记录路由参数。

❏ -n：记录条数。

❏ Datasize：表及数据报大小。

GetArgments 函数的处理流程如下所示。

❏ 判断上述参数的第 1 个字符，如果

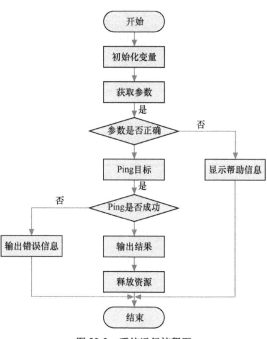

图 23-2 系统运行流程图

第 1 个字符是 "-"，则认为它是-r 或-n 中的一个，然后进行进一步的判断。

❑ 如果参数的第 2 个字符是数字，则判断此参数是记录的条数。

❑ 如果第 2 个字符是 "r"，则判断该参数是 "-r"，用于记录路由。

❑ 如果第 1 个参数是数字，则此参数是 IP 地址或 Datasize，然后进行进一步的判断。

❑ 如果参数中不存在非数字字符，则此参数是 Datasize，如果存在非数字字符，则此参数是 IP 地址。

❑ 如果是其他情况，则为主机名。

上述 GetArgments 函数的运行流程如图 23-3 所示。

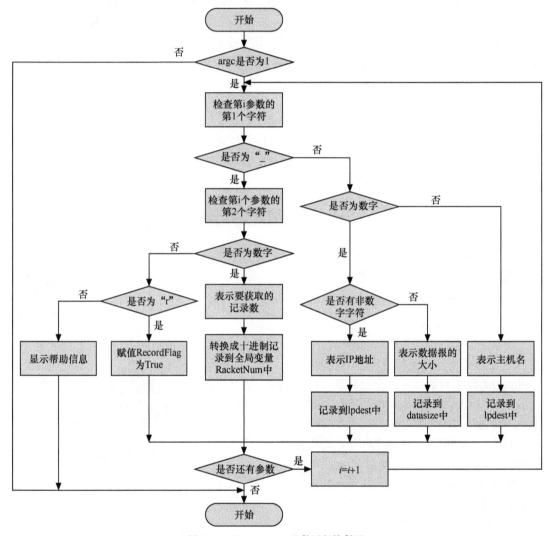

图 23-3　GetArgments 函数运行流程图

3. 函数 Ping 处理

函数 Ping 是本实例的核心，它通过调用其他函数来实现具体功能。函数 Ping 可以实现如下功能。

❑ 创建套接字。

❑ 设置路由选项。

❑ 创建 ICMP 请求报文。

- ❑ 接收 ICMP 应答报文。
- ❑ 解读 ICMP 文件。

23.2.2 数据结构设计

实例中包含的数据结构如下。

1. IP 报头结构体

此处的 IP 报头结构体是_iphdr，其具体代码如下。

```
typedef struct _iphdr
{
    unsigned int    h_len:4;
    unsigned int    version:4;
    unsigned char   tos;
    unsigned short  total_len;
    unsigned short  ident;
    unsigned short  frag_flags;
    unsigned char   ttl
    unsigned char   proto;
    unsigned short  checksum;
    unsigned int    sourceIP;
    unsigned int    destIP;
} IpHeader;
```

结构体_iphdr 设置了需要的变量名，各变量的具体说明如下。

- ❑ h_len:4：IP 报头长度。
- ❑ version:4：IP 的版本号。
- ❑ tos：服务类型。
- ❑ total_len：数据报的总长度。
- ❑ ident：唯一的标识符。
- ❑ frag_flags：分段标志。
- ❑ proto：协议类型（TCP、UDP 等）。
- ❑ checksum：校验和。
- ❑ sourceIP：源 IP 地址。

2. ICMP 报头结构体

此处的 ICMP 报头结构体是_icmphdr，其具体代码如下。

```
typedef struct _icmphdr
{
    BYTE   i_type;              /*ICMP报文类型*/
    BYTE   i_code;              /*该类型中的代码号*/
    USHORT i_cksum;            /*校验和*/
    USHORT i_id;               /*唯一的标识符*/
    USHORT i_seq;              /*序列号*/
    ULONG  timestamp;          /*时间戳*/
} IcmpHeader;
```

i_type 结构体表示 ICMP 报文类型，i_code 表示该类型中的代码号，i_cksum 表示校验和，颜色值可以根据需要而设置，i_id 表示唯一的标识符，i_seq 表示序列号，timestamp 表示时间戳。

3. IP 选项结构体

此处的 IP 选项结构体是_ipoptionhdr，其具体代码如下。

```
typedef struct _ipoptionhdr
{
    unsigned char   code;        /*选项类型*/
    unsigned char   len;         /*选项头长度*/
    unsigned char   ptr;         /*地址偏移长度*/
    unsigned long   addr[9];     /*记录的IP地址列表*/
} IpOptionHeader;
```

23.2.3　构成函数介绍

此实例中各主要构成函数的基本信息如下。

❑　函数 InitPing

函数 InitPing 用于初始化所需要的变量，其具体结构如下。

```
void InitPing()
```

❑　函数 UserHelp

函数 UserHelp 用于显示用户的帮助信息，其具体结构如下。

```
void UserHelp()
```

❑　函数 GetArgments

函数 GetArgments 用于获取用户提交的处理参数，其具体结构如下。

```
void GetArgments(int argc,char** argv)
```

❑　函数 CheckSum

函数 CheckSum 用于计算校验和，函数首先把数据报头中的校验和字段设置为 0，然后对首部中的每 16 位取二进制反码然后求和，将结果存放在校验和字段中。其具体结构如下。

```
USHORT CheckSum(USHORT *buffer, int size)
```

❑　函数 FillICMPData

函数 FillICMPData 用于填充 ICMP 数据报字段，其中参数 "icmp_data" 表示 ICMP 数据，"datasize" 表示 ICMP 报文的大小。其具体结构如下。

```
void FillICMPData(char *icmp_data, int datasize)
```

❑　函数 FreeRes

函数 FreeRes 用于释放所占用的内存资源，其具体结构如下。

```
void FreeRes()
```

❑　函数 DecodeIPOptions

函数 DecodeIPOptions 用于解读 IP 选项头，并从中读取从源主机到目标主机经过的路由，然后输出路由信息。其具体结构如下。

```
void DecodeIPOptions(char *buf, int bytes)
```

❑　函数 DecodeICMPHeader

函数 DecodeICMPHeader 用于解读 ICMP 的报文信息，其中参数 "buf" 表示存放接收到 ICMP 报文的缓冲区，"bytes" 表示接收到的字节数，"from" 表示发送 ICMP 回显应答的主机 IP 地址。其具体结构如下。

```
void DecodeICMPHeader(char *buf, int bytes, SOCKADDR_IN *from)
```

❑　函数 PingTest

函数 PingTest 用于执行 Ping 操作处理，其具体结构如下。

```
void PingTest(int timeout)
```

23.3　系统的具体实现

经过前面的分析和总体设计后，就可以进行程序设计了。本节将详细介绍此实例的具体实现过程。

23.3.1　预处理

程序预处理包括库文件导入、头文件加载、定义常量和全局变量、定义数据结构。本实例需要导入的库文件是 "ws2_32.lib"，另外还需要加载头文件 "winsock2.h" 和 "ws2tcpip.h"。

❀　注意：ws2_32.lib 是调用 WinSock2 函数时需要链接的库文件，即调用 winsock.dll 的时候连接库，加入此文件就不必要显式调用了。

具体代码如下所示。

```c
/*导入库文件*/
#pragma comment( lib, "ws2_32.lib" )
/*加载头文件*/
#include <winsock2.h>
#include <ws2tcpip.h>
#include <stdio.h>
#include <stdlib.h>
#include <math.h>
/*定义常量*/
/*表示要记录的路由*/
#define IP_RECORD_ROUTE  0x7
/*默认数据报的大小*/
#define DEF_PACKET_SIZE  32
/*最大的ICMP数据报大小*/
#define MAX_PACKET  1024
/*最大IP头的长度*/
#define MAX_IP_HDR_SIZE 60
/*ICMP报文类型，回显请求*/
#define ICMP_ECHO 8
/*ICMP报文类型，回显应答*/
#define ICMP_ECHOREPLY 0
/*最小的ICMP数据报大小*/
#define ICMP_MIN 8
/*自定义函数原型*/
void InitPing();
void UserHelp();
void GetArgments(int argc, char** argv);
USHORT CheckSum(USHORT *buffer, int size);
void FillICMPData(char *icmp_data, int datasize);
void FreeRes();
void DecodeIPOptions(char *buf, int bytes);
void DecodeICMPHeader(char *buf, int bytes, SOCKADDR_IN* from);
void PingTest(int timeout);
/*IP报头字段数据结构*/
typedef struct _iphdr
{
    unsigned int h_len:4;                        /*IP报头的长度*/
    unsigned int version:4;                      /*IP的版本号*/
    unsigned char  tos;                          /*服务类型*/
    unsigned short total_len;                    /*数据报的总长度*/
    unsigned short ident;                        /*唯一的标识符*/
    unsigned short frag_flags;                   /*分段标志*/
    unsigned char ttl;                           /*生存期*/
    unsigned char proto;                         /*协议类型(TCP、UDP等)*/
    unsigned short checksum;                     /*校验和*/
    unsigned int sourceIP;                       /*源IP地址*/
    unsigned int destIP;                         /*目的IP地址*/
} IpHeader;
/*ICMP报头字段的数据结构*/
typedef struct _icmphdr
{
    BYTE    i_type;                              /*ICMP报文类型*/
    BYTE    i_code;                              /*该类型中的代码号*/
    USHORT i_cksum;                              /*校验和*/
    USHORT i_id;                                 /*唯一的标识符*/
    USHORT i_seq;                                /*序列号*/
    ULONG   timestamp;                           /*时间戳*/
} IcmpHeader;
/*IP选项头字段数据结构*/
typedef struct _ipoptionhdr
{

    unsigned char   code;                        /*选项类型*/
    unsigned char   len;                         /*选项头长度*/
    unsigned char   ptr;                         /*地址偏移长度*/
    unsigned long   addr[9];                     /*记录的IP地址列表*/
} IpOptionHeader;
```

```
/*定义全局变量*/
SOCKET m_socket;
IpOptionHeader IpOption;
SOCKADDR_IN DestAddr;
SOCKADDR_IN SourceAddr;
char *icmp_data;
char *recvbuf;
USHORT seq_no ;
char *lpdest;
int datasize;
BOOL RecordFlag;
double PacketNum;
BOOL SucessFlag;
```

23.3.2　初始化处理

本实例需要初始化多个全局变量，并通过 WSAStartup 函数来加载 Winsock 库。在此需要将 icmp_data、recvbuf 和 lpdest 都赋值为 null，将 seq_no 赋值为 0，将 RecordFlag 赋值为 DEF_PACKET_SIZE，此处它表示默认的数据报大小是 32。

另外，还要将 PacketNum 赋值为 5，5 是默认记录，即默认发送 5 条 ICMP 回显请求；将 SucessFlag 赋值为 False，在程序完全成功执行后才会赋值为 True。

函数 WSAStartup 可对 Winsock 进行加载，宏 MAKEWORD 可以获取准备加载的 Winsock 版本。具体实现代码如下。

```
/*初始化变量函数*/
void InitPing()
{
  WSADATA wsaData;
  icmp_data = NULL;
  seq_no = 0;
  recvbuf = NULL;
  RecordFlag = FALSE;
  lpdest = NULL;
  datasize = DEF_PACKET_SIZE;
  PacketNum = 5;
  SucessFlag = FALSE;
  /*Winsock初始化*/
  if (WSAStartup(MAKEWORD(2, 2), &wsaData) != 0)
    {
          /*如果初始化不成功则报错, GetLastError()返回产生的错误信息*/
          printf("WSAStartup() failed: %d\n", GetLastError());
          return ;
    }
  m_socket = INVALID_SOCKET;
}
```

23.3.3　控制模块

此处控制模块的功能是为其他模块提供调用函数，它能够实现参数获取、校验处理、计算处理、ICMP 数据填充、释放占用的资源和显示用户帮助等功能。具体实现代码如下。

```
/*显示信息函数*/
void UserHelp()
{
    printf("UserHelp: ping -r <host> [data size]\n");
    printf("          -r          record route\n");
    printf("          -n          record amount\n");
    printf("          host        remote machine to ping\n");
    printf("          datasize    can be up to 1KB\n");
    ExitProcess(-1);
}
/*获取ping选项函数*/
void GetArgments(int argc,char** argv)
{
    int i;
    int j;
    int exp;
```

```
    int len;
    int m;
/*如果没有指定目的地址和任何选项*/
    if(argc == 1)
        {
            printf("\nPlease specify the destination IP address and the ping option as follow!\n");
            UserHelp();
        }
    for(i = 1; i < argc; i++)
    {
        len = strlen(argv[i]);
        if (argv[i][0] == '-')
        {
            /*选项指示要获取记录条数*/
            if(isdigit(argv[i][1]))
            {
                PacketNum = 0;
                for(j=len-1,exp=0;j>=1;j--,exp++)
                    /*根据argv[i][j]中的ASCII值计算要获取的记录条数(十进制数)*/
                    PacketNum += ((double)(argv[i][j]-48))*pow(10,exp);
            }
            else
            {
                switch (tolower(argv[i][1]))
                {
                    /*选项指示要获取路由信息*/
                    case 'r':
                        RecordFlag = TRUE;
                        break;
                    /*没有按要求提供选项*/
                    default:
                        UserHelp();
                        break;
                }
            }
        }
        /*参数是数据报大小或者IP地址*/
        else if (isdigit(argv[i][0]))
        {
            for(m=1;m<len;m++)
            {
                if(!(isdigit(argv[i][m])))
                {
                    /*是IP地址*/
                    lpdest = argv[i];
                    break;
                }
                /*是数据报大小*/
                else if(m==len-1)
                    datasize = atoi(argv[i]);
            }
        }
        /*参数是主机名*/
        else
            lpdest = argv[i];
    }
}
/*求校验和函数*/
USHORT CheckSum(USHORT *buffer, int size)
{
    unsigned long cksum=0;
    while (size > 1)
    {
        cksum += *buffer++;
        size -= sizeof(USHORT);
    }
    if (size)
    {
        cksum += *(UCHAR*)buffer;
```

```
    }
    /*每16位取二进制反码并求和*/
    cksum = (cksum >> 16) + (cksum & 0xffff);
    cksum += (cksum >>16);
    return (USHORT)(~cksum);
}
/*填充ICMP数据报字段函数*/
void FillICMPData(char *icmp_data, int datasize)
{
    IcmpHeader *icmp_hdr = NULL;
    char *datapart = NULL;
    icmp_hdr = (IcmpHeader*)icmp_data;
    /*ICMP报文类型设置为回显请求*/
    icmp_hdr->i_type = ICMP_ECHO;
    icmp_hdr->i_code = 0;
    /*获取当前进程IP作为标识符*/
    icmp_hdr->i_id = (USHORT)GetCurrentProcessId();
    icmp_hdr->i_cksum = 0;
    icmp_hdr->i_seq = 0;
    datapart = icmp_data + sizeof(IcmpHeader);
    /*以数字0填充剩余空间*/
    memset(datapart,'0',datasize-sizeof(IcmpHeader));
}
/*释放资源函数*/
void FreeRes()
{
    /*关闭创建的套接字*/
    if (m_socket != INVALID_SOCKET)
        closesocket(m_socket);
    /*释放分配的内存*/
    HeapFree(GetProcessHeap(), 0, recvbuf);
    HeapFree(GetProcessHeap(), 0, icmp_data);
    /*注销WSAStartup()调用*/
    WSACleanup();
    return ;
}
```

23.3.4　数据报解读处理

此处控制模块的功能是解读 IP 选项和 ICMP 报文。当主机接收到目的主机返回的 ICMP 回显应答后，就将调用 ICMP 解读函数来解读 ICMP 报文，并且 ICMP 解读函数将调用 IP 选项解读函数来输出 IP 路由。具体实现代码如下。

```
/*解读IP选项头函数*/
void DecodeIPOptions(char *buf, int bytes)
{
    IpOptionHeader *ipopt = NULL;
    IN_ADDR inaddr;
    int i;
    HOSTENT *host = NULL;
    /*获取路由信息的入口地址*/
    ipopt = (IpOptionHeader *)(buf + 20);
    printf("RR:   ");
    for(i = 0; i < (ipopt->ptr / 4) - 1; i++)
    {
        inaddr.S_un.S_addr = ipopt->addr[i];
        if (i != 0)
            printf("        ");
        /*根据IP地址获取主机名*/
        host = gethostbyaddr((char *)&inaddr.S_un.S_addr,sizeof(inaddr.S_un.S_addr), AF_INET);
        /*如果获取到了主机名，则输出主机名*/
        if (host)
            printf("(%-15s) %s\n", inet_ntoa(inaddr), host->h_name);
        /*否则输出IP地址*/
        else
            printf("(%-15s)\n", inet_ntoa(inaddr));
    }
    return;
}
```

```
/*解读ICMP报头函数*/
void DecodeICMPHeader(char *buf, int bytes, SOCKADDR_IN *from)
{
    IpHeader *iphdr = NULL;
    IcmpHeader *icmphdr = NULL;
    unsigned short iphdrlen;
    DWORD tick;
    static int icmpcount = 0;
    iphdr = (IpHeader *)buf;
    /*计算IP报头的长度*/
    iphdrlen = iphdr->h_len * 4;
    tick = GetTickCount();
    /*如果IP报头的长度为最大长度(基本长度是20字节)，则认为有IP选项，因此需要解读IP选项*/
    if ((iphdrlen == MAX_IP_HDR_SIZE) && (!icmpcount))
            /*解读IP选项，即路由信息*/
            DecodeIPOptions(buf, bytes);
    /*如果读取的数据太小*/
    if (bytes < iphdrlen + ICMP_MIN)
    {
        printf("Too few bytes from %s\n",
            inet_ntoa(from->sin_addr));
    }
    icmphdr = (IcmpHeader*)(buf + iphdrlen);
    /*如果收到的不是回显应答报文则报错*/
    if (icmphdr->i_type != ICMP_ECHOREPLY)
    {
        printf("nonecho type %d recvd\n", icmphdr->i_type);
        return;
    }
    /*核实收到的ID号和发送的是否一致*/
    if (icmphdr->i_id != (USHORT)GetCurrentProcessId())
    {
        printf("someone else's packet!\n");
        return ;
    }
    SucessFlag = TRUE;
    /*输出记录信息*/
    printf("%d bytes from %s:", bytes, inet_ntoa(from->sin_addr));
    printf(" icmp_seq = %d. ", icmphdr->i_seq);
    printf(" time: %d ms", tick - icmphdr->timestamp);
    printf("\n");
    icmpcount++;
    return;
}
```

23.3.5 Ping 测试处理

此模块是整个项目的核心，功能是执行 Ping 操作。当初始化完成整个项目后，根据用户提交的参数即可进行 Ping 处理。具体实现代码如下。

```
/*ping函数*/
void PingTest(int timeout)
{
    int ret;
    int readNum;
    int fromlen;
    struct hostent *hp = NULL;
    /*创建原始套接字，该套接字用于ICMP*/
    m_socket = WSASocket(AF_INET, SOCK_RAW, IPPROTO_ICMP, NULL, 0,WSA_FLAG_OVERLAPPED);
    /*如果套接字创建不成功*/
    if (m_socket == INVALID_SOCKET)
    {
        printf("WSASocket() failed: %d\n", WSAGetLastError());
        return ;
    }
    /*要求记录路由选项*/
    if (RecordFlag)
    {
        /*IP选项每个字段都初始化为零*/
        ZeroMemory(&IpOption, sizeof(IpOption));
```

```
        /*为每个ICMP包设置路由选项*/
        IpOption.code = IP_RECORD_ROUTE;
        IpOption.ptr= 4;
        IpOption.len= 39;
        ret = setsockopt(m_socket, IPPROTO_IP, IP_OPTIONS,(char *)&IpOption, sizeof(IpOption));
        if (ret == SOCKET_ERROR)
        {
            printf("setsockopt(IP_OPTIONS) failed: %d\n",WSAGetLastError());
        }
}
/*设置接收的超时值*/
readNum = setsockopt(m_socket, SOL_SOCKET, SO_RCVTIMEO,(char*)&timeout, sizeof(timeout));
if(readNum == SOCKET_ERROR)
{
    printf("setsockopt(SO_RCVTIMEO) failed: %d\n",WSAGetLastError());
    return ;
}
    /*设置发送的超时值*/
timeout = 1000;
readNum = setsockopt(m_socket, SOL_SOCKET, SO_SNDTIMEO,(char*)&timeout, sizeof(timeout));
if (readNum == SOCKET_ERROR)
{
    printf("setsockopt(SO_SNDTIMEO) failed: %d\n",WSAGetLastError());
    return ;
}
    /*初始化目的地址为零*/
memset(&DestAddr, 0, sizeof(DestAddr));
    /*设置地址族,这里表示使用IP地址族*/
    DestAddr.sin_family = AF_INET;
if ((DestAddr.sin_addr.s_addr = inet_addr(lpdest)) == INADDR_NONE)
{
    /*名字解析,根据主机名获取IP地址*/
    if ((hp = gethostbyname(lpdest)) != NULL)
    {
        /*将获取到的IP地址赋值给目的地址中的相应字段*/
        memcpy(&(DestAddr.sin_addr), hp->h_addr, hp->h_length);
        /*将获取到的地址族赋值给目的地址中的相应字段*/
        DestAddr.sin_family = hp->h_addrtype;
        printf("DestAddr.sin_addr = %s\n", inet_ntoa(DestAddr.sin_addr));
    }
    /*获取不成功*/
    else
    {
        printf("gethostbyname() failed: %d\n",WSAGetLastError());
        return ;
    }
}
    /*数据报文需要包含ICMP报头*/
datasize += sizeof(IcmpHeader);
    /*根据默认堆句柄,从堆中分配MAX_PACKET内存块,新分配内存将初始化为零*/
icmp_data =(char*) HeapAlloc(GetProcessHeap(), HEAP_ZERO_MEMORY,MAX_PACKET);
recvbuf =(char*) HeapAlloc(GetProcessHeap(), HEAP_ZERO_MEMORY,MAX_PACKET);
    /*如果分配内存不成功*/
if (!icmp_data)
{
    printf("HeapAlloc() failed: %d\n", GetLastError());
    return ;
}
    /* 创建ICMP报文*/
memset(icmp_data,0,MAX_PACKET);
FillICMPData(icmp_data,datasize);
while(1)
{
    static int nCount = 0;
    int writeNum;
    /*超过指定的记录条数则退出*/
    if (nCount++ == PacketNum)
        break;
    /*计算校验和前要把校验和字段设置为零*/
```

```
        ((IcmpHeader*)icmp_data)->i_cksum = 0;
           /*获取操作系统启动到现在所经过的毫秒数, 设置时间戳*/
        ((IcmpHeader*)icmp_data)->timestamp = GetTickCount();
           /*设置序列号*/
        ((IcmpHeader*)icmp_data)->i_seq = seq_no++;
           /*计算校验和*/
        ((IcmpHeader*)icmp_data)->i_cksum = CheckSum((USHORT*)icmp_data, datasize);
           /*开始发送ICMP请求 */
        writeNum = sendto(m_socket, icmp_data, datasize, 0,(struct sockaddr*)&DestAddr,
        sizeof(DestAddr));

           /*如果发送不成功*/
           if (writeNum == SOCKET_ERROR)
        {
           /*如果超时则不成功*/
            if (WSAGetLastError() == WSAETIMEDOUT)
           {
             printf("timed out\n");
               continue;
           }
             /*其他发送不成功的原因*/
           printf("sendto() failed: %d\n", WSAGetLastError());
           return ;
        }
         /*开始接收ICMP应答 */
        fromlen = sizeof(SourceAddr);
        readNum = recvfrom(m_socket, recvbuf, MAX_PACKET, 0,(struct sockaddr*)&SourceAddr,
        &fromlen);
        /*如果接收不成功*/
           if (readNum == SOCKET_ERROR)
        {
             /*如果超时则不成功*/
             if (WSAGetLastError() == WSAETIMEDOUT)
           {
                 printf("timed out\n");
                 continue;
           }
             /*其他接收不成功的原因*/
           printf("recvfrom() failed: %d\n", WSAGetLastError());
           return ;
        }
           /*解读接收到的ICMP数据报*/
        DecodeICMPHeader(recvbuf, readNum, &SourceAddr);
    }
}
```

23.3.6 主函数

系统主函数 main 控制了整个程序的运行和调用所有相关的模块。main 函数首先初始化系统变量，然后获取参数，并根据参数进行 Ping 操作处理。具体实现代码如下。

```
int main(int argc, char* argv[])
{
    InitPing();
    GetArgments(argc, argv);
    PingTest(1000);
      /*延迟1s*/
    Sleep(1000);
      if(SucessFlag)
         printf("\nPing end, you have got %.0f records!\n",PacketNum);
      else
         printf("Ping end, no record!");
    FreeRes();
    getchar();
    return 0;
}
```

至此，整个游戏介绍完毕。程序运行后将首先按照默认样式显示，如图 23-4 所示。

如果输入一个合法的目标地址，则会显示 Ping 的结果，如图 23-5 所示。

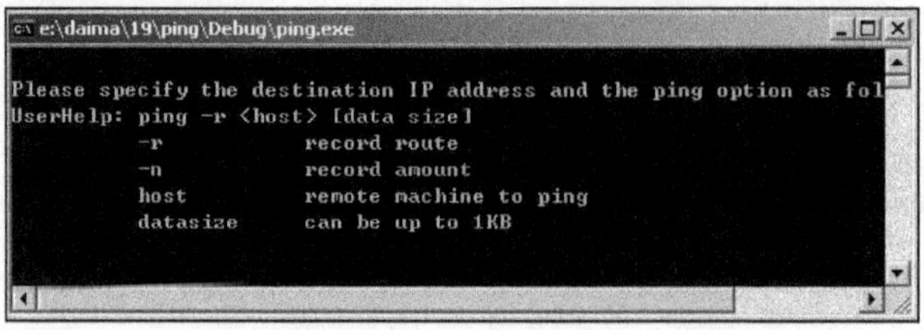

图 23-4 初始结果

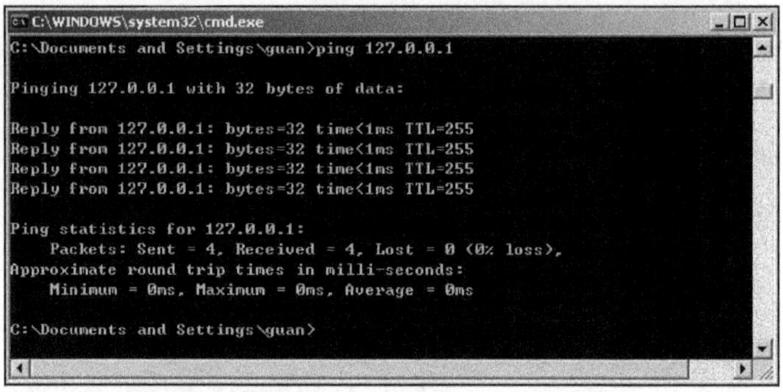

图 23-5 输入合法的目标地址后，Ping 的结果

如果输入一个非法的目标地址，则会显示对应的提示错误，如图 23-6 所示。

图 23-6 输入非法的目标地址后，Ping 的结果

当然，也可以 Ping 指定的域名地址，如图 23-7 所示。

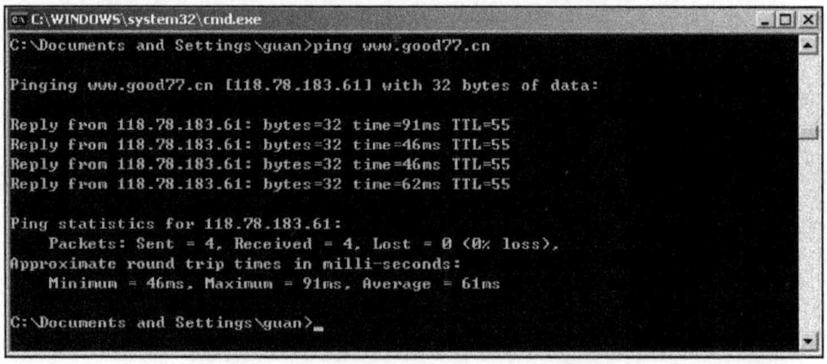

图 23-7 Ping 指定的域名地址后的结果

第 24 章

炉火纯青——学生成绩管理系统

现在我国大中专院校的学生成绩管理水平普遍不高，有的还停留在纸介质基础上，这种管理手段已不能适应时代的发展，因为它浪费了许多人力和物力。在信息时代这种传统的管理方法必然会被计算机为基础的信息管理系统所代替。

本章将介绍使用 C 语言开发一个学生成绩管理系统的方法，并详细介绍具体的实现流程，让读者体会 C 语言在文件操作领域中的应用。

24.1　系统总体描述

本章将通过一个学生成绩管理系统的实例，来说明用 C 语言编写文件处理项目的基本方法。本实例的实现文件为"stu.c"，它保存在"daima\24\"文件夹中。

24.1.1　项目开发的目标

学生成绩管理系统采用计算机对学生成绩进行管理，这进一步提高了办学效率和现代化管理水平，帮助广大教师提高工作效率，实现学生成绩信息管理工作流程的系统化、规范化和自动化。

24.1.2　项目的意义

对于学校管理来讲，学生成绩管理系统是不可缺少的组成部分。根据学校管理的需要，开发一个"学生成绩管理系统"的目的如下。

❑ 能够对学生的有效信息执行输入、排序等操作。
❑ 能够统计学生成绩的总分和平均分。
❑ 能够查看单个学生的各科成绩。

24.1.3　系统功能描述

本实例的构成功能模块如下。

❑ **输入记录模块**：用于将数据输入到单链表，记录可以从以二进制形式存储的数据文件中读入，也可以从键盘中逐个输入学生的记录。学生记录由学生的基本资料和学生成绩构成。当从数据文件中读入时，以记录为单位存储的数据文件会将记录逐条复制到单链表中。

❑ **查询记录模块**：在单链表中查找满足相关条件的学生记录。此系统可以按照学生的学号或姓名来查找学生信息，并返回指向学生记录的指针。没有结果则返回一个名为 NULL 的空指针，并输出没有找到信息的提示。

❑ **更新记录模块**：用于维护处理学生信息，此系统可以对学生记录执行修改、删除、插入和排序操作。系统执行上述操作后，需要将修改后的数据存入到源数据文件中。

❑ **统计记录模块**：用于统计各门功课中最高分和不及格人数。

❑ **输出记录模块**：对学生记录信息执行存盘操作，将单链表的各节点中存储的学生记录写入到数据文件中，并且将单链表的各节点中存储的学生记录信息以表格的形式输出到屏幕上。

上述模块的总体结构如图 24-1 所示。

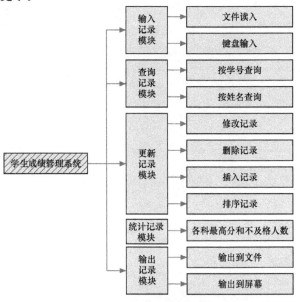

图 24-1　项目功能的模块结构

24.2 系统总体设计

经过 24.1 节的系统功能构成分析后，就可根据各功能模块进行对应的设计了。本节将简要介绍此系统的总体设计过程。

24.2.1 功能模块设计

1. 主函数 main 的运行流程

主函数 main 将首先以可读写的方式打开数据文件，在此，数据文件的默认路径为"C:\student"。如果它不存在，则新建此文件。当打开文件后，将从文件中读取一条记录，并添加到新建的单链表中，然后显示系统的主菜单，最后进入主循环操作过程，进行按键判断处理。按键判断处理的流程如下。

（1）按键的有效值是 0～9，如果是其他数值则是错误的。

（2）如果输入 0，则会继续判断对记录更新后是否执行了保存操作，如果没有保存，则系统会提示用户是否需要保存。

（3）在最后将退出此系统。

（4）如果输入 1，则调用 Add 函数，增加学生记录。

（5）如果输入 2，则调用 Del 函数，删除学生记录。

（6）如果输入 3，则调用 Qur 函数，查询学生记录。

（7）如果输入 4，则调用 Modify 函数，修改学生记录。

（8）如果输入 5，则调用 Insert 函数，添加学生记录。

（9）如果输入 6，则调用 Tongji 函数，统计学生记录。

（10）如果输入 7，则调用 Sort 函数，按降序排列学生记录。

（11）如果输入 8，则调用 Save 函数，保存更改后的学生记录信息。

（12）如果输入 9，则调用 Desp 函数，以表格样式输出学生记录。

（13）如果输入是 0～9 以外的值，则调用 Wrong 函数，输出错误提示。

主函数 main 的具体运行流程如图 24-2 所示。

2. 输入记录模块

输入记录模块的功能是将数据存入单链表中。当从数据文件中读取数据时，调用文件读取函数 fread，它从文件中读取一条学生成绩信息并存入指针变量 p 所指向的节点中。此操作在主函数 main 中执行。

如果数据文件没有记录，则系统会提示单链表为空，即没有任何学生记录可以操作。此时用户应该选择 1，即调用 Add 函数输入新的学生记录，从而完成在单链表 1 中添加节点的操作。

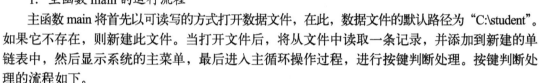 注意：在上述的字符串和数值输入过程中，要分别采用对应的函数来实现。在函数中完成输入数据的任务，并对数据进行条件判断，直到满足条件为止，这样就大大减少了代码的重复和冗余。

3. 查询记录处理

查询记录即查询单链表中的学生记录，并以学号或姓名的形式显示结果。在查询函数 Qur(1) 中，1 指向保存学生成绩信息的单链表首地址的指针。为了遵循模块化编程原则，需要将在单链表中执行的指针定位操作设计成一个单独的函数 Node。

4. 更新记录处理

此模块的功能是对学生记录信息执行修改、删除、插入和排序操作。因为学生记录信息是以单链表结构存储的，所以这些操作要在单链表中完成。系统的记录更新包括如下 4 种操作。

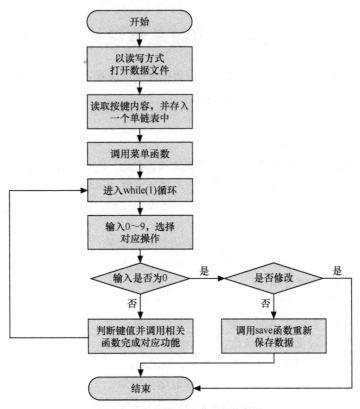

图 24-2　主函数 main 的运行流程图

（1）修改记录，修改系统内已经存在的学生记录信息。

（2）删除记录，删除系统内已经存在的学生记录信息。

（3）插入记录，向系统中添加新的学生记录信息。

（4）排序记录，对系统中的学生记录信息执行排序操作。C 语言中的排序算法有许多种，例如冒泡排序和插入排序，本系统使用的是插入排序。在单链表中插入排序的处理流程如下。

❑ 新创建一个单链表 1，用于保存排序结果，其初始值为待排序单链表的头节点。

❑ 从排序列表中取出下一个节点，将其总分字段值和单链表 1 的各节点中的总分字段值进行比较，直到在单链表 1 中找到总分小于它的节点。如果找到这个节点，则系统将待排序链表中取出的节点插入到此节点前，作为它的前缀；否则将把取出的节点放在单链表 1 的结尾处。

❑ 重复上面的第二步操作，直到从待排序链表中取出的节点指针域为 NULL（即此节点为链表的尾部节点）才算排序完成。

5．统计记录模块

此模块通过循环读取指针变量 p 所指向的当前节点数据域中的各字段值，对各成绩字段进行逐一判断，最终完成各科最高分的查找处理和不及格学生的统计。

24.2.2　数据结构设计

实例中包含的数据结构如下所示。

1．学生成绩记录结构体

此处的学生成绩记录结构体是 student，其具体代码如下。

```
typedef struct student              /*标记为student*/
{
```

```
char num[10];                       /*学号*/
char name[15];                      /*姓名*/
int cgrade;                         /*C语言成绩*/
int mgrade;                         /*数学成绩*/
int egrade;                         /*英语成绩*/
int total;                          /*总分*/
float ave;                          /*平均分*/
int mingci;                         /*名次*/
};
```

2. 单链表结构体

此处的单链表结构体是 node，其具体代码如下。

```
typedef struct node
{
struct student data;                /*数据域*/
struct node *next;                  /*指针域*/
}Node,*Link;                         /*Node为node类型的结构变量，*Link为node类型的指针变量*/
```

24.2.3　构成函数介绍

此实例中各主要构成函数的基本信息如下。

❑ 函数 printheader

函数 printheader 用于格式化输出表头，在以表格形式输出学生记录时它输出标头信息。其具体结构如下。

```
void printheader()
```

❑ 函数 printdata

函数 printdata 用于格式化输出表中的数据，打印输出单链表 pp 中的学生信息。其具体结构如下。

```
void printdata(Node *pp)
```

❑ 函数 stringinput

函数 stringinput 用于输入字符串，并进行长度验证（长度<lens）。其具体结构如下。

```
void stringinput(char *t,int lens,char *notice)
```

❑ 函数 numberinput

函数 numberinput 用于输入分数，并对输入的分数进行验证，查看是否为 0≤分数≤100，其具体结构如下。

```
int numberinput(char *notice)
```

❑ 函数 Disp

函数 Disp 用于显示单链表 1 中存储的学生记录，内容为 student 结构定义的内容。其具体结构如下。

```
void Disp(Link l)
```

❑ 函数 Locate

函数 Locate 用于定位链表中符合要求的节点，并返回指向该节点的指针，其具体结构如下。

```
ode* Locate(Link l,char findmess[],char nameornum[])
```

其中，参数"findmess[]"用于保存要查找的具体内容，参数"nameornum[]"用于保存按什么要求来查找，它在单链表 1 中查找。

❑ 函数 Add

函数 Add 用于向系统增加新的学生记录。其具体结构如下。

```
void Add(Link l)
```

❑ 函数 Qur

函数 Qur 用于按学号或姓名来查询学生记录。其具体结构如下。

```
void Qur(Link l)
```

❑ 函数 Del

函数 Del 用于删除系统中的学生记录信息，其具体结构如下。

```
void Del(Link l)
```

❑ 函数 Modify

函数 Modify 用于修改学生记录。先按输入的学号查询到该记录，然后提示用户修改学号之外的值，但是学号不能修改。其具体结构如下。

```
void Modify(Link l)
```

❑ 函数 Insert

函数 Insert 用于插入记录，按学号查询到要插入的节点位置，然后在该学号之后插入一个新节点。其具体结构如下。

```
void Insert(Link l)
```

❑ 函数 Tongji

函数 Tongji 用于分别统计该班的总分第一名、单科第一名和各科不及格人数，其具体结构如下。

```
void Tongji(Link l)
```

❑ 函数 Sort

函数 Sort 利用插入排序法实现单链表的按总分字段的降序排序，格式是从高到低。其具体结构如下。

```
void Sort(Link l)
```

❑ 函数 Save

函数 Save 用于数据存盘处理，如果用户没有专门进行此操作且对数据有修改，则在退出系统时它会提示用户存盘。其具体结构如下。

```
void Save(Link l)
```

❑ 主函数 main

主函数 main 是整个成绩管理系统的控制部分。

24.3　系统的具体实现

经过了前面的分析和系统总体设计后，在此基础上就可以进行程序设计了。本节将详细介绍此实例的具体实现过程。

24.3.1　预处理

程序预处理包括文件加载、定义结构体、定义常量、定义变量。具体代码如下。

```
#include "stdio.h"                          /*标准输入输出函数库*/
#include "stdlib.h"                         /*标准函数库*/
#include "string.h"                         /*字符串函数库*/
#include "conio.h"                          /*屏幕操作函数库*/
#define HEADER1 "   -----------------------STUDENT---------------------------- \n"
#define HEADER2 " |  number  |   name  |Comp|Math|Eng |  sum  |  ave  |mici | \n"
#define HEADER3 "  |----------|---------|----|----|----|-------|------|----| "
#define FORMAT  "  |  %-10s |%-15s|%4d|%4d|%4d|  %4d   | %.2f |%4d |\n"
#define DATA  p->data.num,p->data.name,p->data.egrade,p->data.mgrade,p->data.cgrade,p->
    data.total,p->data.ave,p->data.mingci
#define END     "  ------------------------------------------------------------- \n"
int saveflag=0;                             /*是否需要存盘的标志变量*/
/*定义与学生有关的数据结构*/
typedef struct student                      /*标记为student*/
{
    char num[10];                           /*学号*/
    char name[15];                          /*姓名*/
    int cgrade;                             /*C语言成绩*/
    int mgrade;                             /*数学成绩*/
    int egrade;                             /*英语成绩*/
    int total;                              /*总分*/
    float ave;                              /*平均分*/
    int mingci;                             /*名次*/
```

```
};
/*定义每条记录或节点的数据结构，标记为：node*/
typedef struct node
{
    struct student data;                    /*数据域*/
    struct node *next;                      /*指针域*/
    }Node,*Link;                            /*Node为node类型的结构变量，*Link为node类型的指针变量*/
```

24.3.2　主函数

主函数 main 控制整个系统，通过对各模块函数的调用实现了系统的具体功能。具体代码如下。

```
int main(void)
{
  Link l;                                  /*定义链表*/
  FILE *fp;                                /*文件指针*/
  int select;                              /*保存选择结果变量*/
  char ch;                                 /*保存(y,Y,n,N)*/
  int count=0;                             /*保存文件中的记录条数（或节点个数）*/
  Node *p,*r;                              /*定义记录指针变量*/
  l=(Node*)malloc(sizeof(Node));
  if(!l)
    {
      printf("\n allocate memory failure "); /*如没有申请到，则打印提示信息*/
      return ;                             /*返回主界面*/
    }
  l->next=NULL;
  r=l;
/*以追加方式打开一个二进制文件，它应可读可写，若此文件不存在，则创建此文件*/
fp=fopen("C:\\student","ab+");
  if(fp==NULL)
  {
    printf("\n=====>can not open file!\n");
    exit(0);
  }
while(!feof(fp))
{
  p=(Node*)malloc(sizeof(Node));
  if(!p)
    {
      printf(" memory malloc failure!\n");  /*没有申请成功*/
      exit(0);            /*退出*/
    }
  if(fread(p,sizeof(Node),1,fp)==1)         /*从文件中一次读取一条学生成绩记录*/
    {
    p->next=NULL;
    r->next=p;
    r=p;                                    /*r指针向后移一个位置*/
    count++;
    }
}
fclose(fp); /*关闭文件*/
printf("\n=====>open file sucess,the total records number is : %d.\n",count);
menu();
while(1)
{
    system("cls");
    menu();
    p=r;
    printf("\n                Please Enter your choice(0~9):"); /*显示提示信息*/
    scanf("%d",&select);
  if(select==0)
    {
/*若修改了链表中的数据且未执行存盘操作，则此标志为1*/
if(saveflag==1)
    { getchar();
      printf("\n=====>Whether save the modified record to file?(y/n):");
      scanf("%c",&ch);
```

```
        if(ch=='y'||ch=='Y')
            Save(l);
    }
    printf("=====>thank you for useness!");
    getchar();
    break;
    }
    switch(select)
    {
    case 1:Add(l);break;                        /*增加学生记录*/
    case 2:Del(l);break;                        /*删除学生记录*/
    case 3:Qur(l);break;                        /*查询学生记录*/
    case 4:Modify(l);break;                     /*修改学生记录*/
    case 5:Insert(l);break;                     /*插入学生记录*/
    case 6:Tongji(l);break;                     /*统计学生记录*/
    case 7:Sort(l);break;                       /*排序学生记录*/
    case 8:Save(l);break;                       /*保存学生记录*/
    case 9:system("cls");Disp(l);break;         /*显示学生记录*/
    default: Wrong();getchar();break;           /*按键有误，它必须为数值0～9*/
    }
}
}
```

24.3.3　系统主菜单函数

系统主菜单函数 menu 的功能是，显示系统的主菜单界面，提示用户进行相应的选择并完成对应的任务。具体代码如下。

```
void menu()                                     /*主菜单*/
{
    system("cls");                              /*调用DOS命令执行清屏操作，它与clrscr()功能相同*/
    textcolor(10);                              /*在文本模式中选择新的字符颜色*/
    gotoxy(10,5);                               /*在文本窗口中设置光标*/
    cprintf("                The Students' Grade Management System \n");
    gotoxy(10,8);
    cprintf("        ************************Menu************************\n");
    gotoxy(10,9);
    cprintf("        *  1 input   record              2 delete record       *\n");
    gotoxy(10,10);
    cprintf("        *  3 search  record              4 modify record       *\n");
    gotoxy(10,11);
    cprintf("        *  5 insert  record              6 count  record       *\n");
    gotoxy(10,12);
    cprintf("        *  7 sort    reord               8 save   record       *\n");
    gotoxy(10,13);
    cprintf("        *  9 display record              0 quit   system       *\n");
    gotoxy(10,14);
    cprintf("        ************************************************\n");
    /*cprintf()送格式化输出至文本窗口屏幕中*/
}
```

24.3.4　表格显示信息

因为学生记录信息要经常显示，为了提高代码重用性，所以使学生记录显示信息成为了一个独立的模块。以表格样式显示单链表 1 中存储的学生信息，内容是 student 结构中定义的内容。具体代码如下。

```
void printdata(Node *pp)                        /*格式化输出表中的数据*/
{
 Node* p;
 p=pp;
 printf(FORMAT,DATA);
}
void Wrong()                                    /*输出按键错误信息*/
{
printf("\n\n\n\n\n**********Error:input has wrong! press any key to continue*********\n");
getchar();
}
void Nofind()                                   /*输出未查找到此学生信息*/
```

```
{
printf("\n=====>Not find this student!\n");
}
/*显示单链表1中存储的学生记录，内容为student结构中定义的内容*/
void Disp(Link l)
{
Node *p;
/*1存储的是单链表中头节点的指针，该头节点没有存储学生信息，指针域指向的后继节点才有学生信息*/
p=l->next;
if(!p)                                      /*p==NULL,NUll在stdlib中定义为0*/
{
  printf("\n=====>Not student record!\n");
  getchar();
  return;
}
printf("\n\n");
printheader();                             /*输出表格头部*/
while(p)                                    /*逐条输出链表中存储的学生信息*/
{
  printdata(p);
  p=p->next;                               /*移动至下一个节点*/
  printf(HEADER3);
}
getchar();
}
```

24.3.5 信息查找定位

当用户进入系统后，在处理某个学生记录前需要按条件查找此记录信息。上述功能由函数 Node* Locate 实现，具体代码如下。

```
/*****************************************************
作用：用于定位链表中符合要求的节点，并返回指向该节点的指针
参数：findmess[]保存要查找的具体内容；nameornum[]保存按什么要求查找，
      它在单链表1中查找
*****************************************************/
Node* Locate(Link l,char findmess[],char nameornum[])
{
Node *r;
if(strcmp(nameornum,"num")==0)            /*按学号查询*/
{
  r=l->next;
  while(r)
  {
   if(strcmp(r->data.num,findmess)==0)    /*若找到findmess值的学号*/
    return r;
   r=r->next;
  }
}
else if(strcmp(nameornum,"name")==0)      /*按姓名查询*/
{
  r=l->next;
  while(r)
  {
   if(strcmp(r->data.name,findmess)==0)   /*若找到findmess值的学生姓名*/
    return r;
   r=r->next;
  }
}
return 0;                                  /*若未找到，则返回一个空指针*/
}
```

24.3.6 格式化输入数据

此系统要求用户只能输入字符型和数值型数据，为此系统定义了函数 stringinput 和 numberinput 进行控制。具体代码如下。

```
/*输入字符串，并进行长度验证(长度<lens)*/
void stringinput(char *t,int lens,char *notice)
```

```
{
    char n[255];
    do{
        printf(notice);                          /*显示提示信息*/
        scanf("%s",n);                           /*输入字符串*/
        if(strlen(n)>lens)printf("\n exceed the required length! \n");   /*进行长度校验,超过
lens值则重新输入*/
        }while(strlen(n)>lens);
        strcpy(t,n);                             /*将输入的字符串复制到字符串t中*/
}
/*输入分数, 0≤分数≤100)*/
int numberinput(char *notice)
{
    int t=0;
    do{
        printf(notice);                          /*显示提示信息*/
        scanf("%d",&t);                          /*输入分数*/
        if(t>100 || t<0) printf("\n score must in [0,100]! \n");       /*校验分数*/
    }while(t>100 || t<0);
    return t;
}
```

24.3.7　增加学生记录

如果系统内的学生信息为空,则可以通过函数 Add 向系统添加学生记录。具体代码如下。

```
/*增加学生记录*/
void Add(Link l)
{
Node *p,*r,*s;                              /*实现添加操作的临时结构体指针变量*/
char ch,flag=0,num[10];
r=l;
s=l->next;
system("cls");
Disp(l);                                   /*先打印出已有的学生信息*/
while(r->next!=NULL)
    r=r->next;                             /*将指针移至链表最末尾,准备添加记录*/
/*一次可输入多条记录,直至输入学号为0的记录节点*/
while(1)
{
    /*输入学号,保证该学号没有使用。若输入学号为0,则退出添加记录操作*/
    while(1)
    {
    stringinput(num,10,"input number(press '0'return menu):"); /*格式化输入学号并检验*/
    flag=0;
    if(strcmp(num,"0")==0)                 /*输入为0,则退出添加操作,返回主界面*/
        {return;}
    s=l->next;
        /*查询该学号是否已经存在,若存在则要求重新输入一个未使用的学号*/
    while(s)
        {
        if(strcmp(s->data.num,num)==0)
            {
            flag=1;
            break;
            }
        s=s->next;
        }
    if(flag==1)                            /*提示用户是否重新输入*/
        { getchar();
        printf("=====>The number %s is not existing,try again?(y/n):",num);
        scanf("%c",&ch);
        if(ch=='y'||ch=='Y')
            continue;
        else
            return;
        }
    else
        {break;}
    }
```

```
p=(Node *)malloc(sizeof(Node));                    /*申请内存空间*/
if(!p)
 {
    printf("\n allocate memory failure ");         /*如没有申请到, 则打印提示信息*/
    return ;                                        /*返回主界面*/
 }
strcpy(p->data.num,num);                                /*将字符串num复制到p->data.num中*/
stringinput(p->data.name,15,"Name:");
p->data.cgrade=numberinput("C language Score[0-100]:"); /*输入并检验分数, 分数必须在0~100*/
p->data.mgrade=numberinput("Math Score[0-100]:");       /*输入并检验分数, 分数必须在0~100*/
p->data.egrade=numberinput("English Score[0-100]:");    /*输入并检验分数, 分数必须在0~100*/
p->data.total=p->data.egrade+p->data.cgrade+p->data.mgrade; /*计算总分*/
p->data.ave=(float)(p->data.total/3);                   /*计算平均分*/
p->data.mingci=0;
p->next=NULL;                                      /*表明这是链表的尾部节点*/
r->next=p;                                         /*将新建的节点加入链表尾部*/
r=p;
saveflag=1;
 }
    return ;
}
```

24.3.8 查询学生记录

用户可以对系统内的学生记录信息进行快速查询, 在此可以按照学号或姓名进行查询。如果满足查询条件的学生存在, 则打印查询结果。具体代码如下。

```
void Qur(Link l)                          /*按学号或姓名, 查询学生记录*/
{
int select;                               /*1:按学号查, 2:按姓名查, 其他:返回主界面(菜单)*/
char searchinput[20];                     /*保存用户输入的查询内容*/
Node *p;
if(!l->next)                              /*若链表为空*/
 {
   system("cls");
   printf("\n=====>No student record!\n");
   getchar();
   return;
 }
system("cls");
printf("\n     =====>1 Search by number  =====>2 Search by name\n");
printf("      please choice[1,2]:");
scanf("%d",&select);
if(select==1)                             /*按学号查询*/
 {
   stringinput(searchinput,10,"input the existing student number:");
   /*在l中查找学号为searchinput值的节点, 并返回节点的指针*/
p=Locate(l,searchinput,"num");
   if(p)                                  /*若p!=NULL*/
   {
   printheader();
   printdata(p);
   printf(END);
   printf("press any key to return");
   getchar();
   }
   else
   Nofind();
   getchar();
 }
else if(select==2)                        /*按姓名查询*/
{
   stringinput(searchinput,15,"input the existing student name:");
   p=Locate(l,searchinput,"name");
   if(p)
   {
   printheader();
   printdata(p);
   printf(END);
   printf("press any key to return");
```

```
    getchar();
    }
  else
    Nofind();
    getchar();
}
else
  Wrong();
  getchar();

}
```

24.3.9　删除学生记录

在执行删除操作时，系统会根据用户的要求先查找到要删除记录的节点，然后在单链表中删除这个节点。具体代码如下。

```
/*删除学生记录：先找到保存该学生记录的节点，然后删除该节点*/
void Del(Link l)
{
int sel;
Node *p,*r;
char findmess[20];
if(!l->next)
{ system("cls");
  printf("\n=====>No student record!\n");
  getchar();
  return;
}
system("cls");
Disp(l);
printf("\n          =====>1 Delete by number          =====>2 Delete by name\n");
printf("        please choice[1,2]:");
scanf("%d",&sel);
if(sel==1)
{

  stringinput(findmess,10,"input the existing student number:");
  p=Locate(l,findmess,"num");
  if(p)   /*p!=NULL*/
  {
   r=l;
   while(r->next!=p)
    r=r->next;
   r->next=p->next;                          /*将p所指向的节点从链表中去除*/
   free(p);                                  /*释放内存空间*/
   printf("\n=====>delete success!\n");
   getchar();
   saveflag=1;
  }
  else
   Nofind();
   getchar();
}
else if(sel==2)                              /*先按姓名查询到该记录所在的节点*/
{
  stringinput(findmess,15,"input the existing student name");
  p=Locate(l,findmess,"name");
  if(p)
  {
   r=l;
   while(r->next!=p)
    r=r->next;
   r->next=p->next;
   free(p);
   printf("\n=====>delete success!\n");
   getchar();
   saveflag=1;
  }
  else
```

```
      Nofind();
      getchar();
   }
   else
      Wrong();
      getchar();
   }
```

24.3.10 修改学生记录

用户可以对系统内已存在的学生信息进行修改，在进行修改时系统首先根据用户的要求查找到此学生记录，然后提示修改学号之外的值。具体代码如下。

```
/*修改学生记录：先按输入的学号查询到该记录，然后提示用户修改学号之外的值，学号不能修改*/
void Modify(Link l)
{
Node *p;
char findmess[20];
if(!l->next)
{ system("cls");
  printf("\n=====>No student record!\n");
  getchar();
  return;
}
system("cls");
printf("modify student recorder");
Disp(l);
stringinput(findmess,10,"input the existing student number:"); /*输入并检验该学号*/
p=Locate(l,findmess,"num");                                     /*查询到该节点*/
if(p)                                           /*若p!=NULL，则表明已经找到该节点*/
{
  printf("Number:%s,\n",p->data.num);
  printf("Name:%s,",p->data.name);
  stringinput(p->data.name,15,"input new name:");
  printf("C language score:%d,",p->data.cgrade);
  p->data.cgrade=numberinput("C language Score[0-100]:");
  printf("Math score:%d,",p->data.mgrade);
  p->data.mgrade=numberinput("Math Score[0-100]:");
  printf("English score:%d,",p->data.egrade);
   p->data.egrade=numberinput("English Score[0-100]:");
  p->data.total=p->data.egrade+p->data.cgrade+p->data.mgrade;
  p->data.ave=(float)(p->data.total/3);
  p->data.mingci=0;
  printf("\n=====>modify success!\n");
  Disp(l);
  saveflag=1;
}
else
  Nofind();
  getchar();
}
```

24.3.11 插入学生记录

在执行插入学生记录的操作模块中，系统会首先按照学号查找要插入节点的位置，然后在该学号之后插入一个新的节点。具体代码如下。

```
/*插入记录:按学号查询到要插入的节点位置，然后在该学号之后插入一个新节点。*/
void Insert(Link l)
{
  Link p,v,newinfo;                    /*p指向插入位置，newinfo指新插入记录*/
  char ch,num[10],s[10];               /*s[]保存插入点之前的学号,num[]保存输入的新记录学号*/
  int flag=0;
  v=l->next;
  system("cls");
  Disp(l);
  while(1)
  { stringinput(s,10,"please input insert location  after the Number:");
    flag=0;v=l->next;
    while(v)                           /*查询该学号是否存在，flag=1表示该学号存在*/
```

```
        {
          if(strcmp(v->data.num,s)==0)   {flag=1;break;}
             v=v->next;
        }
          if(flag==1)
             break;                              /*若学号存在，则在插入之前对新记录执行输入操作*/
          else
          { getchar();
            printf("\n=====>The number %s is not existing,try again?(y/n):",s);
            scanf("%c",&ch);
            if(ch=='y'||ch=='Y')
              {continue;}
            else
               {return;}
        }
    }
    /*以下输入的新记录操作与Add()相同*/
    stringinput(num,10,"input new student Number:");
    v=l->next;
    while(v)
    {
     if(strcmp(v->data.num,num)==0)
      {
       printf("=====>Sorry,the new number:'%s' is existing !\n",num);
       printheader();
       printdata(v);
       printf("\n");
       getchar();
       return;
      }
     v=v->next;
    }
      newinfo=(Node *)malloc(sizeof(Node));
    if(!newinfo)
      {
        printf("\n allocate memory failure ");      /*如没有申请到，则打印提示信息*/
        return ;                                     /*返回主界面*/
      }
    strcpy(newinfo->data.num,num);
    stringinput(newinfo->data.name,15,"Name:");
    newinfo->data.cgrade=numberinput("C language Score[0-100]:");
    newinfo->data.mgrade=numberinput("Math Score[0-100]:");
    newinfo->data.egrade=numberinput("English Score[0-100]:");
    newinfo->data.total=newinfo->data.egrade+newinfo->data.cgrade+newinfo->data.mgrade;
    newinfo->data.ave=(float)(newinfo->data.total/3);
    newinfo->data.mingci=0;
    newinfo->next=NULL;
    saveflag=1;                        /*在main()中有对该全局变量的判断，它若为1，则进行存盘操作*/
    /*将指针赋值给p，因为1中头节点的下一个节点才实际保存着学生记录*/
    p=l->next;
    while(1)
      {
        if(strcmp(p->data.num,s)==0)    /*在链表中插入一个节点*/
        {
          newinfo->next=p->next;
          p->next=newinfo;
          break;
        }
        p=p->next;
      }
    Disp(l);
    printf("\n\n");
    getchar();
}
```

24.3.12　统计学生记录

在统计学生记录模块中，系统将会统计班内总分的第一名、单科成绩的第一名和不及格学生的人数，并打印输出统计结果。具体代码如下。

```
/*统计该班的总分第一名、单科第一名和各科不及格人数*/
void Tongji(Link l)
{
  Node *pm,*pe,*pc,*pt;                          /*用于指向分数最高的节点*/
  Node *r=l->next;
  int countc=0,countm=0,counte=0;                /*保存3门成绩中不及格的人数*/
  if(!r)
  { system("cls");
    printf("\n=====>Not student record!\n");
    getchar();
    return ;
  }
  system("cls");
  Disp(l);
  pm=pe=pc=pt=r;
  while(r)
  {
    if(r->data.cgrade<60) countc++;
    if(r->data.mgrade<60) countm++;
    if(r->data.egrade<60) counte++;

    if(r->data.cgrade>=pc->data.cgrade)     pc=r;
    if(r->data.mgrade>=pm->data.mgrade)     pm=r;
    if(r->data.egrade>=pe->data.egrade)     pe=r;
    if(r->data.total>=pt->data.total)       pt=r;
    r=r->next;
  }
  printf("\n-------------------------------the TongJi result------------------------------\n");
  printf("C Language<60:%d (ren)\n",countc);
  printf("Math      <60:%d (ren)\n",countm);
  printf("English   <60:%d (ren)\n",counte);
  printf("------------------------------------------------------------------------------\n");
  printf("The highest student by total   scroe   name:%s totoal score:%d\n",pt->data.
name,pt->data.total);
  printf("The highest student by English score   name:%s totoal score:%d\n",pe->data.
name,pe->data.egrade);
  printf("The highest student by Math    score   name:%s totoal score:%d\n",pm->data.
name,pm->data.mgrade);
  printf("The highest student by C       score   name:%s totoal score:%d\n",pc->data.
name,pc->data.cgrade);
  printf("\n\npress any key to return");
  getchar();
}
```

24.3.13　排序处理

　　排序处理模块的功能是对系统内的学生记录信息进行排序，系统将按照插入排序算法实现单链表中按总分字段的降序排序，并分别输出打印前的结果和打印后的结果。具体代码如下。

```
/*利用插入排序法实现单链表中按总分字段的降序排序*/
void Sort(Link l)
{
Link ll;
Node *p,*rr,*s;
int i=0;
if(l->next==NULL)
{ system("cls");
  printf("\n=====>Not student record!\n");
  getchar();
  return ;
}
ll=(Node*)malloc(sizeof(Node));              /*创建新的节点*/
if(!ll)
   {
      printf("\n allocate memory failure ");  /*如没有申请到，则打印提示信息*/
      return ;                                /*返回主界面*/
   }
ll->next=NULL;
```

```
    system("cls");
    Disp(l);                                          /*显示排序前的所有学生记录*/
    p=l->next;
    while(p)  /*p!=NULL*/
    {
      s=(Node*)malloc(sizeof(Node));                  /*新建节点用于保存从原链表中取出的节点信息*/
      if(!s)  /*s==NULL*/
        {
          printf("\n allocate memory failure ");      /*如没有申请到，则打印提示信息*/
          return ;                                     /*返回主界面*/
        }
      s->data=p->data;                                /*填数据域*/
      s->next=NULL;                                   /*指针域为空*/
      rr=ll;
      /*rr链表为存储插入单个节点后保持排序的链表，ll是这个链表的头指针，每次从头开始查找插入位置*/
      while(rr->next!=NULL && rr->next->data.total>=p->data.total)
        {rr=rr->next;}                                /*指针移至总分比p所指节点的总分小的节点位置*/
      /*若在新链表ll中所有节点的总分值都比p->data.total大时，则将p所指节点加入链表尾部*/
      if(rr->next==NULL)
          rr->next=s;
      else                                            /*否则将该节点插入至第1个总分字段比它小的节点前面*/
      {
        s->next=rr->next;
        rr->next=s;
      }
      p=p->next;                                       /*原链表中的指针下移一个节点*/
    }
      l->next=ll->next;                               /*ll中存储是的已排序值的链表头指针*/
      p=l->next;                                       /*已排好序的头指针赋值给p，准备填写名次*/
      while(p!=NULL)                                   /*当p不为空时，进行下列操作*/
      {
        i++;                                           /*节点序号*/
        p->data.mingci=i;                              /*将名次赋值*/
        p=p->next;                                      /*指针后移*/
      }
    Disp(l);
    saveflag=1;
    printf("\n     =====>sort complete!\n");
}
```

24.3.14　存储学生信息

在存储学生信息模块中，系统会将单链表中的数据写入到磁盘的数据文件中。如果用户对数据进行了修改但没有执行此操作，则会将在退出系统时提示用户是否已存盘。具体代码如下。

```
/*数据存盘：若用户没有专门执行此操作且对数据有修改，则在退出系统时，会提示用户存盘*/
void Save(Link l){
FILE* fp;
Node *p;
int count=0;
fp=fopen("c:\\student","wb");                         /*以只写方式打开二进制文件*/
if(fp==NULL)                                          /*打开文件失败*/
{
  printf("\n=====>open file error!\n");
  getchar();
  return ;
}
p=l->next;

while(p)
{
  if(fwrite(p,sizeof(Node),1,fp)==1)                  /*每次写一条记录或一个节点信息至文件*/
  {
    p=p->next;
    count++;
  }
  else
  {
    break;
```

```
  }
 }
if(count>0)
{
  getchar();
  printf("\n\n\n\n\n=====>save file complete,total saved's record number is:%d\n",count);
  getchar();
  saveflag=0;
}
else
{system("cls");
 printf("the current link is empty,no student record is saved!\n");
 getchar();
}
fclose(fp);                                          /*关闭此文件*/
}
```

至此，整个学生成绩管理系统介绍完毕。程序运行后将首先按默认格式显示主界面，如图 24-3 所示。

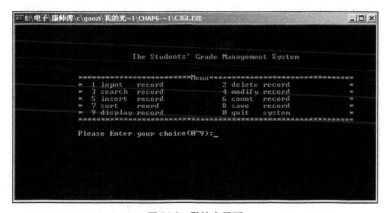

图 24-3　默认主界面

按下按键 1 后进入添加学生记录界面，在此可以输入要添加的信息，如图 24-4 所示。

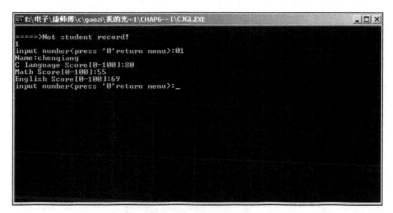

图 24-4　添加记录界面

添加记录完毕后，按下按键 9 并按 Enter 键，来查看当前表中的学生记录信息，如图 24-5 所示。

按下按键 2，并按 Enter 键进入删除界面，在此可以根据需要删除指定的信息。在图 24-6 中，删除了名为"gg"的学生记录。

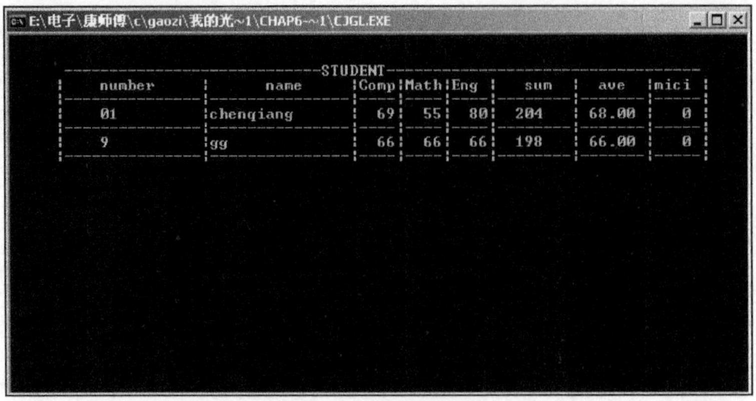

图 24-5 显示系统信息

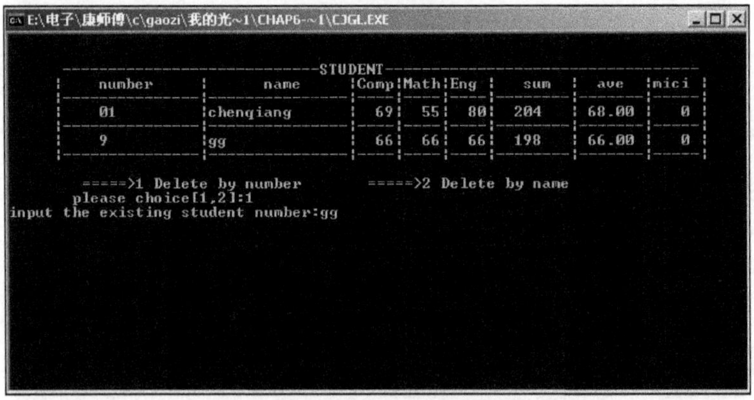

图 24-6 删除学生记录

按下按键 3，并按 Enter 键进入查找界面，在此可以选择按学生姓名查找或按学号查找。在图 24-7 中，按学生姓名查找名为"gg"的学生记录。

图 24-7 查找学生记录

按下按键 4，并按 Enter 键进入修改界面，在此可以选择要修改的学生记录。在图 24-8 中，修改了学号为 1 的学生记录信息。

按下按键 5，并按 Enter 键进入插入记录界面，在此可以添加新的学生记录，如图 24-9 所示。

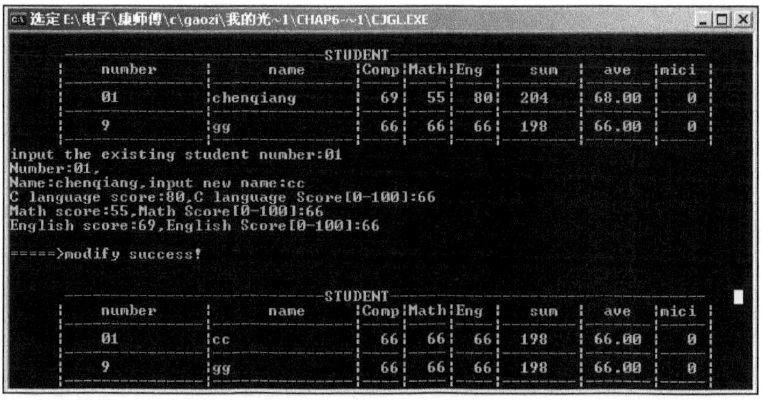

图 24-8 修改学生记录

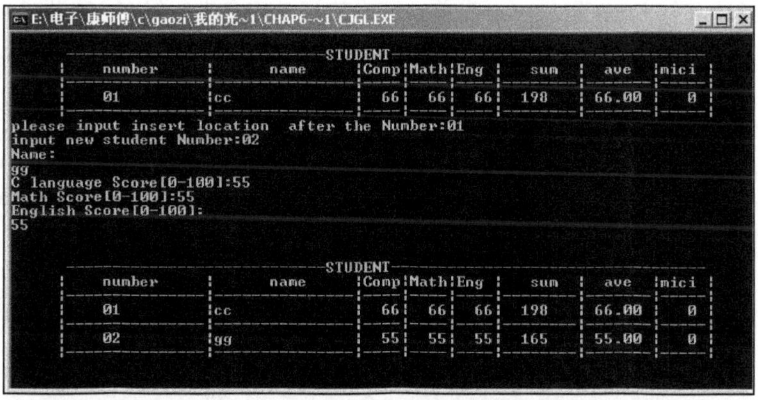

图 24-9 添加学生记录

按下按键 6，并按 Enter 键后进入统计界面，在此可以统计系统的学生记录，如图 24-10 所示。

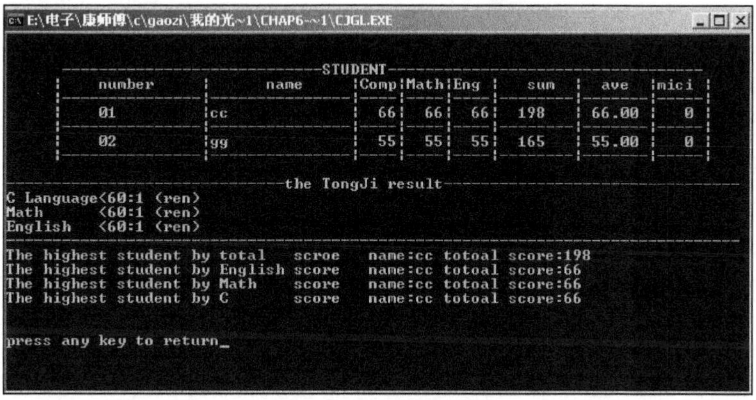

图 24-10 统计学生记录

按下按键 7，并按 Enter 键后进入排序界面，在此可以对系统内的学生记录进行排序，如图 24-11 所示。

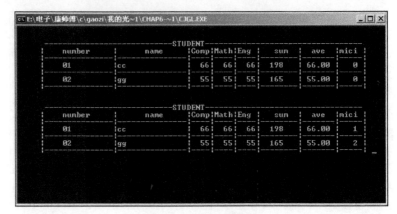

图 24-11　学生记录排序

按下按键 8，并按 Enter 键后可对当前系统内的记录信息进行保存，如图 24-12 所示。

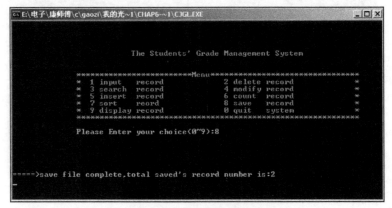

图 24-12　保存学生记录信息

第 25 章

笑傲江湖——使用 C51 实现
跑马灯程序

随着单片机技术的不断发展，在单片机中以 C 语言为主流的高级语言也不断地被更多的单片机爱好者和工程师所喜爱。使用 C51 肯定要使用到编译器，以便把写好的 C 程序编译为机器码，这样单片机才能执行编写好的程序。KEIL uVISION2 是众多单片机应用开发软件中优秀的软件之一，它支持众多公司的 MCS51 架构芯片，它集编辑、编译、仿真等于一体，同时还支持 PLM、汇编和 C 语言程序设计，它的界面友好，易学易用，在调试程序、软件仿真方面也有很强大的功能。本章将简单介绍 C51 的基础知识，并详细介绍使用 C51 开发跑马灯程序的具体实现流程。

25.1　单片机 C 语言基础

本节将简单介绍单片机领域中 C 语言的基础知识，为读者向更深层次领域的发展打下坚实的基础。

25.1.1　单片机 C 语言的优越性

单片机 C 语言的优越性如下。

- ❑ 不了解单片机的具体硬件原理，也能够编写出符合硬件要求的专业水平的程序。
- ❑ 不懂得单片机的指令集，也能够编写完美的单片机程序。
- ❑ 不同函数的数据覆盖可有效利用单片机上有限的 RAM 空间。
- ❑ 提供 auto、static、const 等存储类型和专门针对 8051 单片机的 data、idata、pdata、xdata、code 等存储类型，系统会自动为变量合理地分配地址。
- ❑ C 语言提供复杂的数据类型（数组、结构、联合、枚举、指针等），极大地增强了程序处理能力和灵活性。
- ❑ 提供 small、compact、large 等编译模式，以适应单片机上存储器的容量。
- ❑ 中断服务程序的现场保护和恢复、中断向量表的填写都是直接与单片机相关的，都由 C 编译器代办。
- ❑ 程序具有坚固性：数据被破坏是导致程序运行异常的重要因素。C 语言对数据进行了许多专业的处理，这避免了运行中非异步的破坏。
- ❑ 提供常用的标准函数库，以供用户直接使用。
- ❑ 头文件中定义宏、复杂数据类型和函数，这有利于程序的移植和支持单片机系列化产品的开发。

25.1.2　C51 的数据类型

C 语言的基本数据类型有字符型、整型、单精度型、双精度型等。对于 C51 来说，短型和整型相同，单精度和双精度类型相同。也就是说，C51 不支持双精度浮点运算。在表 25-1 中列出了 C51 的数据类型。

表 25-1　C51 的数据类型

数据类型	长度	取值范围	数据类型	长度	取值范围
无符号字符型	单字节	0～255	单精度型	4 字节	±1.18e−38～±3.40e38
字符型	单字节	−128～127	*	1～3 字节	对象地址
无符号整型	双字节	0～65 535	bit	1 位	0 或 1
整型	双字节	−32 768～32 767	sfr	单字节	0～255
无符号长型	4 字节	0～4 294 967 295	sfr16	双字节	0～65535
长型	4 字节	−2 147 483 648～2 147 483 647	sbit	1 位	0 或 1

字符型、整型、长型 3 种类型均分为无符号型（unsigned）和有符号型（signed，默认），有符号型的数据用补码来表示，这与标准 C 的定义相同，其数据长度和取值范围见表 25-1。

单精度型也与标准 C 一样，符合 IEEE—754 标准，数据长度和取值范围见表 25-1。单精度型的使用和运算需要数学库 "math.h" 的支持。

指针型（*）本身就是一个变量，只是这个变量存放的不是普通的数据，而是指向数据的地址。指针变量本身也要占据一定的内存，在 C51 中，指针变量的长度一般为 1~3 字节。如 `char * dat` 表示 `dat` 是一个字符型的指针变量，`float * dat1` 表示 `dat1` 是一个单精度浮点型指针变量。指针变量直接指示硬件的物理地址，因此，用它可以直接操作 8051 的各部分物理地址。

以上数据类型在标准 C 中都有定义，以下几种类型是 C51 的扩充数据类型。

❑ 位类型：bit

布尔处理器是 8051 单片机的特色，使用它可以方便执行逻辑操作。位类型（bit）可以定义一个位变量，并由 C51 编译器在 8051 内部 RAM 区 20H~2FH 的 128 个位地址中分配一个位地址。需要注意的是，位类型不能定义指针和数组。

❑ 特殊功能寄存器：sfr

8051 及其兼容产品中的特殊功能寄存器必须采用直接寻址的方式来访问，8051 的特殊功能寄存器离散地分布在 80H~FFH 的地址空间里。sfr 可以对 8051 的特殊功能寄存器进行定义，sfr 型数据占用 1 字节，取值范围为 0~255。

❑ 16 位特殊功能寄存器：sfr16

8051 及其兼容产品中的 16 位特殊功能寄存器（如 DPTR）可以用 sfr16 来定义，sfr16 型数据占用 2 字节，取值范围为 0~65 535。

C51 编译器提供的头文件 reg51.h 已经定义了所有的特殊功能寄存器，我们可以直接用 include 命令将其包括在程序中。注意在使用时，所有 sfr 的名称都必须大写，如开系统中断写为"EA=1"。

❑ 可寻址位类型：sbit

利用 sbit 可以对 8051 内部 RAM 的位寻址空间及特殊功能寄存器的可寻址位进行定义。

例如：`sbit flag = P1^0;` 表示 P1.0 这条 I/O 口线定义为 flag 标志。

在使用中需注意，只有无符号字符型和位类型是 8051CPU 可以直接使用汇编语言的数据类型，它们的操作效率最高。其他的数据类型都由多条汇编指令组合操作，需占用大量的程序存储空间和数据存储器资源。C51 还支持结构类型和联合类型等复杂类型数据，这与标准 C 相同，不另介绍。

不同类型的数据是可以相互转换的，它们可以赋值或者强制转换。赋值转换次序为：位→字符型→整型→K 型→单精度型，如果反向赋值，则结果丢弃高位。强制转换是通过强制转换运算符来实现的，形式为：(类型名)(表达式)，如 `(int)(x + y)` 和 `(float)(5%3)`。

25.1.3 C51 数据的存储结构

数据分为常量和变量两种。常量可以用一个标志符号来代表。变量由变量名和变量值组成，每一个变量占据一定的存储空间，这些存储空间存放变量的值。8051 的存储空间比较复杂，因此，数据的存放也同样复杂，详见表 25-2。

表 25-2 C51 的存储器类型

存储器类型	说　　明
data	直接寻址片内 RAM 区的 00~7FH 空间，速度最快
bdata	可位寻址片内 RAM 区的 20H~2FH 空间，容许位和字节混合访问
idada	间接访问片内的 00~FFH 全部 256 个地址空间
pdata	使用 MOVX　@Ri 指令访问外部 RAM 分页的 00~FFH 空间
xdata	使用 MOVX　@DPTR 访问外部 RAM 的 0000~FFFFH 全部空间
code	使用 MOVC　@A+DPTR 访问程序存储器 0000~FFFFH 全部空间

一般地，C51 在对变量进行定义时，除定义数据类型外，还可以定义存储类型。其格式为：

```
数据类型    [存储类型]    变量名
```

或者

```
[存储类型]    数据类型    变量名
```

例如：

```
unsigned char data name_var
```

或

```
data unsigned char name_var
```

存储类型为可选项，如果不定义存储类型，则系统将默认为编译时的存储模式。具体默认的存储类型参见表 25-3。

表 25-3　存储模式与默认存储类型

存储模式	默认存储类型
small	参数和局部变量均为片内 RAM，data 存储类型，也包括堆栈
compact	参数和局部变量均为片外分页 RAM，pdata 存储类型，堆栈置于片内 RAM
large	参数和局部变量均为片外 64KB 的 RAM，xdata 存储类型，堆栈置于片内 RAM

25.1.4　C51 运算符和表达式

运算符就是完成某种特定运算的符号。按照表达式与运算符的关系，运算符可分为单目运算符、双目运算符和三目运算符。单目就是指需要一个运算对象，双目就要求有两个运算对象，三目则要有 3 个运算对象。表达式则是由运算符及运算对象所组成的具有特定含义的式子。C 是一种表达式语言，若表达式后面加分号“；”就构成了一个表达式语句。

1. 赋值运算符

对于“=”这个符号大家不会陌生，在 C 语言中它的功能是给变量赋值，称其为赋值运算符。它的作用就是把数据赋给变量。利用赋值运算符将一个变量与一个表达式连接起来的式子称为赋值表达式，在表达式后面加“；”便构成了赋值语句。使用“=”的赋值语句的格式如下。

```
变量 = 表达式;
```

2. 算术、增减量运算符

对于 $a+b$ 和 a/b 这样的表达式大家都很熟悉，在 C 语言中，“+”和“/”就是算术运算符。单片机 C 语言中的算术运算符有如下几个，其中只有取正值和取负值运算符是单目运算符，其他都是双目运算符。

- +：加或取正值运算符。
- −：减或取负值运算符。
- *：乘运算符。
- /：除运算符。
- %：取余运算符。
- ++（增量运算符）和--（减量运算符）：这两个运算符是 C 语言中特有的运算符。其作用就是对运算对象执行加 1 和减 1 运算。

3. 关系运算符

单片机 C 语言中有 6 种关系运算符。

- >：大于。
- <：小于。

- ❑ >=：大于等于。
- ❑ <=：小于等于。
- ❑ ==：等于。
- ❑ !=：不等于。

4. 逻辑运算符

关系运算符所能反映的是两个表达式之间的大小关系，逻辑运算符则是用于求条件表达式的逻辑值，用逻辑运算符将关系表达式或逻辑变量连接起来就是逻辑表达式。逻辑表达式的一般形式为：

逻辑与：条件式1 && 条件式2逻辑或：条件式1 || 条件式2逻辑非：! 条件式2

5. 位运算符

单片机 C 语言也能对运算对象进行按位操作，从而使单片机 C 语言也对硬件具有一定的直接操作能力。位运算符的作用是按位对变量进行运算，但是它并不改变参与运算的变量值。如果要按位改变变量值，则应利用相应的赋值运算。还有位运算符是不能对浮点型数据进行操作的。单片机 C 语言中共有 6 种位运算符。位运算一般的表达形式如下。

变量1位运算符 变量2

位运算符也有优先级，从高到低依次是："～"（按位取反）→ "<<"（左移）→ ">>"（右移）→ "&"（按位与）→ "^"（按位异或）→ "|"（按位或）。

6. 复合赋值运算符

复合赋值运算符就是在赋值运算符"="的前面加上其他运算符。表 25-4 所示为 C 语言中的复合赋值运算符。

表 25-4　复合赋值运算符

+=	加 法 赋 值	>>=	右移位赋值
-=	减值	&=	逻辑与赋值
*=	乘法赋值	| =	逻辑或赋值
/=	除法赋值	^=	逻辑异或赋值
%=	取模赋值	-=	逻辑非赋值

7. 逗号运算符

如果你有编程经验，那么对逗号的作用也不会陌生了。如在 Visual Basic 中 Dim a, b, c 中的逗号就是把多个变量定义为同一类型，这在 C 语言中也一样，如 int a, b, c，这些例子说明逗号用于分隔表达式。但在 C 语言中逗号还是一种特殊的运算符，能用它将两个或多个表达式连接起来，形成逗号表达式。逗号表达式的一般形式为：

表达式1，表达式2，表达式3，…，表达式n

8. 条件运算符

上面我们说过在单片机 C 语言中有一个三目运算符，它就是 "?:"条件运算符，它要求有 3 个运算对象。它能把 3 个表达式连接构成一个条件表达式。条件表达式的一般形式如下。

逻辑表达式? 表达式1 ：表达式2

条件运算符的作用简单来说就是根据逻辑表达式的值选择使用表达式的值。当逻辑表达式的值为真（非零值）时，整个表达式的值为表达式 1 的值；当逻辑表达式的值为假（值为 0）时，整个表达式的值为表达式 2 的值。

25.1.5　C51 的中断函数

C51 增加了 intrrupt 函数选项，它支持直接编写中断服务程序函数。其函数定义的形式为：

函数类型 函数名() ［intrrupt n］ ［using n］

函数类型一般定义为 void，intrrupt 后的 n 是中断号，它指示相应的中断源。C51 编译器在代码区的绝对地址 8*n*+3 处产生中断向量。*n* 必须是常数，不允许使用表达式。表 25-5 列出了 C51 的中断号与中断向量。

表 25-5　中断号与中断向量

中断号	中断源	中断向量入口	中断号	中断源	中断向量入口
0	外部中断 0	0003H	3	定时器 1	001BH
1	定时器 0	000BH	4	串行口	0023H
2	外部中断 1	0013H	5	定时器 2	002BH

using *n* 是可选的，*n* 为 0～3 的常数，它指示如何选择 8051 的 4 个寄存器组。如果不使用 using *n*，则中断函数所有使用的公共寄存器都入栈。如果使用 using n，则切换的寄存器就不再入栈。注意，带 using 的函数不允许返回位类型数值。

在编写 C51 的中断函数时，需要注意的几个问题如下。

❑ 中断函数没有返回值，因此它必须是一个 void 类型的函数。
❑ 中断函数不允许进行参数传递。
❑ 不允许直接调用中断函数。
❑ 中断函数对压栈和出栈的处理都由编译器完成，无须人工参与。
❑ 需要严格注意 using *n* 的使用方式，必须确保寄存器组的正确切换。

25.2　跑马灯设计实例

在前面简单介绍了 C51 语言的基本语法知识。本章主要侧重于单片机应用系统的设计，通过一个典型的跑马灯设计实例，介绍单片机应用系统的设计步骤、思路、方法，以及应用系统的硬件电路与软件设计等，使读者了解并掌握单片机系统的设计。

25.2.1　基本跑马灯的实现

跑马灯可以用 MCS-51 单片机控制一个 LED 点阵来实现。一个简单的跑马灯显示情况如图 25-1 所示，图中的每一个小方格代表一个 LED，黑色代表相应位置的 LED 被点亮，白色空格表示未点亮。图 25-1 所示为从时刻 1 到时刻 4 这段时间 LED 点阵的变化情况，也就是每过一个时间片，"+"向左移动一个位置。如果有 11 个类似的时刻，那种看上去就是"+"从右边移入从左边移出，从而产生跑马灯的效果。

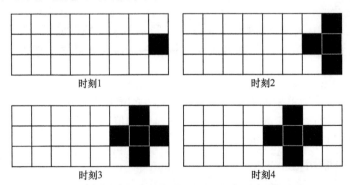

时刻1

时刻2

时刻3

时刻4

图 25-1　跑马灯移动显示的效果

1. 硬件设计

由于图 25-1 所示的 LED 数量较多（8×3=24），直接使用 MCS-51 单片机的 I/O 端口是很不经济的，因此需要扩展外部 I/O 通道。对于这种显示电路，通常采用常用的串入并出移位寄存器扩展 I/O 通道。由于 LED 点阵只有 3 组，每组 8 位，因此通常将这 3 组全部接在一片移位寄存器的输出端。

这种设计方法利用了人眼的视觉暂留效应，节约了硬件成本。人眼的视觉暂留时间是 0.05s，当连续的图像变化超过每秒 24 帧的时候，人眼便无法分辨每幅单独的静态画面，因而图像看上去是平滑连续的。在显示时，3 组 LED 分时轮流显示，即某一组显示时其他两组全灭，只要循环显示一次的时间不超过 40ms，人眼看到的效果就和 3 组同时显示的效果一样。

为保证有足够的驱动电流，每组 LED 的公共端电流由一只 8550 晶体管来提供，由单片机的 I/O 端口控制晶体管的导通或截止。完整电路如图 25-2 所示。

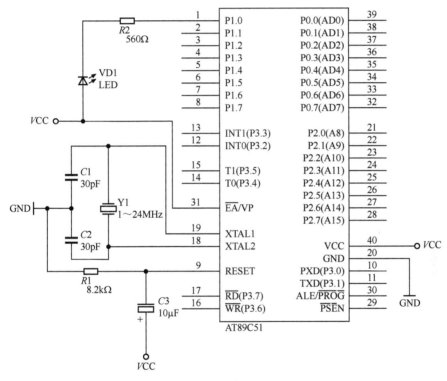

图 25-2 电路图

2. 程序设计

在程序中产生一组发光显示的时间片有两种方法。一种是在程序中采用延时，在这段延时中始终显示一组 LED，时间片用完后再显示另外一组并延时同样的时间，如此循环往复。这是一种堵塞型写法，在延时的时间内单片机不能处理其他事务，效率低下。

另一种方法是采取定时器中断的方式。每产生一次定时器中断，就切换到下一组来显示，直到产生下一次定时器中断。这种方法占用 CPU 时间很少，在显示的同时还可以处理其他事务，效率较高，是通常采用的方法。

在本例中，每 5ms 产生一次定时器中断，然后切换一次显示，因此 3 组轮流一次要用 15ms，刷新频率约为 67Hz，这完全满足刷新频率大于 24Hz 的要求。由于采用串行扩展 I/O 通道的方法，因此单片机向 74LS164 发送数据需要一定的时间。根据中断服务程序尽可能耗时短的原则，显示函数（包括 74LS164 的驱动）不应在中断服务程序中实现，而是中断设置某个标志，通知显示函数当前应切换到哪一组显示。

需要注意的是，在切换显示的时候要使 3 个晶体管全部截止，也就是所有的 LED 全灭，以防止由于 74LS164 输出端的数据变化而带来"串亮"现象。

要实现的功能是使用 12.0MHz 的晶振，根据晶振频率设置定时器初值，每 5ms 产生一次中断，随后执行切换显示的动作，每 500ms 显示的图形向左移动一次。

设置"LED_selection"表示当前要显示哪一组 LED。当"LED_selection"为 0 时显示第一组，当 LED_selection 为 1 时显示第二组，当 LED_selection 为 2 时显示第三组。

具体实现代码如下。

```c
#include <reg51.h>
typedef unsigned char uchar;
sbit CLK=P2^6;
sbit SEND_DATA=P2^7;
sbit en1=P2^2;                              //P2.2控制第一组LED
sbit en2=P2^1;                              //P2.1控制第一组LED
sbit en3=P2^0;                              //P2.0控制第一组LED
bit switch_en;                             //允许切换标志
uchar LED_selection;                       //组选变量，指代要显示那一组
uchar index;                               //字型索引，指代要显示什么数据
uchar counter;                             //时间片计数，控制图形移动速度
uchar code led_code[3][11]=                //每一组的字型
{{0x0,0x0,0x01,0x02,0x04,0x08,
  0x10,0x20,0x40,0x80,0x0},
 {0x0,0x01,0x03,0x07,0x0e,0x1c,
  0x38,0x70,0xe0,0xc0,0x80},
 {0x0,0x0,0x01,0x02,0x04,0x08,
  0x10,0x20,0x40,0x80,0x0}};
void send_164(uchar);                      //74LS164驱动函数声明
void display(void);                        //声明显示函数
void main(void)
{
    switch_en=0;
    LED_selection=0;
    index=0;counter=0;                     //初始化程序中的全局变量
    TR0=0;                                 //禁止T0
    TMOD=0x01;                             //T0选择工作方式1，16位定时器
    TH0=0xEC;                              //定时时间为5ms时，TH0=0xEC
    TL0=0x78;                              //TL0=0x78
    EA=1;                                  //使能CPU中断
    ET0=1;                                 //使能T0溢出中断
    TR0=1;                                 //T0开始运行
    while(1)                               //无限循环
    {display();}                           //调用显示函数
}
void display(void)                         //定义显示函数
{
    if(switch_en==0)                       //若切换时机未到
        return;                            //则返回
    switch_en=0;                           //否则切换显示，切换一次后即清零以免误切换
    en1=1;en2=1;en3=1;                     //关闭所有显示，防止"串亮"
    if(counter==100)                       //如果过了500ms
    {
        counter=0;                         //计数器归零
        index++;                           //显示向左移动一次
        index%=11;                         //若移动完，归零，重新开始
    }
    send_164(led_code[LED_selection][index]); //发送要显示的数据
    if(LED_selection==1)                   //开相应的显示
        en1=0;
    else if(LED_selection==2)
        en2=0;
    else
        en3=0;
}
```

```
void send_164(uchar d)                      //声明74LS164驱动函数
{
    uchar i;
    CLK=0;
    for(i=0;i<=7;i++)                        //发送8位数据，高位在前
    {
        CLK=0;                               //将时钟信号置为低电平，为产生上升沿做准备
        if((0x80>>i)&d==0)                   //如果当前要发送的位为0
            SEND_DATA=0;                     //相应地将74LS164的数据信号置为低电平
        Else                                 //否则
            SEND_DATA=1;                     //将74LS164的数据信号置为高电平
        CLK=1;                               //将时钟信号置为高电平，产生上升沿
        CLK=1;                               //延时，以保证满足74LS164的时序
    }
}
void isr_t0(void) interrupt 1
{
    TH0=0xEC;                                //对TH0和TL0重新赋值
    TL0=0x78;
    counter++;                               //5ms计数加1，在display()函数中使用
    switch_en=1;                             //允许切换
    LED_selection++;                         //将组选计数值加1
    LED_selection%=3;                        //如果是3，说明已经轮流一遍，归零，重新开始
}
```

25.2.2 矩形波发生器

在科学研究、工程教育和生产实践中常常需要用到低频信号发生器，如工业过程控制、机械振动、生物医学等领域。这些现场使用设备的要求与实验室设备并不相同，如果直接使用实验室中所用的标准信号发生器，则往往会觉得体积过大、价格太高、使用较麻烦等。若对于信号的绝对精度要求不高，可以考虑使用单片机作为低频信号发生器。本节主要介绍矩形波的产生方法。

用 MCS-51 单片机输出矩形波一般有两种方式：第 1 种方式利用定时器/计数器 0 控制矩形波频率输出，结合定时器/计数器 1 控制占空比；第 2 种方式仅使用一个定时器，并且用 16 位定时器/计数器方式，同时控制输出频率和占空比。

1. 用两个定时器/计数器产生矩形波

此方法的基本原理就是用 T0 作为矩形波的周期定时器。一个周期产生一次中断，用 T1 作为矩形波的高电平计时器，每到 T0 时刻定时中断，输出矩形波的引脚输出置为高电平，而到 T1 中断产生时，将该引脚置为低电平，这样就得到了所需要的矩形波。改变 T0 的计数值可以改变周期，而改变 T1 的计数值可以改变占空比。

下面通过一个例子说明这种方法。在例子中，矩形波频率为 10Hz（即周期为 100ms），占空比为 25%（即高电平周期为 25ms），单片机引脚 P2.0 输出矩形波。

2. 具体实现

本程序所用晶振频率为 12.0MHz，具体代码如下。

```
#include <reg51.h>
typedef unsigned char uchar;
sbit signal=P2^0;
uchar counter;
void main(void)
{
    TR0=0;                                   //禁止T0
    TMOD=0x11;                               //T0和T1均选择工作方式1，16位定时器
    TH0=-1000/256;                           //定时时间为50ms
    TL0=-1000%256;
    signal=0;                                //开始时输出为低电平
    counter=0;                               //初始化T1的中断次数为零
    EA=1;                                    //使能CPU中断
    ET0=1;                                   //使能T0溢出中断
    ET1=1;                                   //使能T1溢出中断
```

```
        TR0=1;                              //T0开始运行，注意，T1不能现在运行
        while(1)                            //无限循环
        {}
    }
    void isr_t0(void) interrupt 1           //T0中断服务函数
    {
        TH0=-50000/256;                     //定时时间为50ms
        TL0=-50000%256;
        counter++;                          //中断次数
        if(counter==2)                      //若已中断两次，则说明已经过去100ms
        {
            counter=0;                      //中断次数归零
            signal=1;                       //产生矩形波中的高电平
            TR1=1;                          //唤醒T1，T1开始计数
        }
    }
    void isr_t1(void) interrupt 3           //T1中断服务函数
    {
        signal=0;                           //矩形波中的低电平
        TR0=0;                              //禁止T1计数，等待T0将其唤醒
        TH1=-25000/256;                     //25ms的中断初值
        TL1=-25000%256;
    }
```

25.2.3 用定时器/计数器产生矩形波

使用定时器、计数器要完成其他功能的场合，用两个定时器/计数器产生矩形波是不合适的，因为某些 MCS-51 单片机内部只有两个定时器/计数器。这时候通常使用第 2 种方法，即只使用一个定时器/计数器产生矩形波。

这种方法的基本原理是使引脚产生一个低电平，对 T1 或 T0 设置计数初始值并运行，使之经过时间 t_1 后产生定时中断；在中断服务函数中将引脚设置为高电平，对定时器/计数器设置另一个计数初始值，经过时间 t_2 后产生中断，在中断服务函数中将引脚设置为低电平，对定时器/计数器设置维持低电平所需的计数初始值。如此循环往复，就产生一个高电平时间为 t_2、周期为 (t_1+t_2) 的矩形波。

要实现的功能是产生一个从单片机引脚 P2.0 输出的、输出频率为 10Hz、占空比为 25% 的矩形波。

本程序的关键是从高电平到低电平以及从低电平到高电平的转换，因此在程序中使用一个位变量来标志中断产生前输出的是低电平还是高电平。最终目的是用一个定时器/计数器产生输出频率为 10Hz、占空比为 25% 矩形波。

具体代码如下。

```
    include <reg51.h>
    typedef unsigned char uchar;
    sbit signal=P2^0;
    bit level;                              //用来存储在产生T0中断之前输出何种电平
    uchar counter;
    void main(void)
    {
        TMOD=0x01;                          //T0选择工作方式1，16位定时器
        TH0=-25000/256;                     //定时时间为25ms
        TL0=-25000%256;
        counter=0;signal=1;level=1;         //初始化全局变量
        EA=1;                               //使能CPU中断
        ET0=1;                              //使能T0溢出中断
        TR0=1;                              //T0开始运行
        while(1)                            //无限循环
        {}
    }
    void isr_t0(void) interrupt 1           //T0中断服务函数
    {
        if(level==1)                        //如果中断产生之前输出的是高电平
        {
```

```
          signal=0;                              //输出低电平
          TH0=-25000/256;                        //定时时间为25ms时的初值
          TL0=-25000%256;
          level=0;                               //保存当前输出的电平（低电平）
     }
     else                                        //如果中断产生之前输出的是低电平
     {
          counter++;                             //中断次数计数加1
          if(counter==3)                         //如果已经输出低电平75ms
          {
               counter=0;                        //中断次数计数归零
               signal=1;                         //输出高电平
               TH0=-25000/256;
               TL0=-25000%256;
               level=1;                          //保存当前输出的电平（高电平）
          }
     }
}
```

25.3 一个完整的跑马灯程序

经过前面的学习，了解了跑马灯的基本实现过程。本节将通过一个跑马灯实例，讲解 C 语言在单片机中的具体应用过程。

25.3.1 电路设计

单片机嵌入式系统中的跑马灯程序就像 C 语言的 "Hello World!" 程序一样，虽然简单，但却是一个非常经典的例子。对初学者来说，学习与编程跑马灯系统设计，能很快熟悉单片机的操作方式，了解单片机系统的开发流程，并通过第 1 个实例增强自己学习单片机系统设计的信心。下面详细讲解跑马灯电路的设计。

1. 发光二极管

发光二极管的英文名为 Light Emitting Diode（LED），发明于 20 世纪 60 年代，几十年以来，LED 在各种电路及嵌入式系统中得到了广泛的应用，跑马灯使用的 "小灯" 就是 8 个并排的 LED。

LED 将电能转变成光能，可由Ⅲ-V 族半导体材料制成。当 LED 工作在正向偏置状态时，它与普通的二极管极其相似，同样具备单向导电特性，不同之处仅在于当加上反向偏置时，LED 将向外发光，此时能量通过 PN 结的载流子从电能转换为光能。

LED 具有亮度高、耗电少、体积小、质量轻、寿命长、可靠性高、价格便宜等优点，已经广泛地应用到不同的产品中，可作为电源指示灯、系统状态灯、信号灯等。在通常工作状态下，LED 的使用寿命保守估计约为 10 万小时，甚至有的可以达到 100 万小时。图 25-3 所示为不同颜色的 LED。

以 LED 为基础部件进行组合可以得到多种不同的产品，如图 25-4 所示。

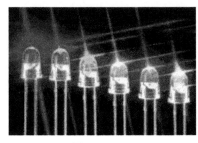

图 25-3　LED

图 25-4　LED 数码管与 LED 点阵屏

最常见的 LED 有如下几种。

（1）将 7 段 LED 排列成数字形，可成为 LED 数码管。它在各种数字显示场合得到了成功的应用，例如电子时钟、计时器等。

（2）大量 LED 按照行列阵列集成到一起，通过微处理器进行控制与扫描，即为 LED 点阵屏，它可以显示数字、字母、汉字、动画等复杂的信息内容，现也已经广泛地应用到各行各业的显示中，例如广告牌、宣传栏、信息指示牌等。

（3）将 LED 直接制作成相应的字母、汉字或特殊符号的形状，只要在它的两端加上正向电压，很小的电流消耗即可显示一些特殊的符号。它们在各种交通指示灯、工业产品、机场导航等场合得到了广泛的应用。

这些复杂的 LED 应用的基本原理和跑马灯十分类似，只要学会了跑马灯的设计方法，触类旁通，很快就可学会 LED 数码管和 LED 显示屏的控制与设计。

对不同颜色不同亮度的 LED 进行选型需要了解以下的知识。

（1）LED 的发光强度与电流成正比，一般的 LED 在通过 2mA 电流时便开始发光。其发光颜色取决于光波长，而 LED 的光波长主要与晶体材料本身和掺杂材料有关。

（2）LED 最常见的颜色是红色、绿色、黄色和橙色，因为这几种颜色的晶体材料和掺杂物都比较简单，且价格便宜。

（3）发蓝光与发白光的 LED 由于材料价格较高，制作工艺复杂，与其他 LED 相比价格较高，因此在各种应用中它没有其他颜色的 LED 使用得多。

（4）在进行系统设计时，红光和绿光比较容易被肉眼识别，特别是在光线比较强的场合，黄色光和橙色光并不容易看清。

综合考虑，建议在 LED 选型时，如果没有特殊的要求，则优先采用红色光或绿色光的 LED。

2．LED 与单片机接口

LED 在电路图中的表示符号如图 25-5 所示，它与普通的二极管十分相似，只是多了两个向上的箭头，这表示发出光线。

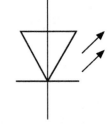

图 25-5　LED 在电路图中的符号

LED 与单片机的接口一般可以分为直接式、扫描式与多路复用式 3 种。具体说明如下。

- ❑ 直接式：每个 LED 对应单片机的唯一一个输出引脚，即单片机的一个输出端口（P0、P1 或 P2）就能够控制 8 个 LED。当相应引脚输出为低电平时，电流从 VCC 流入单片机，LED 开始发光，发光亮度由匹配的串联电阻电平控制；当相应引脚输出为高电平时，没有电流通过 LED，LED 熄灭。

- ❑ 扫描式：LED 组织成了行列形式的矩阵，其中各行各列分别对应单片机一个唯一的输出引脚，此时，当单片机对应行列的输出引脚分别为高和低电平时，电流从单片机的一个引脚流入到另一个引脚，LED 开始发光，此时，为了让 LED 显示一个固定的状态，必须有相应的软件进行扫描以维持输出信号。

- ❑ 多路复用式：多路复用式与扫描式类似，也是将 LED 组织成行列形式的矩阵，但是各行各列是由单片机外置的多路解码锁存芯片进行控制，因此实现了多于单片机输出端口数的 LED 阵列。本质上它就是扫描式的扩充。

在具体的单片机嵌入式系统设计中，究竟采用哪种接口方式，主要是由最终的产品需求、单片机性能指标、预期的生产成本等因素所决定的。

例如大型 LED 显示点阵屏幕必须采用复用式接口方式或其他专用芯片，因为没有任何一种型号的单片机能够具有如此多的 I/O 输出端口以供用户使用。而对于一般系统的跑马灯设计，因为跑马灯只有 8 位，结构简单，所以在单片机引脚资源并不紧张的情况下，一般都采用直接式。

3．LED 的限流

在早期的单片机设计电路中，LED 是不能由单片机的 I/O 输出引脚直接驱动的，而要使用诸如 7405 等集电极开路门进行驱动，原因就是单片机引脚不能承受 LED 导通时的输入电流。

随着新技术的应用和单片机集成技术的不断发展，现在大部分的单片机端口都集成了集电极开路的输出电路，因此具备一定的外部驱动能力。但是这时外接的 LED 电路也必须使用电阻进行限流，否则会损坏单片机的输出引脚，一般单片机驱动引脚能够承受的输入电流为 $10\sim15\text{mA}$。

此外，如果没有限流电阻，则 LED 在工作时会迅速发热。为了防止 LED 过热而损坏，必须串联限流电阻对 LED 的功耗进行限制，表 25-6 所示为典型的 LED 功率限制指标。

表 25-6 典型的 LED 功率限制指标

参　　数	单　　位	红色 LED	绿色 LED	黄色 LED	橙色 LED
最大功率限制	mW	55	75	60	75
正向电流峰值	mA	160	100	80	100
最大恒定电流	mA	25	25	20	25

LED 的发光功率可以由两端电压和通过 LED 的电流得到，其公式如下所示。

$$P_d = V_d I_d$$

LED 典型的电压与电流关系如图 25-6 所示，根据 LED 需要的发光亮度选择合适的电阻 R 进行限流，但为了保护单片机的驱动输出引脚，通过 LED 的电流一般应限制在 10mA 左右，由图 25-6 所示的曲线可知，将 LED 的正向电压应限制在 2V 左右。

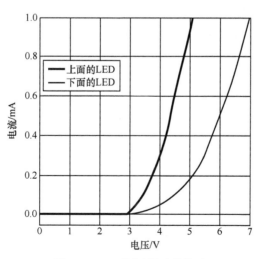

图 25-6 LED 的电压与电流关系

对于某些需要高亮度 LED 场合，LED 通过较大的电流，此时不能直接采用单片机的输出引脚直接驱动 LED，而应该使用专用的驱动芯片，可采用一个 NPN 型的晶体管进行驱动。

可以利用图 25-6 所示的曲线计算限流电阻 R，计算方法如下所示。

$$R = (5\text{V} - V_d)/I_d$$

例如，若限制电流 I_d 为 10mA，则由图 25-6 所示曲线得到 LED 的正向电压 V_d 约为 2V，从而得到限流电阻值为：

$$R = (5V-2V)/10mA = 300\Omega$$

在实际设计中，为了有效保护单片机的驱动输出引脚，应预留一定的安全系数。一般对 LED 驱动使用的限流电阻都要比利用 10mA 计算出的大，常用的典型值为 470Ω。

4．电路设计

前面讲解了利用 LED 设计跑马灯电路的原理与方法，利用 Protel 2004 等电路设计软件可以方便地进行电路设计与 PCB 设计。本章讲解的跑马灯实例由 8 个 LED 组成，由 AT89S51 的 P0 口进行驱动，具体的电路设计如图 25-7 所示。P0 口的 8 个输出引脚分别接到了 8 个 LED 的阴极，LED 的另一端由阻值为 470Ω 的限流电阻上拉至电源 VCC。

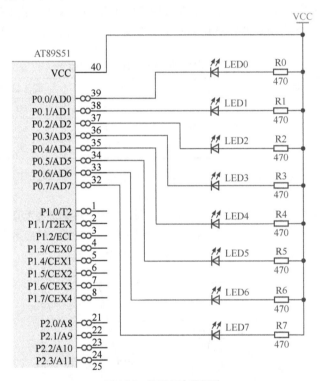

图 25-7　跑马灯电路设计

跑马灯系统的 8 个限流电阻可以采用普通电阻也可以采用排阻，使用排阻比较利于节省 PCB 的空间。

25.3.2　程序设计

完成硬件设计之后即可开始跑马灯的软件设计，软件设计的目标是使跑马灯能够按照设想的方式显示出不同的发光组合，指示单片机系统不同的运行状态。下面详细讲述跑马灯的软件设计。

1．一个简单的单片机程序

对于初学者来说，第 1 个单片机程序往往都从跑马灯中 LED 的驱动开始。下面以这个最简单的例子作为本书的第 1 个单片机程序，该程序基于 ATMEL 公司的 AT89S51 进行编写，采用 P0 口驱动 8 位 LED。实例文件是 TheFirstExample.c，具体代码如下。

```
/**********************************************
* File: TheFirstExample.c
```

```
****************************************/
#include <REGX51.h>
/****************************************
* Function: main()
* Input Variables: None
*    Return Variables: None
*    Usage: Program Entry
****************************************/
int main (void)
{
    while(1)
    {
        P0 = 0x00;   // P0口输出低电平
        P0 = 0xff;   // P0口输出高电平
    }
}
```

这一段代码十分简单，但是对于初学者来说，这个程序有以下几点需要特别注意。

（1）为了使用编译器附带的 51 单片机中各个引脚描述的宏定义来直接对单片机的各个模块进行操作，必须在 C 语言源文件的头部使用#include 来定义相关的头文件<REGX51.h>。

（2）每一个应用程序都必须要具备一个程序入口。在一般情况下，程序的入口就是主函数 main()，因此在设计程序时必须含有一个 main()函数，一般这个函数返回值为 void 或整型。

（3）与在计算机上学习 C 语言编程不同的是，所有嵌入式系统的控制软件都必须是一个无限循环。换句话说，嵌入式软件中的 main()函数都不能够返回，如上面代码通过 while（1）语句使得这段程序不停地进入循环。这一点尤其要注意，它是初学者经常犯的一个错误。

❀ 注意：如果一个嵌入式软件程序不是无限循环，则当所有的程序代码执行完后，单片机将以不可预知的方式运行，俗称单片机"跑飞"。这在实际的工业控制等应用中是十分危险的，要极力避免单片机出现"跑飞"的现象。

上述代码通过向 P0 口赋值，在 AT89S51 的 P0 口输出了不同的电平，从而驱动 LED 的闪动。

当执行 P0 = 0x00 时，AT89S51 P0 口的输出全为低电平，电流从 VCC 经过 LED 流入单片机的 P0 口，跑马灯全亮；当执行 P0 = 0xff 时，AT89S51 P0 口的输出全为高电平，LED 中无电流流过，跑马灯全灭。因为有 while(1)的无限循环，所以 LED 跑马灯应不停地亮灭闪烁。

在 Keil C 环境下对上述代码进行编译、下载，运行后，会发现跑马灯一直发光，并没有出现跑马灯闪烁的现象。这是因为人的眼睛有视觉停留效应，由于单片机运行速度较快（相对人眼的响应，它应该是极其地快），所以肉眼无法分辨出 LED 的闪烁。

因此，为了让肉眼能够看到跑马灯的闪烁，就必须在两行命令之后增加一个延时函数 delay()。文件名为 FirstExample.c，具体代码如下。

```
/****************************************
*    File: FirstExample.c
****************************************/

#include <REGX51.h>
#define LED_FLASH_T 10000;

/****************************************
*    Function: delay(unsigned int t)
*    Input Variables: t
*    Return Variables: None
*    Usage: Common Delay Routine, t as the delay time ticks
****************************************/
void delay(unsigned int t)
{
        for(;t>0;t--);                // 延时循环
}


/****************************************
*    Function: main()
```

```
*     Input Variables: None
*     Return Variables: None
*     Usage: Program Entry
**********************************************/
int main (void)
{
        while(1)
        {
                P0 = 0x00;              // P0口输出低电平
                delay(LED_FLASH_T);
                P0 = 0xff;              // P0口输出高电平
                delay(LED_FLASH_T);
        }
}
```

上面的代码编写了一个 delay() 函数来执行延时操作，它采用的是单片机中最简单的延时方法——循环延时。函数 delay() 具有一个无符号整型输入变量 t，这个输入变量决定了延时的长短，函数 delay() 的主体就是进行 t 次空循环。

在 LED 跑马灯程序的发光与熄灭之间加入两个延时函数后，能够看到跑马灯按照预想的方式闪烁了。在程序中定义了一个宏 LED_FLASH_T，这个宏的数值就决定了 LED 闪烁的频率。该值越大，闪烁的频率就越低；该值越小，闪烁的频率就越高。读者可以自行修改 LED_FLASH_T 的值进行实验观察。

使用循环延时的优点是函数简单明了、容易实现、使用方便。但是循环延时也有一些不可回避的缺点，如延时的时间不能精确控制，单片机在执行延时函数时，所有的资源都用于进行无用的循环，这会造成单片机资源的浪费等，在后面中将要讲述比较精确的中断延时。

2. 工作状态指示

在单片机中，可以利用跑马灯来指示其工作状态，一般情况下，需要指示的状态有正常工作状态和故障状态。为了指示正常工作状态，通常使用动态的跑马灯对正常状态进行指示，以便能够从跑马灯的状态中得知当前单片机正在正常运行，没有出现"跑飞"或"死循环"的现象，这在单片机调试过程中是十分有效的。

通常使用一组不断交互的跑马灯样式来表示单片机正常运行，如图 25-8 所示，跑马灯状态变换位于程序主体中，只要单片机中的程序正常运行，跑马灯就不停地变化，指示目前程序还"活着"。

当传感器失效或检测到一些危险状态时，单片机需要进入报警状态。除了使用其他方式进行报警以外，首先通过跑马灯进行警示是十分有效的一个方法，它可以方便快速地发现系统故障。

通常使用不断全灭全亮闪烁的状态等来指示故障，如图 25-9 所示，故障状态指示程序一般放在主程序之外，当单片机发现系统错误时，程序进入分支，通过跑马灯发出错误警示。

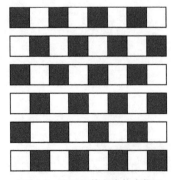

图 25-8　跑马灯的正常状态指示

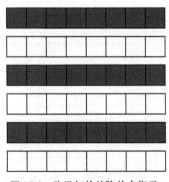

图 25-9　跑马灯的故障状态指示

通过上面的分析可以得到如下代码，把代码保存为 TheStatus.c。

```c
/***********************************************
*         File: TheStatus.c
***********************************************/

#include <REGX51.h>
#define LED_FLASH_T 10000;

void LEDs_Move();
void LEDs_Error();


/***********************************************
*         Function: delay(unsigned int t)
*      Input Variables: t
*    Return Variables: None
*    Usage: Common Delay Routine, t as the delay time ticks
***********************************************/
void delay(unsigned int t)
{
        for(;t>0;t--);                    // 延时循环
}


#ifndef true
     #define true 1
#endif


/***********************************************
*         Function: main()
*      Input Variables: None
*    Return Variables: None
*    Usage: Program Entry
***********************************************/
int main(void)
{
        unsigned char System_Status;
        while(1)
        {
                // 程序主任务区
                // ...........
                // 程序主任务区
                if(System_Status == true)      // 系统处于正常状态
                {
                        LEDs_Move();           // 跑马灯指示系统正常
                }
                else                           // 系统发生错误
                {
                        LEDs_Error();          // 跑马灯指示错误
                }

        }
}


/***********************************************
*         Function: LEDs_Move
*      Input Variables: None
*    Return Variables: None
*    Usage: System Normal Status Report
***********************************************/
void LEDs_Move()
{
        static unsigned char LEDs = 0x55;      // 静态变量用于存储LED的发光状态
        P0 = LEDs;                             // LED间隔亮灭并移位
        delay(LED_FLASH_T);                    // 延时
        LEDs = ~LEDs;                          // 状态改变
}


/***********************************************
*         Function: LEDs_Error
*      Input Variables: None
```

```
*    Return Variables: None
*    Usage: System Error Status Report
*********************************************/
void LEDs_Error()
{
        static unsigned char LEDs = 0x00;          // 静态变量用于存储LED的发光状态
        P0 = LEDs;                                  // LED警告报警亮灭
        delay(LED_FLASH_T);                         // 延时
        LEDs = ~LEDs;                               // 状态改变
}
```

对于上述代码，有如下 4 点说明。

（1）本段代码将跑马灯的正常状态和错误状态均定义了一个单独的函数，使得整段代码显得简洁清晰。它不但使代码的可读性大大增强，也使代码变得更加容易扩展。例如，如果需要修改跑马灯指示状态的亮灯方式，则只需要更改 LEDs_Move()这个函数就可以了。

（2）本段代码对跑马灯正常状态和错误状态均定义了一个单独的函数，它们增强了程序的可移植性。因为和跑马灯硬件相关的函数完全封装到了 LEDs_Move()和 LEDs_Error()中，因此当此段代码要移植到其他硬件或其他类型的单片机上时，只需要修改 LEDs_Move()和 LEDs_Error()就可以了。读者在编程时要多注意这些程序结构化的方法与技巧。

（3）程序对系统的当前状态进行了判定，这是通过检验变量 System_Status 的值来实现的。为此通过宏定义了一个真值 TRUE，在此使用了#ifndef…#endif 宏汇编语句，#ifndef 的意思是如果之前的程序段没有定义过这个宏，再执行下面语句时，对该宏应进行定义。这个宏汇编语句可以避免宏的重复定义。

（4）函数 LEDs_Move()和 LED_Error 均采用了 static 静态变量来保存跑马灯的状态。static 静态变量在此处可以称为"函数内的全局变量"，采用 static 静态变量将可以保存前次调用函数时的变量值，起到类似于全局变量的作用，但它却将这个变量封装起来，函数之外的其余部分都不能够访问该变量。

3. 蛇形花样

蛇形花样是指跑马灯显示样式像一条蛇，不停地游走，具体花样如图 25-10 所示，跑马灯显示了一段 4 位长的蛇形花样来对程序的一个分支进行指示。

在单片机中，可以利用跑马灯来指示单片机的工作状态，除了正常工作状态和故障状态以外，还需要对一些特殊的工作流程进行指示，例如指示程序的不同分支或程序的不同任务等。这就需要利用跑马灯显示一些不同的花样来进行指示，下面将讲解蛇形花样的编程。

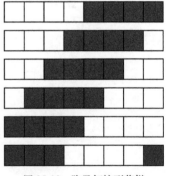

图 25-10　跑马灯蛇形花样

实现程序是 Snake.c，具体实现代码如下。

```
/*********************************************
* File: Snake.c
*********************************************/
#include <REGX51.h>
#define LED_FLASH_T 10000;
void LEDs_Move();
void LEDs_Error();
void LEDs_Snake();
/*********************************************
* Function: delay(unsigned int t)
* Input Variables: t
*    Return Variables: None
*    Usage: Common Delay Routine, t as the delay time ticks
*********************************************/
void delay(unsigned int t)
{
for(;t>0;t--);  // 延时循环
```

```
}
#ifndef true
#define true 1
#endif
#define TASK_1 1
#define TASK_2 2
/*********************************************
* Function: main()
* Input Variables: None
*     Return Variables: None
*     Usage: Program Entry
*********************************************/
int main (void)
{
unsigned char System_Status = true;
unsigned char System_Task = TASK_2 ;
while(1)
{
// 程序主任务区
// ...........
// 程序主任务区
    if(System_Status == true)   // 系统处于正常状态
{
if(System_Task == TASK_1)        // 主程序
{
LEDs_Move();   // 跑马灯指示系统正常
}
else if(System_Task == TASK_2) // 程序分支一
{
LEDs_Snake();   // 跑马灯蛇形花样指示
}
}
else            // 当系统发生错误
{
LEDs_Error(); // 跑马灯指示错误
}

}
}
/*********************************************
* Function: LEDs_Move
* Input Variables: None
*     Return Variables: None
*     Usage: System Normal Status Report
*********************************************/
void LEDs_Move()
{
 static unsigned char LEDs = 0x55;   //静态变量用于存储LED的发光状态
 P0 = LEDs;             //LED间隔亮灭并移位
delay(LED_FLASH_T); //延时
LEDs = ~LEDs;           //状态改变
}
/*********************************************
* Function: LEDs_Error
* Input Variables: None
*     Return Variables: None
*     Usage: System Error Status Report
*********************************************/
void LEDs_Error()
{
 static unsigned char LEDs = 0x00;   //静态变量用于存储LED的发光状态
 P0 = LEDs;             //LED警告报警亮灭
delay(LED_FLASH_T); //延时
LEDs = ~LEDs;           //状态改变
}
/*********************************************
* Function: LEDs_Snake
* Input Variables: None
*     Return Variables: None
```

```
*    Usage: System Snake LED Animation
***********************************/
void LEDs_Snake()
{
 static unsigned char LEDs = 0x0f;    // 静态变量用于存储LED的发光状态

 P0 = ~LEDs;                  // LED蛇形花样显示，注意LED的亮灭和P0输出值是相反的
delay(LED_FLASH_T);    // 延时

if( (LEDs|0x01) && (LEDs!=0x0f))
{
LEDs = LEDs<<1 + 1;    // 蛇形花样移动
}
else
{
LEDs = LEDs<<1;         // 蛇形花样移动
}

if(LEDs == 0xe0)          // 蛇形花样移出
{
LEDs += 1;
}
}
```

上述代码和前面代码基本相似，读者要理解蛇形跑马灯移动的逻辑。

4. 龙舞花样

除了蛇形花样以外，在进行系统状态分支指示时，还常用到龙舞花样，下面将讲解龙舞花样的编程。

龙舞花样是指跑马灯显示花样像一条龙，它来回进行摆动，具体花样如图 25-11 所示，跑马灯显示了一段 4 位长的龙舞花样。

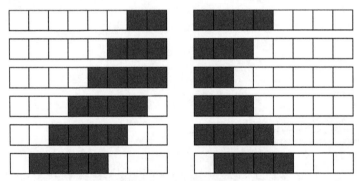

图 25-11　跑马灯龙舞花样

龙舞花样要比蛇形花样复杂一些，因此其程序逻辑也更复杂一些。

实现程序是 Gragon.C，具体实现代码如下。

```
/*******************************************
*         File: Gragon.C
*******************************************/

#include <REGX51.h>
#define LED_FLASH_T 10000;

void LEDs_Move();
void LEDs_Error();
void LEDs_Snake();

/*******************************************
*         Function: delay(unsigned int t)
*      Input Variables: t
*    Return Variables: None
*    Usage: Common Delay Routine, t as the delay time ticks
```

```
************************************************/
void delay(unsigned int t)
{
         for(;t>0;t--);            // 延时循环
}

#ifndef true
    #define true 1
#endif

#define TASK_1 1
#define TASK_2 2

/***********************************************
*        Function: main()
*      Input Variables: None
*    Return Variables: None
*    Usage: Program Entry
************************************************/
int main (void)
{
         unsigned char System_Status = true;
         unsigned char System_Task = TASK_2;
         while(1)
         {
              // 程序主任务区
              // ...........
              // 程序主任务区
              if(System_Status == true)              // 系统处于正常状态
              {
                      if(System_Task == TASK_1)      // 程序分支一
                      {
                              LEDs_Move();           // 跑马灯指示系统正常
                      }
                      else if(System_Task == TASK_2) // 程序分支二
                      {
                              LEDs_Dragon();         // 跑马灯龙舞花样指示
                      }
              }
              else                                   // 系统发生错误
              {
                      LEDs_Error();                  // 跑马灯指示错误
              }

         }
}


/***********************************************
*        Function: LEDs_Move
*      Input Variables: None
*    Return Variables: None
*    Usage: System Normal Status Report
************************************************/
void LEDs_Move()
{
         static unsigned char LEDs = 0x55;   // 静态变量用于存储LED的发光状态
         P0 = LEDs;                           // LED间隔亮灭并移位
         delay(LED_FLASH_T);                  // 延时
         LEDs = ~LEDs;                        // 状态改变
}

/***********************************************
*        Function: LEDs_Error
*      Input Variables: None
*    Return Variables: None
*    Usage: System Error Status Report
************************************************/
void LEDs_Error()
{
```

```
        static unsigned char LEDs = 0x00;      // 静态变量用于存储LED的发光状态
        P0 = LEDs;                             // LED报警亮灭
        delay(LED_FLASH_T);                    // 延时
        LEDs = ~LEDs;                          // 状态改变
}


/*********************************************
 *       Function: LEDs_Dragon
 *     Input Variables: None
 *   Return Variables: None
 *   Usage: System Dragon LED Animation
 *********************************************/
void LEDs_Dragon()
{
        static unsigned char Direction = 1;      // 静态变量用于存储龙舞的方向
        static unsigned char LED_status = 0x0F;  // 静态变量用于存储LED的发光状态
        if(Direction==1)
        {
                if(LED_status>=0x0F)
                        LED_status=LED_status<<1;
                else if(LED_status==0x07)
                        LED_status=0x0F;
                else if(LED_status==0x03)
                        LED_status=0x07;
                else
                        LED_status=0x03;
                if(LED_status==0xC0)
                        Direction=0;
        }
        else
        {
                if(LED_status==0xE0)
                        LED_status=0xF0;
                if(LED_status==0xC0)
                        LED_status=0xE0;
                else if(LED_status<=0xF0)
                        LED_status=LED_status>>1;
                if(LED_status==0x03)
                        Direction=1;
        }

        P0=~LED_status;
}
```